全国水利行业规划教材　高职高专水利水电类
全国水利职业教育优秀教材
中国水利教育协会策划组织

水利工程管理

（第2版·修订版）

主　编　杜守建　汪文萍　侯　新
副主编　张美新　赵　辰　周长勇
　　　　胡昱玲　杨　勇　李俊杰
主　审　卜贵贤

黄河水利出版社
·郑州·

内 容 提 要

本书是全国水利行业规划教材、全国水利职业教育优秀教材，是根据中国水利教育协会职业技术教育分会高等职业教育教学研究会组织制定的水利工程管理课程标准编写完成的。全书共分绪论和6个学习项目，系统阐述了水利工程管理中水工建筑物的巡查、观测、养护、维修、防汛抢险及工程管理信息化等，主要内容包括土石坝的监测与维护、混凝土坝及浆砌石坝的监测与维护、泄水建筑物的监测与维护、输水建筑物的养护修理、堤坝防汛抢险及水利工程管理信息化等。

本书主要供高职高专水利水电建筑工程、水利水电工程管理、水利工程等专业教学使用，也可作为水利行业基层技术人员、管理人员的工作参考用书，还可作为水工监测工、闸门运行工等水利行业特有工种考试参考用书。

图书在版编目(CIP)数据

水利工程管理/杜守建，汪文萍，侯新主编.—2版.—郑州：黄河水利出版社，2016.7 (2024.1 修订版重印)
全国水利行业规划教材
ISBN 978-7-5509-1431-5

Ⅰ.①水… Ⅱ.①杜… ②汪… ③侯… Ⅲ.①水利工程管理-高等职业教育-教材 Ⅳ.①TV6

中国版本图书馆 CIP 数据核字(2016)第 103198 号

组稿编辑：王路平 电话：0371-66022212 E-mail：hhslwlp@163.com

出 版 社：黄河水利出版社 网址：www.yrcp.com
地址：河南省郑州市顺河路黄委会综合楼14层 邮政编码：450003
发行单位：黄河水利出版社
发行部电话：0371-66026940、66020550、66028024、66022620(传真)
E-mail：hhslcbs@126.com
承印单位：河南承创印务有限公司
开本：787 mm×1 092 mm 1/16
印张：23
字数：530 千字
版次：2007年8月第1版 印数：9 001—10 000
2016年7月第2版 印次：2024年1月第4次印刷
2024年1月修订版

定价：46.00元

第2版前言

本书是贯彻落实《国家中长期教育改革和发展规划纲要(2010~2020 年)》、《国务院关于加快发展现代职业教育的决定》(国发〔2014〕19 号)、《现代职业教育体系建设规划(2014~2020 年)》和《水利部教育部关于进一步推进水利职业教育改革发展的意见》(水人事〔2013〕121 号)等文件精神,在中国水利教育协会指导下,由中国水利教育协会职业技术教育分会高等职业教育教学研究会组织编写的第三轮水利水电类专业规划教材。第三轮教材以学生能力培养为主线,体现出实用性、实践性、创新性的教材特色,是一套理论联系实际、教学面向生产的高职教育精品规划教材。

本书在 2017 年由中国水利教育协会组织的优秀教材评选中,被评为“全国水利职业教育优秀教材”。

本书第 1 版由杨凌职业技术学院卜贵贤主持编写,自 2007 年 8 月出版以来,因其通俗易懂、全面系统、应用性知识突出、可操作性强等特点,受到全国高职高专院校水利类专业师生及广大水利从业人员的喜爱。为适应我国水利工程管理工作的新形势和职业教育教学改革的需要,应广大读者的要求,编者在第 1 版的基础上对原教材内容进行了全面修订、补充和完善。

本次再版,在水利核心专业人才培养标准、专业设置标准和人才培养指导方案(“两标准一方案”)的规范引导下,紧紧围绕水利改革发展需求,依据课程标准,引入行业新规范和标准,邀请水利工程管理一线专家参与,校企合作编写,更新了教材内容,确保教材内容与行业技术进步同步,人才培养与行业实际需求一致。同时兼顾不同地域学校教学需要。

2024 年 1 月,根据在教材使用中发现的问题,以及近年来国家及行业颁布的新规范、新标准,编者对全书进行了修订。

本书内容选取主要按照课程在专业技能培养中的对应要求,兼顾水利行业特有工种技能鉴定要求,不苛求水利工程管理学科的系统性和完整性,以实际工作任务为引领,采用“项目—任务—模块”体例,按照有关行业标准、国家职业资格证书要求以及毕业生面向职业岗位的具体要求编排教学内容,充分体现教材内容与生产实际相融通,与岗位技术标准相对接,增强了实用性;以技术应用能力为核心,以基本理论知识为支撑,以拓展知识为延伸,将理论知识学习与能力培养置于实际情境之中,突出工作过程技术能力的培养和经验性知识的积累,每个项目对应有实际工程案例和技能训练,有利于学生实践能力的培养。

本书编写人员及编写分工如下:山东水利职业学院杜守建、长江工程职业技术学院郭丽朋编写绪论和项目 6;湖南水利水电职业技术学院汪文萍、安徽水利水电职业技术学院胡昱玲、山东水利职业学院王新献编写项目 1;重庆水利电力职业技术学院侯新、山西水利职业技术学院杨勇、山东水利职业学院赵鲁斌编写项目2;福建水利电力职业技术学院张美新、山东水利职业学院王娟编写项目3;河南水利与环境职业学院赵辰、杨凌职业技术学院茹秋瑾编写项目4;山东水利职业学院周长勇、河南水利与环境职业学院李俊杰编写项目5。长江水利委员会薛辛江、黄河水利委员会蔡明、淮河水利委员会沂沭泗水利管理局焦玉廷、珠江水利委员会李越、海河水利委员会于福民、日照水库管理局田英等企事业单位的专家对本书内容的编写进行了指导。本书由杜守建、汪文萍和侯新担任主编,杜守建负责全书统稿;由张美新、赵辰、周长勇、胡昱玲、杨勇、李俊杰担任副主编;由杨凌职业技术学院卜贵贤担任主审。

书中参考、引用和吸收了大量文献,未能一一详尽列出,在此一并致谢!

由于本次编写时间仓促,对于本书中存在的缺点和疏漏,恳请广大读者批评指正。

编　者

2024年1月

目 录

绪 论

【项目概述】

本项目主要介绍水利工程管理基本知识,水利工程规范化管理工作。

【学习目标】

通过本项目的学习,要求学生理解我国水利工程管理工作的现状与发展趋势;熟悉三类大坝和大坝三种状态的概念;掌握水利工程管理工作的重要性和管理内容,水利工程规范化管理工作的重要性、主要措施及考核标准。

任务 1 水利工程管理基本知识

1 水利工程管理的定义

水利工程管理有广义和狭义两种理解:从广义上讲,水利工程管理就是通过法律、经济和技术手段保护及合理运用已建成的水利工程,使其充分发挥防汛抗旱、水资源配置、水生态保护功能,为农业、工业、城乡用水和经济发展提供可靠的保障。从狭义上讲,就水利管理具体工作而言,水利工程管理是对已建成的水利工程进行依法管理、检查监测、养护修理和调度运行,保障工程正常运行,以充分发挥工程效益的工作。

水利工程管理是指运用工程管理学的原理和方法,对已建成使用的水利工程实行组织、安全、运行和经济管理,以确保水利工程安全,充分发挥工程效益。

水利工程管理是以已建水利工程为对象,以水利技术为基础,以现代管理科学为手段,以确保工程安全为目的,以提高综合效益为宗旨的一门管理学科。

2 水利工程管理的意义

随着现代工业的发展和科技的进步,生产装置的规模越来越大、结构越来越复杂、功能越来越完善、自动化程度越来越高,相应的安全问题也日益显著。在水利水电工程领域,非常典型的事故或灾难包括:1959 年法国的马尔巴塞拱坝溃决,死亡 421 人;1963 年意大利瓦依昂拱坝库岸滑坡,死亡 2 000 余人;1975 年河南板桥水库溃坝事件中,26 座水库相继溃决,死亡 24 万余人,直接经济损失达 34.97 亿元;1993 年,青海省沟后水库溃坝,死亡 300 余人;2003 年,因三峡水库蓄水和降雨等综合因素诱发,库区千将坪发生约 2 400 万 m^3的特大型滑坡,死亡 24 人,直接经济损失超过了 8 000 万元,1 300 多人被迫搬迁避险;2009 年,俄罗斯萨扬舒申斯克水电站发生厂房水淹事故,约 70 人伤亡。如图 0-1所示为某小型水库垮坝、图 0-2 为某库区山体滑坡。这些特大灾难事故不但造成巨大经济损失,而且造成很大人员伤亡、环境破坏、人们心灵的创伤,在社会上引起强烈反响。尤其2008年“5·12”汶川大地震中暴露出的水利工程安全隐患问题让人警醒。在我国西南地区正在兴建或即将兴建的众多大型水利工程中,由于其所处地质环境复杂,对工程的安全管理提出了更高、更多的要求。

图0-1　某小型水库垮坝

图0-2　某库区山体滑坡

据水利部和国家电力公司对所属大坝的安全定期检查发现,至1999年底,我国已建水利堤坝中,有30 413座为病险坝,其中大型坝145座、中型坝1 118座、小型坝29 150座;至2007年底,病险小型坝42 114座。以安徽省为例,目前仍未实施除险加固的病险小水库有2 000多座,除险加固任务相当艰巨。尤其是20世纪60~70年代修建的大坝,由于多种原因,隐患病害尤为严重。

造成大坝存在安全隐患的因素主要有:①由于影响水利工程的自然因素复杂,同时水工建筑物工程量大、施工条件困难,因此在工程的勘测、规划、设计和施工中难免有不符合客观实际之处,致使水工建筑物本身存在着不同程度的缺点和隐患。②大中型水工建筑物承受巨大的荷载,受力和运行条件复杂。在水库蓄水运用以后,挡水、引水建筑物经常处在水下工作,承受水压力、泥沙压力、冰压力、风浪压力和作用于基础的扬压力等荷载。引水、泄水建筑物和排沙建筑物除承受上述荷载外,还要经受高速水流的冲刷和磨蚀作用。③水下和基础部位的许多工程是隐蔽的,损坏不易察觉。如大坝基础的断层破碎带和软弱部位在水压力作用下发生某些变化,往往不易被发现,泄水建筑物发生气蚀以及下游河床发生淘刷,也往往不能及时发现。引水隧洞或压力钢管经常处于连续运行状态,不能随时停机检查,也难以及时发现缺陷。④人为损坏,人为破坏,违背控制运用办法超标准运行,违规操作。

水利工程的建设,为发展国民经济创造了有利条件,但要确保工程安全,充分发挥工程的效益,还必须加强工程管理。常言道:“三分建,七分管”,对水利工程而言,建设是基础,管理是关键,使用是目的,安全是前提。工程管理的好坏,直接影响使用寿命的长短、效益的高低,管理不当可能造成严重事故,给国家和人民生命财产带来不可估量的损失。对水工建筑物加强检查监测,及时发现问题,进行妥善的养护,对病害及时进行维修,不断发现和克服不安全的因素,确保工程安全。同时,科学调度、使用和保护水资源,使水利工程长期充分发挥其应有效益,这就是水利工程管理的重要意义。

为全面提高我国水利工程安全管理的科技水平,有效减少事故隐患,预防和控制恶性灾难事故发生,遏制群死群伤和重大经济损失,保障国家经济与社会的可持续发展,开展水利工程安全管理技术的研究和教育,显得极其迫切和重要。

3 水利工程管理工作的内容

水利工程管理工作的内容包括行政管理和技术管理。水利工程行政管理是指组织宣传水利管理相关法律、法规、规章和有关技术标准,严厉打击破坏和影响水利工程安全的行为。水利工程技术管理包括以下内容:

(1)水工建筑物的巡查工作。巡查即巡视检查,是用眼看、耳听、手摸等直观方法并辅以简单的工具,对水工建筑物外露的部分进行检查,以发现一切不正常现象,并从中分析、判断建筑物内部的问题,从而进一步进行检查和观测,并采取相应的修理措施。人工巡视检查是大坝安全监测的重要内容,能较好地弥补仪器观测的局限性,但这种检查只能进行外表检查,难以发现内部存在的隐患。

(2)水工建筑物的仪器观测工作。水工建筑物在施工及运行过程中,受外荷载作用及各种因素影响,其状态不断变化,这种变化常常是隐蔽、缓慢、直观不易察觉的。为了监视水工建筑物的安全运行状态,通常在坝体和坝基内埋设各种监测仪器,以定期或实时监测埋设仪器部位的变形、应力应变和温度、渗流等,并对这些监测资料进行整理分析,评价和监控水工建筑物的安全状况。然而,在出现隐患、病害的部位不一定预埋监测仪器,或者因仪器使用寿命而失效,因此需要用巡视检查和现场检测加以弥补。

(3)水工建筑物的养护工作。养护是指保持工程完整状态和正常运用的日常维护工作,它是经常、定期、有计划、有次序地进行的。

(4)水工建筑物的维修工作。维修工作一般可分为岁修、大修和抢修三种。岁修:在每年汛后检查发现工程问题,而后编制岁修计划,报批后进行修理。大修:工程发生较大损坏,修复工作量大,技术较复杂,管理单位报请上级主管部门批准,邀请设计、施工和科研单位共同研究制订修复计划,报批后进行修理。抢修:工程发生事故,危及工程安全时,管理单位应立即组织力量进行抢险,同时上报主管部门,采取进一步的处理措施。

(5)防汛抢险工作。各级机构应建立防汛机构,组织防汛队伍,准备物资器材,立足于防大汛抢大险,确保工程安全。不断总结抢险的经验教训,及时发现险情,准确判断险情的类型和程度,采取正确措施处理险情,迅速有力地把险情消灭在萌芽状况,是取得防汛抢险胜利的关键。

(6)水库控制运用。在原规划设计的基础上,根据水文气象、上下游防洪要求,结合工程情况与用水部门的要求,合理地、有计划地进行洪水调度和兴利调度,保证工程安全和发挥最大效益。

(7)用水管理。根据水源情况、工程条件、工农业生产安排等方面编制用水计划,实行计划用水。为了按照用水计划的规定和水量调配组织的指导,应调节、控制水量,准确地从水源引水、输水和按定额向用水单位供水,同时做好量测水工作。在灌溉用水中,减少渠道水量损失、提高灌溉水的利用率是一项极为重要的工作。其主要措施包括改善灌水技术、渠道防渗、积极开展灌排试验等。

本书主要介绍水利工程技术管理前五个方面的内容。

4 水利工程管理工作的目的

在过去很长一段时期,人们往往只重建设而轻视管理,只讲投资而不讲效益,不重视对水利工程的管理工作,致使水利工程存在诸多问题,主要表现在以下几个方面:

(1)水利工程失修、设备老化,需要进行更新改造。

(2)不少工程遭到一定程度的人为破坏和生物性破坏。

(3)工程的配套不够,设备利用率低,经济效益不高。

(4)安全监测与维修技术落后,监测与维修水平有待提高。

(5)跑、冒、滴、漏、渗等问题严重,能源消耗较大。

(6)有些工程的抗御灾害的标准偏低,特别是大江、大河、大坝的安全问题严重。

针对水利工程管理工作中存在的问题,我们可以知道安全监测与维护工作是保证水利工程的安全,充分发挥水利工程的效益,更好地为工农业生产服务的一项重要的基本工作。为了做好这项工作,首先应当详细了解工程的情况,在工程施工阶段应筹建管理机构,并派人员参与施工;工程竣工后,要严格履行验收交接手续,要求设计单位和施工单位将勘测、设计和施工资料一并交给管理单位;管理单位要根据工程具体情况,制定出水工建筑物监测与维护工作规章制度,并要做到认真贯彻执行,保证工程的正常运行,充分发挥其效益。

对水工建筑物进行监测与维护,必须本着以防为主,防重于修,修重于抢的原则。做好日常检查和养护工作,防止工程出现病害或发展扩大,发现水工建筑物出现病害后,应及时进行维修。做到小坏小修,随坏随修,以免造成更大的损失。在水工建筑物的维修工作中,应根据检测的结果,吸取先进的经验教训,因地制宜,力求取得最大的经济效益。对于难以解决的某些特殊情况,应请设计、施工和科研等单位协商,确定处理措施,并及时进行观测,验证其效果。当水工建筑物出现险情时,应在党和政府的统一领导下,充分发动群众,立即进行抢护,从思想上、组织上、物质上和技术上,充分做好防汛抢险准备,做好相应的抢险方案,尽可能减少洪水损失。

几十年来,我国工程安全监测技术人员为保障工程安全付出了大量心血,取得了丰硕的成就;各级水利部门十分重视水工建筑物养护维修工作,取得了很好的效果,积累了许多整治病害的经验。在水库安全监控和除险加固中引进了许多新技术、新材料、新工艺。例如土坝渗流热监测技术,微震监测、声发射监测技术,4S 技术在堤坝安全监测中发展并应用,采用一些防水堵漏新技术,在土坝中采用劈裂灌浆法处理渗漏,应用土工膜和土工织物防渗排渗,采用新技术、新工艺防止钢闸门腐蚀,使用新品种水泥和新型防水材料等。

总之,水利工程管理工作的目的就是:①通过水利工程安全监测实时掌控工程安全健康性状,服务于工程安全管理,充分发挥水利工程的效益;②保证水工建筑物安全度汛;③检验和完善设计理论与方法;④优化施工工艺,指导施工;⑤对水工建筑物进行经常养护,及时发现隐患,对病害及时处理;⑥配合工程科学研究和其他。

5 三类大坝及大坝的三种状态

我国病险水库一般是指工程实际洪水标准未达到规定要求的标准,或虽达到规定洪水的标准,但工程存在较严重的质量问题,影响大坝安全,不能正常运行的水库,即水库大坝属《水库大坝安全鉴定办法》规定的三类坝的水库。这类大坝由于存在安全隐患,需要进行除险加固或重建甚至报废。

大坝安全状况分为三类,分类标准如下:

一类坝:实际抗御洪水标准达到《防洪标准》(GB 50201—2014)规定,大坝工作状态正常;工程无重大质量问题,能按设计正常运行的大坝。

二类坝:实际抗御洪水标准不低于部颁水利枢纽工程除险加固近期非常运用洪水标准,但达不到《防洪标准》(GB 50201—2014)规定;大坝工作状态基本正常,在一定控制运用条件下能安全运行的大坝。

三类坝:实际抗御洪水标准低于部颁水利枢纽工程除险加固近期非常运用洪水标准,或者工程存在较严重安全隐患,不能按设计正常运行的大坝。

大坝的三种工作状态分别是:正常状态、异常状态和险情状态。

正常状态:指大坝达到设计功能,不存在影响正常使用的缺陷,且各主要监测量的变化处于正常状态。

异常状态:指工程的某些功能已不能完全满足设计要求,或主要监测量出现某些异常,因而影响正常使用状态。

险情状态:指工程出现危及安全的严重缺陷,或环境中某些危及安全的因素正在加剧,或主要监测量出现较大异常,按设计条件继续运行将出现大事故的状态。

对于三类坝和非正常状态水库,必须加强安全监测及养护维修,提出有效的安全度汛方案,确保安全,并及时对病害进行研究分析,提出整治措施,报请批准后,积极进行除险加固。而对于一、二类坝和正常状态水库枢纽,要进行有计划、有次序、经常的检查监测和养护工作,保证水库枢纽处于正常状态,不向异常状态或险情状态转变。

6 我国大坝安全管理现状与发展趋势

6.1 我国大坝安全管理现状

6.1.1 大坝安全现状

至2007年底,我国共有4万多座病险水库。迄今为止,共3 480多座水库大坝溃决。两个溃坝高峰分别在1959~1961年和1973~1975年,这正是“大跃进”和“文化大革命”后期。其中1973年一年溃坝达554座,为平常年份的8倍。进入20世纪80年代后溃坝数明显减少,10年间溃坝266座;90年代更少,1991~2003年12年间溃坝235座。

大坝安全事故的发展情况表明:一方面,我国特定历史时期的建设制度缺陷,造成很多质量隐患在特定历史时段集中爆发;另一方面,自20世纪80年代以来,我国大坝安全管理水平有了较大发展,但总体管理水平与国外先进国家还有相当大的差距。

20世纪80年代,《中华人民共和国水法》颁布施行,使大坝安全管理由以前的行政管理上升到法律层次。90年代颁布《水库大坝安全管理条例》《土石坝养护修理规程》《混凝土坝养护修理规程》《综合利用水库调度通则》《水库洪水调度考评规定》等一系列配套的规范性文件和技术标准,为水库管理的法制化、规范化奠定了基础。

6.1.2 大坝安全应急预案

20世纪,我国大坝安全管理无完善的应急预案,仅有指导性的管理条例与规程。

进入21世纪,政府倡导"以人为本"的治理理念,国务院于2004年发布《国家有关部门和单位制定和修订突发公共事件应急预案框架指南》。2006年发布《国家突发公共事件总体应急预案》,同年3月,国家防汛抗旱总指挥部办公室颁布了《水库防汛抢险应急预案编制大纲》,6月国家安全生产监督管理总局发布了《生产经营单位生产安全事故应急预案编制导则》。2015年9月,水利部颁发了《水库大坝安全管理应急预案编制导则》,它的颁布和实施将规范和科学指导水库大坝安全管理应急预案编制工作,提高应对水库大坝突发事件能力,切实保障水库大坝安全,防灾减灾及社会、生态效益显著。

在这样的背景下,大坝安全管理部门为了切实做好安全管理工作,保障大坝安全,最大程度保障人民群众生命安全、减少损失,深入研究所管辖大坝的安全特征,编制适合国情、适合本身特点的应急预案。

6.1.3 大坝风险评估和风险管理

我国目前在大坝安全评价中还沿用传统的基于确定性准则的方法,通过大坝安全定期检查,诊断出大坝存在的缺陷,鉴定大坝安全等级。

从20世纪90年代开始,对大坝风险评价、溃坝风险、溃坝经济分析、蓄滞洪区洪水演进、溃堤过程等领域开展初步研究,并进行了一些典型应用,但目前还属于起步阶段,尚未形成一个完整的体系,缺乏相应的法规和标准,与实际应用尚有一定距离。

近20年来,我国经济高速发展,水库下游地区经济不断发展、大坝服役年限也在延长,水库大坝的风险随之上升,因此需要研究一个地区的风险承受能力。针对我国水库大坝安全管理的实际,正在开展水库大坝风险研究,提出具有可操作性的风险管理对策,实施水库大坝风险管理。

水库大坝的风险评估和风险管理与一个国家的政治制度、法律法规体系、经济发展及人口资源状况、历史文化背景、社会民情均有联系,须在广泛调查、深入研究的基础上,建立适合我国国情的大坝风险评估及风险管理方法、体系和标准。

6.1.4 大坝安全管理信息平台建设

大坝安全管理是一项技术性很强的综合性工作。随着我国新建大坝越来越多,大坝越来越复杂、已运行大坝坝龄延长,社会对大坝安全管理的要求日益提高。面临大坝安全这个复杂的系统工程以及日常安全管理中海量数据的分析、处理,借助信息技术,建立大坝安全管理信息平台,已是管理部门的唯一选择。

当前,不少大坝业主都将计算机、信息网络、数据库和自动化等技术运用到大坝安全管理中。建设大坝安全管理系统,提高对大坝运行状态的远程、实时监控水平,及时发现和处理问题,同时提高汛期水库调度和大坝安全管理的科学决策能力。

6.2 我国大坝安全管理发展趋势

6.2.1 21世纪我国大坝安全管理的特点与挑战

(1)全球气候变暖对大坝安全管理的影响。受"厄尔尼诺""拉尼娜"等气候现象及人类生活方式的影响,全球气候变暖及极端气候天气的加剧已是不争的事实,它正影响和改变我们的生活。历史经验表明,大坝的很多事故与极端天气气候密切相关。全球气变暖和极端气候事件对大坝安全影响主要在于温度、降水及暴风引起的水库波浪。

(2)经济、社会发展使大坝风险加大,社会公众更加关注。面对这些压力,大坝安全管理业界必须不断创新,采用新技术、新方法,扎实工作,使我国大坝安全管理上新台阶,给公众满意的答复。

(3)高坝大库的建设对安全管理提出更高要求。随着我国水电事业的快速发展,在近几年我国将陆续有一批世界级的高坝、水库和巨型水电站投入运行。由于这些工程规模巨大且大部分分布在工程地质条件十分复杂、地质灾害频发、地震震级高的西部高山峡谷地区,其设计和施工水平具有相当高的技术含量,它们的投产运行对大坝运行安全监督管理提出了更高的要求。大坝安全管理研究人员必须对这些特定工程进行深入研究,研究新出现的问题,提出全面的、高可靠性的安全管理方案。

6.2.2 我国大坝安全管理发展动向

随着时代的发展,大坝的安全管理给我们提出了新的课题和挑战。在新形势下,从技术角度出发,我国的大坝安全管理将存在以下两个明显的发展动向:

(1)粗放型管理向技术型管理转化。目前,不管是大型水库还是中小型水库,都是粗放型管理。在具体的安全评价、管理方面,还是沿用传统的基于确定性准则的方法,通过大坝安全定期检查,诊断出大坝存在的缺陷,辅以专家的经验判断,通过定性和定量分析,评价已建大坝的安全状况,鉴定大坝安全等级,结论中难免有主观因素。随着社会经济发展,大坝安全管理工作将更加专业、细致、深入,要求建立大坝的安全技术档案,进行安全监测及资料分析,对大坝失事的可能性以及可能带来的后果进行判断、研究和评估,进而对大坝安全状况做出更为符合实际要求的评价,同时进行风险排序,提出安全维护和除险建议等。该管理办法将是一项技术性很强的工作。

(2)工程安全管理向风险管理发展。半个世纪以来,我国大坝安全管理模式基本上没有变化。各级水行政主管部门负责大坝的安全,汛前、汛后组织安全检查,力保汛期不垮坝。遇水库存在严重隐患,缺乏资金及时除险加固时,多采用限制蓄水的办法来保证防汛安全。这套管理模式,经过几十年的完善,已经比较成熟。特别是近20年来,在安全管理方面取得了很多经验,行政首长负责制在防汛安全中起了极大作用。

随着经济和社会的发展,大坝给下游带来的威胁(风险)越来越大。我国坚持"以人为本,全面、协调、可持续"的发展观,进一步强调公共安全,强调人与自然和谐相处。为此,对大坝安全的要求越来越高,要求更深入、细致、综合的管理模式,这就是风险管理模式。在防洪减灾方面,水利部的治水理念已经从"试图完全消除洪水灾害、入海为安"的思路转化为"承受适度风险,制定合理可行的防洪标准、防御洪水方案和洪水调度方案,综合运用各种措施,确保标准内防洪安全,遇超标准洪水把损失降到最低限度"。这种思路已经和国外很多国家的水利工程管理思路接轨,从工程的安全管理向更加综合、全面的风险管理转化。大坝的风险管理是今后发展的一个方向,是社会和经济进步的必然结果。

任务2　水利工程规范化管理

为全面提高水利工程管理水平,确保水利工程安全运行,充分发挥水利工程综合效益,必须推进水利工程管理规范化建设,加强水利工程规范化管理。

1　加强水利工程规范化管理工作的重要性和紧迫性

水利工程是国民经济和社会发展的重要基础设施,是保障和服务民生的重要物质载体。加强水利工程规范化管理,有效提高水资源供给、水灾害防御和水生态保护三大安全保障能力,是贯彻落实党中央、国务院和水利部一系列重大决策部署的具体行动,是经济社会发展的迫切要求。当前我国水利工程管理仍存在不少困难和问题,与经济社会持续快速发展需要不相适应。水管体制改革后,各项政策措施真正落实到位的任务仍很繁重,改革仍需向宽领域、深层次方向推进;大量水利工程由于管理经费不足得不到正常的维修养护,工程老化损毁和效益衰减严重;工程综合管理措施和技术手段落后,制约工程效益的发挥。因此,必须从加强规范化管理入手,切实提高水利工程管理的能力和水平,最大限度地发挥水利工程的综合效益。

2　水利工程规范化管理的目标、任务和原则

2.1　主要目标

建立"体制理顺、机构合理、权责明确、运行高效、良性发展"的水利工程管理体系。

2.2　重点任务

通过加强规范化管理,努力实现水利工程管理常态化、标准化、专业化、目标化、现代化,具体如下:

(1)加强日常管理,落实责任体系,实现管理常态化。

(2)制定管理标准,完善规章制度,实现管理标准化。

(3)健全组织机构,强化队伍建设,实现管理专业化。

(4)推行管理考核,建立激励机制,实现管理目标化。

(5)加强信息化建设,提高装备水平,实现管理现代化。

2.3　基本原则

(1)坚持建管并重。要在水利工程规划设计、立项审批、施工建设、竣工投产等全过程中统筹考虑工程建成后运行管理保障措施,不断加大工程管理投入力度,为工程的良性运行和可持续发展奠定基础。

(2)坚持分步实施。要根据经济社会发展和工程管理现状,明确不同阶段的工作目标和具体措施,有计划、分步骤地组织实施,稳步推进水利工程规范化管理。

(3)坚持分类指导。要根据河道堤防、水库、拦河闸(坝)、泵站、灌区、供水(调水)工程等不同工程类别特点,制定相应的管理和考核标准,并严格实施、科学推进水利工程规范化管理。

(4)坚持严格考核。要实行管理考核制度，并将管理考核纳入绩效考核体系，建立与考核相适应的奖惩激励机制。

3　水利工程规范化管理具体工作措施

3.1　深化改革，健全组织管理

进一步深化和扩大水管体制改革成果，全面落实“两项经费”，做到“机构、人员、经费”三落实。积极引入竞争机制，实行竞聘上岗，建立合理有效的分配激励机制。建立健全岗位责任制度、目标考核制度、请示报告制度、职工培训制度、工作总结制度、工作大事记制度、档案管理制度等规章制度。加强队伍建设，提高管理队伍整体素质和专业化水平。大中型灌区要在深化专管机构改革的同时，逐步健全完善行之有效的群管组织。

3.2　落实责任，加强安全管理

加强工程治理加固和更新改造工作，不断提高工程标准、设施完好率和工程效能，为工程安全运行和效益发挥奠定基础。加强工程安全检查和监测，严格执行水库大坝、水闸注册登记、安全鉴定规定，加强病险工程安全隐患排查和处置，全面掌握工程安全状况，避免安全责任事故的发生。强化依法管理，进一步完善工程确权划界，落实执法责任制，突出做好涉水建设项目和河道采砂管理工作，及时发现和制止危害工程安全和管理的不法行为。强化防洪安全管理，全面落实防汛责任制，健全防汛办事机构，做好汛前检查，编制和完善防洪预案，落实防汛物资储备和抢险队伍，建立健全防汛值班、预警预报、应急抢险、事后处置等各项制度，确保度汛安全。

3.3　夯实基础，强化运行管理

加强工程运用和调度管理，制订用水计划，科学合理地进行蓄水、引水、提水、调水和分配水量。强化工程日常管理，有效落实管理责任，将工程管理各个时期、各个环节的工作逐项分解，明确管理内容和责任，确保各类工程和设施、设备有专人管理。建立健全各项管理技术操作规程，进一步建立完善检查巡查日志制度、工程运行记录制度、工程维修养护制度、重大事故报告和处理记录制度、关键岗位明示制度、资料整编归档制度等运行管理制度，做到操作规范、资料齐全、记录规范。建立和完善内部考核监督机制，严格内部检查通报制度，确保工程管理责任和日常管理工作得到落实。加强工程管理自动化、信息化建设，不断提高水利工程管理的现代化水平。

3.4　多措并举，加强经济管理

积极协调有关部门，在水利工程规划设计、立项审批、施工建设、竣工投产等过程，统筹落实工程运行和管理保障措施，加大工程管理投入力度。按照水管体制改革要求，将人员经费、工程日常维修养护和运行管理等经费纳入各级财政年度预算安排计划，保障资金及时足额到位。依法收取水费、河道工程维护管理费、河道采砂管理费、水工程占用补偿费等各项水利规费，增强水管单位经济保障能力。在确保防洪安全、用水安全和生态安全的前提下，制定水土资源开发利用规划，合理有序地开发水土资源，充分发挥水利工程的综合效益，保障水利国有资产保值增值。

4 水利工程规范化管理考核办法及考核标准

4.1 国家级水利工程规范化管理单位考核办法及标准

为推进水利工程管理规范化、法制化、现代化建设,提高水利工程管理水平,确保水利工程运行安全和充分发挥综合效益,水利部以水建管〔2016〕361号文印发了《水利工程管理考核办法》及其考核标准,包括《水库工程管理考核标准》《水闸工程管理考核标准》《河道工程管理考核标准》《泵站工程管理考核标准》和《灌区工程管理考核标准》。

取得"省一级水利工程规范化管理单位"(或"省一级水利工程管理单位")的,可申报水利部考核验收,通过水利部验收,获得"国家级水利工程规范化管理单位"。

水利部水利工程管理考核的对象是水利工程管理单位(指直接管理水利工程,在财务上实行独立核算的单位,简称水管单位),重点考核水利工程的管理工作,包括组织管理、安全管理、运行管理和经济管理四类。水利工程管理考核,按河道、水库、水闸等工程类别分别执行相应的考核标准。

水利工程管理考核实行千分制。水管单位和各级水行政主管部门依据水利部制定的考核标准对水管单位管理状况进行考核赋分。

水利工程管理考核分水管单位自检和各级水行政主管部门考核验收两个阶段。考核结果达到水利部验收要求的,可自愿申报水利部验收。

通过水利部验收,考核结果总分应达到920分(含)以上,且其中各类考核得分均不低于该类总分的85%。通过省级及其以下考核验收,考核结果由各级水行政主管部门确定。

申报水利部验收的,需具备以下条件:

(1)完成水管体制改革并通过验收。

(2)水库、水闸工程按照《水库大坝注册登记办法》和《水闸注册登记管理办法》的要求进行注册登记。

(3)水库、水闸工程按照《水库大坝安全鉴定办法》和《水闸安全鉴定规定》的要求进行安全鉴定,鉴定结果达到一类标准或经过除险加固达到一类标准。河道堤防工程(包括湖堤、海堤)达到设计标准。

(4)新建工程竣工验收后运行3年以上;除险加固、更新改造工程完成竣工验收,且主体工程竣工验收后运行3年以上。

水利部建立水管单位考核验收专家库,水利部验收专家组从专家库抽取验收专家的人数不得少于验收专家组成员的2/3;被验收单位所在省(自治区、直辖市)或流域管理机构的验收专家不得超过验收专家组成员的1/3。

通过水利部验收的水管单位,由水利部通报。各级水行政主管部门及流域管理机构可对通过水利部验收的水管单位给予奖励,具体奖励办法自行制定。

通过水利部验收的水管单位,由流域管理机构每三年组织一次复核,水利部进行不定期抽查;部直管工程和流域管理机构所属工程由水利部组织复核。对复核或抽查结果,水利部予以通报。

4.2 省一级水利工程规范化管理单位(或“省一级水利工程管理单位”)考核办法及标准

为加强水利工程规范化管理,全面提高水利工程管理水平,确保水利工程安全运行,充分发挥水利工程综合效益,各省(自治区、直辖市)也制定印发了有关水利工程规范化管理的规范性文件。例如,2010年山东省水利厅印发了《关于加强水利工程规范化管理工作的意见》《山东省水利工程规范化管理考核办法》(鲁水管字〔2010〕10号)、《山东省水利工程规范化管理考核验收细则》(鲁水管字〔2010〕59号)、《山东省河道堤防、水库、拦河闸(坝)工程规范化管理考核试行标准》(鲁水管字〔2011〕11号)等规范性文件,指明了规范化管理工作的目标原则和措施方法,为各地认真组织开展水利工程规范化管理提供了制度保障。2013年山东省根据需要,结合实际情况,省水利厅对有关文件进行了修订完善,制定印发了《山东省水利工程管理绩效考核办法》《山东省水利工程管理绩效考核验收细则》(鲁水管字〔2013〕19号)、《山东省河道堤防、水库、拦河闸(坝)工程管理绩效考核标准》(鲁水管字〔2013〕24号)。

4.2.1 水利工程管理绩效考核办法

水利工程管理绩效考核(简称管理考核)的对象为具有独立法人资格、直接管理水利工程的单位(通称水管单位)。重点考核水管单位的管理工作,其中水库、河道堤防、拦河闸(坝)、泵站工程考核组织管理、安全管理、运行管理和经济管理;灌区、调水(供水)工程考核工程管理、用水管理、组织管理和经营管理。

管理考核实行年度考核与目标考核相结合、年度考核常态化、目标考核自愿申报的原则。

管理考核实行1 000分制。各设区市(简称各市)水行政主管部门可根据当地水利工程管理情况,确定本市年度考核优秀、合格、不合格等次的相应分值。

年度考核分自查和考核两个阶段。对年度考核结果达到省级水利工程管理单位考核标准的,可自愿申报省水行政主管部门验收。

省级水利工程管理单位分为省一级水利工程管理单位和省二级水利工程管理单位。考核结果为920分以上(含920分),且各类考核得分均不低于该类总分的85%的,确定为省一级水利工程管理单位;考核结果为850~920分(含850分),且各类考核得分均不低于该类总分的80%的,确定为省二级水利工程管理单位。

申报省二级水利工程管理单位,须具备以下条件:

(1)具有独立法人资格、直接管理水利工程的单位。

(2)完成水管体制改革并通过验收。

(3)水库、水闸工程按照水利部《水库大坝注册登记办法》和《水闸注册登记管理办法》的要求进行注册登记。

(4)水库、水闸工程按照水利部《水库大坝安全鉴定办法》和《水闸安全鉴定规定》的要求进行鉴定,且鉴定结果达到二类以上标准或经过除险加固达到设计标准。

(5)河道堤防工程达到设计标准的,或虽未达到设计标准,但遇标准内洪水连续5年未发生重大险情。

(6)新建工程竣工验收后运行3年以上;除险加固、更新改造工程完成竣工验收,且主体工程竣工验收后运行2年以上。

申报省一级水利工程管理单位,须具备以下条件:

(1)除符合省二级水利工程管理单位规定的条件外,水库、水闸工程应符合鉴定结果达到一类标准或经过除险加固达到设计标准;堤防工程应达到设计标准。

(2)通过省二级水利工程管理单位考核验收后运行1年以上。

省级管理单位考核包括初验、申报、验收三个阶段。经验收达到省级水利工程管理单位的,省水行政主管部门颁发标牌和证书。

对通过水利部验收和达到省级水利工程管理单位的,省级采取一定的形式给予资金奖励,并作为评选省级以上先进水管单位的优先条件。

省级水利工程管理单位实行动态管理,管理期限为3年,每3年进行一次复核,并对复核结果予以通报。复核结果达不到原定等级的,取消其原定等级,并收回标牌和证书。

4.2.2　河道堤防、水库、拦河闸(坝)工程管理绩效考核标准

例如,《山东省河道堤防工程管理绩效考核标准》包括4类31项标准,《山东省水库工程管理绩效考核标准》包括4类30项标准,《山东省拦河闸(坝)工程管理绩效考核标准》包括4类29项标准。其中,《山东省河道堤防工程管理绩效考核标准》包括4类31项标准,如下所示:

(1)组织管理共5项标准,150分:①管理体制和运行机制(40分);②机构设置和人员配备(30分);③精神文明(20分);④规章制度(30分);⑤档案管理(30分)。

(2)安全管理共10项标准,300分:⑥工程标准(30分);⑦确权划界(30分);⑧建设项目管理(30分);⑨河道采砂与清障(30分);⑩依法管理(50分);⑪防汛组织(20分);⑫防汛准备(20分);⑬工程抢险(30分);⑭工程隐患及除险加固(30分);⑮安全管理(30分)。

(3)运行管理共12项标准,450分:⑯日常管理(70分);⑰堤身(70分);⑱堤顶道路(30分);⑲河道防护工程(40分);⑳穿堤建筑物(40分);㉑害堤动物防治(20分);㉒生物防护工程(40分);㉓工程排水系统(30分);㉔工程观测(30分);㉕河道供排水(20分);㉖标志标牌(30分);㉗管理现代化(30分)。

(4)经济管理共4项标准,100分:㉘财务管理(30分);㉙工资、福利及社会保障(30分);㉚费用收取(20分);㉛水土资源利用(20分)。

项目案例

案例一　都江堰工程运行管理

举世闻名的水利工程——都江堰,不仅是著名的世界文化遗产,而且以其功能效益的持续发挥和扩大而闻名遐迩。都江堰巧夺天工的鱼嘴、飞沙堰、宝瓶口三大工程,以及三大工程之间的相依相连、三位一体的运用,使天府之国“水旱从人”“沃野千里”。“乘势利导、因时制宜”的引水、分洪、飞沙,使水资源得以持续永久的利用,造福人民;“顺天应人、以天工代人力”营造了成都平原的富饶和良好生态;“深淘滩、低作堰,排洪保灌”至今仍泽育着千万亩粮田。都江堰的建设与运用,成功跨越了人与自然的依存、开发、掠夺、和谐

的各个阶段，与环境相得益彰，与自然和谐统一，与社会经济发展脉络相承。

一、都江堰工程概况

都江堰水利枢纽工程始建于公元前256年，迄今已有2 260年的历史，是当今世界上仍在发挥巨大社会经济效益的最古老的水利工程，至今仍充满活力，是世界水利史上的一大奇迹。

都江堰在岷江上游340 km处建堰无坝引水，集雨面积2.3万km^2，多年平均来水量147亿m^3。新中国成立以来，都江堰灌区的发展经历了三个阶段。20世纪50年代初至60年代末，扩大成都平原及周边高地，灌溉面积达45万hm^2；60年代末至80年代初，从南、中、北三路打通龙泉山，建成黑龙潭、三岔、鲁班等大中小型水库近300座，灌溉面积扩大到57万hm^2，呈现出“长龙地上走，银河天际流，彩虹起深谷，高峡出平湖”的壮丽图景；1986~1993年进行了灌区改造，使灌溉面积进一步扩大，目前已达到67万hm^2，灌区规模跃居全国首位，都江堰总引水量达100亿m^3，完整而庞大的都江堰水利工程设施体系，已成为四川省经济发展和社会进步不可替代的基础设施。

二、都江堰工程管理体系

都江堰工程之所以经历2 260年运用而经久不衰，富有成效的工程管理体系发挥了不可替代的重要作用。

（一）“官堰”与“民堰”

都江堰在2 000多年的实践中，逐步形成三级管理体制。省级政府部门管渠道工程，设置堰官，管理堰务，称为“官堰”。下一级政府部门按行政区划管理岷江干流的都江堰至新津河段的金马河、灌溉排洪兼用的蒲阳河、柏条河、清白江及中游的杨柳河等，并管理支渠或分干渠，统称为地方水利工程。在各河引水的支渠以下灌溉工程，由受益群众组织自建自管，称为“民堰”。

汉灵帝时（公元168年）设置了“都水椽”和“都水长”等水利官员，负责维修管理都江堰渠首工程。据《水经注·江水》载，三国蜀汉时，“诸葛亮北征，以此堰农本国之所资，以征丁千二百人主护之，有堰官”。自蜀汉后，晋、唐、宋等朝代，渠首所在地的县令兼办渠首工程。新中国成立后，建立了局、处、站三级专业管理机构和基层管理组织。

（二）岁修

都江堰创建初期，以及秦汉时代主要是工程建设和开发。以后各朝代逐步扩大灌区，并加强了工程的管理和维护。宋代以后，形成每年冬春枯水季节又是农闲之时的断流岁修制度，制定了“旱则引灌，涝则疏导”等一整套管理制度和维修方法。2 000多年的治水经历，总结出了流传千古的治水经验。最为著名的有李冰的治堰准则“深淘滩、低作堰”，两者相辅相成，科学地解决了引水与泄洪排沙的关键问题；清同治十三年（1874年），灌县知县胡折所编治水“三字经”，以及后来的治河格言“遇弯截角，逢正抽心”和治水八字法则“乘势利导，因时制宜”等，这些成功法理，至今仍然对都江堰的维护管理起着指导作用。新中国成立后，在工程维护上坚持了“五年一大修”和“十年一特修”的制度，保持了工程的更新和稳固。

（三）闸坝与河渠管理

都江堰建成以后，一直用竹、木、卵石等来修缮灌溉、防洪等工程。1952年春以后，开始从渠首到灌区的干支渠进口,用钢筋混凝土陆续修建闸坝,干渠用钢闸门,支渠用木闸门并逐步改为钢闸门。又将人民渠进口拦河坝改为钢筋混凝土节制闸,将石堤堰府河与毗河分水的毗河水坝改为节制闸,将木马山进口引水工程的江安河拦河水坝改为橡胶坝等。随着引水流量不断扩大,都江堰渠首的工程格局也发生了很大变化,一系列的维修、改建、续建,保障了工程本身的完好性,为工程的持续运用奠定了坚实基础。

新中国成立后,随着灌区的扩大,都江堰灌区逐步形成了统一管理和分级管理、专业管理和群众管理相结合的管理体制。这种体制较好地适应了计划经济体制下的都江堰运作。随着社会主义市场经济的建立和完善,工程的权属、公有制的实现形式和修缮维护的投资渠道等方面暴露出了新问题。比如,水资源配置以行政手段为主,市场作用机制不明显,水管单位只对工程统一管理,无权或无足够职能对水资源进行统一调配,缺乏对灌区主要水源的控制能力,公益性支出得不到回报,供水价格低于供水成本,虽然都江堰的运用效益大,但水管单位的财务收益小,使工程维护配套经费严重不足。

近年来,在人水和谐的治水理念指导下,四川省水利厅、都江堰管理局抓住水利管理体制改革的有利时机,不断完善管理体制,探索水利工程管理的新思路,发挥管理效能,注重协调和把握工程管理、效益发挥、文物保护及人文景观等方面关系,创造、继承和完善了都江堰工程管理模式,使古老的都江堰水利工程不断焕发出新的生机和活力。

都江堰的"健康长寿",并非历史的偶然遗留,而是自然与社会发展的必然结果。为什么那么多远古的水利工程已遗迹全无?为什么那么多近代的水利工程成为病险工程,功能缺失,效益难以发挥?成都平原的人民依恋都江堰,天府之国的自然环境和经济社会发展离不开都江堰,都江堰的工程持续发挥效益,这都是展现在人们面前不争的事实。事实证明,都江堰的一整套随历史进步而不断调整的管理体制起着至关重要的作用。

案例二　天津市尔王庄管理处精细化管理

一、单位简介

尔王庄管理处成立于1983年,坐落于天津市宝坻区尔王庄镇,隶属于天津市水务局(天津市引滦工程管理局),现有职工308人,下辖14个科级单位,管理着8座输水泵站、17座配套闸涵、18.9 km输水明渠、6.5 km输水暗渠和1座库容4 530万 m^3 的平原水库,常年担负着向天津中心城区、滨海新区及大中型企业的供水任务,年供水量6亿 m^3 左右,是引滦入津工程的重要供水枢纽,已安全运行30年,为天津经济社会又好又快发展提供了可靠的水源保障。

在1998~2001年连续4年获得引滦工程管理和局工作目标考核第一名的基础上,尔王庄管理处不断创新管理模式,打造精细管理品牌,自2003年连续10年获得引滦工程管理考核和局工作目标考核"双优秀",先后获得"全国模范职工之家""全国绿化模范单位""全国水利系统职工文化先进集体""全国水利系统先进集体""全国创先争优先进基层党组织"等省部级以上荣誉30余项,2005~2011年连续三次获得"全国文明单位",2010年创建了国家级水管单位,全面推动管理工作持续健康发展。

二、工作成效和亮点

2007年,尔王庄管理处党委按照局党委的治水思路和引滦"三大发展规划"的建设要求，开始推行精细化管理。

一是明确思路。尔王庄处在充分学习借鉴企业精细化管理的基础上，立足工作实际，提出“精心、精细、精准、精良”的精细化管理理念，计划用一年时间，完成理念培树、制订方案、方案实施、阶段验收、总结成果五个阶段工作，达到职工精细理念更加牢固，管理工作更加务实，岗位责任更加明确，工作落实更加高效的目的。

二是培树理念。为确保精细化管理目标实现，尔王庄管理处提出“人本、安全、诚信、创新、和谐、业绩”的文化理念，采取集中讲座和深入基层站点现场讲解等方式，对职工进行理念和知识培训，并编制精细化管理手册，组织干部职工分批次到蓟县国华电厂、青岛海尔集团参观学习，交流心得体会。

三是规范程序。尔王庄管理处专门成立了精细化管理领导小组，完善制度管理、岗位责任、管理标准、考核监督四个体系，推行物品标识定位管理、日常巡视路线管理、业务工作流程管理、设备检查细化管理。通过对各部门职能的细化梳理，进一步明确部门之间权职责任，有效杜绝了延误工作、推诿、扯皮现象。

四是突出重点。尔王庄管理处突出以泵站精细化为重点，对常规管理制度和考核标准进行细化、量化，每台机电设备明确责任人，设置标识牌、巡视路线和巡视点。同时，建立事故未遂奖励机制和“三个泵站所”(暗渠所、一所、二所)应急联动响应机制，建全设备管理档案和预见性检修项目库，广泛开展了运行与检修技术比赛活动，制作《泵站应用技术培训教程》并编制《泵站故障检修实例》实用手册，开停主机实行半军事化管理。

五是创新亮点。尔王庄管理处要求各部门每年都要立足于自身实际，确定1~2个精细化亮点工作。每年对优秀亮点在全处范围内进行宣传推广，推动精细化管理工作深入开展。截至目前，共完成40余个精细化亮点，其中信息系统设备档案管理、岗位优化管理和明渠、水库工程缺陷管理系统达到了较高水平。

六是融合推动。为达到提高整体水平的精细化管理效果，几年来，尔王庄管理处开展了星级职工评选，推行了办公经费包干管理，尝试了维修维护工程承包管理，开展了泵站节能降耗研究，加强了人才培养，合理开发利用了土地资源，有力地促进了管理工作的持续健康发展。

七是总结升华。通过近五年的精细化管理，尔王庄管理处深刻认识到深入持久地推行精细化管理，有利于提高职工素质，有利于提高工作效率，有利于管理工作的持续进步。为此，组织有关人员认真总结精细化管理成果，加强对精细化管理的理论探讨，与天津大学等部门合作，编辑出版了14种水管单位精细化管理系列丛书，实现了从实践到理论的升华和推广，为今后深入推进精细化管理提供了理论素材。通过推行精细化管理，尔王庄管理处取得了显著效果。

技能训练

一、填空题

1.截至2012年，我国已建成各类水库________万座，五级以上江河堤防____万km，5 m^3/s及以上的水闸__________万座。

2.水利工程管理从狭义上讲就是对已建成的水利工程进行依法管理、________、________和________,保障工程正常运行,以充分发挥工程效益的工作。

3.对水利工程管理而言,________是基础,________是关键,________是目的,________是前提。

4.维修工作一般可分为________、________和________三种。

5.我国溃坝高峰发生在________和________时期,进入20世纪80年代后溃坝数量________。

二、选择题(正确答案1~3个)

1.用眼看、耳听、手摸等直观方法并辅以简单的工具,对水工建筑物外露的部分进行检查以发现问题,这是(　　)。

A.巡查　B.养护维修　C.观测　D.监测

2.下列关于未来我国大坝安全管理的描述,正确的是(　　)。

A.粗放型管理　B.技术型管理

C.应沿用老的安全管理模式　D.必须完全消除洪水灾害

3.实际抗御洪水标准不低于部颁水利枢纽工程除险加固近期非常运用洪水标准,但达不到《防洪标准》(GB 50201—2014)规定;大坝工作状态基本正常,在一定控制运用条件下能安全运行的大坝,属于(　　)。

A.一类坝　B.二类坝　C.三类坝　D.四类坝

4.水利工程养护维修的原则是(　　)。

A.安全第一,常备不懈　B.经常养护,随时维修

C.以防为主,全力抢险　D.养重于修,修重于抢

5.水库控制运用的基本资料包括(　　)。

A.可行性研究报告资料　B.自然地理、水文气象资料

C.水库特性资料　D.水库工程的质量情况

6.(　　)坝即病险水库。

A. 一类坝　B. 二类坝　C.三类坝　D.四类坝

7.承担既有防洪、排涝等公益性任务,又有供水、水力发电等经营性功能的水管单位,称为(　　)水管单位。

A.纯公益性水管单位　B.公益性水管单位

C.准公益性水管单位　D.经营性水管单位

三、简答题

1.简述对已建成水利工程进行管理的意义。

2.水库大坝的三种状态是哪三种?三种状态有何区别?

3.水利工程存在安全隐患的原因有哪些?

4.水利工程规范化管理的重点任务有哪些?

5.水利工程规范化管理具体工作措施有哪些?

6.申报水利部验收的国家级水利工程规范化管理单位需具备哪些条件?

项目1 土石坝的监测与维护

【项目概述】

本项目主要介绍大坝安全监测的概念和基本知识；土石坝的巡视检查、安全监测和养护维修工作；土石坝安全监测资料的整编与分析。

【学习目标】

通过本项目的学习，要求学生了解大坝安全监测工作的步骤和要求，土石坝失事原因以及各种病害产生的原因；熟悉土石坝巡视检查工作的内容，土石坝日常养护的内容和重点，土石坝监测资料整理分析的要求和方法；掌握监测的概念和分类，土石坝监测的项目和测次规定，土石坝水平位移、垂直位移、裂缝、渗透压力、渗流量、库水位等监测项目的监测方法，土石坝渗漏、裂缝、滑坡等病害的处理方法。具备水工监测工等基本知识和技能。

任务1 大坝安全监测

1 监测的概念

大坝泛指各类大坝坝体、溢洪道、水闸、堤防、隧洞、渠道、地下硐室、水电站建筑物等水工建筑物。监测包括巡视检查和仪器观测两个方面，它们在大坝安全监测中相互联系、互为补充、缺一不可。

巡视检查是用眼看、耳听、手摸等直观方法并辅以简单的工具，对水工建筑物外表及内部大范围对象的定期或不定期的直观检查。通过巡查发现不正常现象，并分析、判断建筑物内部的问题，从而进一步进行检查和监测，并采取相应的修理措施。由于仪器监测点数量有限，而且观测周期较长，所以大部分情况下，大坝的安全隐患是通过巡视检查发现的。众多小型水库和山塘管理技术力量薄弱，绝大部分土石坝没有埋设仪器设备，对于工程是否正常运行，坝体有无工程隐患的判断更依赖于巡视检查人员的经验和责任心。日常巡视检查已被水利工程管理单位普遍付诸实施，该项制度已被编入各水库管理单位的规章中，并在水利工程安全管理中发挥了积极作用。如某大型水库在一个深夜于库水位下的上游坝面发生滑坡，是大坝管理人员巡视发现的。

仪器观测是指依据有关规范规程，结合工程实际，在大坝等水工建筑物上布设各类安全监测仪器和设备，用以采集建筑物运行的各种性态信息。通过对这些信息的处理和整编分析，结合人工巡视检查情况，对水工建筑物的运行性态和安全状况做出评价。如1962年，安徽省梅山水库大坝，监测发现右岸山坡渗流量明显增大，通过进一步检查，右岸几个坝段向左倾斜达51 mm，坝体出现较长裂缝。经综合分析，判断为右岸坝基岩发生了部分错动,大坝险情严重,后决定放空水库,并进行了加固处理,有效避免了一次重大事故。又如 1993 年,通过监测,发现佛子岭水库大坝向下游位移量明显增加,超过历史最大值 30%,水库管理单位立即进行全面检查和分析,判定为大坝遭遇到不利工况,考虑到大坝基础、坝体均存在一定缺陷,决定控制水位运用,避免了大坝安全性态的进一步恶化。

2 监测工作的步骤和要求

2.1 监测工作的步骤

(1)监测系统设计。设计是安全监测的龙头,监测设计不仅要满足建筑物性态分析和安全监控的需要,还要根据工程规模大小、建筑物结构型式、工程具体情况和需要,确定监测项目和仪器设备布置,制定技术要求,设计出全面的监测系统。

(2)仪器选型。仪器是安全监测的基础,它不仅要求质量优良,具有长期工作的稳定性和恶劣环境下的可靠性,而且要求技术先进,能适应复杂工程安全监测的需要。

(3)仪器埋设安装。监测施工是安全监测的保障,监测施工应按照监测设计和规范规定要求进行,对所需的观测仪器和设备进行检查、安装和埋设。

(4)现场观测。按规定的测次和技术要求,定期进行各种项目的观测。

(5)监测资料分析。资料分析是安全监测的重要环节,资料分析不仅要对建筑物运行性态做出解释,对安全状况做出评价,而且要通过监测资料及时发现工程安全隐患,为除险加固提供依据。

(6)安全评估和监控。监控是安全监测的关键,对建筑物安全状态进行监控,是工程安全监测的根本性目的,安全监控不仅要力求准确,不枉不纵,而且要实现实时在线。

2.2 监测工作的基本要求

对监测工作的基本要求是全面、准确反映大坝等水工建筑物工作性态,及时发现异常迹象,有效监视建筑物安全,为设计、施工和运行管理提供可靠资料。安全监测工作各环节的具体要求是:

(1)监测系统的设计布置应能全面反映大坝等水工建筑物的工作状况及变化规律。检查观测的项目要有明确的目的性和针对性,既要全面,又要有重点,要能满足监视工程的工作情况、掌握工程状态变化规律的需要。有关建筑物状态变化的观测项目应与荷载及其他影响因素的观测项目同时进行,相互影响的观测项目应配合进行,以求正确地反映客观实际情况。测定应合理布置,精心埋设,测点布局要有足够的代表性,能够掌握工程变化的全貌。必要时可适当调整测点、测次和项目。

(2)监测仪器设备应保证精确可靠、稳定耐用、便于观测,并按规范、规程定期校核。自动化观测设备应有自检、自校功能,可长期稳定工作并具备人工观测条件。

(3)监测系统的施工必须严格按设计要求精心实施,确保埋设、安装质量,做到竣工图、考证表及施工记录齐全。

(4)应切实做好观测数据采集工作,严格遵守规程、规范,按规定测次、测量方法认真观测。测值必须符合精度要求,记录必须真实,观测成果应及时进行整理和分析,保证观测资料的真实性和准确性,正确地反映客观实际情况。

(5)应定期对监测结果做分析研究,对大坝工作状态做出评估。当大坝工作状态为异常或险情时,应立即向主管部门报告并通报设计单位。

3 巡视检查的分类和方法

3.1 巡视检查的分类

巡视检查工作分为日常巡视检查、年度巡视检查和特别巡视检查三类。

日常巡视检查是指在常规情况下,对大坝进行的例行巡视检查。日常巡视检查应根据大坝的具体情况和特点,制定切实可行的巡视检查制度,具体规定巡视检查的时间、部位、内容和要求,并确定日常巡回检查路线和顺序,由有经验的技术人员负责,并相对固定。

年度巡视检查是在每年汛前汛后、用水期前后、第一次高水位、冻害地区的冰冻期和融冰期、有蚁害地区的白蚁活动显著期、高水位低气温时期等条件下进行的巡视检查。

特别巡视检查是在大坝发生比较严重的险情或破坏现象,或发生特大洪水、大暴雨、7级以上大风、有感地震、水位骤升骤降等非常运用情况下进行的巡视检查。

3.2 巡视检查的方法

3.2.1 常规方法

(1)眼看。察看迎水面大坝附近水面是否有漩涡;迎水面护坡块石是否有移动、凹陷或突鼓;防浪墙、坝顶是否有新出现的裂缝或原存在的裂缝有无变化;坝顶是否塌坑;背水坡坝面、坝脚及附近范围内是否出现渗漏突鼓现象,尤其对长有喜水性草类的地方要仔细检查,判断渗漏水的浑浊变化;大坝附近及溢洪道两侧山体岩石是否错动或出现新裂缝;通信、电力线路是否畅通等。

(2)耳听。检查是否出现不正常水流声。

(3)脚踩。检查坝坡、坝脚是否出现土质松软或潮湿甚至渗水。

(4)手摸。当眼看、耳听、脚踩中发现有异常情况时,用手做进一步临时性检查,对长有杂草的渗漏出逸区,则用手感测试水温是否异常。

3.2.2 特殊方法

采用开挖探坑(或探槽)、探井、钻孔取样或孔内电视、向孔内注水试验、投放化学试剂、潜水员探摸或水下电视、水下摄影或录像等方法,对工程内部、水下部位或坝基进行检查。

4 大坝安全监测项目

根据大坝安全监测的目的,仪器观测项目可以归纳为环境量监测,变形监测,渗流监测,结构内部应力、应变、温度监测,水力学监测,地震反应监测等六大类。

(1)环境量监测。包括上下游水位、降水量、气温、水温、地震、波浪、冰压力,以及坝前和库区泥沙冲淤等观测。

(2)变形监测。包括坝的表面变形(水平位移和垂直位移)、内部变形(分层水平位移和垂直位移(或沉降))、裂缝及接缝、挠度观测、混凝土面板变形及岸坡位移等观测。

(3)渗流监测。包括坝体渗流压力(浸润线)、坝基渗流压力、绕坝渗流、渗流量、水质分析等观测。

(4)结构内部应力、应变、温度监测。包括孔隙水压力、土压力(应力)、混凝土应力应变、锚杆(锚索)及钢筋应力、温度等观测。土石坝压力(应力)观测,一般用于Ⅰ、Ⅱ级工程和高坝。

(5)水力学监测。包括坝后及水流通道的流速、流态、动水荷载、空化、空蚀、雾化、通气、掺气等观测。

(6)地震反应监测。包括地震动加速度和动水压力等观测。

4.1　土石坝监测项目

根据《土石坝安全监测技术规范》(SL 551—2012),土石坝安全监测项目设置按表1-1执行。从表中可以看出,巡视检查、坝体表面变形、渗流量以及环境量中的上下游水位、降水量、气温和库水温是所有等级土石坝必设的监测项目。

表1-1　土石坝安全监测项目分类和选择

序号	监测类别	监测项目	建筑物级别		
			1	2	3
一	巡视检查	坝体、坝基、坝区、输泄水洞(管)、溢洪道、近坝库岸	●	●	●
二	变形	1.坝体表面变形;	●	●	●
		2.坝体(基)内部变形;	●	●	○
		3.防渗体变形;	●	●	
		4.界面及接(裂)缝变形;	●	●	
		5.近坝岸坡变形;	●	○	
		6.地下硐室围岩变形	●	○	
三	渗流	1.渗流量;	●	●	●
		2.坝基渗流压力;	●	●	○
		3.坝体渗流压力;	●	●	○
		4.绕坝渗流;	●	●	○
		5.近坝岸坡渗流;	●	○	
		6.地下硐室渗流	●	○	
四	压力(应力)	1.孔隙水压力;	●	○	
		2.土压力;	●	○	
		3.混凝土应力、应变	●	○	
五	环境量	1.上下游水位;	●	●	●
		2.降水量、气温、库水温;	●	●	●
		3.坝前泥沙淤积及下游冲刷;	○	○	
		4.冰压力	○		
六	地震反应		○	○	
七	水力学		○		

注:1.●为必设项目,○为一般项目,可根据需要选设。

2.坝高小于20 m的低坝,监测项目选择可降一个建筑物级别考虑。

4.2 混凝土坝监测项目

根据《混凝土坝安全监测技术规范》(SL 601—2013),混凝土坝安全监测项目设置按表1-2执行。从表中可以看出,现场检查、上下游水位、气温、降水量、坝体表面变形、渗流量和扬压力是所有等级混凝土坝必设的监测项目。

表1-2 混凝土坝安全监测项目分类和选择

监测类别	监测项目	大坝级别			
		1	2	3	4
现场检查	坝体、坝基、坝肩及近坝库岸	●	●	●	●
环境量	上下游水位	●	●	●	●
	气温、降水量	●	●	●	●
	坝前水温	●	●	○	○
	气压	○	○	○	○
	冰冻	○	○	○	○
	坝前淤积、下游淤积	○	○	○	
变形	坝体表面位移	●	●	●	●
	坝体内部位移	●	●	●	○
	倾斜	●	○	○	
	接缝变化	●	●	○	○
	裂缝变化	●	●	●	○
	坝基位移	●	●	●	○
	近坝岸坡变形	●	●	○	○
	地下硐室变形	●	●	○	○
渗流	渗流量	●	●	●	●
	扬压力	●	●	●	●
	坝体渗透压力	○	○	○	○
	绕坝渗流	●	●	○	○
	近坝岸坡渗流	●	●	○	○
	地下硐室渗流	●	●	○	○
	水质分析	●	●	○	○
应力、应变及温度	应力	●		○	○
	应变	●	●	○	
	混凝土温度	●	●	○	
	坝基温度	●	●	○	
地震反应监测	地震动加速度	○	○	○	
	动水压力	○			
水力学监测	水流流速、水面线	○	○		
	动水压力	○	○		
	流速、泄流量	○	○		
	空化空蚀、掺气、下游雾化	○	○		
	振动	○	○		
	消能及冲刷	○	○		

注:1.有●者为必设项目,有○者为可选项目,可根据需要选设。

2.坝高70 m以下的1级坝,应力、应变为可选项。

5　监测次数

仪器观测的频次因监测项目和阶段而异。根据《土石坝安全监测技术规范》(SL 551—2012)和《混凝土坝安全监测技术规范》(SL 601—2013),土石坝和混凝土坝安全监测项目观测频次分别按表1-3和表1-4执行。

表1-3　土石坝安全监测项目测次

监测项目	监测阶段和测次		
	第一阶段(施工期)	第二阶段(初蓄期)	第三阶段(运行期)
日常巡视检查	8~4次/月	30~8次/月	3~1次/月
1. 坝体表面变形;	4~1次/月	10~1次/月	6~2次/年
2. 坝体(基)内部变形;	10~4次/月	30~2次/月	12~4次/年
3. 防渗体变形;	10~4次/月	30~2次/月	12~4次/年
4. 界面及接(裂)缝变形;	10~4次/月	30~2次/月	12~4次/年
5. 近坝岸坡变形;	4~1次/月	10~1次/月	6~4次/年
6. 地下硐室围岩变形	4~1次/月	10~1次/月	6~4次/年
7. 渗流量;	6~3次/月	30~3次/月	4~2次/月
8. 坝基渗流压力;	6~3次/月	30~3次/月	4~2次/月
9. 坝体渗流压力;	6~3次/月	30~3次/月	4~2次/月
10. 绕坝渗流;	4~1次/月	30~3次/月	4~2次/月
11. 近坝岸坡渗流;	4~1次/月	30~3次/月	2~1次/月
12. 地下硐室渗流	4~1次/月	30~3次/月	2~1次/月
13. 孔隙水压力;	6~3次/月	30~3次/月	4~2次/月
14. 土压力;	6~3次/月	30~3次/月	4~2次/月
15. 混凝土应力、应变	6~3次/月	30~3次/月	4~2次/月
16. 上下游水位;	2~1次/日	4~1次/日	2~1次/日
17. 降雨量、气温;	逐日量	逐日量	逐日量
18. 库水温;		10~1次/月	1次/月
19. 坝前泥沙淤积及下游冲刷;		按需要	按需要
20. 冰压力	按需要	按需要	按需要
21. 坝区平面监测网;	取得初始值	1~2年1次	3~5年1次
22. 坝区垂直监测网	取得初始值	1~2年1次	3~5年1次
23. 水力学		根据需要确定	

注:1.表中测次,均系正常情况下人工测读的最低要求。如遇特殊情况和工程出现不安全征兆时应增加测次。

2.第一阶段:原则上从施工建立观测设备起,至竣工移交管理单位止。若坝体填筑进度快,变形和土压力测次可取上限。

3.第二阶段:从水库首次蓄水至达到(或接近)正常蓄水位后再持续三年。在蓄水时,测次可取上限;完成蓄水后的相对稳定期可取下限。

4.第三阶段:指第二阶段后的运行期。渗流、变形等性态变化速率大时,测次应取上限;性态趋于稳定时可取下限。

5.相关监测项目应力求同一时间监测。

表 1-4　混凝土坝安全监测项目测次

监测类别	监测项目	施工期	首次蓄水期	运行期
现场检查	日常检查	2~1 次/周	1 次/天~3 次/周	3~1 次/月
环境量	上下游水位	2~1 次/天	4~2 次/天	2~1 次/天
	气温、降水量	逐日量	逐日量	逐日量
	坝前水温	1 次/周~1 次/月	1 次/天~1 次/周	1 次/周~2 次/月
	气压	1 次/周~1 次/月	1 次/周~1 次/月	1 次/周~1 次/月
	冰冻	按需要	按需要	按需要
	坝前淤积、下游淤积		按需要	按需要
变形	坝体表面位移	1 次/周~1 次/月	1 次/天~2 次/周	2 次/月~1 次/月
	坝体内部位移	2~1 次/周	1 次/天~2 次/周	1 次/周~1 次/月
	倾斜	2~1 次/周	1 次/天~2 次/周	1 次/周~1 次/月
	接缝变化	2~1 次/周	1 次/天~2 次/周	1 次/周~1 次/月
	裂缝变化	2~1 次/周	1 次/天~2 次/周	1 次/周~1 次/月
	坝基位移	2~1 次/周	1 次/天~2 次/周	1 次/周~1 次/月
	近坝岸坡变形	2~1 次/月	2~1 次/周	1 次/月~4 次/年
	地下硐室变形	2~1 次/月	2~1 次/周	1 次/月~4 次/年
渗流	渗流量	2~1 次/周	1 次/天	1 次/周~2 次/月
	扬压力	2~1 次/周	1 次/天	1 次/周~2 次/月
	坝体渗透压力	2~1 次/周	1 次/天	1 次/周~2 次/月
	绕坝渗流	1 次/周~1 次/月	1 次/天~1 次/周	1 次/周~1 次/月
	近坝岸坡渗流	2~1 次/月	1 次/天~1 次/周	1 次/月~4 次/年
	地下硐室渗流	2~1 次/月	1 次/天~1 次/周	1 次/月~4 次/年
	水质分析	1 次/月~1 次/季	2~1 次/月	2~1 次/年
应力、应变及温度	应力	1 次/周~1 次/月	1 次/天~1 次/周	2 次/月~1 次/季
	应变	1 次/周~1 次/月	1 次/天~1 次/周	2 次/月~1 次/季
	混凝土温度	1 次/周~1 次/月	1 次/天~1 次/周	2 次/月~1 次/季
	坝基温度	1 次/周~1 次/月	1 次/天~1 次/周	2 次/月~1 次/季
地震反应监测	地震动加速度	按需要	按需要	按需要
	动水压力		按需要	按需要
水力学监测	水流流速、水面线		按需要	按需要
	动水压力		按需要	按需要
	流速、泄流量		按需要	按需要
	空化空蚀、掺气、下游雾化		按需要	按需要
	振动		按需要	按需要
	消能及冲刷		按需要	按需要

注：1.表中测次，均系正常情况下人工测读的最低要求。特殊时期增加测次，监测自动化可根据需要，适当加密测次。

2.在施工期，坝体浇筑进度快的，变形和应力监测的次数取上限。在首次蓄水期，库水位上升快的，测次取上限。在初蓄期，开始测次取上限。在运行期，当变形、渗流等性态变化速度大时，测次取上限，性态趋于稳定时取下限；当多年运行性态稳定时，可减少测次，减少项目或停测，但应报主管部门批准；当水位超过前期运行水位时，按首次蓄水执行。

任务2　土石坝的巡视检查

1　土石坝巡视检查的项目与内容

土石坝巡视检查的内容可根据各大坝的具体情况经充分分析后确定。根据《土石坝安全监测技术规范》(SL 551—2012),土石坝的巡视检查一般包括以下项目和内容。

1.1　坝体主要检查内容

(1)坝顶有无裂缝、异常变形、积水或植物滋生等现象;防浪墙有无变形、裂缝、挤碎、架空、倾斜和错断等情况。

(2)迎水坡护面或护坡是否损坏;有无裂缝、剥落、滑动、隆起、塌坑、冲刷或植物滋生等现象;近坝水面有无冒泡、变浑、漩涡和冬季不冻等异常现象。块石护坡有无翻起、松动、塌陷、垫层流失、架空或风化变质等损坏现象。

(3)混凝土面板堆石坝应检查面板之间接缝的开合情况和缝间止水设施的工作状况;面板表面有无不均匀沉陷,面板和趾板接触处沉降、错动、张开情况;混凝土面板有无破损、裂缝,表面裂缝出现的位置、规模、延伸方向及变化情况;面板有无溶蚀或水流侵蚀现象。

(4)背水坡及坝趾有无裂缝、剥落、滑动、隆起、塌坑、雨淋沟、散浸、积雪不均匀融化、冒水、渗水坑或流土、管涌等现象;表面排水系统是否通畅,有无裂缝或损坏,沟内有无垃圾、泥沙淤积或长草等情况;草皮护坡植被是否完好;有无兽洞、蚁穴等隐患;滤水坝趾、减压井等导渗降压设施有无异常或破坏现象;排水反滤设施是否堵塞和排水不畅,渗水有无骤减骤增和浑浊现象。

1.2　坝基和坝区主要检查内容

(1)基础排水设施的工况正常;渗漏水的水量、颜色、气味及浑浊度、酸碱度、温度有无变化;基础廊道是否有裂缝、渗水等现象。

(2)坝体与岸坡连接处有无错动、开裂及渗水等情况;两岸坝端区有无裂缝、滑动、滑坡、崩塌、溶蚀、隆起、塌坑、异常渗水和蚁穴、兽洞。

(3)坝趾近区有无阴湿、渗水、管涌、流土或隆起等现象;排水设施是否完好。

(4)坝端岸坡有无裂缝、塌滑迹象;护坡有无隆起、塌陷或其他损坏情况;下游岸坡地下水露头及绕坝渗流是否正常。

(5)有条件应检查上游铺盖有无裂缝、塌坑。

1.3　输、泄水洞(管)主要检查内容

(1)引水段有无堵塞、淤积、崩塌。

(2)进水口边坡坡面有无新裂缝、塌滑发生,原有裂缝有无扩大、延伸;地表有无隆起或下陷;排水沟是否通畅、排水孔工作是否正常;有无新的地下水露头,渗水量有无变化。

(3)进水塔(或竖井)混凝土有无裂缝、渗水、空蚀或其他损坏现象;塔体有无倾斜或不均匀沉降。

(4)洞身有无裂缝、坍塌、鼓起、渗水、空蚀等现象,原有裂(接)缝有无扩大、延伸,放

水时洞内声音是否正常。

(5)出水口在放水期水流形态、流量是否正常,停水期是否有水渗漏。

(6)消能工有无冲刷、磨损、淘刷或砂石、杂物堆积等现象,下游河床及岸坡有无异常冲刷、淤积和波浪冲击破坏等情况。

(7)工作桥是否有不均匀沉陷、裂缝、断裂等现象。

1.4 溢洪道主要检查内容

(1)进水段有无坍塌、崩岸、淤堵或其他阻水现象,流态是否正常。

(2)堰顶或闸室、闸墩、胸墙、边墙、溢流面、底板有无裂缝、渗水、剥落、冲刷、磨损、空蚀等现象,伸缩缝、排水孔是否完好。

1.5 闸门及启闭机主要检查内容

(1)闸门有无变形、裂纹、脱焊、锈蚀及损坏现象,门槽有无卡堵、气蚀等情况,启闭是否灵活,开度指示器是否清晰、准确,止水设施是否完好,吊点结构是否牢固,栏杆、螺杆等有无锈蚀、裂缝、弯曲等现象;钢丝绳或节链有无锈蚀、断丝等现象。

(2)启闭机能否正常工作,制动、限位设备是否准确有效,电源、传动、润滑等系统是否正常,启闭是否灵活可靠,备用电源及手动启闭是否可靠。

1.6 近坝岸坡主要检查内容

(1)岸坡有无冲刷、开裂、崩塌及滑移迹象。

(2)岸坡护面及支护结构有无变形、裂缝及错位。

(3)岸坡地下水露头有无异常,表面排水设施和排水孔工作是否正常。

影响土石坝安全运用的病害,主要有裂缝、渗漏、滑坡等,因此巡查时这些方面应是重点。

2 裂缝巡查

土石坝裂缝是最常见的病害现象,对坝的安全威胁很大。个别横向裂缝还会发展成集中渗流通道,有的纵向裂缝可能造成滑坡。有资料显示,在土石坝出现的各种事故中,因裂缝造成的事故要占到1/4,因此对土石坝裂缝的巡查必须引起重视。

土石坝裂缝的巡查主要凭肉眼观察。对于巡查到的裂缝,应设置标志并编号,保护好缝口。对于缝宽大于5 mm的裂缝,缝长大于5 m,缝深大于2 m,缝宽小于5 mm但长度较长、深度较深的裂缝,穿过坝轴线的横向裂缝、弧形裂缝、明显的垂直错缝以及与混凝土建筑物连接处的裂缝,还必须进行定期观测。

3 渗漏巡查

土石坝渗漏的巡视检查也是用肉眼观察坝体、坝基、反滤坝趾、岸坡、坝体与岸坡或混凝土建筑物结合处是否有渗水、阴湿以及渗流量的变化等。

在进行渗漏巡查时,应记录渗漏发生的时间、部位、渗漏量增大或减小的情况,渗水浑浊度的变化等,同时应记录相应的库水位。渗水由清变浑或明显带有土粒,漏水冒沙现象,渗流量增大,是坝体发生渗透破坏的征兆。若渗水时清时浊、时大时小,则可能是渗漏通道塌顶,也可能由蚁患引起,但这种情况可观察到菌圃屑或白蚁随水流出,此时应加强巡查和渗漏观测,并采取措施予以处理。

如下游坝基发生涌水冒沙现象,说明坝基已发生渗透破坏。出现这种情况时,涌水口附近开始会形成沙环,以后沙环逐渐增大。当渗水再增大时沙粒会被带走,涌水口附近可能出现塌坑。

巡查中如发现库水位达到某一高程,下游坝坡开始出现渗水,就应检查迎水面是否有裂缝或漏水孔洞。

4　滑坡巡查

在水库运用的关键时刻,如初蓄、汛期高水位、特大暴雨、库水位骤降、连续放水、有感地震或坝区附近大爆破时,应巡查坝体是否发生滑坡。在北方地区,春季解冻后,坝体冻土因体积膨胀,干容重减小。融化后土体软化,抗剪强度降低,坝坡的稳定性差,也可能发生滑坡。坝体滑坡之前往往在坝体上部先出现裂缝,因此在滑坡巡查中应注意加强对坝体裂缝的巡查。

任务3　土石坝的变形监测

1　概述

变形是大坝结构性态和安全状况的最直观、最有效的反映,是大坝安全监测最主要的项目之一。变形监测的主要目的是掌握水工建筑物与地基变形的空间分布特征和随时间变化的规律,监控有害变形及裂缝等的发展趋势。

变形监测一般分为表面变形监测和内部变形监测,其中表面变形监测包括垂直位移监测和水平位移监测;内部变形监测主要有分层垂直位移监测、分层水平位移监测、界面位移监测、挠度监测和倾斜监测等。水平位移还可以划分为平行于坝轴线的水平位移和垂直于坝轴线的水平位移。其中,平行于坝轴线的水平位移在重力坝中称为左右岸方向水平位移,在拱坝中称为切向水平位移,在土石坝中称为纵向水平位移;垂直于坝轴线的水平位移在重力坝中称为上下游水平位移,在拱坝中称为径向水平位移,在土石坝中称为横向水平位移。大坝与地基、高边坡、地下硐室等变形发展到一定限度后就会出现裂缝,裂缝的深度、分布范围、稳定性等对结构与地基安全影响重大。同时,为了适应温度及不均匀变形等要求,水工建筑物自身设计有各种接缝,接缝处的变形过大将造成止水的撕裂而出现集中渗漏等问题。因此,裂缝监测亦不容忽视。

对于土石坝而言,必设的变形监测项目是表面水平位移监测和表面垂直位移监测。

变形监测的符号规定:

(1)水平位移:向下游为正,向左岸为正;反之为负。

(2)垂直位移:向下为正,向上为负。

(3)界面、接(裂)缝及脱空变形:张开(脱开)为正,闭合为负。相对于稳定界面(如混凝土墙、趾板、基岩岸坡等)下沉为正,反之为负;向左岸或下游为正,反之为负。

(4)滑移:向坡下为正,向河谷为正,向下游左岸为正;反之为负。

(5)倾斜:向下游、左岸转动为正,反之为负。

(6)面板挠度:沉陷为正,隆起为负。

(7)地下硐室围岩变形:向洞内为正(拉伸),反之为负(压缩)。

2 水平位移监测

水平位移常用的监测方法分两大类:一类是基准线法,是通过一条固定的基准线来测定监测点的位移,常见的有视准线法、引张线法、激光准直法、垂线法;另一类是大地测量法,主要是以外部变形监测控制网点为基准,以大地测量法测定被监测点的大地坐标,进而计算被监测点的水平位移,常见的有交会法、精密导线法、三角测量法、GPS 观测法等。下面介绍视准线法和 GPS 观测法。

2.1 视准线法

2.1.1 观测原理

视准线法观测方便、计算简单、成果可靠,是观测水工建筑物水平位移的一种常用方法,其观测原理如图 1-1 所示。在坝端两岸山坡上设工作基点 A 和 B,将经纬仪安置在 A 点上,后视 B 点,构成视准线。由于 A、B 点在两岸山坡上,不受土坝变形影响,因此 AB 构成的视准线是固定不变的,以此作为观测坝体变形的基准线。然后沿视准线在坝体上每隔适当距离埋设水平位移标点,如 a、b、c、d、e。测出标点中心离视线的距离 l_{a0}、l_{b0}、l_{c0}、l_{d0}、l_{e0},作为初测成果,记录了各位移标点与视准线的相对位置。当坝体发生水平位移后,各位移标点与视准线相对位置发生变化。再用经纬仪安置在工作基点 A 上,后视 B 点,可测出各位移标点离视准线的距离 l_{a1}、l_{b1}、l_{c1}、l_{d1}、l_{e1},与初测成果的差值即为该位移标点在垂直视准线方向的水平位移量。以 c 点为例,初测成果为 l_{c0},变位后离视准线距离为 l_{c1},l_{c1}与 l_{c0}的差值即为位移标点 c 的水平位移量 δ_{c1}。

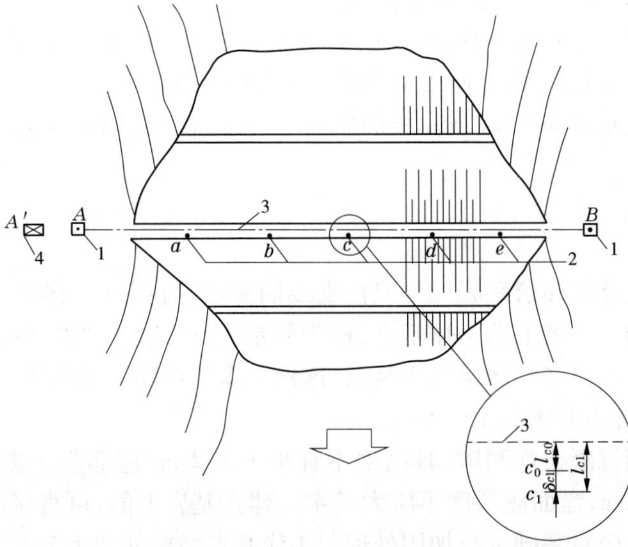

1—工作基点;2—位移标点;3—视准线;4—校核基点

图 1-1 视准线法观测水平位移示意图

2.1.2 测点的布设

为了全面掌握土坝的水平位移规律,同时又不使观测工作过于繁重,就要在土坝坝体上选择有代表性的部位布设适当数量的测点进行观测。水平位移的测点分为三级:位移标点、工作基点和校核基点。一般布置是:

(1)位移标点布置在坝体上。观测横断面选择在最大坝高处、原河床处、合龙段、地形突变处、地质条件复杂处、坝内埋管及运行有异常反应处,一般不少于3个。

(2)观测纵断面一般不少于4个,通常在坝顶的上、下游两侧布设1~2个;上游坝坡正常蓄水位以上1个,正常蓄水位以下视需要设临时测点;下游坝坡半坝高以上1~3个,半坝高以下1~2个(含坡脚处1个)。对软基上的土石坝,还应在下游坝趾外侧增设1~2个。

(3)坝长小于300 m时,每排位移标点的间距宜取20~50 m;坝长大于300 m时,宜取50~100 m。

(4)每排位移标点延长线两端山坡上各设一个工作基点。若坝轴线非直线或轴线长度超过500 m,可在坝体每一纵排标点中增设工作基点,并兼作标点。

(5)为了校测工作基点有无变动,在两个工作基点延长线上各埋设一个校核基点,如图1-1所示。校核基点也可不设在视准线延长线上,而在每个工作基点附近,设置两个校核基点,使两校核基点与工作基点的连线大致垂直,用钢尺丈量以校测工作基点是否发生变位。

(6)工作基点与校核基点都应布置在坚硬的岩石或坚固的土基上,应为不动点,且能避免自然因素和人为因素的影响。

2.1.3 观测仪器和观测设备

2.1.3.1 观测仪器

视准线法观测水平位移,一般用经纬仪进行。

一般大型水库的土坝水平位移,可使用J_6级或J_2级经纬仪进行观测。土坝长度超过500 m以及比较重要的水库,最好使用J_1级经纬仪进行观测。

对于视准线长度超过500 m(或曲线形坝)的变形观测,可以采用莱卡或拓普康的全站仪进行观测。

2.1.3.2 观测设备

1.工作基点

工作基点是供安置经纬仪和觇标构成视准线的标点,有固定工作基点和非固定工作基点两种。埋设在两岸山坡上的工作基点,称为固定工作基点。当大坝较长或折线形坝需要在两个固定工作基点之间增设工作基点,这种工作基点埋设在坝体上,其本身随坝体变形而发生位移,故称为非固定工作基点。

工作基点应采用混凝土观测墩,其高度不宜小于1.2 m,顶部应设强制对中装置,对中误差不超过±0.1 mm,盘面倾斜度不应大于4′。建在基岩上的,可直接凿坑浇筑混凝土埋设;建在土基上的,应对基础进行加固处理。工作基点结构如图1-2所示。

2.校核基点

校核基点的结构基本与工作基点相同。校核基点和工作基点的位置应具有良好视线

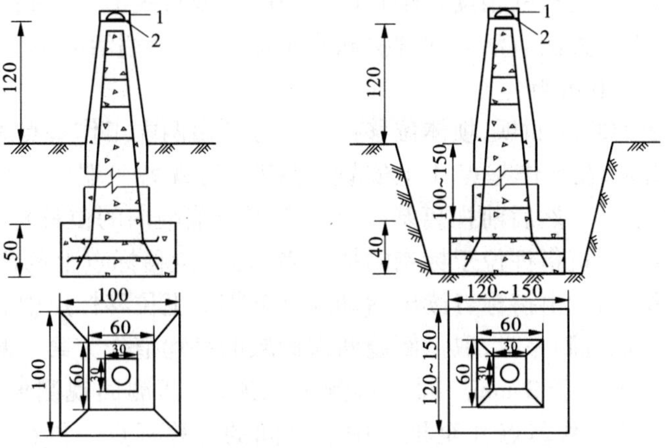

(a)岩质普通钢筋混凝土监测墩　　(b)土质普通钢筋混凝土监测墩

1—保护盖;2—强制对中基座

图1-2　水平位移监测标点结构示意图　(单位:cm)

(对空)条件,视线高出(旁离)地面或障碍物距离应在1.5 m以上,并远离高压线、变电站、发射台站等,避免强电磁场的干扰。要求监测点旁离障碍物距离1.0 m以上。工作基点和校核基点是测定坝体位移的依据,必须保证其不发生变位,一般需浇筑在基岩或原状土层上。

3.位移标点

位移标点应与被监测部位牢固结合,能切实反映该位置变形,其埋设结构可依位移标点布设独立设计。

4.观测觇标

位移观测所用的觇标,可分为固定觇标和活动觇标两种。

(1)固定觇标。设于后视工作基点上,供经纬仪瞄准构成视准线。

(2)活动觇标。置于位移标点上,供经纬仪瞄准对点。

图1-3为简易活动觇标,觇标底缘刻有毫米分划,其零分划与觇标图案中线一致,注记分划向左右增加,供观测时读数用。应用简易活动觇标,位移标点顶部只需埋设刻有十字线的铁板,十字线中心即为位移标点中心。

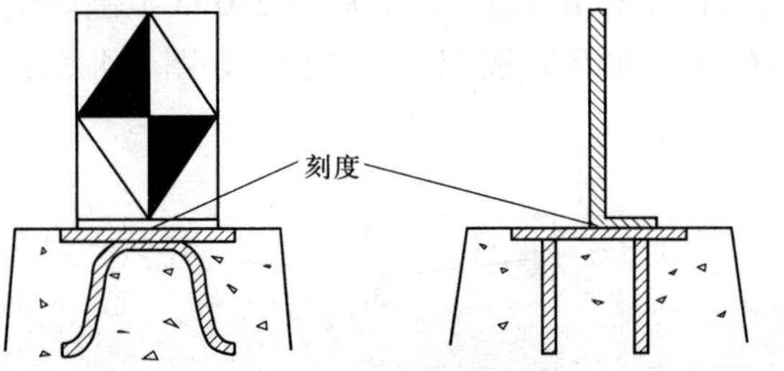

图1-3　简易活动觇标

2.1.4　观测方法

用视线法观测水平位移,视线长度受光学仪器的限制,一般前视位移标点的视线长度为250~300 m,可保证要求的精度。坝长超过500 m或折线形坝,则需增设非固定工作基点,以提高精度。观测方法有活动觇牌法和小角法,下面介绍活动觇牌法。

2.1.4.1　坝长小于500 m时

对于坝长小于500 m的坝,坝体位移标点可分别由两端工作基点观测,使前视距离不超过250 m。观测时,在工作基点*A*上安置经纬仪,后视另一端的工作基点*B*的固定觇标,固定经纬仪上下盘。然后前视离基点*A* 1/2坝长范围内的位移标点。观测每个位移标点时,用旗语或报话机指挥位于标点的持标者,移动位移标点上的活动觇标,使觇标中心线与望远镜竖丝重合,由持标者读出活动觇标分划尺上位移标点中心所对的读数,读数两次取均值。再倒镜观测一次,取正倒镜两次读数的平均值作为第一测回的成果,正镜或倒镜两次读数差应不大于2 mm。同法再测第二测回,两测回观测值之差应不大于1.5 mm。如此,依次观测工作基点*A*至坝长中点之间的位移标点。再在工作基点*B*上安置经纬仪,后视工作基点*A*,依次观测坝长中点至工作基点*B*之间的位移标点。

视准线法观测水平位移的记录表,可参考表1-5的格式。

表1-5　水平位移观测记录表(视准线法)

测站<u>A</u>　后视<u>B</u>　观测者:______　记录者:______　校核者:______

测点	测回	观测日期			正镜读数			倒镜读数			一测回读数	二测回平均读数	埋设偏距	上次位移量	间隔位移量	累计位移量	说明
		年	月	日	次数	读数	平均值	次数	读数	平均值							
下39 (0+200)	1	1976	11	25	1	+86.4	+85.4	1	+83.5	+83.0	+84.2	+83.8	+78.4	+82.2	+1.6	+5.4	
					2	+84.4		2	+82.5								
	2				1	+84.2	+84.7	1	+81.4	+82.0	+83.4						
					2	+85.2		2	+82.6								

注:1.埋设偏距为位移标点初测成果,即首次观测的平均读数。

2.位移方向向下游者读数为"+",向上游者读数为"-"。

2.1.4.2　坝长大于500 m时

当坝长超过500 m时,观测位移标点的视距超过250 m,因此需在坝体中间增设非固定工作基点。如图1-4所示,在视准线中点附近坝体增设非固定工作基点*M*。当坝体发生变形后,*M*点也随坝体发生位移至*M′*。进行位移观测时,首先由工作基点*A*和*B*测定*M′*点的位移量。观测应进行两个测回,各测回成果与平均值的偏差应不大于2 mm,然后将经纬仪安置在*M′*点后视*A*和*B*,观测*M′*前后各250 m范围内位移标点的位移量。其他位移标点由固定工作基点*A*和*B*后视*M′*进行观测,如图1-4所示。

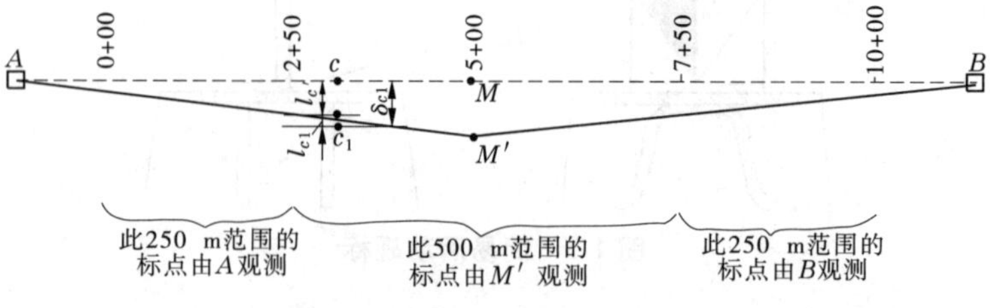

图1-4　长坝增设非固定工作基点观测位移示意图

由于视准线法观测位移的视线不宜超过 300 m,故即使增设非固定工作基点,最大坝长也不宜超过 1 000 m。对于坝长超过 1 200 m 的坝,则应采用其他方法,如前方交会法等进行观测。

2.2　GPS 观测法

GPS 进行水平位移监测应用的是全球卫星定位技术(GPS 技术)。GPS 技术进行变形监测有以下特点:测站间无须通视、可同时提供测点三维位移信息、可以全天候监测、操作简便。

GPS 系统由一个监测中心和多个野外监测区域构成。每个监测区域设置一个机箱,内含一台 GPS 接收机、一块数据采集器电路板、一个 GSM 数据传输模块以及直流电源等部分;监测中心只包含 GSM 模块和用作 GPS 差分解算的 PC 机。系统工作时将 GPS 接收机安放于监测点的位置上,各点的 GPS 接收机都按预先设定好的时段参数同时进行观测,原始数据暂存于各自采集器的 RAM 中。观测结束后,各监测区依次通过 GSM 模块及 GSM 网络将数据传送至监测中心 PC 机,进行后台差分解算,得出各监测点间基线向量的长度及高程差。若把其中一个或多个监测点设置于绝对固定的参考位置上,则每次解算后均可得到其他监测点较参考点的相对位移值,包括水平位移和垂直位移。在两个或多个观测站同步观测相同卫星的情况下,卫星的轨道误差、卫星钟差、接收机钟差以及电离层和对流层的折射误差等对观测量的影响具有一定的相关性,利用这些观测量的不同线性组合,如在卫星间求差、在接收机间求差或者在不同历元间求差等可有效地消除或减弱相关误差的影响,提高系统相对定位的精度。

3　垂直位移监测

垂直位移监测是大坝安全监测的主要项目之一,常用的方法有精密水准测量法、静力水准测量法、三角高程法及 GPS 技术等。

土石坝垂直位移观测周期与水平位移观测周期一样,通常两项观测同期进行。土石坝、混凝土坝的垂直位移都可用上述几种方法进行观测。为叙述方便、避免重复,在本节统一介绍。

3.1　精密水准测量法

水准法是目前大坝垂直位移观测的主要方法。用精密水准测量法监测大坝垂直位移时,应尽量组成水准网。一般采用三级点位——水准基点、起测基点和位移标点;两级控制——由起测基点观测垂直位移标点,再由水准基点校测起测基点。如大坝规模较小,也可由水准基点直接观测位移标点。水准基点和起测基点设在大坝两岸不受坝体变形影响的部位,垂直位移标点布设在坝体表面,通过观测位移标点相对水准基点的高程变化计算测点垂直位移值。每次观测进行两个测回,每个测回对测点测读 3 次。观测的往返闭合差按《国家一、二等水准测量规范》(GB/T 12897—2006)的有关规定执行。垂直位移的计算公式如下:

$$\Delta Z_i = Z_0 - Z_i \tag{1-1}$$

式中　ΔZ_i——第 i 次测得测点的累计垂直位移;

Z_0、Z_i——测点的始测高程和第 i 次测得的高程。

测点的间隔垂直位移由式(1-2)计算：

$$\Delta Z_{ji} = \Delta Z_i - \Delta Z_{i-1} = Z_{i-1} - Z_i \tag{1-2}$$

式中 ΔZ_{ji}——第 i 次测得的间隔垂直位移；

其余符号意义同前。

土石坝垂直位移观测的测点布置要求与水平位移测点布置要求一样。因此，垂直位移测点与水平位移测点常结合在一起，只须在水平位移标点顶部的观测盘上加制一个圆顶的金属标点头。

3.2 静力水准测量法

静力水准测量法又称连通管法(见图 1-5)。该法采用水力学连通管原理，用充水连通管连接起测基点和各位移标点，以连通管中水面线与起测基点高差确定水面线高程，通过测量各位移标点同水面线的高差获得各位移标点高程。各位移标点高程与其始测高程的差值即为该位移标点的累计垂直位移。

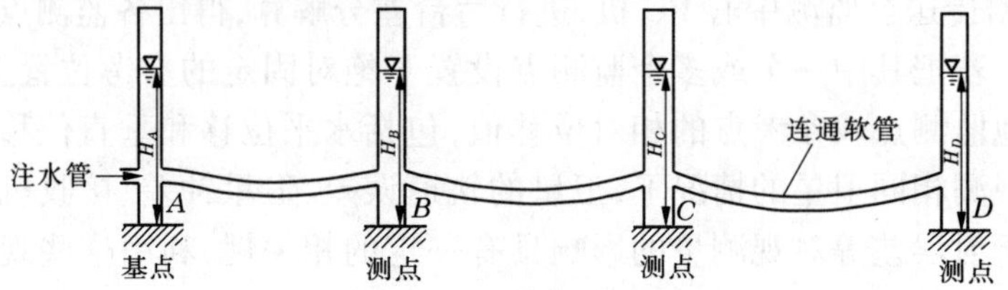

图 1-5 静力水准垂直位移监测系统

3.3 三角高程法

随着全站仪、光电测距仪的研发应用及对大气折射等领域研究的快速发展，三角高程测量已接近或达到了一等水准测量的精度。三角高程测量具有外业简单，观测快速，可以测量水准测量难以达到的高程等优点。

4 裂缝观测

根据《土石坝安全监测技术规范》(SL 551—2012)的规定，对于已建坝的表面裂缝(非干缩、冰冻缝)，凡缝宽大于 5 mm，缝长大于 5 m，缝深大于 2 m 的纵、横向裂缝，以及危及大坝安全的裂缝，均应横跨裂缝布置表面测点进行裂缝开合度监测。裂缝的观测内容包括裂缝的位置、走向、长度、宽度和深度等(见表 1-6)。

表 1-6 ________年度裂缝分布统计

工程部位________

序号	发现日期	裂缝编号	裂缝位置			裂缝描述					
			桩号(m)	轴距(m)	高程(m)	长(m)	宽(m)	深(m)	走向(m)	倾角(°)	错距(cm)

统计者： 校核者：

观测裂缝位置时，可在裂缝地段按土坝桩号和距离，用石灰或小木桩画出大小适宜的方格网进行测量，并绘制裂缝平面图。裂缝长度可用皮尺沿缝迹测量。对于缝宽，可在整条缝上选择几个有代表性的测点，在测点处裂缝两侧各打一排小木桩，木桩间距以 50 cm 为宜。木桩顶部各钉一小铁钉。用钢尺量测两铁钉距离，其距离的变化量即为缝宽变化量；也可在测点处洒石灰水，直接用尺量测缝宽。裂缝深度观测，可在裂缝中灌入石灰水，然后挖坑或钻孔探测，深度以挖至裂缝尽头为准，可量测缝深和走向。对表面裂缝的长度和可见深度的测量，应精确到 1 cm，宽度应精确到 0.2 mm；对于深层裂缝，除按表面裂缝的要求测量裂缝深度和宽度外，还应测定裂缝走向，精确到 0.5°。

土坝裂缝巡测的测次，应视裂缝发展情况而定。在裂缝发生的初期，应每天巡测 1 次。待裂缝发展缓慢后，可适当延长间隔时间。但在裂缝有明显发展和库水位骤变时，应加密测次。雨后还应加测。特别是对于可能出现滑坡的裂缝，在变化阶段，应每隔 1~2 h 巡测 1 次。

任务 4　土石坝渗流观测

水库建成蓄水后，在上下游水头差的作用下，坝体和坝基会出现渗流。渗流分正常渗流和异常渗流。能引起土体渗透破坏或渗流量影响到蓄水兴利的，称为异常渗流；反之，渗水从原有防渗排水设施渗出，其逸出坡降不大于允许值，不会引起土体发生渗透破坏的，则称为正常渗流。异常渗流往往会逐渐发展并对建筑物造成破坏。对于正常渗流，水利工程中是允许的。但在一定外界条件下，正常渗流有可能转化为异常渗流。所以，对水库中的渗流现象，必须引起足够的重视，并进行认真的检查观测，从渗流的现象、部位、程度来分析并判断工程建筑物的运行状态，保证水库安全运用。

《土石坝安全监测技术规范》(SL 551—2012)和《混凝土坝安全监测技术规范》(SL 601—2013)对大坝渗流监测的一般要求包括：

(1)大坝渗流监测各项目应相应配合，并同时观测大坝上下游水位、降水量和大气温度等环境因素。

(2)土石坝浸润线和渗压的观测可采用测压管或渗压计。使用测压管观测，成本低、操作简便，但存在时间滞后的问题，滞后时间主要与坝料的渗透系数 K 有关。若 $K \geqslant 10^{-3}$ cm/s，测压管观测时间滞后的影响可以忽略不计；若 10^{-5} cm/s $\leqslant K \leqslant 10^{-4}$ cm/s，则需考虑测压管滞后时间的影响；若 $K \leqslant 10^{-6}$ cm/s，由于滞后时间的影响比较显著，故不宜用测压管进行观测。

(3)使用渗压计监测渗流压力时，精度不得低于总量程的 5/1 000。

(4)采用压力表量测测压管水头时，应估计管口可能产生的最大压力值，选用量程合适的精密压力表，保证读数在 1/3~2/3 量程范围内，同时，精度不能低于 0.4 级。

(5)渗流量通常采用体积法或量水堰进行监测。当采用水尺法量测量水堰的堰顶水头时，精度不得低于 1 mm；采用量水堰水位计或水位测针量测堰顶水头时，精度不得低于 0.1 mm。

1　坝体渗水压力(浸润线)观测

土坝建成蓄水后，由于水头的作用，坝体内必然产生渗流现象。水在坝体内从上游渗向下游,形成一个逐渐降落的渗流水面,称为浸润面(属无压渗流)。浸润面在土石坝横截面上只显示为一条曲线,通常称为浸润线。土坝浸润面的高低和变化,与土坝的安全稳定有密切关系。土坝设计中先需根据土石坝断面尺寸、上下游水位以及土料的物理力学指标,计算确定浸润线的位置,然后进行坝坡稳定分析计算。由于设计采用各项指标与实际情况不可能完全符合设计要求等,因此土坝设计运用时的浸润线位置往往与设计计算的位置有所不同。如果实际形成的浸润线比设计计算的浸润线高,就降低了坝坡的稳定性,甚至可能造成滑坡失稳的事故。为此,观测掌握坝体浸润线的位置和变化,以判断土石坝在运行期间的渗流是否正常和坝坡是否安全稳定,是监视土石坝安全运用的重要手段,一般大中型土坝水库都必须予以重视,认真进行。

常用的坝体渗压监测仪器有测压管和渗压计,应根据监测目的、坝料透水性、渗流场特征以及埋设条件等选用。

(1)上下游水位差小于 20 m 的坝、渗透系数 $K \geq 10^{-4}$ cm/s 的土中、渗流压力变幅小或防渗体需监视裂缝的部位,宜采用测压管。

(2)上下游水位差大于 20 m 的坝、渗透系数 $K < 10^{-4}$ cm/s 的土中、非稳定渗流的监测以及铺盖或斜墙底部接触面等不适宜埋设测压管的部位,宜采用渗压计观测,其量程应与测点实际可能出现的渗压相适应。

1.1　测点布置

土坝浸润线观测的测点应根据水库的重要性和规模大小、土坝类型、断面型式、坝基地质情况,以及防渗、排水结构等进行布置。一般选择有代表性、能反映主要渗流情况及预计有可能出现异常渗流的横断面,作为浸润线观测断面。例如,选择最大坝高、老河床、合龙段及地质情况复杂的横断面。在设计时进行浸润线计算的断面,最好也作为观测断面,以便与设计进行比较。横断面间距一般为 100~200 m,如果坝体较长、断面情况大体相同,可以适当增大间距。对于一般大型和重要的中型水库,浸润线观测断面不少于 3 个,一般中型水库应不少于 2 个。

每个横断面内测点的数量和位置的设置,以能使观测成果如实地反映出断面内浸润线的几何形状及其变化,并能描绘出坝体各组成部位如防渗排水体、反滤层等处的渗流状况为宜。要求每个横断面内的测压管数量不少于 3 根。

(1)具有反滤坝趾的均质土坝,在上游坝肩和反滤坝趾上游各布置一根测压管,其间根据具体情况布置一根或数根测压管,如图 1-6 所示。

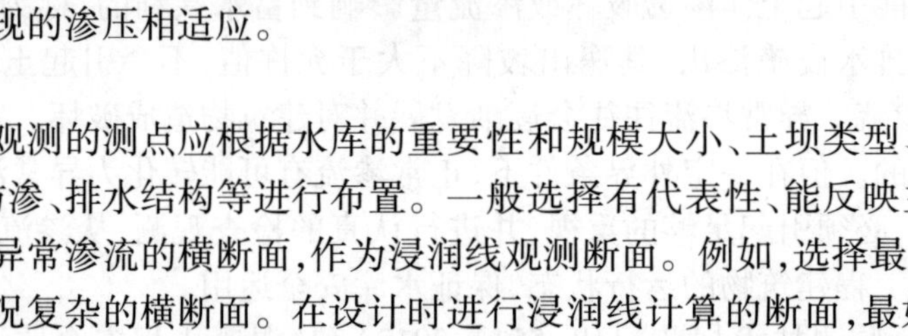

1—测压管;2—进水管段;3—浸润线;4—反滤坝趾

图 1-6　均质土坝(有反滤坝趾)测压管布置示意图

(2)具有水平反滤层的均质土坝,在上游坝肩以及水平反滤层的起点处各布置一根测压管,其间视情况而定。也可在水平反滤层上增设一根测压管,如图1-7所示。

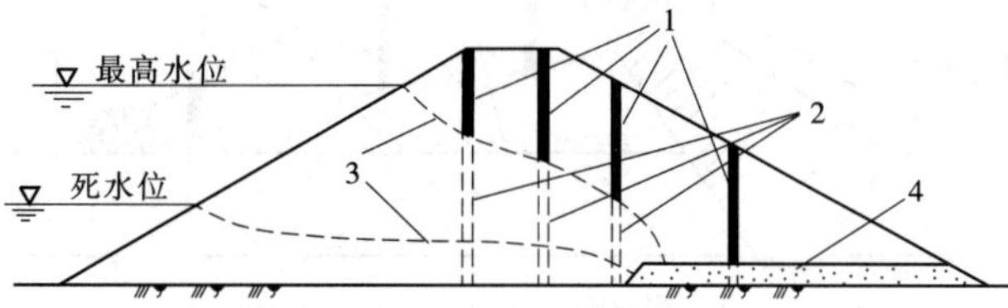

1—测压管;2—进水管段;3—浸润线;4—水平反滤层

图1-7　均质土坝(有水平反滤层)测压管布置示意图

(3)对于塑性心墙,如心墙较宽,可在心墙布置2~3根测压管,在下游透水料紧靠心墙外和反滤坝趾上游端各埋设一根测压管,如图1-8所示。

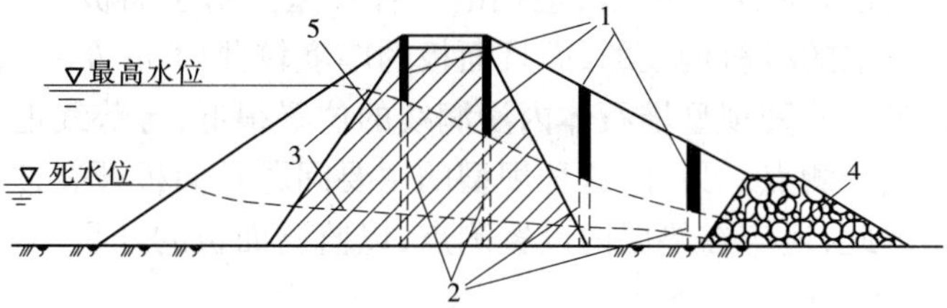

1—测压管;2—进水管段;3—浸润线;4—反滤坝趾;5—宽心墙

图1-8　宽心墙坝测压管布置示意图

如心墙较窄,可在心墙上下游和反滤坝趾上游端各布置一根测压管,其间根据具体情况布置,如图1-9所示。

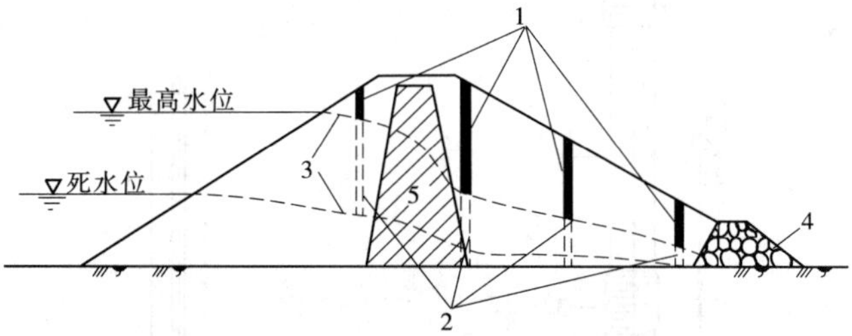

1—测压管;2—进水管段;3—浸润线;4—反滤坝趾;5—窄心墙

图1-9　窄心墙坝测压管布置示意图

(4)对于塑性斜墙坝,在紧靠斜墙下游埋设一根测压管,反滤坝趾上游端埋设一根测压管,其间视具体情况布置。紧靠斜墙的测压管,为了不破坏斜墙的防渗性能并便于观测,通常采用有水平管段的L形测压管。水平管段略倾斜,进水管端稍低,坡度在5%左右,以避免气塞现象。水平管段的坡度还应考虑坝基的沉陷,防止形成倒坡,如图1-10所示。

(5)其他坝型的测压管布置,可考虑上述原则进行。不论何种坝型及布置方式,每一个横断面内的测压管数目应不少于3根,并应布置在横断面的中部的下游部分。必要时,还应在反滤设备的下游安设一根。需要在坝的上游坝坡部分埋设测压管时,尽可能布置

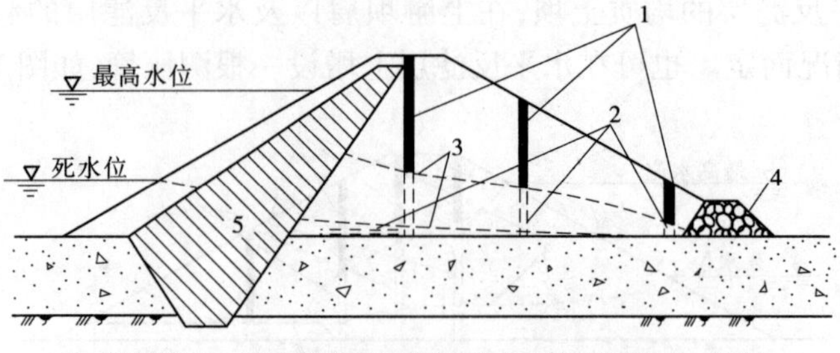

1—测压管;2—进水管段;3—浸润线;4—反滤坝趾;5—斜墙

图 1-10　斜墙坝测压管布置示意图

在最高洪水位以上。当必须埋设在最高水位以下时,需注意当库水位上升即将淹没管口前,用水泥砂浆将管口封堵。

(6)面板堆石坝是我国近年来推广应用的一种坝型。由于面板是采用混凝土或沥青混凝土等基本上不透水的材料构成的,而且面板的厚度较薄(1 m左右),因此面板内不存在观测浸润线的任务。此种坝型堆石体内浸润线的位置很低,等势线近于垂线,因此也只需在每条垂线上设一个测点。另外,这种坝型的主要问题是面板开裂,产生集中渗流而冲刷面板下的垫层。因此,还应在垫层内设置测点,以监测面板的开裂。

1.2　观测方法

1.2.1　测压管法

测压管由透水管和导管组成,材料常用金属管或塑料管(见图1-11)。测压管的种类较多,有单管式、双管式和U形管式等,其中单管式应用最广。

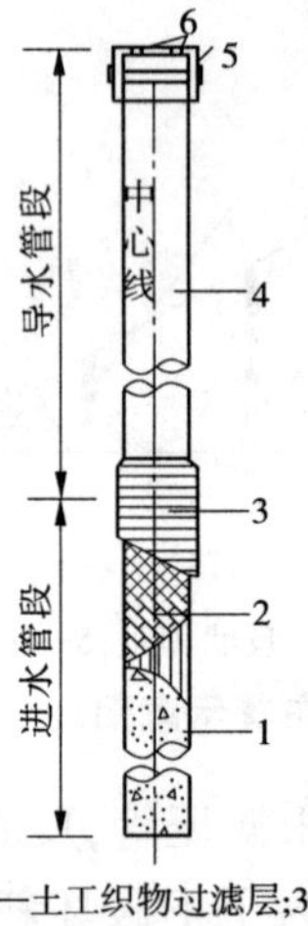

1—进水孔;2—土工织物过滤层;3—外缠铅丝;4—金属管或硬工程塑料管;5—管盖;6—电缆出线及通气孔

(a)

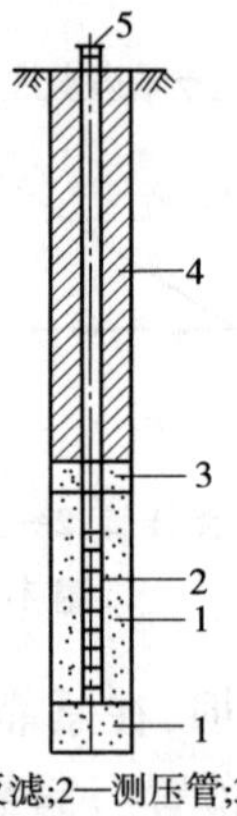

1—中粗砂反滤;2—测压管;3—细砂;4—封孔料;5—管盖

(b)

图 1-11　测压管示意图

测压管根据设计要求钻孔埋设。钻孔孔径一般为100~150 mm,测压管管径一般为50 mm。单管式测压管的透水管段结构应能保证渗透水顺利进入管内,同时测点处又不致发生渗透变形,因此通常由反滤层和插入反滤层的透水管组成。透水管长约2 m,在下部0.5~1 m长度的管壁上钻有直径为5~6 mm的梅花状分布的小孔,因此透水管俗称花管。为便于渗流进入测压管并防止透水管堵塞,在透水管外壁包裹过滤材料,并在透水管底部和四周填充经筛分并冲洗干净的粒径为6~8 mm的砂卵石形成反滤层。反滤层以上用膨胀土泥球封孔,泥球应由直径5~10 mm的不同粒径组成,应风干,不宜日晒或烘烤。封孔厚度不宜小于4.0 m。测压管封孔回填完成后,应向孔内注水进行灵敏度试验。

导管管径与透水管管径相同,连接在透水管上面,一直引出到预定的便于观测的孔口部位。

1.2.2 渗压计法

渗压计又称孔隙水压力计,一般埋设在观测对象内部,通过观测测点处的渗透压力来确定测点的渗压水头。目前,使用较多的是差动电阻式渗压计和弦式渗压计。

1.3 测压管水位的观测方法

观测测压管水位的仪器很多,目前常用的有电测水位计和遥测水位器等。

1.3.1 电测水位计

电测水位计是利用水能导电或者利用水的浮力将导电的浮子托起接通电路的原理制成的。各单位自行制作的电测水位计形式很多,一般由测头、指示器和吊尺组成。测头可用钢质或铁质的圆柱筒,中间安装电极。利用水导电的测头安装有两个电极,如图1-12(b)所示;也可只安装一个电极,而利用金属测压管作为一个电极,如图1-12(a)所示。

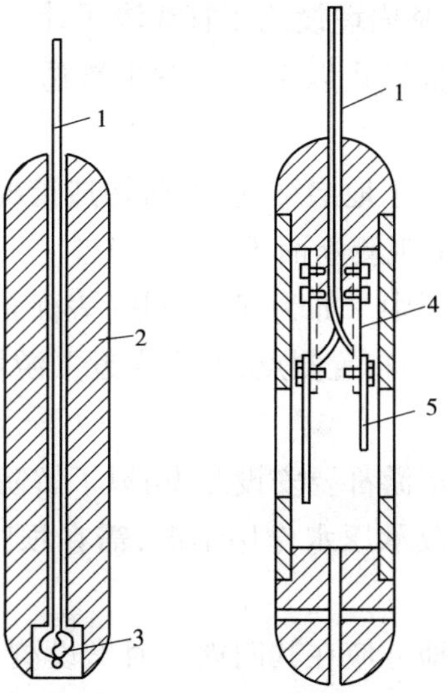

1—电线;2—金属短棒;3—电线头;4—隔电板;5—电极

图1-12 测头构造示意图

电测水位计的指示器可采用电表、灯泡、蜂鸣器等。据有些单位使用,认为效果较好。指示器与测头电极用导线连接。

测头挂接在吊尺上,吊尺可用钢尺。连接时应使钢尺零点正好在电极入水联通电路处,或者用厚钢尺挂接,再加自钢尺零点至电极头的修正值。

观测时,用钢尺将测头慢慢放入测压管内,至指示器得到反应后,测读测压管管口的读数,然后计算管内水面高程。

测压管水位高程=管口高程-管口至水面距离-测头入水引起水面升高值 (1-3)

测头入水引起水面升高值可事先通过试验求得。

用电测水位计观测测压管水位每次需测读两次,两次读数的差值,对大型水库要求不大于1 cm,对中型水库要求不大于2 cm。

1.3.2 遥测水位器

大型水库测压管水位低于管口较深,测压管数目较多,测次频繁,采用遥测水位器观测管中水位可大大节省人力,而且精度高,效果好。它适用于测压管管径不少于50 mm,且安装比较顺直的情况。其原理主要是采用测压管中的水位升降,由浮子带动传动轮和滚筒,观测时,通过一系列电路带动滚筒一侧的棘轮,追踪量测滚筒的转动量,并反映到室内仪表上,即可读出管中水位。

上述各种观测方法表明,测读测压管水位高程都要以管口高程作为依据,因此管内水位高程观测是否正确,不仅取决于观测方法的精度,也取决于管口高程是否可靠。

为此,要求定期对测压管管口高程进行校测。在土石坝运用初期,应每月校测1次,以后可逐渐减少,但每年至少1次。测头吊索上的距离刻度标志也要定期进行率定。

2 坝基渗水压力观测

坝基渗水压力一般是在坝基内埋设测压管或渗压计。测点的布设应根据地基土层情况、防渗设施的结构和排水设备形式以及可能发生渗透变形的部位等而定,一般要求如下:

(1)监测断面选择主要取决于地层结构、地质构造情况,断面数一般不少于3个。渗压测点应沿渗流方向布置,每个观测断面不少于3个。

(2)测点一般设在强透水层中。如为双层地基(表面是相对弱透水层,下层是强透水层)或多层地基,应在强透水层中布置测点,但在靠近下游坝趾及出口附近的相对弱透水层也要适当布置部分测点。

(3)防渗和排水设备的上下游都要安设测点,以了解防渗排水设施的效果。

(4)为掌握渗流出逸坡降及承压水作用情况,需在坝趾下游一定范围内布置若干测点。

(5)已经发生渗流变形的地方应在其四周临时增设测压管进行观测。在采取工程措施进行处理后,应保留一部分测点继续监测,以评价处理措施的效能。

坝基渗水压力的观测仪器和观测方法与坝体渗水压力观测一样。但当接触面处的测点选用测压管时,其透水段和回填反滤料的长度宜小于1.0 m。

3 绕坝渗流观测

水库蓄水后,渗流绕过两岸坝头从下游岸坡流出,称为绕坝渗流。土石坝与混凝土或砌石等建筑物连接的接触面也有绕流发生。在一般情况下,绕流是一种正常现象。但如果土石坝与岸坡连接不好,或岸坡过陡产生裂缝,或岸坡中有强透水间层,就有可能发生集中渗流造成渗流变形,影响坝体安全。因此,需要进行绕坝渗流观测,以了解坝头与岸坡以及混凝土或砌石建筑物接触处的渗流变化情况,判明这些部位的防渗与排水效果。

绕坝渗流观测的原理和方法与坝体、坝基渗流观测相同,一般采用测压管或渗压计进行观测,测压管和渗压计应埋设于死水位或筑坝前的地下水位之下。绕坝渗流的一般规定如下:

(1)绕坝渗流观测包括两岸坝端及部分山体、土石坝与岸坡或混凝土建筑物接触面以及防渗齿墙或灌浆帷幕与坝体或两岸结合部等关键部位。绕坝渗流观测的测点应根据枢纽布置、河谷地形、渗控措施和坝肩岩土体的渗透特性进行布置。

(2)绕坝渗流观测断面宜沿着渗流方向或渗流较集中的透水层(带)布置,数量一般为2~3个,每个监测断面上布设3~4条观测铅直线(含渗流出口)。

(3)土工建筑物与刚性建筑物结合部的绕坝渗流观测,应在对渗流起控制作用的接触轮廓线处设置观测铅直线,沿接触面不同高程布设观测点。

(4)岸坡防渗齿槽和灌浆帷幕的上下游侧应各设1个观测点。

4 渗流量观测

4.1 目的与要求

水库的挡水建筑物蓄水运用后,必然产生渗流现象。在渗流处于稳定状态时,其渗流量将与水头的大小保持稳定的相应变化,渗流量在同样水头情况下的显著增加和减少,都意味着渗流稳定的破坏。渗流量的显著增加,有可能在坝体或坝基发生管涌或集中渗流通道;渗流量的显著减少,则可能是在排水体堵塞的反映。在正常条件下,随着坝前泥沙淤积,同一水位情况下的渗流量将会逐年缓降。

因此,进行渗流量观测,对于判断渗流是否稳定,掌握防渗和排水设施工作是否正常,具有很重要的意义,是保证水库安全运用的重要观测项目之一。

渗流量观测,根据坝型和水库具体条件不同,其方法也不一样。对土石坝来说,通常是将坝体排水设备的渗水集中引出,量测其单位时间的水量。对有坝基排水设备,如排水沟、减压井等的水库,也应将坝基排水设备的排水量进行观测。有的水库土石坝坝体和坝基渗流量很难分清,可在坝下游设集水沟,观测总的渗流量变化,也能据以判断渗流稳定是否遭受破坏。对混凝土石坝和砌石坝,可以在坝下游设集水沟观测总渗流量,也可在坝体或坝基排水集水井观测排水量。

渗流量观测必须与上下游水位以及其他渗透观测项目配合进行。土石坝渗流量观测要与浸润线观测、坝基渗水压力观测同时进行。混凝土石坝和砌石坝,则应与扬压力观测同时进行。根据需要,还应定期对渗流水进行透明度观测和化学分析。

4.2 观测方法和设备

观测总渗流量通常应在坝下游能汇集渗流水的地方设置集水沟,在集水沟出口处观测。

当渗流水可以分区拦截时,可在坝下游分区设集水沟进行观测,并将分区集水沟汇集至总集水沟,同时观测其总渗流量。

集水沟和量水设备应设置在不受泄水建筑物泄水影响和不受坝面及两岸排泄雨水影

响的地方,并应结合地形尽量使其平直整齐,便于观测。图1-13为某土坝水库渗流量观测设备布置图。

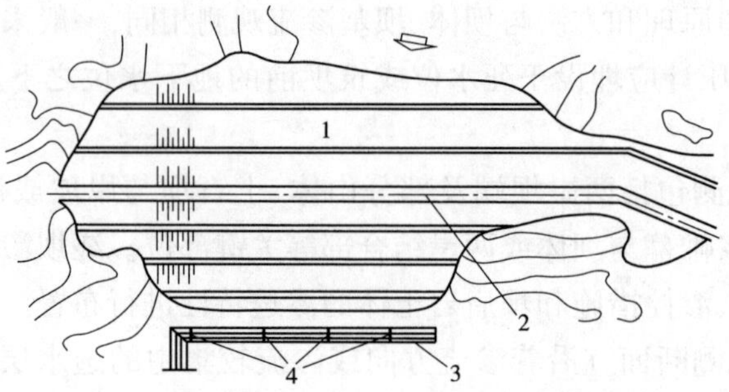

1—土坝坝体;2—坝顶;3—集水沟;4—量水堰

图1-13 某土坝水库渗流量观测设备布置图

观测渗流量的方法,根据渗流量的大小和汇集条件,一般可选用容积法、量水堰法和测流速法。另外,还可运用磁致式量水堰计观测渗流量。

4.2.1 容积法

容积法适用于渗流量小于1 L/s或渗流水无法长期汇集排泄的地方。观测时需进行计时,当计时开始时,将渗流水全部引入容器内,计时结束时停止。量出容器内的水量,已知记取的时间,即可计算渗流量。

4.2.2 量水堰法

量水堰法适用于渗流量为1~300 L/s的情况。量水堰法就是在集水沟或排水沟的直线段上安装量水堰,用水尺量测堰前水位,根据堰顶高程计算出堰上水头H,再由H按量水堰流量公式计算渗流量。安装量水堰时,使堰壁直立,且与水流方向垂直。堰板采用钢板或钢筋混凝土板,堰口做成向下游倾斜45°的薄片状。堰口水流形态为自由式,测读堰上水头的水尺应设在堰板上游3倍以上堰口水头处。

量水堰按过水断面形状分为三角堰、梯形堰和矩形堰三种形式。

4.2.2.1 三角堰

三角堰缺口为一等腰三角形,一般采用底角为直角,如图1-14所示。三角堰适用于渗流量小于100 L/s的情况,堰上水深一般不超过0.35 m,最小不宜小于0.05 m。

4.2.2.2 梯形堰

梯形堰过水断面为一梯形,边坡常用1∶0.25,如图1-15所示。堰口应严格保持水平,底宽b不宜大于3倍堰上水头,最大过水深一般不宜超过0.3 m。适用于渗流量为10~300 L/s的情况。

4.2.2.3 矩形堰

矩形堰分为有侧收缩和无侧收缩。矩形堰适用于渗流量大于50 L/s的情况。矩形堰堰口应严格保持水平,堰口宽度一般为2~5倍堰上水头,最小水头应大于0.25 m,最大应不超过2.0 m。

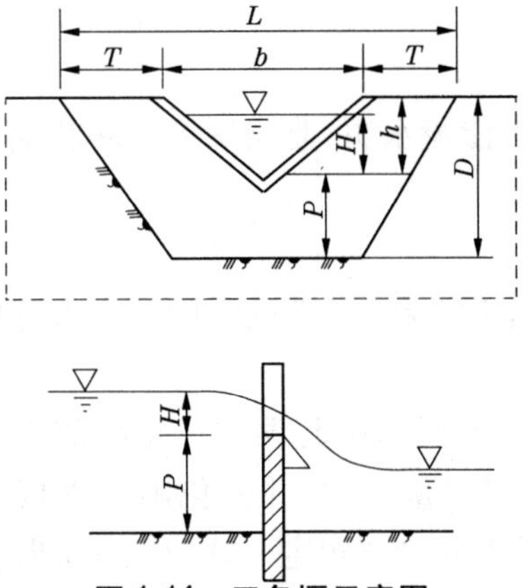

图 1-14 三角堰示意图

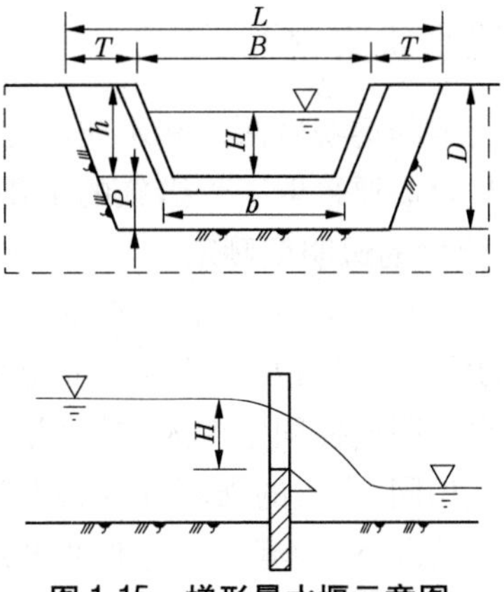

图 1-15 梯形量水堰示意图

4.2.3 测流速法

当渗流量大于 300 L/s 或受落差限制不能设量水堰，且能将渗水汇集到比较规则平直的集水沟时，可采用流速仪或浮标等观测渗水流速 v，然后测出集水沟水深和宽度，求得过水断面面积 A，按公式 $Q=vA$ 即可计算渗流量。

5 热渗流监测技术

传统的渗流监测技术本质上属于点式监测，而水工建筑物的渗流问题是一个复杂的具有随机性和不均匀性的空间分布问题，因此传统的渗流监测技术难以获得水工建筑物渗流状态的整体概念。通过观测温度分布及其变化来监测坝体、坝基渗流状态的热渗流监测技术，为渗流的空间分布监测提供了一种新途径。

热渗流监测技术，又称为温度示踪渗流监测技术，其基本原理是：当坝体和坝基内无渗流水流动时，其温度是连续分布、均匀变化且具有一定规律性的。当有渗流（特别是集中渗流）流经坝体或坝基时，一方面由于渗流水与坝体或坝基介质的温度不同，必然改变坝体或坝基温度状态，温度分布规律性被破坏；另一方面，由于水是良好的热载体，其热传导流量比土体大几倍乃至几十倍，具有很强的吸热效应，必然导致坝体或坝基温度出现异常，特别是在渗流量发生变化时，这种异常将更加明显。据此，将大量具有较高灵敏度的温度传感器埋入堤坝等土石介质的挡蓄水建筑物基础或内部，通过温度观测成果来判断渗流通道和渗透途径。

随着光纤监测技术的发展，特别是分布式光纤技术的进步，通过在水工建筑物及其基础内埋设光缆，可以实现对空间温度场的实时温度采集。分布式光纤测温系统克服了点式温度计测点有限和成本高的缺点，大大提高了发现水工建筑物及其基础集中渗流通道的能力。热渗流监测技术在发现水工建筑物及其基础内部是否存在渗流通道以及确定渗流流径方面，具有直观明确可靠的特点，在定性分析方面具有很大的优越性，具有广阔的应用前景。

6 渗流水质监测

渗流水的透明度测定和水质的化验分析,是了解渗流水源、监测渗流发展状况以及研究确定是否需要采取工程措施的重要参考资料。

6.1 渗流水的透明度测定

清洁的水是透明的,而当水中含有悬浮物或胶体化合物时,其透明度便大大降低。水中悬浮物等的含量越大,其透明度越小。

渗水透明度要固定专人进行测定,以避免因视力不同而引起误差。每次测定时的光亮条件应相同,光线的强弱和光线与视线的角度都应尽量一致,并避免阳光直接照射字板。正常情况下,渗流水的透明度测定可每月(或更长时间)测定一次,但是如果发现渗水浑浊或出现可疑现象,应立即进行透明度测定。

由坝体、坝基渗出的水,如果清澈透明,一般应认为是正常渗流。如果渗流水中带有泥沙颗粒或渗水浑浊不清,或渗水中含有某种可溶盐成分,则反映坝体或坝基土料中的细粒料被渗流水带出,或者是土料受到溶滤,这些现象通常是管涌、内部冲刷或化学管涌等渗流破坏的先兆。因此,应对渗流水进行透明度检测,并结合其他渗流观测分析判断是否会发生渗透破坏。检测渗水透明度用透明度管进行。透明度管为一高 35 cm、直径 3 cm 的平底玻璃管。管壁刻有厘米刻度,零点在管底处,管底有一放水阀门。如图 1-16所示,其观测方法如下:

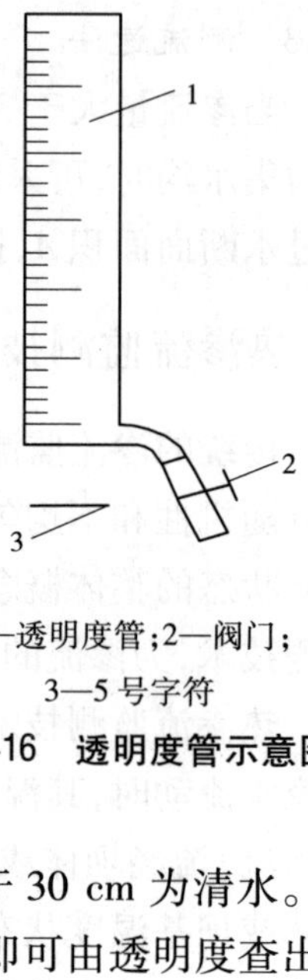

1—透明度管;2—阀门;
3—5 号字符
图 1-16 透明度管示意图

(1)在渗水出口处取水样摇匀后注入透明度管内。

(2)用一块 5 号汉语拼音铅印字符置于管底下 4 cm 处,从管口通过水样看铅印字体。如看不清字样,则打开阀门放水,降低管中水柱,直至看清字样为止。

(3)从管壁刻度上读出水柱高度 t 即为渗水透明度。透明度大于 30 cm 为清水。透明度愈小,说明水样中含泥沙量愈大。若事先率定出含沙量的关系,即可由透明度查出含沙量。

渗水透明度检测应固定专人进行,以免视力差异引起误差。检测工作在同样光亮条件下进行。检测应做两次,两次读数差不大于 1 cm。渗水正常时,可每月或每季进行一次,渗水浑浊时每天检测一次或几次。

6.2 渗流水质的化验分析

渗流水质的化验分析可以了解渗流水的化学性质和对坝体、坝基材料有无溶蚀破坏作用,有时为了探明坝基和绕坝渗流的来源,也可在大坝上游相应位置投放颜料、荧光粉或食盐,然后在下游取水样进行分析。

在下游渗流出口处取 0.5~1.0 L 水样,精确分析时取 1~2 L。用带玻璃瓶塞的广口玻璃瓶装水样,装入水样前先将玻璃瓶及瓶塞洗干净,再用所取渗流水至少冲洗三次。装入水样后,用棉线填满瓶口与瓶塞之间的缝隙,再用蜡进行封闭。最后,在瓶上标明采样地点、日期、时刻、化验分析的项目及目的,并迅速将水样提交化验单位进行分析。

7 环境量监测

环境量监测的目的是了解环境量的变化规律及对水工建筑物变形、渗流和应力应变等的影响。需监测的环境量主要有上下游水位、降水量、气温、水温、波浪、坝前淤积和冰冻等。环境量监测仪器的安装埋设应在水库蓄水前完成。

7.1 水位监测

7.1.1 监测断面及测点布置

水位监测按《水位观测标准》(GB/T 50138—2010)的有关规定执行。

上游水位监测站应设置在受泄流和风浪影响小、便于仪器安装埋设和监测的位置,如稳定岸坡处、永久建筑物上,水面平稳、能代表坝前平稳水位的位置。

下游(河道)水位监测站一般布置在受泄流影响小、水流平顺、方便安装仪器设备和进行监测的位置。水位监测断面应同测流断面统一布置。当各泄水口的泄流以分道方式汇入干道时,除在干道上布置必需的测点外,也可在各分道上布置测点。若下游河道无水,可用河道地下水位代替,地下水位监测的测压管或观测井根据地形和地质情况布置,并尽可能与渗流监测结合。

水位监测的水准基面与水工建筑物的水准基面应一致。

7.1.2 水位监测方法

水位监测方法有水尺法、浮子式水位计法、压力式水位计法和超声波水位计法等,根据具体地形和水流条件选用。

7.1.2.1 水尺法

水位测量基准值的获取需用到水尺(见图1-17),每个水位测点都必须设置水尺,即便采用别的水位观测方法,也应辅以水尺进行观测,并定期比对和校核。水尺要有一定的强度和刚度,温度变形要小,同时耐水性要好,一般由木材、搪瓷或合成材料制作而成。水尺的刻度要求清晰、醒目,刻度分辨率为1 cm,为方便夜间观测,水尺表面可设荧光涂层。

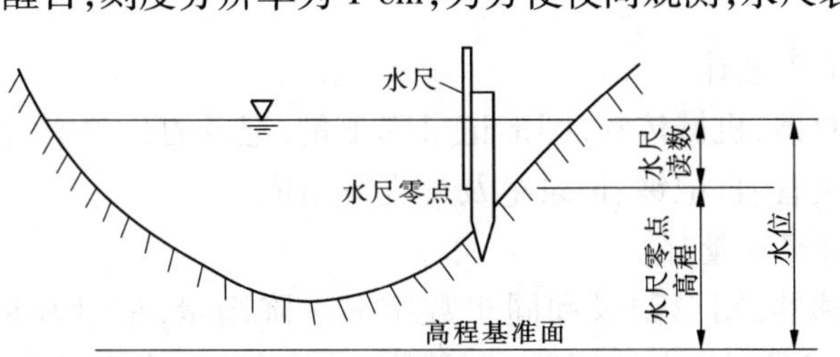

图1-17 水尺观测水位示意图

水尺的安装应尽量避开受回流、涡流、漂浮物以及风浪等影响的区域,还需方便观测人员近身测读水位。水尺的测量范围应大于最高和最低水位各0.5 m。

$$水位=水尺尺底高程+水尺读数 \tag{1-4}$$

7.1.2.2 浮子式水位计法

浮子式水位计的观测原理是将绕过水位轮的悬索一端固定在漂浮于水位井内浮子

上,另一端连接一个重锤,重锤的作用是控制悬索的张紧和位移。当浮子随着水位的升降而升降时,悬索带动水位轮转动,再由转动部件驱动水位编码器(或记录仪)记录数据。

浮子式水位计结构可靠、测量精度高、便于维护。但必须修建水位测井,水位测井造价高,并且在有的地方建水位测井比较困难,因而限制了浮子式水位计的应用。

7.2 降水量监测

降水量主要为降雨量。常用的降雨量监测仪器有雨量器、虹吸式和双翻斗式自记雨量计。小型水库较多采用雨量器观测降雨量。

7.2.1 雨量器

雨量器由承雨器、储水筒、储水器和器盖等组成,并配有专用量雨杯,量雨杯的总刻度为10.5 mm,如图1-18所示。雨量器上部的漏斗口呈圆形,内径20 cm,器口是里直外斜的刀刃形,以防雨水溅失。量水器下部是储水筒,筒内放有收集雨水用的储水器。

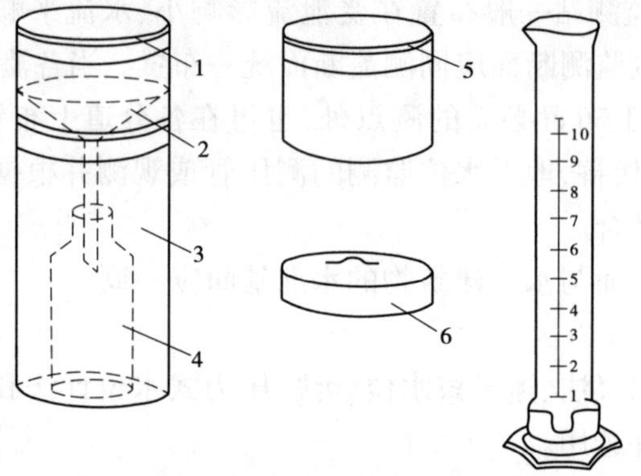

1—承雨器;2—漏斗;3—储水筒;4—储水器;5—承雪器;6—器盖

图1-18 雨量器及量雨杯

7.2.2 日记型自记雨量计

日记型自记雨量计需人工更换记录纸,适用于坝址雨量站观测降雨量。按其结构型式可分为以下两种。

7.2.2.1 虹吸式自记雨量计

采用浮子式传感器,机械传动,图形记录降雨量,记录的分辨率为0.1 mm。它主要由承雨器、浮子室、虹吸管、自记钟、记录笔及外壳等组成。

7.2.2.2 双翻斗式自记雨量计

采用翻斗式传感器,图形记录和同步数字显示降雨量,记录和记数的分辨率为0.1 mm或0.2 mm。传感器部分由承雨器、上翻斗、计量翻斗、计数翻斗、转换开关及外壳等组成。记录部分由步进图形记录器、计数器和电子传输线路部件等组成。

7.3 气温及水温监测

7.3.1 测点布置

(1)坝址区附近至少设置一个气温监测点。

(2)一般在重点监测坝段靠近上游坝面的库水中布置测温垂线监测库水温度。当混凝土坝的上游坝面附近设有温度测点时,可作为库水温度的测点。

(3)对于坝高 30 m 以下的混凝土坝,可在正常蓄水位以下 20 cm、1/2 水深处以及库底各布置一个温度测点。

(4)对于坝高 30 m 以上的混凝土坝,可在正常蓄水位至死水位以下 10 cm 处的范围内每隔 3~5 m 布置一个测点,再往下则每隔 10~15 m 布置一个测点,必要时也可在正常蓄水位以上适当设置测点。

(5)土石坝的库水温度监测断面可设置在坝前或泄水建筑物进水口前,断面上至少设 3 条测温垂线。垂线上至少应在水面以下 20 cm 处、1/2 水深处和接近库底处布设 3 个测点。

7.3.2　监测方法

常用的温度监测仪器有铜电阻温度计、铂电阻温度计和半导体温度计等。气温监测仪器应放在专门的百叶箱内,百叶箱应依据有关气象观测的规范和标准进行制作。库水温度监测的温度计应牢固固定在测点处,电缆设套管进行保护。

任务5　土石坝监测资料整编与分析

1　概述

对水工建筑物进行的各种项目观测,为水库大坝的运行工况提供了第一手资料。取得这些第一手资料以后,还必须去粗取精、去伪存真、由此及彼、由表及里,进行科学的整理分析,才能做出正确的判断,获得规律性的认识,保证水库安全和合理运用,为设计、施工、管理和科学研究提供依据。

我国很多水库,通过对观测资料的分析,了解水库各个建筑物的状态,掌握工程运用的规律,确定维修措施,改善运行状况,从而保证了水库的安全和发挥效益,并且为提高科学技术水平提供了宝贵的第一手资料。例如,官厅水库土坝下游发生泉眼漏水,通过观测资料的分析,判断为左岸山头基岩发生绕坝渗流,通过多种措施进行处理,安全运用至今。对观测资料进行科学的整理分析,是观测工作必不可少的组成部分,对于管好用好水库、保证水库安全运用、充分发挥效益,以及提高科学技术水平,具有重要的意义。

观测取得的数据是客观实际的反映。但是,每个观测项目所布置的测点数量总是有限的,测次一般有一定的周期,与其相关的因素也是多元的,而且实测数据不可避免地带有特定的误差。因此,必须通过科学的整理分析,才能掌握客观运动的规律性和与影响因素的相关关系,获得符合客观实际的理性认识。观测资料的整理分析,取决于现场观测所得数据的数量和质量,而又反过来推动和指导观测工作、水库运行更有成效地进行。

监测资料整理与分析工作包括平时资料整理与定期资料编印和观测成果的分析。

1.1　平时资料整理工作的主要内容

(1)及时检查各观测项目原始观测数据和巡视检查记录的正确性、准确性和完整性。如有漏测、误读(记)或异常,应及时补(复)测、确认或更正。

(2)及时进行各观测物理量的计(换)算,填写数据记录表格。

(3)随时点绘观测物理量过程线图,考察和判断测值的变化趋势。如有异常,应及时分析原因,并备忘文字说明,原因不详或影响工程安全时,应及时上报主管部门。

(4)随时整理巡视检查记录(含摄像资料),补充或修正有关监测系统及观测设施的变动或检验、校(引)测情况,以及各种考证图、表,确保资料的衔接与连续性。

1.2　定期资料编印工作的主要内容

(1)汇集工程的基本概况(含各种运控指标)、监测系统布置和各项考证资料,以及各次巡检资料和有关报告、文件等。

(2)在平时资料整理基础上,对整编时段内的各项观测物理量按时序进行列表统计和校对。此时如发现可疑数据,一般不宜删改,应加注说明,提醒读者注意。

(3)绘制能表示各观测物理量在时间和空间上的分布特征图,以及有关因素的相关关系图。

(4)分析各观测物理量的变化规律及其对工程安全的影响,并对影响工程安全的问题提出运行和处理意见。

(5)对上述资料进行全面复核、汇编,并附以整编说明后,刊印成册,建档保存。采用计算机数据库系统进行资料存储和整编的,整编软件应具有数据录入、修改、查询,以及整编图、表的输出打印等功能,还应有电子文件备份。

1.3　观测成果的分析

观测成果的分析是一项细致复杂而又十分重要的工作,要以认真的精神和科学的态度去进行。我国的水库建设是新中国成立以后开始发展的,水库观测工作从无到有,但许多水库管理单位开展了大量的观测工作,观测成果的分析工作也取得了丰富的经验和显著的成绩。使用计算机,应用比较法,以及回归分析、谱量分析等数理统计方法,对观测成果进行定量分析。

1.4　监测报告

监测报告一般包括工程概况、巡视检查和仪器监测情况的说明、巡视检查资料和仪器监测资料的分析结果、大坝工作状态的评估及改进意见等。

2　土石坝安全监测资料的整编

2.1　巡视检查

巡视检查的各种记录、图件和报告等均属大坝安全监测的重要史料,除将原件归档外,应将发现问题的资料整理复制载入相应时段的资料整编。每次整编,除对本时段内巡视检查发现的异常问题及其原因分析、处理措施和效果观察等做出完整编录外,必要时可简要引述前期巡视检查结果加以对比分析。

2.2　变形监测

变形监测资料整编,一般应根据所设项目进行各观测物理量的列表统计,一般如下:

(1)坝体表面垂直位移量统计表,格式见表1-7。

表1-7 ________年度表面垂直位移监测成果统计表

工程部位____________ 监测断面____________

监测日期		各测点累计垂直位移(mm)						说明
		测点1	测点2	测点3	测点4	…	测点 n	
		高程1	高程2	高程3	高程4	…	高程 n	
		位置1	位置2	位置3	位置4	…	位置 n	
全年度特征值统计	最大值							
	日期							
	最小值							
	日期							
	年变幅							
备注	1.垂直位移正负号规定:下沉为正,反之为负; 2.年变幅为本年度年底值与去年年底值之差							

统计者: 校核者:

(2)坝面横(纵)向水平位移量统计表,格式见表1-8。

表1-8 ________年度表面水平位移监测成果统计表

工程部位____________ 监测断面____________

监测日期		各测点累计水平位移(mm)						说明
		测点1	测点2	测点3	测点4	…	测点 n	
		高程1	高程2	高程3	高程4	…	高程 n	
		位置1	位置2	位置3	位置4	…	位置 n	
		X	Y	X	Y	X	Y	
全年度特征值统计	最大值							
	日期							
	最小值							
	日期							
	年变幅							
备注	1.X 代表上下游方向,Y 代表左右岸方向; 2.水平位移正负号规定:向下游、向左岸为正,反之为负; 3.年变幅为本年度年底值与去年年底值之差							

统计者: 校核者:

在列表统计的基础上,应尽量绘出能表示各观测物理量时间和空间分布特征的各种图件(必要时可加绘相关物理量,如坝体填筑过程、蓄水过程等),一般如下:

(1)坝面水平位移过程线,见图 1-19。

(2)坝体横断面分层垂直位移分布,见图 1-20。

(3)坝体表面垂直位移等值线,见图 1-21。

(4)坝体横断面垂直位移及水平位移等值线,见图 1-22。

(5)坝体裂缝平面分布,见图 1-23。

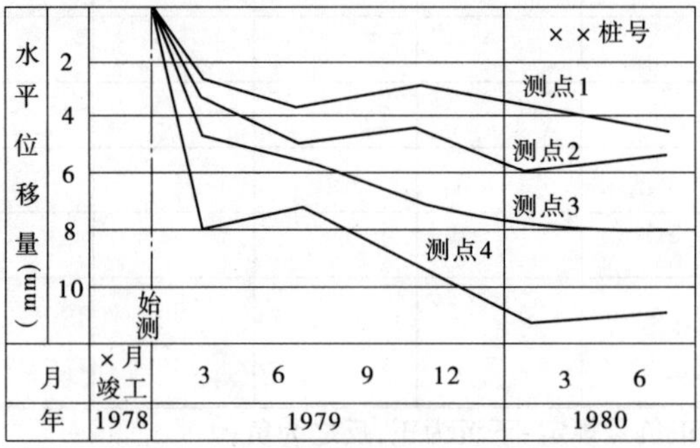

图 1-19　坝面水平位移过程线

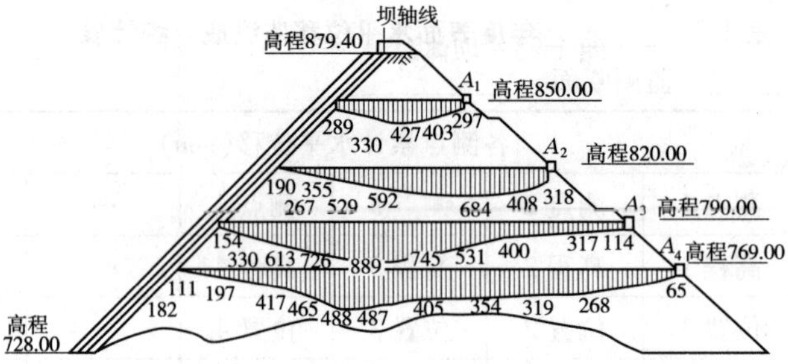

图 1-20　坝体横断面分层垂直位移分布　(单位:mm)

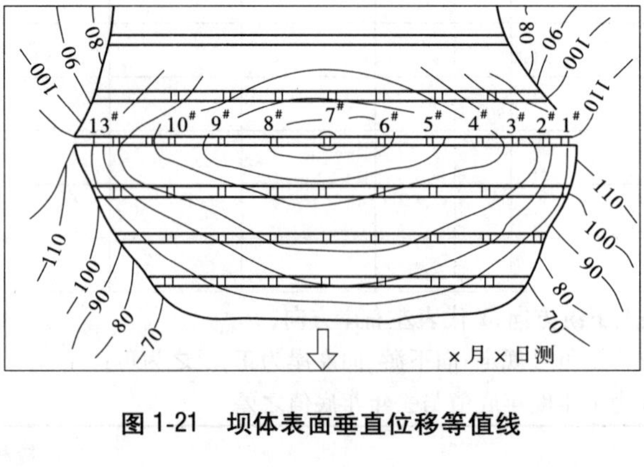

图 1-21　坝体表面垂直位移等值线

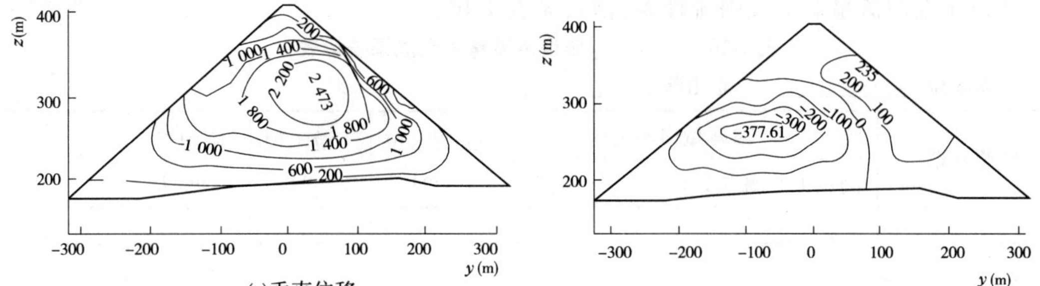

(a)垂直位移　(b)水平位移

图 1-22　坝体横断面垂直位移及水平位移等值线

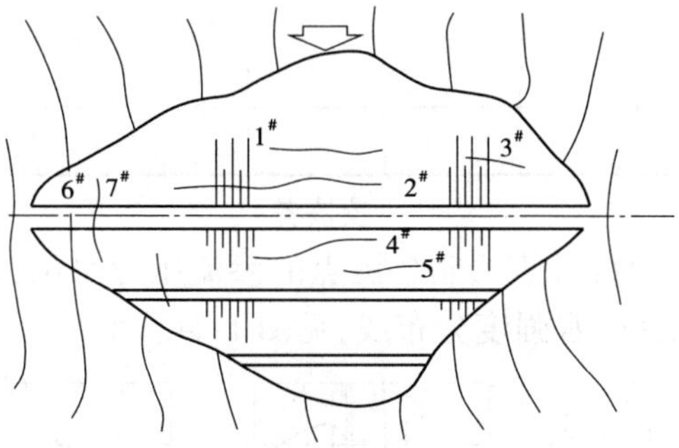

图 1-23　坝体裂缝平面分布

2.3　渗流监测

一般应按坝体、坝基、绕渗等不同部位和类别分别填写测点渗流压力(水位)和渗流量监测成果统计表,并同时抄录相应的上下游水位,必要时加注有关渗流异常现象的说明。如:

(1)年度上游(水库)、下游水位统计表,格式见表1-9。

表 1-9　＿＿＿＿年度上游(水库)、下游水位统计表

监测日期		月份及水位(m)											
		1	2	3	4	5	6	7	8	9	10	11	12
01													
02													
⋮		⋮	⋮	⋮	⋮	⋮	⋮	⋮	⋮	⋮	⋮	⋮	⋮
31													
全月统计	最高												
	日期												
	最低												
	日期												
全年统计		最高		日期		最低		日期		均值			
备注		包括泄流情况											

统计者:　　　　　　　　　　　　　　校核者:

(2)年度渗流量监测成果统计表,格式见表1-10。

表1-10 ________年度渗流量监测成果统计表

工程部位__________ 监测断面__________

监测日期		渗漏量(L/s)				上游水位(m)	下游水位(m)	降雨量(mm)	备注
		测点1	测点2	…	测点 *n*				
全年特征值统计	最大值								
	日期								
	最小值								
	日期								
	年变幅								

统计者: 校核者:

根据渗流压力(水位)统计表绘制各测点的渗流压力水位过程线图,图上应同时绘出上下游水位过程线和坝区降水强度分布线,见图1-24。

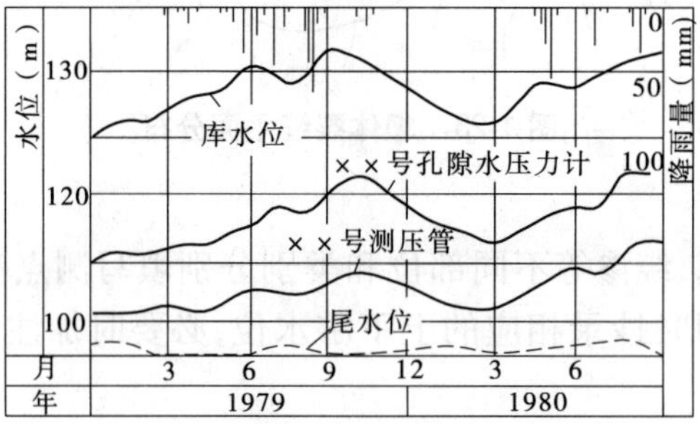

图1-24 渗流压力水位过程线

根据过程线图确定迟后时间,消除迟后影响,用稳定流场的对应关系绘制以下图件:

(1)特定库水位下的渗流压力水位过程线,见图1-25。

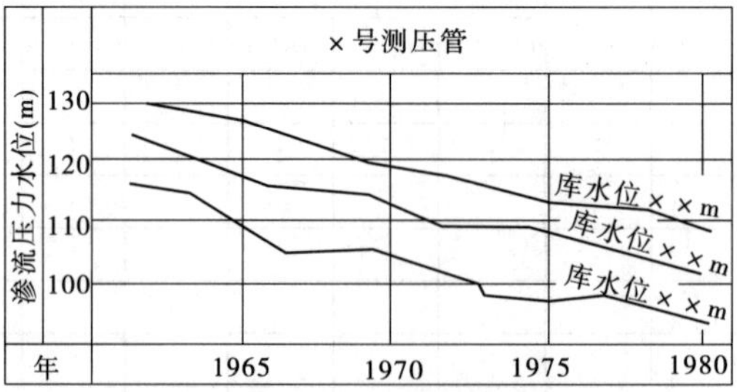

图1-25 特定库水位下渗流压力水位过程线

(2)渗流压力、测压管水位与库水位相关关系,见图1-26。

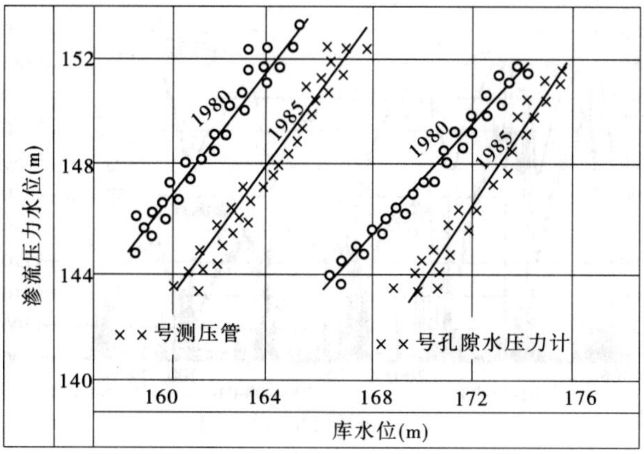

图 1-26 渗流压力、测压管水位与库水位相关关系

(3)坝体横断面渗流压力分布和坝体平面渗流压力分布,见图 1-27 与图 1-28。

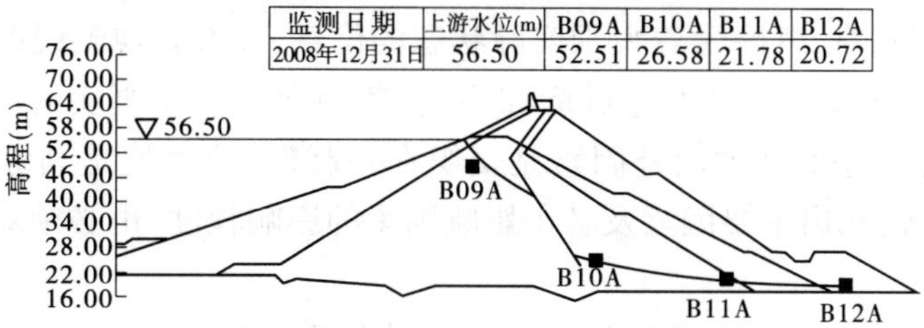

图 1-27 坝体横断面渗流压力分布

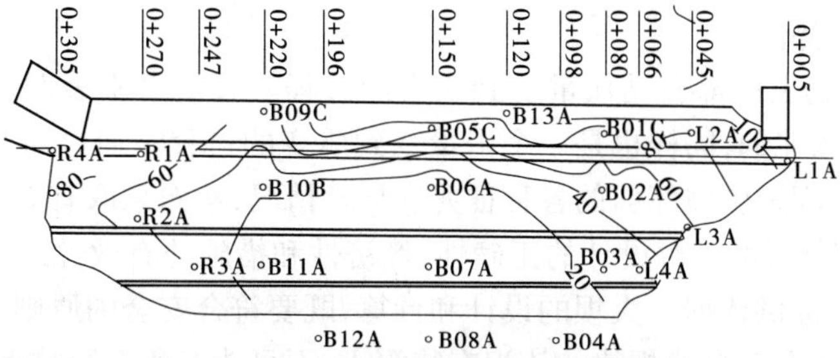

图 1-28 坝体平面渗流压力分布

(4)根据过程线图确定并消除迟后影响后,用稳定渗流场的对应关系绘制以下图件:

①渗流量(降水量、库水位)过程线,见图 1-29。

②特定库水位下的渗流量过程线。

③渗流量与库水位(上下游水位差)相关关系。

3 安全监测资料的分析

3.1 资料分析的目的和意义

大坝安全监测是掌握坝体运行状态、保证大坝安全运用的重要措施,也是检验设计成果、检查施工质量和掌握大坝的各种物理量变化规律的有效手段。但是,原始的观测成果往往只展示了大坝的直观表象,要深刻地揭示规律和做出判断,从繁多的监测数据中找出

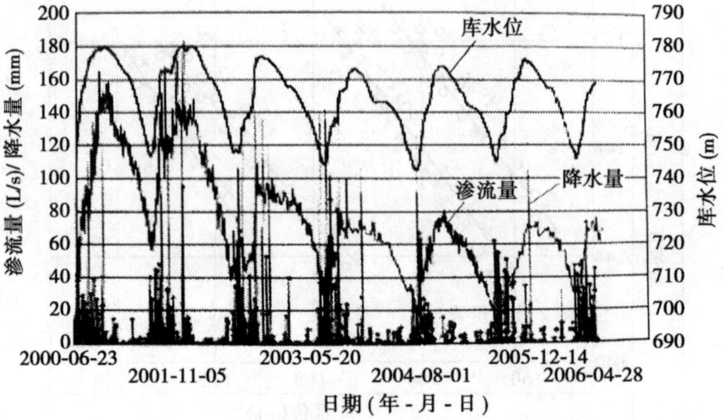

图 1-29　渗流量(降水量、库水位)过程线

关键问题,还必须对观测数据进行检验、剖析、提炼和概括,这就是监测资料分析工作。其意义可从以下几方面来理解:

(1)监测数据本身,既隐含着大坝实际状态的信息,又带有观测误差及外界偶然因素随机作用所造成的干扰。必须经过辨析,识别干扰,才能显示出真实的信息。

(2)影响坝体状态的多种内外因素是交织在一起的,监测值是其综合效应。为了将影响因素加以分解,找出主要因素及各个影响因素的影响程度,也必须对测值做分解和剖析。

(3)只有将多种监测量的多个测点、多次测值放在一起综合考察,相互补充、印证,才能了解测值在空间分布上和时间发展上的联系,找出变化异常的部位和薄弱环节,了解其变化过程和发展趋势。

(4)任何事物的发展都遵循从量变到质变的过程。大量事实表明,大坝的破坏和失稳,事前总是有所预兆的,同样也是一个由量变到质变的过程。通过对监测数据的分析,就可以及时发现大坝发生破坏前的各种征兆和异常情况,从而采取有效的补救措施。

(5)通过数据分析可以对设计的正确性、经济性和措施的有效性进行验证,进而为提高或改进大坝设计提供依据。大坝的设计和计算,既要符合安全的原则,又要符合经济的原则。然而,由于我们对自然规律的认识有待深入,不可能对所有影响大坝的复杂因素都进行精确的计算,只能是做了许多假设和简化以后,才进行设计计算的。

(6)为了对大坝各种观测成果做出物理解释,预测未来测值变幅及可能的数值等,也离不开分析工作。

因此,观测资料分析被视为实现大坝安全监测根本目的最重要的一个环节,其任务就在于通过具有一定精度的监测资料,认识大坝监测数值在空间分布和时间发展上的规律性,掌握它和各种内外因素的联系,从观测值的变化来考察和发现大坝结构的变化及异常现象,防止大坝结构向不安全方向发展。

3.2　资料分析的主要方法

资料分析的主要方法有比较法、作图法、特征值统计法、数学模型法和其他一些方法。下面做一简要介绍。

3.2.1　比较法

所谓比较法，就是将不同测次的监测资料、巡视资料及监测资料成果与技术警戒值、理论试验的成果做比较，判断测值有无异常，找出观测值的变化规律或发展趋势。

(1)比较多次巡查资料，定性考察大坝外观异常现象的部位、变化规律和发展趋势。

(2)比较同类效应量监测值的变化规律或发展趋势，是否具有一致性和合理性。

(3)将监测成果与理论计算或模型试验成果相比较，观察其规律和趋势是否有一致性、合理性，并与工程的某些技术警戒值(大坝在一定工作条件下的变形量、抗滑稳定安全系数、渗透压力、渗漏量等方面的设计或试验允许值，或经历史资料分析得出的推荐监控值)相比较，以判断工程的工作状态是否正常。

3.2.2　作图法

根据分析的要求，画出监测资料的过程线图、相关图、分布图及综合过程线图(如将上游库水位、某物理量和其警戒值、其他的效应量画在一张图上)等，由图可直接了解和分析测值的变化大小和其规律。

(1)以观测时间为横坐标、所考查的测值为纵坐标绘制的曲线称为过程线。它反映了测值随时间而变化的过程。由过程线可以看出测值变化有无周期性，最大值、最小值等，一年或多年变幅有多大，各时期变化梯度(快慢)如何，有无反常的升降变化等。图上一般同时绘制相关因素如库水位、气温等的过程线，以了解测值和这些因素的变化是否相关，周期是否相同，滞后时间多长，两者变化幅度等。有时也可以同时绘制不同测点或不同项目的曲线，比较它们之间的联系和差异。

(2)以横坐标表示测点位置、纵坐标表示测值所绘制的台阶图或曲线称为分布图。它反映了测值沿空间的分布情况。由图可看出测值分布有无规律，最大值、最小值在什么位置，各点间特别是相邻点间的差异大小等。图上还可以绘出有关因素，如坝高等的分布值。同一张图绘制出同一项目不同测次和不同项目同一测次的测值分布，以比较期间的联系及差异。

(3)以纵坐标表示测值、以横坐标表示有关因素(如水位、温度等)所绘制的散点加回归线的图叫相关图。它反映了测值和该因素的关系，如变化趋势、相关密切度等。

3.2.3　特征值统计法

特征值统计法是对监测值(随机变量)进行统计、计算，得到一系列有代表性的特征值，用以浓缩、简化一批测值中的信息，以便对大坝性态的变化更加清晰、简单地了解，掌握和发现其有无异常。

特征值主要包括各监测物理量历年的最大值和最小值(含出现时间)、变幅、周期、年(月)平均值及变化率等。通过对这些特征值的统计和分析，可帮助考察各监测量之间在数量变化方面是否具有一致性、合理性，以及它们的重现性和稳定性等。

3.2.4　数学模型法

该法就是利用回归分析、经验或数学及力学原理，建立原因量(如库水位、气温等)与效应量(如位移、扬压力等)之间定量关系的方法。这种关系往往是具有统计性的，需要较长序列的观测数据。当能够在理论分析基础上来寻求两者确定性的关系，称为确定性模型；当根据经验，通过统计相关的方法来寻求其联系，称为统计模型；当具有上述两者的特点而得到的联系,称为混合模型。

近年来,资料分析技术得到了较快发展,许多新技术、新方法在大坝监测资料分析领域得到了广泛应用,如时间序列分析、灰色模型分析、模糊聚类分析、神经网络分析、决策分析以及专家系统技术等。

任务6 土石坝的养护

1 土石坝养护的一般规定

(1)养护工作应做到及时消除大坝表面的缺陷和局部工程问题,随时防护可能发生的损坏,保持大坝工程和设施的安全、完整、正常运用。

(2)坝面上不得种植树木、农作物,不得放牧、铲草皮以及搬动护坡和导渗设施的砂石材料等。

(3)严禁在大坝管理和保护范围内进行爆破、打井、采石、采矿、挖沙、取土、修坟等危害大坝安全的活动。

(4)严禁在坝体修建码头、渠道,严禁在坝体堆放杂物、晾晒粮草。在大坝管理和保护范围内修建码头、鱼塘,必须经大坝主管部门批准,并与坝脚和泄水、输水建筑物保持一定距离,不得影响大坝安全、工程管理和抢险工作。

(5)大坝坝顶严禁各类机动车辆行驶。若大坝坝顶确需兼作公路,须经科学论证和上级主管部门批准,并应采取相应的安全维护措施。

2 坝顶、坝端的养护

(1)坝顶、坝端的养护应达到坝顶平整,无积水、无杂草、无弃物;防浪墙、坝肩、踏步完整,轮廓鲜明;坝端无裂缝,无坑凹,无堆积物。

(2)坝顶出现坑洼和雨淋沟缺,应及时用相同材料填平补齐,并应保持一定的排水坡度;对经主管部门批准通行车辆的坝顶,如有损坏,应按原路面要求及时修复,不能及时修复的,应用土或石料临时填平;坝顶的杂草、弃物应及时清除。

(3)防浪墙、坝肩和踏步出现局部破损,应及时修补或更换。

(4)坝端出现局部裂缝、坑凹,应及时填补,发现堆积物应及时清除。

3 坝坡的养护

3.1 坝坡的养护

坝坡养护应达到坡面平整,无雨淋沟缺,无荆棘杂草滋生现象;护坡砌块应完好,砌缝紧密,填料密实,无松动、塌陷、脱落、风化、冻毁或架空现象。

3.2 干砌块石护坡的养护

(1)及时填补、楔紧个别脱落或松动的护坡石料。

(2)及时更换风化或冻毁的块石,并嵌砌紧密。

(3)块石塌陷、垫层被淘刷时,应先翻出块石,恢复坝体和垫层后,再将块石嵌砌紧密。

3.3 混凝土或浆砌块石护坡的养护

(1)及时填补伸缩缝内流失的填料,填补时应将缝内杂物清洗干净。

(2)护坡局部发生侵蚀剥落、裂缝或破碎时,应及时采用水泥砂浆表面抹补、喷浆或填塞处理,处理时表面应清洗干净;当破碎面较大,且垫层被淘刷、砌体有架空现象时,应用石料做临时性填塞,岁修时进行彻底整修。

(3)排水孔如有不畅,应及时进行疏通或补设。

3.4 堆石护坡或碎石护坡的养护

对于堆石护坡或碎石护坡,石料如有滚动,造成厚薄不均,应及时进行平整。

3.5 草皮护坡的养护

(1)应经常修整、清除杂草,保持完整美观;草皮干枯时,应及时洒水养护。

(2)出现雨淋沟缺时,应及时还原坝坡,补植草皮。

3.6 严寒地区护坡的养护

在冰冻期间,应积极防止冰凌对护坡的破坏。可根据具体情况,采用打冰道或在护坡临水处铺放塑料薄膜等办法减小冰压力;有条件的,可采用机械破冰法、动水破冰法或水位调节法,破碎坝前冰盖。

4 排水设施的养护

(1)各种排水、导渗设施应达到无断裂、损坏、阻塞、失效现象,排水畅通。

(2)必须及时清除排水沟(管)内的淤泥、杂物及冰塞,保持通畅。

(3)对排水沟(管)局部的松动、裂缝和损坏,应及时用水泥砂浆修补。

(4)排水沟(管)的基础如被冲刷破坏,应先恢复基础,后修复排水沟(管);修复时,应使用与基础同样的土料,恢复到原来断面,并应严格夯实;排水沟(管)如设有反滤层,也应按设计标准恢复。

(5)随时检查修补滤水坝趾或导渗设施周边山坡的截水沟,防止山坡浑水淤塞坝趾导渗排水设施。

(6)减压井应经常进行清理疏通,保持排水畅通;周围如有积水渗入井内,应将积水排干,填平坑洼,保持井周无积水。

5 观测设施的养护

(1)各种观测设施应保持完整,无变形、损坏、堵塞现象。

(2)经常检查各种变形观测设施的保护装置是否完好,标志是否明显,随时清除观测障碍物;观测设施如有损坏,应及时修复,并应重新进行校正。

(3)测压管口及其他保护装置,应随时加盖上锁;如有损坏,应修复或更换。

(4)水位观测尺若受到碰撞破坏,应及时修复,并重新校正。

(5)量水堰板上的附着物和量水堰上下游的淤泥或堵塞物,应及时清除。

6 坝基和坝区的养护

(1)对坝基和坝区管理范围内一切违反大坝管理规定的行为和事件,应立即制止并纠正。

(2)设置在坝基和坝区范围内的排水、观测设施和绿化区,应保持完整、美观,无损坏现象。

(3)发现绿化区内的树木、花卉缺损或枯萎时,应及时补植或灌水养护。

(4)发现坝区范围内有白蚁活动迹象时,应按要求进行治理。

(5)发现坝基范围内有新的渗漏逸出点时,不要盲目处理,应设置观测设施进行观测,待弄清原因后再进行处理。

7 隧洞与涵管的检查养护

(1)平时要检查隧洞的衬砌或涵管有无蜂窝、麻面、裂缝、漏水或空蚀等病害,要分析原因,及时处理。还要检查隧洞进出口有无可能崩塌的山坡或危石,无衬砌隧洞有无可能塌落的岩块,若有,要及时清除或妥善处理。

(2)经常清除拦污栅上的杂草、污物,以防阻水;易被泥沙淤积的进水口,要定期进行泄水冲砂,防止闸门被砂石卡阻。

(3)加强管理,禁止在建筑物附近采石爆破或炸鱼,以免振动使隧洞衬砌或涵管断裂;顶部岩石厚度小于3倍洞径的隧洞或涵管顶部禁止堆放重物或修建其他建筑物。

(4)正确操作运用,避免在明、满流交替的流态下运行;闸门启闭要缓慢进行,避免流量猛增或骤减,防止洞内产生超压、负压或水锤等现象而引起破坏;无压洞严禁在受压情况下运用。

(5)运用期间要经常注意洞内有无异常声响,水流是否浑浊;对坝下涵管,要注意观察附近的上下游坝坡有无塌坑、裂缝、湿软及漏水等现象,如有异常,应及时处理。对通气孔亦应及时清理吸入的杂物和冬季的冰封现象。

任务7 土石坝裂缝处理

土石坝坝体裂缝是一种较为常见的病害现象,大多发生在蓄水运用期间,对坝体存在着潜在的危险。例如,细小的横向裂缝有可能发展成坝体的集中渗漏通道;部分纵向裂缝则可能是坝体滑坡的征兆;有的内部裂缝,在蓄水期突然产生严重渗漏,威胁大坝安全;有的裂缝虽未造成大坝失事,但影响正常蓄水,长期不能发挥水库效益。因此,对土石坝的裂缝,应予以足够重视。实践证明,只要加强养护修理工作,分析裂缝产生的原因,及时采取有效的处理措施,是可以防止土石坝裂缝的发展和扩大,并迅速恢复土石坝的工作能力的。

1　裂缝的类型

土石坝的裂缝,按其方向可分为龟状裂缝、横向裂缝和纵向裂缝;按其产生原因可分为干缩裂缝、冻融裂缝、不均匀沉陷裂缝、滑坡裂缝、水力劈裂缝、塑流裂缝、振动裂缝;按其部位可分为表面裂缝和内部裂缝等。在实际工程中,土石坝的裂缝常由多种因素造成,并以混合的形式出现。下面按干缩、冻融裂缝,纵向、横向裂缝及内部裂缝等,分别阐述其成因及特征。

2　裂缝的成因及特征

2.1　干缩和冻融裂缝

干缩和冻融裂缝是由于坝体受气候或植物的影响,土料中水分大量蒸发或冻胀,在土体干缩或膨胀过程中产生的。

2.1.1　干缩裂缝

在黏性土中,土粒周围的薄膜水因蒸发而减薄,土粒与土粒在薄膜水分子吸引作用下互相移近,引起土体干缩,当收缩引起的拉应力超过一定限度时,土体即会出现裂缝。对于粗粒土,薄膜水的总量很少,厚度很薄,对粗粒土的性质没有显著影响。由上述可知,当筑坝土料黏性越大、含水量越高时,产生干缩裂缝的可能性越大。在壤土中,干缩裂缝则比较少见,而在砂土中则不可能出现干缩裂缝。显然,干缩裂缝的成因是土中水分蒸发,引起土体干缩。

干缩裂缝的特征:发生在坝体表面,分布较广,呈龟裂状,密集交错,缝的间距比较均匀,无上下错动。一般与坝体表面垂直,上宽下窄,呈楔形尖灭,缝宽通常小于1 cm,个别情况下也可能较宽较深。例如,山东峡山水库土坝,由于1965~1968年连续几年干旱,库水位低,加上在坝坡上种植棉槐,大量吸收土体水分,结果于1968年6月发现干缩裂缝多条,其中最宽的达4 cm,最深的达4.6 m。

干缩裂缝一般不致影响坝体安全,但若不及时维修处理,雨水沿缝渗入,将增大土体含水量,降低土体抗剪强度,促使病害发展。尤其是斜墙和铺盖的干缩裂缝可能引起严重的渗透破坏。施工期间,当停工一段时间,填土表面未加保护,发生细微发丝裂缝,不易发觉,以后坝体继续上升直至竣工,在不利的应力条件下,该层裂缝会发展,甚至导致蓄水后漏水。因此,对干缩裂缝也必须予以重视。

2.1.2　冻融裂缝

冻融裂缝主要由冰冻而产生,即当气温下降时土体因冰冻而冻胀,气温升高时冰融,但经过冻融的土体不会恢复到原来的密实度,反复冻融,土体表面就形成裂缝。其特征为:发生在冻土层以内,表层破碎,有脱空现象,缝深及缝宽随气温而异。

2.2　纵向裂缝

平行于坝轴线的裂缝称纵向裂缝。

2.2.1　成因与特征

纵向裂缝主要是因坝体在横向断面上不同土料的固结速度不同,或由坝体、坝基在横断面上产生较大的不均匀沉陷所造成的。一般规模较大,基本上是垂直地向坝体内部延伸,多发生在坝的顶部或内外坝肩附近。其长度一般可延伸数十米至数百米,缝深几米至十几米,缝宽几毫米至几十厘米,两侧错距不大于 30 cm。

2.2.2　常见部位

(1)坝壳与心墙或斜墙的结合面处,由于坝壳与心墙、斜墙的土料不同,压缩性有较大差异,填筑压实的质量亦不相同,因固结速度不同,致使在结合面处出现不均匀沉陷的纵向裂缝,如图 1-30 所示。

(2)坝基沿横断面开挖处理不当处。具体如下:

①在未经处理的湿陷性黄土地基上筑坝,由于坝的中部荷载大,施工中坝基沉陷也大,蓄水后的湿陷较小,而上下游侧由于荷载小,坝基沉陷小,蓄水后的湿陷反而大,可能产生纵向裂缝,如图 1-31(a)所示。

②沿坝基横断面方向上,因软土地基厚度不同或部分为软黏土地基,部分为岩基,在坝体荷重作用下,地基发生不均匀沉陷,引起坝体纵向裂缝,如图 1-31(b)所示。

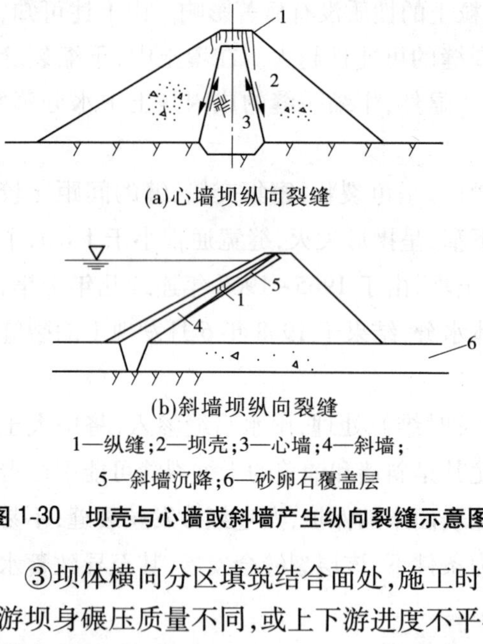

(a)心墙坝纵向裂缝

(b)斜墙坝纵向裂缝

1—纵缝;2—坝壳;3—心墙;4—斜墙;
5—斜墙沉降;6—砂卵石覆盖层

图 1-30　坝壳与心墙或斜墙产生纵向裂缝示意图

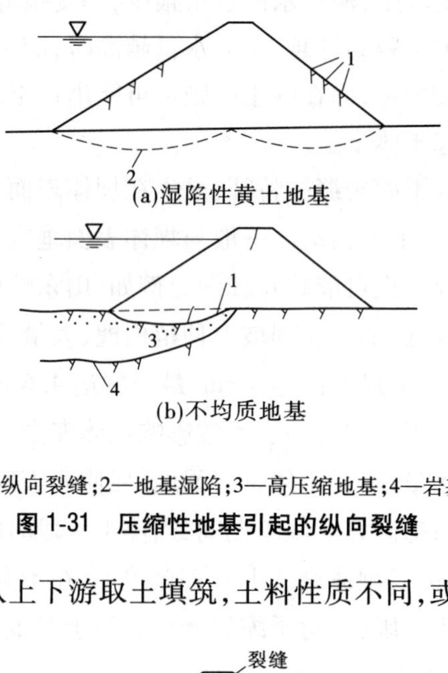

(a)湿陷性黄土地基

(b)不均质地基

1—纵向裂缝;2—地基湿陷;3—高压缩地基;4—岩基

图 1-31　压缩性地基引起的纵向裂缝

③坝体横向分区填筑结合面处,施工时分别从上下游取土填筑,土料性质不同,或上下游坝身碾压质量不同,或上下游进度不平衡,填筑层高差过大,结合面坡度太陡,不便碾压,甚至有漏压现象,因此蓄水后,在横向分区结合处产生纵向裂缝。

④跨骑在山脊的土坝两侧,在固结沉陷时,同时向两侧移动,坝顶容易出现纵向裂缝,如图 1-32 所示。

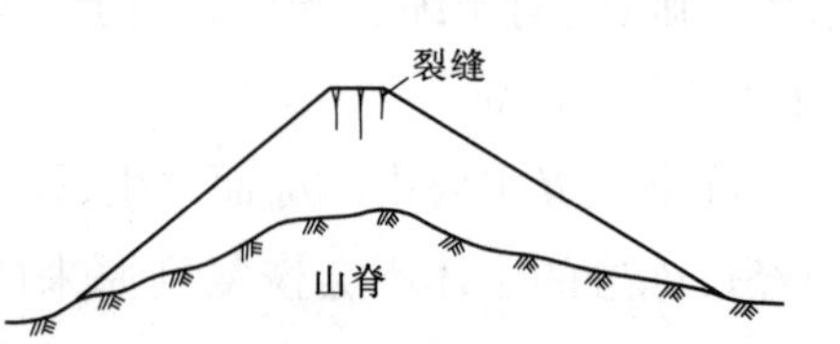

图 1-32　跨骑在山脊上的土坝坝顶纵向裂缝

2.3 横向裂缝

走向与坝轴线大致垂直的裂缝称为横向裂缝。

2.3.1 成因与特征

横向裂缝产生的根本原因是沿坝轴线纵剖面方向相邻坝段的坝高不同或坝基的覆盖厚度不同,产生不均匀沉陷,当不均匀沉陷超过一定限度时,即出现裂缝,常见于坝端。一般接近铅直或稍有倾斜地伸入坝体内。缝深几米到十几米,上宽下窄,缝口宽几毫米到十几厘米,偶而可见更深、更宽的裂缝。缝两侧可能错开几厘米甚至几十厘米。横向裂缝对坝体危害极大,特别是贯穿心墙或斜墙、造成集中渗流通道的横向裂缝。

2.3.2 常见部位

(1)坝体沿坝轴线方向的不均匀沉陷。坝身与岸坡接头坝段、河床与台地的交接处、涵洞的上部等,均由于不均匀沉陷,极易产生横向裂缝,如图1-33所示。

(2)坝基地质构造不同,施工开挖处理不当而产生横向裂缝。有压缩性大(如湿陷性黄土)的坝段,或坝基岩盘起伏不平,局部隆起,而施工中又未加处理,则相邻两部位容易产生不均匀沉陷,而引起横向裂缝。

(3)坝体与刚性建筑物结合处往往会因为不均匀沉陷引起横向裂缝。坝体与溢洪道导墙连接的坝段就属于这种情况。

(4)在埋设涵管的坝段,由于涵管上部与涵管两侧的坝体填土高度不同而有不均匀沉陷,因此在相应部位的坝顶处也有可能出现横向裂缝,如图1-33裂缝乙所示。

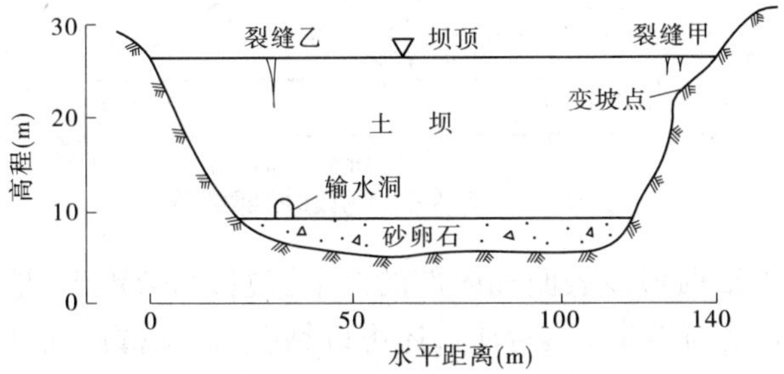

图1-33 某水库横向裂缝示意图

(5)坝体分段施工的结合部位处理不当。在土石坝合龙的龙口坝段、施工时土料上坝线路、集中卸料点及分段施工的接头等处往往由于结合面坡度较陡,各段坝体碾压密实度不同甚至漏压而引起不均匀沉陷,产生横向裂缝。

2.4 内部裂缝

内部裂缝很难从坝面上发现,往往发展成集中渗流通道,造成了险情才被发觉,使维修工作被动,甚至无法补救,所以坝体内部裂缝危害性很大。根据实践经验,内部裂缝常发生在以下部位:

(1)薄心墙土坝。由于心墙土料运用后期可压缩性比两侧坝壳大,若心墙与坝壳之间过渡层又不理想,则心墙沉陷受坝壳的约束产生了拱效应,拱效应使心墙中的垂直应力减小,甚至使垂直应力由压变拉而在心墙中产生水平裂缝,如图1-34所示。

(2)修建在局部高压缩性地基上的土坝,因坝基局部沉陷量大,使坝底部发生拉应变过大而产生横向或纵向的内部裂缝,如图1-35所示。

(3)修建于狭窄山谷中的坝,在地基沉陷的过程中,上部坝体通过拱作用传递到两端,拱下部坝沉陷量较大,因而产生拉应力,坝体内产生裂缝,如图 1-36 所示。

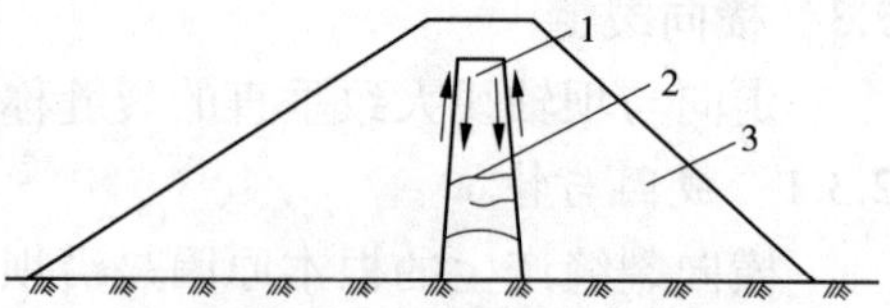

1—心墙;2—水平裂缝;3—坝壳

图 1-34　心墙内部水平裂缝

(4)坝体和刚性建筑物相邻部位。因刚性建筑物比周围的河床冲积层或坝体填土的压缩性小得多,从而使坝体和刚性建筑物相邻部位因不均匀沉陷而产生内部裂缝,如图 1-37 所示。

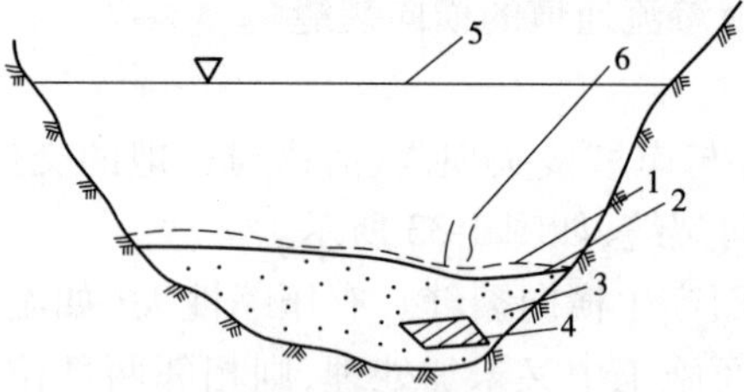

1—原坝底;2—沉降后坝底;3—细砂;
4—高压缩性土;5—坝顶;6—裂缝

图 1-35　高压缩性地基

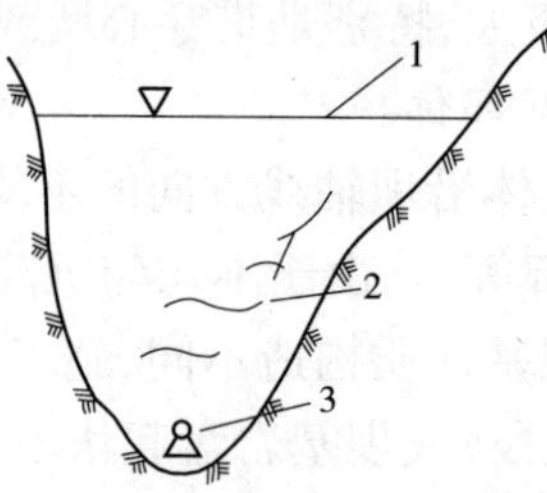

1—坝顶;2—裂缝;3—放水管

图 1-36　窄深峡谷土坝内部裂缝

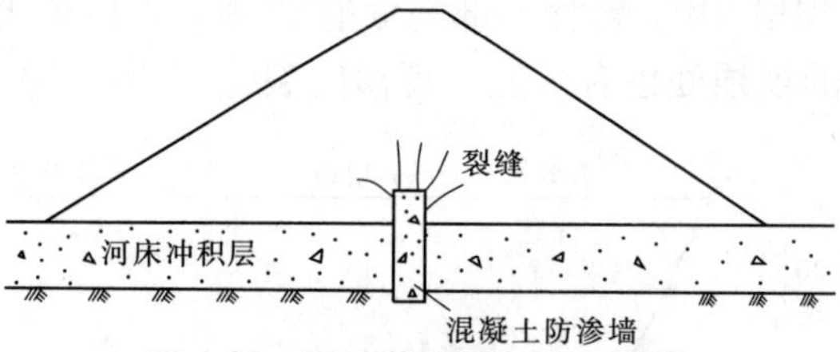

图 1-37　刚性截水引起内部裂缝

对于内部裂缝,可根据坝体表面和内部的沉陷资料,结合地形、地质、坝型和施工质量等条件进行分析,做出正确判断。必要时,还可以钻孔、挖探槽或探井进行检查,进一步证实。对于没有观测设备的中小型水库土坝,主要依靠加强管理,通过蓄水后对渗流量与渗水浑浊度的观测来发现坝体的异常现象。

3　裂缝的预防

土坝裂缝的防治首先在于防。而土坝裂缝的预防措施,可归纳为设计、施工和管理三个方面,即在设计时提出裂缝可能产生的部位,在施工中采取必要的措施,在管理上加强养护,正确运用。

3.1　设计阶段

由前述裂缝的成因可知,大多数裂缝均由坝体或坝基的不均匀沉陷引起,故设计中应考虑如何减小坝体的不均匀沉陷。如坝基中的软土层应预先挖除;湿陷性黄土应预先浸水,事先沉陷;坝体两端的山坡和台地应按具体条件开挖成较缓的边坡,切忌有倒坡和峭壁存在;与坝接触的刚性建筑物(如坝下涵洞、溢洪道、截水墙等),应使其接触面有一定的正坡,减少坝体的不均匀沉陷,有利于坝体与刚性建筑物的结合;土坝与其他建筑物或岸坡的结合处应适当加厚黏土防渗体，防止裂缝贯穿防渗体；对坝体应根据土壤特性和碾压条件，选择合适的含水量和填筑标准。

3.2　施工阶段

施工必须按设计提出的要求进行，严格把握好清基、上坝土质、含水量、填筑层厚和碾压标准等各项施工质量，妥善处理划块填筑的接缝，施工停歇期较长时，黏性土的填筑面应铺设临时砂土或松土保护层，复填时应清除保护层、刨松填筑面，注意新老面的结合，防止填筑面的干缩。

3.3　管理运行阶段

在运行管理期间，首先应按日常维护工作的具体要求进行养护，其次需特别注意库水位的升降速度，即首次蓄水应逐年分期提高库水位，以防止因突然增加荷载和湿陷产生裂缝；正常供水期要限制库水位的下降速度，防止因库水位骤降而导致迎水坡产生滑坡裂缝。

4　裂缝的判断

前所述及的土坝裂缝，主要是干缩、冻融裂缝，纵向、横向裂缝及内部裂缝，在实际工程中，对于前四者可根据各自的特点加以判断，但需注意纵向裂缝和滑坡裂缝的区别。另外，需注意判断分析内部裂缝，只有判断准确，才能正确拟订方案，采取有效的处理措施。

4.1　滑坡裂缝与纵向裂缝的区别

(1)纵向沉陷裂缝一般接近于直线，垂直向下延伸；而滑坡裂缝一般呈弧形，向坝脚延伸。

(2)纵向沉陷裂缝发展过程缓慢，随土体固结到一定程度而停止，而滑坡裂缝初期较慢，当滑坡体失稳后突然加快，如图 1-38 所示。

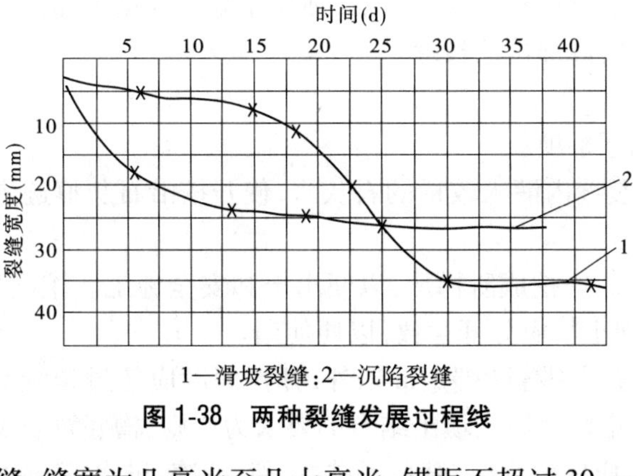

1—滑坡裂缝；2—沉陷裂缝

图 1-38　两种裂缝发展过程线

(3)纵向沉陷裂缝，缝宽为几毫米至几十毫米，错距不超过 30 cm，而滑坡裂缝的宽度可达 1 m 以上，错距可达数米。

(4)滑坡裂缝发展到后期，在相应部位的坝面或坝基上有带状或椭圆形隆起，而沉陷裂缝不明显。

4.2　内部裂缝判断

内部裂缝判断，具体可结合坝体坝基情况从以下各方面进行分析判断，有其中之一

者,可能产生内部裂缝:

(1)当库水位升高到某一高程时,在无外界影响的情况下,渗漏量突然加大。

(2)当实测沉陷远小于设计沉陷,而又没有其他影响因素时,应结合地形、地质、坝型和施工质量等进行分析判断。

(3)某坝段沉陷量、位移量比较大。

(4)单位坝高的沉陷量和相邻坝段悬殊很大。

(5)个别测压管水位比同断面的其他测压管水位低很多,浸润线呈现反常情况;或做注水试验,其渗透系数远超过坝体其他部位;或当水库水位升到某一数值时,测压管水位突然升高。

(6)钻探时孔口无回水,或者有掉钻现象。

(7)用电法探测裂缝。

5　裂缝的处理

裂缝处理前,首先应根据观测资料、裂缝特征和部位,结合现场探测结果,分析裂缝类型、产生原因,然后按照不同情况,采取针对性措施,适时进行加固和处理。

各种裂缝对土石坝都有不同的影响,危害最大的是贯穿坝体的横向裂缝、内部裂缝及滑坡裂缝,一旦发现,应认真监视,及时处理。对缝深小于0.5 m、缝宽小于0.5 mm的表面干缩裂缝,或缝深不大于1 m的纵向裂缝,也可不予处理,但要封闭缝口;有些正在发展中的、暂时不致发生险情的裂缝,可观测一段时间,待裂缝趋于稳定后再进行处理,但要做临时防护措施,防止雨水及冰冻影响。

非滑坡性裂缝处理方法主要有开挖回填、灌浆和两者相结合三种方法。

5.1　开挖回填

开挖回填是处理裂缝比较彻底的方法,适用于处理深度不超过3 m的裂缝,或允许放空水库进行修补加固防渗部位的裂缝。

5.1.1　裂缝开挖

开挖中应注意如下事项:

(1)开挖前应向裂缝内灌入较稀的石灰水,使开挖沿石灰痕迹进行,以利掌握开挖边界。

(2)对于较深坑槽,应挖成阶梯形,以便出土和安全施工。挖出的土料不要大量堆积坑边,以利安全。不同土料应分开存放,以便使用。

(3)开挖长度应超过裂缝两端1 m以外,开挖深度应超过裂缝0.5 m,开挖边坡以不致坍塌并满足土壤稳定性及新旧填土结合的要求为原则,槽底宽至少0.5 m。

(4)坑槽挖好后,应保护坑口,避免雨淋、干裂、冰冻、进水,造成塌垮。

开挖的横断面形状应根据裂缝所在部位及特点的不同而不同。具体有以下几种:

(1)梯形楔入法。适用于不太深的非防渗部位裂缝。开挖时采用梯形断面,或开挖成台阶形的坑槽。回填时削去台阶,保持梯形断面,便于新老土料紧密结合,如图1-39所示。

(2)梯形加盖法。适用于裂缝不太深的防渗部位及均质坝迎水坡的裂缝。其开挖情形基本与梯形楔入法相同，只是上部因防渗的需要，适当扩大开挖范围，如图 1-40 所示。

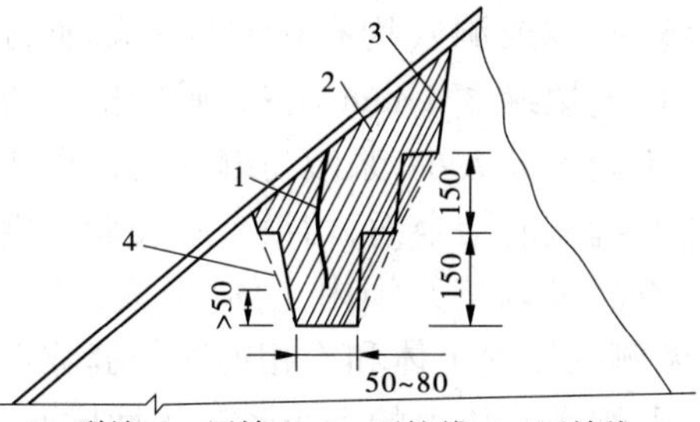

1—裂缝；2—回填土；3—开挖线；4—回填线

图 1-39　梯形楔入法　（单位：cm）

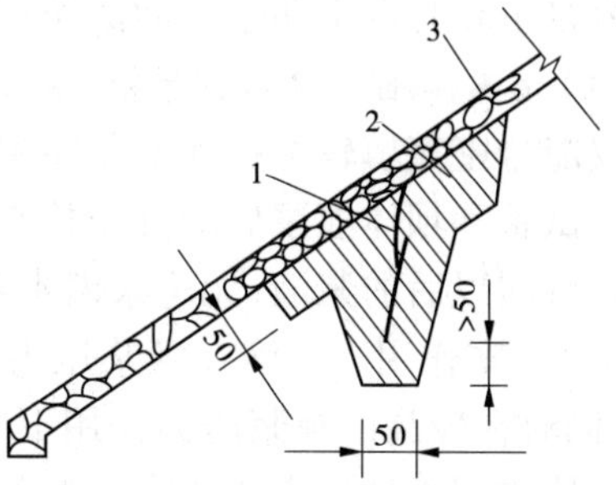

1—裂缝；2—回填土；3—块石护坡

图 1-40　梯形加盖法　（单位：cm）

（3）梯形十字法。适用于处理坝体和坝端的横向裂缝，开挖时除沿缝开挖直槽外，在垂直裂缝方向每隔一定距离（2～4 m），加挖结合槽组成“十”字，为了施工安全，可在上游做挡水围堰，如图 1-41 所示。

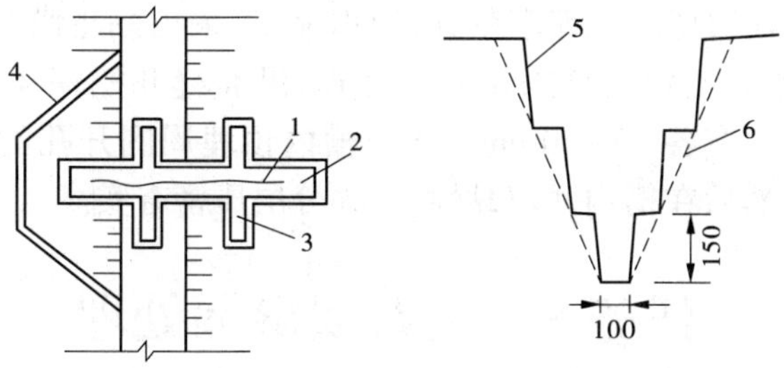

(a)裂缝开挖平面图　　(b)裂缝开挖剖面图

1—裂缝；2—坑槽；3—结合槽；4—挡水围堰；5—开挖线；6—回填线

图 1-41　梯形十字法　（单位：cm）

5.1.2　土料回填

（1）回填前应检查坑槽周围的含水量，如偏干则应将表面洒水湿润；如土体过湿或冰冻，应先清除，再回填。

（2）回填时，应将坑槽的阶梯逐层削成斜坡，并将结合面刨毛、洒水，要特别注意边脚处的夯实质量。

（3）回填土料应根据坝体土料和裂缝性质选用，并做物理力学性质试验。对沉陷裂缝，应选用塑性较大的土料，控制含水量大于最优含水量的 1%～2%；对于滑坡、干缩裂缝和冰冻裂缝的回填土料的含水量，应小于等于最优含水量的 1%～2%。回填土料的干容重，应稍大于原坝体的干容重。对坝体挖出的土料，亦须经试验鉴定合格后才能使用。对于较小裂缝，可用和原坝体相同的土料回填。

（4）回填的土料应分层夯实，层厚以 10～15 cm 为宜，压实厚度为填土厚度的 2/3，夯实工具按工作面大小选用，可采用人工夯实或机械碾压。

5.2　灌浆法

当裂缝很深或裂缝很多，开挖困难或开挖危及坝坡稳定或工程量过大时，可采用灌浆法处理,特别是内部裂缝,则只宜用灌浆法处理。

灌浆主要有以下两个方面的作用:

(1)充填作用。合适的浆液对坝体中的裂缝、孔隙或洞穴均有良好的充填能力。浆液不仅能严密充填较宽的和形状简单的裂缝,也能充填缝宽 1 mm 左右、形状复杂的细小裂缝。试验和坝体灌浆后的开挖检查结果证明,不论裂缝大小,浆液与缝壁土粒均能紧密结合。凝固以后的浆液,无论浆液本身还是浆液与缝壁的结合面,均没有新裂缝产生。

(2)压密作用。浆液在灌浆压力作用下,一方面可以挤开坝内土体,形成浆路,灌入浆液,同时在较高的灌浆压力作用下,可使裂缝两侧的坝内土体和不相连通的缝隙也因土壤的挤压作用而被压密或闭合。这种影响的范围,视灌浆压力的大小和土体性质而定,一般可达 30~100 cm。

5.3　开挖回填与灌浆结合法

此法适用于自表层延伸到坝体深处的裂缝,或当库水位较高、不易全部开挖回填的部位,或全部开挖回填有困难的裂缝。

施工时对上部采用开挖回填,下部采用灌浆处理,即先沿裂缝开挖至一定深度(一般 2~4 m)即进行回填,在回填时预埋灌浆管,回填完毕,采用黏土灌浆,进行坝体下部裂缝灌浆处理。例如,某水库土坝裂缝采用此法处理,沿裂缝开挖深 4 m、底宽 1 m 的大槽。再沿缝口挖一小槽,深、宽各 15~20 cm。在小槽内预埋周围开孔的铁管,两端接钢(铁)管伸至原土面以上。然后在槽内回填黏性土,并分层压密夯实。

任务 8　土石坝渗漏处理

由于土石坝属于散粒体结构,在坝身土料颗粒之间,仍然存在着较大的孔隙,再加之土石坝对地基地质条件的要求相对较低,在土基或较差的岩基上均可筑坝。因此,水库蓄水后,在水压力的作用下,渗漏现象是不可避免的。渗漏通常分正常渗漏和异常渗漏。渗漏从原有导渗排水设施排出,其出逸坡降在允许值内,不引起土体发生渗透破坏的称为正常渗漏;相反,引起土体渗透破坏的称为异常渗漏。异常渗漏往往渗流量较大,水质浑浊,而正常渗漏的渗流量较小,水质清澈,不含土壤颗粒。渗漏问题是病险土石坝主要病害之一。

1　渗漏的类型及危害

土石坝渗漏按沿坝身、坝基和绕过坝端渗向下游三种途径分为坝身渗漏、坝基渗漏及绕坝渗漏。这些渗漏过大时将造成以下危害。

1.1　损失蓄水量

一般正常的渗漏所损失水量与水库蓄水量相比,其值很小。若对坝基的工程地质和水文地质条件重视不够,未做必要的调查研究,更未做防渗处理,则蓄水后会造成大量渗漏,甚至无法蓄水。

1.2　抬高浸润线

严重的坝身、坝基渗漏或绕坝渗漏,常会导致土石坝坝身浸润线抬高,使下游坝坡出现散浸现象，降低坝体的抗剪强度，甚至造成坝体滑坡。

1.3 渗透破坏

渗流通过坝身或坝基时，若渗流的渗透坡降大于临界坡降，将使土体发生管涌或流土等渗透变形，甚至产生集中渗漏，导致土石坝失事。显然，对于土石坝的异常渗漏，一经发现，必须立即查清原因，及时采取妥善的处理措施，有效防止事故扩大。

土石坝渗漏处理措施可分为水平防渗和垂直防渗两大类，其原则为上堵下排。上堵即在上游坝身或地基采取措施，堵截渗漏途径，防止入渗，或延长渗径，降低渗透坡降，减少渗透量；下排即在下游做好反滤和导渗设施，将坝内渗水尽可能安全地排出坝外，以达到渗透稳定，保证工程安全运用的目的。目前，我国水库土石坝常用的防渗加固处理措施主要有混凝土防渗墙、高压喷射灌浆、劈裂灌浆、土工膜及其他防渗加固方式。

2 坝身渗漏的原因及处理方法

2.1 坝身渗漏的形式及原因

坝身渗漏的常见形式有散浸、集中渗漏、管涌及管涌塌坑、斜墙或心墙（斜墙）击穿等。坝体浸润线抬高，渗漏的逸出点超过排水体的顶部，下游坝坡呈大片湿润状态的现象，称为散浸。而当下游坝坡、地基或两岸山包出现成股水流涌出的现象，则称集中渗漏。坝体中的集中渗漏逐渐带走坝体中的土粒，形成管涌。若没有反滤保护（或反滤设计不当），渗流将把土粒带走，淘成孔穴，逐渐形成塌坑。当集中渗流发生在防渗体内，亦会使土料随渗流带出，即所谓的心墙（斜墙）击穿。

造成坝身渗漏的主要原因有以下几个方面：

（1）坝身尺寸单薄，特别是塑性斜墙或心墙厚度不够，使渗流水力坡降过大，造成斜墙或心墙被渗流击穿而引起坝体渗漏。

（2）排水体在施工时未按设计要求选用反滤料，或铺设的反滤料层间混乱，甚至被削坡的弃土或者下游洪水倒灌带来的泥沙堵塞，造成坝后排水体失效，而引起浸润线抬高。也有因排水体设计断面太小，排水体顶部不够高，导致渗水从排水体上部逸出坝坡。

（3）坝体施工质量差，如土料含砂砾太多，透水性过大，或者在分层填筑时已压实的土层表面未经刨毛处理，致使上下土层结合不良；或铺土层过厚，碾压不实；或分区填筑的结合部少压或漏压等，施工过程中在坝体内形成薄弱夹层和漏水通道，从而造成渗水从下游坡逸出，形成散浸或集中渗漏。

（4）坝体不均匀沉陷引起横向裂缝；或坝体与两岸接头不好而形成渗漏途径；或坝下压力涵管断裂，在渗流的作用下，发展成管涌或集中渗漏的通道。

（5）管理工作中，对白蚁、獾、鼠等动物在坝体内的孔穴未能及时发现并进行处理，以致发展成为集中渗漏通道。

（6）冬季施工中，填土碾压前冻土层没有彻底处理，或把大量冻土填入坝内，形成软弱夹层，发展成坝体渗漏的通道。

2.2 坝身渗漏的处理方法

坝身渗漏的处理，应按照"上堵下排"的原则，针对渗漏的原因，结合具体情况，采取以下不同的处理措施。

2.2.1 斜墙法

斜墙法即在上游坝坡补作或加固原有防渗斜墙,堵截渗流,防止坝身渗漏。此法适用于大坝施工质量差,出现严重管涌、管涌塌坑、斜墙被击穿、浸润线及其逸出点抬高、坝身普遍漏水等情况。具体按照所用材料的不同,分为黏土斜墙、沥青混凝土斜墙及土工膜防渗斜墙。

(1)黏土斜墙。修筑黏土斜墙时,一般应放空水库,揭开护坡,铲去表土,再挖松10~15 cm,并清除坝身含水量过大的土体,然后填筑与原斜墙相同的黏土,分层夯实,使新旧土层结合良好。斜墙底部应修筑截水槽,深入坝基至相对不透水层。如果坝身渗漏不太严重,且主要是施工质量较差引起的,则不必另做新斜墙,只需降低水位,使渗漏部分全部露出水面,将原坝上游土料翻筑夯实即可。

当水库不能放空,无法补作新斜墙时,可采用水中抛土法处理,即用船载运黏土至漏水处,从水面均匀抛下,使黏土自由沉积在上游坝坡,从而堵塞渗漏孔道,不过效果没有填筑斜墙好。

(2)沥青混凝土斜墙。在缺乏合适的黏土土料,而有一定数量的合适沥青材料时,可在上游坝坡加筑沥青混凝土斜墙。沥青混凝土几乎不透水,同时能适应坝体变形,不致开裂,抗震性能好,工程量小(因其厚度为黏土斜墙厚度的1/40~1/20),投资省,工期短。我国在修筑沥青混凝土斜墙方面已积累了相当丰富的经验,故近年来用沥青混凝土做斜墙处理坝身渗漏已受到广泛的重视。

(3)土工膜防渗斜墙。土工膜的基本原料是橡胶、沥青和塑料。当对土工膜有强度要求时,可将抗拉强度较高的锦纶布、尼龙布等作为加筋材料,与土工膜热压形成复合土工膜,成品土工膜的厚度一般为0.5~3.0 mm。土工膜加固的优点是质量轻,运输量小,铺设方便;柔性好,适应坝体变形;耐腐蚀,不怕鼠、獾、白蚁破坏;施工简便,速度快,易于操作,节省造价;施工质量容易保证。缺点是施工时需要放空水库;抗老化性能不如混凝土材料;用于挡水水头超过50 m的大坝时需要进行专门论证。

土工膜与坝基、岸坡、涵洞的连接以及土工膜本身的接缝处理是整体防渗效果的关键,沿迎水坡坝面与坝基、岸坡接触边线开挖梯形沟槽,然后埋入土工膜,用黏土回填;土工膜与坝内输水涵管连接,可在涵管与土坝迎水坡相接段增加一个混凝土截水环,由于迎水坡面倾斜,可将土工膜用沥青粘在斜面上,然后回填保护层土料;土工膜本身的连接方式常有搭接、焊接、黏结等,其中焊接和黏结的防渗效果较好。

近年来,土工膜材料品种不断更新,应用领域逐渐扩大,施工工艺亦越来越先进,已从低坝向高坝发展。

2.2.2 充填式灌浆法

灌浆法的主要优点是水库不需要放空,可在正常运用条件下施工,工程量小,设备简单,技术要求不复杂,造价低,易于就地取材。适用于均质土坝,或者是心墙坝中较深的裂缝处理。具体方法与裂缝灌浆法相同。

如某均质坝,坝高37 m,因坝体压实质量差而造成渗漏,经研究分析,采用坝体灌浆处理。灌纯黏土浆,灌浆孔一排,孔距2 m,采用分段灌注,每段5 m。第一段灌浆压力为70~100 kPa,以后深度每增加1 m,压力提高10 kPa,但控制最高压力不超过300 kPa,灌浆期间水库最大水头为 27.5 m。经过处理,渗流量减少了 73%~86%,坝体浸润线也明显下降,如图 1-42 所示。

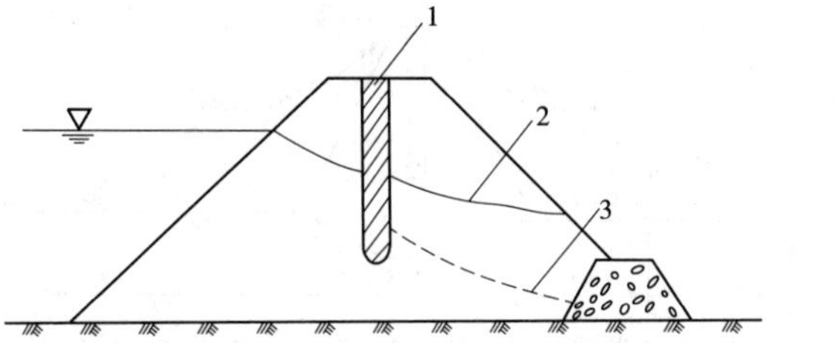

1—灌浆帷幕;2—灌浆前实测浸润线;3—灌浆后实测浸润线

图 1-42 某土坝灌浆前后浸润线

2.2.3 防渗墙法

防渗墙法即用一定的机具按照相应的方式造孔,然后在孔内填筑具体的防渗材料,最后在地基或坝体内形成一道防渗体,以达到防渗的目的。具体包括混凝土防渗墙、黏土防渗墙两种。

(1)混凝土防渗墙。混凝土防渗墙加固方法,就是沿土石坝的坝轴线方向建造一道混凝土防渗墙。防渗墙可建在坝体部分,也可深入到基岩以下一定深度,以截断坝体和坝基的渗漏通道。混凝土防渗墙加固的优点是适应各种复杂地质条件;可在水库不放空的条件下进行施工;防渗体采用置换方法,施工质量相对其他隐蔽工程施工方法比较容易监控,耐久性好,防渗可靠性高。

我国最早使用混凝土防渗墙对大坝进行加固的是江西柘林水库黏土心墙坝,之后又在丹江口水库土坝加固中得到应用。早期防渗墙主要采用乌卡斯钻机钻凿法施工,成墙厚度 0.8~1.0 m,价格在 1 000 元/m^2 以上。20 世纪 80 年代后,施工工法又出现了锯槽、液压开槽、射水及薄抓斗等多种成墙方法;墙体厚度也愈来愈薄,在土层、砂层或砂砾层中,可减薄到 0.1 m,造价减到 100 元/m^2 左右;墙体深度也愈来愈大,如黄河小浪底右岸坝基防渗墙深度已达到 81.9 m;应用范围由早期坝基防渗加固和围堰工程,扩展到病险水库土石坝防渗加固中并获得了良好效果。

(2)黏土防渗墙。利用冲抓式打井机具,在土坝或堤防渗漏范围的防渗体中造孔,用黏性土料分层回填夯实,形成一个连续的黏土防渗墙。同时,在回填夯击时,对井壁土层挤压,使其井孔周围土体密实,提高坝体质量,从而达到防渗加固的目的。具体施工是在坝顶布置的防渗墙轴线上,用冲抓钻造孔,开孔直径一般要求 110~120 cm。第一钻孔达到设计深度后,对钻孔进行检查并清除孔底浮土碎石,然后回填符合设计要求的黏土。回填层厚 25~35 cm并夯实。而后再打第二孔,相邻两孔之间应有一定的搭接宽度,以保证黏土防渗墙的有效厚度,如图 1-43所示。具体厚度可由黏土允许水力坡降确定。

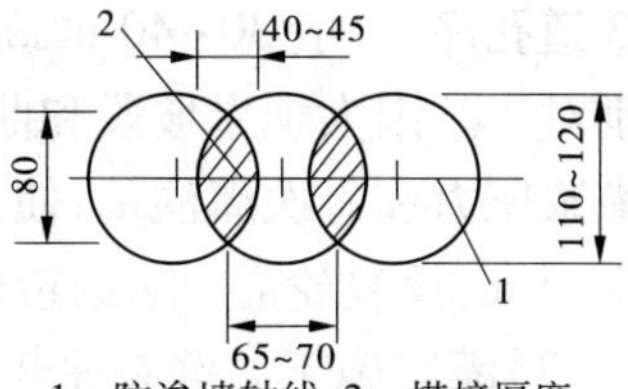

1—防渗墙轴线;2—搭接厚度

图 1-43 黏土防渗墙的有效厚度

(单位:cm)

如浙江省温岭县太湖水库大坝为黏土心墙砂壳坝,最大坝高 24 m,坝顶长 633 m,坝体填筑质量很差,漏水比较严重,1977 年全坝采用冲抓套井黏土回填防渗。处理后,经过

1981 年 8 月最高洪水位 15.54 m 和 1982 年 11~12 月持续 25 d 水库水位超过 14 m 的考验,原漏水部位未发现渗水,处理效果较好,如图 1-44 所示。

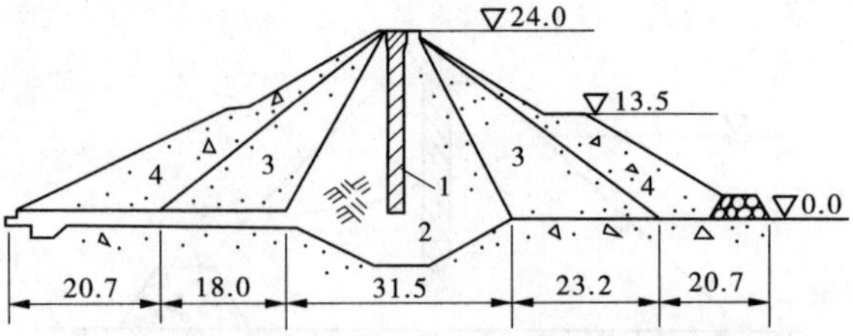

1—黏土防渗墙;2—黏土心墙;3—沙壤土;4—砂砾石

图 1-44　温岭县太湖水库黏土防渗墙　(单位:m)

实践证明,黏土防渗墙法具有机械设备简单、施工方便、工艺易掌握、工程量小、工效高、造价低、防渗效果好等优点。需注意的是,此法仅适用于坝体渗漏处理,孔深一般不超过 25 m,过深易发生偏斜。

2.2.4　劈裂灌浆法

所谓劈裂灌浆,就是应用河槽段坝轴线附近的小主应力面一般平行于坝轴线的铅垂面的规律,沿坝轴线单排布置相距较远的灌浆孔,利用泥浆压力,沿坝轴线劈开坝体并充填泥浆,从而形成连续的浆体防渗帷幕。

劈裂灌浆具有效果好、投资省、设备简单、施工方便等优点。对于均质坝及宽心墙坝,当坝体比较松散,渗漏、裂缝众多或很深,开挖回填困难时,可选用劈裂灌浆法处理。下面仅介绍劈裂灌浆与充填灌浆不同的一些特点。

(1)劈裂灌浆的机制。一是泥浆劈裂过程。当灌浆压力大于土体抗劈力(灌浆孔段坝体的主动土压力)时,坝体将沿小主应力方向产生平行于坝轴线的裂缝。泥浆在压力作用下进入坝体裂隙之中,并充填原有的裂缝和孔隙。二是浆压坝过程。泥浆进入裂隙后,仍有较大压力,压迫土体,使土体之间产生相对位移而被压密。三是坝压浆过程。随着泥浆排水固结,压力减小,坝体回弹,反过来压迫浆体,加速浆液排水固结。经泥浆充填、浆坝互压和坝体湿陷等作用,不仅充填了裂缝,而且使坝体密实,改善了坝体的应力状态,有利于坝体的变形稳定。

(2)灌浆孔的布置。劈裂灌浆沿坝轴线单排布孔,第一序孔间距约为坝高的 2/3,分 2~3 道孔序,一般 30~40 m 高的坝最终孔距以 10 m 为宜。另外,还应具体将坝体分段,区别对待。因大坝岸坡段和曲线段的小主应力面偏离坝轴线,故在岸坡段应缩小孔距,减小灌浆压力和每次灌注量,使防渗帷幕通过岸坡段。在曲线段应沿坝轴线不分序钻孔,间距 3~5 m,反复轮灌,形成连续的防渗帷幕。

(3)灌浆施工。劈裂灌浆多采用全孔灌注法。全孔灌注法分孔口注浆和孔底注浆两种。实践证明,孔底注浆法在施加较大压力和灌入较多浆料的情况下,外部变形缓慢,容易控制,能基本实现“内劈外不劈”。

2.2.5　导渗法

上面几种均为坝身渗漏的“上堵”措施,目的是截流减渗,而导渗则为“下排”措施。主要针对已经进入坝体的渗水,通过改善和加强坝体排渗能力,使渗水在不致引起渗透破

坏的条件下,安全通畅地排出坝外。按具体不同情况,可采用以下几种形式:

(1)导渗沟法。当坝体散浸不严重,不致引起坝坡失稳时,可在下游坝坡上采用导渗沟法处理。导渗沟在平面上可布置成垂直坝轴线的沟或人字形沟(一般45°角),也可布置成两者结合的Y形沟,如图1-45。三种形式相比,渗漏不十分严重的坝体,常用I形导渗沟;当坝坡、岸坡散浸面积分布较广,且逸出点较高时,可采用Y形导渗沟;而当散浸相对较严重,且面积较大的坝坡及岸坡,则需用W形导渗沟。

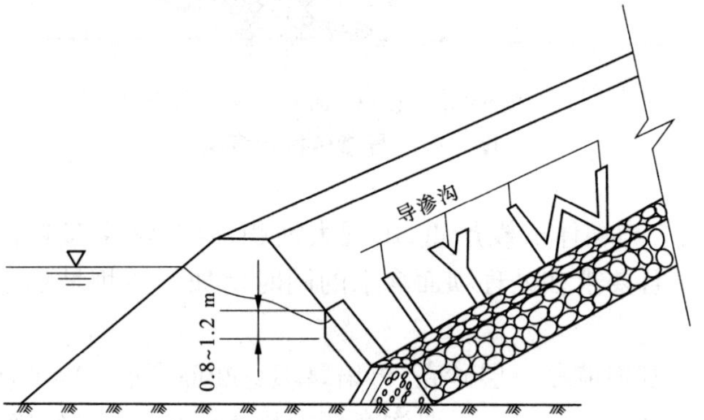

图1-45 导渗平面形状示意图

几种导渗沟的具体做法和要求为:①导渗沟一般深0.8~1.2 m、宽0.5~1.0 m,沟内按反滤层要求填砂、卵石、碎石或片石;②导渗沟的间距可视渗漏的严重程度,以能保持坝坡干燥为准,一般为3~10 m;③严格控制滤料质量,不得含有泥土或杂质,不同粒径的滤料要严格分层填筑,其细部构造和滤料分层填筑的步骤如图1-46所示;④为避免造成坝坡崩塌,不应采用平行坝轴线的纵向或类似纵向(如口形、T形等)导渗沟;⑤为使坝坡保持整齐美观,免受冲刷,导渗沟可做成暗沟。

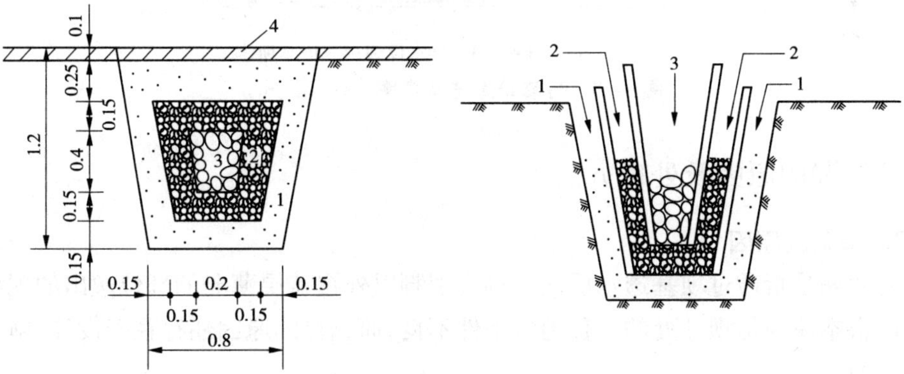

1—砂;2—卵石或碎石;3—片石;4—护坡

图1-46 导渗沟构造图 (单位:m)

(2)导渗砂槽法。对局部浸润线逸出点较高和坝坡渗漏较严重,而坝坡又较缓,且具有褥垫式滤水设施的坝段,可用导渗砂槽处理。它具有较好的导渗性能,对降低坝体浸润线效果亦比较明显。其形状如图1-47所示。

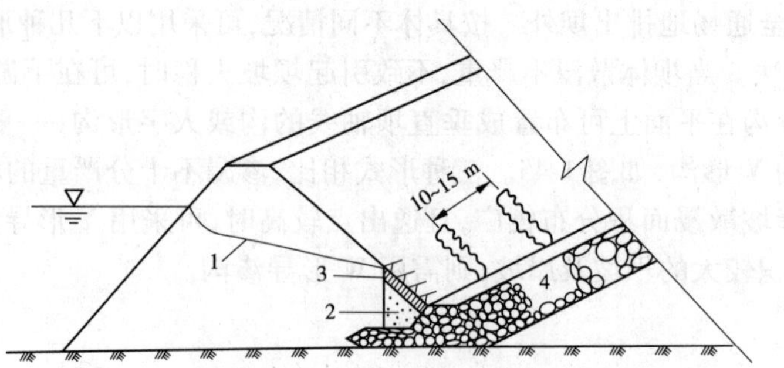

1—浸润线;2—砂;3—回填土;4—滤水体

图 1-47　导渗砂槽示意图

(3)导渗培厚法。当坝体散浸严重,出现大面积渗漏,渗水又在排水设施以上出逸,坝身单薄,坝坡较陡,且要求在处理坝面渗水的同时增加下游坝坡稳定性时,可采用导渗培厚法。

导渗培厚即在下游坝坡贴一层砂壳,再培厚坝身断面,如图 1-48 所示。这样,一可导渗排水,二可增加坝坡稳定。不过,需要注意新老排水设施的连接,确保排水设备有效和畅通,达到导渗培厚的目的。

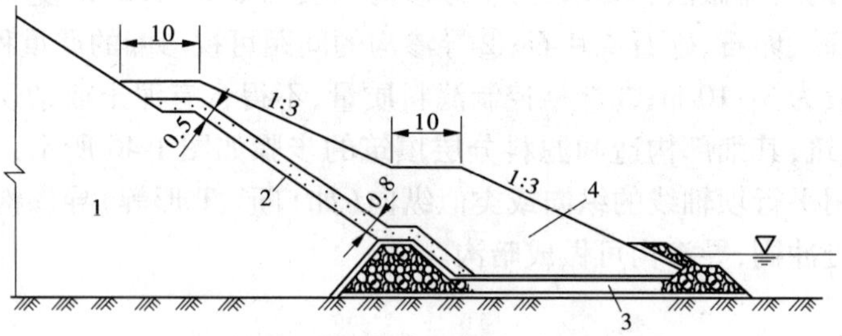

1—原坝体;2—砂壳;3—排水设施;4—培厚坝体

图 1-48　导渗培厚法示意图　(单位:m)

3　坝基渗漏的原因及处理方法

3.1　坝基渗漏的原因

坝基渗漏是指通过坝基透水层从坝脚或坝脚以外覆盖层薄弱的部位逸出的现象。坝基渗漏的根本原因是坝址处的工程地质条件不良,而直接的原因还存在于设计、施工和管理三个方面。

(1)设计方面。对坝址的地质勘探工作做得不够,没有详细弄清坝基情况,未能针对性地采取有效的防渗措施,或防渗设施尺寸不够。薄弱部位未做补强处理,给坝基渗漏留下隐患。

(2)施工方面。①对地基处理质量差,如基岩上部的冲积层或强风化层及破碎带未按设计要求彻底清理,垂直防渗设施未按要求做到新鲜基岩上;②施工管理不善,在库内任意挖坑取土,天然铺盖被破坏;③各种防渗设施未按设计要求严格施工,质量差。

(3)管理方面。①运用不当,库水位消落,坝前滩地部分黏土铺盖裸露暴晒开裂,或在铺盖上挖坑取土打桩等引起渗漏;②对导渗沟、减压井养护维修不善,出现问题未及时处理,而发生渗透破坏;③在坝后任意取土、修建鱼池等也可能引起坝基渗漏。

显然,合理的设计、严格的施工及正确的运用管理是防止坝基渗漏的重要因素。

3.2　坝基渗漏的处理措施

坝基渗漏处理的原则,仍可归纳为上堵下排,即在上游采取水平防渗(如黏土铺盖)和垂直防渗(如截水槽、防渗墙等)两种措施,阻止或减少渗流通过坝基。在下游用导渗措施(如排水沟、减压井等)把已经进入坝基的渗流安全排走,不致引起渗透破坏。

下面分别介绍坝基渗漏常用的防渗、导渗措施。

3.2.1　黏土截水槽

黏土截水槽,是在透水地基中沿坝轴线方向开挖一条槽形断面的沟槽,槽内填以黏土夯实而成,是坝基防渗的可靠措施之一,如图1-49所示,尤其对于均质坝或斜墙坝,当不透水层埋置较浅(10~15 m以内)、坝身质量较好时,应优先考虑这一方案。不过当不透水层埋置较深,而施工时又不便放空水库时,切忌采用,原因是施工排水困难,投资增大,不经济。对于均质坝和黏土斜墙坝,应注意使坝身或斜墙与截水槽可靠连接,如图1-50所示。

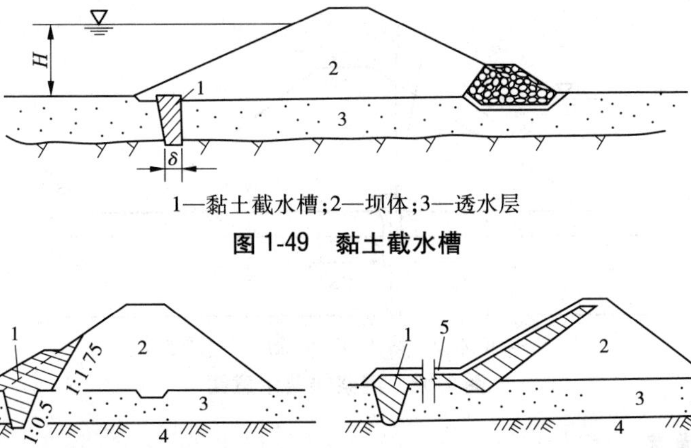

1—黏土截水槽;2—坝体;3—透水层

图1-49　黏土截水槽

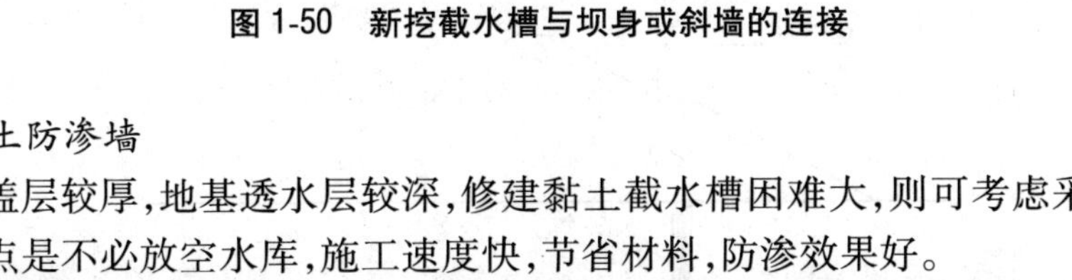

(a)截水槽与坝身的连线　(b)截水槽与斜墙的连接

1—截水槽;2—原坝体;3—透水层;4—不透水层;5—保护层

图1-50　新挖截水槽与坝身或斜墙的连接

3.2.2　混凝土防渗墙

如果覆盖层较厚,地基透水层较深,修建黏土截水槽困难大,则可考虑采用混凝土防渗墙。其优点是不必放空水库,施工速度快,节省材料,防渗效果好。

混凝土防渗墙即在透水地基中用冲击钻造孔,钻孔连续套接,孔内浇筑混凝土,形成的封闭防渗的墙体。其上部应插入坝内防渗体,下部和两侧应嵌入基岩,如图1-51所示。

3.2.3　灌浆帷幕

所谓灌浆帷幕,是在透水地基中每隔一定距离用钻机钻孔(达基岩下2~5 m),然后

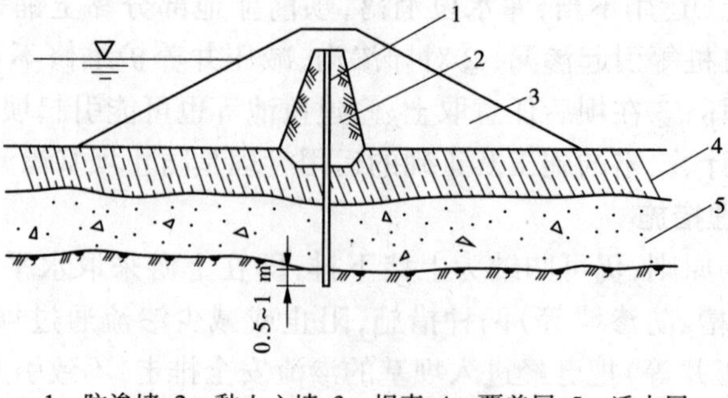

1—防渗墙;2—黏土心墙;3—坝壳;4—覆盖层;5—透水层

图 1-51　混凝土防渗墙的一般布置

在钻孔中用一定压力把浆液压入坝基透水层中,使浆液填充地基土中孔隙,使之胶结成不透水的防渗帷幕,如图 1-52 所示。当坝基透水层厚度较大时,修筑截水槽不经济;或透水层中有较大的漂石、孤石,修建防渗墙较困难时,可优先采用灌浆帷幕。另外,当坝基中局部地方进行防渗处理时,利用灌浆帷幕亦较灵活方便。灌注的浆液一般有黏土浆、水泥浆、水泥黏土浆、化学灌浆材料等。在砂砾石地基中,多采用水泥黏土浆,对于中砂、细砂和粉砂层,可酌情采用化学灌浆,但其造价较高。

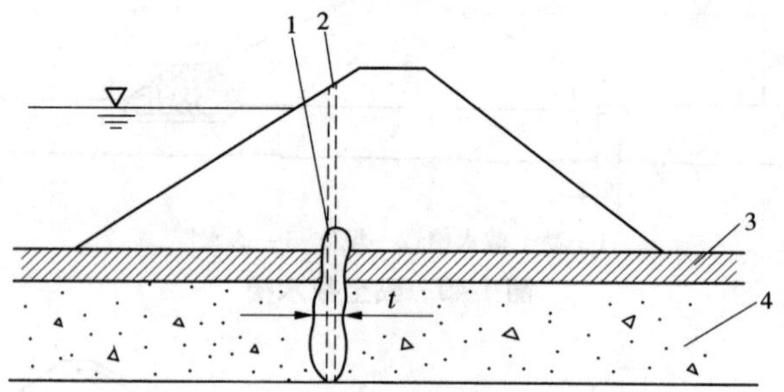

1—帷幕体;2—钻孔;3—覆盖层;4—透水层

图 1-52　灌浆帷幕示意图

3.2.4　高压喷射灌浆

高压喷射灌浆是采用高压射流冲击破坏被灌地层结构,使浆液与被灌地层的土颗粒掺混,形成桩柱或板墙状的凝结体,如图 1-53 所示。

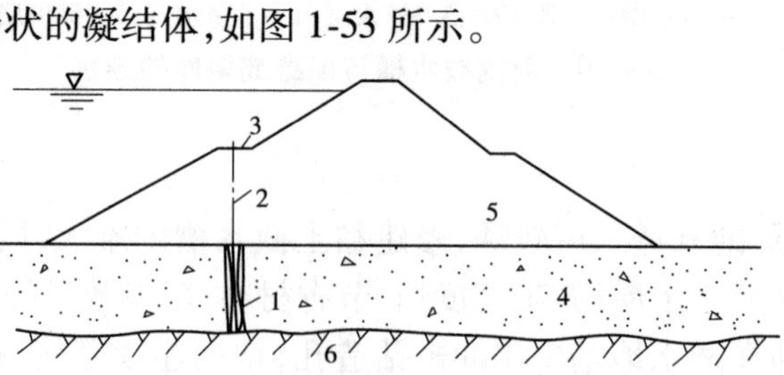

1—喷射帷幕;2—施工轴线;3—施工平台;4—透水层;5—坝体;6—不透水层

图 1-53　高压喷射帷幕示意图

高压定向喷射灌浆技术20世纪70年代由日本引进，最初在我国铁路、冶金等系统应用，主要用于提高地基承载力。80年代初山东省水利科学研究所将旋喷改为定喷灌浆，用于病险水库坝基防渗处理，取得了较好效果，其造价仅相当于混凝土防渗墙的1/6~1/3，之后迅速得到了推广。该技术适用于在各种松散地层（如砂层、淤泥、黏性土、壤土层和砂砾层）中，具有适用范围广，设备简单，施工方便，工效高，有较好的耐久性，料源广，造价低，能在狭窄场地、不影响建筑物上部结构条件下施工等优点。另外，它能定向形成板墙，是静压帷幕灌浆所无法比拟的。目前，已在我国20多个省、直辖市、自治区的100余项工程中应用。如三峡三期围堰防渗面积达20 000 m^2，采用此法仅用45 d就完成施工，且效果很好。

3.2.5　黏土铺盖

黏土铺盖是常用的一种水平防渗措施，是利用黏土在坝上游地基面分层碾压而成的防渗层。其作用是覆盖渗漏部位，延长渗径，减小坝基渗透坡降，保证坝基稳定，如图1-54所示。特点是施工简单，造价低廉，易于群众性施工，但需在放空水库的情况下进行。同时，要求坝区附近有足够合乎要求的土料。另外，采用铺盖防渗虽可以防止坝基渗透变形并减少渗漏量，但却不能完全杜绝渗漏，故黏土铺盖一般在不严格要求控制渗流量、地基各向渗透性比较均匀、透水地基较深，且坝体质量尚好、采取其他防渗措施不经济的情况下采用。

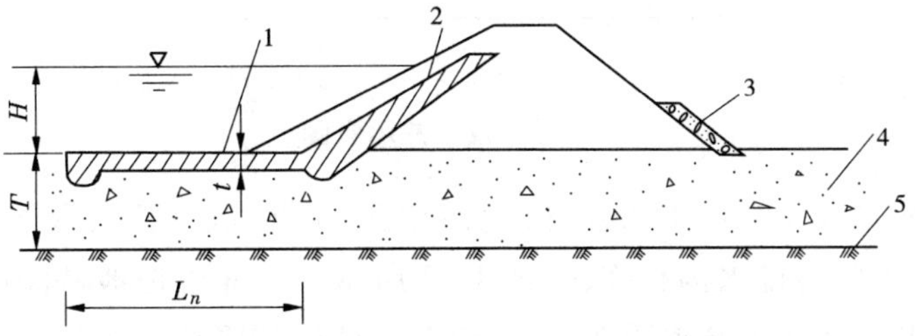

1—黏土铺盖；2—斜墙；3—坝坡排水；4—砂卵石质；5—不透水层

图1-54　黏土铺盖示意图

3.2.6　排渗沟

排渗沟是坝基下游排渗的措施之一，常设在坝下游靠近坝趾处，且平行于坝轴线，如图1-55所示。其目的是：一方面有计划地收集坝身和坝基的渗水，排向下游，以免下游坡脚积水；另一方面当下游有不厚的弱透水层时，尚可利用排水沟排水减压。

对一般均质透水层沟，只需深入坝基1~1.5 m；对双层结构地基，表层弱透水层不太厚时，应挖穿弱透水层，沟内按反滤材料设保护层；当弱透水层较厚时，不宜考虑其导渗减压作用。

为了方便检查，排渗沟一般布置成明沟；但有时为防止地表水流入沟内造成淤塞，亦可做成暗沟，但工程量较大。

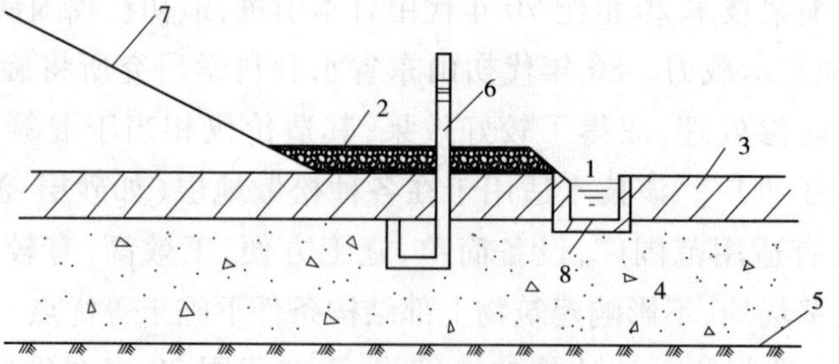

1—排渗沟;2—透水盖重;3—弱透水层;4—透水层;
5—不透水层;6—测压管;7—下游坝坡;8—反滤层

图 1-55　排渗沟示意图

3.2.7　减压井

减压井是利用造孔机具在坝址下游坝基内,沿纵向每隔一定距离造孔,并使钻孔穿过弱透水层,深入强透水层一定深度而形成,如图 1-56 所示。

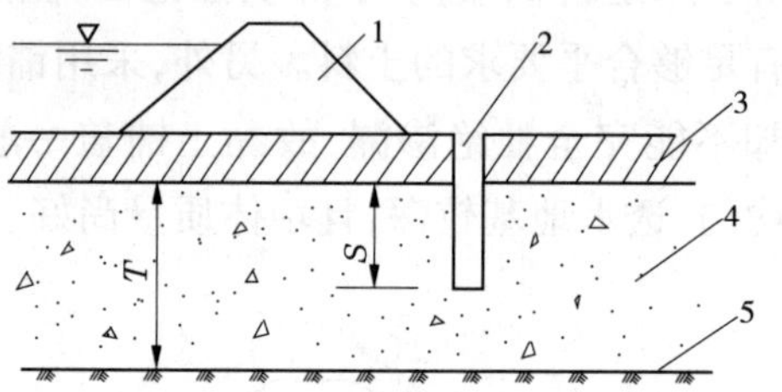

1—坝体;2—减压井;3—弱透水层;4—强透水层;5—不透水层

图 1-56　减压井示意图

减压井的结构是在钻孔内下入井管(包括导管、花管、沉淀管),管下端周围填以反滤料,上端接横向排水管与排水沟相连,如图 1-57 所示。这样可把地基深层的承压水导出地面,以降低浸润线,防止坝基渗透变形,避免下游地区沼泽化。当坝基弱透水层覆盖较厚,开挖排水沟不经济,而且施工也较困难时,可采用减压井。减压井是保证覆盖层较厚的砂砾石地基渗流稳定的重要措施。

减压井虽然有良好的排渗降压效果,但施工复杂,管理、养护要求高,并随时间的推移,容易出现淤堵失效的现象,所以一般仅适用于下列情况:

(1)上游铺盖长度不够或天然铺盖遭破坏,渗透逸出坡降升高,同时坝基为复式透水地基,用一般导渗措施不易施工,或其他措施处理无效。

(2)不能放空水库,采用“上堵”措施有困难,且在运用上允许在安全控制地基渗流条件下,损失部分水量。

(3)原有减压井群中部分失效,或减压井间距过大,致使渗透压力亦过大,需要插补。

(4)在施工、管理运用和技术经济方面,都比其他措施优越。

3.2.8　透水盖重

透水盖重是在坝体下游渗流出逸地段的适当范围内,先铺设反滤料垫层,然后填以石

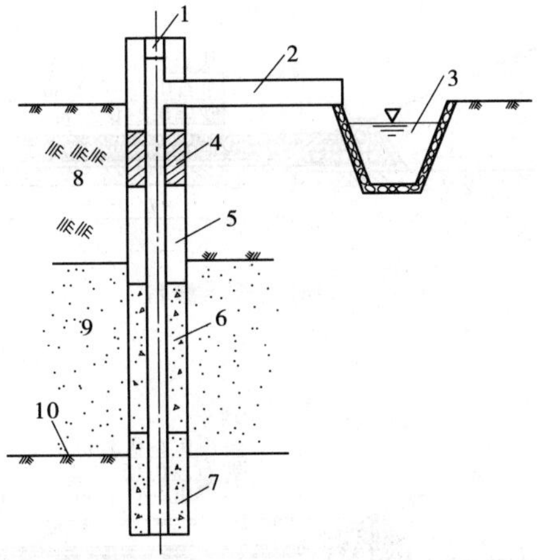

1—井帽；2—排水管；3—排水沟；4—黏土或混凝土封闭；5—导管；
6—有孔花管；7—沉淀管；8—弱透水层；9—透水层；10—不透水层

图 1-57　减压井结构示意图

料或土料盖重，它既能使覆盖层土体中的渗水导出，又能给覆盖层土体一定的压重，抵抗渗压水头，故又称之压渗，如图 1-58 所示。

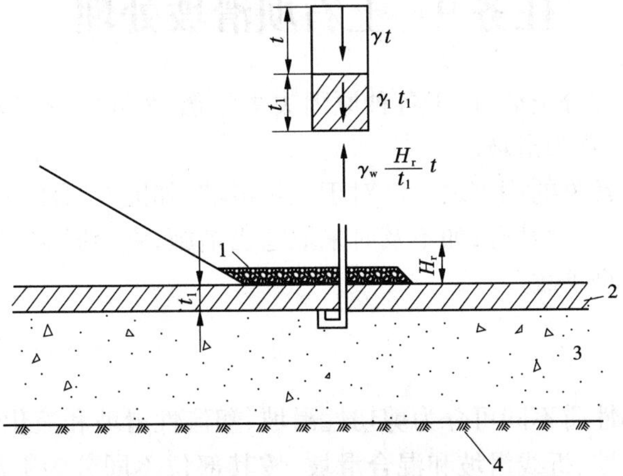

1—透水盖重；2—弱透水层；3—透水层；4—不透水层

图 1-58　透水盖重示意图

常见的压渗形式有以下两种：

（1）石料压渗台。主要适用于石料较多的地区、压渗面积不大和局部的临时紧急救护，如图 1-59(a)所示。如果坝后有夹带泥沙的水流倒灌，则压渗台上面需用水泥砂浆勾缝。

（2）土料压渗台。适用于缺乏石料、压渗面积较大、要求单位面积压渗重量较大的情况。需注意在滤料垫层中每隔 3~5 m 加设一道垂直于坝轴线的排水管，以保证原坝脚滤水体排出通畅，如图 1-59(b)所示。

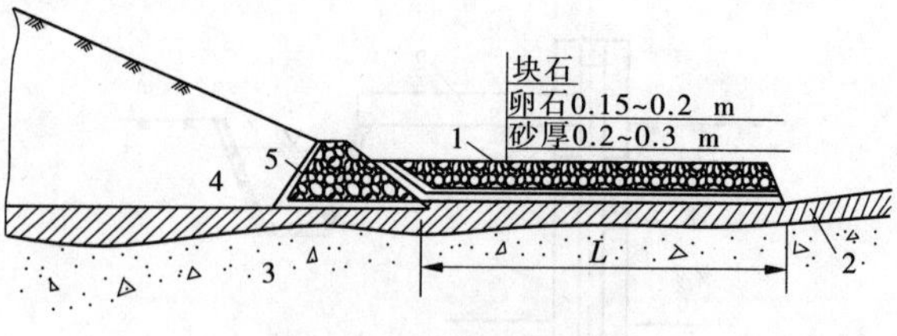

(a)石料压渗台

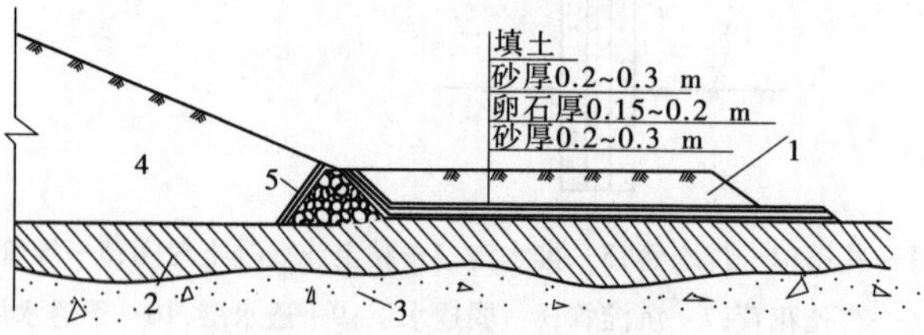

(b)土料压渗台

1—压渗台;2—覆盖层;3—透水层;4—坝体;5—滤水体

图1-59 压渗台示意图

任务9 土石坝滑坡处理

土石坝坝坡的一部分土体,由于各种原因失去平衡,发生显著的相对位移,脱离原来位置向下滑移的现象,称为滑坡。

滑坡也是土石坝常见的病害之一。对于土坝滑坡,如能及时注意,并采取适当的措施处理预防,则损害将会大大减轻;如不及时采取适当措施,将会影响水库发挥其应有效益,严重的也可能造成垮坝事故。

1 滑坡的种类

土石坝滑坡按其性质不同可分为剪切性滑坡、塑流性滑坡和液化性滑坡;按滑动面形状不同可分为圆弧滑坡、折线滑坡和混合滑坡;按其部位不同分为上游滑坡和下游滑坡。下面主要讲述剪切破坏型、塑流破坏型及液化破坏型的特征。

1.1 剪切破坏型

坝坡与坝基上部分滑动体的滑动力超过了滑动面上的抗滑力,失去平衡向下滑移的现象,即剪切性滑坡。当坝体与坝基土层是高塑性以外的黏性土,或粉砂以外的非黏性土时,多发生剪切性滑坡破坏。

这类滑坡的主要特征为:滑动前在坝面出现一条平行于坝轴线的纵向裂缝,然后随裂缝的不断延伸和加宽,两端逐渐向下弯曲延伸,形成曲线形。滑动时,主裂缝两侧便上下错开,错距逐渐加大。同时,滑坡体下部出现带状或椭圆形隆起,末端向坝脚方向推移,如图1-60所示。初期发展较慢,后期突然加快,移动距离可由数米至数十米不等,一般直到滑动力与抗滑力经过调整达到新的平衡以后,才告终止。

1.2　塑流破坏型

塑流型滑坡多发生于含水量较大的高塑性黏土填筑的坝体中。其主要原因是土的蠕动作用(塑性流动),即高塑性黏土坝坡,由于塑性流动(蠕动)的作用,即使剪应力低于土的抗剪强度,土体也将不断产生剪切变形,以致产生显著的塑性流动而滑坡,土体的蠕动一般进行得十分缓慢,发展过程较长,较易察觉,并能及时防护和补救。但当高塑性土的含水量高于塑限而接近流限时,或土体接近饱和状态而又不能很快排水固结时,塑性流动便会出现较快的速度,危害性也较大。如水中填土坝、水力冲填坝,在施工期由于自由水不能很快排泄,很容易发生塑流性滑坡。

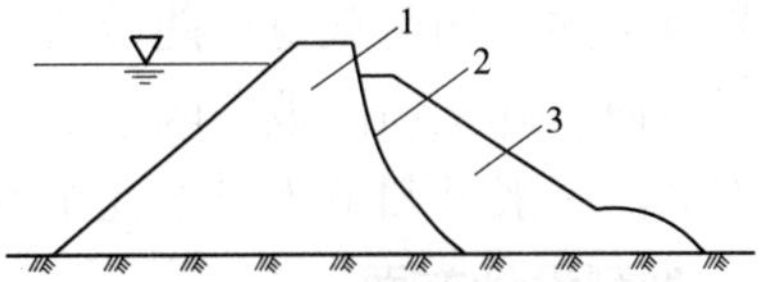

1—原坝体;2—滑弧线;3—滑动体

图1-60　剪切型滑坡示意图

塑流性滑坡发生前,不一定出现明显的纵向裂缝,而通常表现为坡面的水平位移和垂直位移连续增长,滑坡体的下部土被压出或隆起,如图1-61所示。只有当坝体中间有含水量较大的近乎水平的软弱夹层,而坝体沿该层发生塑流破坏时,滑坡体顶端在滑动前也会出现纵向裂缝。

1.3　液化破坏型

对于级配均匀的中细砂或粉砂坝体或坝基,在水库蓄水砂体达饱和状态时,突然遭受强烈振动(如地震、爆炸或地基土层剪切破坏等),砂的体积急剧收缩,砂体中的水分无法流泄,这种现象即液化性滑坡,如图1-62所示。

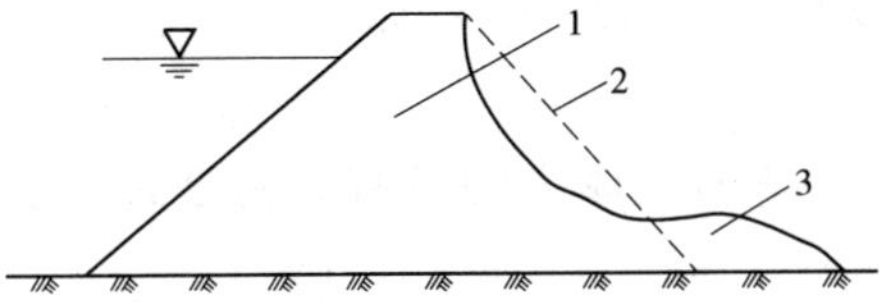

1—原坝体;2—原坡线;3—隆起体

图1-61　塑流型滑坡示意图

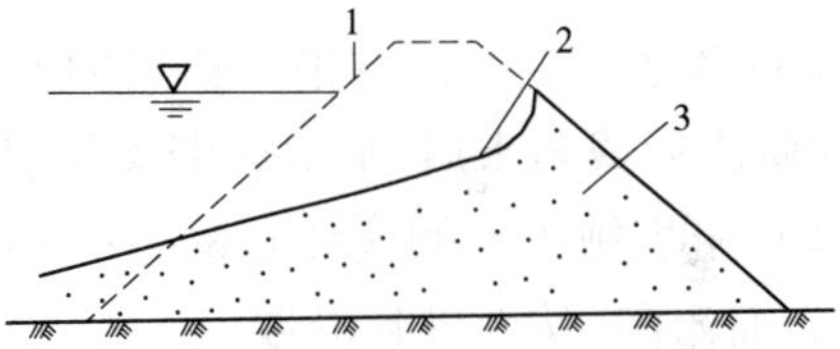

1—原坝坡线;2—滑动面;3—原坡体

图1-62　液化型滑坡示意图

显然,液化性滑坡发生时间短促,事前没有预兆,大体积坝体顷刻之间便液化流散,很难观测、预报或抢护。例如美国的福特帕克水力冲填坝,坝壳砂料的有效粒径为0.13 mm,控制粒径为0.38 mm,由于坝基中发生黏土层的剪切滑动,引起部分坝体液化,10 min内塌方达380万m^3。

上述三类滑坡以剪切破坏最为常见,需重点分析这种滑坡的产生原因及处理措施。而塑流型滑坡的处理基本与剪切破坏型滑坡相同。对于液化型滑坡破坏,则应在建坝前进行周密的研究,并在设计与施工中采取防范措施。

2　滑坡的原因

滑坡的根本原因在于滑动面上土体滑动力超过了抗滑力。滑动力主要与坝坡的陡缓有关,坝坡越陡,滑动力越大;抗滑力主要与填土的性质、压实的程度以及渗透水压力的大小有关。土粒越细、压实程度越差、渗透水压力越大,抗滑力就越小。另外,较大的不均匀沉陷及某些外加荷载也可能导致抗滑力的减小或滑动力的增大。总之,造成滑动力大于抗滑力而引起土坝滑坡的因素是多方面的,只是在不同情况下占主导地位的决定因素有所不同。一般可归纳为以下几个方面。

2.1 勘测设计方面

(1)坝基中有含水量较高的成层淤泥或其他高压缩性软土层,在勘测时没有查明,设计时未能采取适当措施,致使筑坝后软土层承载力不够,产生剪切破坏而引起滑坡。

(2)土石坝坝坡过陡。设计中坝坡稳定分析时,选择的土料抗剪强度指标偏高,导致设计坝坡陡于土体的稳定边坡,造成滑坡。

(3)选择坝址时,没有避开坝脚附近的渊潭或水塘,筑坝后因坝脚局部沉陷而引起滑坡。

(4)坝端岩石破碎,节理裂隙发育,设计时未采取适当的防渗措施,产生绕坝渗漏而引起滑坡。

(5)下游排水设备设计不当,使下游大面积散浸而导致滑坡。

2.2 施工方面

(1)筑坝土料不符合要求,筑坝土料黏粒含量较多,含水量大。雨后、雪后坝面处理不好,在含水量过高的情况下继续施工;或将草皮、耕作土、干土块、冻土块等不符合质量要求的土上坝,使坝内存在薄弱部位,抗剪强度过低而引起滑坡。

(2)坝体填土碾压不密实。对碾压式土坝,由于施工时铺土过厚,碾压遍数不够或漏压,致使碾压不密实,未达到设计干容重,抗剪强度过低,从而引起滑坡。

(3)冬季施工时没有采取适当的保温措施,没有及时清理冰雪,以致填方中产生冻土层,在解冻后或蓄水后,形成软弱夹层引起滑坡。

(4)土坝施工期的接缝质量差;土坝加高培厚,新旧坝体之间没有妥善处理,均会通过结合面渗漏,从而导致滑坡。

2.3 运用管理方面

(1)放水时库水位降落速度过快,或因闸门开关失灵,无法控制库水位的降落,上游坝体含水不能及时排出,形成较大的渗透压力,从而引起上游坡的滑坡。

库水位降落可分为骤降、同步下降和缓降三种情况。当库水位降落过程中坝体内的自由水面基本保持不变时称为骤降;当库水位降落过程中坝内的自由水面几乎同速下降时称为同步下降;介于这两者之间的降落称为缓降。

当库水位发生缓降或骤降时,在浸润线至库水位之间的土体容重由浮容重变为饱和容重,增大了滑动力矩;与此同时,上游坝体中的孔隙水向上游排出,造成很大的反渗压力;另外,当迎水坡面存在弱透水可压缩性黏土层时,还会造成附加孔隙水压力,这时上游坡面极易滑坡。

(2)由于坝面排水不畅,加之坝体填筑质量差,在长期持续降雨条件下,雨水沿裂缝渗入坝体,使下游坝坡土料饱和,抗剪强度降低,极易引起滑坡。

(3)坝后减压设施堵塞(如减压井运用多年后淤堵失效),造成坝基渗透压力和浮托力增加。

2.4 其他方面

(1)坝体土料中的水溶盐、氧化物等化学物质以及渗水中可能挟带的细颗粒堵塞了排水滤体,使浸润线抬高,降低了土体的抗剪强度。

(2)强烈地震时,由于坝坡受地震惯性力和渗透压力的作用,部分坝体失去平衡造成滑坡,在某些情况下,地震还会造成软弱地基的剪切破坏或砂土液化等,同样影响坝坡的稳定。

(3)持续的特大暴雨,使坝坡土体饱和,或因风浪淘刷,使护坡破坏,坝坡形成陡坎,均能引起滑坡。

(4)在土坝附近爆破或者在坝坡上堆放重物等也可能造成局部滑坡。

3 滑坡的征兆

土石坝滑坡前都有一定的征兆出现,经分析归纳为以下几个方面:

(1)产生裂缝。当坝顶或坝坡出现平行于坝轴线的裂缝,且裂缝两端有向下弯曲延伸的趋势,裂缝两侧有相对错动,进一步挖坑检查发现裂缝两侧有明显擦痕,且在较深处向坝趾方向弯曲,则为剪切性滑坡的预兆。应注意对滑坡性裂缝挖坑检查会加速滑坡的发展,故需慎重。

(2)变形异常。在正常情况下,坝体的变形速度是随时间而递减的。而在滑坡前,坝体的变形速度却会出现不断加快的异常现象。具体出现上部垂直位移向下、下部垂直位移向上的情况,则可能发生剪切破坏型滑坡。例如山西漳泽大坝,滑坡前即有坝顶明显下陷和坡脚隆起现象。若坝顶没有裂缝,但垂直和水平位移却不断增加,可能会发生塑流破坏型滑坡。

(3)孔隙水压力异常。土坝滑坡前,孔隙水压力往往会出现明显升高的现象。例如山西文峪河水库土坝,滑坡前孔隙水压力高,其值超过设计值的23.5%~36.3%。故实测孔隙水压力高于设计值时,可能会发生滑坡。

(4)浸润线、渗流量与库水位的关系异常。一般情况下,随库水位的升高,浸润线升高,渗流量加大。可是,当库水位升高、浸润线亦升高,但渗漏量显著减少时,可能是反滤排水设备堵塞,而当库水位不变、浸润线急剧升高,渗漏量亦加大时,则可能是防渗设备遭受破坏。上述两种情况若不采取相应措施,亦会造成下游坝坡滑坡。

4 滑坡的处理

4.1 滑坡的抢护

当发现滑坡征兆后,应根据情况进行判断,若还有一定的抢护时间,则应竭尽全力进行抢护。

抢护就是采取临时性的局部紧急措施,排除滑坡的形成条件,从而使滑坡不继续发展,并使得坝坡逐步稳定。其主要措施如下:

(1)改善运用条件。例如在水库水位下降时发现上游坡有弧形裂缝或纵向裂缝时,应立即停止放水或减小放水量以减小降落速度,防止上游坡滑坡。当坝身浸润线太高,可能危及下游坝坡稳定时,应降低水库运行水位和下游水位,以保安全。当施工期孔隙水压力过高可能危及坝坡稳定时,应暂时停止填筑或降低填筑速度。

(2)防止雨水入渗。导走坝外地面径流,将坝面径流排至可能滑坡范围之外。做好裂缝防护,避免雨水灌入,并防止冰冻、干缩等。

(3)坡脚压透水盖重,以增加抗滑力并排出渗水。

(4)在保证土石坝有足够挡水断面的前提下,亦可采取上部削土减载的措施。

4.2 滑坡的处理

当滑坡已经形成且坍塌终止,或经抢护已经进入稳定阶段后,应根据具体情况研究分析,进行永久性处理。其基本原则是"上部减载,下部压重",并结合"上截下排"。具体措施如下。

4.2.1 堆石(抛石)固脚

在滑坡坡脚增设堆石体,是防止滑动的有效方法。如图1-63所示,堆石的部位应在滑弧中的垂线 OM 左边,靠滑弧下端部分(增加抗滑力),而不应将堆石放在滑弧的腰部,即垂线 OM 与 ND 之间(因虽然增加了抗滑力,但也加大了滑动力),更不能放在垂线 ND 以右的坝顶部分(因主要增加滑动力)。

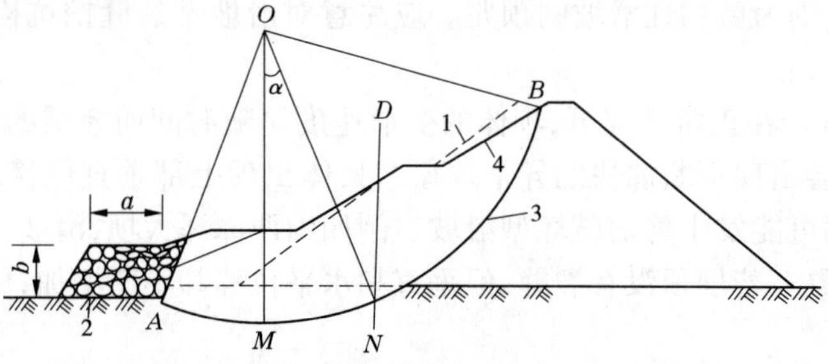

1—原坝坡;2—堆石固脚;3—滑动圆弧;4—放缓后坝坡

图1-63 堆石固脚示意图

如果用于处理上游坝坡的滑坡,在水库有条件放空时,可用块石浆砌而成,具体尺寸应根据稳定计算确定。当水库不能放空时,可在库岸上用经纬仪定位,用船向水中抛石固脚。同时注意,上游坝坡滑坡时,原护坡的块石常大量散堆于滑坡体上,可结合清理工作,把这部分石料作为堆石固脚的一部分。如果用于处理下游的滑坡,则可用块石堆筑或干砌,以利排水。

堆石固脚的石料应具有足够的强度,一般不低于40 MPa,并具有耐水、耐风化的特性。

4.2.2 放缓坝坡

当滑坡是由边坡过陡造成时,放缓坝坡才是彻底的处理措施,即先将滑动土体挖除,并将坡面切成阶梯状,然后按放缓的加大断面,用原坝体土料分层填筑,夯压密实。必须注意,在放缓坝坡时,应做好坝脚排水设施,如图1-64所示。

4.2.3 开沟导渗滤水还坡

由于坝体原有的排水设施质量差或排水失效后浸润线抬高,使坝体饱和,从而增加了坝坡的滑动力,降低了阻滑能力,引起滑坡者,可采用开沟导渗滤水还坡法进行处理。具体做法为:从开始脱坡的顶点到坝脚为止,开挖导渗沟,沟中填导渗材料,然后将陡坎以上的土体削成斜坡,换填砂性土料,使其与未脱坡前的坡度相同,夯填密实,如图1-65所示。

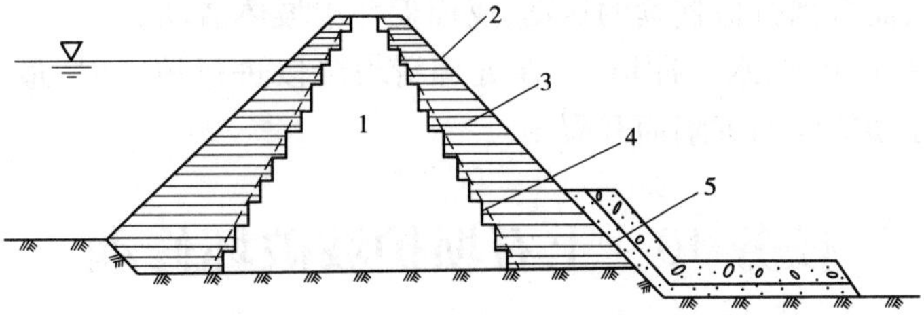

1—原坝体;2—新坝坡;3—培厚坝体;4—原坝坡;5—坝脚排水

图1-64 放缓坝坡示意图

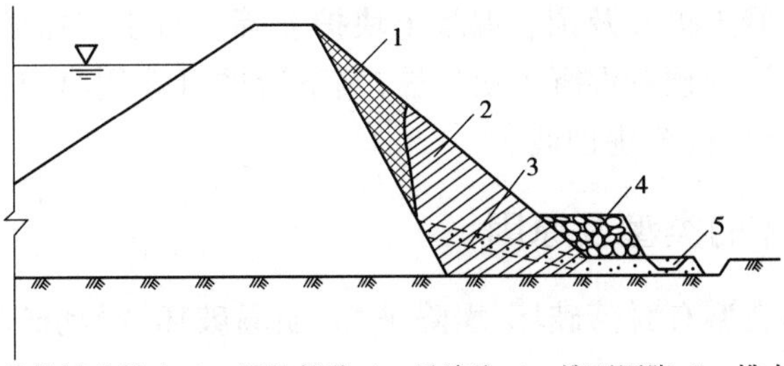

1—削坡换填砂性土;2—还坡部分;3—导渗沟;4—堆石固脚;5—排水暗沟

图1-65 滤水还坡示意图

4.2.4 清淤排水

对于地基存在淤泥层、湿陷性黄土层或液化的均匀细砂层,施工时没有清除或清除不彻底而引起的滑坡,处理时应彻底清除这些淤泥、黄土和砂层。同时,也可采取开导渗沟等排水措施,也可在坝脚外一定距离修筑固脚齿槽,并用砂石料压重固脚,增加阻滑力。

4.2.5 裂缝处理

对土坝伴随滑坡而产生的裂缝必须进行认真处理。因为土体产生滑动以后,对土体的结构和抗剪强度都发生了变化,加上裂缝后雨水或渗透水流的侵入,使土体进一步软化,将使与滑动体接触面处的抗剪强度迅速减小,稳定性降低。

处理滑坡裂缝时应将裂缝挖开,把其中稀软土体挖除,再用与原坝体相同土料回填夯实,达到原设计干容重的要求。

5 滑坡处理注意事项

(1)滑坡体的开挖与填筑,应符合“上部减载、下部压重”的原则,切忌在上部压重。开挖填筑应分段进行,保持允许的边坡,以利施工安全。开挖中对松土稀泥、稻田土、湿陷性黄土等,应彻底清除,不得重新上坝。对新填土应严格掌握施工质量,填土的含水量和干容重必须符合要求。新旧土体的结合面应刨毛,以利结合。

(2)对于滑坡主裂缝,原则上不应采用灌浆方法。因为浆液中的水将渗入土体,降低滑坡体之间的抗剪强度,对滑坡体的稳定不利,灌浆压力更会增加滑坡体的下滑力。

(3)滑坡处理前,应严格防止雨水、地面水渗入缝内,可采用塑料薄膜、油毡、油布等加以覆盖。同时,还应在裂缝上方修截水沟,拦截或引走坝面雨水。

(4)不宜采用打桩固脚的方法处理滑坡。因为桩的阻滑作用很小,土体松散,不能抵挡滑坡体的推力,而且因打桩连续的振动,反而促使滑坡体滑动。

(5)对于水中填土坝、水力冲填坝,在处理滑坡阶段进行填土时,最好不要采用碾压法施工,以免因原坝体固结沉陷而开裂。

任务 10　土石坝护坡破坏修理

土石坝护坡可根据其损坏情况,确定采取维修、加固与重做等措施。上游护坡可采用块石护坡、现浇混凝土护坡及预制混凝土块护坡;下游护坡可采用草皮护坡、格构草皮护坡、块石护坡、现浇混凝土护坡及预制混凝土块护坡等。对于有旅游功能的水库,其上游坡可选用具有美化作用的预制混凝土块护坡,其下游坡可选用具有美化作用的预制混凝土块护坡、草皮护坡及格构草皮护坡。

1　土石坝护坡破坏的类型及原因

常见护坡破坏的类型有脱落破坏、塌陷破坏、崩塌破坏、滑动破坏、挤压破坏、鼓胀破坏、溶蚀破坏等。

护坡的破坏原因是多方面的,观察和归纳后主要有以下几个方面的原因:

(1)由于护坡块石设计标准偏低或施工用料选择不严,块石质量不够,粒径小,厚度薄。有的选用石料风化严重。在风浪的冲击下,护坡产生脱落,垫层被淘刷,上部护坡因失去支撑而产生崩塌和滑移,如图 1-66 所示。

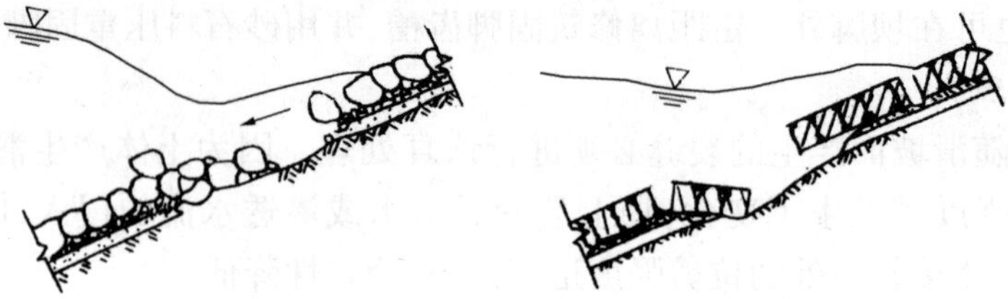

(a) 护坡石脱落　　(b) 护坡石崩塌

图 1-66　护坡在风浪作用下的破坏形式

(2)护坡的底端和护坡的转折处未设基脚,结构不合理或深度不够,在风浪作用下基脚被淘刷,护坡会失去支撑而产生滑移破坏,如图 1-67 所示。

(3)砌筑质量差。砌筑块石时,块石上下竖向缝口没有错开,出现通缝,这样砌筑就失去了块石互相连锁的作用。块石砌筑的缝隙较大,底部架空,搭接不牢。受到风浪淘刷,块石极易松动脱出,遭到破坏。

(4)没有垫层或垫层级配不好。护坡垫层材料选择不严格,未按反滤原则设计施工,级配不好,层间系数大($D_{50}/d_{50}>10$),起不到反滤作用。在风浪作用下,细粒在层间流失,护坡被淘空,引起护坡破坏。

(5)在严寒地区,冻胀使护坡拱起,冻土融化,坝土松软,使护坡架空;水库表面冰盖与护坡冻结在一起,冰温升降对护坡产生推拉力,使护坡破坏。

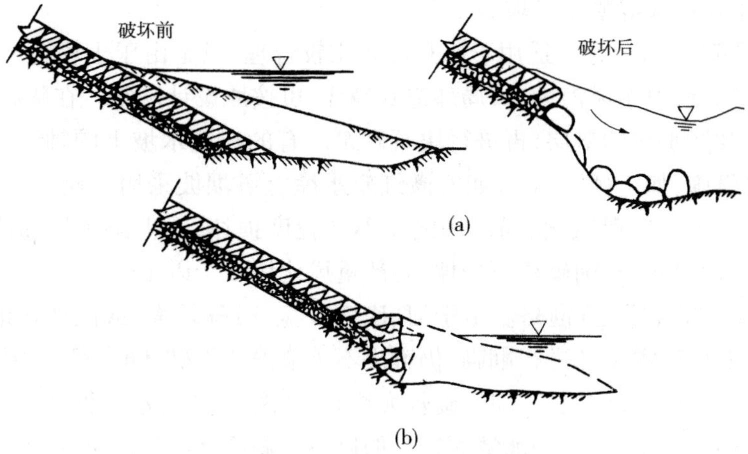

图1-67 护坡基脚淘刷破坏图

(6)在土坝运用中,水位骤降和遭遇地震,均易造成护坡滑坡的险情。

2 护坡的检查

土石坝护坡的检查项目主要包括以下几个方面:

(1)靠近护坡处的水质是否变浑,护坡下面的垫层是否流失,垫层下面的土体是否松软、滑动和淘刷。

(2)坝面排水沟是否畅通,坝坡表面雨水有无集中流动冲刷,排水沟有无冲刷破坏,雨水能否从排水沟排出。

(3)护坡表面是否有风化剥落、松动、裂缝、隆起、塌陷、架空和冲走,有无杂草、灌木丛、雨淋沟、空隙、兽洞或蚁穴。

3 护坡的抢护和修理

土石坝护坡的抢护和修理分为临时紧急抢护和永久加固修理两类。

3.1 临时紧急抢护

当护坡受到风浪或冰凌破坏时,为了防止险情继续恶化,破坏区不断扩大,应该采取临时紧急抢护措施。临时紧急抢护措施通常有砂袋压盖、抛石抢护和铅丝石笼抢护等几种。

(1)砂袋压盖。适用于风浪不大,护坡局部松动脱落,垫层尚未被淘刷的情况,此时可在破坏部位用砂袋压盖两层,压盖范围应超出破坏区0.5~1.0 m。

(2)抛石抢护。适用于风浪较大,护坡已冲掉和坍塌的情况,这时应先抛填0.3~0.5 m厚的卵石或碎石垫层,然后抛石,石块大小应足以抵抗风浪的冲击和淘刷。

(3)铅丝石笼抢护。适用于风浪很大,护坡破坏严重的情况。装好的石笼用设备或人力移至破坏部位,石笼间用铅丝扎牢,并填以石块,以增强其整体性和抵抗风浪的能力。

3.2 永久加固修理

永久加固修理的方法通常有局部翻砌、浆砌石(或混凝土)框格、砾石混凝土或砂浆灌注、全面浆砌块石或混凝土护坡。

(1)局部翻砌。这种方法适用于原有设计比较合理,只是由于土坝施工质量差,护坡产生不均匀沉陷,或由于风浪冲击,局部遭到破坏,可按原设计恢复。在翻砌前,先按坝原断面填筑土料和滤水料的垫层,再进行块石砌筑。有的在迎水坡上顺轴线方向设置浆砌石齿墙的阻滑设施,如1-68所示。如安徽红旗水库上游坝坡采用干砌石护坡,水库运行30多年来,护坡块石出现风化、局部塌陷及不同程度损坏,对上游护坡加固采取局部翻修,对塌陷部位回填碎石,铺砌块石护坡,对严重风化块石予以更换。

(2)浆砌石(或混凝土)框格。由于河、库面较宽,风程较大,或因严寒地区结冰的推力,护坡大面积破坏,需全部进行翻砌,仍解决不了浪击冰推破坏时,可利用原护坡较小的块石浆砌框格,起到固架作用,中间再砌较大块石,如图1-69所示。框格型式可筑成正方形或菱形。框格大小,视风浪和冰情而定。如风浪淘刷或冰凌撞击破坏较严重,可将框格网缩小,或将框格带适当加宽。反之,可以将框格放大,以减少工程量和水泥的消耗。在采用框格网加固护坡时,为避免框格带受坝体不均匀沉陷裂缝,应留伸缩缝。在严寒地区,框格带的深度应大于当地最大冻层的厚度,以免土体冻胀,框格带产生裂缝,破坏框架作用。河南省某水库,曾采用正方形浆砌块石框格加固护坡。浆砌石带框格宽1 m,框格内干砌块石长、宽各2 m。经过两次6~7级风浪淘刷,均未破坏。

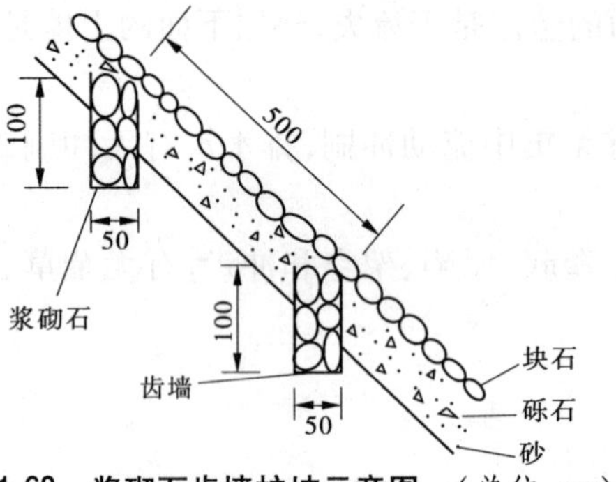

图1-68 浆砌石齿墙护坡示意图 (单位:cm)

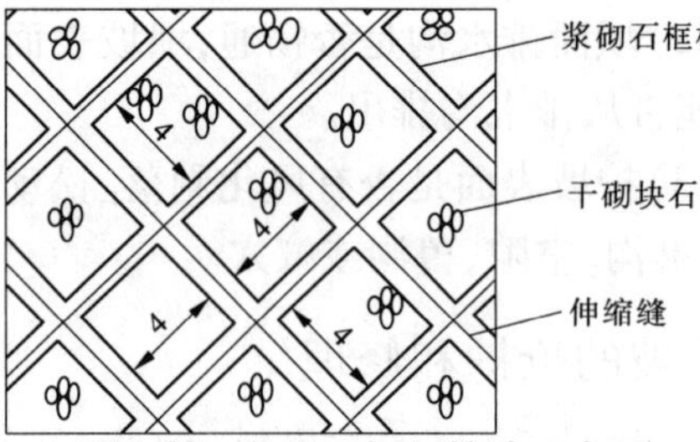

图1-69 浆砌石框架护坡示意图

(3)砾石混凝土或砂浆灌注。在原有护坡的块石缝隙内灌注砾石混凝土或砂浆,将块石胶结起来,连成整体,可以增强抗风浪和冰推的能力,减免对护坡的破坏。当前,有的护坡垫层厚度和级配符合要求,但块石普遍偏小;有的护坡块石大小符合要求,但垫层厚度和级配不合规定,经常遭遇风浪或冰冻,破坏了护坡。如更换块石或垫层,工程量都很大,采用上述浆砌框格加固,又不能避免破坏,可考虑采取这种措施加固护坡,如图1-70所示。具体的方法,先将坡面的脏物、杂草等清除干净,用水冲洗石缝,保证块石与混凝土或水泥浆结合牢固。在初凝前,将灌注的缝隙表面用水泥砂浆勾成平缝。为了排除护坡内渗水,一般在一定的面积内应留细缝或小孔作为渗水排除通道。灌缝混凝土应选用适合石缝大小的砾石

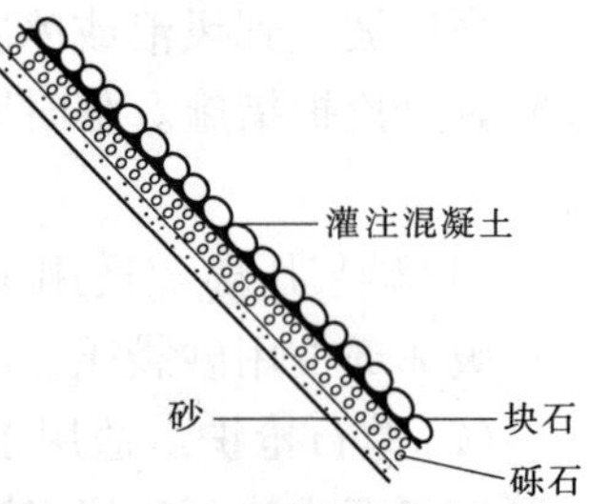

图1-70 干砌石灌注混凝土护坡示意图

做骨料，混凝土强度等级不宜过高，以节约水泥。如遇石缝较小，可改用砂浆灌入。

(4)全面浆砌块石。当采用混凝土或砂浆灌注石缝加固，不能抗御风浪淘刷和结冰挤压时，可利用原有护坡的块石进行全面浆砌。如广东省某水库干砌石护坡，最后采取了这一加固措施，解决了风浪的淘刷。在砌筑前，将原有的块石洗干净，以利于块石与砂浆紧密结合。砌筑块石时，必须保护好下边垫层，防止水泥砂浆灌入。为适应土坝边坡不均匀沉陷和有利于维修工作，应分块砌筑，并设置伸缩缝。一般分块的面积以 5~6 m^2 为宜，并应留一个排水孔或排水缝以利于排除土体内渗水。

(5)混凝土护坡。对吹程较远，风浪较大，经常发生破坏的护坡，可采用预制或现浇混凝土板加固处理护坡。将原护坡块石拆除，重新沿坝轴线方向在一定范围内或整个上游坝坡采用预制或现浇混凝土板护坡。混凝土板厚度一般为 15~30 cm，平面尺寸为(1.5 m×2.5 m)~(4 m×4 m)，不宜过大，平面布置见图 1-71 和图 1-72，并应按规定做好垫层和伸缩缝，设置排水孔。伸缩缝和排水孔应做好反滤保护，防止坝体材料在风浪作用下淘刷流失。为防止裂缝，可考虑在混凝土板内配置适量钢筋。混凝土护坡，耐久性好，抗风浪冲刷能力强，缺点是比较光滑，风浪爬得比较高，在混凝土护坡上可采取加糙措施消浪，或将防浪墙上游面修成凹向水库的曲线，使浪花向库反溅，起到消浪的作用。

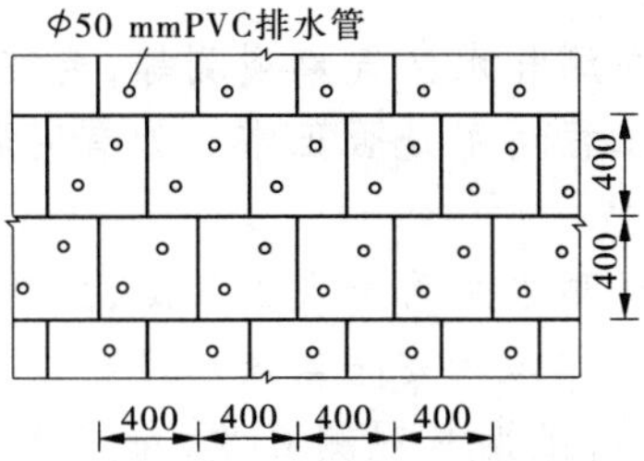

图 1-71　上游现浇混凝土护坡平面布置图
(单位:cm)

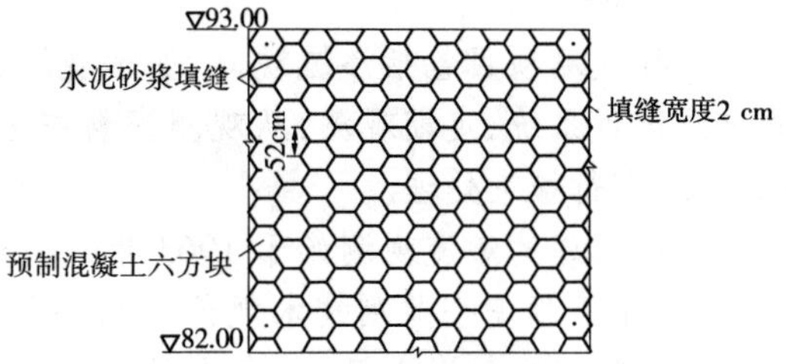

图 1-72　上游预制混凝土护坡布置图

目前，国内病险土石坝上游护坡加固采用现浇和预制混凝土块的工程较多，如安徽的卢村水库、钓鱼台水库，江西的油罗口水库、芦围水库，湖北的陆水水库、青山水库等。

项目案例

案例一　山东省日照水库管理

日照水库位于山东省日照市城西 15 km 处，工程自 1958 年 10 月动工兴建，1959 年 6 月建成并投入运行。总库容 3.2 亿 m^3，兴利库容 1.912 亿 m^3。主坝长 116 m，坝顶高 47.4 m，最大坝高 28 m；副坝长 285 m，最大坝高 8 m，控制流域面积 548 km^2，主要水工建筑物有坝下涵管、溢洪闸和灌区等，是一座以防洪为主，结合灌溉、养殖、发电、城市供水等综合利用的大(2)型水库，为日照市城区供水水源地之一，同时起到补源的功能。2003 年底完成水库除险加固工程，总投资 1.293 亿元，共完成土石方 21.0 万 m^3、砌石 4.09 万 m^3，混凝土 2.32 万 m^3。

一、日常管理内容

(一)工程检查

工程检查分为日常检查、定期检查和特别检查三类。日常检查是对工程部分所做的经常性巡回检查,由专职人员负责进行,汛期组织大坝安全巡查小组强化检查力度;定期检查是在每年汛前、汛后、用水期前后及冰冻期前后,由管理单位负责组织技术人员对工程所做的全面检查;特别检查是工程在面临暴雨、特大洪水等非常运用情况或发生比较严重的破坏现象时,由管理单位或会同有关部门专家临时组织的专门检查。每次检查结果都按统一的记录表式做好详实记录,并做阶段性总结上报,发现异常情况及时上报处理。

检查内容包括大坝坝体、坝趾近区、防水洞、溢洪道等,一般对坝体注意观察坝顶、坝肩及坝脚处有无裂缝、滑坡、塌坑、兽洞以及水面是否有漩涡等,对坝趾区注意观察有无塌陷、集中渗水,承压水段渗水量及水质变化,坝坡排水沟是否畅通,溢洪道上下游、闸门及启闭设备运行情况以及大坝两端、坝体及建筑物结合部位是否有接触冲刷等。

检查时间根据实际需要灵活掌握,一般非汛期与工程观测同步进行,一个月不少于4次,汛期不少于6次,在发生大风、暴雨、较大洪水、水库高水位运行及库水位急剧升降等非常运用情况下,随时增加巡查次数,必要时昼夜巡查。

(二)工程观测

工程观测项目包括渗流观测、变形观测、溢洪闸观测和水文气象观测等,要按照规定的方法进行系统、定期观测,从观测资料中分析了解工程运用是否正常。如有问题,要查找原因,进行检查处理。

日照水库的渗流观测始于1963年,测压管水位观测方法采用人工实测,按照水利部发布的《土石坝安全监测技术规范》(SL 551—2012)和单位的安全监测制度要求,非汛期每10天测一次,每逢1日测(每月1日、11日、21日),汛期月观测6次,每逢1日、6日测。但在高水位、库水位骤变、特大暴雨等特殊运行情况下,随机加测。坝后测水量采用容积法测,与测压管水位同时观测。渗流观测必须做到定人、定仪、定时、定次,对原始观测数据,按照水利部发布的《土石坝安全检测资料整编规程》(DL/T 5256—2010)要求做到:随观测、随记录、随校核、随整理。对观测资料,日清、月结、年总,整理存档。对观测结果及时分析,发现异常及时分析原因并上报处理。

日照水库于2009年3月完成了大坝测压管水位自动观测系统安装,实现了测压管水位采集、数据处理、图表绘制的自动化,为人工分析提供快捷、准确、直观的基本资料,能够对大坝的运行状况实行有效监控。

对溢洪闸开展了底流、绕流、闸墩应力和变形观测。除变形观测,底流绕流观测均实现了数据的自动化采集,有专人负责定时采集底流、绕流管水位和闸墩应力观测值。

水文气象观测,根据汛期与非汛期的需要进行观测,主要由水文站负责。

(三)工程养护

按照"经常养护,随时修理,养重于修,修重于抢"的原则,做好工程养护管理工作。一般要保证主、副坝坝顶平整,坝坡整齐美观,无缺损,无树根、高草,防浪墙、反滤体完整,廊道、导渗沟、排水沟畅通,无蚁害。输、泄水建筑物进出口岸坡完整、过水断面无淤积和障碍物;混凝土及圬工衬砌、消力池、工作桥、启闭机房等完好无损。灌溉、发电、供水等生产设施完好、运行正常。对机电设备要有金属结构、机电设备维护制度并明示;设备维修养护好，运用灵活，安全可靠；备用发电机组能随时启动，正常运行；机房内整洁美观；维修养护记录规范。

（四）工程维修

工程维修分为经常性养护、岁修、大修和抢修。

经常性养护是根据经常检查发现的问题而进行日常保养维修和局部修补，保持工程完整。

岁修是根据汛后检查所发现的工程问题，编制岁修计划报批后及时进行修复。

大修是当工程发生较大损坏，修复工作量大，技术性较复杂时，报请上级主管部门会同有关单位研究制订专门的修复计划，报批后进行。大修工程要有维修设计、批复文件；修复及时，按计划完成任务；有竣工验收报告。

抢修是当工程发生突发事故危及工程安全时，组织力量进行的及时抢险，同时上报主管部门采取进一步的处理加固措施。

（五）防汛调度

根据地域特征，每年的降雨和洪水主要集中在6~9月，即汛期，利用水库的调蓄作用和控制作用，有计划地控制调节洪水，减轻防汛压力，又能拦蓄充沛的来水蓄水兴利，综合利用水资源，优化调度，实现除害和兴利，是水管部门的重要职责。

防汛组织：每年汛前组织调整水库防汛指挥机构，落实以行政首长负责制为核心的防汛责任制。汛期召开全体防指成员会议，对当年防汛工作进行部署安排，将防汛责任制分解落实到各防指成员单位，明确各级防汛领导责任人，做到分工明确、各负其责。组织编排防汛三线队伍，即常备队、抢险队和后备队，明确队伍职责和组织纪律。

控制运用方案：每年汛前编制修订《汛期控制运用方案》《防洪抢险应急预案》和《防洪预案》。各方案对正常洪水调度原则、非常洪水和超标准洪水的应急措施、抢险方案、安全转移等工作内容都做了具体规定，方案经上报防汛主管部门批复后可作为本年度调度运用的依据。另外，针对水库管理中可能遭遇的突发事故，如发生超设防地震、超标准洪水等自然灾害；严重水污染、工程隐患导致溃坝等事故灾难；恐怖袭击、人为破坏等社会安全事件，特编制有《大坝安全管理应急预案》和《防洪抢险应急预案》，以切实提高水管部门应对突发事件的能力。

防汛物料：本着“宁可备而不用，不可用而无备”的原则，立足防大汛、抗大洪，对防汛物料按照上级防汛部门下达的定额配备，筹备不足，补充消耗，建档立卡，实行专人管理。

运用管理：在汛期水库调度运行管理中，严格执行省防办批复的控制运用计划和运用指标，同时结合工程运用实际，参考中短期气象和水文预报，正常处理蓄水兴利和防洪安全之间的关系，进行优化调度。汛期结束，做好年度调度运用工作总结，总结经验，查找不足，摆出问题，制订岁修计划，为未来的防汛工作奠定基础。

（六）经营管理

充分利用水、土资源，进行库面淡水鱼养殖、农田灌溉、水力发电、城市供水、经济园林种植等多种综合项目经营。

经营收入除保障水管单位的日常开支外，每年从收入中提取部分经费用于工程维修养护，以实现主体工程运用的良性循环。

水利工程的效益不仅包括经济效益，还包括社会效益和生态效益，各种效益受年度流域降水、径流、洪水等自然因素影响,具有随机性和可变性,而且各种效益大小必须统筹兼顾,综合衡量。

二、水库除险加固

山东省的大中型水库大多数建设于20世纪50、60年代,受当时建设条件、技术所限,多数水库建设标准较低,经过多年运行,工程老化、退化严重。近年来,国家加大了水利投资力度,针对安全鉴定确定的病险水库展开了除险加固的热潮。除险加固使病险水库除病脱险,生机再现,防洪、防渗、抗震、泄洪能力都有了较大提高,而且建设中伴随着景观水利和生态水利的观念渗透,加固后的库容和库貌都有了较大的改善。

三、运行管理现代化发展

在近几年来的水利工程建设和管理中,水利部门积极引进、推广应用管理新技术,改善管理手段,增加管理科技含量,走水利信息化、办公自动化带动工程管理现代化的道路。

日照水库以灌区节水改造和实施除险加固工程为契机,先后建成了雨水情自动测报系统、灌区测水量水项目、溢洪闸自动化控制系统、防汛视频监视系统和大坝测压管水位自动化观测系统,并建立了单位信息数据库和计算机局域网。除溢洪闸自动化控制系统外,各系统中控室设在办公楼防洪调度中心,能够实现对各自信息系统运行状况的模拟可视。

四、大坝坝体、坝基测压管水位远程监测系统

(一)系统概述

随着水利设施的进一步完善,加强水利设施的运行管理显得愈来愈重要,尤其是对水库枢纽区,大坝的渗流监测直接关系到大坝的安全运行。大坝安全监测系统通过对库水位、坝体渗流、坝基渗流和绕坝渗流的实时数据监测、存储、图表处理以及库水位与枢纽区各部位渗液位的相关分析,可以提高大坝观测的工作效率,缩短数据采集周期,增加数据采集的频率和实时性,减轻劳动强度,同时可以提高水库基本数据监测的完整性、统一性和可利用性,大大提高管理水平,及时发现大坝隐患,为水库安全运行提供有力保障,充分发挥和利用好水库的调储能力,使其在防洪和供水等多方面发挥最大的效益。

(二)系统组成结构

系统组成结构如图1-73所示。

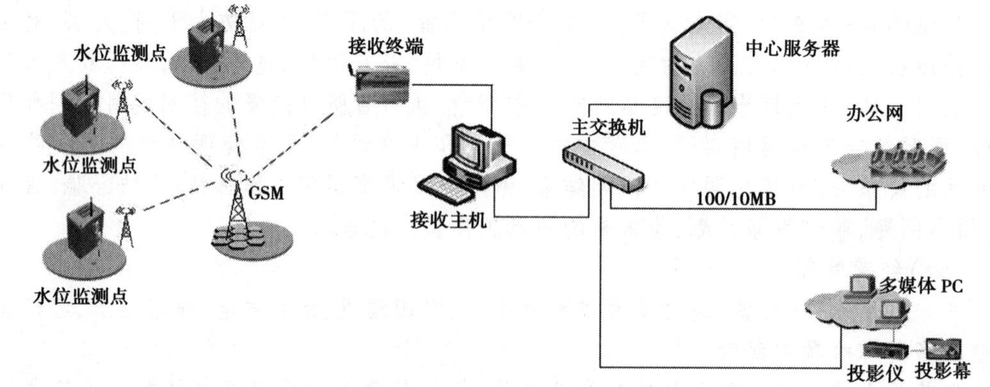

图1-73　系统组成结构

该系统结构由监测管理中心、大坝渗压监测站两部分组成,其中管理中心包括工控计算机、管理计算机、相关软件等;大坝渗压监测站系统作为本项目的重点,包括 HSST 智能一体化水位遥测仪等部分。

(三)系统功能

1.系统数据库管理

数据管理包括测压管基本资料管理和测压管实测数据管理。

测压管基本资料主要是用户资料、大堤剖面资料、测压管埋设情况(考证表)、地质资料。包括确定用户的性质和使用权限,堤段名称、桩号、位置、大堤剖面、堤顶高程、宽度等属性,测压管埋设的堤身断面信息,地质情况,以及基本设计参数等资料。测压管基本数据可通过测压管考证表进行查询。

测压管实测数据以一个桩号一个表格的方式存储在数据库中。系统按用户的使用权限可以修改、增加、删除数据,亦可使用 Excel 软件录入或导入、导出数据。

2.系统数据分析

分析指定桩号的测压管实测数据,提供地质剖面和浸润线图、测压管过程线、圈套线、位势图、逐年相关线、位势过程线、特定水位下的过程线等图表。

(1)测压管地质剖面和浸润线图。将测压管埋设的地质剖面、测压管埋设的位置、滤管位置、测压管长度、管口高程等内容以剖面图的形式表现出来。可以查看某一特定时间测压管实测水头剖面线,即浸润线,了解覆盖层承压情况,并给出相应水位下覆盖层的抗渗安全系数。

(2)测压管水位过程线。绘制测压管水位随时间的变化曲线。利用测压管水位过程线可以鉴别测压管的灵敏性、可靠性,以及确定其滞后时间和某些测次数据的取舍等。

(3)测压管位势图。位势即测压管水头在渗流场中占总渗流水头的百分数。与上下游水位的绝对值无关,当渗径长度不变时,位势为常数。可以通过位势的变化了解渗流介质的变化情况。

3.数据查询功能

可以指定具体的测点、日期进行相关的数据查询,并根据查询的结果,在数据表格中体现出来。数据表格是将监测返回的数据以表格的形式反映,并以日期加以限制。当汛期采集功能启用时,可以选择汛期方式进行数据查询。数据图形功能中,将采集水位以图形的方式显示。另外,还可以按照指定的日期查看水位的趋势图,也可以指定具体的某一天,查看对应的时刻趋势图。

坝体、坝基渗流测压管水位远程监测系统的结构组成如图 1-74 所示。

测压管过程线如图 1-75 所示。

测压管水位过程线如图 1-76 所示。

五、系统建成后的日常管理与维护

日照水库大坝渗压管水位监测系统验收投入正常运行后,应该充分做好系统的维护,保证系统安全、可靠地运行,充分发挥其应有的作用。根据以往的工程建设经验和设备的特性,提出如下几点需要在日常运行管理中注意:

(1)水库管理局应该指定专门的部门和人员进行日常操作和维护,应该制定详细的

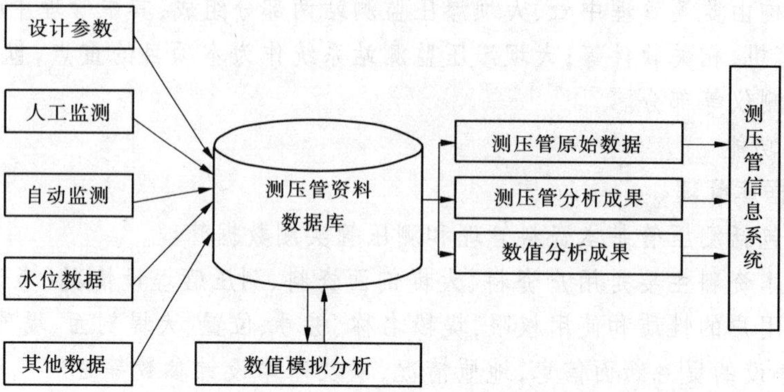

图1-74　坝体、坝基渗流测压管水位远程监测系统的结构组成

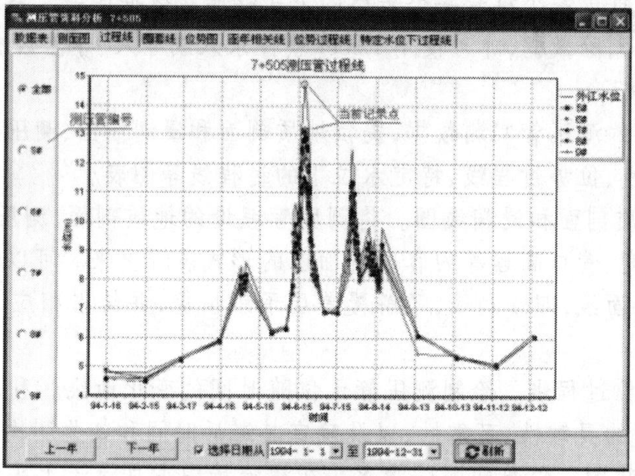

图1-75　测压管过程线

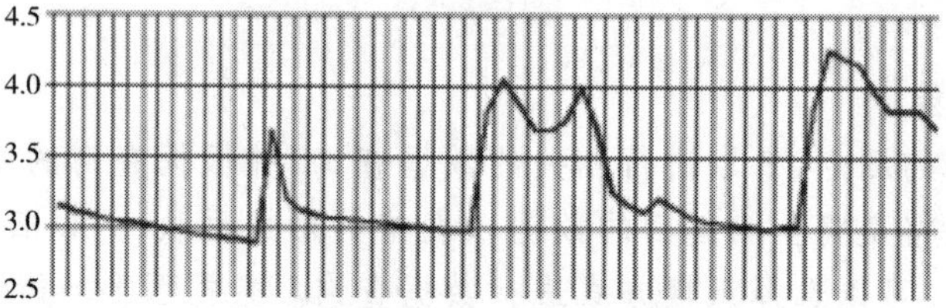

图1-76　测压管水位过程线

日常查看和使用规程。

(2)中心机房要保持清洁卫生。灰尘容易进入服务器主机和显示器,阻塞电脑的通风冷却口,使电脑温升过高;另外,会降低电路的绝缘度,很容易漏电而造成硬件损坏。

(3)软件的日常操作和注意事项可参见“大坝渗压管水位远程监测系统用户手册”。

(4)如果系统采用无线传输数据,必须保证设备所有手机卡不能欠费,应该有专门人员来负责,确保设备不会因欠费而停报数据。

案例二　山东省历城区卧虎山水库灌浆处理坝体裂缝

在山东省济南市历城区南部,锦绣川、锦阳川、锦云川三川汇合处,玉符山与卧虎山之间，有一处水域面积达 4.315 km^2 的人工湖，它就是全国 321 座大型水库之一的卧虎山水库。

1958 年，历城区人民为了根治山洪暴发，变水害为水利，于卧虎山下建营扎寨，奋战两个冬春，动用土石方 537 万 m^3，在玉符河上筑起了长 985 m、高 37 m 的拦河大坝，后经改建、扩建、岁修，是一座集防洪、灌溉、养鱼、游览于一体的综合利用大型水库。灌区配有干、支渠 49 条，总长 136 km，能灌溉历城、长清、济南市郊的 8 万多亩粮田，而且对保护津浦铁路和济南市不受洪水威胁起到重要作用，同时能供城市、生产、居民用水。

该大坝由于施工质量差、沉陷量大等，1961 年坝体产生一条长 20 m 的横向裂缝；1963 年坝体又产生 11 条纵向裂缝，总长达 332.8 m；1969 年又产生斜向裂缝 3 条，总长 48 m，裂缝深度一般 3 m 左右，最大缝宽达 30 mm。该大坝分别于 1961 年、1969 年和 1972 年采用灌浆处理裂缝 4 次，共灌入泥浆 278.8 m^3，均达到了很好效果。

案例三　山东省莱芜市乔店水库高压定向喷射灌浆处理坝基渗漏

乔店水库位于山东省莱芜市牟汉河支流辛庄河上，兴建于 1965 年，流域面积 85 km^2，总库容 2 430 万 m^3，兴利库容 1 400 万 m^3，是一座集防洪、灌溉、城市供水等于一体的综合利用中型水库。大坝为黏土心墙砂壳坝，分北坝段和南坝段，北坝段坐落于辛庄河主河床，南坝段坐落于剥蚀残丘之上。坝长 810 m，最大坝高 26.2 m，坝顶宽 5 m。死水位 264.95 m，兴利水位 279.75 m，设计洪水位 282.64 m，校核洪水位 283.73 m。设计防洪标准百年一遇，校核防洪标准千年一遇。该水库自建成投入运用以来，在农田灌溉、城市供水、防洪减灾以及促进当地经济社会发展中发挥了重要作用。

该水库建设时受当时技术条件制约，工程标准低，又加上在 40 多年的运行中，维修养护资金不足，得不到及时有效的维修，致使蓄水和防洪能力大幅度降低。坝基主河槽段长 220 m，覆盖层为厚 5~10 m 的砂砾石层，虽采用悬挂式木板桩和黏土铺盖厚度为 2~4 m 的防渗处理，蓄水后在坝后仍出现 0.3~0.5 m^3/s 的渗透明流量，坡脚翻砂冒水，200 m 范围内一片沼泽。

1985 年 6 月对乔店水库坝基砂卵石层进行高压喷射灌浆处理。施工所采用的工艺参数主要有高压水压力 25 MPa，流量 75 L/min，气压 0.725 MPa，气量 73 m^3/h；浆压 80 L/min；进浆容重 1.65 g/cm^3，土层内提升速度 8~10 cm/min，砂卵石层内提升速度 7.3 cm/min。喷射孔单排布置，施工分二序进行，孔距 1.6~2.0 m，板墙体向下插入风化破碎层 0.5~1.0 m，向上插入心墙土 2 m。

该工程共完成钻孔 262 个，喷射灌浆孔 205 个，钻孔总进尺 10 402.78 m，喷射防渗墙 3 497.83 m^2，共用水泥 1 129.68 t，平均每孔用水泥 5.5 t，每平方米用水泥 0.32 t，取得了明显的防渗效果。

案例四　山东省历城区狼猫山水库土石坝滑坡处理

一、狼猫山水库概况

狼猫山水库位于山东省济南市历城区小清河支流巨野河上，控制流域面积 82 km^2，总库容 0.16 亿 m^3。水库于 1959 年 11 月动工兴建，先后经过四期扩建，1977 年建成投入运行。大坝为均质土坝,最大坝高32.5 m,坝长530 m,坝顶高程192.5 m,坝顶宽7.5 m。

二、坝体滑坡情况

1991年8月29日8时发现下游坝肩出现平行坝轴线的纵向裂缝,缝宽3 cm;11时裂缝宽度增加到5~11 cm;11时20分坝体下游坡开始滑坡,共有3段,沿坝轴线方向滑坡总长271 m,占坝长的51.1%,滑坡斜面积2.3万km^2,滑坡体最大高度22.5 m,滑坡量约8万m^3。经钻探勘察,滑坡为一完整的弧形滑体,深度约7 m。滑坡体上延至坝顶,下滑至170.0 m高程。

三、滑坡原因分析

主要原因是下游坝坡陡、工程施工质量差及雨量大、持续时间长等。

四、滑坡抢护措施

在抢险时,解放军、武警部队和民工约2 000人,采取了降低库水位,坝面禁止车辆行驶,滑坡面和裂缝覆盖帆布,防止雨水入浸,对滑坡体进行观测,监视滑坡体滑动情况,抢修道路,抢运石料,抢筑临时排水棱体。为防止突发性事故发生,对下游沿岸村镇居民做了预防性疏散,对上游水利设施、下游铁路及河道沿线加强监视,并对各种突发性事件做了充分估计和相应对策。

五、滑坡处理永久性加固措施

(1)滑坡体处理。清除滑坡土体,改填透水砂料。由原来的三级坡1:1.8、1:2.5、1:3改为1:2.5和1:3两级坡。

(2)由于坝坡放缓,重新做了排水棱体,与原坝体内部排水体相接,并做好反滤。

(3)溢洪道改建。原为开敞式宽顶堰,增建了3孔闸门控制。

(4)防止坝体渗漏,进行了劈裂灌浆防渗处理。

狼猫山水库滑坡体加固处理后,安全正常运行。

技能训练

一、填空题

1.监测包括________和__________。

2.______是安全监测的龙头,________是安全监测的基础,_______是安全监测的保障,________安全监测的重要环节。

3.垂直于坝轴线的水平位移在土石坝中称为__________,水平位移向___游、___岸为正。

4.清洁的水是_____,水中悬浮物等的含量越大,其透明度越____。

5.监测资料整编与分析工作包括平时资料整理和__________、__________。

6.以纵坐标表示测值,以横坐标表示有关因素所绘制的散点加回归线的图叫_______,如土石坝__________、__________、_________。

7.渗流的处理原则是___________,土石坝渗流按途径包括_______、________和_______。

8.目前,大坝垂直位移观测的主要方法是_________,某垂直位移标点始测高程为

86.5 m，第9次测得的高程为85.4 m，第10次测得的高程为85.1 m，则第10次测得该点的累计垂直位移是________，间隔垂直位移是__________。

二、选择题（正确答案1~3个）

1.土石坝每年汛前汛后进行的检查是（　　），发生特大洪水时进行的检查是（　　）。

A.日常检查，年度检查　　B.日常检查，特别检查

C.年度检查，特别检查　　D.特别检查，年度检查

2.激光准直法是用于监测（　　）。

A.纵向水平位移　　B.横向水平位移

C.垂直位移　　D.深层水平位移

3.下列关于水准法的说法错误的是（　　）。

A.水准点分为水准基点、起测基点和位移标点

B.对特大型混凝土坝，常需建立精密水准网系统，并力求构成闭合环线

C.工作基点一般采用国家水准点

D.一般在每个坝段都布置一个测点

4.当渗漏量小于1 L/s时，应采用（　　）观测。

A.测流速法　　B.量水堰法　　C.容积法　　D.浮标法

5.测压管埋设完毕后，要及时做注水试验，以检验（　　）是否合格。

A.管径　　B.管长　　C.灵敏度　　D.坝体压实度

6.坝基渗水压力测压管的结构和仪器设备、方法与浸润线测压管基本相同，但其（　　）。

A.进水段较短　　B.导管段较短

C.无管口保护设备　　D.管材不同

7.土石坝坝体渗流压力的观测横断面一般不得少于（　　）个。

A.2　　B.3　　C.4　　D.5

8.土石坝渗流压力观测仪器，应根据不同的观测目的、土体透水性、渗流场特征以及埋设条件等，选用测压管或渗压计。宜采用测压管的是（　　）。

A. 作用水头小于20 m的坝、渗流系数大于等于10^{-4} cm/s的土中、渗压力变幅小的部位、监视防渗体裂缝等

B.作用水头小于20 m的坝、渗流系数小于10^{-4} cm/s的土中、渗压力变幅小的部位、监视防渗体裂缝等

C.作用水头大于20 m的坝、渗流系数大于等于10^{-4} cm/s的土中、渗压力变幅小的部位、监视防渗体裂缝等

D.作用水头大于20 m的坝、渗流系数小于10^{-4} cm/s的土中、渗压力变幅小的部位、监视防渗体裂缝等

9.对土石坝危害最大的裂缝不包括（　　）。

A.干缩裂缝　　B. 横向裂缝　　C.滑坡裂缝　　D.内部裂缝

10.以下方法中不属于土石坝坝体渗流的处理方法的是（　　）。

A. 劈裂灌浆　　　　　　　　　　B.高压定向喷射灌浆

C.充填式灌浆　　　　　　　　　D.混凝土防渗墙

三、简答题

1.土石坝和混凝土坝的监测项目分别有哪些?其中哪些是必设项目?

2.土石坝巡视检查的主要内容有哪些?

3.简述视准线法观测水平位移的原理以及水平位移观测点的布设要求。

4.土石坝的裂缝按成因分类有哪些?裂缝的处理方法是怎样的?

5.什么是滑坡?滑坡的处理原则是什么?处理方法有哪些?

6.叙述土石坝护坡破坏的永久性处理措施及适用范围。

项目2 混凝土坝及浆砌石坝的监测与维护

【项目概述】

本项目主要介绍混凝土坝及浆砌石坝巡视检查与日常维护的内容及方法,混凝土坝及浆砌石坝变形、基础扬压力、应力、应变和温度观测的仪器设施及方法,混凝土坝及浆砌石坝观测资料整理与分析的内容、方法,混凝土坝及浆砌石坝抗滑稳定性不够、裂缝、渗漏处理的原则及方法。

【学习目标】

通过本项目的学习,要求学生了解混凝土坝及浆砌石坝监测的仪器设施;熟悉混凝土坝及浆砌石坝的巡视检查与日常维护工作;掌握混凝土坝及浆砌石坝的变形、基础扬压力、应力、应变和温度观测,混凝土坝及浆砌石坝抗滑稳定性不够、裂缝和渗漏的处理。具备水工监测工等基本知识和技能。

任务1 混凝土坝及浆砌石坝的巡视检查与日常养护

1 混凝土坝及浆砌石坝巡视检查的项目与内容

混凝土坝和浆砌石坝巡视检查的内容应根据各大坝的具体情况经充分分析后确定。根据《混凝土坝安全监测技术规范》(SL 601—2013),混凝土坝巡视检查一般应包括以下内容。

1.1 坝体主要检查内容

(1)坝顶。坝面及防浪墙有无裂缝、错动、沉陷;相邻坝段之间的错动;伸缩缝开合情况和止水的工作状况;排水设施工作状况。

(2)上游面。上游面有无裂缝、错动、沉陷、剥蚀、冻融破坏;伸缩缝开合情况和止水的工作状况。

(3)下游面。下游面有无裂缝、错动、沉陷、剥蚀、冻融破坏、钙质离析、渗水;伸缩缝开合状况。

(4)廊道。廊道有无裂缝、位移、漏水、溶蚀、剥落;伸缩缝的开合状况、止水工作状况;照明通风状况。

(5)排水系统。排水孔工作状况;排水量、水体颜色及浑浊度。

1.2 坝基和坝肩主要检查内容

(1)基础岩体有无挤压、错动、松动和鼓出。

(2)坝体与基岩(或岸坡)结合处有无错动、开裂、脱离及渗水等情况;两岸坝肩区有无裂缝、滑坡、溶蚀及绕渗等情况。

(3)坝趾。下游坝趾有无冲刷、淘刷、管涌、塌陷;渗漏水量、颜色、浑浊度及其变化状况。

(4)廊道。廊道有无裂缝、位移、漏水、溶蚀、剥落;伸缩缝的开合状况、止水工作状况;照明通风状况。

(5)排水系统。排水孔工作状况;排水量、水体颜色及浑浊度。

1.3 输水、泄水设施主要检查内容

(1)进水口和引水渠道有无堵淤、裂缝及损伤;进水口边坡有无裂缝及滑移。

(2)进水塔(竖井)有无裂缝、渗水、空蚀或其他损坏现象;塔体有无倾斜或不均匀沉陷。

(3)洞(管)身有无裂缝、坍塌、鼓起、渗水、空蚀等现象;放水时洞内声音是否正常。

(4)放水期出口水流形态、流量是否正常,有无冲刷、磨损、淘刷;停水期是否有水渗漏;出口有无淤堵、裂缝及损坏;出水口边坡有无裂缝及滑移。

(5)下游渠道及岸坡有无异常冲刷、淤积和波浪冲击破坏等情况。

(6)工作桥有无不均匀沉降、裂缝、断裂等现象。

1.4 溢洪道主要检查内容

(1)进水段有无堵塞,上游拦污设施是否正常,两侧有无滑坡或坍塌迹象;护坡有无裂缝、沉陷、渗水;流态是否正常。

(2)堰顶或闸室、闸墩、边墙、胸墙、溢流面(洞身)、底板等处有无裂缝、渗水、剥落、冲刷、磨损和损伤;排水孔及伸缩缝是否完好。

(3)泄水槽有无气蚀、冲蚀、裂缝和损伤。

(4)消能设施有无磨损、冲蚀、裂缝、变形和淤积情况。

(5)下游河床及岸坡有无冲刷和淤积情况。

(6)工作桥有无不均匀沉陷、裂缝、断裂等现象。

1.5 闸门及金属结构主要检查内容

(1)闸门有无变形、裂纹、螺(铆)钉松动、焊缝开裂;门槽有无卡堵、气蚀等;钢丝绳有无锈蚀、磨损、断裂;止水设施有无损坏、老化、漏水;闸门是否发生振动、气蚀现象。

(2)启闭机是否正常工作;制动、限位设备是否准确有效;电源、传动、润滑等系统是否正常;启闭是否灵活;备用电源及手动启闭是否可靠。

(3)金属结构防腐及锈蚀情况。

(4)电气控制设备、正常动力和备用电源工作情况。

(5)闸门顶是否溢流。

1.6 近坝区岸坡主要检查内容

(1)库区水面有无漩涡、冒泡现象、严冬不封冻。

(2)岸坡有无冲刷、塌陷、裂缝及滑移迹象;是否存在高边坡和滑坡体;岸坡地下水出露及渗漏情况;表面排水设施或排水孔是否正常。

1.7 监测设施主要检查内容

(1)边角网及视准线各观测墩。

(2)引张线的线体、测点装置及加力端。

(3)垂线的线体、浮体及浮液。

(4)激光准直的管道、测点箱及波带板。

(5)水准点。

(6)测压管。

(7)量水堰。

(8)各测点的保护装置、防潮装置及接地防雷装置。

(9)埋设仪器电缆、监测自动化系统网络及电源。

(10)其他监测设施。

1.8 管理与保障设施主要检查内容

与大坝安全有关的电站、供电系统、预警设施、备用电源、照明、通信、交通与应急设施是否损坏,工作是否正常。

对浆砌石坝还应检查块石是否松动,勾缝是否脱落等。

2 混凝土坝及浆砌石坝的日常养护

2.1 混凝土坝与浆砌石坝的常见病害

2.1.1 坝体本身和地基抗滑稳定性不够

混凝土坝和浆砌石坝,主要靠重力维持稳定,其抗滑稳定往往是坝体安全的关键。当地基存在软弱夹层或缺陷,在设计和施工中又未及时发现和妥善处理时,往往使坝体及地基抗滑稳定性不够,而成为危险的病害。

2.1.2 裂缝及渗漏

温度变化、应力过大或不均匀沉陷,都可能使坝体产生裂缝,并沿裂缝产生渗漏。坝基的缺陷和防渗排水措施的不完善,也可能形成基础渗漏并导致渗流破坏。

2.1.3 剥蚀破坏

剥蚀破坏是混凝土结构表面发生麻面、露石、起皮、松软和剥落等老化病害的统称。根据不同的破坏机制,可将剥蚀分为冻融剥蚀、冲磨和空蚀、钢筋锈蚀、水质侵蚀和风化剥蚀等。

2.2 混凝土坝及浆砌石坝的日常养护

混凝土坝和浆砌石坝的日常养护,主要包括以下内容:

(1)经常保持坝体清洁完整,无杂草、无积水。在坝顶、防浪墙、坝坡等处,都不应随意堆放杂物,以免影响管理工作。

(2)坝本身的排水孔及其周围的排水沟、排水管等排水设施,均应保持通畅,如有堵塞、淤积,应加以修复或增开新的排水孔。修复时,可以人工掏挖,也可用压缩空气或高压水冲洗,但须注意压力不能过大,以免建筑物局部受到破坏。有的排水沟、集水井要加保护盖板。

(3)预留伸缩缝要定期检查观测,注意防止杂物进入缝内;填料有流失的,要进行补充;止水破坏应及时修复。

(4)严禁坝体及上部结构承受超设计允许的荷载。交通桥、工作桥不准超过设计标准的车辆通行;坝顶、人行桥、工作桥等处禁止堆放重物,以保证建筑物的正常运用。

(5)坝体表面有冲刷、磨损、风化、剥蚀或裂缝等缺陷时,应加强检查观测,分析原因,尽量设法防止。如继续发展,应立即修理。

(6)严禁在大坝附近爆破。

(7)坝在运用中发现基础渗漏或绕坝渗漏时,应仔细摸清渗水来源,加强检查观测,必要时进行处理。

(8)坝上游的漂浮物应经常清理,防止漂浮物、船只和流冰对坝体的撞击。

(9)对于溢流坝,应经常保持表面光滑完整,对溢流表面被泥沙磨损或水流冲毁的部分,应及时用混凝土修补。

(10)浆砌石坝常见的病害是坝体裂缝,当发现裂缝时,应查明原因并及时进行维修。一般表面裂缝可用水泥砂浆填塞,如发现严重裂缝,应做专门研究处理。

(11)在南方地区,有些坝体混凝土上附生着蚧贝类生物,对建筑物的表面有强烈的腐蚀破坏作用,应及时清除。

(12)在北方地区,针对建筑物可能遭受冰凌破坏的情况制订防冻措施,并准备冬季管理所需的设备、材料及破冰工具。要及时清除建筑物上的积水和重要部位的积雪。对易受冻害的部位,应做好保温防冻措施,在解冻后,应检查建筑物有无冻融剥蚀及冰胀开裂等缺陷,必要时应进行处理。

(13)应保护好各种观测设备,有损坏或失效的,应及时处理。

任务2　混凝土坝及浆砌石坝的变形观测

混凝土坝和浆砌石坝建成蓄水运用后,在水压力、泥沙压力、浪压力、扬压力以及温度变化等作用下,坝体必然发生变形。坝体的变形与各种荷载作用和影响因素的变化具有相应的规律性变化,并在允许的范围之内,这是正常的现象。而坝体的异常变形,则往往是大坝破坏失事的先兆。当运行中出现异常征兆时,通过安全监测系统的连续观测和认真仔细分析,可以早做处理防患于未然。如1993年的佛子岭水库,通过监测,发现该水库大坝向下游位移量明显增大,超过历史最大值30%多,水库管理单位立即进行全面检查和分析,判定为大坝遭遇到不利工况所致,考虑到大坝基础、坝体均存在一定的缺陷,决定控制水位运用,避免了大坝安全性态的进一步恶化。因此,为保证混凝土坝和砌石坝的安全运行,必须对坝体进行变形观测,以随时掌握大坝在各种荷载作用和有关因素影响下变形是否正常。

混凝土坝和浆砌石坝的变形监测包括外部(表面)变形监测和内部变形监测。外部变形监测项目主要包括水平位移监测和垂直位移监测;内部变形监测项目主要有分层水平位移、挠度、倾斜监测等。混凝土坝和浆砌石坝受水压力等水平方向的推力和坝底受向上的扬压力作用,有向下游滑动和倾覆的趋势,因此要进行水平位移观测。混凝土和砌石均属弹性体,在水平向荷载下,坝体将发生挠度,需要进行挠度观测。坝体受温度影响和自重等荷载作用,将发生体积变化,地基亦将发生沉陷,需要进行垂直位移观测。大坝与地基、高边坡、地下硐室等变形发展到一定限度后就会出现裂缝,裂缝的深度、分布范围、稳定性等对结构与地基安全影响重大。同时,为了适应温度及不均匀变形等要求,坝身设计有各种接缝,接缝处的变形过大将造成止水的撕裂而出现集中渗漏等问题。因此,裂缝监测亦不容忽视。

1 水平位移观测

对于混凝土坝和浆砌石坝,水平位移的观测方法有垂线法、视准线法、引张线法、激光准直法、边角网法(前方交会法)、GPS 法、导线法等。其中引张线法具有操作和计算简单、精度高、便于实现自动化观测等优点,尤其在廊道中设置引张线,因不受气候影响,具有明显的有利条件。下面介绍引张线法。

1.1 观测原理及设备

在设于坝体两端的基点间拉紧一根钢丝作为基准线,然后测量坝体上各测点相对基准线的偏离值,以计算水平位移量。这根钢丝称为引张线,它相当于视准线法中的视准线,是一条可见的基准线,如图 2-1 所示。

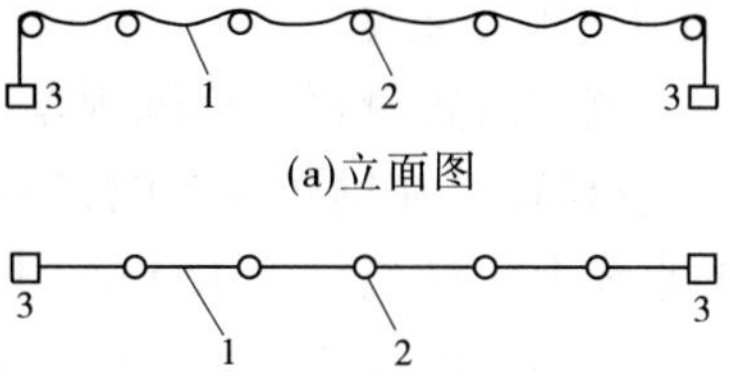

1—钢丝;2—浮托装置;3—端点装置

图 2-1 引张线法示意图

由于水库大坝长度一般在数十米以上,如果仅靠坝两端的基点来支承钢丝,因其跨度较长,钢丝在本身重力作用下将下垂成悬链状,不便观测。为了解决垂径过大问题,需在引张线两端加上重锤,使钢丝张紧,并在中间加设若干浮托装置,将钢丝托起近似成一条水平线。因此,引张线观测设备由钢丝、端点装置和测点装置三部分组成。

1.1.1 钢丝

一般采用直径为 0.8~1.2 mm 的不锈钢丝,钢丝强度要求不小于 1.5×10^6 kPa。为了防止风的影响和外界干扰,全部测线需用直径为 10 cm 的钢管或塑料管保护。正常使用时,钢丝全线不能接触保护管。

1.1.2 端点装置

端点装置由混凝土基座、夹线装置、滑轮、线锤悬挂装置以及重锤等组成,如图 2-2 所示。

夹线装置的作用是使钢丝始终固定在一个位置上。其构造是在钢质基板上嵌入一个铜质 V 形夹槽,将钢丝放入 V 形槽中,盖上压板,旋紧压板螺丝,测线即被固定在这个位置上,如图 2-3 所示。

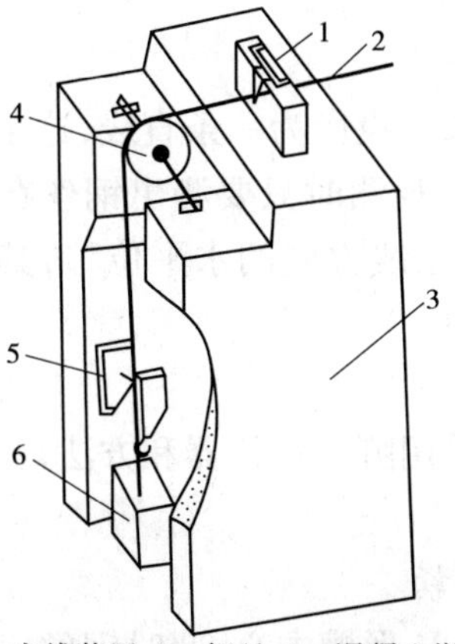

1—夹线装置;2—钢丝;3—混凝土墩;
4—滑轮;5—悬挂装置;6—重锤

图 2-2 引张线端点装置

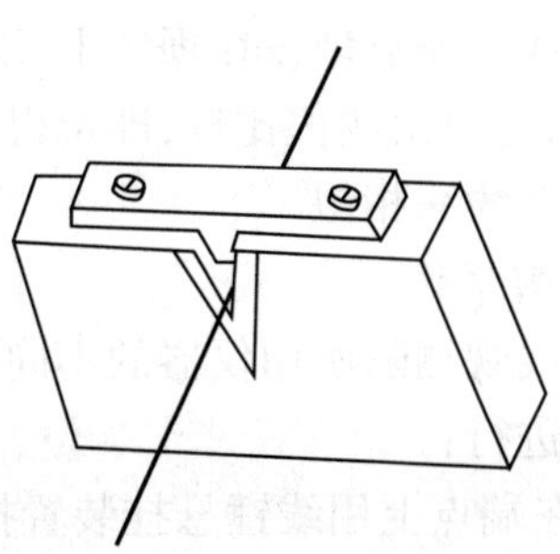

图 2-3 夹线装置

夹线装置安装时,需注意 V 形槽中心线与钢丝方向一致,并落在滑轮槽中心的平面上。但要注意,当测线通过滑轮拉紧后,测线与 V 形槽中心线应重合,并且钢丝高出槽底 2 mm 左右。

线锤悬挂装置上有卷线轴和插销,以便卷紧钢丝,悬挂重锤并张紧钢丝。重锤的重量视钢丝的强度而定。重锤重量愈大,钢丝所受拉力愈大,引张线的灵敏度愈高,观测精度也愈高。重锤重量可按钢丝抗拉强度的 1/3~1/2 考虑。

1.1.3　测点装置

测点装置设置在坝体测点上,由水箱、浮船、读数尺和保护箱构成,如图 2-4 所示。浮船支撑钢丝,在钢丝张紧时,浮船不能接触水箱,以保证钢丝在过两端点 V 形夹线槽中心的直线上。读数尺为 150 mm 长的不锈钢尺,固定在槽钢上,槽钢埋入坝体测点位置。安装时应尽可能使各测点钢尺在同一水平面上,误差不超过±5 mm。测点也可不设读数尺而采用光学遥测仪器。测点装置一般 20~30 m 设置一个。保护管固定在保护箱上。

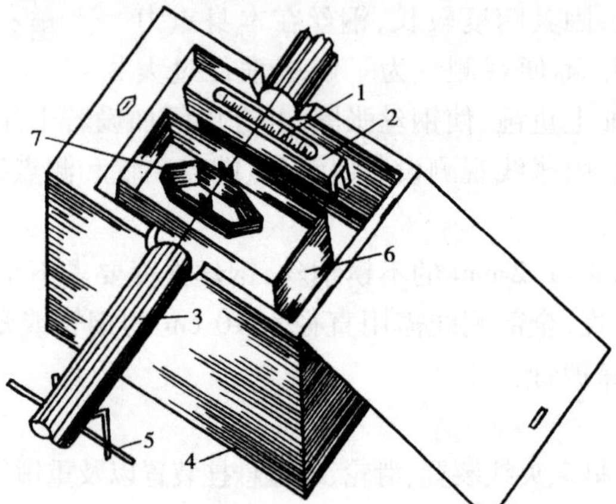

1—量测标尺;2—槽钢;3—保护管;4—保护箱;
5—保护管支架;6—水箱;7—浮船

图 2-4　引张线测点装置

1.2　观测方法

引张线的钢丝张紧后固定在两端的端点装置上,水平投影为一条直线,这条直线是观测的基准线。测点埋设在坝体上,随坝体变形而位移。观测时只要测出钢丝在测点标尺上的读数,与上次测值比较,即可得出该测点在垂直引张线方向的水平位移,其位移计算原理与视准线法相似。

1.2.1　观测步骤

引张线观测随所用仪器的不同方法亦不同,无论采用哪一种仪器和方法观测,都应按以下步骤进行:

(1)在端点上用线锤悬挂装置挂上重锤,使钢丝张紧。

(2)调节端点上的滑轮支架,使钢丝通过夹线装置 V 形槽中心,此时钢丝应高出槽底 2 mm 左右,然后夹紧固定。但应注意,只有挂锤后才能夹线,松夹后才能放锤。

(3)向水箱充水或油至正常位置,使浮船托起钢丝,并高出标尺面 0. 5 mm 左右。

(4)检查各测点装置,浮船应处于自由浮动状态,钢丝不应接触水箱边缘和全部保护管。

(5)端点和测点检查正常后,待钢丝稳定 30 min,即可安置仪器进行测读。测读从一端开始依次至另一端,为一测回。测完一测回后,将钢丝拨离平衡位置,让其浮动恢复平衡,待稳定后从另一端返测,进行第二测回测读。如此观测 2~4 个测回,各测回值的互差,要求不超过±0.2 mm。

(6)全部观测完后,将端点夹线松开,取下重锤。

(7)若引张线设在廊道内,观测时应将通风洞暂时封闭。对于坝面的引张线应选择无风天观测,并在观测一点时,将其他测点的观测箱盖好。

1.2.2　常用的观测方法

1.2.2.1　直接目视法

用肉眼并使视线垂直于尺面观测,分别读出钢丝左边缘和右边缘在标尺上投影的读数 a 和 b,估读至 0.1 mm,得出钢丝中心在标尺上读数为 $L=(a+b)/2$。显然 $|a-b|$ 应为钢丝的直径,以此可作为检查读数的正确性和精度。

1.2.2.2　挂线目视法

将标尺设在水箱的侧面,在靠近标尺的钢丝上系上很细的丝线,下挂小锤,如图 2-5 所示。用肉眼正视标尺直接读数。

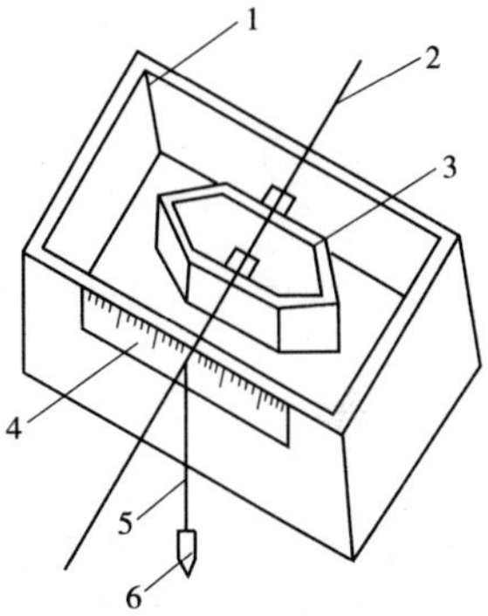

1—水箱;2—钢丝;3—浮船;4—标尺;5—细丝线;6—小锤

图 2-5　挂线目视观测法示意图

1.2.2.3　读数显微镜法

该法是将一个具有测微分划线的读数显微镜置于标尺上方,测读毫米以下的数,而毫米整数直接用肉眼读出,如图 2-6 所示。观测时,先读取毫米整数,再将读数显微镜垂直置于标尺上,调焦至成像清晰,转动显微镜内测管,使测微分划线与钢丝平行。然后左右移动显微镜,使测微分划线与标尺毫米分划线的左边缘重合,读取该分划线至钢丝左边缘

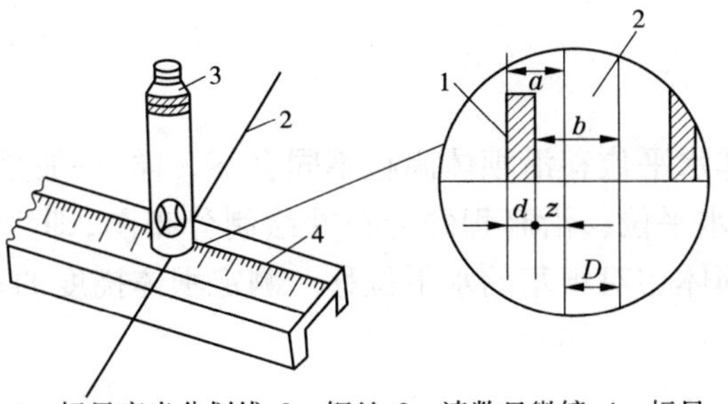

1—标尺毫米分划线;2—钢丝;3—读数显微镜;4—标尺

图 2-6　读数显微镜法观测示意图

的间距 a。第二次移动显微镜,将测微分划线与标尺毫米分划线的右边缘重合,读取该分划线至钢丝右边缘的间距 b。由图 2-6 有 $a+b=2z+d+D$,即 $(a+b)/2=z+(d+D)/2$。而 $(a+b)/2$ 即为标尺毫米分划线中心至钢丝中心的距离。于是得钢丝中心在标尺上的读数为

$$L = r + \frac{a + b}{2} \tag{2-1}$$

式中　r——肉眼从标尺上读取的毫米整数。

由图 2-6 可知 $b-a=D-d$,即钢丝直径与标尺分划线粗度的差值为定值。同样,该值可作为检查读数有无错误和精度的标准。

1.2.2.4　两用仪法

如图 2-7 所示,两用仪由武汉大学测绘学院研制生产。采用两用仪观测引张线时,测点上不需另安标尺,而紧靠测点保护箱,钢丝的垂直下方埋设一个强制对中器,作为两用仪的底盘。观测时将两用仪安置在强制对中器上,通过目镜及读数放大镜进行读数。

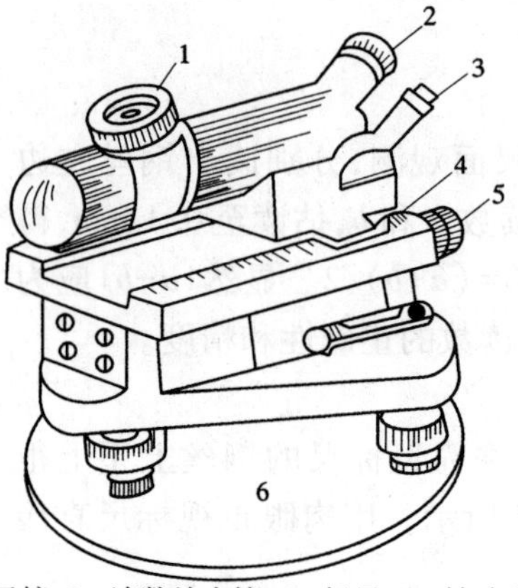

1—物镜;2—目镜;3—读数放大镜;4—标尺;5—转动手轮;6—底盘

图 2-7　两用仪示意图

随着自动化技术的发展,已出现将引张线仪与自动化测读仪表做成一体化的监测系统,如步进电机光电跟踪式引张线仪、电容感应式引张线仪以及光机式引张线仪等。自动化监测的引张线法设备简单,观测精度较高,已成为大坝水平位移监测的主要手段之一,应用相当普遍。

2　坝体挠度观测

混凝土及砌石坝体水平位移沿坝体高程不同会不一样,一般是坝顶水平位移最大,近坝基处最小,测出坝体水平位移沿高程的分布并绘制分布图,即为坝体的挠度。因此,测定坝体挠度实为测量坝体相对坝基的水平位移。测定坝体挠度的垂线法分倒垂线与正垂线两种,分述如下。

2.1　倒垂线观测

2.1.1　倒垂线原理与设备

倒垂线是将一根不锈钢丝的下端埋设在大坝地基深层基岩内,上端连接浮体,浮体漂浮于液体上。由于浮力始终铅直向上,故浮体静止的时候,必然与连接浮体的钢丝向下的拉力大小相等、方向相反,亦即钢丝与浮力同在一条铅垂线上。由于钢丝下端埋于不变形的基岩中,因此钢丝就成为空间位置不变的基准线。只要测出坝体测点到钢丝距离的变化量,即为坝体的水平位移。

倒垂线装置由浮体组、垂线和观测台构成。

浮体组构成如图 2-8 所示，由油箱、浮筒和连杆组成。油箱为一环形铁筒，外径为 60 cm，内径为 15 cm，高 45 cm。内环中心空洞部分是浮筒连杆穿过的活动部位。浮筒的形状与油箱相同，尺寸为外径 50 cm，内径 25 cm，高 33 cm。这种结构和尺寸能保证浮筒在油箱内有一定的活动范围。浮筒上口有连接支架，以安装连杆。连杆为一空心金属管，长 50 cm，上与浮筒支架连接，下端连接钢丝。

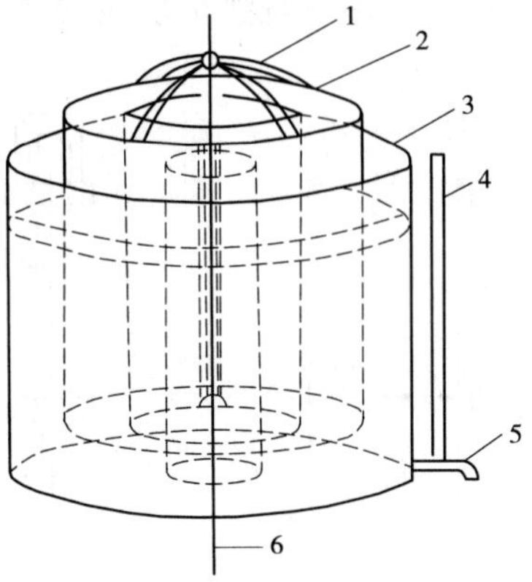

1—连杆；2—浮筒；3—油箱；
4—油位指示；5—水嘴；6—钢丝

图 2-8　倒垂线浮体组构成示意图

2.1.2　现场观测

观测前，首先应检查钢丝的张紧程度，使钢丝的拉力每次基本一致。达到这一要求的做法，是在钢丝长度不变的情况下，观测油箱的油位指示，使油位每次保持一致，浮力一致，钢丝的拉力也就一致了。其次要检查浮筒是否能在油箱中自由移动，做到静止时浮筒不能接触油箱。浮筒重心不能偏移，人为拨动浮筒后应回复到原来位置。还要检查防风措施，避免气流对浮筒和钢丝的影响。检查完毕后，应待钢丝稳定一段时间才进行观测。

观测时，将仪器安放在底座上，置中调平，照准测线，分别读取 x 轴与 y 轴（左右岸与上下游）方向读数各两次，取平均值作为测回值。每测点测两个测回，两测回间需要重新安置仪器。读数限差与测回限差分别为 0.1 mm 与 0.15 mm。观测中照明灯光的位置应固定，不得随意移动。

用于倒垂线观测的仪器有很多种，分为光学垂线仪、机械垂线仪与遥测垂线仪三类。不同仪器的操作方法，读数系统也略有差异，可参见仪器的使用说明进行。每次观测前，对光学垂线仪还应在专用检查墩上进行零点检查。

计算坝体测点的水平位移要根据规定的方向、垂线仪纵横尺上刻划的方向和观测员面向方向三个因素决定。一般规定位移向下游和左岸为正，反之为负；上下游方向为纵轴 y，左右岸方向为横轴 x。垂线仪安置的坐标方向应和大坝坐标方向一致。

2.1.3　观测精度

进行挠度观测时，一般应观测两测回。自上而下（或自下而上）逐点观测为第一测回，而自下而上（或自上而下）逐点观测为第二测回。每测回应照准两次分别进行读数，一测回中的两次读数差应不大于 0.10 mm，取平均值作为该测回的观测值。当两测回不大于 0.15 mm 时，可取其平均值作为本次观测成果。

2.2　正垂线观测

2.2.1　观测原理与正垂线布置形式

正垂线是在坝的上部悬挂带重锤的不锈钢丝，利用地球引力使钢丝铅垂这一特点，来测量坝体的水平位移。若在坝体不同高程处设置夹线装置作为测点，从上到下顺次夹紧钢丝上端，即可在坝基观测站测得测点相对坝基的水平位移，从而求得坝体的挠度，这种形式称为多点支承一点观测的正垂线，如图 2-9(a)、(b)所示。如果只在坝顶悬挂钢丝，在坝体不同高程处设置观测点,测量坝顶与各测点的相对水平位移来求得坝体挠度的,称为一点支承多点观测正垂线,如图 2-9(c)、(d)所示。

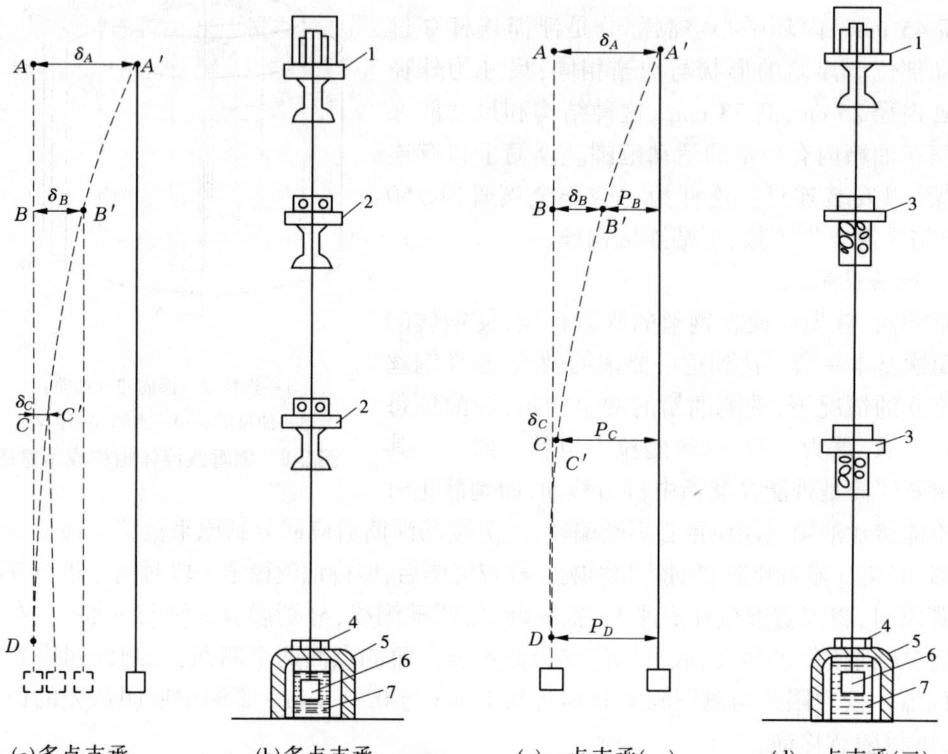

1—悬挂装置;2—夹线装置;3—坝体观测点;4—坝底观测点;5—观测墩;6—重锤;7—油箱

图 2-9　正垂线多点支承和一点支承示意图

2.2.2　正垂线装置的构成

不论是多点支承还是一点支承正垂线,一般由以下几部分构成:

(1)悬挂装置。供吊挂垂线之用,常固定支撑在靠近坝顶处的廊道壁上或观测井壁上。

(2)夹线装置。固定夹线装置是悬挂垂线的支点,在垂线使用期间,应保持不变。即使在垂线受损折断后,支点亦能保证所换垂线位置不变。活动夹线装置是多点支承一点观测时的支点,观测时从上到下依次夹线。当采用一点支承多点观测形式时,取消活动夹线装置,而在不同高程取观测台。

(3)不锈钢丝。为直径 1 mm 的高强度不锈钢丝。观测仪器为接触式仪器时,需配的重锤较重,钢丝直径一般为 2 mm 左右。

(4)重锤。为金属或混凝土块,其上设有阻尼叶片,重量一般不超过垂线极限拉应力的 30%。但对接触式垂线仪,重锤需达 200~500 kg。

(5)油箱。为高 50 cm、直径大于重锤直径 20 cm 的圆柱桶。内装变压器油,使之起阻尼作用,促使重锤很快静止。

(6)观测台。构造与倒垂线观测台相似。也可从墙壁上埋设型钢安装仪器底座,特别是一点支承多点观测,是在观测井壁的测点位置埋设型钢安置底座。

2.2.3 现场观测

正垂线观测使用的仪器和观测方法与倒垂线相同。观测步骤首先是挂上重锤,安好仪器,待钢丝稳定后才进行观测。观测顺序是自上而下逐点观测为第一测回,再自下而上观测为第二测回。每测回测点要照准两次,读数两次。两次读数差小于 0.1 mm,测回差小于 0.15 mm。

由于正垂线是悬挂在本身产生位移的坝体上,只能观测与最低测点之间的相对位移。为了观测坝体的绝对位移,可将正垂线与倒垂线联合使用,即将倒垂线观测台与正垂线最低测点设在一起,测出最低点正垂线至倒垂线的距离,即可推算出正垂线各测点的绝对位移。

3 垂直位移观测

混凝土及砌石建筑物的垂直位移多采用精密水准法观测,也可以采用静力水准仪法(连通管法)、三角高程法和垂直传高法观测垂直位移。使用仪器、测量原理、观测方法和位移值计算、误差分析等均与土石坝垂直位移观测相似。一般情况下,混凝土坝按一等水准进行观测,中小型工程视情况可以再降低一个等级。

垂直位移的测点也分水准基点、起测基点和位移标点三级点位。水准基点为垂直位移系统的基准点,应设在坝下游 1~3 km 的地基稳定处。起测基点设置在坝体垂直位移标点的纵排两端岸坡上以及廊道出口附近的基岩处。垂直位移标点设在坝面和廊道内,每一坝段布设 1~2 点。对于拱坝,坝顶一般每隔 30~50 m 设置一点,另在拱冠、1/4 拱圈及拱座处应设置测点;对于混凝土坝,应在基础廊道和坝顶各设一排垂直位移标点,高坝还应在中间高程廊道内设一排标点,各排标点的分布,一般每一坝段一个标点,在重要部位则增加标点。

水准基点和起测基点的结构与土石坝的同类基点大致相同,但埋设要求和对基础的稳定性应较土石坝高。位移标点的结构因设置方式不同而不同,若与水平位移标点设在一起,则只在标点基座上设置铜质标点头即可;若单独设置,可直接在坝体上(包括廊道内)埋设标点头。廊道内的标点头也可埋设在墙壁上,观测时用微型铟钢尺进行。

4 混凝土坝及砌石坝的伸缩缝和裂缝观测

4.1 混凝土坝及砌石坝的伸缩缝观测

重力坝为适应温度变化和地基不均匀沉陷,一般都设有永久性伸缩缝。随着外界影响因素的改变,伸缩缝的开合和错动会相应变化,甚至会影响到缝的渗漏。因此,为了综合分析坝的运行状态,应进行伸缩缝观测。

伸缩缝观测点通常布置在最大坝高、地质复杂、基础变化较大、施工质量较差或进行应力应变观测的坝段上。测点可设在坝顶、下游坝面或廊道内,一条缝上的观测点不少于两个。

伸缩缝观测分测量缝的单向开合和三向位移,分述如下:

(1)单向测缝标。在伸缩缝两侧各埋设一段角钢,角钢与缝平行,一翼用螺栓固定在坝体上,另一翼内侧焊一半圆球形或三棱柱形标点头,如图 2-10 所示。测量时用外径游标卡尺测读两标点头间的距离,各测次距离的变化量即为伸缩缝开合的变化。

(2)型板式三向测缝标。在伸缩缝两侧坝体上埋设宽约 30 mm、厚 5~7 mm 的型板式三向测缝标,型板上焊三对不锈钢或铜质的三棱柱,如图 2-11 所示。测量时用游标卡尺测读每对三棱柱间距离,从而推求坝体三个方向的相对位移。

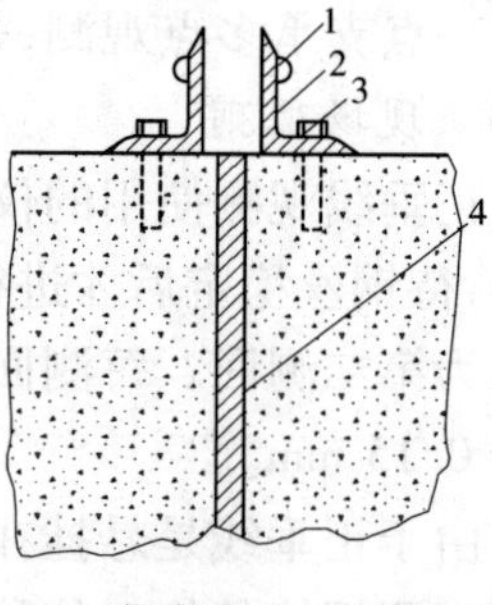

1—标点头;2—角钢;
3—螺栓;4—伸缩缝

图 2-10　单向测缝标

4.2　混凝土坝及浆砌石坝的裂缝观测

当拦河坝、溢洪道等混凝土及砌石建筑物发生裂缝,并需了解其发展情况,分析产生原因和对建筑物安全的影响时,应对裂缝进行定期观测。在发生裂缝的初期,至少每日观测一次;当裂缝发展减缓后,可适当减少测次。在出现最高、最低气温,上下游最高水位或裂缝有显著发展时,应增加测次。经相当时期的观测,裂缝确无发展时,可以停测,但仍应经常进行巡视检查。裂缝的位置、分布、走向和长度等观测,同土坝裂缝观测一样,在建筑物表面用油漆绘出方格进行丈量。在裂缝两端画出标志,注明观测日期。裂缝宽度需选择缝宽最大或有代表性的位置,设置测点进行测量,常用方法如下:

(1)金属标点法。用测量伸缩缝的单向测缝标量测,或在裂缝两侧埋设粗钢筋作为标点量测。

(2)固定千分表法。如图 2-12 所示。

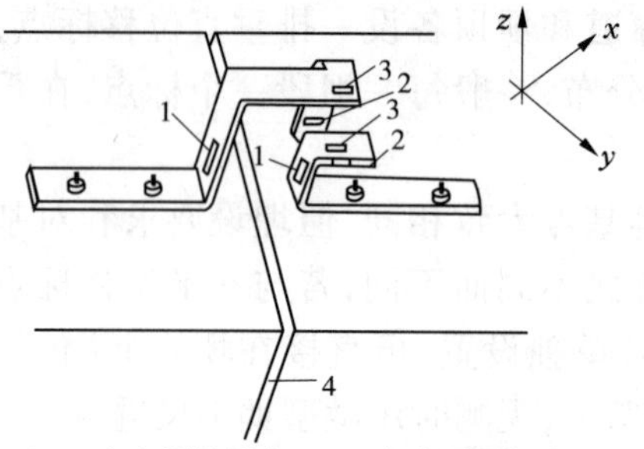

1—x 方向测量标点;2—y 方向测量标点;
3—z 方向测量标点;4—伸缩缝

图 2-11　型板式三向测缝标

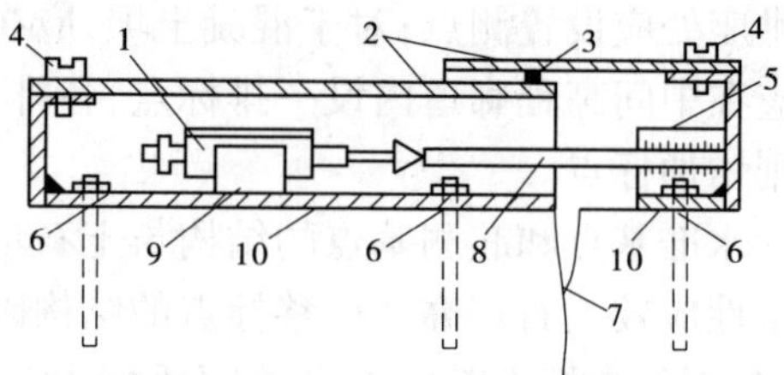

1—千分表;2—保护盖;3—密封胶垫;
4—连接螺栓;5—测杆座;6—固定螺栓;
7—裂缝;8—测杆;9—固定支架;10—底板

图 2-12　固定千分表安装示意图

将千分表(或百分表)安装在焊于底板上的固定支架上,底板用预埋螺丝固定在裂缝一侧的混凝土表面,裂缝另一侧也埋设一块底板以安装测杆。安装时测杆正对千分表测针,并稍微压紧,使千分表有较小的初始读数。

此外,也可以用差动电阻式测缝计测量伸缩缝和裂缝宽度,参见有关文献。

对于裂缝深度的观测,可采用细金属丝探测,也可用超声探测仪测定。

上述观测成果需每次进行详细记录,并绘制相应的成果图,以便比较分析,并采取相应的处理措施。

5 倾斜观测

混凝土和浆砌石等刚性坝坝体、坝基的倾斜监测是内部变形监测项目之一。

5.1 测点布置

坝体坝基的倾斜监测断面布置在最大坝高、两坝肩地质条件较差的部位。基础附近测点应尽量设在横向廊道内,也可设在下游排水廊道和基础廊道内。坝体测点和基础测点以设在同一垂直面上为宜,并应尽量设在垂线所在的坝段内。当对整个大坝进行倾斜监测时,宜在基础高程面附近布置1~3个测点,在高坝坝顶及中部布置2~4个测点。用精密水准法监测倾斜时,两测点间的距离,在基础附近不宜小于20 m,在坝顶不宜小于6 m。

5.2 监测方法

通过混凝土坝坝体和基础的倾斜监测,既能判断坝体的抗倾覆稳定性,又能监控基础的变形状态。另外,利用坝体不同高程上的倾斜监测得到的倾斜角可求得大坝的近似挠度曲线,这在不便进行挠度监测时比较有用。

为使测值真实反映大坝的倾斜状态,不受或少受局部收缩、膨胀或温度变化的影响,倾斜监测点不宜设在坝体的外表面或浅表面易受外界气温、水温等环境因素影响的部位。须紧密结合坝体的结构型式、数值计算和模型试验成果以及地形、地质条件,同时应尽量与挠度、位移监测等配合。

倾斜监测方法大致可分为直接法和间接法两大类。

(1)直接法。该法直接采用气泡式倾斜仪或遥测式倾斜仪测量坝体和坝基的倾斜角。气泡式倾斜仪由一个气泡水准管和一个测微器组成,监测精度取决于气泡水准管的灵敏度。气泡式倾斜仪的安装方法有固定式和活动式两种,固定式稳定可靠,活动式节省仪器;遥测式倾斜仪又分为差动电容式、差动电阻式及差动电感式多种,具有可远程测量和动态观测并自动记录数据的优点。

(2)间接法。该法的原理是通过观测相对竖向位移确定坝体、坝基的倾斜角,根据竖向位移的观测方法又分为水管测量法和水准测量法。水管测量法是利用水管倾斜仪观测两点或多点之间的高差,而倾斜度为与各点间距离之比。水管测量法不受观测距离的限制,且观测距离越长,倾斜度观测的相对精度越高。水准测量法则是利用水准仪观测两测点之间的相对竖向位移,再换算为倾斜角,一般利用精密水准仪按一、二等水准测量进行观测,这样求得的倾斜角误差较小。

任务3 混凝土坝及浆砌石坝的渗流观测

混凝土坝和浆砌石坝渗流监测对于了解大坝在上下游水位、降雨、温度等环境量作用下的渗流规律以及验证大坝防渗设计具有重要意义。混凝土坝和浆砌石坝渗流监测的项目主要有扬压力、渗压、渗流量、绕坝渗流和渗流水质监测等。

1 扬压力监测

对于混凝土坝和浆砌石坝,向上的扬压力相应减少了坝体的有效重量,降低了坝体的抗滑能力。可见,扬压力的大小直接关系到建筑物的稳定性。混凝土建筑物和砌石建筑物设计中,必须根据建筑物的断面尺寸和上下游水位,以及防渗排水措施等确定扬压力大小,将其作为建筑物的主要作用力之一来进行稳定计算。建筑物投入运用后,实际扬压力大小是否与设计相符,对于建筑物的安全稳定关系十分重要。为此,对于混凝土坝和浆砌石坝,特别是混凝土重力坝,应重点监测坝基扬压力,以掌握扬压力的分布和变化,据以判断建筑物是否稳定。发现扬压力超过设计,即可及时采取补救措施。

混凝土建筑物和砌石建筑物的扬压力通常是在建筑物内埋设测压管来进行的。在监测扬压力的同时,应监测相应的上下游水位和渗流量。

1.1　测点布设

(1)扬压力监测断面应根据建筑物的类型、规模、坝基地质条件和渗控措施等设计布置。一般应设纵向观测断面 1~2 个,1、2 级坝的横向观测断面至少 3 个。断面间距一般为 50~100 m。

(2)纵向监测断面以布置在第一道排水幕线上为宜,每个坝段至少设 1 个测点;坝基地质条件复杂时,测点应适当增加;遇到强透水带或透水性强的大断层时,可在灌浆帷幕和第一道排水幕之间增设测点。

(3)横向监测断面通常布置在河床坝段、岸坡坝段、地质条件复杂的坝段以及灌浆帷幕转折的坝段。支墩坝的横向监测断面一般设在支墩底部,每个断面设 3~4 个测点,地质条件复杂时,可适当加密测点。测点通常布置在排水幕线上,必要时可在灌浆帷幕前布少量测点;当下游有帷幕时,在其上游侧也应布置测点;防渗墙或板桩后也要设置测点。

(4)每个监测断面内测点的数量与埋设位置,应根据大坝断面大小、结构型式、与基础接触面形状及坝基的地质情况等因素而定,以能测出基础扬压力的分布及其变化为原则。

(5)对于混凝土坝和砌石重力坝,一般在横向廊道中布置测压断面,以便观测,图2-13为某重力坝扬压力测点布置图。支墩坝和连拱坝可布置在支墩和坝垛内。图 2-14 为某宽缝重力坝第 18 坝段测压断面的测点布置图。

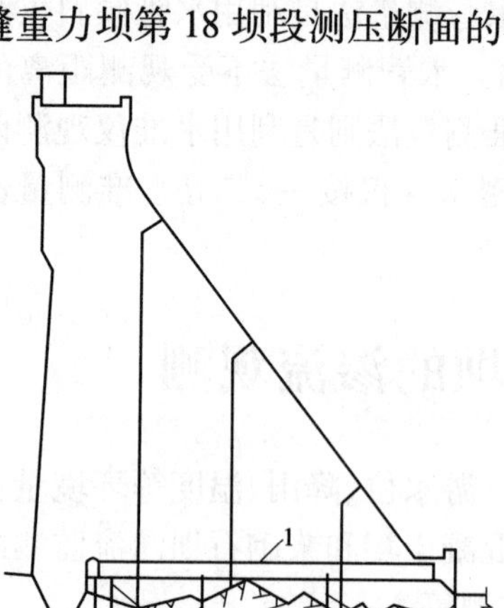

1—廊道;2—测压管

图 2-13　某重力坝扬压力测点布置图

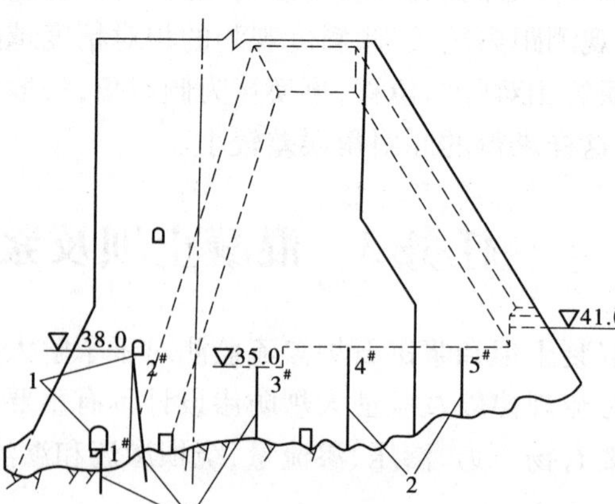

1—廊道;2—测压管

图 2-14　某宽缝重力坝扬压力测点布置图

如果需要研究扬压力沿建筑物纵向的分布情况,可沿建筑物轴线布设一排测点,构成一个纵向观测断面,以便分析扬压力沿整个基础的分布情况。

1.2 监测设备

监测扬压力的测压管与土坝浸润线测压管类似,也由进水管和导管组成。一般在混凝土或砌石建筑物施工时埋设。

1.2.1 进水管

扬压力测压管的进水管段与土坝浸润线管的进水管段略有不同。为能正确地测出最高浸润线和最低浸润线的位置,浸润线管的进水管段往往很长,有的达数十米。而扬压力测压管是反映建筑物底面上某一点的水压力,一般较短,只要不小于20 cm即可。由于进水段较短,为使进水通畅,进水孔可适当加密。进水管段下部也应留长度大于5 cm的沉沙管段,管壁不预钻,底部封闭。扬压力测压管的进水管段往往埋设在岩基上,因此外包反滤层可以比浸润线管的要求低些。

扬压力测压管一般在混凝土或砌石建筑物施工时埋设,进水管段一般在清基时埋设。为防止浇筑混凝土或砌石时将进水管段和反滤料堵死,应将进水管段的上口临时封闭,反滤料表面可抹一层砂浆保护。

1.2.2 导管

扬压力测压管的导管与浸润线管一样,可采用与进水管直径相同的金属管或塑料管连接而成。

导管应尽量保持垂直,最好使管口和进水管段在同一铅垂线上。对于不能保持管口和进水管段铅直时,可设水平管段,即进水管段用水平的导管引至设计管口的投影位置,然后与垂直导管连接,向上引至便于观测处管口位置。水平管段应略呈倾斜,靠铅直导管一端略高,靠进水管段一端略低,坡度约为5%,以避免产生气塞现象。对于扬压力水头低于管口高程的测压管,水平管段应设在低于可能产生的扬压力高程。

1.3 测压管观测

当测压管中的扬压水位低于管口时,其水位观测方法和设备与土坝浸润线观测一样,先测出管口高程,再测出管口至管内水面的高度,然后计算得出管内水位高程。对于管中水位高于管口的,一般用压力表或水银压差计进行观测。压力表适用于测压管水位高于管口3 m以上,水银压差计适用于测压管水位高于管口5 m以下。不论采用哪种方法观测,观测的测次和精度要求均同土坝浸润线观测。

用压力表观测时,需在测压管顶部开一岔管安装压力表,图2-15为常用连接方法示意图。压力表可以固定安装在测压管上,也可观测时临时安装。若观测时临时安装,需待压力表指针稳定后才能进行读数。压力表宜采用水管或蒸汽管上应用的压力表,其规格根据管口可能产生的最大压力值进行选用,一般应使压力值在压力表最大读数的1/3~2/3量程范围内较为适宜。观测时应读到最小估读单位,测读两次。两次读数差不得大于压力表最小刻度单位。测压管水位 Z 的计算方法为

$$Z = Z_b + 0.102p \tag{2-2}$$

式中 Z_b——压力表座中心高程,m;

p——压力表读数,kPa。

1.4 渗压计测定扬压力

用于渗水压力观测的渗压计有振弦式、差动电阻式等，下面介绍振弦式渗压计。

振弦式渗压计用于监测岩土工程和其他混凝土建筑物的渗透水压力，适用于长期埋设在水工建筑物或其他建筑物内部及其基础，测量结构物内部及基础的渗透水压力，也可用于库水位或地下水位的测量。

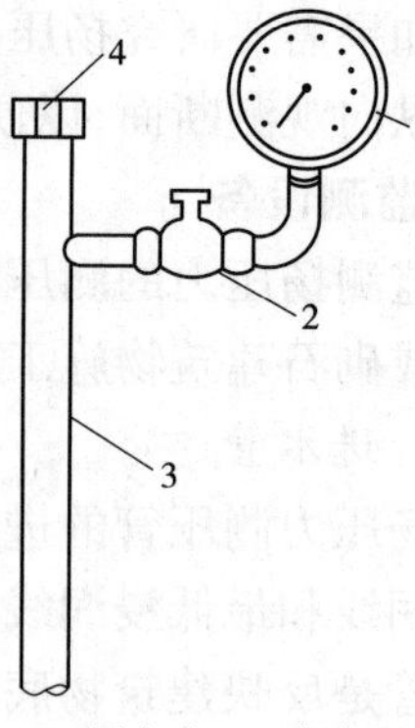

1—压力表；2—阀门；
3—测压管；4—管帽
图 2-15 压力表与测压管连接示意图

振弦式渗压计主要由三部分构成：压力感应部件、振弦感应组件及引出电缆密封部件，如图 2-16 所示。压力感应部件由透水石、感应板组成。感应板上接振弦传感部件。振弦感应组件由振动钢弦和电磁线圈构成。止水密封部分由接座套筒、橡皮圈及压紧圈等组成，内部填充环氧树脂防水胶，电缆由其中引出。

振弦式渗压计埋设于坝体或基岩内，渗透水压力自进水口经透水石作用在渗压计的弹性膜片上，将引起弹性膜片的变形，并带动振弦转变成振弦应力的变化，从而改变振弦的振动频率。电磁线圈激振振弦并测量其振动频率，频率信号经电缆传输至读数装置，即可测出水荷载的压力值，同时可同步测出埋设点的温度值。

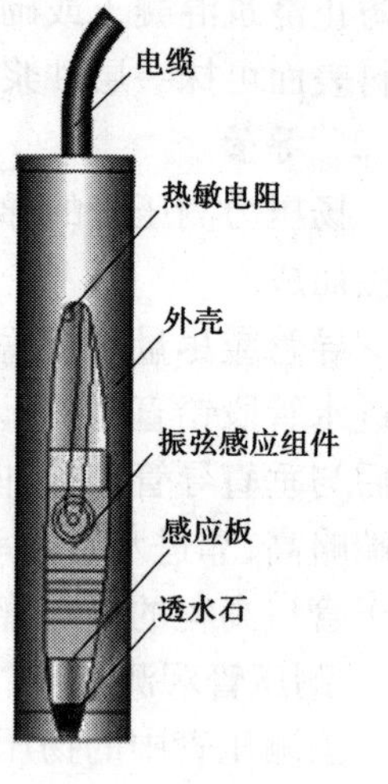

图 2-16 振弦式渗压计结构

2 渗流量、绕坝渗流及水质监测

2.1 渗流量监测

2.1.1 监测设计

根据《混凝土坝安全监测技术规范》(SL 601—2013)的规定，混凝土坝和浆砌石坝的渗流量设计应结合枢纽布置对渗漏水的流向、集流和排水设施统筹规划。河床和两岸的渗漏水宜分段量测，必要时可对每个排水孔的渗漏水单独量测。

廊道或平硐排水沟内的渗漏水，一般用量水堰量测，也可用流量计量测。排水孔的渗漏水可用容积法量测。坝体渗漏水和坝基渗漏水应分别量测。坝体靠上游面排水管渗漏水，流入排水沟后，可分段集中量测；坝体混凝土缺陷、冷缝和裂缝的漏水，一般用目视观察。漏水量较大时，应设法集中后用容积法量测。

2.1.2 监测仪器和方法

混凝土坝和浆砌石坝渗流量的监测方法与土石坝基本一样，常用的是容积法、量水堰法和测流速法等。

当渗漏量小于 1 L/s 时，可采用容积法。采用容积法观测渗流量时，需将渗漏水引入容器内，测定渗漏水的容积和充水时间(一般为 1 min 且不得小于 10 s)，即可求得渗漏量，两次测值之差不得大于平均值的 5%。量水堰一般选用三角堰或矩形堰，直角三角堰适用于流量为1~70 L/s的量测范围,堰上水头50~70 mm;矩形堰适用于流量大于50 L/s的情况,堰口宽度 b 为2~5倍堰上水头 H,一般为0.25~2 m。采用流量计监测流量时,需将坝基、坝体渗漏水引入流量计,直接测读渗漏量。

除量水堰和流量计外,还可以采用堰槽流量仪和量水堰槽流量仪监测渗流量。前者用于堰或槽内水流量测量,可以遥测,也可以人工目测。堰壁的堰口采用三角形、矩形或梯形,利用浮子自动监测三角堰水位,通过三角堰的流量公式,求得渗流量的大小。后者用于测量设置在坝体、坝基和基岩等各部位量水堰中的水头变化,来自动遥测大坝渗漏状况。

2.2 绕坝渗流和水质监测

混凝土坝和浆砌石坝绕坝渗流的测点布置、观测设施、原理、方法和测次都和土石坝类似。

绕坝渗流一般通过布置在绕流线或沿着渗流较集中的透水层中的测压孔来监测其水位变化。测点布置应根据地形、枢纽布置、渗流控制设施及绕坝渗流区渗透特性而定。一般应在两岸的帷幕后沿流线方向布置2~3个断面,断面的分布靠坝肩附近应较密,每条监测断面上布置3~4条观测铅直线(含渗流出口)。帷幕前可布置少量测点。

对于层状渗流,应利用不同高程上的平硐布置检测孔;无平硐时,应分别将监测孔钻入各层透水带,至该层天然地下水位以下的一定深度(一般为1 m),埋设测压管或安装渗压计进行监测;必要时,可在一个钻孔内埋设多管式测压管,或安装多个渗压计,但应做好层间止水。

混凝土坝和浆砌石坝渗流水质监测的目的、方法、测次都和土石坝一样。

任务4 混凝土坝及浆砌石坝的应力、温度监测

1 概述

混凝土坝和浆砌石坝建成蓄水后,在各种荷载作用和周围环境影响下,坝体和坝基将产生相应的应力,而这些应力随着荷载变化而导致应变的产生,如应变值超过了允许值,坝体将发生变形。同时,大体积混凝土坝在施工期由于水泥水化热而引起混凝土浇筑体的温度急剧上升,坝体内外形成较大温差。同样,混凝土坝在运行期上游受库水温度影响,下游受气温和太阳辐射影响,也会在坝体不同部位形成温差。由于温差产生的荷载为温度荷载,温度荷载导致温度应力的产生,致使坝体发生应变。

由应力而引起的应变,是混凝土坝坝体产生裂缝的主要原因,是影响混凝土坝整体稳定性和安全的主要因素。为了解混凝土坝内部应力和温度的分布及变化情况,分析其状态变化和工作情况是否正常,并为工程的控制运用、验证设计和科学研究提供资料,需要进行应力和温度观测。

2 监测布置

2.1 应力监测

测点应根据坝型、结构特点、应力状况、分层分块的施工计划以及数值模型和模型试

验成果合理地布置,使观测成果能反映结构应力分布及最大应力的大小和方向,以便和计算成果及模型试验成果进行对比,并便于和其他观测资料综合分析。受观测仪器的限制,混凝土坝和浆砌石坝的应力观测主要依靠观测其应变量来间接地求得应力值。测点的应变计支数和布置方向应根据应力状态而定。空间应力状态宜布置7~9向应变计,平面应力状态宜布置4~5向应变计,主应力方向明确的部位可布置单向或两向应变计。单支应变计、应变计组旁1.0~1.5 m处均应布置相应的无应力计。坝体受压部位应布置相应的压应力计,以便与应变计组观测成果相互验证。压应力计和其他仪器之间应保持0.6~1.0 m的距离。

2.1.1 重力坝应力监测布置

(1)应根据坝高、结构特点及地质条件选定重点观测坝段。

(2)在重点观测坝段上选择水平观测截面一个,该截面宜距坝底5 m以上;必要时另在混凝土与基岩结合面附近布置测点。

(3)观测点应布置在观测截面中心线上,同一浇筑块内的测点应不少于2点,纵缝两侧应有对应的测点。通仓浇筑的坝体,其观测截面上一般布置5点。

(4)坝踵和坝趾应加强观测,除布置应力计、应变计外,还应配合布置其他仪器。

(5)观测坝体应力的应变计组与上下游坝面的距离宜大于1.5~2 m(在严寒地区还应大于冰冻深度),纵缝附近的测点宜距纵缝1.0~1.5 m。

(6)边坡陡峻的岸坡坝段,宜根据设计计算及试验的应力状态布设应变计组。

(7)表面应力梯度较大时,应在距坝面不同距离处布置测点。

2.1.2 拱坝应力监测布置

(1)根据拱坝坝高、体型、坝体结构及地质条件,可在拱冠、1/4拱弧处选择铅直观测断面1~3个,在不同高程上选择水平观测截面3~5个。

(2)在厚拱坝的观测截面上,应布置2~3个测点。拱坝设有纵缝时,测点可多于3点。

(3)在薄拱坝的观测截面上,上下游坝面附近应各布置一个测点,应变计组的主平面应平行于坝面。

(4)观测截面应力分布的应变计组距坝面不小于1 m。测点距基岩开挖面应大于5 m,必要时可在混凝土与基岩结合面附近布置测点。

(5)拱座附近的应变计组数量和方向应满足观测平行拱座基岩面的剪应力和拱向推力的需要,在拱向还可布置压应力计。

(6)坝踵、坝趾及表面应力监测的布置要求与重力坝相同。

2.2 温度监测

2.2.1 布置原则

(1)温度监测坝段应为监测系统的重点坝段。其测点分布应根据混凝土结构的特点和施工方法而定。

(2)坝体温度测点应按温度场的状态进行布置。在温度梯度较大的坝面附近或孔口附近测点宜适当加密。在能兼测温度的其他仪器处,可不再布置温度计。

(3)坝体温度测点宜结合坝面温度和基岩温度测点布置。

2.2.2 坝体温度

(1)在重力坝段的中心横剖面上,宜按网格布置温度测点,网格间距为8~15 m。宽缝重力坝和重力坝引水坝段的测点布置应顾及空间温度场观测的需要。

(2)在拱坝观测坝段,根据坝高不同可布设3~7个观测截面。大坝横剖面的每个观测截面,至少应布置3个测点。在拱座的应力观测截面上,可增设必要的温度测点。

(3)支墩坝应在观测坝段不同高程的3~5个截面上布置测点。挡水部位的测点数宜适当增加。

2.2.3 坝面温度

(1)可在距上游坝面5~10 cm的坝体混凝土内沿高程布置测点,间距一般为1/15~1/10的坝高,死水位以下的测点间距可加大一倍。多泥沙河流的库底水温受异重流影响,该处测点间距不宜加大。

(2)在受日照影响的下游坝面可适当布置若干坝面温度测点。

(3)当拱座两岸日照相差很大时,宜分别布置测点。

2.2.4 基岩温度

宜在温度观测断面的底部,靠上下游设置深入基岩5~10 m的钻孔,在孔内不同深度处布置测点,并用水泥砂浆回填孔洞。

3 监测仪器

目前,国内监测应力、温度的传感器种类有差动电阻式、弦式、差动电感式、电阻应变片式和差动电容式等。使用较多的是差动电阻式传感器和弦式传感器,弦式传感器前面已作过介绍,下面介绍差动电阻式传感器。

3.1 差动电阻式应变计

差动电阻式应变计中内置将非电量变换为电量的传感部件,一根弯杆和一根直杆分别与仪器两端相连,其上各安装圆形瓷子和半圆形瓷子一个,在两个半圆瓷子上绕钢丝三圈半称外圈钢丝,在两个圆瓷子上绕钢丝四圈半称内圈钢丝,如图2-17所示。

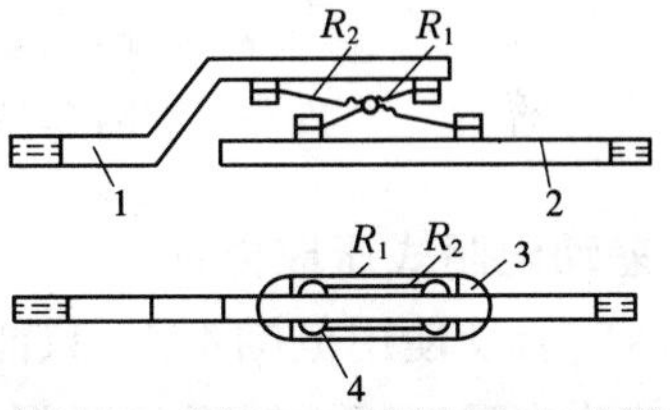

1—弯杆;2—直杆;3—半圆瓷子;4—圆瓷子

图2-17 差动电阻式仪器感部件

当差动电阻式应变计受到外力作用时,钢丝产生弹性变形,其变形和钢丝电阻变化呈线性关系,也就是说,测定钢丝电阻变化量后就可求得仪器产生的变形量,然后换算成相应的应变,再由应变换算成相应的应力。

当差动电阻式应变计受到温度变化影响后,钢丝电阻和温度之间也存在一定的函数关系,测出导线电阻,即可算得导线的温度,因此应变计还可兼测仪器所在处的温度。

若干个应变计组合一起称为应变计组,如四向应变计组、五向应变计组、九向应变计组等,如图2-18所示。通过观测,能掌握应力在空间分布规律。

3.2 差动电阻式无应力计

如图2-19所示,无应力计是一个锥形的双层套筒,套筒的内筒中浇筑混凝土并埋设一支应变计,内筒中的混凝土由于两层套筒之间的间隙加以隔离而不承受外力作用,即与

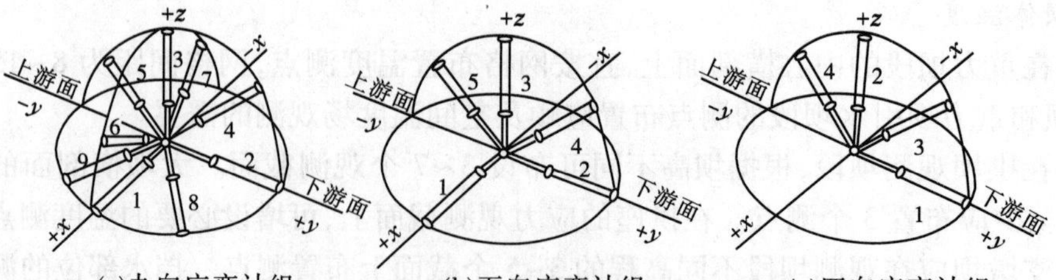

图 2-18　应变计组示意图

大体积混凝土应力场无关,因而内筒中的应变计所处混凝土产生的变形仅由温度、湿度、化学作用和自身等非应力因素引起,而不是应力作用的结果,故称无应力计。

不论是三向、五向、九向应变计组,距离 1.5 m 处均需埋设一个无应力计,观测混凝土的非应力因素引起的变形,作为该应变计组计算的基准值。

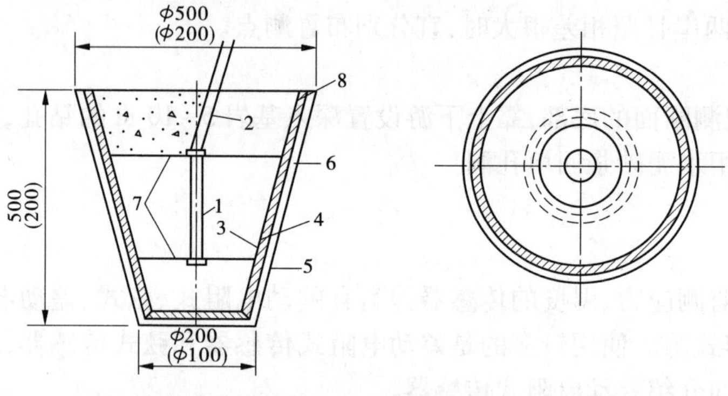

1—应变计;2—电缆;3—沥青层;4—内筒;5—外筒;

6—空隙(填木屑或橡皮);7—16 号铜丝拉线;8—周边焊接

图 2-19　无应力计示意图　(单位:mm)

3.3　差动电阻式压应力计

压应力计使用范围不大,只能观测压应力,如图 2-20 所示。压应力计的工作原理是:传压液体将受压板上感受的混凝土压应力传递到感应板上,感应板产生变形推动传感部件使钢丝电阻值差动变化,用比例电桥测量电阻比变化量,计算出混凝土内的压应力。压应力计测量温度原理与应变计相同。

3.4　温度计

如前所述,利用应变计可以附带测定温度,但不够准确,有时专门埋设温度计,用以测定混凝土、基岩或水的温度。温度计的全称是埋入式铜电阻温度计,其结构比较简单,由铜电阻线圈、引出电缆和密封外壳组成,如图 2-21 所示。

现有温度计产品,在潮湿环境下损坏率较高。使用前必须认真检查,注意使用环境,埋设在上游附近的温度计或在水下使用时,应注意挑选密封较好的仪器。

4　监测方法及计算

仪器埋设后,必须确定基准值,并按照规定的测次、时间及所采用的接收仪表使用方

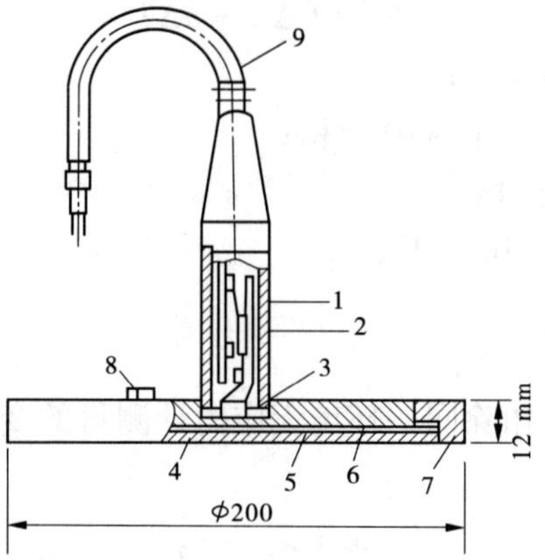

1—传感部件;2—电阻钢丝;3—中性油;4—传压液体;5—面板;
6—背板;7—护圈;8—封闭螺丝;9—引出电缆

图2-20 压应力计结构图

法进行监测。使用直读式接收仪表进行监测时,每月应对仪表进行一次准确度检验。

4.1 单个差动电阻式应变计的计算

4.1.1 计算温度变化和电阻比变化

根据应变计所测电阻 R_t 和电阻比 Z,计算温度变化 ΔT 和电阻比变化 ΔZ。

4.1.1.1 电阻变化 ΔR 的计算

$$\Delta R = R_t - R_0 \quad (\Omega) \tag{2-3}$$

式中 R_t——t 时刻所测应变计电阻值,Ω;

R_0——0 ℃时应变计的电阻值,Ω。

4.1.1.2 温度值 T_t 的计算

$$T_t = \alpha'\Delta R \quad (℃) \tag{2-4}$$

式中 α'——电阻温度系数(亦称温度灵敏度),埋设前率定。

4.1.1.3 温度变化 ΔT 的计算

$$\Delta T = T_t - T_0 \quad (℃) \tag{2-5}$$

式中 T_t——t 时刻应变计温度值;

T_0——温度基准值。

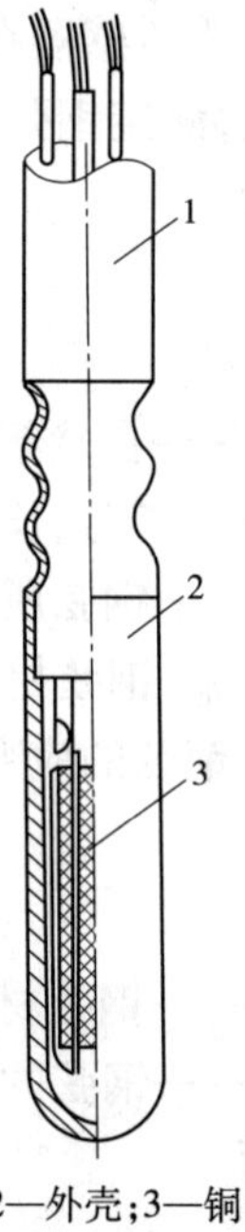

1—电缆;2—外壳;3—铜电阻线圈

图2-21 电阻温度计结构图

4.1.1.4 计算电阻比变化 ΔZ(格)

$$\Delta Z = Z - Z_0 \quad (格) \tag{2-6}$$

式中 Z——应变计所测电阻比,格;

Z_0——电阻比基准值,格。

4.1.2 计算应变值

4.1.2.1 计算实测应变 ε_m(又称变形实值)

其计算公式如下:

$$\varepsilon_m = f'\Delta Z + b\Delta T \tag{2-7}$$

式中　ε_m——应变计的实测应变；

f'——应变计修正灵敏度，$\times 10^{-6}$/格；

ΔZ——电阻比的变化，格；

b——温度补偿系数，$\times 10^{-6}$/℃；

ΔT——温度变化，℃。

4.1.2.2　计算由应力引起的应变值 ε

在算得实测应变 ε_m 后，扣除同一环境无应力计测得的变形值 ε_0，即得出由应力所产生的应力应变 ε，即

$$\varepsilon = \varepsilon_m - \varepsilon_0 \tag{2-8}$$

式中　ε_m——应变计的实测应变；

ε_0——无应力计测得的应变。

4.2　振弦式传感器的计算

振弦式传感器在构造上将一定长度的钢弦两端固定，钢弦的自振频率因钢弦长度变化而不同，测定钢弦自振频率的变化可求得钢弦应变，钢弦自振频率与钢弦所受应力的关系方程为

$$F = \frac{1}{2L}\sqrt{\frac{T}{\rho}} \tag{2-9}$$

式中　F——自然频率，Hz；

L——钢弦长度，cm；

T——钢弦所受的应力，N；

ρ——钢弦材料的密度，kg/cm³。

若以钢弦的应变表示，其式为

$$F = \frac{1}{2L}\sqrt{\frac{E\varepsilon}{\rho}} \tag{2-10}$$

式中　E——钢弦材料的弹性模量，Pa；

ε——钢弦的应变。

故而

$$\varepsilon = \frac{4L^2F^2\rho}{E} \tag{2-11}$$

由于振弦式传感器的钢弦是在一定初始应力下拉紧，其初始自振频率为 F_0，应力变化后的自振频率为 F，可得出下式：

$$\varepsilon = K(F^2 - F_0^2) \tag{2-12}$$

任务5　混凝土坝及浆砌石坝观测资料的分析

混凝土坝及浆砌石坝观测资料的整理、整编和分析工作，是工程观测的重要组成部分，在平时进行各项观测工作之后，应立即对观测资料进行整理分析，并隔一定时期将观

测资料进行整编。

1 混凝土坝及浆砌石坝变形观测资料分析

在对混凝土坝及浆砌石坝变形观测资料整理和整编的基础上，运用时间过程统计分析法、空间分布统计分析法、相关因素统计分析法、比较分析法、数学模型法等分析方法，绘制混凝土坝及浆砌石坝测值过程线、分布图和相关图等，以分析、诊断混凝土坝及浆砌石坝变形是否正常，有无裂缝等病害。

混凝土坝及浆砌石坝水平位移有关曲线图包括：

(1)水平位移过程线。

(2)水平位移分布图。

(3)挠度曲线。

混凝土坝及浆砌石坝垂直位移有关曲线图包括：

(1)垂直位移过程线。

(2)垂直位移分布图。

(3)垂直位移与温度或库水位相关图。

2 混凝土坝及浆砌石坝坝基扬压力观测资料分析

在对混凝土坝及浆砌石坝坝基扬压力观测资料整理和整编的基础上，运用时间过程统计分析法、空间分布统计分析法、相关因素统计分析法、比较分析法、数学模型法等分析方法，绘制混凝土坝及浆砌石坝坝基扬压力有关曲线图，以分析、诊断混凝土坝及浆砌石坝坝基扬压力是否正常，有无坝基渗漏等病害。

混凝土坝及浆砌石坝坝基扬压力有关曲线图包括：

(1)扬压力过程线。

(2)扬压力分布图。

(3)扬压力相关图。

混凝土坝及浆砌石坝观测资料的分析可开发利用相关软件进行。

任务6 增加重力坝稳定性的措施

重力坝是用混凝土或浆砌石修筑的大体积挡水建筑物，它的主要特点是依靠自重来维持坝身的稳定。

重力坝必须保证在各种外力组合的作用下有足够的抗滑稳定性，抗滑稳定性不足是重力坝最危险的病害情况。当发现坝体存在抗滑稳定性不足，或已产生初步滑动迹象时，必须详细查找和分析坝体抗滑稳定性不足的原因，提出妥善处理措施，及时处理。

1 重力坝受力分析

重力坝承受强大的上游水压力和泥沙压力等水平荷载，如果某一截面的抗剪能力不足以抵抗该截面以上坝体承受的水平荷载，便可能产生沿此截面的滑动。由于一般情况下坝体与地基接触面的结合较差,因此滑动往往是沿坝体与地基的接触面发生的。所以,重力坝的抗滑稳定分析,主要是核算坝底面的抗滑稳定性。坝底面的抗滑稳定性与坝体的受力有关,重力坝所受的主要外力有垂直向下的坝体自重、垂直向上的坝基扬压力、水平推力和坝体沿地基接触面的摩擦力等,如图2-22所示。

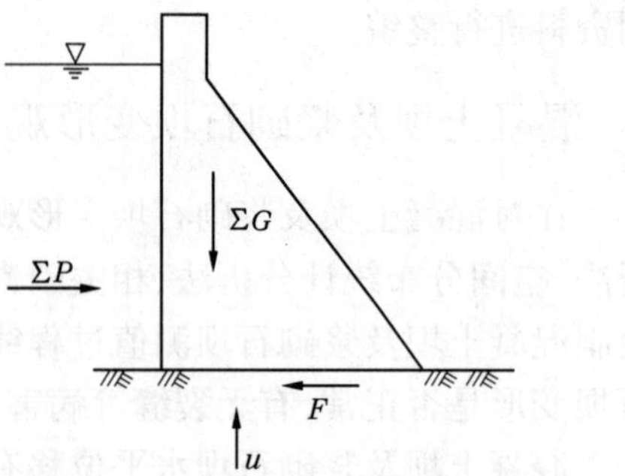

ΣP—水平推力;u—扬压力;ΣG—自重;F—摩擦力

图2-22　重力坝所受外力示意图

摩擦力 F 的大小取决于坝体重力与坝基扬压力之差和坝体与坝基之间的摩擦系数 f 的乘积。坝体的抗滑稳定性,可用式(2-13)表示:

$$k = \frac{F}{\sum P} = \frac{f(\sum G - u)}{\sum P} \tag{2-13}$$

式中　$\sum P$——水平推力,包括水压力、风浪压力、泥沙压力等;

$\sum G$——垂直向下的坝体、水、泥沙的重力;

u——垂直向上的坝基扬压力;

f——抗剪摩擦系数;

k——安全系数。

由式(2-13)可知,增加坝体的抗滑稳定,也就是增大安全系数,其途径有减小扬压力,增加坝体重力,增加摩擦系数和减小水平推力等。现将具体措施分述如下。

2　增加重力坝抗滑稳定性的主要措施

2.1　减小扬压力

扬压力对坝体的抗滑稳定性有极大的影响,减小扬压力是增加坝体抗滑稳定性的主要方法之一,特别是当观测中发现实测扬压力增大成为坝体抗滑稳定性不足的主要原因时,更是如此。通常减小扬压力的方法有两种:一是加强防渗,二是加强排水。

2.1.1　加强防渗

加强坝基防渗,可采取补强帷幕灌浆或补做帷幕措施,对减小扬压力的效果非常显著。

灌浆可在坝体灌浆廊道中进行,如图2-23(a)所示。当没有灌浆廊道时,可从坝顶上游侧钻孔,穿过坝身,深入基岩进行灌浆,如图2-23(b)所示。当既无灌浆廊道,从坝顶钻孔灌浆又困难,又不能放空水库时,也可以采用深水钻孔灌浆,如图2-23(c)所示。灌浆材料以水泥为主。

2.1.2　加强排水

为减小扬压力,除在坝基上游部分进行补强帷幕灌浆外,还应在帷幕下游部分设置排水系统,增加排水能力。二者配合使用,更能保证坝体的抗滑稳定性。

排水系统的主要形式是排水孔,排水孔的排水效果与孔距、孔径和孔深有关,常用的

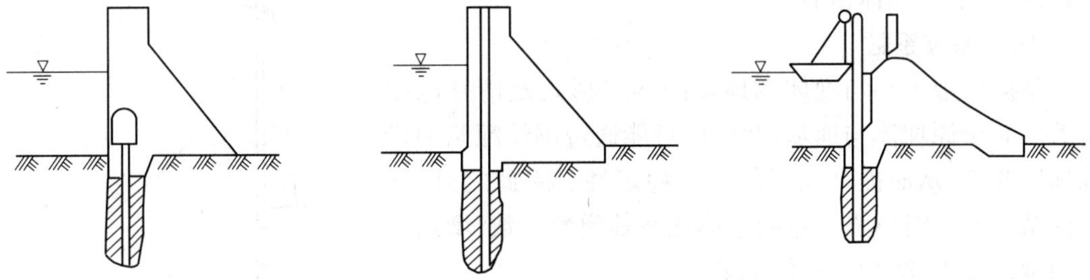

(a)在坝体廊道中进行灌浆　(b)在坝顶钻孔进行灌浆　(c)深水钻孔灌浆

图2-23　补强帷幕灌浆的方式

孔距为2~3 m,孔径为15~20 cm,孔深为帷幕深度的40%~60%。原排水孔过浅或孔距过大的,应进行加深或加密补孔,以增加导渗能力。

当原有的排水孔受泥沙等物堵塞时,可采用高压气水冲孔或用钻机清扫以恢复其排水能力。

2.2　增加坝体重力

重力坝的坝体稳定,主要靠坝体的重力平衡水压力,所以增加坝体的重力是增加抗滑稳定的有效措施之一。增加坝体重量可采用加大坝体断面或预应力锚固等方法。

2.2.1　加大坝体断面

加大坝体断面可从坝的上游面或从坝的下游面进行。从上游面增加断面时,既可增加坝体重力,又可增加垂直水重,同时还可改善防渗条件,但需放空水库或降低库水位修筑围堰挡水才能施工,如图2-24(a)所示。从坝的下游面增大断面,如图2-24(b)所示,施工比较方便,但也应适当降低库水位进行施工,这样有利于减小上游坝面拉应力。坝体断面增加部分的尺寸,应通过稳定计算确定,施工时还应注意新旧坝体之间结合紧密。

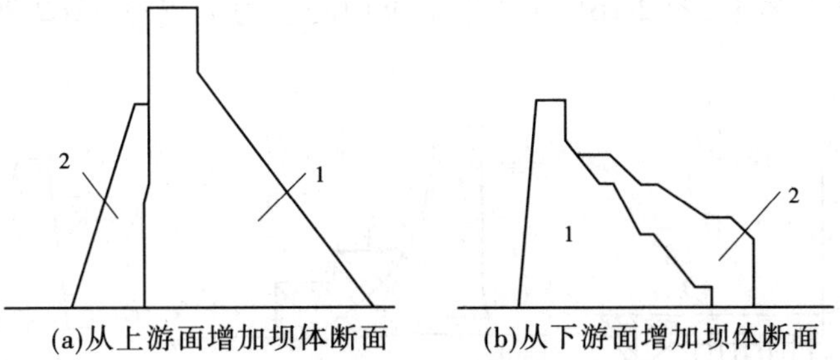

(a)从上游面增加坝体断面　(b)从下游面增加坝体断面

1—原坝体;2—加固坝体

图2-24　增加坝体断面的方式

2.2.2　预应力锚固

预应力锚固是从坝顶钻孔到坝基,孔内放置锚索,锚索一端锚入基岩中,在坝顶另一端施加很大的拉力,使钢索受拉、坝体受压,从而增加坝体抗滑稳定,如图2-25所示。

用预应力锚固来提高坝体抗滑稳定性,效果良好,但施工工艺复杂,且预应力可因锚索松弛而受到损失。安徽梅山水库连拱坝曾于1964年对右坝肩预锚加固,根据7年观测的结果,预应力平均损失为8.8%。对于空腹重力坝或大头坝等坝型,也可采用腹内填石加重,不必加大坝体断面。

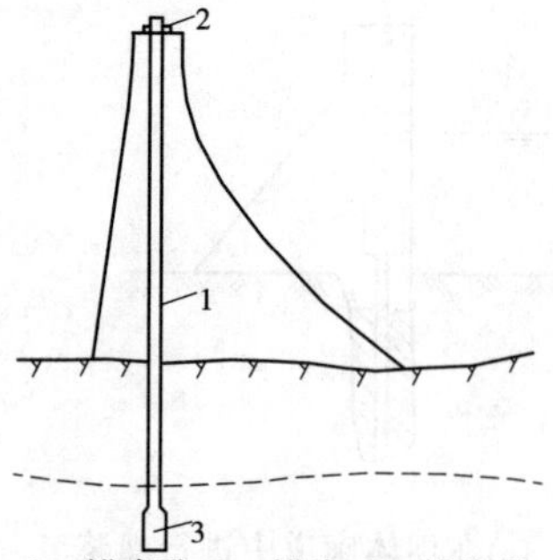

1—锚索孔;2—锚头;3—扩孔段

图 2-25 预应力锚固示意图

2.3 增加摩擦系数

摩擦系数大小与坝体和地基的连接形式及清基深度有关。对于原坝体与地基的结合,只能通过固结灌浆的措施加以改善,从而提高坝体的抗滑稳定性。除此之外,通过固结灌浆还能增强基岩的整体性和其弹性模数,增加地基的承载能力,减少不均匀沉陷。

固结灌浆孔的深度,在上游部分坝基中,由于坝基可能产生拉应力,要求基岩有较高的整体性,故对钻孔要求较深,一般为 8~12 m。在坝基的下游部分,应力较集中,也要求较深的固结灌浆孔,孔深也为 8~12 m,其余部分可采用 5~8 m 的浅孔。固结灌浆孔距一般为 3~4 m,呈梅花形或方格形布置。

2.4 减小水平推力

减小水平推力可采用控制水库运用和在坝体下游面加支撑等方法。

2.4.1 控制水库运用

控制水库运用主要用于病险水库度汛或水库设计标准偏低等情况。对病险库来讲,通过降低汛前调洪起始水位,可减小库水对坝的水平推力。对设计标准偏低的水库,通过改建溢洪道,加大泄洪能力,控制水库水位,也可达到保持坝体稳定的作用。

2.4.2 在坝体下游面加支撑

在坝体下游面加支撑,可使坝体上游的水平推力通过支撑传到地基上,从而减小坝体所受的水平推力,又可增加坝体重力。支撑的形式如图 2-26 所示,可根据建筑物的形式和地质地形条件加以选用。图 2-26(a)是在溢流坝下游护坦上钻孔设桩,通过桩将部分水平推力传到河床基岩上;图 2-26(b)是非溢流坝的重力墙支撑;图 2-26(c)是钢筋混凝土水平拱支撑。

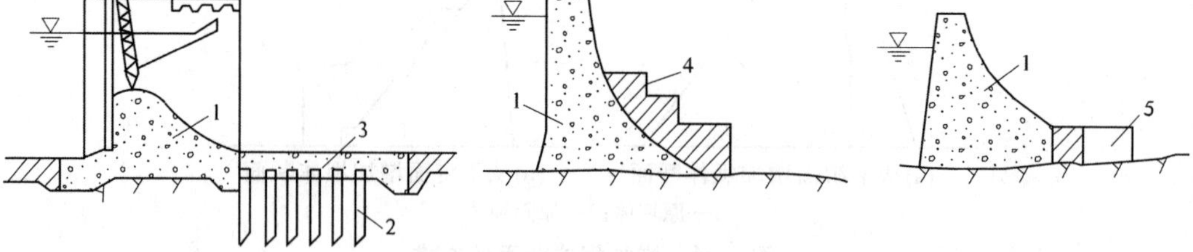

(a) 在溢流坝下游护坦上钻孔设桩　(b) 非溢流坝的重力墙支撑　(c) 钢筋混凝土水平拱支撑

1—坝体;2—支撑桩;3—护坦;4—重力墙;5—水平拱

图 2-26 下游面加支撑的形式

采取何种抗滑稳定的措施要因地制宜,补强灌浆和加大坝体断面是经常采用的两种有效措施,有些情况下也可采取综合性措施。

任务 7 混凝土坝及浆砌石坝的裂缝处理

1 裂缝的类型及特征

混凝土坝及浆砌石坝裂缝是常见的现象，其类型及特征见表 2-1。

表 2-1 裂缝的类型及特征

类型	特征
沉陷缝	1.裂缝往往属于贯通性的，走向一般与沉陷走向一致。 2.较小的沉陷引起的裂缝，一般看不出错距；较大的不均匀沉陷引起的裂缝，则常有错距。 3.温度变化对裂缝影响较小
干缩缝	1.裂缝属于表面性的，没有一定规律性，走向纵横交错。 2.宽及长度一般都很小，如同发丝
温度缝	1.裂缝可以是表层的，也可以是深层或贯穿性的。 2.表层裂缝的走向没有一定规律性。 3.钢筋混凝土深层或贯穿性裂缝，方向一般与主钢筋方向平行或近似于平行。 4.裂缝宽度沿裂缝方向无多大变化。 5.缝宽受温度变化的影响，有明显的热胀冷缩现象
应力缝	1.裂缝属深层或贯穿性的，走向一般与主应力方向垂直。 2.宽度一般较大，沿长度和深度方向有明显变化。 3.缝宽一般不受温度变化的影响

2 裂缝处理的方法

混凝土坝及浆砌石坝裂缝处理的目的是恢复其整体性，保持其强度、耐久性和抗渗性，以延长建筑物的使用寿命。裂缝处理的措施与裂缝产生的原因、裂缝的类型、裂缝的部位及开裂程度有关。沉陷裂缝、应力裂缝，一般应在裂缝已经稳定的情况下再进行处理；温度裂缝应在低温季节进行处理；影响结构强度的裂缝，应与结构加固补强措施结合考虑；处理沉陷裂缝，应先加固地基。

2.1 裂缝的表面处理

当裂缝不稳定，随着气温或结构变形而变化，而又不影响建筑物整体受力时，可对裂缝进行表面处理。常用的裂缝表面处理方法有表面涂抹、表面贴补、凿槽嵌补和喷浆修补等。裂缝表面处理的方法也可用来处理混凝土表层的其他损坏，如蜂窝、麻面、骨料架空外露，以及表层混凝土松软、脱壳和剥落等。

2.1.1 表面涂抹

表面涂抹是用水泥砂浆、环氧砂浆、防水快凝砂浆(或灰浆)等涂抹在裂缝部位的表面。这是建筑物水上部分或背水面裂缝的一种处理方法。

2.1.1.1 水泥砂浆涂抹

涂抹前先将裂缝附近的表面凿毛,并清洗干净,保持湿润,然后用1:1~1:2的水泥砂浆在其上涂抹。涂抹的总厚度一般以控制在1~2 cm为宜,最后压实抹光。温度高时,涂抹3~4 h后即需洒水养护,冬季要注意保温,切不可受冻,否则强度容易降低。应注意,水泥砂浆所用砂子一般为中细砂,水泥可用不低于32.5(R)级的普通硅酸盐水泥。

2.1.1.2 环氧砂浆涂抹

环氧砂浆是由环氧树脂与固化剂、增韧剂、稀释剂配制而成的液体材料再加入适量的细填料拌和而成的。具有强度高、抗冲耐磨的性能。

涂抹前沿裂缝凿槽,槽深0.5~1.0 cm,用钢丝刷洗刷干净,保证槽内无油污、灰尘。经预热后再涂抹一层环氧基液,厚0.5~1.0 mm,再在环氧基液上涂抹环氧砂浆,使其与原建筑物表面齐平,然后覆盖塑料布并压实。

2.1.1.3 防水快凝砂浆(或灰浆)涂抹

防水快凝砂浆(或灰浆)是在水泥砂浆内加入防水剂(同时又是速凝剂),以达到速凝却又能提高防水性能,这对涂抹有渗漏的裂缝是非常有效的。防水剂的配合比见表2-2。

表2-2　防水剂的配合比(重量比)

材料名称	配合比	材料颜色	材料分子式
硫酸铜(胆矾)	1	水蓝色	$CuSO_4 \cdot 5H_2O$
重铬酸钾(红矾)	1	橙红色	$K_2Cr_2O_7$
硫酸亚铁(黑矾)	1	绿色	$FeSO_4 \cdot 7H_2O$
硫酸铝钾(明矾)	1	白色	$KAl(SO_4)_2 \cdot 12H_2O$
硫酸铬钾(蓝矾)	1	紫色	$KCr(SO_4)_2 \cdot 12H_2O$
硅酸钠(水玻璃)	400	无色	Na_2SiO_3
水	40		H_2O

涂抹时,先将裂缝凿成深约2 cm、宽约20 cm的V形或矩形槽并清洗干净,然后按每层0.5~1 cm分层涂抹砂浆(或灰浆),抹平为止。

2.1.2 表面贴补

表面贴补是用黏结剂把橡皮或其他材料粘贴在裂缝的表面,以防止沿裂缝渗漏,达到封闭裂缝并适应裂缝伸缩变化的目的。一般用来处理建筑物水上部分或背水面裂缝的处理。

2.1.2.1 橡皮贴补

橡皮贴补所用材料主要有环氧基液、环氧砂浆、水泥砂浆、橡皮、木板条或石棉线等。环氧基液、环氧砂浆的配制同涂抹用环氧砂浆。水泥砂浆的配合比一般为水泥:砂为1:0.8~1:1,水灰比不超过0.55,橡皮厚度一般以采用3~5 mm为宜,板条厚度以5 mm为宜。施工工艺如下(见图2-27):

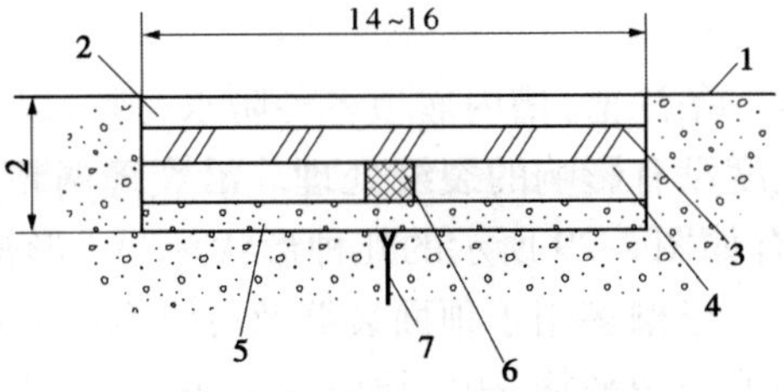

1—原混凝土面;2—环氧砂浆;3—橡皮;
4—环氧砂浆;5—水泥砂浆;6—板条;7—裂缝

图 2-27　橡皮贴补裂缝　(单位:cm)

(1)沿缝凿深 2 cm,宽 14~16 cm 的槽并洗净。

(2)在槽内涂一层环氧基液,随即用水泥砂浆抹平并养护 2~3 d。

(3)将准备好的橡皮进行表面处理,一般放浓硫酸中浸 5~10 min,取出冲洗晾干。

(4)在泥砂浆表面刷一层环氧基液,然后沿裂缝方向放一根木板条,按板条厚度涂抹一层环氧砂浆,然后将粘贴面刷有一层环氧基液的橡皮铺贴到环氧砂浆上,注意铺贴时要用力均匀压紧,直至环氧砂浆从橡皮边缘挤出。

(5)侧面施工时,为防止橡皮滑动或环氧砂浆脱落,需设木支撑加压。待环氧砂浆固化后,可将支撑拆除。为防止橡皮老化,可在橡皮表面刷一层环氧基液,再抹一层环氧砂浆保护。

用橡皮贴补,也可在缝内嵌入石棉线,以代替夹入木板条,施工工艺基本相同,只是取消了水泥砂浆层。

在实际工程中,也有用氯丁胶片、塑料片代替橡皮的,施工方法一样。

2.1.2.2　玻璃布贴补

玻璃布的种类很多,一般采用无碱玻璃纤维织成,它具有耐水性能好、强度高的特点。

玻璃布在使用前,必须除去油脂和蜡,以便在粘贴时有效地与环氧树脂结合。玻璃布除油蜡的方法有两种:一种是加热蒸煮,即将玻璃布放置在碱水中煮 0.5~1 h,然后用清水洗净;另一种是先加热烘烤再蒸煮,即将玻璃布放在烘烤炉上加温到 190~250 ℃,使油蜡燃烧,然后将玻璃布放在浓度为 2%~3%的碱水中煮沸约 30 min,然后取出洗净晾干。

玻璃布粘贴前,需先将混凝土表面凿毛,并冲洗干净,若表面不平,可用环氧砂浆抹平。粘贴时,先在粘贴面上均匀刷一层环氧基液,然后将玻璃布展开放置并使之紧贴在混凝土面上,再用刷子在玻璃布面上刷一遍,使环氧基液浸透玻璃布,接着再在玻璃布上刷环氧基液,按同样方法粘贴第二层玻璃布,但上层应比下层玻璃布稍宽 1~2 cm,以便压边,一般粘贴 2~3 层即可,如图 2-28 所示。

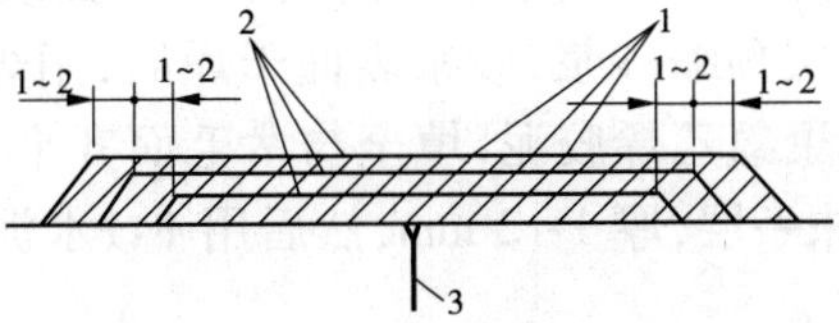

1—玻璃布;2—环氧基液;3—裂缝

图 2-28　玻璃布粘贴示意图　(单位:cm)

2.1.3 凿槽嵌补

凿槽嵌补是沿裂缝凿一条深槽,槽内嵌填各种防水材料,以堵塞裂缝和防止渗水。这种方法主要用于对结构强度没有影响的裂缝处理。沿裂缝凿槽,槽的形状可根据裂缝位置和填补材料而定,一般有如图2-29所示的几种形状。"V"形槽多用于竖直裂缝,"_/"形槽多用于水平裂缝,"△"形槽多用于顶面裂缝及有渗水的裂缝,"凵"形槽以上三种情况均能适用。槽的两边必须修理平整,槽内要清洗干净。

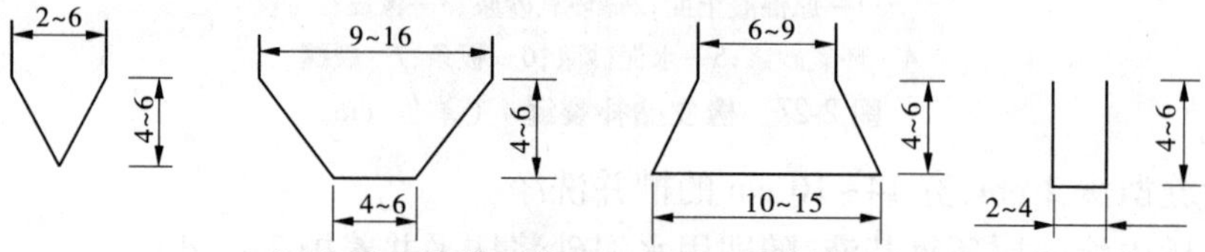

图2-29　缝槽形状及尺寸图　(单位:cm)

嵌补材料的种类很多,有聚氯乙烯胶泥、沥青材料、环氧砂浆、预缩砂浆和普通砂浆等。嵌补材料的选用与裂缝性质、受力情况及供货条件等因素有关。因此,材料的选用需经全面分析后再确定。对于已稳定的裂缝,可采用预缩砂浆、普通砂浆等脆性材料嵌补;对缝宽随温度变化的裂缝,应采用弹性材料嵌补,如聚氯乙烯胶泥或沥青材料等;对受高速水流冲刷或需结构补强的裂缝,则可采用环氧砂浆嵌补。

2.1.3.1 沥青材料嵌补

沥青材料嵌补分为用沥青油膏、沥青砂浆和沥青麻丝三种。

沥青油膏是以石油沥青为主要材料,掺入适量其他油料和填料配制而成。施工时,先在槽内刷一层沥青漆,然后用专用工具将油膏嵌入槽内压实,使油膏面比槽口低1~2 cm,再用水泥砂浆抹平保护,注意在嵌补前要注意槽内干燥。

沥青砂浆是由沥青、砂子及填充材料制成。施工时,先在槽内刷一层沥青,然后将沥青砂浆倒入槽内,立即用专用工具摊平压实。要逐层填补,随倒料随压紧,当沥青砂浆面比槽口低1~1.5 cm时,用水泥砂浆抹平保护。注意沥青砂浆一定要在温度较高的情况下施工,否则温度降低变硬,不易操作。

沥青麻丝嵌补的操作方法是,将沥青加热熔化,然后将麻丝或石棉绳放入沥青浸煮,待麻丝或石棉绳浸透后,用铁钳夹放入缝内,并用凿子插紧,嵌填时,要逐层将其嵌入缝内,填好后,用水泥砂浆封面保护。

2.1.3.2 聚氯乙烯胶泥嵌补

聚氯乙烯胶泥是以煤焦油为主要材料,加入少量聚氯乙烯树脂及增韧剂、稳定剂和填料配制而成。它具有良好的防水性、弹塑性、温度稳定性及与混凝土的黏结性,而且价格低、原料易得、施工方便。目前,主要用于水工建筑物水平面或缓坡上裂缝的修补。

施工时,在槽内先填一层预缩砂浆,砂浆表面干燥后,用煤焦油与二甲苯为1:4的混合料刷一层,干燥后即嵌填聚氯乙烯胶泥,填至与凿毛面齐平为准。胶泥完全冷却后,先用纯水泥浆在凿毛面上涂抹一层,厚1~2 mm,然后用1:1水泥砂浆填至与混凝土面齐平并抹光。

2.1.3.3 预缩砂浆嵌补

预缩砂浆是经拌和好之后再归堆放置30~90 min才使用的干硬性砂浆。拌制良好的预缩砂浆，具有较高的抗压、抗拉强度，其抗压强度可达29.4~34.3 MPa，抗拉强度可达2.45~2.74 MPa，与混凝土的黏结强度可达1.67~2.16 MPa。因此，采用预缩砂浆修补处于高流速区混凝土的表面裂缝，不仅强度和平整度可以得到保证，而且收缩性小，成本低廉，施工简便，可获得较好效果。当修补面积较小或工程量较小时，如无特殊要求，可优先选用预缩砂浆嵌补。预缩砂浆一般水灰比采用0.3~0.34，灰砂比1:2~1:2.5，并掺入水泥质量1/10 000左右的加气剂，以提高砂浆拌和时的流动性。

施工时，先在槽内涂一层1 mm厚的水泥浆，其水灰比为0.45~0.50，然后填入预缩砂浆，分层用木锤捣实，直至表面出现少量浆液。每层铺料厚4~5 cm，捣实后为2~3 cm，最后一层的表面必须反复压实抹光，并与原混凝土表面齐平。

2.1.4　喷浆修补

喷浆修补是将水泥砂浆通过喷头高压喷射至修补部位，以达到封闭裂缝和提高建筑物表面耐磨抗冲能力的目的。根据裂缝的部位、性质和修理要求，可以分别采用挂网喷浆或挂网喷浆与凿槽嵌补相结合的方法。

2.1.4.1　挂网喷浆

挂网喷浆所采用的材料主要有水泥、砂、钢筋、钢丝网、锚筋等。通常采用32.5(R)~42.5(R)的普通硅酸盐水泥，砂料以粒径0.35~0.5 mm为宜，钢丝网由直径4~6 mm钢筋做成，网格尺寸为(100 mm×100 mm)~(150 mm×150 mm)，结点焊接或者采用直径1~3 mm钢丝做钢丝网，尺寸为(50 mm×50 mm)~(60 mm×60 mm)及(10 mm×10 mm)~(20 mm×20 mm)，结点可编结或扎结，锚筋通常采用直径10~16 mm钢筋。灰砂比根据不同部位喷射方向和使用材料，通过试验决定。水灰比一般采用0.3~0.5。

喷浆设备主要包括喷浆机、干料拌和机、皮带运输机、喷头、水箱、空气压缩机、软管、空气滤清器等。

喷浆系统布置如图2-30所示。

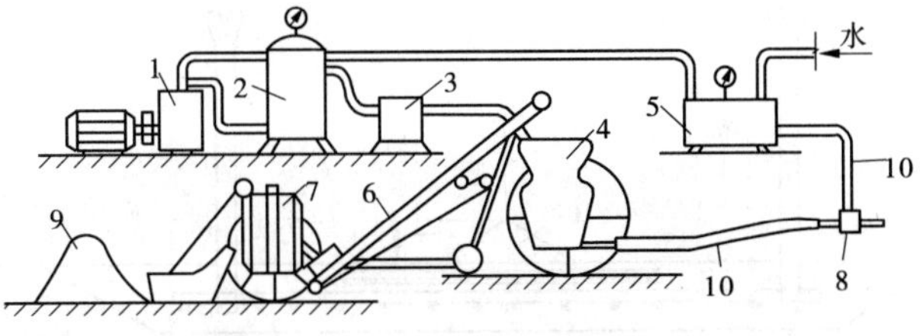

1—空气压缩机；2—储气罐；3—空气滤清器；4—喷浆机；5—水箱；
6—皮带运输机；7—拌和机；8—喷头；9—堆料处；10—输料、输气和输水软管

图2-30　喷浆系统布置示意图

喷浆工艺如下：

(1)喷浆前，对被喷面凿毛冲洗干净，并进行钢筋网的制作和安装，钢筋网应加设锚筋，一般5~10个网格应有一锚筋，锚筋埋设孔深一般15~25 cm。为使喷浆层和被喷面结合良好，钢筋网应离开受喷面15~25 mm。

(2)喷浆还应对受喷面洒水处理，保持湿润状态。

(3)喷浆前还应准备充足的砂子和水泥，并均匀拌和好。

(4)喷浆应控制好气压和水压并保持稳定。喷浆压力应控制在0.25~0.40 MPa。

(5)喷头操作。喷头与受喷面要保持适宜的距离,一般要求80~120 cm。过近会吹掉砂浆,过远会使气压损失,黏结力降低,影响喷浆强度。喷头一般应与受喷面垂直,这样可以使喷射物集中,减少损失,增强黏结力。若有特殊情况,可以和喷射物成一角度,但要大于70°。

(6)喷层厚度控制。当喷浆层较厚时,为防止砂浆流淌或因自重坠落等,可分层喷射。一次喷射厚度一般不宜超过下列数值:仰喷时,20~30 mm;侧喷时,30~40 mm;俯喷时,50~60 mm。

(7)喷浆工作结束后2 h即应进行无压洒水养护,养护时间一般需14~21 d。

喷浆用于混凝土修补工程具有以下特点:

喷浆修补采用较小的水灰比、较多的水泥,从而可达到较高的强度和密实性,具有较高的耐久性。可省去较复杂的运输、浇筑及骨料加工等设备,简化施工工艺,提高施工工效,可用于不同规模的修补工程。但是,喷浆修补因存在水泥消耗较多、层薄、不均匀等问题,易产生裂缝,影响喷浆层寿命,从而限制了它的使用范围,因此须严格控制砂浆的质量和施工工艺。

2.1.4.2 挂网喷浆与凿槽嵌补相结合

挂网喷浆与凿槽嵌补相结合施工流程为:凿槽→打锚筋孔→凿毛冲洗→固定锚筋→填预缩砂浆→涂抹冷沥青胶泥,焊接架立钢筋→挂网→被喷面冲洗湿润→喷浆→养护。

施工工艺:先沿缝凿槽,然后填入预缩砂浆使之与混凝土面齐平并养护,待预缩砂浆达到设计强度时,涂一层薄沥青漆。涂沥青漆半小时后,再涂冷沥青胶泥。冷沥青胶泥是由40:10:50的60号沥青、生石灰、水,再掺入15%的砂(粒径小于1 mm)配制而成的。冷沥青胶泥总厚度为1.5~2.0 cm,分3~4层涂抹。待冷沥青胶泥凝固后,挂网喷浆。如图2-31所示。

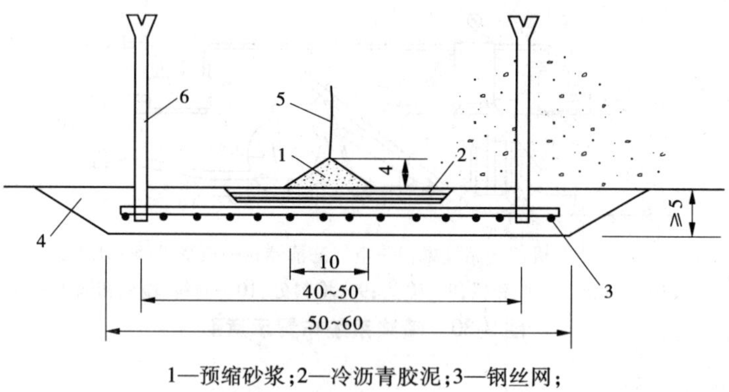

1—预缩砂浆;2—冷沥青胶泥;3—钢丝网;
4—水泥砂浆喷层;5—裂缝;6—锚筋

图2-31　挂网喷浆与凿槽嵌补结合示意图　(单位:cm)

2.2　裂缝的内部处理

裂缝的内部处理,是指贯穿性裂缝或内部裂缝常用灌浆方法处理。其施工方法通常为钻孔灌浆,灌浆材料一般采用水泥和化学材料,可根据裂缝的性质、开度以及施工条件等具体情况选定。对于开度大于0.3 mm的裂缝，一般可采用水泥灌浆；对于开度小于0.3 mm的裂缝，宜采用化学灌浆；对于渗透流速大于600 m/d或受温度变化影响的裂缝，不论其开度如何，均宜采用化学灌浆处理。

2.2.1 水泥灌浆

水泥灌浆具体施工程序为：钻孔→洗孔→止浆或堵漏处理→安装管路→压水试验→灌浆→封孔→质量检查。

水泥灌浆施工具体技术要求如下。

2.2.1.1 钻孔

一般用风钻钻孔，孔径36~56 mm，孔距1.0~1.5 m，除骑缝浅孔外，不得顺裂缝钻孔，钻孔轴线与裂缝面的交角一般应大于30°，孔深应穿过裂缝面0.5 m以上，如果钻孔为两排或两排以上，应尽量交错或呈梅花形布置。钻进过程中，若发现有集中漏水或其他异常现象，应立即停钻，查明漏水高程，并进行灌浆处理后，再行钻进。钻进过程中，对孔内各种情况，如岩层及混凝土的厚度、涌水、漏水、洞穴等均应详细记录。钻孔结束后，孔口应用木塞塞紧，以防污物进入。

2.2.1.2 洗孔

每条裂缝钻孔结束后，需进行冲洗，其顺序是按竖向排列孔自上而下逐孔进行。其目的主要是将钻孔及裂隙中的岩粉、铁砂等冲洗出来，冲洗方法有高压水冲洗、水气轮换冲洗等。一般冲洗水压相当于70%~80%的灌浆压力，冲洗气压则相当于30%~40%的灌浆压力。

2.2.1.3 止浆或堵漏处理

在缝面冲洗干净后，即可进行止浆或堵漏处理。可在裂缝表面用灰砂比1:1~1:2的水泥砂浆涂抹；也可用环氧砂浆涂抹；或者沿裂缝凿成上口宽3~4 cm、深约2 cm的槽子，洗刷干净后，在槽内嵌填旧棉絮，并在表面用纯水泥浆涂抹密实；或者将水泥或环氧砂浆等做成团状，粘贴在渗水裂缝的迎水面。

2.2.1.4 安装管路

灌浆管一般用19~38 mm的钢管，上部加工丝扣。安装时，先在钢管外壁裹上旧棉絮，并用麻丝捆紧，然后将管子旋于孔中，埋入深度根据孔深和灌浆压力的大小而定。孔口、管壁周围的空隙可用旧棉絮或其他材料塞紧，并用水泥砂浆封堵，以防冒浆或灌浆管从孔口脱出。

2.2.1.5 压水试验

压水试验的主要目的是判断裂缝有无阻塞，检查管路及止浆效果。压水试验采用从灌浆孔压水、排气孔排水的方式，以检查其畅通情况，然后关闭排气孔以检查止浆效果。

2.2.1.6 灌浆

裂缝灌浆所用水泥一般为42.5(R)或52.5(R)普通硅酸盐水泥。在灌较细裂缝时，为了提高浆液的可灌性，可尽量采用52.5(R)号普通硅酸盐水泥，并加工磨细，使其细度达到通过6 400孔/cm^2筛的筛余量为2%以下。由于磨细水泥易风化，应注意保管，并尽快使用，防止失效。灌浆压力的确定，以保证一定的可灌性，提高浆体结石质量，而又不致引起建筑物发生有害变形为原则。一般进浆管压力采用300~500 kPa。

2.2.1.7　封孔

凡经认真检查认为合格的灌浆孔,必须及时进行封孔。封孔材料为水泥砂浆,以灰砂比 1∶2,水灰比 0.5~0.6,砂子粒径 0.5~1.0 mm 为宜。封孔方法有人工封孔法和机械封孔法。人工封孔法是将一根内径 38~50 mm 的钢管放入孔中,距离孔底约 50 cm,然后把砂浆倒入管内,随着砂浆在孔内的浆面逐渐升高,将钢管徐徐上提,上提时,应使管的下端经常保持埋在砂浆中。机械封孔是利用砂泵或灌浆机进行全孔回填灌浆,浆液由稀变浓,灌浆压力采用 500~600 kPa。

2.2.2　化学灌浆

化学灌浆材料一般具有良好的可灌性,可以灌入 0.3 mm 或更小的裂缝,同时化学灌浆材料可调节凝结时间,适应各种情况下的堵漏防渗处理。此外,化学灌浆材料具有较高的黏结强度,或者具有一定的弹性,对于恢复建筑物的整体性及对伸缩缝的处理,效果较好。因此,凡是不能用水泥灌浆进行内部处理的裂缝,均可考虑采用化学灌浆。

2.2.2.1　化学灌浆所用材料

化学灌浆的灌浆材料可根据裂缝的性质、开度和干燥情况选用。常用的有以下几种:

(1)甲凝。是以甲基丙烯酸甲酯为主要成分,加入引发剂等组成的一种低黏度的灌浆材料。甲基丙烯酸甲酯是无色透明液体,黏度很低,渗透力很强,可灌入 0.05~0.1 mm 的细微裂缝,在一定的压力下,还可渗入无缝混凝土中一定距离,并可以在低温下进行灌浆。聚合后的强度和黏结力很高,并具有较好的稳定性。但甲凝浆液黏度的增长和聚合速度较快。此材料适用于干燥裂缝或经处理后无渗水裂缝的补强。

(2)环氧树脂。是以环氧树脂为主体,加入一定比例的固化剂、稀释剂、增韧剂等混合而成,一般能灌入宽 0.2 mm 的裂隙。硬化后,黏结力强、收缩性小、强度高、稳定性好。环氧树脂浆液多用于较干燥裂缝或经处理后已无渗水裂缝的补强。

(3)聚氨酯。是由多异氰酸酯和含羟基的化合物合成后,加入催化剂、溶剂、增塑剂、乳化剂以及表面活性剂配合而成的。这种浆液遇水反应后,便生成不溶于水的固结强度高的凝胶体。此种浆液防渗堵漏能力强,黏结强度高。此浆液适用于渗水缝隙的堵水补强。

(4)水玻璃。是由水泥浆和硅酸钠溶液配合而成的。二者体积比通常为 1∶0.8~1∶0.6,水玻璃具有较高的防渗能力和黏结强度,此材料适用于渗水裂缝的堵水补强。

(5)丙凝。是以丙烯酰胺为主剂,配以其他材料,发生聚合反应,形成具有弹性的、不溶于水的聚合体。可填充堵塞岩层裂隙或砂层中空隙,并可把砂粒胶结起来,起到堵水防渗和加固地基的作用。但因其强度较低,不宜用作补强灌浆,仅用于地基帷幕和混凝土裂缝的快速止水。

化学灌浆的施工程序为:钻孔→压气(或压水)试验→止浆→试漏→灌浆→封孔→检查质量。

2.2.2.2　化学灌浆施工技术要求

化学灌浆具体施工技术要求如下:

(1)钻孔。化学灌浆布孔方式通常有骑缝孔和斜孔两种。骑缝孔的钻孔工作量小,孔内占浆少,且缝面不宜被钻孔灰粉堵塞。但封面止浆要求高,灌浆压力受限制,扩散范围较小。斜孔的优缺点和骑缝孔相反,但斜孔可根据裂缝对深度和结构物的厚度,分别布置成单排孔或多排孔。骑缝孔仅适用于浅缝或仅需防渗堵漏的裂缝。斜孔适用于裂缝较深和结构厚度较大的情况。化学灌浆钻孔一般采用风钻,为了减少孔内占浆量,孔径不宜过大,一般采用30~36 mm,孔距一般采用1.5~2.0 m。

(2)压气(或压水)试验。对于甲凝及环氧树脂等憎水性材料,最好采用压气试验,压气时可在缝外涂上肥皂水,以检查钻孔与缝面畅通情况,并用耗气量来检查结构物内部是否有大缺陷,以推估吸浆量等,气压一般稍大于灌浆压力。对于丙凝、聚氨酯等亲水性材料,可用压水试验,压水时可在水中加入颜料,以便观察。

(3)止浆。化学灌浆材料的渗透性能较好,造价高,为保证灌浆质量,节省浆液,要求对缝面进行严格止浆。止浆方法一般是沿缝凿槽,洗刷干净后再嵌填环氧砂浆或其他速凝早强的砂浆,并将表面压实抹光。

(4)试漏。试漏的目的是检查止浆效果。根据不同的灌浆材料,可采用压气或压水试漏,试漏压力应大于灌浆压力。当发现止浆有缺陷时,应在灌浆前进行修补。

(5)灌浆。化学灌浆有单液法和双液法两种。单液法是将浆液按配合比一次性配好,然后用一般泥浆泵或水泥灌浆泵灌浆,也可采用手摇泵或特制的压浆桶灌浆。双液法是将浆液按配合比中的引发剂与促进剂分成两组分别配好,用比例灌浆泵灌注时在混合室相遇后才组成浆液送入孔内。单液法配比较精确,但浆液配好后要在胶凝时间内灌完,否则容易堵塞设备与管路。双液法不易堵塞设备,但灌注浆液的配合比较难掌握准确。

随着各种大型工程和地下工程的不断兴建,化学灌浆材料得到了越来越广泛的应用。但化学灌浆费用较高,一般情况下应首先采用水泥灌浆,在达不到设计要求时,再用化学灌浆予以辅助,以获得良好的技术经济指标。此外,化学浆材都有一定的毒性,对人体健康不利,还会污染水源,在运用过程中要十分注意。

2.3 加厚坝体

浆砌石坝由于坝体单薄、强度不够而产生应力裂缝和贯穿整个坝体的沉陷缝时,可采取加厚坝体的措施,以增强坝体的整体性和改善坝体应力状态。坝体加厚的尺寸应由应力核算确定。在具体处理时,应保证新老坝体结合良好。

任务8 混凝土坝及浆砌石坝的渗漏处理

1 渗漏的种类及危害

1.1 渗漏的种类

混凝土坝及浆砌石坝渗漏,按其发生的部位,可分为以下几种:

(1)坝体渗漏,如由裂缝、伸缩缝和蜂窝、空洞等引起的渗漏。

(2)坝与岩石基础接触面渗漏。

(3)坝基渗漏。

(4)绕坝渗漏。

1.2 渗漏的危害

混凝土坝和浆砌石坝的渗漏危害是多方面的。坝体渗漏,将使坝体内部产生较大的渗透压力,影响坝体稳定。侵蚀性强的水还会产生侵蚀破坏作用,使混凝土强度降低,缩短建筑物的使用寿命。在北方地区,渗漏还容易造成坝体冻融破坏。坝基渗漏、接触面渗漏或绕坝渗漏,会增大坝下扬压力,影响坝身稳定,严重的将因流土、管涌等而引起沉陷、脱落,使坝身破坏。

2 渗漏处理的原则

渗漏处理的基本原则是:"上截下排",以截为主,以排为辅。应根据渗漏的部位、危害程度以及修补条件等实际情况确定处理措施。

(1)对坝体渗漏的处理,主要措施是在坝的上游面封堵,这样既可直接阻止渗漏,又可防止坝体侵蚀,降低坝体渗透压力,有利于建筑物的稳定。

(2)对坝基渗漏的处理,以截为主,以排为辅。排水虽可降低基础扬压力,但会增加渗漏量,对有软弱夹层的地基容易引起渗漏变形,应慎重对待。

(3)对于接触渗漏和绕坝渗漏的处理,应尽量采取封堵措施,以减少水量损失,防止渗透变形。

3 渗漏处理措施

3.1 坝体渗漏处理

3.1.1 坝体裂缝渗漏的处理

坝体裂缝渗漏的处理可根据裂缝发生的原因及对结构影响的程度、渗漏量的大小和集中分散等情况,分别采取不同的处理措施。

(1)表面处理。坝体裂缝渗漏按裂缝所在部位可采取表面涂抹、表面贴补、凿槽嵌补等表面处理方法。

对渗漏量较大,但渗透压力不直接影响建筑物正常运行的漏水裂缝,当在漏水出口进行处理时,先应采取导渗措施,然后进行封堵。方法有埋管导渗和钻孔导渗两种。

(2)内部处理。内部处理是通过灌浆充填漏水通道,达到堵漏的目的。根据裂缝的特征,可分别采用骑缝或斜缝钻孔灌浆的方式。根据裂缝的开度和可灌性,可分别采用水泥灌浆或化学灌浆。根据渗漏的情况,又可分别采用全缝灌浆或局部灌浆的方法。有时为了灌浆的顺利进行,还需先在裂缝上游面进行表面处理或在裂缝下游面采取导渗并封闭裂缝的措施。

(3)结构处理结合表面处理。对于影响建筑物整体性或破坏结构强度的渗水裂缝,除灌浆处理外,有的还要采取结构处理结合表面处理的措施,以达到防渗、结构补强或恢复整体性的要求。图2-32是利用插筋结合止水塞处理大坝水平渗水裂缝的一个实例。其具体做法是:在上游面沿缝隙凿一宽20~25 cm、深8~10 cm的槽,向槽的两侧各扩大约40 cm的凿毛面,共宽100 cm,并在槽的两侧钻孔埋设两排锚筋。槽底涂沥青漆,然后在槽内填塞沥青水泥和沥青麻布2~3层,槽内填满后,再在上面铺设宽50 cm的沥青麻布两层,最后浇筑宽100 cm、厚25 cm的钢筋混凝土盖板作为止水塞。从坝顶钻两排孔插筋锚固坝体。最后进行接缝灌浆。

3.1.2 混凝土坝体散渗或集中渗漏的处理

混凝土坝由于蜂窝、空洞、不密实及抗渗等级不够等缺陷,引起坝体散渗或集中渗漏时,可根据渗漏的部位、程度和施工条件等情况,采用下列一种或几种方法结合进行处理:

(1)灌浆处理。灌浆处理主要用于建筑物内部密实性差、裂缝孔隙比较集中的部位。可用水泥灌浆,也可用化学灌浆。

(2)表面处理。对大面积的细微散渗及水头较小的部位,可采取表面涂抹处理,对面积较小的散渗可采取表面贴补处理,具体处理方法详见任务 7 内容。

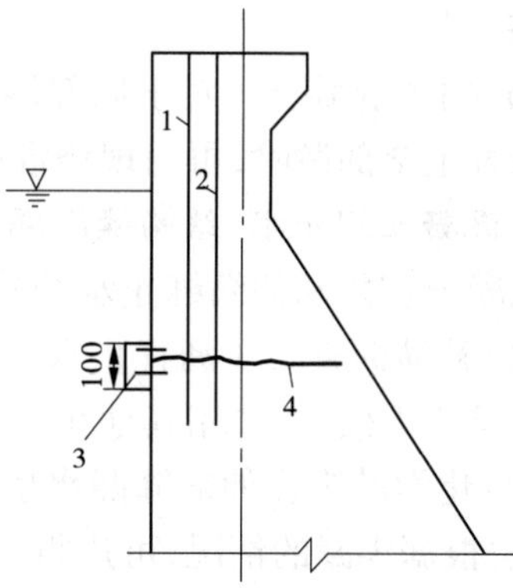

1—5 Φ 28 第一排插筋;2—5 Φ 28 第二排插筋;3—止水塞;4—裂缝

图 2-32 插筋结合止水塞处理渗水裂缝示意图 (单位:cm)

(3)筑防渗层。防渗层适用于大面积的散渗情况。防渗层一般做在坝体迎水面,结构一般有水泥喷浆、水泥浆及砂浆防渗层等形式。

水泥浆及砂浆防渗层,一般在坝的迎水面采用 5 层,总厚度为 12~14 mm。水泥浆及砂浆防渗层施工前需用钢丝刷或竹刷将渗水面松散的表层、泥沙、苔藓、污垢等刷洗干净,如渗水面凹凸不平,则需把凸起的部分剔除,凹陷的用 1:2. 5 水泥砂浆填平,并经常洒水,保持表面湿润。防渗层的施工,第一层为水灰比 0. 35~0. 4 的素灰浆,厚度 2 mm,分二次涂抹。第一次涂抹用拌和的素灰浆抹 1 mm 厚,把混凝土表面的孔隙填平压实,然后抹第二次素灰浆,若施工时仍有少量渗水,可在灰浆中加入适量促凝剂,以加速素灰浆的凝固。第二层为灰砂比 1:2. 5、水灰比 0. 55~0. 60 的水泥砂浆,厚度 4~5 mm,应在初凝的素灰浆层上轻轻压抹,使砂粒能压入素灰浆层,以不压穿为度。这层表面应保持粗糙,待终凝后表面洒水湿润,再进行下一层施工。第三层、第四层分别为厚度为 2 mm 的素灰浆和厚度为 4~5 mm 的水泥砂浆,操作工艺分别同第一层和第二层。第五层素灰浆层厚度为 2 mm,应在第四层初凝时进行,且表面需压实抹光。防渗层终凝后,应每隔 4 h 洒水一次,保持湿润,养护时间按混凝土施工规范的规定进行。

(4)增设防渗面板。当坝体本身质量差、抗渗等级低、大面积渗漏严重时,可在上游坝面增设防渗面板。

防渗面板一般用混凝土材料,施工时需先放空水库,然后在原坝体布置锚筋并将原坝体凿毛、刷洗干净,最后浇筑混凝土。锚筋一般采用直径 12 mm 的钢筋,每平方米一根,混凝土强度等级一般不低于 C13。混凝土防渗面板的两端和底部都应深入基岩 1~1. 5 m,根据经验,一般混凝土防渗面板底部厚度为上游水深的 1/15~1/60,顶部厚度不小于 30 cm。为防止面板因温度产生裂缝,应设伸缩缝,分块进行浇筑,伸缩缝间距不宜过大,一般 15~20 m,缝间设止水。

(5)堵塞孔洞。当坝体存在集中渗流孔洞时,若渗流流速不大,可先将孔洞内稍微扩大并凿毛,然后将快凝胶泥塞入孔洞中堵漏,若一次不能堵截,可分几次进行,直到堵截。当渗流流速较大时,可先在洞中揳入棉絮或麻丝,以降低流速和漏水量,然后进行堵塞。

(6)回填混凝土。对于局部混凝土疏松,或有蜂窝、空洞而造成的渗漏,可先将质量差的混凝土全部凿除,再用现浇混凝土回填。

3.1.3　混凝土坝止水、结构缝渗漏的处理

混凝土坝段间伸缩缝止水结构因损坏而漏水,其修补措施有以下几种:

(1)补灌沥青。对沥青止水结构,应先采用加热补灌沥青方法堵漏,恢复止水,当补灌有困难或无效时,再用其他止水方法。

(2)化学灌浆。伸缩缝漏水也可用聚氨酯、丙凝等具有一定弹性的化学材料进行灌浆处理,根据渗漏的情况,可进行全缝灌浆或局部灌浆。

(3)补做止水。坝上游面补做止水,应在降低水位情况下进行,补做止水可在坝面加镶紫铜片或镀锌片,如图 2-33~图 2-35 所示。

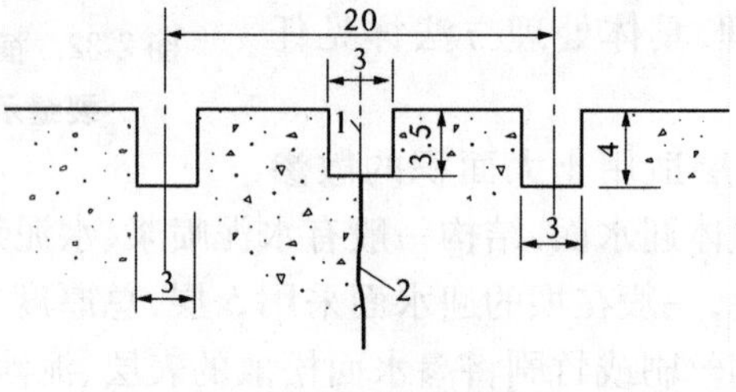

1—中心线;2—伸缩缝

图 2-33　坝面加镶紫铜片凿槽示意图　(单位:cm)

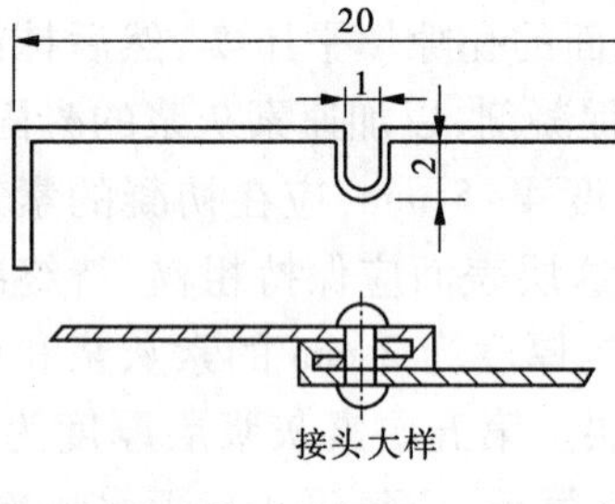

图 2-34　紫铜片形状尺寸　(单位:cm)

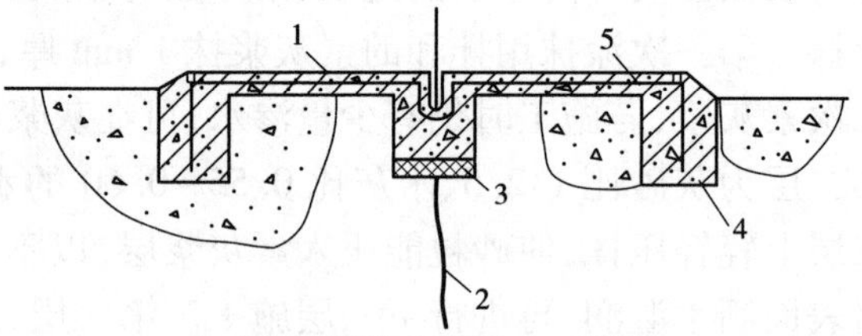

1—环氧基液与沥青漆;2—裂缝;
3—沥青石棉绳;4—环氧砂浆;5—紫铜片

图 2-35　坝面加镶紫铜片　(单位:cm)

3.1.4　浆砌石坝体渗漏的处理

浆砌石坝的上游防渗部分由于施工质量不好,砌筑时砌缝中砂浆存在较多孔隙,或者砌坝石料本身抗渗等级较低等均容易造成坝体渗漏。浆砌石坝体渗漏可根据渗漏产生的原因,用以下方法进行处理:

(1)重新勾缝。当坝体石料质量较好,仅局部地方由于施工质量差,砌缝中砂浆不够饱满,有孔隙,或者砂浆干缩产生裂缝而造成渗漏时,均可采用水泥砂浆重新勾缝处理。一般浆砌石坝,当石料质量较好时,渗漏多沿灰缝发生,因此认真进行勾缝处理后,渗漏途径可全部堵塞。

(2)灌浆处理。当坝体砌筑质量普遍较差,大范围内出现严重渗漏、勾缝无效时,可采用从坝顶钻孔灌浆,在坝体上游形成防渗帷幕的方法处理。灌浆的具体工艺见任务 7 内容。

（3）加厚坝体。当坝体砌筑质量普遍较差、渗漏严重、勾缝无效，但又无灌浆处理条件时，可在上游面加厚坝体，加厚坝体需放空水库进行。若原坝体较单薄，则结合加固工作，采取加厚坝体防渗处理措施将更合理。

（4）上游面增设防渗层或防渗面板。当坝体石料本身质量差、抗渗等级较低，加上砌筑质量不符合要求、渗漏严重时，可在坝上游面增设防渗层或防渗面板，具体做法同混凝土坝。

3.2 基础渗漏的处理

因地质因素的作用，坝基岩石均存在不同程度的裂隙现象。如果坝基在施工中未经妥善处理，水库多在蓄水时产生坝基渗漏。这样不仅影响水库蓄水，增加坝基的扬压力，减少坝体稳定性，而且可能使坝基在长期渗漏过程中产生过大的渗透变形，引起坝体失事。

对于已建成的水库，由于坝体已成，无法再做截水墙；或无法全部放空水库采取其他处理措施；或裂隙渗漏位置过深，其他方法处理困难，往往对基岩渗漏问题采取帷幕灌浆处理，可获得良好的效果。

在进行帷幕灌浆时，需首先确定帷幕位置、深度、厚度、孔距、排距等。帷幕通常布置在平行于坝轴线方向，靠近坝体上游面附近，向坝基岩层中深入一定深度，形成一道纵向的阻水帷幕，以截断坝基的渗水通道。在垂直于坝轴线方向，坝基处帷幕中线应距上游坝面约 1/10 水头。帷幕的孔深应达到该坝段的相对不透水层，一般以基岩的吸水率 ω 值来确定。不同坝高 H 的帷幕孔深，要求达到 ω 值小于表 2-3 中数值的深度。当无详细资料时，帷幕深度可取为（0.3~1.0）H（H 为水头）。

表 2-3 不同坝高 H 的 ω 值

H(m)	<30	30~70	>70
ω(L/(min·m·m))	0.03~0.05	0.01~0.03	<0.01

帷幕的厚度应根据帷幕抗渗稳定的要求决定，保证帷幕在最大水力坡降的渗流作用下，不至因稳定性不够而逐渐遭到破坏，可用式（2-14）表示：

$$J_{max} = \frac{\beta H}{l} < [J] \tag{2-14}$$

式中 J_{max}——帷幕上下游面最大水力坡降；

H——帷幕上下游面水头差；

l——帷幕厚度；

β——水头折减系数，当帷幕后有排水时，$\beta = 0.65 \sim 0.95$；

$[J]$——帷幕的允许水力坡降，可根据基岩灌浆后吸水率 ω 确定，$\omega = 0.01$ L/(min·m·m)时，$[J]=20$，$\omega = 0.03$ L/(min·m·m)时，$[J]=15$，$\omega = 0.05$ L/(min·m·m)时，$[J]=10$。

灌浆孔距主要根据灌浆孔的水泥浆扩散范围确定，应使所选孔距能获得 $l = (0.6 \sim 0.7)n$ 的帷幕厚度（n 为孔距）。排距 l_0 一般为孔距的 80%~85%。

当布置两排灌浆孔时,帷幕的厚度 l 为

$$l = l_0 + (0.6 \sim 0.7)n \tag{2-15}$$

帷幕灌浆的施工程序为:钻孔→洗孔→压水试验→灌浆→封孔→检查质量。

3.3 绕坝渗漏的处理

绕过混凝土坝或浆砌石坝的渗漏,应根据两岸的地质情况,摸清渗漏的原因及渗漏的来源与部位,采取相应措施进行处理。处理的方法可在上游面封堵,也可进行灌浆处理,对土质岸端的绕坝渗漏,还可采用开挖回填或加深刺墙的方法处理。

项目案例

案例一　鲁布革水电站堆石坝观测项目

鲁布革水电站位于云南省和贵州省的分界河流黄泥河上,大坝是一座窄心墙堆石坝,最大坝高 103.8 m,坝顶长 200 m;心墙上下游边坡均为 1∶0.175,底宽 40 m,材料为软岩风化料,坝壳材料为电站开挖的白云岩和灰岩。水库总库容 1.11 亿 m^3,其中死库容 0.37 亿 m^3,有效库容 0.74 亿 m^3,电站转换机 60 万 kW。大坝的设计采用了一些新技术,如心墙为软岩风化料等。为保证大坝安全,便于监测施工质量并验证设计,大坝上布置了先进而又全面的观测仪器。大坝于 1998 年 11 月开始蓄水发电。

大坝的观测系统设计原则主要是:

(1)观测项目和测点数量按一级工程设计。

(2)考虑工程的特点及结果的反馈分析和验证设计。

(3)考虑观测工作和检修的方便。

大坝观测的项目和仪器设备如下。

1.标点共 32 个

目的是监测坝面的水平位移和沉降。

2.斜孔 2 个

目的是监测坝体不同层次的水平位移,位置在坝轴线上桩号为 0+36.73 和 0+100 处。

3.沉降观测孔 2 个

目的是监测坝体的分层沉降情况,位置同测斜孔。

4.垂直水平位移观测共 2 条线,9 个测点

目的是监测心墙与下游堆石体的相对位移和位移,用以判断心墙是否发生纵向裂缝。在桩号 0+100,高程 1 076.04 m 处设 5 个测点,高程 1 116.88 m 处设 4 个测点。

5.TS 型位移计(电位器式)共 22 个测点

在桩号 0+106.69、高程 1 075.46 m 处和桩号 0+102、高程 1 117.18 m 处各设 2 支位移计,观测心墙与上游堆石体的相对位置,以判断心墙上游部位纵向缝的产生,其余 18 支位移计则设在两岸,用以观测心墙与混凝土垫层岸坡的剪切位移和拉伸位移。

6.孔隙水压力仪器共 31 个

目的是观测心墙的固结过程、渗流状态、帷幕效果以及心墙与两岸接触渗漏情况。其中心墙上 10 个,帷幕前基岩内 2 个,混凝土垫层与坝体的接触面上 8 个,坝基垫层上的反滤层内 1 个,心墙与两岸混凝土垫层接触面上各 5 个。

7.绕坝渗流观测孔共 9 个

其中左岸 4 个孔,右岸 5 个孔。目的是了解绕坝渗流情况。

8.量水堰共 3 个

目的是了解渗漏量大小。坝体、左右两岸绕坝渗流处各设 1 个。

9.接触式(界面式)土压力计 10 个

目的是了解坝基混凝土垫层上的土压力分布和心墙与两岸的接触情况。其中 6 个在混凝土(坝基)垫层与心墙底接触面上,其余 4 个在心墙与左岸混凝土垫层接触面上。

10.土中土压力计(界质土压力计)共 32 个

目的是了解心墙和反滤层中的应力变化。位置是心墙内 16 个,上游反滤层中 7 个,下游反滤层中 9 个。

11.地震仪 2 台

设在桩号 0+100 的坝顶和高程 1 075 m 的下游坝坡上。

鲁布革大坝观测的仪器既有国产的,也有国外生产的。大坝内部观测仪器埋设成功率达 87%,处于国际先进水平。经过施工期和运行期的观测,达到了监测的目的。

案例二　四川省团结水库浆砌条石拱坝裂缝处理

四川省绵阳市三台县团结水库于 1966 年 10 月建成,大坝为 22 m 高的浆砌条石拱坝。1967 年发现坝身有两处产生水平裂缝,缝长分别为 10 m、5 m。缝口有压碎现象,漏水严重。放空水库进行检查,又发现坝体中部有一竖直裂缝,从坝顶向下伸长 7.5 m,缝宽 5 mm。其右侧 8 m 处另有一长 5 m 的竖直裂缝,见图 2-36(a)。后经分析,坝体产生水平裂缝的原因主要是坝体纵剖面处宽度突然缩窄,造成应力集中,再加上用料质量差,坝体应力超过了砌体的抗剪强度。而竖缝则是水库放空时,在坝身回弹过程中被拉裂的。

对于这种严重的应力裂缝,采用了加厚坝体和填塞封闭裂缝的处理方法,如图 2-36(b)所示。在原坝体上游面沿水平缝凿槽填塞混凝土,然后在上游面加筑混凝土防渗墙及浆砌条石加厚坝体,竖缝用高强度等级水泥砂浆填塞封闭。经过处理,增强了坝的整体性和抗渗能力,改善了坝体应力状态,处理后再没出现裂缝和漏水情况。

案例三　广西壮族自治区大江水库渗漏处理

一、水库基本概况

大江水库位于广西壮族自治区临桂县的漓江支流良丰河上游。工程于 1978 年 8 月建成蓄水。坝型为浆砌石重力坝,坝顶高程 257 m,集雨面积 60.22 km^2,水库总库容 4.16 亿 m^3。

二、水库漏水情况

大坝关闸蓄水即发生渗漏,渗漏量逐年增大。1984 年观测,库水位在 252 m 时,渗漏量达 1 140 L/s,经检查分析,漏水原因有以下几个。

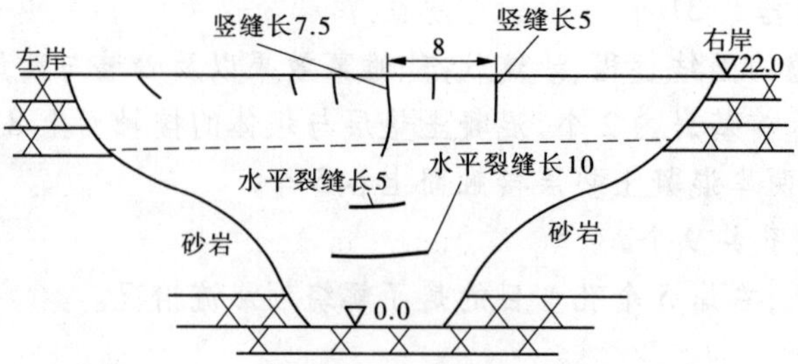

(a)坝体裂缝示意图

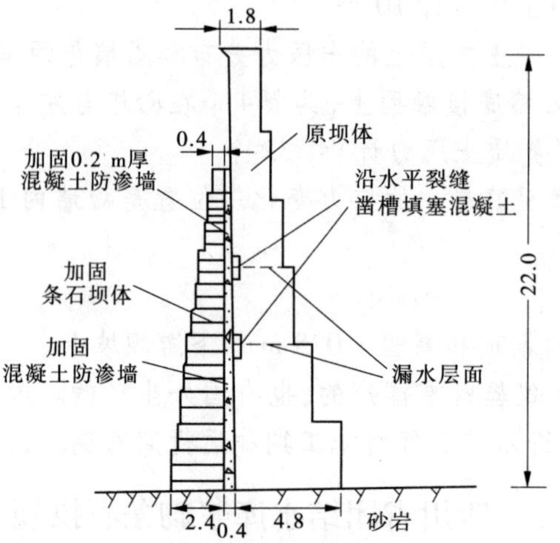

(b)加厚坝体和填塞封闭裂缝

图 2-36　团结水库坝体裂缝处理示意图　(单位:m)

(一)坝体漏水

施工时浆砌石的水泥浆液不饱满,孔洞多,空隙大,质量差。混凝土防渗截水墙设计厚60 cm,但无伸缩缝,施工时每层高1~1.5 m,没有用振捣器振实,出现蜂窝裂缝。迎水面出现裂缝17条,其中由坝顶到坝脚的有2条,最大缝宽2 cm,因而形成渗水通道。库水位在正常水位时,坝后有漏水点282处。

(二)绕坝渗漏和接触渗漏

坝趾由砂岩和泥岩组成,左右两坝肩基岩走向基本倾向下游,左岸强风化层厚达2~5 m,右岸厚达5~10 m,裂缝极为发育,岩石破碎,透水性强。左岸吸水率最大达1.192 L/(min·m·m),右岸吸水率最大达到0.46~0.6 L/(min·m·m),属严重漏水带。但筑坝前和坝建成后没有进行处理,防渗齿墙没有伸至弱风化带,又没有进行帷幕灌浆处理,这是绕坝渗漏和接触渗漏的原因。

(三)坝基断层裂隙漏水

坝趾有大小断层19条,其中与大坝关系密切的有7条,在施工时没有对这些断层进行认真处理,形成漏水通道。

三、漏水处理的方法及效果

大江水库在选用处理方法时,曾进行过方案比较,对处理坝体渗漏曾提出做混凝土心墙、混凝土面板和灌浆处理。但坝体是浆砌石，做混凝土防渗墙难以造槽孔，做混凝土面板要求水下作业，施工技术复杂，并受汛期洪水影响，最后选用灌浆方案，对坝基漏水处理采用帷幕灌浆方案。坝体和坝基灌浆同时进行。

灌浆时从坝顶施灌，布孔两排，排距1.5 m，孔距2 m，两排孔位呈品字形，孔深深入基岩相对不透水层，即吸水率小于0.03 L/(min·m·m)接触带，深入接触面以下5 m。断层裂缝部位深入到8~12 m。采取自上而下分段灌浆法，每段长一般为2~4.5 m。灌浆压力坝体为0~588 kPa，接触带为196~490 kPa，基岩为588~980 kPa。

灌浆时，根据需要浆液中加入掺料和速凝剂。坝体和接触带孔洞多，空隙大，加掺料以节省水泥用料和投资，掺料采用粉煤灰，用量为水泥的15%~30%。在渗漏水流速较大的部位掺入速凝剂，以缩短浆液的凝结时间，速凝剂采用水玻璃和氯化钙，水玻璃为浆液的35%~50%，氯化钙为水泥用量的3%。

灌浆后，经过压水试验，证明灌浆效果达到了设计要求。吸水率坝体 $\omega<0.05$ L/(min·m·m)，基础和接触带 $\omega<0.05$ L/(min·m·m)，符合设计要求。灌浆前与灌浆后漏水比较，漏水量减少96%以上。

案例四　四川省黑龙滩浆砌条石重力坝病害处理

四川省眉山市仁寿县黑龙滩浆砌条石重力坝，于1971年建成，最大坝高55 m，总库容3.6亿 m^3，为一大型的灌溉蓄水工程。由于设计考虑不周，勘测条件较差，加上施工质量控制不严，因此蓄水后出现了多方面的病害。

一、病害情况

黑龙滩重力坝的病害是多方面的，主要有以下几方面。

(一)坝体抗滑稳定性不够

施工时发现坝基内有黏土夹层，但未能全部清除，实际的摩擦系数远小于设计采用值0.55。因此，大坝的抗滑稳定性不够，需加固处理。

(二)渗漏

坝体和坝基均有严重渗漏现象，坝内廊道多处漏水，当水库蓄水位较高时，右岸坝肩基岩也大面积渗水。据1973年5月观测，当库水位为471 m时，大坝渗漏水量为96 L/min。

(三)裂缝

坝体有多处裂缝，有的为贯穿性裂缝。在廊道左岸出口下游坝面附近的一处裂缝，还有射水现象。

(四)廊道排水沟淤积

由排水带出大量钙质析出物，这些钙质析出物沿廊道排水沟沉积，每周沉积厚度可达1 cm。

(五)排水孔被堵塞

由于部分排水孔被堵塞，造成坝体扬压力增大，增加了坝体的不稳定性。

二、处理方法及效果

根据病害情况，采用了坝身灌浆、坝基帷幕补强灌浆和加厚坝体的综合处理方案。由于放空水库存在实际困难,而且渗漏范围较大,故未采取上游面勾缝或做防渗面板的处理措施。

坝身灌浆采用坝顶钻孔灌浆方法,经过处理后,坝身裂缝多已闭合,渗漏情况也大为好转,渗漏范围大为减小,廊道内和下游坝坡已能基本上保持干燥状态。

帷幕灌浆时,排距 2 m,孔距 3 m,部分坝段孔距加密至 1.5 m。河床段深入基岩 40 m,两岸坝肩段深入基岩 25~30 m。帷幕补强后,坝基渗漏也明显减少。

通过坝身灌浆和帷幕灌浆后,1974 年初测得渗透流量已减小为 26 L/min,仅约为原渗透流量的 1/4。

坝体加厚,一方面通过地质勘测工作,确定黏土夹层的摩擦系数;另一方面根据库水位实际达到 480 m 时,认为原坝体处于极限平衡状态,求出摩擦系数,然后根据蓄水至 484 m,并保持一定的抗滑稳定系数的要求,求得需加宽坝体 13 m,整个加厚坝体如图 2-37所示。核算结果,稳定系数满足要求。

处理工作结束后,水库蓄水运用正常。

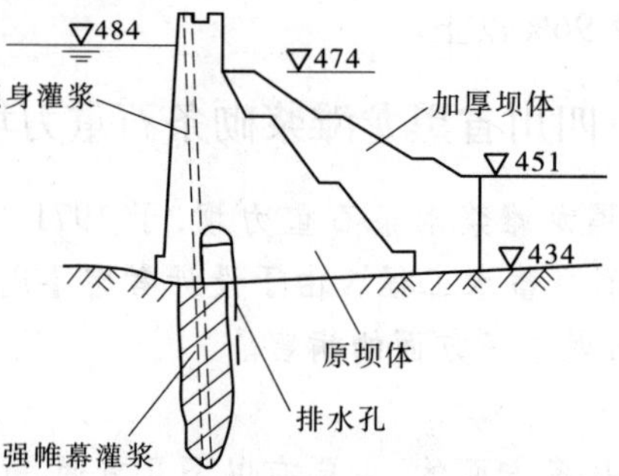

图 2-37　黑龙滩重力坝病害处理示意图

技能训练

一、填空题

1.混凝土坝及浆砌石坝巡视检查的类型有________、________、________、________。

2.混凝土坝及浆砌石坝巡视检查的“五定”要求是________、________、________、________、________。

3.混凝土坝及浆砌石坝的常见病害有________、________、________。

4.混凝土坝和浆砌石坝变形观测的项目主要有________、________、________、________、________等。

5.变形观测的正负号规定中,对水平位移向________为正,向________为正;反之为负。对竖向位移,向________为正,向________为负。对裂缝________为正,________为负。

6.引张线观测设备主要由________、________、________等三部分组成。

7.正垂线装置由________、__________、________、________、________、________六部分组成。

8.扬压力测压管由________和________组成。通常使用φ50 mm的________或________。

9.混凝土及砌石建筑物基础扬压力观测的仪器设备有________、________、________等。

10.混凝土坝的变形和应力的影响因素主要为________、________、________及________等四类。

11.坝体的应力是引起________的主要原因,也是影响________和________的一个重要因素。

12.当混凝土坝的应力和温度观测仪器埋设完成后,就应按照规范或设计要求进行观测。仪器埋设后,24 h以内每隔________观测1次;之后每________观测1次,直至混凝土达到最高水化热温升;以后每天观测1次,持续________;最后按________观测1次。

13.观测资料整理的内容有________、________、________、________。

14.观测资料整编的内容有________、________、________、________。

15.观测资料初步分析的方法有________、________、________、________、________。

16.增加重力坝抗滑稳定的途径有________、________、________、________等。

17.通常减小重力坝坝基扬压力的方法有________、________。

18.增加坝体重力可采用________、________等方法。

19.减小坝体水平推力可采用________、________等方法。

20.增大坝基摩擦系数可采用________、________等方法。

21.混凝土坝及浆砌石坝裂缝常见类型有________、________、________、________。

22.混凝土坝及浆砌石坝裂缝表面处理的常用方法有________、________、________、________。

23.混凝土坝及浆砌石坝裂缝的内部处理,指________裂缝或________裂缝常用的灌浆方法处理。其施工方法通常为钻孔灌浆,灌浆材料一般采用________和________,可根据裂缝的性质、开度以及施工条件等具体情况选定。

24.混凝土坝及浆砌石坝渗漏处理的基本原则是:________、________、________。

25.在进行坝基渗漏帷幕灌浆时,需首先确定帷幕________、________、________、________、________等。

二、选择题(正确答案1~3个)

1.下面不属于混凝土坝和浆砌石坝常见病害的是(　　)。

A.抗滑稳定性不足　　B.裂缝及渗漏

C.滑坡　　D.剥蚀破坏

2.对于混凝土坝及浆砌石坝水平位移的观测应优先采用(　　)。

A.视准线法　　B.正垂线法

C.引张线法　　D.倒垂线法

3.水平位移观测中适用于直线形大坝的观测方法是(　　)。

A.正垂线法　　B.倒垂线法

C.引张线法　　D.视准线法

4.混凝土坝及浆砌石坝的挠度观测常用的方法是(　　)。

A.视准线法　　B.垂线法

C.水准测量法　　D.引张线法

5.进行挠度观测时,每测回应照准两次分别进行读数。一测回中的两次读数差应不大于(　　)mm。

A.0.3　　B.0.5

C.0.1　　D.0.2

6.引张线的测线一般采用直径为0.8~1.2 mm的不锈钢丝,钢丝直径的选择应使极限拉力为所受拉力的(　　)倍。

A.1.5　　B.2.0

C.2.5　　D.3.0

7.正垂线观测装置中的重锤的质量一般不超过垂线极限拉应力的(　　)。当采用直径为1.0 mm的钢丝时,对于接触式垂线仪,重锤质量可为(　　)kg。

A.400　　B.300

C.200~500　　D.20~50

8.测缝计是用于监测裂缝的(　　)。

A.长度　　B.深度

C.走向　　D.开合度

9.用电测水位器观测时的两次读数差,对于大型水库应不大于(　　)cm,对于中型水库应不大于(　　)cm。

A.1　　B.3

C.4　　D.2

10.当测压管中扬压水位高于管口时,常用的观测仪器是(　　)。

A.测沉棒　　B.测深钟

C.电水位器　　D.压力表或压差计

11.重力坝应力和应变观测点应布置在观测截面中心线上,同一浇筑块内的测点应不少于(　　)点,纵缝两侧应有对应的测点。通仓浇筑的坝体,其观测截面上一般布置

(   )点。

A.2　　B.3

C.4　　D.5

12.在重力坝段的中心横剖面上,宜按网格布置温度测点,网格间距为(   )m。宽缝重力坝和重力坝引水坝段的测点布置应顾及空间温度场观测的需要。

A.7～14　　B.8～15

C.9～16　　D.8～17

13.时间过程统计分析法常用来绘制与分析(   )。

A.测值相关图　　B.测值分布图

C.测值过程线　　D.测值预测图

14.渗流量与库水位(或上下游水位差)相关关系图的绘制与分析采用的方法是(   )。

A.时间过程统计分析法　　B.空间分布统计分析法

C.相关因素统计分析法　　D.比较分析法

15.增加重力坝抗滑稳定性的主要措施是(   )。

A.增大扬压力　　B.减小坝体重力

C.增大摩擦系数　　D.增大水平推力

16.对于混凝土坝开度小于0.3 mm的裂缝,宜采用的灌浆方法是(   )。

A.劈裂灌浆　　B.帷幕灌浆

C.化学灌浆　　D.水泥灌浆

17.对于渗透流速大于600 m/d或受温度变化影响的裂缝,则不论其开度如何,均宜采用(   )处理。

A.水泥灌浆　　B.化学灌浆

C.帷幕灌浆　　D.高压定向喷射灌浆

18.对于坝体渗漏的处理,主要措施是在坝的(   ),这样既可直接阻止渗漏,又可防止坝体侵蚀,降低坝体渗透压力,有利于建筑物的稳定。

A.下游面导渗　　B.下游面封堵

C.上游面导渗　　D.上游面封堵

三、简答题

1.混凝土坝及浆砌石坝巡视检查的内容有哪些?

2.混凝土坝及浆砌石坝日常维护的内容有哪些?

3.变形量符号如何确定?

4.简述引张线法观测混凝土坝水平位移的原理及设备组成。

5.简述引张线法观测混凝土坝水平位移的步骤与方法。

6.什么叫挠度观测?挠度观测的目的是什么?

7.倒垂线法、正垂线法观测混凝土坝挠度的原理与方法分别是什么?

8.什么叫混凝土和砌石建筑物的扬压力?扬压力观测的目的是什么?

9.如何用电测水位器观测与计算测压管水位?

10.如何用压力表观测与计算测压管水位?

11.混凝土坝应力和温度观测的要求有哪些?

12.混凝土坝及浆砌石坝观测资料整理分析的内容有哪些?

13.混凝土坝及浆砌石坝观测资料初步分析的方法有哪些?

14.重力坝抗滑稳定性不足的主要原因有哪些?

15.重力坝所受的主要外力有哪些?增加重力坝抗滑稳定性的主要措施有哪些?

16.混凝土坝及浆砌石坝裂缝表面处理的常用方法有哪些?

17.水泥灌浆处理混凝土坝裂缝施工程序及技术要求有哪些?

18.化学灌浆处理混凝土坝裂缝施工程序及技术要求有哪些?

19.混凝土坝及砌石坝渗漏的途径有哪些?渗漏的危害有哪些?

20.帷幕灌浆处理混凝土坝基岩渗漏施工程序及技术要求有哪些?

项目3 泄水建筑物的监测与维护

【项目概述】

本项目主要介绍水闸监测、水闸控制运用、水闸养护修理、溢洪道养护修理等内容。

【学习目标】

通过本项目的学习，要求学生了解水闸结构，水闸控制运行相关内容；熟悉水闸启闭设备运行操作及日常保养和维护；掌握水闸与溢洪道的日常养护、监测、维修加固内容。具备闸门运行工等基本知识和技能。

任务1 水闸监测

1 水闸的工作特点及安全类别划分

水闸是一种低水头水工建筑物，具有挡水、泄水的双重作用，除通过闸门的启闭控制流量和调节水位外，还担负着防止潮水倒灌以及汛期排泄洪（涝）水的功能。

1.1 水闸的工作特点

水闸可以修建在土基或岩基上，但多数建于软土地基上。水闸既要挡水又要泄水，地基条件差和水头低且变幅大是水闸工作条件之所以比较复杂的两个主要原因。因而，它具有许多与其他挡水建筑物不同的工作特点，具体反映在稳定、渗流、冲刷和沉陷等几个方面。

1.1.1 稳定问题

水闸在正常使用时，上游拦有较高水位，闸上下游形成的水位差会造成较大的水平水压力，使水闸有可能产生向下游一侧的滑动。因此，水闸必须具有足够的重量，以维持自身的稳定。水闸建成尚未挡水时，或在正常使用的无水期，常因过大的垂直荷载，使基底压力超过地基允许承载力而导致地基土发生塑性变形，可能产生闸基土被挤出或连同水闸一起滑动的危险。因此，水闸又必须具有适当的基础（底板）面积，以减小基底压应力。

1.1.2 渗流问题

水闸挡水时在上下游水位差的作用下，会产生通过闸基及水闸与两岸连接处的渗流。渗流的存在将对水闸底部施加向上的扬压力，减小水闸的重量，降低水闸的抗滑稳定性。当闸基或两岸均为土基时，渗流还可能带走土层中的细颗粒，在闸后出现翻砂鼓水现象，严重时闸基和两岸还可能被淘空。侧向渗透的绕流对两岸连接建筑物施加水平水压力，降低了这些建筑物的稳定性，还将引起岸坡上的渗透变形并增大闸底的渗透压力。渗流水量如果很大，将会影响水闸的挡水效果，甚至蓄不住水。

1.1.3 冲刷问题

水闸开闸泄水时，闸下游无水或水深很浅，在上下游水位差的作用下，过闸水流往往有很大的流速,其具有的能量将引起闸下游严重冲刷。当冲刷范围扩大到闸基时,将因闸基被淘空而导致水闸失事。此外,水闸两岸多为土层或软弱岩层,特别是当闸孔数目较多时,开启个别闸孔容易形成折冲水流,对下游河岸造成严重冲刷,也会危及水闸的稳定和安全。

1.1.4 沉陷问题

水闸建在软土地基上时,由于软土的压缩性很大,在闸身自重及外部荷载的作用下,往往会产生较大的沉陷;尤其当通过底板传到地基上的荷重分布不均匀以及地基土层分布不均匀时,更会产生不均匀沉陷。地基的沉陷将会引起水闸的下沉,不均匀沉陷则会造成闸室倾斜,严重的甚至可能断裂,这将严重影响水闸的正常使用。

1.2 水闸安全类别划分

(1)一类闸:是指常规维修养护即可保证正常运行的水闸。

(2)二类闸:是指经大修后,可达到正常运行的水闸。

(3)三类闸:是指经除险加固后,才能达到正常运行的水闸。

(4)四类闸:是指需降低标准运用或报废重建的水闸。

2 水闸运用前的检查

水闸在启闭运用前对闸门、启闭设备、电器等有关部位进行的检查与日常维护的检查内容是不同的。日常维护检查,是按养护修理规程进行维护,使设备处于正常使用状态;而运用前的检查,是为了水闸能够安全及时启闭,着重于安全运行方面的检查。

2.1 闸门的检查

2.1.1 闸门

闸门周围有无漂浮物卡阻,门槽是否堵塞,有无块石、碎石或其他硬物,门体是否倾斜,闸门是否振动等。

2.1.2 闸门的位置

多次启闭的闸门,应检查闸门是否在原来的位置。特别是液压启闭机,由于油缸或管道漏油,可能导致闸门位置下移,使其不在原来位置,应作为检查重点。

2.1.3 冰冻冻结

北方寒冷地区,在冬季启闭闸门时,要检查闸门门体周边有无冻结情况。对已冻结的,应将闸门周边的冰冻破碎,或用加温方法使冰冻融化后方可启闭闸门。

2.2 电器检查

2.2.1 电源

电源或动力装置有无故障或异常。由于水闸工程多地处偏僻,供电时常没有保障,或因恶劣天气因素影响,可能发生主线路断线等异常情况,出现此种情况,必须运用备用电源或备足人力。所以,一般大中型水闸配有备用电源(即柴油发电机),电源检查主要是查看备用电源设备是否正常,燃料是否充足等。

2.2.2 仪表

电器设备的仪表是否完好或准确,指示电器设备能否正常工作,如电压表、电流表是否在额定工况下工作;自动化装置部分的各种仪表、监控仪显示和指示是否正确等。

2.3 启闭机的检查

2.3.1 转动部位

启闭机的转动部位是否放置工器具及其他硬物，若有则影响水闸的安全运行。如某水闸养护修理时，将钢丝刷遗忘在开式齿轮上，运用前未做详细检查，运行时，启闭机超载钢丝绳被拉断，闸门摔落受损，造成重大操作事故。

2.3.2 高度指示器

闸门高度指示器起到闸门开启高度的指示作用，在闸门关闭到位时，应归零，运行中指示灵活正确。闸门操作人员应准确理解刻度盘数字代表闸门的开启高度，否则将会出现安全事故。

2.3.3 液压启闭机的部件

主要检查液压启闭机的油泵、各类控制阀件工作是否正常；工作压力能否达到设计要求，管道、油缸是否漏油等。

2.4 其他方面的检查

2.4.1 闸室或洞身隐患检查

在开闸前，应检查水闸的闸室或洞身有无船只、渔民及其他安全隐患。对开敞式水闸检查较为容易；对涵洞式水闸检查较为困难，若有渔民捕鱼，也很难发现，若疏忽大意，就可能引发安全事故。无论何种形式的水闸，开闸前，均应对闸室或洞身进行检查，以确保安全。某涵洞式水闸曾发生过渔民驶船进入洞身靠近闸门捕鱼，因开闸前未被发现，开闸后听到呼救并紧急关闸，但仍造成船翻人亡事故。

2.4.2 上下游障碍物检查

水闸上下游水面的船只，均应驶出水闸警戒区，到安全地带停靠；上游的漂浮物如水草、草垛、树木等均应及时打捞，以免闸门卡阻，无法启闭运用。

2.4.3 水位及水流流态检查

开启的水闸，除正常观察上下游水位、流量外，还应对水流流态进行观察。如水流流向是否偏流、有无折冲水流、闸下水跃位置是否在消力池内等。

2.4.4 通气孔检查

设有通气孔的建筑物，要检查其通气孔是否被堵塞，以避免闸门开启后产生负压，造成闸门或建筑物结构的气蚀破坏。

3 水闸一般项目观测

3.1 水闸水位观测

为了解水闸上下游水位及其变化情况，应设置水位测点，作为水闸控制运用和分析水闸工作状态的依据。同时还应结合进行闸门开度、出流情况、风力、风向、水面起伏度等的观测，作为分析研究水位资料的参考。

3.1.1 测点布置原则

水位测点应在水闸投入运用前进行布置。测点布置的一般原则如下：

(1)布置测点时应结合其他观测项目和河道上原有的测站综合考虑。

(2)应设置在能满足工程运用和分析其他观测成果需要的有代表性的地点。

(3)应设置在水流平顺、水面平稳、受风浪或泄流影响较小的地点。

(4)应设置在河床及岸坡比较稳固的地点。有条件的也可将水尺设置在附近的永久性建筑物上。

(5)应设置在便于观测的地点。

各种观测设备的形式、安装方法、零点高程以及填制考证表、零点高程的测量、校测和精度要求,均按水文规范及手册的有关规定执行。水位标尺或自记水位计的水准基面必须和水闸所采用的水准基面一致。有条件的地方可以增设自记水位计或远传水位计,进而实现对水位数据实时采集、存储、查询、水位报表打印、人为设置水位报警信号等。

3.1.2 水位观测要求

(1)应参照水文规范关于水位观测的基本要求执行。

(2)水闸、过水堰坝等过水建筑物上下游的水位测点,在操作运用过程中,闸门开始变动前及全部关闭后,均需加测一次。

(3)受潮汐影响的挡潮闸或引潮闸,如需研究潮汐变化的,则应按潮水位规定在上游或下游进行全潮水位观测,如仅为推算流量的,则只需在开闸后观测潮水位,关闸时不观测或只观测最高、最低水位。

3.1.3 水位观测记录整理

(1)应参照水文规范有关规定进行记录。

(2)水闸上下游水位观测成果,应分别绘制逐日最高、最低水位图表。

(3)按全潮水位观测的,应填绘逐日潮水位图表。

3.2 水闸流量观测

为了解水闸在不同条件下的泄水流量,作为控制运用的依据,必须进行流量观测。水闸的流量观测,是通过经常的水位观测,根据水位、流量关系,推求出相应的流量。为了校核修正水位、流量关系,或为了求得水闸在不同的水位、闸门开度及出流情况等条件下的实际泄水能力,校正设计泄流曲线,以便根据放流需要,确定闸门运用方式,应在各个适宜地段选设测流断面,用浮标或流速仪等方法进行流量施测。

3.2.1 测流断面布置原则

测流断面的选设,除应考虑水流平稳,能取得准确成果和工作方便等条件外,还应符合下列要求:

(1)没有闸门控制或虽有闸门却经常提出水面的建筑物,有条件的一般可设在建筑物上游 500 m 以外的地段。如上游受地形或其他条件限制而不便设置断面时,也可设在下游。

(2)有闸门控制的建筑物,如果下游没有变动的回水影响,应尽可能设在下游,一般可设在闸门以外 500~1 000 m 的地段;当下游受潮汐影响或其他条件限制而不便设置断面时,也可以设在上游。

(3)闸门应进行编号,一般应面向下游,从左到右顺序排列,分上下排的闸门,应先下排后上排,连续排列。

(4)其他要求。测流断面和测点的布设、仪器的选用和测读方法、精度要求、测读记录等,均应遵照水文规范及手册的有关规定。在进行流量观测时,应同时观测水位,闸、阀门开度和出流情况等相关因素。

3.2.2 水闸流量观测要求

按照水力学中的分类,水闸出流时的流态,一般可分为孔流及堰流两类。

3.2.2.1 分级观测要求

应根据不同的出流情况,把水位和闸门开度等相关因素的最大变幅按下列办法分级进行观测:

(1)自由式堰流,可以将上游水位的最大变幅分为6~12级,每级施测2~3次。

(2)淹没式堰流,可以将上游水位的最大变幅分为6~12级,再按每级水位,将上下游水位差或下游水位最大变幅分为6~12级,进行组合,对每个组合各施测1~2次。

(3)自由式孔流,按照闸门最大开度分为6~12级,再按每级开度将上游水位最大变幅分为6 ~12级,进行组合,对每个组合施测1~2次。

(4)淹没式孔流,按照闸门开度及水位差最大变幅,比照自由式孔流的分级组合,进行施测。

在建筑物运用期,当出现上述各种不同分级组合情况时,应及时进行流量施测,逐步校核修正设计的水位—流量关系,在得出比较正确的水位—流量关系以后,在条件不变的情况下,可以停止对泄水建筑物泄流量的经常观测。

3.2.2.2 观测时间要求

流量观测时间,一般可按水文规范的规定,并考虑以下情况:

(1)当闸、阀门启闭时间较短、水位涨落变化较大时,不宜进行流量观测,必须在流量比较稳定时进行。

(2)受潮汐影响的建筑物,水位的瞬时变幅较大时,可采用多船法施测,要求在上下游水位差的变化不超过0.3 m的历时内,完成一次测流的全过程,为满足此要求,可适当精简垂线、测点或改进施测方法,以缩短测流时间。

3.2.2.3 水闸流量观测记录整理

(1)在测流过程中,如果水位发生了变化,应通过计算,确定相应水位。如水位变化范围不超过5 cm,或相应的过水断面面积变化不超过5%~10%,可采用算术平均法。计算测流开始和终了时水位的平均值。

(2)根据实测的流量成果,应绘制水位、流量与各相关因素关系曲线。

(3)根据流量观测的成果,应及时填制流量观测成果表,计算逐日平均流量,并绘制流量过程线图。

3.3 流态观测

为了正确控制运用水闸,掌握水闸上下游水流情况及消能设备的工作效能,保证建筑物的安全,避免不利的情况发生,应进行水流形态的观测。

水流平面形态观测的范围,应自水闸位置起,分别向上下游至水流正常处为止。水闸的流态观测,通常是指水流平面形态、水跃和水面线的观测。

3.3.1 过闸水流平面形态观测

3.3.1.1 观测内容

水流平面形态观测的内容包括上下游的流向、漩涡、回流、水花翻涌、折冲水流、水流分布等。

一般在记录时用图 3-1 所示符号表示。

图 3-1 水流平面形态观测记录符号

3.3.1.2 观测方法

(1)目测法。首先应绘制观测范围内的水闸平面图。观测时,持图立于能清晰看见水流平面形态的固定处,直接将水流平面形态用各种符号描绘在平面图上,并加以文字说明。

(2)摄影法。选择水流表面有代表性的部位,进行摄影。为显示水流行迹,可先在上游撒布锯屑、稻壳、麦糠等漂浮物,然后进行拍照。

(3)浮标法。当水面较宽,目测有困难时,可采用此法。用经纬仪或平板仪交会测定浮标位置,定出流向等水流形态出现的位置,点绘在缩绘的平面图上。

3.3.2 水跃和水面线观测

一般常用的有方格坐标法、水尺组法和活动测锤法。

3.3.2.1 方格坐标法

此法适用于过水面较窄,用目测或望远镜能清楚地看清对岸,且边墙大致平行于水流方向的水闸。

(1)坐标布置:在观测范围内的水闸两岸侧墙上绘制方格坐标,从消能设备的起点开始,向下游按桩号每米绘一纵线;由消能设备的底板开始,向上(按高程)每米绘一横线,并注明高程,如图 3-2 所示。在水面经常变动的范围内纵线画至 0.1 m,横线画至 0.5 m,线条宽 3~5 cm,用耐冲的白色磁漆绘制,也可在施工时用有色混凝土做成。对扩散或倾斜的边墙,可根据扩散角和倾斜角换算后绘制。

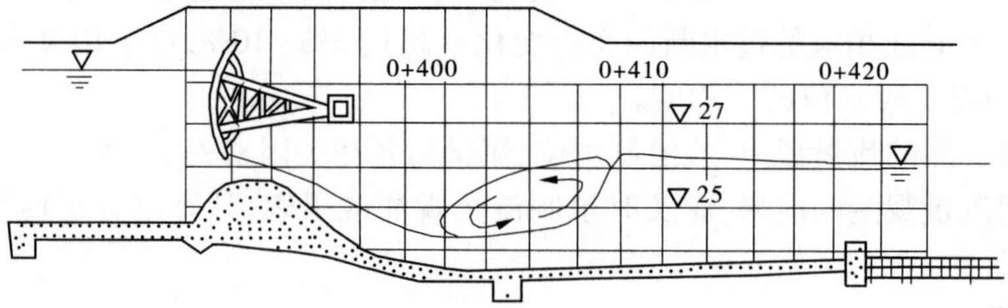

图 3-2 观测水跃与水面线的方格坐标示意图 (高程、桩号以 m 记)

(2)观测前,要首先将方格坐标、水尺和建筑物缩绘成图(比例尺可用 1/100)。观测时,待水流稳定后,持图站在能清楚看到水跃侧面形态的固定位置。按照水面在方格坐标和水尺上的位置,将其描绘在图纸上。为了便于比较,可把两侧墙上观测的成果,用不同颜色绘于同一图上。

3.3.2.2 水尺组法

(1)在观测范围内,沿水流方向于两岸侧墙上设立一系列水尺,水尺间距和刻划精度应根据可能发生的水跃和水面线形态而定，以能满足测得水跃和水面线形态为原则。水尺的位置和结构，应使其对建筑物安全和水流的影响减少到最低限度。水尺应固定编号，并测定零点高程。

(2)观测时依次读记各水尺的水位高程，点绘在事先缩绘的水尺位置图上，描绘出水面线或水跃形态。

(3)观测水跃终点，可在水跃末端抛撒锯屑等漂浮物，在漂浮物不被卷入旋滚区而开始漂向下游的临界线，即为水跃的终点。

3.3.2.3 活动测锤法

活动测锤的设备是在水闸消能段上，架设可以上下移动的钢梁或几排固定断面索，钢梁或断面索上挂以能左、右、上、下移动的测锤。观测时，一人站在一岸拉住牵引绳，使测锤自左而右逐点移动，二人站在另一岸，一人拉住测绳，一人记录，当测锤移至一测点后，即将测绳放松，使测锤接触水面，读出测绳长度，再换算出测点高程（钢梁和绳索的高程应事先校测）。此方法适用于在侧墙上无法绘制方格坐标或水尺组的情况。

3.3.3 其他注意事项

进行流态观测时，应同时观测上下游水位、流量、闸门开度和风力、风向等相关因素。观测精度，除有特殊需要外，平面尺度精确到 0.5 m，水面高程精确到 0.1 m。

流态观测是不定期的，主要根据运用方式、泄流量、水头差等组合情况进行观测。当各种组合情况下的水流形态均已掌握，消能设备工作情况又属正常时，除有科研任务外，即可停测。

若上下游河道遭受冲刷或淤积，引起水流形态的改变，或消能工进行扩建、改建，则需重新进行各种组合情况下的观测。当发生不正常流态时，应随时加测并详细记录上下游水位、闸门开启情况等，分析其产生的原因，立即采取如调整闸门开度等方法予以解决。

3.4 闸前后冲刷及淤积观测

水闸投入运用后，为了保证建筑物的安全运用，拟订防冲防淤措施，应对其上下游河道冲刷、淤积程度，即对河床变形进行观测。

3.4.1 观测范围

河道的冲刷一般发生在水闸下游防冲槽后的河段；而河道的淤积则范围较大，上下游均有可能发生，观测范围一般从上游铺盖前端或消力池末端起，分别向上下游延伸 2~3 倍河宽的距离。对于冲刷或淤积较严重的工程，可根据具体情况适当延长。

开始观测时，范围可适当大一些，以后可根据实测资料进行调整。

3.4.2 观测方法

3.4.2.1 断面测量法

在确定测量的范围内，布置若干个河道横断面，断面间距以能反映河道的冲刷、淤积变化为原则。在河道易冲刷部位，例如防冲槽后、急弯、断面收缩（扩散）或比降有显著变化等河段应适当加密。靠近水闸处宜密些，离闸较远处可适当放宽。断面图的比例尺，铅垂方向一般可采用 1:100，水平方向一般可采用 1:500 或 1:1 000。当河面较宽，施测河道断面有困难时，可采取散点法测绘水下地形图，然后切取河道横断面。

3.4.2.2 地形测量法

把地形分为水上和水下两部分;水上部分按一般的地形测量方法施测,其方法、精度要求等按照有关的测量规范进行;水下部分根据水深不同,采用回声测深仪施测,或采用测深杆、测深锤等测深工具施测,同时用经纬仪等测量仪器进行定位。地形图比例尺一般采用 1:500 或 1:1 000,等高线距离 0.1~1.0 m。近年来,随着 GPS(全球卫星定位系统)技术的推广应用,在河道冲淤观测中,已采用 GPS 配合测深仪进行,精度达到厘米级,这就极大地提高了工作效率和观测精度。

3.4.3 观测时间和测次

观测次数一般根据河床变形的发展情况而定,对于比较稳定的河床,可每几年观测一次。但当发现泄水期间水流形态不正且河床有显著变形等情况,停水后即应进行观测。

3.4.4 精度要求

为便于资料的对比分析和确定河床变形的变化情况,断面测量法可在两岸设置固定断面桩,桩顶宜设钢标点并标以断面编号及里程桩号。桩顶高程可以引测水上部分地面高程。断面测量前应对断面桩桩顶高程按四等水准要求进行考证,闭合差限差为$\pm 20\sqrt{k}$ mm(k 为测线长,单位 km,不足 1 km 时以 1 km 计)。测点的水平距离要求记至 0.5 m;测点的高程,要求计算到厘米;测量水深,要求记至 5 cm。

3.4.5 注意事项

(1)断面测量时,如水流较急,测船很不稳定,测具难以保持垂直,定位不准,不宜观测,宜在闸门关闭或泄放小流量时进行。

(2)进行河床变形测量时,应同时观测上下游水位等相关因素。

3.4.6 观测成果

(1)河床变形观测应填写下列表格:①河床断面桩桩顶高程考证表;②河床断面观测成果表;③河床断面变化比较表。

(2)河床断面观测应绘制下列图:①河床断面比较图;②河道水下地形图。

水闸的扬压力观测和垂直位移观测参考项目 1 与项目 2 中相关内容,此处不再赘述。

4 水闸专门项目观测

4.1 水平位移观测

水闸挡水后在上下游水头差作用及其他因素影响下,有可能沿闸基面发生水平位移,如果位移量超过允许值,将直接威胁水闸安全,因此定期对其水平位移观测是十分必要的。水平位移观测方法较多,这里仅就前方交会法做一介绍。

4.1.1 观测原理

前方交会法(仅指测角交会)是利用两个或两个以上已知坐标的固定工作基点,通过测定水平角确定位移标点的坐标变化,从而求得位移的观测方法。如图 3-3 所示,在两个已知点 A、B 上设站观测两个水平夹角,通过计算求得待定点 P 的坐标,这种方法称为测角前方交会法,简称前方交会法。如果已知两点 A、B 的坐标和交会角 α_1、β_1,那么待定点 P 的坐标可按下面的公式求得:

$$\left.\begin{aligned} x_{P1} &= \frac{x_A\cot\beta_1 + x_B\cot\alpha_1 - y_A + y_B}{\cot\alpha_1 + \cot\beta_1} \\ y_{P1} &= \frac{y_A\cot\beta_1 + y_B\cot\alpha_1 + x_A - x_B}{\cot\alpha_1 + \cot\beta_1} \end{aligned}\right\} \tag{3-1}$$

式中 x_A, y_A——A 点坐标；

x_B, y_B——B 点的坐标。

如果 P 点发生变形位移到 P' 点，再次分别测出交会角 α_2、β_2，并算出 P' 点坐标值 x_{P2}、y_{P2}，则 P 点的位移为

$$\delta_{XP} = x_{P2} - x_{P1} \tag{3-2}$$

$$\delta_{YP} = y_{P2} - y_{P1} \tag{3-3}$$

$$\delta_P = \sqrt{\delta_{XP}^2 + \delta_{YP}^2} \tag{3-4}$$

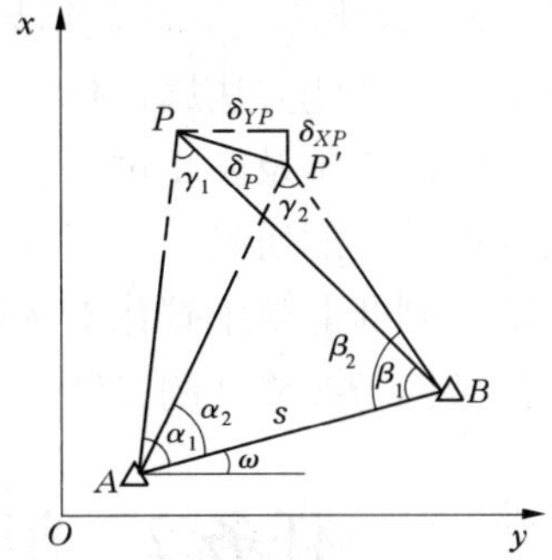

图 3-3 前方交会法观测位移示意图

4.1.2 前方交会法测点布置

前方交会法观测和计算比视准线法复杂，一般只用于解决水闸两侧不能通视或观测其他必须增设的非固定工作基点时可用此法，而且必要时可以结合视准线法使用，可获得较好的观测效果。但在布设时要求如下：

(1)两个固定工作基点到交会点处所形成的角最好接近于 90°，即使条件限制，夹角也不得小于 60°或大于 120°。

(2)两个固定工作基点与交会点的边长应大致相等，工作基点到测点的距离，在观测曲线时不宜大于 200 m。

(3)测点上的固定觇牌面应与交会角的分角线垂直，觇牌上的图案轴线应调整铅直，不铅直度不得大于 4′。

(4)固定工作基点应浇筑在地质条件良好的基岩上，当布置在土基上时，应设置较深而且坚固的基础。每个基点附近埋设两个以上的校核点，以便定期校核基点是否有位移。

(5)固定工作基点到交会点的视线离开地物需在 1.5 m 以上，以免受折光影响，其高程应选择在与交会点高程相差不大的地点，以免视线倾角过大。

4.1.3 观测时间和测次

水平位移观测时间与测次参照垂直位移标准执行。

4.1.4 观测精度要求

当使用 T_3 型经纬仪按全圆测回法观测时，一般要求半测回归零差不大于 6″；二倍视准差变动范围不应超过 8″，归零后各测回同一方向之差不应大于 5″，观测 4~6 测回。另外，各测点允许误差值按视准线法规定标准执行。

4.2 混凝土碳化观测

近年来，随着人们对混凝土耐久性问题日益重视，不少水闸管理单位对水闸混凝土工程开展了普遍的调查。大量调查结果表明，水闸混凝土碳化问题普遍存在，因此将混凝土碳化增列为水闸的必须观测项目，是很有必要的。

混凝土碳化观测目前一般采用打孔的方法测量碳化深度。具体方法：选择水闸有代

表性的部位,布置测点,每个部位同一表面不应少于 3 点。测点宜选在通气、潮湿的部位,但不应选在角、边或外形突变的部位。测点选好后,在被测构件表面钻一小孔,清除孔中的粉末和碎屑,用 1%酒精酚酞试剂喷洒在孔洞内壁,如颜色不变,则说明该处混凝土已经碳化;如颜色变为粉红色,则说明混凝土尚未碳化。用测深尺或游标卡尺量测变色界面的深度,即为碳化深度。试验结果应填写混凝土碳化试验成果表。

由于此种观测方法属损伤性观测,因此不宜多测,可根据工程检查情况不定期进行。为保持结构的完整及防止进一步碳化,观测结束后必须采用高强度等级砂浆将钻孔封闭,并严格掌握封孔的质量。

为综合判断混凝土碳化对水闸安全的影响,通常还需同时进行钢筋保护层的检测。

水闸裂缝与接缝观测参考项目 2 中相关内容,此处不再赘述。

任务 2　闸门和启闭机的控制与操作

1　水闸控制运用

1.1　水闸控制基本概念

水闸控制运用,是通过有目的地启闭闸门、控制流量、调节水位、发挥水闸作用的重要工作,必须有计划、按步骤进行,同时应按批准的控制运用计划或上级主管部门的指令进行,不得接受其他任何单位和个人的指令。

水闸管理单位应综合考虑各有关部门的要求,结合工程具体情况,并参照历史水文规律和工程运用经验以及当年水情预报等,按年度或分阶段制订控制运用计划,报上级主管部门批准后执行。有防洪任务的水闸,汛期的控制运用计划应同时报送有管辖权的人民政府防汛指挥部备案,并接受其监督。

1.2　水闸控制运用原则

水闸控制运用,必须符合下列原则:

(1)必须在保证工程安全的条件下,合理地综合利用水资源,充分发挥工程效益。局部服从全局,全局照顾局部,当兴利与防洪矛盾时,兴利服从防洪,统筹兼顾。

由于我国行政区划多以河流湖泊为界,其上下游及左右岸对水的供需不一致,会导致矛盾冲突和水事纠纷。例如,在防汛期间,为了保障下游河道和重要城市防洪安全,就需要在分洪区和滞洪区分洪、泄洪,最大限度地减少洪灾损失。

(2)按照有关规定和协议合理运用,与上下游和相邻有关工程密切配合运用。

每个水闸工程都是防洪体系的一个组成部分,需要配合才能充分发挥工程效益,例如,行、蓄洪区进洪闸与退洪闸配合使用,才能避开洪峰,降低河道水位,减小下游堤防防洪压力;节制闸和船闸配合使用,才能确保水运通畅;泄洪闸和水坝配合使用,才能充分发挥水利工程综合效益等。

通航河道上的水闸,根据《中华人民共和国航道管理条例实施细则》,管理单位应与当地交通主管部门签订通报有关水情的协议。泄流时,应防止船舶和漂浮物影响闸门启闭或危及建筑物安全。

(3)有淤积问题的水闸,应研究采取妥善的运用方式防淤、排沙和防冲。

我国许多河流修建水闸后,因水位壅高,流速减小,促使大量泥沙淤积,河口兴建挡潮闸后,闸下河道受潮汐影响的淤积问题尤为突出。淤积使工程效益降低、寿命缩短,严重者甚至造成水闸报废。为了减少淤积,多年来各地积累了不少减淤防淤的经验,如引水灌溉工程采用渠首拦沙、分散沉沙、沉沙与淤地改土相结合等办法,防治河渠淤积。受潮汐影响的水闸用水力冲淤、机械拖淤和水力冲淤相结合等办法,减少闸下河道淤积。

(4)在通航河道上的水闸,应尽量保持上下游河道水位相对稳定和通航水深。保持通航河道水位相对稳定和最小通航水深。

水运是综合运输体系中的一种重要运输形式,也是水资源综合利用的重要组成部分,通航河道上建闸后,运用中尽量保持河道水位相对稳定和最小通航水深,防止发生船舶搁浅。

(5)位于鱼类洄游河道上的水闸,应尽可能通过控制运用满足鱼类洄游的要求。

鱼类洄游河道,利用鱼道或采取其他运用方式纳苗,在鱼苗旺发季节,将过鱼效果好的鱼道及时投入运行,能使水产资源得到保护和增殖。除鱼道外,也可因地制宜采用开闸纳苗(又称灌江纳苗)或利用检修叠梁门控制倒灌流量纳苗等方法。但无论采用何种方法,都必须以确保工程安全为前提。

1.3 水闸控制运用指标

水闸工程控制运用指标是水闸运用的控制条件,也是实际运用中判别工程是否安全、效益能否发挥的主要依据之一。一般情况下,规划设计所采用的各种水位、流量特征值就是运用指标的限值。

当水闸由于某种原因,如上下游河道未达到标准或安全状况出现较大变化,不能按设计标准运用时,就需要及时论证,重新确定运用指标。各项运用指标之间是互相联系的,当某一指标被重新确定后,其他相应指标应随之修改。

水闸应根据规划设计的工程特征值,结合工程现状确定下列有关指标,作为控制运用的依据:

(1)上下游最高水位、最低水位。

(2)最大过闸流量,相应单宽流量。

(3)最大水位差及相应的上下游水位。

(4)上下游河道的安全水位和流量。

(5)兴利水位、流量。

2 闸门的操作

闸门的操作原则应按照设计规定执行,一般为:

(1)工作闸门和阀门能在动水情况下启闭。船闸为了保证船只进出闸室的安全,使船只在闸室中随水位的变化只做上升与下降运动,因此船闸廊道闸门是动水开启、静水关闭。作为工作闸门的人字闸门、横拉闸门、三角闸门等都是静水启闭。

(2)事故闸门能在动水情况下关闭,一般在静水情况下开启。平压阀门应在动水下开启,静水下关闭。

(3)检修闸门在静水中启闭。

2.1 工作闸门的操作

2.1.1 控制开度,安全泄流

在闸门操作过程中,应合理地控制开度,使其过闸流量小于河道的安全泄量,避免下游河道的冲刷。同时,使过闸流量与下游水位相适,避免远驱式水跃产生,保护消能防冲设施。在初始开启闸门时,应采用多次开启办法,每次泄放的流量应根据闸下安全水位与流量关系曲线确定,使水跃发生的位置在消力池内,待闸下水位升高并稳定后,才能再次增加闸门开启高度。一般初始开启高度宜控制在 0.2~0.3 m,最大不宜超过 0.5 m。

2.1.2 合理操作,减少振动

由于过闸水流在刚开启状态时多为高速水流,闸门产生振动在水闸运用中是较为常见的现象。闸门底缘型式、止水型式及安装方式的不同,都会对闸门振动产生一定影响;下游水位以及回流对闸门有节奏地冲击,也可能引起闸门的振动。微弱的振动一般对安全没有影响,但应注意观察,防止进一步加剧;剧烈的振动可引起门体疲劳、杆件变形及脱焊,严重的则使闸门破坏,砂基引起液化,降低承载能力。但对某孔闸门而言,在开启过程中存在着振动相对较大的区域,因而在实际运用过程中,应避开振动区域,以减少振动。

2.1.3 控制泄流,避免不利流态

水闸开启过程中,若控制不当,可能会导致过闸水流紊乱,并可能产生集中水流、折冲水流、回流、漩涡等不良流态。集中水流的产生,会增大单宽流量,引起消能设施及下游河道局部冲刷;折冲水流,多因河道水流流向不正而引起,也常因左右孔出流多少的差异而形成,都会引起下游水流紊乱,严重的将冲刷河道和堤防,影响河势稳定,尤其是砂性土质的河道影响更大;回流及漩涡,会挤压主流,同时也可能引起边坡局部冲刷。运用时都应根据实际情况调整闸门的开度,消除各种不良流态。

2.1.4 控制水位升降速度

山区供水输水洞或压力管道多为远距离、高水头,在操作此类闸门时,充放水不应使洞或管内的流量增减过快,要确保通气孔畅通,避免洞内或管内产生负压、气蚀、水锤等现象,以免造成结构破坏。闸下游河道或渠道,在闸门关闭或减小泄量时,不应使下游水位降落过快,避免因降水过快引起边坡崩塌,危及河道、堤防安全。

2.1.5 全程一次升降闸门

对不允许局部开启的闸门,应一次升降到位,中途不能停留,否则会改变水流的流态,影响工程的安全运行。

2.2 事故闸门、检修闸门的操作

2.2.1 事故闸门

事故闸门也称快速闸门,常用在水电站或压力管道的进口处。在下游或发电机组设备发生事故后,为减轻事故损失,及时排除故障,能在动水中迅速关闭。其常放置在距洞口上方 0.3~0.5 m 处,以减少关闭的时间。

事故闸门在运用中,必须一次关闭到底,不得用以控制流量,并在静水中开启。

2.2.2 检修闸门

检修闸门是在建筑物或机械设备的日常检修时使用,在静水中承担水头压力。在运用中,与事故闸门一样,一次关闭到底,不得用以控制流量,并在静水中开启。在运用检修闸门时,还应注意如下几点。

2.2.2.1 压重防浮

检修闸门使用率较低,为存放保管方便,常做成分块空腹叠梁式、浮箱式,一般高度为1 m左右。运用时,各块应水平放入门槽,不能歪斜卡阻,各块之间不能有其他硬物隔挡。全部装好后,必须在上端加重下压,使止水密实,并进行锁定。否则,当工作闸门拆去后,会引起中间各节漏水,上面的浮箱浮起,引起安全事故。

2.2.2.2 检修门的支护

过去修建的水闸工程,一般考虑闸门的检修,仅在闸室工作闸门前设置检修门槽。实际工作中,闸室底板存在问题则无法处理。当需要时,一般用作临时检修闸门,即做成与闸孔同宽,两边用螺栓锚固在闸墩上。除其锚固螺栓的数量、质量及锚固深度要达到设计要求外,上下不得错位,左右闸墩边壁螺栓在一个平面上,才能保障整体受力,并均匀地传到每根螺栓上。

2.2.2.3 慢速放水

输水洞或压力管道的检修闸门关闭后,因洞身或管道较长,内部积水应缓慢放空,过快会产生负压,给工程安全带来危害。

2.3 船闸、通航孔的操作

随着国民经济的快速发展,水上运输已成为交通运输业主要的运输方式之一,它具有承载能力大、运输费用低等特点。近年来,航运的吞吐量逐年递增,部分地区成倍上升,船闸的使用率也越来越高。因此船闸的控制运用,时刻涉及人身安全问题,其工作闸门和输水闸门的开关顺序决不允许颠倒。

2.3.1 船闸的操作

船闸的操作过程是:上行船要通过船闸时,首先由下游输水洞闸门局部开启,使闸室水缓慢下泄,待闸室内的水位泄放到与下游水位持平时,静水中开启下游工作闸门,若闸室有船,待船只出闸后,上行船只驶入闸室(注意船只与闸墙之间要保持一定的距离,并将船只牢靠系在闸室岸墙的系船设施上),随即关闭下游工作闸门,同时关闭下游输水洞闸门。开启上游输水洞闸门向闸室内充水,待闸室水位与上游水位持平时,静水中开启上游工作闸门,船只驶离闸室上行。此时,下行船只可自上游停泊处,依次驶入闸室,关闭上游工作闸门,同时关闭上游输水洞闸门,开启下游输水洞闸门,由闸室向外泄水,待闸室水位与下游水位持平后,静水中开启下游工作闸门,船只驶出闸室进入下游航道。

2.3.2 通航孔的操作

在一些支流河道,为方便小型船只的通行,常用水闸的中孔作为通航孔,可通过吨位较小的船只。一般上下游水位差宜控制在0.1~0.2 m以内。

在未过闸前,所有船只应抛锚牢固,待闸门全部开启、水流平顺后方可过闸通行。外河水位高于内河时,除抗旱引水期间可通航外,一般不通航行船。夜间或遇有恶劣天气情况,应停止通航,以确保安全。

2.4 多孔闸门的操作

多孔水闸的控制运用,应按照批准的控制运用办法或模型试验确定的运行方式操作,并按照对称、同步、等高的原则进行。

2.4.1 对称开启

当需要多孔闸门全部开启时,一般为由中间孔先开启0.2~0.3 m,依次向两边开启同样高度,待过闸水流平顺后,再逐步提升。多孔闸的开启应严格按批准的控制运行办法执行,以避免因开启不当,造成下游消能工和河床、岸坡的冲刷。对少数水闸,也有先开启边孔,再依次向中间孔开启。

当只需开启部分闸门时,一般只开中孔闸门。如果开边孔闸门,一是可能引起岸坡的坍塌或滑动,影响泄水;二是造成下泄水流的偏流和摆动,影响下游河势的稳定。

2.4.2 同步操作

多孔闸门在启闭运用过程中,对于设有自动化控制的水闸,同步运用较易实现,操作人员在控制室内即可实现对每孔闸门的启闭操作。但对靠人工操作启闭的闸门较难做到。无论何种操作形式,应尽可能做到同步运行,以保持过闸水流的对称,不致形成偏流或折冲水流。

2.4.3 等高控制

等高控制是指闸门每次开启的高度都应该一致,这样才能保证在相同水位下,各闸孔的过流量相同,才能保持水流的平稳。对于分洪闸,由于泄流流向与主河道水流成一夹角,进闸的水流形态可能引起出闸水流不正、闸前局部漩涡等影响泄流现象,控制时,左右闸门的开度可做小幅度的调整。

2.4.4 双层闸门

对于双层孔口的闸门或上下双扉布置的闸门,运用时应先开下层或下扉闸门,再开上层或上扉闸门。关闭时顺序相反。双层布置的闸门,多属水头高、压力大,泄流时流速大,如先开上层闸门或上扉闸门时,会使下层泄水孔间产生负压,扰乱下层的水流流态,加速闸门的振动。

3 启闭机的操作程序

3.1 启闭机操作一般程序

启闭机必须严格按照各工程管理单位制定的操作规程操作,下面仅介绍一般操作程序:

(1)电力启闭,运行人员一般2人,1人操作,1人监视;人力启闭,应根据需要备足人员,管理人员必须在操作现场,指导操作或排除可能发生的故障。

(2)操作人员在运行闸门时,要思想集中,严格认真,非操作人员不得进入机房。

(3)闸门将近开到顶或关到底时,应及时停机。

(4)当闸门处于开启状态时,禁止拨动制动设备和拆卸螺栓。

(5)闸门必须按规定的顺序启闭,每次开启的高度和相邻孔间的高差均不超过0.5 m。

(6)闸门不得停留在振动位置。

(7)闭门时,严禁松开制动器使闸门自由下落。

(8)启闭运行时,应注意监视运行情况,当启闭机、电机、油泵等工作不正常时,应停机检查,分析原因,待问题处理后再行开机。

(9)启闭完毕后,操作人员应详细记录启闭情况,切断电源,关闭门窗。

(10)不同型式的启闭机械启闭要求不同。

3.2 螺杆启闭机操作程序

(1)电力启闭方式同固定卷扬式启闭机。

(2)人力启闭,应先切掉电源,合上离合器,装上摇柄进行启闭操作。

(3)用力要均匀,不宜时快时慢。

(4)闸门运行至预定开度,停止摇动。

(5)闸门启闭到位后明显偏重,不应强行启闭,以免螺杆弯曲。

(6)启闭完毕,取下摇柄,拨开离合器。

3.3 固定卷扬式启闭机操作程序

(1)凡有锁定装置的,应先将其打开。

(2)合上电源开关,向启闭机供电。

(3)启动驱动电动机,闸门即启闭。

(4)闸门运行至预定开度。

(5)拉开电源开关,切断电源。有锁定装置的,且停留时间长,应将闸门锁定。

3.4 液压启闭机操作程序

(1)打开各有关阀门,将换向阀手柄扳至所需位置,并打开锁定装置。

(2)合上电器开关,向油泵机组供电、启动油泵。

(3)自动溢流阀关闭,油系统压力升高至额定压力,开始启闭闸门。

(4)在运行中如需改变闸门运动方向,应先使闸门停止运行,然后扳动换向阀的手柄换向,改变供油方向,使闸门反向运动。

(5)闸门运行至预定位置,油泵机组停机。

(6)停机后,将换向阀手柄扳至停止位置,关闭所有的阀门,锁好锁定。

(7)拉开电器开关,切断电源。

任务3 水闸的养护修理

水闸在运用中,不断地遭受各种内外不良因素的作用,使工程产生冲刷、磨损、腐蚀等破坏,使材质日渐削弱,构件的承载能力降低,可能出现闸基变形、混凝土开裂、闸门振动及漏水、启闭设备老化失灵等问题,如不及时养护修理,则缺陷必将逐渐发展,影响建筑物的安全运用,严重的甚至会导致失事。因此,为了保证工程及设备完整整洁、安全运用、操作自如,延长使用寿命,必须经常做好养护修理工作。

1 水闸混凝土结构物的养护

水闸中土工建筑物和石工建筑物的养护参考土石坝和混凝土坝的养护,水闸混凝土

结构物的养护除可参照混凝土坝的日常养护外,还应做好以下工作:

(1)水闸上下游,特别是底板、闸门槽和消力池内的碎石等杂物应定期清除,以防对混凝土表面的磨损。此点务必引起足够重视,某闸曾发生深孔门滚轮因锈蚀脱落,放水时冲入消力池内,经过几次放水后,滚轮磨成铁饼状,消力池的钢筋混凝土保护层大部分磨掉,钢筋裸露。

(2)混凝土及钢筋混凝土表面的污水、污物、垃圾或附着水生物,应随时清除干净,以防对混凝土的污染。特别是南方地区,有些水闸的混凝土或闸门上附生着蚊贝类或“石蝇”等,对建筑物表面有强烈的腐蚀作用,应及时清除。

(3)混凝土建筑物上的排水管、进水孔和通气孔等应及时进行疏通保养。特别是桥面上的排水孔也应随时疏通,以防雨水沿板和梁漫流,加速其碳化、老化。空箱式挡土墙箱内的淤土也应适时清除。

(4)因施工质量导致的混凝土表面的蜂窝、麻面、骨料架空和外露、模板走样、接缝不齐等,要用水泥砂浆或喷浆修补。施工用的模板、排架拆除后,遗留在表面的螺栓及其他铁件,除个别因运行需要保留外,其余均应全部割除,如在泄流面上的,还应进行表面整修。要保留的铁件也应油漆保养、防止锈蚀。

(5)伸缩缝要定期检查观察,注意防止杂物卡塞;填料如有流失的要补充。设有沥青井,并在井内预埋钢管或钢筋导体的,要按要求每隔一定时间用蒸汽或通电加热熔化,补充新的沥青等,使其充填物饱满。

(6)泄水期间,特别是汛期排洪时,河道上的漂浮物应经常清理,以防阻水、卡堵闸门,冲坏消能工。

(7)经常露出水面的底部钢筋混凝土构件,如进洪闸的底板、护坦等,长期暴露在大气中,夏季酷暑高温暴晒,冬季严寒冰冻,应根据情况因地制宜地采取适当的保护措施,例如覆盖一层 0.2~0.3 m 厚的土加以保护等。

(8)处于北方严寒地区的水闸,冬季还应随时清除混凝土结构上的积水和重要部位的积雪。

2　闸门养护

由于闸门多安装于露天场所,长期或间歇地浸于水中,承受较大的水压力或水流、泥沙及污物的冲击磨损和周围介质的腐蚀作用,一般情况下,闸门的寿命总是小于建筑物的寿命。只有良好的维护工作,才能保证闸门安全正常的运行,延长闸门的使用年限,以充分发挥工程的效益。

2.1　一般性的养护

2.1.1　清理检查

正常工作的闸门必须保持清洁完好,启闭运行灵活。但随着水流的运动,水中的漂浮物、推移质等总是向闸门集中,贴附于门体或卡阻于门槽内,影响闸门的正常运行,或造成漏水,或加快闸门的腐蚀,所以必须随时进行检查清理。

(1)闸门门体上不得有油污、积水和附着水生物等污物。启闭机检修时,应避免废油落于门体上,卷筒和钢丝绳上多余的润滑脂应刮除干净,防止夏季融化滴落到闸门上。门体结构上的落水孔应畅通。严禁向闸门上倾倒污水垃圾等污物。

(2)闸门槽、门库和门枢等部位,常会被树木、钢丝、块石或其他杂物卡阻,影响闸门正常运行,甚至酿成事故,应及时进行检查清理。对浅水中的建筑物,可经常用竹篙、木杆进行探摸,利用人工或借助水力进行清除;对深水中较大的建筑物,应定期进行潜水检查和清理。

2.1.2 观察调整

(1)闸门运行时,应注意观察闸门是否平衡,有无倾斜跑偏现象。闸门严重倾斜,可能撕裂止水橡皮,拉断钢线绳或使闸门变形损坏,必须配合启闭机进行调整。对双吊点闸门,两侧钢丝绳长度应调整一致,侧轮与两侧轨道间隙大体相同。

(2)止水橡皮应紧密贴合于止水座上,止水不严密或有缝隙,必然造成漏水。但预压过紧,则增加摩擦力,加快止水磨损或挤压变形,最后失去止水作用。因此,应视各种不同的止水型式进行适当调整。对于没有润滑装置的闸门,启闭前应对干燥的橡皮注水润滑。

2.1.3 清淤、拦污

多泥沙河流上的闸门,闸前往往有大量泥沙淤积。闸门在泥沙压力作用下,负荷加重,运行困难,或因泥沙淤堵,闸门落不到底,孔口封闭不严造成漏水。为此,除采取其他清沙措施外,应定期输水排沙,或利用高压水枪在闸室范围内进行局部清淤。在水草和漂浮物多的河流上,应注意检查,定期进行拦污栅清污。

2.1.4 防冰凌

北方寒冷地区的闸坝,因水面结冰,对闸门产生冰压力,加大闸门的荷载。对冬季有运行要求的闸门,门槽冻结将影响闸门的正常运行。为此,需要采取防冰冻措施。一般在闸门前用压缩空气或压力水,形成一条不冻的水域,与河流冰盖隔开,也可采用加热的方法,为门槽加热,使之不致结冰。

2.1.5 防风浪

位于沿海、湖泊或开阔河面的水闸,由于吹程长,风浪对闸门的撞击力很大。有时风浪进入潜孔闸门门前喇叭口段,水体扩散不畅,对闸门形成不完整水锤作用,对闸门安全有相当大的威胁。一般采用设置防浪板或在胸墙底梁开扩散孔的办法加以解决。在强风暴地区,可根据气象预报,在大风到来之前适当降低闸前水位。

2.2 钢闸门的养护

2.2.1 门叶部分的养护

由于闸门前横向水流、漩涡以及门后淹没出流和回流等的作用,可能引起闸门振动、门槽气蚀或其他故障,因此在闸门维护中,除应做好防腐蚀和防漏水等工作外,还必须注意防止钢闸门的振动和气蚀工作。

2.2.1.1 防止振动

闸门本身具有一定的自振频率。在闸门泄流时,如果水流的脉动频率接近或等于闸门的自振频率,便会出现共振现象,振幅增大,使闸门整体或局部发生强烈的振动。剧烈的振动有可能引起金属构件的疲劳变形、焊缝开裂或紧固件松动,以致整体结构遭到破坏。

由于闸门振动的现象比较复杂,必须弄清引起振动的原因,以便采取有效的措施予以

治理。一般有以下几种情况:

(1)由于波浪冲击闸门引起的振动,应在闸门上游加设防浪栅、防浪排,以削弱波浪对闸门的冲击。

(2)因止水漏水而引起闸门振动,多因止水座板安装不平直,或止水选型不合适,柔性不够,使止水与止水座板之间呈不连续接触,在上游静水压力作用下,不能完全密封,于是有水流从止水与座板间隙中射出。这种作用于止水上的脉动压力使止水发生振动,从而导致了闸门的振动。这时应调整止水位置或更换止水材料尺寸,使止水与止水座板紧密接触,漏水停止,闸门就不再振动。

(3)闸门在一定开度下泄流时,下游淹没水跃产生对闸门周期性的冲击,也是引起闸门振动的原因之一。如改变一下运用条件,振动可能就不再发生。

2.2.1.2　防止气蚀

在高速水流情况下,由于建筑物过水断面发生突变,或过水结构面不平整,泄水建筑物补气不足等,常使闸门槽及其预埋件发生气蚀。

防止气蚀的措施为:对已遭气蚀损坏的部位用耐气蚀材料补强。如用不锈钢焊补或用环氧砂浆修补,尽量使过水表面平整光滑(必要时增设补气设施。对闸门门槽型式不合理的,应通过试验选型,进行改建)。

2.2.2　闸门行走支承装置及导向装置的养护

行走支承装置是闸门的运行和承力部件,是门体和闸墩之间的过渡部分。如平面闸门的主轮和弧形闸门的支铰,一方面起着传递水压荷载的作用,必须具有足够的强度;一方面又起着使闸门沿轨道行走或旋转的作用,要求摩擦力小,以减小闸门的启闭力。

2.2.2.1　常见故障与原因

主轮或台车机构润滑不良,转动不灵。多因没有进行定期维护,润滑油流失或老化变质,致使轮轴生锈与轴套抱死。有的轮轴与轴套间隙偏大,水中泥沙细粒沉积硬化,造成卡阻。胶木轴套浸水后膨胀,过小的间隙也容易将轴抱死。弧形闸门支承铰链,由于闸门旋转弧度小,支承力大、润滑油不易保持,也常是锈蚀的原因。锈蚀较轻的,运转时发出刺耳的噪声;严重的能剪断止水轴板螺丝,使固定轴变为转动轴,造成轴和支铰座的过量磨损。胶木滑块由于轨道面不平直或粗糙度达不到要求,易受磨损变形或劈裂变形,摩擦系数增大,造成启闭困难。

2.2.2.2　养护方法

(1)定时向闸门主轮、弧形闸门支铰、人字闸门门枢以及闸门吊耳轴销等部位注油。一般采用油枪或用油枪配油嘴注油,注油时应使轮子转动几圈,在转动时不停地加注,尽量使旧油全部排出,新油完全注满。由于闸门经常处于水下或潮湿场所,其润滑应采用钙基或钙钠基润滑脂。

对于没有注油孔道的转动机构,可定期拆下清洗,然后涂油组装。

(2)对于闸门滚轮经常处于门槽内或闸门提不出门槽时,人工加油润滑很不方便,可采用集中润滑的方法。集中润滑有油箱自流润滑和压力注油润滑两种形式。自流润滑由启闭机室油箱通过软管向每个滚轮轴端的油孔自流供油。在闸门启闭前或启闭时,打开油箱总阀,启闭结束时关闭总阀。这种加油方法只能使用黏度不太大的润滑油,如图3-4

所示。压力注油润滑采用加油器进行注油。加油器类似大型黄油杯，安装于闸门顶上，用钢管或铜管将加油器和各滚轮油孔相连。当旋转加油器筒盖时，筒盖下压，黄油通过油管送至各滚轮。

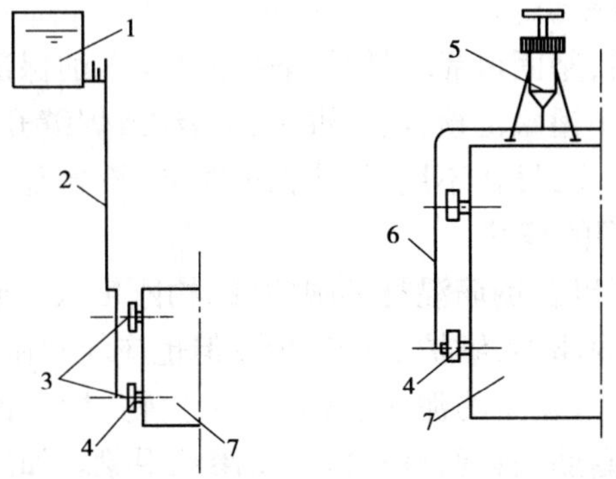

(a)自流润滑　　(b)压力注油润滑

1—油箱；2—软管；3—油嘴；4—滚轮；5—加油器；6—油管；7—闸门

图 3-4 滚轮润滑示意圈

2.2.2.3 闸门止水装置的养护

止水装置效果不好，不仅会严重漏水，还可能引起闸门的振动，引起气蚀等。船闸漏水还会使船只过闸时间延长，给闸门运行和维修工作带来不便。

对于不同材料的新更换的止水，在闸门完全关闭状态，其漏水量不应超过下列数值：木止水，1.0 L/(s · m)；木加橡皮止水，0.3 L/(s · m)；橡皮止水，0.1 L/(s · m)；金属止水，0.8~0.1 L/(s · m)。

经长期运行，材料老化，止水效果降低，数值适当放宽，对于橡皮止水漏水量可放宽到 0.2 L/ (s · m)，超过此值应当更换。

止水的养护工作主要有：

(1)定期检查闸门止水的整体性，不得有断裂或撕损，止水与止水座板的接合是否紧密，止水座板有无变形，固定螺栓有无松动或锈蚀脱落，如发现问题应及时处理。

(2)闸门运行中检查止水是否有严重磨损，如发现橡皮止水压缩过紧或止水座板表面过于粗糙，应适当调整橡皮的预压量。对止水座板粗糙表面，可用平面砂轮打磨，然后涂刷一层环氧树脂，使其平整光滑。当发现因止水橡皮磨损造成与止水座间隙过大而漏水时，可采用加垫橡皮条的办法来调整止水间隙。

(3)为防止止水橡皮老化，可在橡皮非摩擦面涂刷防老化涂料。同时，尽量避免使止水橡皮受烈日暴晒。如发现橡皮已老化失效，应及时更换。

(4)木止水必须做好防腐、防虫蛀、防挤压劈裂及扭曲变形等。经常清理附着在止水木上的泥垢和水生物，如发现局部腐烂劈裂，应及时修复，并热涂沥青防腐。

(5)金属止水应做好防锈蚀、防气蚀工作，避免局部破坏。发现金属止水构件翘曲变形，应及时矫正，以免扩大为整体破坏。

2.2.2.4 闸门预埋件的养护

闸门预埋件由于更换困难，尤应注意防锈蚀、防气蚀。各种金属埋件除轨道水上部位摩擦面可涂油脂保护外,其余部位,凡有条件的均宜涂坚硬耐磨的防锈涂料。当发现锈蚀或磨损严重时,可采用环氧树脂或不锈钢材料进行修复。

门槽内的淤积物应定期清理,以免造成闸门止水或构件的破坏。

2.2.2.5 闸门吊耳与吊杆的养护

吊耳与吊杆应动作灵活,坚固可靠。转动销轴应经常注油保证润滑,其他金属表面应喷涂防锈材料,并应经常用小锤敲击检查,零件有无裂纹或焊缝开焊、螺栓松动等,止轴板不得有丢失、销轴窜出现象。吊杆在不用时,应摆放整齐,不要乱放。

2.3 钢丝网水泥混凝土闸门的养护

钢丝网水泥混凝土闸门以及钢筋混凝土闸门,结构刚度大,抗振能力强,在海水或碱性污水中工作,比钢闸门更耐腐蚀,维护工作量少。但也应注意闸门的养护工作。

(1)经常清理附着在闸门表面的泥污、苔藓及水生物,检查面板与梁系结构是否完好,有无保护层剥落、脱壳、露筋、露网,有无裂缝及渗水现象。如发现问题要及时处理。

(2)运行中要注意观察、排除漂浮物,以免其撞击闸门。启闭机制动器应十分可靠,防止闸门自动坠落,摔坏闸门。对用于船闸的钢丝网水泥混凝土闸门还应防止船只的铁件和篙尖对闸门的撞击。

(3)闸门上的预埋铁件,一旦锈蚀损坏,难以更换,可能造成整个闸门报废,应做好防锈蚀处理。

(4)对钢丝网水泥混凝土闸门面板,可定期涂刷环氧砂浆或其他防腐材料保护,以防混凝土碳化和裂缝渗水。

2.4 木闸门的养护

木闸门多用在中小渠系水闸中,有平面木闸门、迭梁木闸门等。由于木闸门易被菌体腐蚀或虫蛀,还会因木材翘曲、开裂,造成结构变形,甚至整个闸门解体或损坏,为了延长木闸门的使用年限,保证其安全运用,必须做好木闸门的养护工作。

(1)经常清理闸门表面的泥污、苔藓及水生物,检查螺栓、型钢等连接件有无锈蚀松动现象。门体有无腐蚀、虫蛀、翘曲、开裂,接缝有无开裂、漏水,捻缝油灰有无脱落损坏等。

(2)定期防腐。常用的涂料有油性调和漆、生桐油、沥青和水罗松等。涂刷时间一般选在干燥暖和的季节,便于木材干燥。

(3)在运用中发现木闸门局部腐蚀,应区别情况予以修理或更换,一般腐蚀部分占断面面积不到 20%时,可将腐蚀部分凿除,以新材修补。修补时新材四周与旧材接合部要用油灰接缝,以保证接合严密。最后修理锉平,捻缝,再涂上防腐剂。

3 启闭机养护

养护是闸门启闭机运行管理的重要内容,须做到"经常维护,随时维修,养重于修,修重于抢",保持设备始终处于良好的技术状况,以延长使用寿命,减少运行费用,确保安全可靠的运行。水工闸门启闭机养护通常有动力部分养护、传动部分养护、制动部分养护、悬吊装置以及附属设备养护等内容。

3.1 启闭机养护一般内容

启闭机养护一般可概括为清洁、紧固、调整、润滑八字作业。

3.1.1 清洁

启闭机械在运行过程中,由于油料、灰尘等影响,必然会引起设备表面的脏污。有些关键部位,如制动轮圆周面、电器接点、电磁铁吸合接触面、蓄电池、整流子碳刷滑环接触面等会因脏污而使设备不能正常运转,甚至会引起事故。因此,必须定期进行清洁工作。必须定期对机器周围的环境,如移动式启闭机的轨道沟、场地上的油污等及时清扫,场地上的工器具应及时整理,摆放整齐。

综上所述,清洁是针对启闭机的外表、内部和周围环境的脏、乱、差所采取的最简单、最基本却很重要的保养措施。

3.1.2 紧固

启闭机的紧固连接虽然在设计、安装时已采取了相应的防松措施,但在工作过程中由于受力振动等,可能还会松动。紧固件松动的影响,与其自身的作用相关联。如压力油系统中的螺纹管接头、密封用压盖螺栓等松动,会造成漏油;基础、法兰等各种定位螺栓、门式启闭机的高强螺栓、钢丝绳压紧螺栓和吊具连接螺栓等松动,会改变被连接零部件的受力和运动情况,并造成事故隐患。

3.1.3 调整

启闭设备在运行过程中由于松动、磨损等,引起零部件相互关系和工作参数的改变,如不及时调整,轻则会引起振动和噪声,重则导致零件磨损加快,机器性能降低,甚至会导致事故。所以,要及时调整,以保证设备经常处于正常状态,确保灵活、安全可靠的运行。

(1)各种间隙调整。如轴瓦与轴颈、滚动轴承的配合间隙,齿轮啮合的顶、侧间隙,制动器闸瓦与制动轮之间的松闸间隙等。

(2)行程调整。如制动器的松闸行程,离合器的离合行程,安全限位开关的限位行程和闸门启闭位置指示行程等。

(3)松紧调整。如转动皮带、链条等松紧的调整,弹簧弹力大小的调整等。

(4)工作参数调整。如电流、电压、制动力矩、油压启闭机的流量、压力、速度等调整。

3.1.4 润滑

在启闭设备中,凡是有相对运动的零部件,均需要保持良好的润滑,以减少磨损,延长设备寿命,降低事故率,节约维修费用,并降低能源消耗等。

设备的润滑工作很重要。国外因润滑不良和润滑方法不当引起的故障占总故障次数的1/3以上;而国内由于润滑问题引起的停机时间,占总停机时间的1/2以上。经验证明,设备的寿命在很大程度上取决于润滑。所以,对润滑工作必须引起足够的重视。

3.2 动力部分养护

3.2.1 电动机的养护

电动设备维护主要包括:保持电动机外壳上无灰尘污物,以利散热;检查接线盒压线螺栓是否松动、烧伤;检查轴承润滑油脂,使之保持填满轴承空腔的1/2~2/3,脏了要换;拆下一边端盖,检查定子与转子之间的间隙是否均匀合格,以判断轴承磨损情况,若不均匀,要拆下轴承进行检查,磨损严重的要更换;每年必须用摇表测量电动机相间以及相对铁芯的绝缘电阻的情况(如在温度较高而通风条件不良的地区,间隔停用时间较长,在每次使用前,还需测量绝缘情况),如果少于0.5 MΩ,说明线圈受潮,则要进行烘干处理。

一般烘干温度约为100 ℃,烘干时间约24 h;若绕组绝缘老化(老化后颜色变为深棕色),则需刷浸绝缘漆。

3.2.2 操作设备的养护

操作设备的养护主要包括:电动机的主要操作设备如闸刀、电磁开关、限位开关及补偿器等,应保持清洁干净、触点良好、机械传动部件灵活自如、接线头连接可靠;电机的稳压、过载保护装置必须可靠;限位开关应经常检查调整,使其有准确可靠的工作性能,不经常运行的闸门,应定期进行试运转;保险丝必须按规格准备备件,严禁使用其他金属丝代替。

3.2.3 各种仪表的养护

电动部分装置的各类指示仪表,如电流表、电压表、相序表、功率表及压力表等,应按有关规定进行检验,保证指示正确。电动机、操作设备、仪表的接线相序必须正确,以防因相序接错反转而造成事故。接地应保证可靠。

3.3 传动部分养护

启闭机的传动机构,一般可分为机械传动和液压传动。各传动部件,如各部滚动轴承、联轴器、变速箱、变速齿轮、蜗轮、蜗杆、轴与轴孔、油(水)泵、阀门及管道等,应及时润滑和维护,以减少部件的磨损和保证传动部位的正常运行。

3.3.1 机械传动装置的养护

机械传动装置养护包括:应定期用煤油清洗闸门启闭机摩擦部位,使用润滑油前应检查新油质量,是否含有水分、杂质和油块等,在加注新油前应清洗加油设施,清理油孔、油槽、油道,然后加注新油。润滑油料要充足,严禁在缺油情况下运行,在加黏度较大的油时,要检查油料是否达到摩擦面上;各种联轴器检修后,用手做正向、反向转动,以感觉轻快灵活为准。带圆柱销的弹性联轴器,在安装时,应检查弹性销圈的销与靠背轮孔的配合紧密度,最大侧向间隙下不得超过0.05 mm。弹性销圈如有老化或损坏,应予更换。齿轮联轴器应按要求灌注润滑油;此外,在灰尘较多的地方,增设防尘套或防尘罩。

3.3.2 液压传动装置(油压启闭机)的养护

油压启闭机的高压油泵是启闭机的心脏,应密切注视其工作状况。油压启闭机的养护包括:供油管和排油管应保持色标清晰,敷设牢固;油缸支架应与基体连接牢固,活塞杆外露部分可设软防护装置;工作油液定期化验、过滤;调控装置及指示仪表定期检验。

当油压启闭机使用时,如出现不正常声响、负压值超过规定值、脉动冲击、油液夹杂空气等现象,首先应检查贮油箱油量是否充足,滤油器是否有污物堵塞,如果滤油不畅,应拆开滤网进行清洗,并检查供油阀心有无断裂,油液黏滞度和纯净情况是否符合要求,一般每年应进行一次检查。由于油泵叶片、活塞环磨损而降低排油量时,应予修理;此外,对于脉动冲击,主要表现在压力表指针跳动频繁,跳动幅度越大,冲击压力越高,对溢流阀(保险阀)弹簧压力过低而引起的脉动冲击,应调整压力。对止回阀(逆止阀)弹簧压力过大而引起的脉动冲击,应更换弹簧。由于油液夹杂空气而引起的脉动冲击,应利用排气阀放走空气。

3.3.3 润滑油料的性能及选择

(1)润滑脂(黄油)较常采用的有单一皂基脂,其中有钠基润滑脂和钙基润滑脂。

钙基润滑脂分1#、2#、3#、4#、5#等五种,用途较为广泛,抗水性强,但当温度超过80 ℃

时，就会失掉水分引起分离。4[#]、5[#]适用于低温（<55 ℃）水下以及慢速传动装置的润滑，如启闭机的齿轮、滑动轴承、起重螺杆和滑轮组等。

钠基润滑脂遇水乳化，但耐热性强，可用于处在干燥环境且温度可达100 ℃的机械运转部分。

（2）变速箱、齿轮联轴器用的润滑油。可按照厂家说明书要求选用适当的油料。一般在气温较低环境下，要选择凝固点较低的；在气温较高的环境下，要选择黏度较高的油料。新安装使用或大修后的各齿轮啮合部分，容易产生金属粉末，当从变速器或齿轮联轴器放出来的污油有较多金属粉末或水分时，应予更换新油。在更换新油时，应事先用煤油清洗内壳，除去杂质及污物。

3.3.4 几种辅助润滑措施

（1）油盘（油槽）润滑。为了改善润滑条件，对转速不高，运转时不会将油飞溅的开敞式传动齿轮，以及蜗轮、蜗杆等传动部件，可在合适部位增设油盘（油槽）。油盘（油槽）可用薄铁皮加工，内装机油或其他润滑油，以油面浸没齿轮与蜗轮等部件的轮缘为度。

（2）自流油润滑。螺杆式启闭机的螺杆与螺母，除定期清洗涂油维护外，还可以增设自流油润滑装置，即在较高处放置润滑油箱，在启闭机运转时，依靠油的自重，由管路向螺杆、螺母供油。

3.4 制动部分养护

制动器（刹车）是启闭机的重要部件之一，它可以在启闭机停止运行时立刻刹住制动轮，使闸门停止升降。要求启动灵活，制动准确。若发现闸门自动沉降，应立即对制动器进行彻底检查及修理。

（1）长、短冲程电磁制动器应经常保持制动轮与制动瓦表面不含有任何油污、油漆及水分等，制动瓦与制动轮表面接触面积不应小于面积的80%。电磁线圈应根据使用情况定期测试绝缘情况，若不合要求，可做烘烤处理。衔铁应经常擦拭除油污，保证紧密地与固定磁铁吻合。衔铁与制动杠杆、联接铰轴应经常涂油保养，保证动作灵活。制动器的主弹簧应涂油保养，以防生锈。

（2）电动液压制动器的制动弹簧，应保持不缺油不锈蚀。制动器使用的工作油液应定期过滤，以保证油质合格。制动阀应定期进行调整。

（3）棘爪棘轮制动器应经常清洗，擦除油污，并检查各部件有无裂缝等缺陷，固定是否牢靠。棘爪在棘轮上应转动自如，棘爪上的弹簧应保持一定压力，各销轴要经常注油润滑。

（4）蜗轮、蜗杆应按要求加油保养，工作一定时间后要清洗换油一次。闸门锁定装置必须灵活可靠，防止锈蚀。

3.5 悬吊装置养护

悬吊装置有钢丝绳、螺杆、拉杆、齿杆、活塞杆和链条等。目前，常用的是钢丝绳和螺杆。

3.5.1 钢丝绳的养护

3.5.1.1 钢丝绳的检查

检查钢丝绳悬吊装置的两端接头（特别是常处水下的一端）是否牢固，钢丝绳有无扭转、打结、锈蚀、断丝，通过各滑轮间有无压边及偏角过大，以及松紧是否适度等。如发现不正常的现象，应及时调整。钢丝绳在一个节距内断丝数超过表3-1规定的数值时，应予更换。

表 3-1　钢丝绳断丝报废标准

钢丝绳安全系数	钢丝绳的类型					
	6×19+1		6×37+1		6×61+1	
	交叉绕捻式	单向绕捻式	交叉绕捻式	单向绕捻式	交叉绕捻式	单向绕捻式
	一个节距长度断裂的钢丝根数					
<6	12	6	22	11	36	18
6~7	14	7	26	13	38	19
>7	16	8	30	15	40	20

3.5.1.2　钢丝绳的养护

（1）涂脂。为了防止钢丝绳锈蚀，应定期涂抹油脂保养，其方法是先刮除、清洗绳上的污物，用钢丝刷子刷，用柴油清洗，干净后涂抹合适的油脂（钢丝绳油膏）。为了便于在钢丝绳上涂油，可用自制的简易鼓形涂油装置，见图 3-5，即用薄铁皮加工成鼓形油筒，筒内装油，两头留孔，串在钢丝绳上，两孔沿钢丝绳周边装有棕丝圈，包住钢丝绳。加油时，只需拉动油筒上下移动，即可将油较均匀地涂在钢丝绳表面。此法只适用于上下都不穿过滑轮的钢丝绳。

（2）包裹。钢丝绳外表先用煤油或柴油清洗干净后，涂抹润滑脂，然后用布条缠紧（并可用塑料布条缠紧），再用旧橡皮管包扎。此法效果很好，适用于经常淹没于水下的钢丝绳，但要注意不能将包扎的钢丝绳绕上卷筒或滑轮。

（3）防尘。钢丝绳外表黏附灰尘、砂粒，不仅影响润滑脂的作用，而且会加剧对钢丝绳的磨损。在灰尘较多环境中工作的钢丝绳应注意防尘工作。对露天放置的启闭机，其钢丝绳卷筒的罩壳应封盖严密，工作桥上的绳孔，可设特别的盖板以防止灰砂进入卷筒上的钢丝绳。对于不绕上卷筒或滑轮的部分，可用包裹法保护。另外，还可用薄铁皮加工成多节的伸缩式防尘套，见图 3-6。多节伸缩式防尘套大筒的上端固定在启闭机卷筒的底梁上，小筒的下端固定在闸门顶部，可随钢丝绳上下而伸缩，保护效果良好。

（4）调整松紧度。双吊点启闭闸门的两根钢丝绳，应保持松紧度一致，否则应及时调整。船闸人字闸门，如采用双卷筒的启闭机，当开门钢丝绳与关门钢丝绳松紧配合不协调一致时，容易引起门底滑轮脱槽，影响闸门启闭。为防止钢丝绳脱槽，应经常调整钢丝绳松紧度。有时也可采用在松弛的一根钢丝绳上悬挂适量的重物等方法来解决。

3.5.2　螺杆的维护

螺杆启闭机的螺杆有齿部位应经常清洗、抹油，有条件的可设置防尘装置。

3.6　附属设备维护

闸门开度指示器，应保持运转灵活，指示准确。如果指示器不准，将直接影响控制运用，甚至引起工程事故。如有的螺杆顶压弯曲和启闭机台破坏，都是由指示器不准造成的。因此，要经常调整指示器，做到准确无误。

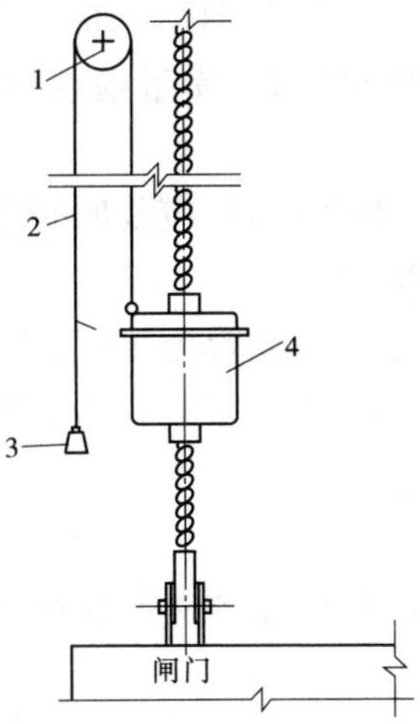

1—导向滑轮；2—提吊绳索；3—重锤；4—鼓形油筒

图 3-5 鼓形涂油装置示意图

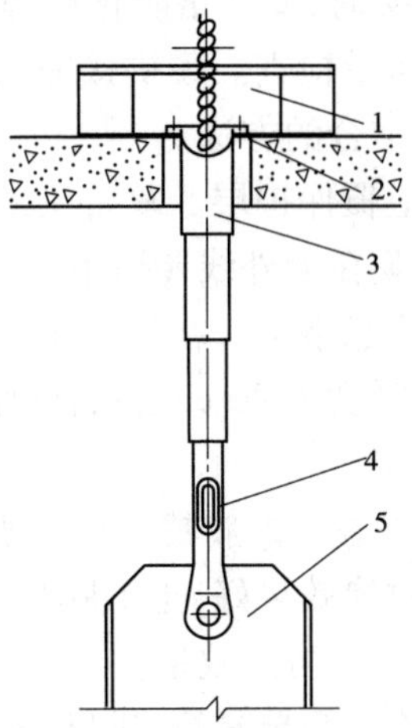

1—卷扬机；2—固定卡；3—防尘套；
4—钢丝绳；5—闸门

图 3-6 防尘套示意图

4 水闸的病害处理

对于水闸工程中土工结构、混凝土结构和石工结构的常见问题（如裂缝、渗漏）处理方法可分别参照土石坝、混凝土坝维修处理方法执行。以下将结合水闸工程自身特点，对其特有常见维修加固技术进行简介。

4.1 水闸防渗排水设施修补技术

4.1.1 水闸铺盖修补技术

铺盖一般分为柔性铺盖和刚性铺盖，当铺盖出现裂缝、渗漏等缺陷时，根据不同铺盖类型，一般可采取接长、修复、拆除重建等处理措施。对混凝土的裂缝、渗漏等缺陷进行修复，可参照混凝土坝病害处理相关内容，当混凝土及钢筋混凝土铺盖长度不够而结构强度满足规范要求，对于混凝土及钢筋混凝土铺盖可以采取接长、修复或拆除重建等处理措施。对于黏土铺盖，无论是长度不够还是铺盖出现裂缝、冲刷破坏，由于黏土铺盖不允许垂直施工缝存在，因此一般采取拆除重建。近些年，土工膜在防渗技术中应用较为广泛，以下着重就复合土工膜铺盖的施工工艺加以介绍。

4.1.1.1 复合土工膜铺盖的施工工序

（1）基面找平。为了减少膜下的渗水，使土工膜与基土结合良好，要求剔除表面的石子等坚硬尖状物，以防刺破复合土工膜，对部分凹陷变形较大的区域用好土找平夯实。

（2）敷设。要求土工膜敷设时自上而下，先中间后两边；在展膜的过程中，一定要避免生拉硬扯，也不得压出死折，同时保证一定的松弛度，以适应变形和气温变化；铺设应在干燥天气里进行，随铺随压。

（3）焊接。复合土工膜膜体的拼接方法常用的有热熔焊法、胶粘法等。在焊接时，要求膜体接触面无水、无尘、无垢、无折皱，搭接长度满足要求，当采用自动高温电热楔式双道塑料热合焊机时，要求事先进行调温、调速试焊，以确定合适的温度、速度等工艺参数。

在现场焊接时,要严格防止虚焊、漏焊、超焊等情况的发生;若发现损伤,应立即修补。

(4)质量检查。膜拼接完成后,需及时进行焊接缝质量检查,质量检查可以采用目测与充气相结合的方法。

(5)上覆保护层。复合土工膜焊接完成并经质量检查合格后,应及时覆盖保护层,以防止土工膜在紫外线照射下老化和其他因素引起的直接破坏。

(6)注意事项。在施工中工作人员应穿胶底鞋,避免损伤复合土工膜;在土工膜上部先垫一层厚度为 20 cm 左右的细沙壤土,避免其他材料刺破土工膜;保护层填筑应分层超宽碾压密实。

4.1.1.2 复合土工膜铺盖的优点

(1)防渗效果好,土工膜具有极低的渗透系数,比黏土铺盖渗透系数低很多,而且具有长期稳定的防渗效果。

(2)施工简单易行,进度快,施工质量容易保证。

(3)具有一定的保温防冻胀作用,减少防冻胀成本。

(4)复合土工膜具有较好的力学性能,具有比普通土工膜更好的抗拉、抗顶破和抗撕裂强度,能够承受足够的施工期和长期的运行受力,具有较高的适应变形的能力,而且复合土工膜外层的土工织物与土的结合性能较好,复合土工膜与土之间的摩擦系数较普通土工膜大,抗滑移稳定性好。

4.1.2 水闸侧向绕流修补技术

绕闸渗流是水闸上游水流绕过水闸两侧与堤坝连接段形成流向下游的渗透水流。对于已发生侧向绕渗的水闸,应首先了解水闸两侧的地质情况和渗漏部位,然后采取相应措施进行处理,处理的方法有增加侧向齿墙,下面仅以冲抓套井回填黏土法为例进行介绍。

4.1.2.1 施工机制

利用冲抓式打井机具,在水闸端部与堤坝防渗范围内造井,用黏性土料分层回填夯实,形成一连续的套接黏土防渗墙,截断渗流通道,起到防渗的目的;同时在夯击时,夯锤对井壁的土层挤压,使其周围土体密实,提高土体质量,达到防渗和加固的目的,见图3-7。

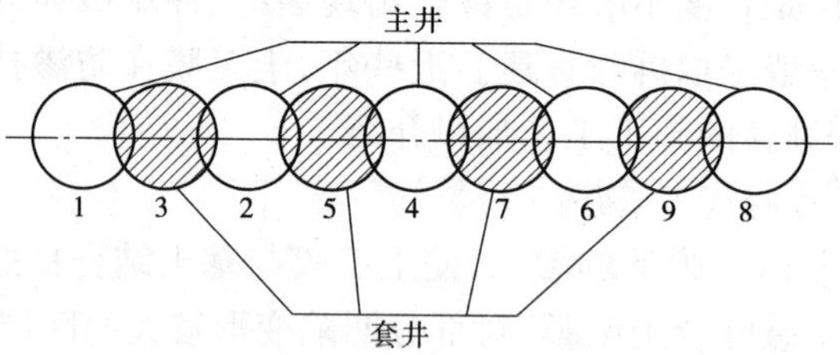

图3-7 套井布置示意图

4.1.2.2 施工工艺

冲抓套井施工操作主要是造孔、回填、夯实三个环节。其详细工艺流程为:放样布孔→架机对中→造孔→下井检查→人工清理→回填夯实→质量检查。

(1)造孔。造孔的施工顺序是在同一排井先打主井,回填夯实后,再打套井回填夯实,按顺序进行。

(2)回填。在土料回填前,应下井检查,把井底浮土、碎石等杂物清理干净并保持井内无水。回填土料粒径一般不得大于5 cm,并不准掺有草皮、树根等杂物。回填铺土要均匀平整,分层回填,铺土层不宜过厚,以30~50 cm为宜。

(3)夯实。夯实时落锤要平稳,提升后自由下坠,不使钢丝绳抖动,夯锤落距宜小,不要忽高忽低。施工参数应通过现场试验确定,按其试验最佳铺土厚度、夯重、落距、夯击次数控制。一般控制夯距为2 m,夯击次数为20~25次。当料场改变时,施工参数也应做相应调整。

(4)质量检查。土料检查:检查土料性质、含水量等是否符合设计要求,是否已将草皮、树根等清除干净;井孔检查:检查井底的清基及积水的排除,测量孔深是否达到设计要求的深度;回填土质量检查:检查项目包括干密度、渗透系数,一般要求对每个套井均应取样试验。

4.1.3 水闸地基防渗加固技术

采用高压喷射注浆是水闸地基加固的常用方法。适用于既有水闸的地基处理与防渗帷幕等工程,也可采用该方法形成地下连续墙围堵地基液化土层,处理地基液化问题。

4.1.3.1 注浆方法

高压喷射注浆的基本种类有单管法、二管法、三管法和多管法等几种。它们各有特点,可根据工程要求和土质条件选用。

(1)单管法。单管法是利用高压泥浆泵装置,以10~25 MPa的压力,把浆液从喷嘴中喷射出去,以冲击破坏土体,同时借助灌浆管的提升或旋转,使浆液与从土体上崩落下来的土混合掺搅,经过一定时间的凝固,便在土中形成凝结体。由于需要高压泵直接压送浆液,对泵的要求较高,且易磨损,因此形成凝结体的长度(柱径或延伸长)较小。

(2)二管法。二管法是利用两个通道的注浆管通过在底部侧面的同轴双重喷射,同时喷射出高压浆液和空气两种介质射流冲击破坏土体,即以高压泥浆泵等高压发生装置喷射出10~25 MPa压力的浆液,从内喷嘴中高速喷出,并用0.7~0.8 MPa的压缩空气,从外喷嘴(气嘴)中喷出。在高压浆液射流和外圈环绕气流的共同作用下,破坏泥土的能量显著增大,与单管法相比,其形成的凝结体长度可增加1倍左右(在相同的压力作用下)。

(3)三管法。三管法是使用分别输送水、气、浆三种介质的三管,在压力达30~50 MPa的超高压水喷射流的周围,环绕0.7~0.8 MPa的圆筒状气流,利用水、气同轴喷射,冲切土体,再另由泥浆泵注入压力为0.2 ~ 0.7 MPa、浆量为80~100 L/min的稠浆进行充填。浆液比重可达1.6~1.8,浆液多用水泥浆或黏土水泥浆。如前所述,当采用不同的喷射形式时,可在土层中形成各种要求形状的凝结体。这种方法可用高压水泵直接压送清水,机械不易磨损,可使用较高的压力,形成的凝结体较二管法大,较单管法则要大1~2倍。

(4)多管法。这种方法须先在地面上钻一个导孔,然后置入多重管,用逐渐向下运动旋转的超高压射流,切削破坏四周的土体,经高压水冲切下来的土和石,随着泥浆用真空泵立即从多重管中抽出。如此反复冲和抽,便在地层中形成一个较大的空间;装在喷嘴附近的超声波传感器可及时测出空间的直径和形状,最后根据需要先用浆液、砂浆、砾石等材料填充,于是在地层中形成一个大的柱状固结体。在砂性土中最大直径可达4 m。此法属于用浆液等材料全部空间的全置换法。

以上四种高压喷射注浆法,前三种属于半置换法,即高压水(浆)挟带一部分土颗粒流出地面,余下的土和浆液搅拌混合凝固,成为半置换状态;第四种方法属于全置换法,即高压水冲击下来的土,全部被抽出地面,而在地层中形成孔洞(空间),以其他材料充填之,成为全置换状态。高压喷射灌浆施工示意图,见图 3-8。

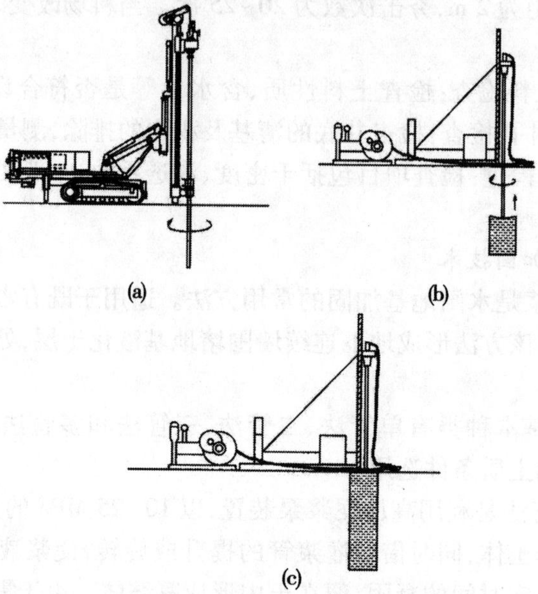

图 3-8　高压喷射灌浆施工示意图

4.1.3.2　施工工艺

高压喷射灌浆的施工工艺流程如图 3-9 所示。

钻机就位 → 钻孔 → 插管 → 喷射作业 → 拔管 → 清洗器具 → 移开钻机

图 3-9　高压喷射灌浆的施工工艺流程

(1)钻机就位。根据设计的平面坐标位置进行钻机就位,要求将钻头对准孔位中心,同时钻机平面应放置平稳、水平,钻杆角度和设计要求的角度之间偏差应不大于 1.5%。

(2)钻孔。在预定的旋喷桩位钻孔,以便旋喷杆可以放置到设计要求的地层中。钻孔的设备,可以用普遍的地质钻孔或旋喷钻机。

(3)插管。当采用旋喷管进行钻孔作业时,钻孔和插管两道工序可合二为一,钻孔达到设计深度时,即可开始旋喷;而采用其他钻机钻孔时,应拔出钻杆,再插入旋喷管,在插管过程中,为防止泥沙堵塞喷嘴,可以用较小的压力边下管边射水。

(4)喷射作业。自下而上地进行旋喷作业,旋喷头部边缘在设定的角度范围内边摆动边上升,此时旋喷作业系统的各项工艺参数都必须严格按照预先设定的要求加以控制,并随时做好旋喷时间、用浆量、冒浆情况、压力变化等参数的记录。根据设计桩径或喷射范围的要求,还可以采用复喷的方法扩大加固范围,即在第一次喷射完成后,重新将旋喷管插到设计要求复喷位置,进行第二次喷射。

(5)拔管。旋喷管被提升到设计标高顶部时,本孔的喷射注浆即完成。

(6)清洗器具。在拔出旋喷管时应逐节拆下,并进行冲洗,以防浆液在管内凝结堵塞。一次下沉的旋喷管可以不必拆卸,直接在喷浆的管路中泵送清水,即可达到清洗的目的。

(7)移开钻机。将钻机移到下一孔位。

4.1.3.3 施工质量控制

施工前应复核桩位,检查水泥、外掺剂等的质量,压力表、流量表的精度和灵敏度,高压喷射设备的性能等。

施工中应检查施工参数(压力、水泥浆量、提升速度、旋转速度等)及施工程序。

施工结束后,应检验桩体强度、平均桩径、桩身位置、桩体质量及承载力等,桩体质量及承载力检验应在施工结束后28 d进行。

4.1.3.4 反滤排水设施堵塞的处理

水闸的反滤排水设施,如减压井、冒水孔、导渗沟等,是降低渗透压力,防止渗透变形,确保水闸安全运用的重要设施,必须保持畅通。如有堵塞、损坏,应及时疏通、修复。通常的做法是用竹刷、铁铲等将表面的淤泥、苔藓、蚌壳等清除掉,再用潜水泵冲洗,直至出现清水,然后重新回填瓜子片、碎石等。

如果有些水闸的上述这些设施,经多项清洗、疏通后仍不能保持正常工作状态(冒清水)而失效,则应在附近的位置,经过论证后重新设置减压井或冒水孔和导渗沟。

近年来,土工织物作为排水、导渗材料在水闸上被广泛采用。这种土工织物(又称土工布)是由合成纤维编织而成的网状物(即有纺土工织物),或是针刺压成的毡状物(即无纺土工织物)。由于土工织物具有质量轻、强度高、耐腐蚀、施工简单、施工速度快、投资省、滤土透水效果好等优点。所以,在水闸的排水、反滤设施中广泛采用。但是,由于土工织物很薄(一般4~5 mm),在施工时需在土工织物下面及上面铺设砂层,以免土工织物与外界接触时被刺破;土工织物是用化纤原料做的,在太阳光照射下容易老化,存放和铺设时,不宜长时间暴晒,可在土工织物上面铺设砂料等保护层。另外,铺设土工织物时应平整、松紧度均匀,搭接(或缝接)长度要符合设计要求,通常不少于30~50 cm。

4.2 水闸混凝土结构加固技术

4.2.1 增大截面加固法

增大截面加固法是用增大结构构件或构筑物截面面积进行加固的一种方法,它不仅可以提高被加固构件的承载能力,而且可以加大其截面刚度,改变其自振频率,使正常使用阶段的性能得到改善和提高。这种加固方法被广泛应用于加固混凝土结构的梁、板、柱等构件。增大截面加固具有原理简单、应用经验丰富、受力可靠、加固费用低廉等优点;但它也有一些缺点,如湿作业工作量大,养护周期长,增加结构自重,占用建筑空间较多等,使其应用受到限制。其加固简图见图3-10。

4.2.1.1 加固的基本原则

(1)采用增大截面加固受弯构件时,应根据原结构构造要求和受力情况,选用在受压

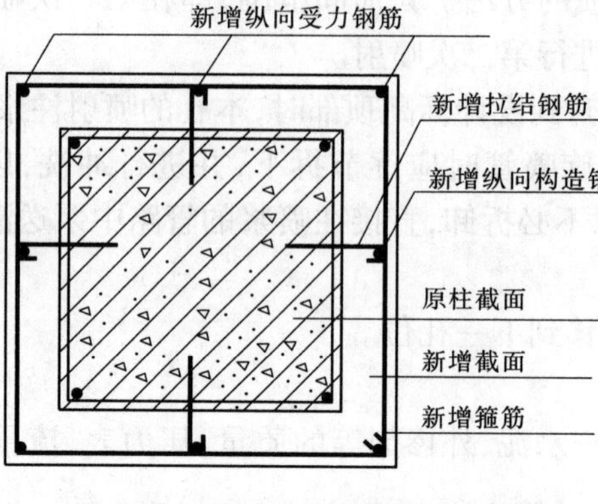

图 3-10 受压构件增大截面加固简图

区或受拉区增加截面尺寸的方法加固。

(2)采用增大截面加固钢筋混凝土轴心受压构件时,应综合考虑新增混凝土和钢筋强度利用程度,并对其进行修正。

(3)采用增大截面加固法时,要求按现场检测结果确定原构件混凝土强度等级:受弯构件不低于C20,受压构件不低于C15,预应力构件不低于C30。

4.2.1.2 增大截面加固法的施工工艺

增大截面加固法的施工工序为:施工准备→混凝土基面清理→结合面处理→钢筋种植、钢筋网绑扎→支模、混凝土浇筑→养护。

增大截面加固法示意图见图3-11。

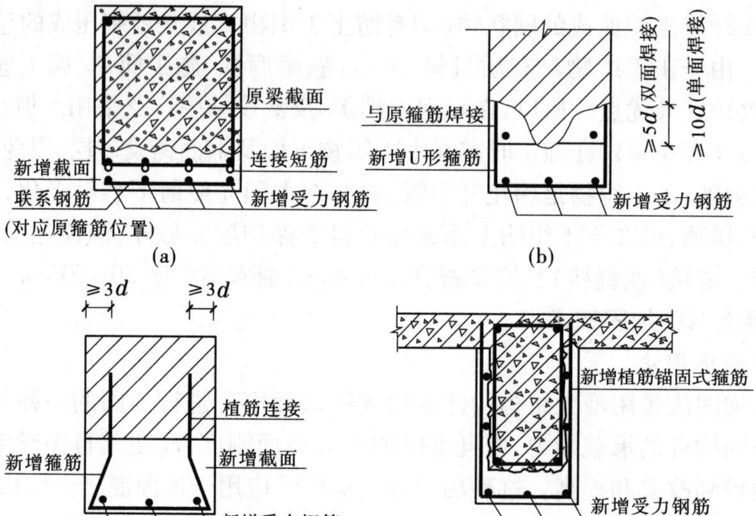

d—钢筋直径

图 3-11 增大截面配制箍筋的连接构造示意图

(1)施工准备。施工前应制订详细的施工方案,准备施工材料、人员及相关机械设备。

(2)混凝土基面清理。把构件表面的抹灰层铲除,对混凝土表面存在的缺陷清理至密实部位,并将表面凿毛,要求打成麻坑或沟槽,坑或槽的深度不宜小于6 mm,麻坑每100 mm ×100 mm的面积内不宜少于5个;沟槽间距不宜大于箍筋间距或200 mm,采用共面或四面外包法加固梁或柱时,应将其棱角打掉。清除混凝土表面的浮块、碎渣、粉末,并用压力水冲洗干净,如构件表面凹处有积水,应用麻布吸去。

(3)结合面处理。为了加强新旧混凝土的整体结合,在浇筑混凝土前,在原有混凝土结合面上先涂刷一层高黏结性能的界面剂。界面剂的种类很多,常用的有高强度等级水泥浆或水泥砂浆,掺有建筑胶水的水泥浆、环氧树脂胶、乳胶水泥浆及各种混凝土界面剂等。

(4)钢筋种植、钢筋网绑扎。为了提高新旧混凝土黏结强度,增强结合面的抗剪能力,可采用植筋技术在混凝土结合面上种植短钢筋。钢筋的直径和数量根据新旧混凝土结合面的抗剪要求确定。新增纵向受力钢筋两端应可靠锚固,其工艺亦可采用植筋工艺。

新增钢筋和原有构件受力钢筋之间采用焊接连接时,应凿除混凝土的保护层并至少裸露出钢筋截面的一半,对原有和新加受力钢筋都必须进行除锈处理,在受力钢筋上施焊前应采取卸荷或临时支撑措施。

(5)支模、混凝土浇筑。混凝土中粗集料宜用坚硬卵石或碎石,其最大粒径不宜大于20 mm,对于厚度小于100 mm的混凝土,宜采用细石混凝土。为提高新浇混凝土的强度并利于新旧结合面的黏结,应选择黏结性能好、收缩小的混凝土材料。

由于构件的加固层厚度都不大,加固钢筋也较密,采用一般支模、机械振捣浇筑混凝土都会带来困难,也难以确保质量,因此要求施工仔细,振捣密实,必要时配以喇叭浇捣口,使用膨胀水泥等措施。在可能条件下,还可采用喷射混凝土浇筑工艺,施工简便、保证质量,同时也提高混凝土强度和新旧混凝土的黏结强度。混凝土浇筑质量应符合《水工混凝土施工规范》(SL 677—2014)的标准要求。

(6)养护。后浇混凝土凝固收缩时易造成界面开裂或板面后浇层龟裂。因此,在浇筑加固混凝±12 h内就开始饱水养护,养护期为两周,要用两层麻袋覆盖,定时浇水。

(7)质量检查。增大截面法加固施工质量应符合《水利水电基本建设工程单元工程质量等级评定标准》(DL/T 5113.1—2005)相关条文要求。

4.2.2 置换混凝土加固技术

置换混凝土加固法是将原结构、构件中的破损混凝土凿除并用强度高一级的混凝土浇灌置换,使新旧两部分黏合成一体共同工作。置换混凝土加固法能否在承重结构中得到应用,关键在于新旧混凝土结合面的处理效果是否能达到可以采用协同工作假定的程度。

4.2.2.1 置换混凝土加固的注意事项

(1)当混凝土结构、构件置换界面处理及施工质量满足要求时,其结合面可按整体工作计算。置换混凝土界面处不应出现拉应力。

(2)为确保置换混凝土施工全过程中原结构、构件的安全,必须采取有效的支顶措施,使置换工作在完全卸荷的状态下进行,有助于加固后结构更有效地承受荷载。

(3)采用置换法加固钢筋混凝土轴心受压构件时,可参照《水工混凝土结构设计规范》(SL 191—2008)计算,但需引进置换部分新混凝土强度的利用系数,以考虑施工无支顶时新混凝土的抗压强度不能得到充分利用的情况。

(4)应避免在局部置换的部位产生"销栓效应",故要求新置换的混凝土强度等级不宜过高,一般以提高一级为宜。为保证置换混凝土的密实性,最小置换深度不小于60 mm。

(5)置换部分应位于构件截面受压区内,且应根据受力方向,将有缺陷混凝土剔除,剔除位置应在沿构件整个宽度的一侧或对称的两侧,不得仅剔除截面的一隅。

(6)为了防止结合面在受力时破坏,在重要结构或置换混凝土量较大时,应在结合面上种植贯穿结合面的拉结钢筋或螺栓,以增加被动剪切摩擦力的传递。

4.2.2.2 置换混凝土加固法施工工艺

采用置换混凝土加固法的施工工序为:施工准备→缺陷混凝土凿除→结合面处理→植筋→支模、混凝土浇筑→养护→质量检验。

置换混凝土加固施工示意图见图3-12。

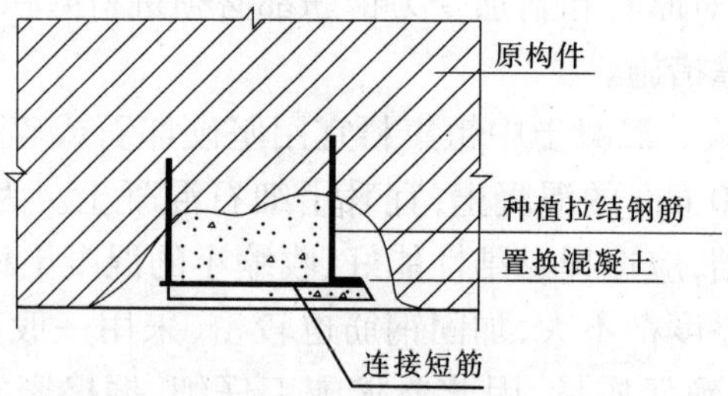

图3-12 置换混凝土加固施工示意图

(1)施工准备。施工前应制订详细的施工方案,准备施工材料、人员及相关机械设备。

(2)缺陷混凝土凿除。将原结构混凝土缺陷部位凿除至密实混凝土,凿除时应进行卸载,并设立有效支撑,混凝土凿除长度应按混凝土强度和缺陷的检测及验算结果确定,对非全长置换的情况,两端应分别延伸不小于100 mm。

(3)结合面处理。为了加强新旧混凝土的整体结合,在浇筑混凝土前,在原有混凝土结合面上先涂刷一层具有较高黏结性能的界面剂。界面剂涂刷前应采用高压水冲洗干净,并擦除界面处的积水。

(4)植筋。为了提高新旧混凝土的黏结强度,增强结合面的抗剪能力,可采用植筋技术在混凝土结合面上种植短钢筋。钢筋的直径和数量根据新旧混凝土结合面的抗剪要求确定。植筋工艺应符合植筋技术要求。

(5)支模、混凝土浇筑。混凝土支模、浇筑、养护应符合《水工混凝土施工规范》(SL 677—2014)标准要求。

(6)质量检验。置换混凝土加固法施工质量应符合《水利水电基本建设工程单元工程质量等级评定标准》(DL/T 5113.1—2005)相关条文要求。

4.2.3 植筋技术

植筋技术适合在既有钢筋混凝土构件上新增现浇钢筋混凝土构件的连接和锚固。

4.2.3.1 植筋技术的概念

植筋技术是将钢筋用专用黏结剂种植在混凝土结构中，使被种植钢筋与原钢筋混凝土结构有效连接的一种加固技术。其施工工艺简单，质量容易控制，在加固工程中应用非常广泛。

植筋材料有两大类：一类是树脂高分子材料，其原理是依靠植筋材料的黏结和握裹作用，将钢筋固定在混凝土结构中；另一类为水泥基材料，其实际上是一种微膨胀高强砂浆（抗压强度一般在 60 MPa 以上），依靠材料的膨胀性能，握裹钢筋并固定在混凝土结构中。这两类材料在实际加固工程中都得到了广泛应用。植筋形式示意图见图 3-13。

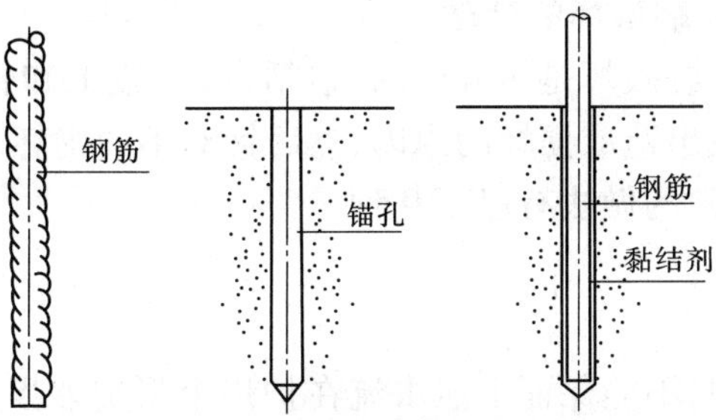

图 3-13 植筋形式示意图

植筋技术适用于钢筋混凝土结构构件的锚固，不适用于素混凝土构件，包括纵向配筋率小于《水工混凝土结构设计规范》（SL 191—2008）规定的最小配筋率构件的锚固。采用植筋技术时，混凝土构件的强度等级一般不小于 C20，在有可靠工程经验，同时增加锚固深度的情况下，最低不应低于 C15。当锚固部位混凝土有局部缺陷时，应先进行补强加固处理后再植筋。当采用树脂高分子材料作为植筋材料时，结构长期适用环境温度不应高于 60 ℃。

植筋设计应在计算和构造上防止混凝土发生劈裂破坏。有抗震设防要求的水闸，应用植筋技术时，其锚固深度应考虑位移的延性要求进行修正。

4.2.3.2 植筋技术施工工艺

植筋技术施工工序为：施工准备→放线、定位→造孔→清孔→锚固材料拌和→种植钢筋→检验。

（1）施工准备。施工前应制订详细的施工方案，准备施工材料、人员及相关机械设备。

（2）放线、定位及造孔。依据设计要求在混凝土结构表面标明造孔部位，同时采用钢筋保护层厚度测定仪对设计造孔部位进行探测。若设计部位有钢筋，应避开原结构钢筋，在邻近设计部位造孔至设计深度，避免废孔率过高造成混凝土构件局部破坏；对于废孔，应及时用结构胶或高强度水泥砂浆填充。

（3）清孔。造孔完成后应及时清孔，对采用树脂胶作为锚固材料的，应采用柱状细毛刷反复刷孔，然后用高压空气吹净孔内灰渣，最后用干净棉布蘸丙酮、二甲苯等强有机溶剂擦拭孔壁，若检查不干净应重复以上操作。对采用水泥基锚固材料的，可直接用高压水清洗,然后用棉布把明水吸干即可。

(4)锚固材料拌和。锚固材料无论是树脂材料还是水泥基材料,都应采用精度在 10 g 以上的电子秤称量,按厂家提供的比例配制,严禁私自改变配比。锚固材料一次不宜拌和过多,应在 30 min 内使用完,水泥基材料初凝或树脂材料变硬后应立即停止使用。

(5)种植钢筋。钢筋种植前,对螺纹钢,应清除钢筋表面附着物、浮锈和油污;对圆钢,应彻底除锈,打磨至金属光泽呈现,打磨纹路应与钢筋受力方向垂直。

锚固材料拌和均匀后,采用专用注胶器或直接灌入孔中,然后将钢筋插至孔底部,同时锚固材料应从孔中溢出;否则,应拔出重新植入。

(6)检验。材料达到设计固化时间后,应组织进行现场拉拔检测。现场拉拔时,应以设计值为指标。严禁在原位做破坏性检测。

4.3　水闸消能防冲设施冲刷破坏的处理

水闸消能防冲设施冲刷破坏是多方面的,包括设计、施工和管理等多方面因素,所以在改善、修理前,首先要找出造成损坏的原因,然后针对不同损坏现象和原因,采取相应的修理或改善的措施,其通常的做法有以下几种。

4.3.1　改善消力池

4.3.1.1　改造消力池构造

若消力池尺寸不合理,不能保证下泄水流在护坦上形成水跃,应适当加深、加长消力池,或将挖深式消力池改为坎式或综合式消力池;若存在恶性平面流态,可在消力池内适当增设消力墩、消力齿、尾坎等辅助消能工程;对于产生波状水跃而引起冲刷的情况,可在闸底板末增设小坎,以促成水跃消能,防止下游海漫和河床的冲刷。一般情况下,改善消能设施,要通过模型验证。

4.3.1.2　改善翼墙的扩散角

当上游河道流态不良使过闸水流的主流偏向一边,导致下游岸坡遭受冲淘破坏时,可在下游河道的适当部位修建导水墙或丁坝加以改善和防止;对于水闸下游翼墙扩散角不当使水流产生折冲和回流,引起岸坡冲淘破坏的,应采取措施改善翼墙扩散角,使过闸水流均匀扩散,避免折冲水流和回流的产生;水闸上游的局部淤积造成过闸水流产生折冲现象的,可采取增设排砂孔或人工清淤的措施来处理。

4.3.1.3　加固护坦

如果水闸的护坦是由不均匀沉陷或由于扬压力和水跃产生不平衡水压力而造成损坏的,应加固护坦,提高其抗冲、抗扬压力的能力。以下几种方法可以改善护坦的受力条件,是提高其抵抗不平衡水压力的加固措施:

(1)改善排水系统。当连接横向排水管的纵向管道有堵塞时,应考虑增加其数量,并适当加大孔径;在地下水较高的部位设集水槽、填滤料、埋排水管,将地下水排出。

(2)改善防渗、止水设施。延长、加厚上游铺盖,或重新翻修提高铺盖质量,增强防渗效果,有条件的可加深或增做截水墙,以延长渗径,减小渗透压力。

(3)在混凝土底板之间的分缝处加设止水(如设塑料止水片或其他止水措施),以减少由于浮托力和动水压力引起的底板损坏。

(4)提高护坦本身的抗冲、抗扬压力的能力。在护坦底板上加做钢筋混凝土防护层,新浇防护层与老底板之间要用插筋连接,以利结合,共同作用;或用足够厚的混凝土底板代替原有的浆砌块石或混凝土预制块底板,以增加稳定性,或增加底板的厚度,并在新老混凝土交接处用插筋连接。

4.3.2 增设海漫抗冲措施

当防冲槽、海漫等遭受破坏时,可采用抛块石或石笼或混凝土块等护脚、护底。石笼的直径通常为0.5~1.0 m,长度2.0 m以上;抛护时要铺放整齐,其纵向要与水流方向一致,并连成整体。为避免水流的淘刷,在抛块石或石笼前先抛填一层碎石层垫底。

(1)增设齿墙法。当海漫破坏可能引起护坦基础被淘空时,可在护坦末端沿垂直水流方向增设一道用冲击钻造孔的钢筋混凝土齿墙以防止冲刷,见图3-14。

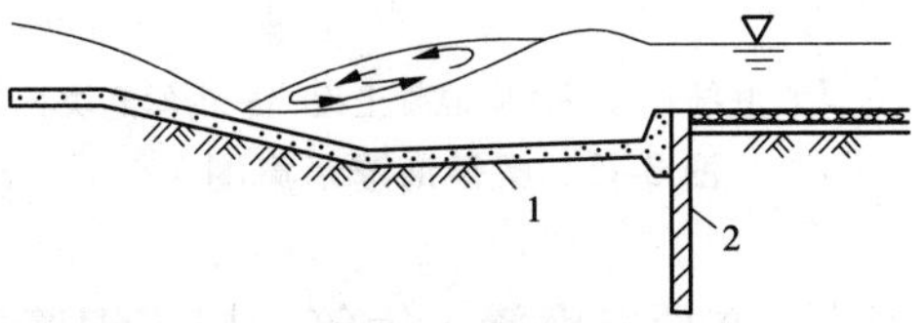

1—护坦;2—混凝土齿墙

图3-14 钢筋混凝土防冲齿墙示意图

(2)抛石护底法。在海漫冲刷部位,可用土包和砂石包先将冲刷坑底填平,再进行抛石,直到与原海漫齐平,海漫的首端用浆砌块石加固更好。对河床冲刷部位,可从开始冲刷的位置从外抛石,沿冲刷坑底部以同一厚度抛填石块。若冲坑零星且较小,可先将冲坑略为平整后再以同一厚度抛填块石,一般厚为0.5~0.8 m,抛石范围应超过冲坑范围,抛石块径的大小应能在较大流速中维持稳定。

(3)增设尾坎法。护坦末端设尾坎可减小出池水流底部流速,减轻水流对海漫和河床冲刷,见图3-15。

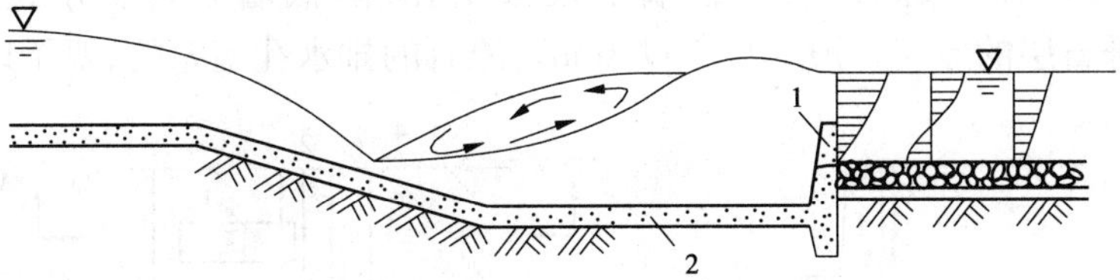

1—尾坎;2—护坦

图3-15 增设尾坎后的流速分布

(4)柴排或软排保护法。用柴排保护是一种临时性防冲措施,柴排是利用树木的梢料为骨架,将芦柴包扎而成,用石块压重,沉在冲坑中起保护作用。软排则是将合金钢丝笼块石、柔性连接的混凝土板等柔性材料沉入水底进行保护,利用其柔性可适应水下地形的起伏变化,见图3-16。

(5)延伸降低海漫高程法。延伸降低海漫出口高程,增加过水断面以减小流速,可保护海漫基础不被淘空和减小水流对河床的冲刷。

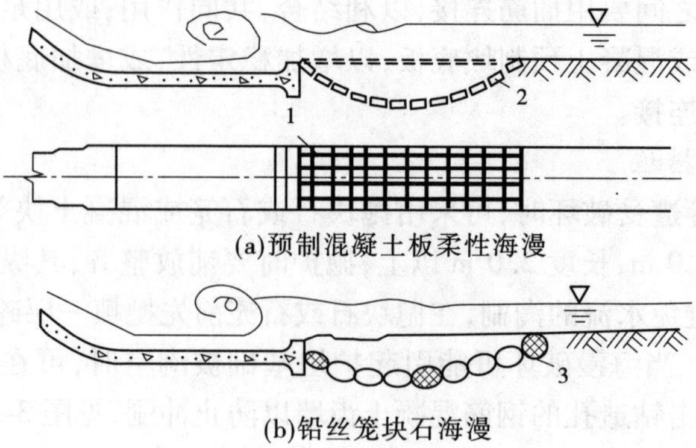

1—柔性联结环;2—预制混凝土板;3—铅丝笼块石

图 3-16　柔性海漫示意图

(6)混凝土预制块连锁法。在原有海漫上铺筑一层用钢筋连锁的混凝土预制块,可起到对水流继续消能的作用,这种柔性结构还具有适应河床冲刷变化的能力,能起到保护护坦基础不被淘空的作用。

4.4　挡土墙发生断裂或倾斜或有滑动迹象时的处理

水闸翼墙、边墩挡土墙发生断裂或倾斜多是由于挡土墙后的填土超过原设计高程,或是在墙顶堆放重物,而使墙后的土压力增大而致。也有的因墙下未设排水孔,排水不畅,墙体除承受土压力外,还承受水压力。在北方寒冷地区,挡土墙还承受墙后含水土层的冰胀压力。处理的基本方法如下。

4.4.1　减压排水

首先要将墙后的填土降低至原设计允许的高度,顶上的重物要去除,以减小墙后土压力。另外,墙背增设砂砾石层,并在墙下设排水孔,降低墙后地下水位,结构形式见图 3-17。砂砾石层的厚度一般为 0.5~1.0 m。原有的排水孔堵塞的,要予以导通或补设。

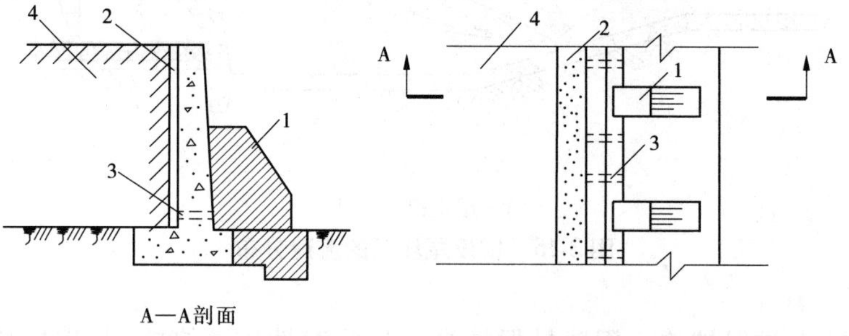

1—撑墙;2—砂卵石;3—排水孔;4—填土

图 3-17　减压排水及加撑墙示意图

4.4.2　加撑墙

在挡土墙前加撑墙,是一项简单而效果较好的办法。结构形式见图 3-17。但要注意撑墙不要影响挡土墙前的使用条件。加固时,除应将撑墙与挡土墙体接触面的老混凝土凿毛外，还要考虑埋设锚筋，以增强其整体性。

4.4.3 加厚墙身

当因挡土墙墙身强度不够而损坏时，可把墙后填土挖除，加厚墙身。施工时，新老砌体的结合面要处理好，并可增设锚筋，以增强其整体性。当墙基出现冒水、冒沙现象时，立即采取墙后降低地下水位措施的同时，应在墙前增设反滤排水设施。

4.5 钢筋混凝土结构物防碳化处理

长期以来，人们在设计水闸混凝土和钢筋混凝土结构时，往往偏重于结构形状和强度性能，而忽视了结构所处的环境对结构的侵蚀作用，加之施工不善、管理运用不当等原因，造成部分水闸混凝土耐久性不良，过早的发生损坏，缩短了工程寿命。

钢筋混凝土表面防碳化处理，目前基本上是采用涂料封闭的方法。混凝土碳化主要是碳酸气通过混凝土毛细孔进入混凝土内部，破坏混凝土内的高碱环境，因而防碳化处理，主要是防止碳酸气进入，起封闭作用。由于混凝土碳化问题已经逐渐引起人们的重视，防碳化处理的新工艺、新材料也多种多样。通过近几年对一些工程的实践，以下几种涂料效果较好。

4.5.1 环氧厚浆涂料

这是一种环氧类的高分子材料。它有以下几个特点：长期封闭好；化学稳定性好；耐碱性好；具有较好的气密性，可防止 CO_2 和 Cl^-等有害物质的渗透；机械性能好，在光、热、水等介质作用下耐用、寿命长。

其施工特点是：

(1)混凝土表面处理要干净，不得有油污、灰尘、苔藓等杂质。

(2)有裂缝、蜂窝、麻面等缺陷的部位要用腻子刮平，露筋处要先除锈，然后用高强度等级混凝土修补刮平。

(3)涂料的配制要严格按说明书要求配制，随用随配。

(4)待混凝土表面处理干净且干燥后才能进行涂刷，要求涂刷三遍，下一遍涂刷要在前一遍涂膜完全干燥后才能进行。

(5)涂层表面应无漏涂、流挂、皱折、鼓泡、涂层脱落等现象。

4.5.2 CT203 涂料

这是一种有机、无机复合的新型聚合物水泥砂浆。它具有强度高、快凝、补偿收缩、耐久性好和水下不分散等特点。可用于钢筋混凝土结构裂缝和缺陷的快速修补。水中修复还可用于混凝土和砌石结构的薄层护面。

涂料为双组分，使用时按比例调配。其中甲组分为溶液，乙组分为粉剂。

4.6 钢闸门(及其钢构件)的防腐蚀

水工钢闸门及其钢构件在使用过程中，由于常处水下或干湿交替的环境中，极易发生腐蚀，这种腐蚀不断地削弱结构的承载力，以致严重到一定程度后失去工作能力而酿成事故。钢闸门在普通涂料的保护下使用 10 年后，10 mm 厚的面板，腐蚀深度可达 2~3 mm，最坏的情况甚至穿孔。某闸的钢闸门在使用 20 年后因严重腐蚀而报废。可见，水工钢闸门的防腐工作是水闸安全管理运行工作的重要内容。

钢结构的腐蚀一般分化学腐蚀和电化学腐蚀两类。钢结构与氧气或非电解质溶液作用而发生的腐蚀,称为化学腐蚀;钢铁与水或电解质溶液接触形成微小腐蚀电池而引起的腐蚀,称为电化学腐蚀。水工钢结构的腐蚀多属电化学腐蚀。

4.6.1 常用的防腐方法

钢铁结构防腐蚀措施主要有两种类型,一种类型是在其表面涂上覆盖层,借以把钢材母体与氧或电解质隔离,以免产生化学腐蚀或电化学腐蚀,即覆盖层保护。另一种类型是设法供给适当的保护电能(低压直流)使钢结构表面积聚足够电子,成为一个整体阴极而得到保护,即电化学保护,也称外加电流阴极保护。目前,水工钢闸门常用的防腐蚀措施多属覆盖层保护,即涂料保护、金属喷镀与涂料联合保护。当采用覆盖层保护时,必须对其进行表面处理。

4.6.2 表面处理

表面处理所要达到的要求,随着处理方法和涂层保护所用的材料而不同,通常用两项指标来衡量,一是表面清洁度,二是表面粗糙度。

表面处理的方法,常用的有人工敲铲、电动工具除锈和干喷砂除锈等。

4.6.2.1 人工敲铲

人工敲铲是靠手工打磨敲铲,剔刮扫刷以除去锈垢、旧漆、尘土等污物并使表面粗糙。该工艺简单,易为群众掌握,但劳动强度大,施工条件较差,工效低,清理后的表面不能完全露出金属本色,一般还残存锈迹,在低凹、孔隙、夹缝中还留有旧漆。人工除锈常用的工具如图3-18所示。

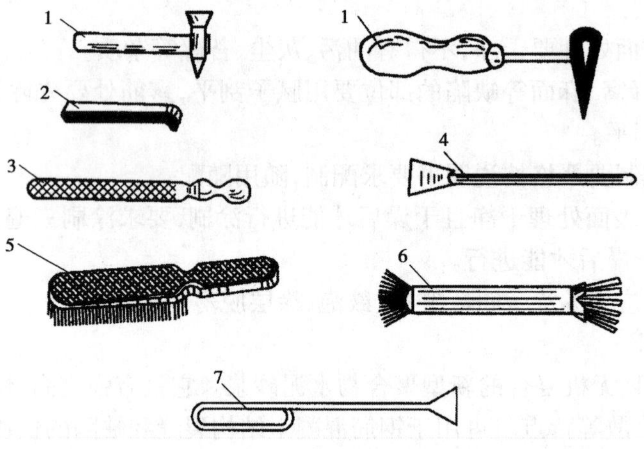

1—磨制过的尖头锤;2—弯头刮刀;3—圆纹粗锉;4—刮铲;
5—钢丝刷;6—钢丝束;7—铅丝扁钎

图3-18 人工敲铲工具

人工除锈只适用于对涂层缺陷的局部修理和无法进行喷射处理的场合,且表面清洁度应达到St2级。

4.6.2.2 电动工具除锈

它是指使用电动砂轮、钢丝刷轮、电动锤和针束除锈器等工具对水工钢闸门进行清除铁锈、氧化皮、旧漆层、焊渣等,它工效较高,质量较人工敲铲好。电动工具除锈适用于涂层的局部缺陷处理和无法进行喷射处理的场合,其表面清洁度应达到 St3 级。

4.6.2.3 干喷砂除锈

这是以压缩空气为动力,使砂粒高速冲击到金属结构表面达到除锈除漆的目的。此法效率高、质量好,可以得到无污染并显露出钢铁本色的干燥而粗糙的表面,能达到涂层保护的理想要求。

干喷砂系统的主要设备有空气压缩机、冷却器、空气滤清器、喷砂桶、喷嘴、喷砂胶管等,见图 3-19。

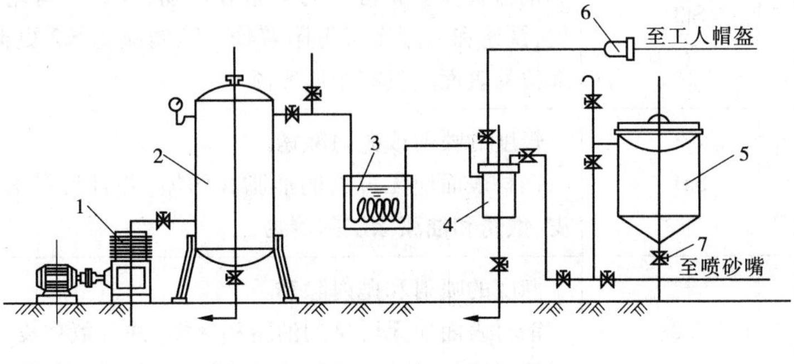

1—空压机;2—贮气桶;3—冷却器;4—空气滤清器;
5—喷砂罐;6—呼吸用空气滤清器;7—砂阀

图 3-19 喷砂除锈流程图

由于此法除锈质量好,适用于各类涂料保护和喷镀金属保护的要求,其表面清洁度能达到 Sa2 $\frac{1}{2}$级和 Sa3 级。有关表面粗糙度和表面清洁度的等级标准见表 3-2 和表 3-3。

表 3-2 涂层系统和涂层厚度、表面粗糙度的参考关系 (单位:μm)

涂层系统	常规防腐涂料	厚浆型防腐涂料	金属热喷镀
涂层厚度	100~200	250~500	100~200
粗糙度 *Ry*	40~70	60~100	60~100

注:1.表中涂层厚度范围为参数值。

2.*Ry* 即在取样长度内轮廓峰顶线和轮廓谷底线之间的距离。

4.6.3 涂料保护

虽然涂料品种繁多,成分复杂,但按其成膜作用,可分为主要成膜物质、次要成膜物质及辅助成膜物质三部分。

主要成膜物质:它是构成涂料的基础,它能把其他成膜物质黏结在一起,经干燥、固化或成膜,附着在物体表面上。以油料为主要成膜物质的涂料,称油性涂料;以树脂为主要成膜物质的涂料,称为树脂涂料。

表 3-3　涂装前钢材表面清洁度等级

除锈方法	等级	各表面清洁度等级要求内容
手工或动力工具除锈	St2	彻底的手工和电动工具除锈。 钢材表面应无可见的油脂和污物,并且没有附着不良氧化皮、铁锈和油漆涂层等附着物
	St3	非常彻底的手工和电动工具除锈。 钢材表面应无可见的油脂和污物,并且没有附着不良的氧化皮、铁锈和油漆涂层等附着物。除锈应比 St2 更彻底,底材显露部位的表面应具有金属光泽
喷射或抛射除锈	Sa1	轻度的喷射或抛射除锈。 钢材表面应无可见的油脂和污垢,并且没有附着不良的氧化皮、铁锈和油漆涂层附着物
	Sa2	彻底的喷射和抛射除锈。 钢材表面应无可见的油脂和污垢,并且氧化皮、铁锈和油漆涂层等附着物已基本清除,其残留物应是牢固附着的
	Sa2 $\frac{1}{2}$	非常彻底的喷射或抛射除锈。 钢材表面应无可见的油脂、污垢、氧化皮、铁锈和油漆涂层等附着物,任何残留的痕迹仅是点状或条纹状的轻微色斑
	Sa3	使钢材表观洁净的喷射或抛射除锈。 钢材表面应无可见的油脂、污垢、氧化皮、铁锈和油漆涂层等附着物,该表面应显示均匀的金属色泽

次要成膜物质:即颜料,它是涂料的重要组成部分。它的加入可以使涂料有效地显示其各方面的性能,如遮盖力、涂层厚度、耐磨损、耐腐蚀等。防锈颜料对于发挥防锈涂料的保护作用具有较大的影响。

辅助成膜物质:也是涂料中不可缺少的部分,它可以配合涂料的生产工艺,改进涂料层质量及涂料储存等性能,并有助于涂料的施工。

4.6.3.1　涂料保护的要求

涂料品种应根据钢闸门所处环境条件、保护周期等情况选用;面、(中)底层必须配套性能良好;涂层干膜厚度:淡水环境不宜少于 200 μm,海水环境不宜少于 300 μm。

4.6.3.2　涂料品种的选择

按照上述要求,根据工程所处环境(即水上、水下或干湿交替等)及具体实际情况,分别参照相应规范选用。

4.6.3.3　涂料施工

(1)涂装涂料施工前,必须检查验收表面处理是否合格。对不同的涂料,其表面处理的最低要求要达到表 3-4 的等级。

表 3-4 不同涂料表面处理的最低等级

涂料品种		表面处理最低等级	
		喷射或抛射除锈	手工和电动工具除锈
非油性漆	无机富锌漆	Sa2 $\frac{1}{2}$	不允许
	酚醛树脂漆、环氧沥青漆		St3
	醇酸树脂漆	Sa2	St2
	其他漆类		不允许
油性漆		Sa2	St2

(2)表面处理与涂装之间的间隔时间应尽可能缩短。潮湿工业大气等环境下，应在 4 h 涂装完毕，晴天或湿度不大的条件下，最长不应超过 12 h。

(3)被涂基体金属表面湿度低于露点以上 3 ℃和相对湿度大于 85%时，不宜进行涂装。

(4)涂层系统各层间的涂覆间隔时间应按涂料制造厂的规定执行，如超过其最长间隔时间，则应将前一涂层用粗砂布打毛后再进行涂装，以保证涂层间的结合力。

(5)涂装后，涂膜应认真维护，在固化前要避免雨淋、暴晒、践踏，搬运中应避免对涂层造成任何损伤。

4.6.3.4 涂料施工操作要点

涂料施工目前常用的方法是人工刷涂和空气喷涂。

(1)人工刷涂。人工刷涂常用的工具是漆刷，见图 3-20。

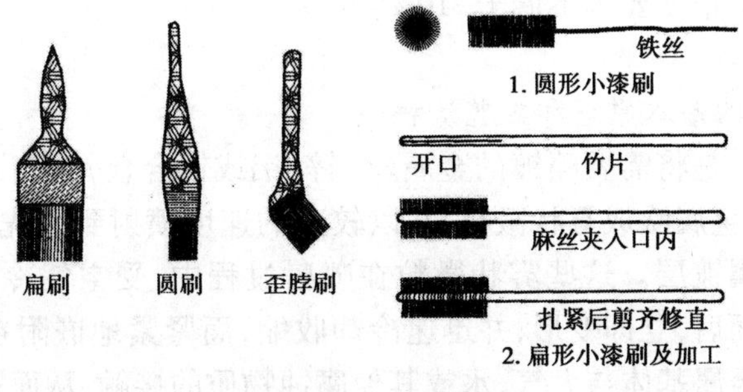

图 3-20 各种漆刷

人工刷涂的方法很多，各地有不同的习惯，各种结构有不同的顺序，应因地制宜地采用。其操作的一般要求是：先上后下，先左后右，先难后易，依次刷匀。当刷涂竖直表面时，最后一次动作应由上而下地进行；刷涂水平表面时，最后一次动作应按结构边界主要方向进行。涂漆时厚度应均匀适中，过厚容易流挂、皱皮，过薄会出现露底。

对于水工钢闸门上比较复杂的部位，涂装应特别仔细，防止漏涂和涂刷不实。在铆钉、螺栓、型钢的边缘以及杆件结合交叉处，应少蘸漆，多搓揉，涂均匀，防止漏涂、流挂和皱皮，然后予以全面整理。在结构面上的锈坑、麻点处涂刷时，应先用漆刷蘸漆搓揉或竖起刷毛戳涂，使锈坑麻点全部与漆液接触而被封闭，防止漆膜下留有气泡或漆膜在表面张力作用下破裂露底。在涂刷夹缝,如双拼角钢、双拼槽钢杆件的夹缝时,可用小片刷蘸漆涂装。每当涂装一小块面积后,应仔细观察涂层有无弊病,要在涂层不干前及时发现,及时处理。

(2)空气喷涂。空气喷涂的主要设备有喷漆枪、贮漆装置、空气压缩机、空气滤清器、橡胶管和其他辅助工具等。

喷涂时,喷枪与结构表面的距离要适当,以15~25 cm为宜。距离过大,漆雾喷射力量较小,会影响漆膜附着力,而且在风的作用下,漆料飞散较多;距离过小,易使漆液集中,在喷枪气流作用下,使漆膜形成橘皮状,直至流挂。

喷枪移动速度视喷出的油漆的黏度和出漆量大小而定。黏度较大的油漆,出漆量较小时,一次喷涂厚度可以大一些,移动可慢一点;黏度小的油漆,出漆量较大,可以快一点,以防止流挂。同一结构上,前后移动速度要均匀一致,不能时快时慢,影响漆层均匀。喷到结构边缘部位时,应先喷边界处,再向内喷涂,防止流挂和造成浪费。结构的梁系与杆件的翼缘、角钢内侧的铆钉或螺母以及其他隐蔽部位应仔细喷涂,防止漏喷或漆膜过薄。必要时,喷后用人工刷涂予以整理,以保证质量。

4.6.3.5 质量检验

(1)涂装涂料过程中,应用湿膜测厚仪及时测定湿膜厚度。

(2)每层涂装时应对前一涂层进行外观检查,如发现漏涂、流挂、皱纹等缺陷,应及时进行处理。涂装结束后,进行涂膜的外观检查,表面应均匀一致,无流挂、皱纹、鼓包、针孔、裂纹等缺陷。

(3)涂膜固化干燥后应进行干膜厚度测定。85%以上测点的厚度应达到设计厚度,没有达到设计厚度的测点,其最低厚度不低于设计厚度的85%。干膜厚度测定,目前一般使用磁性测厚仪,其精度要求不低于±10%。

4.6.4 金属热喷镀保护

4.6.4.1 金属热喷镀的基本原理和工艺流程

所谓金属热喷镀,是将需要喷镀的金属丝(锌、铝或铝合金)在高温火焰中熔化,同时用压缩空气将熔融的金属吹成雾状微粒,并以较高的速度喷射到预先经过处理的结构表面上,而形成一层金属镀层。这些雾状微粒在喷射过程中,受空气冷却而处于半熔融状态,当堆积到结构表面后,立即变形,并迅速冷却收缩,而紧紧地嵌附在结构表面上,形成一层保护层,隔绝了金属基体与大气、水或其他腐蚀物质的接触,从而达到了保护的目的。

水工钢闸门采用热喷镀金属做防腐涂层时,应符合下列要求:

(1)喷涂材料:淡水环境宜用锌,海水环境宜用铝或铝合金。

(2)喷涂厚度:淡水环境宜不小于200 μm,海水环境宜不小于250 μm。

(3)封闭涂层的干膜厚度。淡水环境不应小于60 μm,海水环境不应小于90 μm。

金属热喷镀的工艺流程是:表面处理(喷砂处理)→喷镀→检验→涂料封闭。

4.6.4.2 对表面处理的要求

金属热喷镀的基体金属表面,必须采用喷(抛)射处理,其表面清洁度要求不宜低于Sa2 $\frac{1}{2}$级,表面粗糙度要求不宜低于 Ry 60~100 μm。

4.6.4.3 喷涂材料的要求

喷涂所用金属丝应光洁、无锈、无油、无折痕，一般选用直径为3.0 mm。其成分符合下列要求：锌丝的含锌量应大于99.99%；铝丝的含铝量应大于99.5%；锌铝合金的含铝量应为13%~35%，其余为锌；铝镁合金的含镁量为4.8%~5.5%，其余为铝。

镀层封闭所用的涂料，应具有下列特性：能与金属喷涂层相溶；在所处的环境中，必须具有耐蚀性；黏度较低，易渗入到金属涂层的孔隙中去。

4.6.4.4 热喷涂施工

鉴于水利工程的特点，水工钢结构（譬如钢闸门）多采用气喷法，且多是喷涂锌或铝。

气喷镀的设备，包括压缩空气系统、乙炔系统、喷射系统等。

在进行喷锌操作时，还应注意如下要点：

（1）为防止锌丝过多氧化而影响镀层的阴极保护作用，火焰宜控制为中性或中性偏淡化焰。

（2）喷枪移动要平稳、规则、不得乱喷。移动速度以一次喷涂厚度达到25~80 μm为宜。

（3）各喷涂带之间应有1/3的宽度重叠，厚度要尽可能均匀。

（4）各喷涂层之间的喷枪走向应相互垂直，交叉覆盖。

（5）涂层的表面温度降到70 ℃以下时，再进行下一层喷涂。

（6）涂料封闭宜在金属喷涂层尚有余温时进行，宜采用刷涂的方式施工。

4.6.4.5 质量检验

（1）金属涂层表面应有均匀的外观，不能有起皮、鼓包、粗颗粒、裂纹、掉块及其他影响使用的缺陷。

（2）金属涂层厚度检验，通常使用测厚仪进行，测厚仪的精度要求在±10%之间。

（3）实测涂层的最小局部厚度不得小于设计规定的厚度，若厚度减少20%，应予以补喷；若相差甚少，可设法增加一道油漆涂层来弥补。

4.6.5 常用防腐方法效益分析

水工钢结构的常用防腐方法一是喷镀锌、铝，二是涂装防腐涂料。根据多个工程实践，在经济效益方面，虽然喷锌一次性投资比油漆高出3~4倍，但喷锌防腐保护周期是油漆的4~5倍，年运行费用只是油漆的20%左右，且施工效率高，日常维护工作少。在防腐原理方面，喷锌（铝）不仅具有涂料防护的那种覆盖隔离作用，尽量减少基体与水的接触，还具有一种牺牲阳极式的阴极保护作用。也就是说，即使某些锈坑、针孔没有完全被锌层覆盖，但由于锌层的阴极保护作用基体仍然不会继续锈蚀，而涂料保护却做不到。同时，喷锌（铝）耐磨、耐冲性能也较涂料保护好。

4.7 磨损的处理

在多沙河流上的水闸，磨损现象较为普遍。水闸因设计不周而引起闸室底板、护坦磨损，可对其结构布置进行改进。例如，有的水闸护坦上因设置了消力墩引起立轴漩涡，漩涡挟带砂石长时间在一定范围旋转，使护坦磨损，严重时会磨穿护坦，在这种情况下可废弃消力墩，将尾槛改成斜面或流线型，使池内砂石随水流顺势带向下游，减轻对护坦的磨损。

对难以改变结构布置的部位(如闸室底板),可采用抗蚀性能好的材料进行护面或修补,也能收到很好的效果。磨损的修补材料较多,如环氧材料、高强度等级混凝土等,可根据具体部位、磨损状况,参考已建工程的运用经验确定。

任务4 溢洪道的养护修理

为了宣泄水库多余的水量,防止洪水漫坝失事,确保工程安全,以及满足放空水库和防洪调节等要求,在水利枢纽中一般都设有泄水建筑物。常用的泄水建筑物有深式泄水建筑物和溢洪道。河岸溢洪道一般适用于土石坝、堆石坝等水利枢纽。河床溢洪道即溢流坝,通常用于重力坝枢纽。

1 溢洪道在运用中存在的主要问题

溢洪道在运用中存在的主要问题是泄洪能力不足、闸墩开裂、闸底板开裂、陡坡底板被掀起、边墙被冲毁、消能工破坏等。

1.1 泄洪能力不足

在我国241座大型水库的1 000次事故中,因泄洪能力不足而漫坝失事的占42%,因超设计标准洪水而漫坝失事的占9.5%。造成溢洪道泄洪能力不足的原因主要包括:

(1)设计资料不全,如降雨资料不准、系列较短、水库积水面积计算差别大等。

(2)计算方法与实际差别较大,如设计洪水标准确定和溢洪道泄洪能力计算。

(3)进口增设拦鱼栅及闸前堆渣等障洪物。

(4)引水渠水头损失考虑不足或根本未计入。

(5)大坝沉降使溢洪道的堰顶水头达不到设计要求等。

1.2 闸墩开裂和闸底板开裂

建在岩基上的河岸溢洪道,闸墩开裂部位比较规则,多在牛腿前1~2 m范围内。主要原因是温度应力,由于岩石和混凝土的线膨胀系数、弹性模量及泊松比不同,在温度作用下,二者的伸缩率亦不同。温升时,闸墩的两端可自由伸长,其伸长率大,岩基的伸长率小,故岩基对闸墩有约束作用,所以闸墩处于受压状态。温降时,混凝土收缩率大,而岩石收缩率小,故在闸墩内底部处于受拉状态,其拉应力超过闸墩底部抗拉强度时,将在墩底中间部位开裂。

1.3 陡坡底板被掀起及边墙被冲毁

陡坡底板被掀起及边墙被冲毁原因主要包括:

(1)泄水槽高速水流掺气,而导致水深的增加,若边墙保护高度不足,将直接冲毁边墙。

(2)受地形限制,进口收缩不对称、槽身转弯、出口扩散布置时,槽内水流易发生侧向水跃、菱形冲击波及掺气现象,槽内流态紊乱、破坏力强,同时菱形冲击波的作用也严重恶化了下游的消能条件。

(3)槽内流速大、流态差,易产生气蚀破坏而使接缝破坏。

(4)施工质量差、平整度不满足要求,接缝不合理,强度不够,维护不及时造成局部气蚀。

(5)陡槽底板下部扬压力过大、排水失效。

(6)基础为土基或风化带未清理干净,泡水后强度降低及不均匀沉陷,底板淘空等造成破坏。

1.4　消能设施的破坏

大中型水库枢纽中的溢洪道多采用底流和挑流两种消能型式,在工程选用中,消能设施破坏的主要原因如下:

(1)底流消能时,消力池尺寸过小,不满足水跃消能的要求;护坦的厚度过于单薄,底部反滤层不符合要求;平面形状布置不合理,扩散角偏大造成两侧回流,压迫主流而形成水流折冲现象;消力池上游泄水槽采用弯道,进入消力池单宽流量沿进口宽分布不均,水流紊乱、气蚀等;施工质量差、强度不足、结构不合理、维护不及时等均能引起消力池的破坏。

(2)挑流消能时,挑距达不到设计要求,冲坑危及挑坎和防冲墙;反弧及挑坎磨损、气蚀,使其表面高低不平而不能正常运用;采用差动式挑流鼻坎时,在高坎的侧壁易产生气蚀破坏;挑坎上过流量较小,易产生贴壁流,直接淘刷防冲墙的基础,并且挑出的水流向两侧扩散,冲刷两岸岸坡;设计不合理、地质条件差、施工质量低、强度不足及维护不及时等都会造成挑流设施的破坏。

2　溢洪道的检测与养护

2.1　溢洪道的观测

溢洪道的变形观测包括水平位移和沉陷观测,方法与混凝土坝相同。水力学方面的观测主要有水流形态观测和高速水流观测。

2.1.1　水流形态观测

水流形态观测包括水流平面形态(漩涡、回流、折冲水流、急流冲击波等)、水跃、水面曲线和挑射水流等观测项目,观测时应同时记录上下游水位、流量、闸门开度、风向等,以便验证在各种组合情况下泄流量和水流情况是否满足设计要求。

平面流态的观测范围,应分别向上下游延伸至水流正常处。观测方法有目测法、摄影法,有时还可设置浮标,用经纬仪或平板仪交会测定浮标位置。

水跃观测方法有方格坐标法、水尺组法和活动测锤法。

2.1.2　高速水流观测

高速水流将引起建筑物和闸阀门产生振动,为了研究减免振动的措施(尤其要避免产生共振),需进行振动观测。高速水流的观测项目有振动、水流脉动压力、负压、进气量、空蚀和过水面压力分布等。

振动观测的内容有振幅和频率,测点常设在闸阀门、工作桥大梁等受动能冲击最大且有代表性的部位,采用的观测仪器有电测振动仪、接触式振动仪和振动表等。

脉动压力的观测内容是脉动的振幅和频率,测点常布设在闸门底缘、门槽、门后、闸墩后、挑流鼻坎后、泄水孔洞出口处、溢流坝面、护坦和水流受扰动最大的区域,采用电阻式脉动压强观测仪器进行观测,同时还应观测平均压力,以对比校验。

负压观测的测点布设常与通气管结合,测点一般布设在高压闸门的门槽、门后顶部、进水喇叭口曲线段、溢流面、反弧段末端和消力齿槛表面等水流边界条件突变易产生空蚀的部位。施工时,在测点埋设直径 18 mm 或 25 mm 的金属负压观测管,管口应与建筑面表面垂直并齐平,另一端引至翼墙、观测廊道或观测井内,安装真空压力表或水银压差计。

进气量观测的目的是了解通气管的工作效能,并为研究振动、负压、空蚀等提供资料。进气量观测可采用孔口板、毕托管、风速仪及热丝风速等方法进行,其中孔口板法和毕托管法适用于小型通气管,热丝风速法适用于进气风速较小的情况。

空蚀观测包括空蚀量与空蚀平面分布观测。空蚀量观测可用沥青、石膏、橡皮泥等塑性材料充填空蚀所形成的空洞,以测出空蚀体积。大型的空蚀,也可测量其面积、深度,计算空蚀量。空蚀平面分布观测用摄影、拓印、网格等方法进行。

过水面压力分布观测,是在过水面上布设一系列测压管,得出压力分布图。测点的布置以能测出过水面上压力分布为度。

2.2 溢洪道的检查

溢洪道的巡视检查主要有以下内容:

(1)检查溢洪道的闸墩、底板、边墙、胸墙、消力池、溢流堰等结构有无裂缝和损坏。

(2)检查两岸岩体是否稳定,坡顶排水系统是否完整,以防岩体崩坍而堵塞溢洪道,如发现有坍落的土石方,应立即清除。

(3)有闸门的溢洪道,在挡水期间要检查闸墩、边墙、底板等部位有无渗水现象;大风期间,要注意观察风浪对闸门的影响;冰冻地区,要注意冰盖对闸门的影响。

(4)泄洪期间应注意观察漂浮物的影响,防止漂浮物卡堵门槽;同时还要观察堰下和消力池的水流形态及陡槽水面曲线有无异常变化。

(5)溢洪后要及时检查进水渠段有无塌坑、崩岸,陡槽段有无磨损,底板是否被掀动,消能设施有无冲刷和空蚀以及下游冲刷坑的情况等。

2.3 溢洪道的日常养护

溢洪道的安全泄洪是确保水库安全的关键。对大多数水库的溢洪道,泄水机会并不多,宣泄大流量的机会则更少,有的几年或十几年才遇上一次。但由于大洪水出现的随机性,溢洪道得做好每年过大洪水的准备,这就要求我们把工作的重点放在日常养护上,保证溢洪道能正常工作。

(1)检查水库的集水面积、库容、地形地质条件和水、沙量等规划设计基本资料,按设计要求的防洪标准,验算溢洪道的过流尺寸。当过流尺寸不满足要求时,应采取各种措施予以解决。

(2)检查开挖断面尺寸,检查溢洪道的宽度和深度是否已经达到设计标准;观测汛期过水时是否达到设计的过水能力,每年汛后检查观测各组成部分有无淤积或坍塌堵塞现象;还应注意检查拦鱼栅和交通桥等建筑物对溢洪道过水能力的影响等。通过检查,发现问题应及时采取措施。

(3)应经常检查溢洪道建筑物结构完好情况。应经常检查溢洪道建筑物各部结构是否存在影响泄洪的不利因素。当溢洪道陡坡段底板被冲刷或淘空时,要及时用原来的材料或用混凝土进行填补;当发现底板下防渗或排水系统失效,发展下去底板就会浮起破坏时，应当立即予以翻修；如边墙内填土不良（包括未按设计规定选用填土材料、填土未加夯实、未做墙身排水设备或虽做了但已失效等），会使坝头或岸坡发生管涌，或因墙内填土侧压力过大使边墙开裂甚至倾倒，此时就应采取改善措施；当溢洪道两岸边坡开挖过陡或未做截流导渗设施，可能引起边坡塌方时，应削坡放缓并补作截流导渗设施等。以上工作都需在汛前完成，确保汛期安全泄洪。

(4)应注意检查溢洪道消能效果。溢洪道消能效果的好坏关系到工程的安全。中小型水库采用鼻坎挑流时，要注意观察水流是否冲刷坝脚，冲坑深度是否在继续发展。有些溢洪道出口过分靠近土坝，又无可靠消能设备时，管理人员应及时提出改建方案。例如安徽省龙河口水库，原溢洪道布置在右岸弯道上，未做消能设施，过堰后水流冲刷右岸，严重威胁右岸副坝安全，且使底板（风化岩）冲成深达6 m的两个大坑，直接危及溢洪道闸室安全。1976年提出改造方案，除将两个大坑用浆砌块石填平补齐外，还在溢洪堰轴线下游330 m处增建一座高出地底面6 m的混凝土二道坝，使泄洪时能在堰后形成水深3 m的消力池，改善了消能效果。

(5)检查闸门及启闭机情况。应对有闸门控制的溢洪道经常检查闸门及启闭机的运行情况，保证在使用时正常灵活。特别应注意检查闸门有无扭曲，门槽有无阻碍，铆钉或螺栓是否脱落松动，止水是否完好，启闭是否灵活，闸前闸后有无淤积或残留物等。对金属结构部分要经常进行擦洗、除锈和涂油漆保护；电气设备要有备用电源，做到绝缘和防潮；启闭设备要保证润滑，启闭灵活和制动可靠。

(6)严禁在溢洪道周围爆破、取土、修建无关建筑。注意清除溢洪道周围的漂浮物，禁止在溢洪道上堆放重物。

3 溢洪道的病害处理

3.1 溢洪道尺寸不足的处理

3.1.1 泄洪能力不足的原因

溢洪道泄洪能力不足，是导致许多水库垮坝的一个重要原因。造成其泄洪能力不足的主要原因有：

(1)原始资料不可靠。有的水库集雨面积的计算值远小于实际来水面积；有的水库降雨资料不准，与实际不符；有的水库容积关系曲线不对，实际的库容比设计的小等。

(2)水库的设计防洪标准偏低，设计洪水偏小。

(3)溢洪道开挖断面不足，未达到设计要求的宽度和高程等。

(4)溢洪道控制段前淤积及设置拦鱼设施等碍洪设施。

(5)在计算中未考虑溢洪道控制段前较长引水渠的水头损失。

溢洪道的泄洪能力主要取决于控制段。因溢洪道控制段的大多水流是堰流，因此可用堰流公式分析溢洪道的泄洪能力。公式为

$$Q = \varepsilon m B\sqrt{2g}\,H^{3/2} \tag{3-5}$$

式中 H——堰顶水头，m；

B——堰顶宽度，m；

m——流量系数；

ε——侧收缩系数;

g——重力加速度,$g=9.8\ m/s^2$;

Q——泄洪流量,m^3/s。

由式(3-5)可知,溢洪道过水能力与堰上水深、堰型和过水净宽等有关,因此要经常检查控制段的断面、高程是否符合设计要求。如陕西省清河水库,坝高15 m,库容20万m^3,1973年建成后,溢洪道只开了一部分,又急于蓄水,将涵闸关闭,水库水位随即迅速上涨,由于溢洪道少开了5 m,过水能力小,结果造成洪水漫顶。又如四川狮子滩水库,建成后最初几年来水较少,溢洪道负担较轻,于是未经深入分析便封堵一孔,将闸门拆下移往他地使用,后来出现较大洪水时,显得过水断面不够,水库出现了险情,出口消能设备也受到冲刷,后来不得不又恢复原有的闸孔数目。也有的水库看到溢洪道多年不泄洪,加上农田建设的发展,需要多蓄水多灌田,便任意在溢洪道上筑挡水埝,有的甚至做浆砌石或混凝土的永久性挡水埝,而坝顶高程却未加高;有的则在进口处随意堆放弃渣,形成阻水。当检查到有这些不安全因素后,务必及时认真处理,不能抱姑息侥幸心理。

3.1.2 加大溢洪道泄洪能力的措施

要加大溢洪道泄洪能力,可采取以下措施。

3.1.2.1 加高大坝

通过加高大坝,抬高上游库水位,增大堰顶水头。这种措施应以满足大坝本身安全和经济合理为前提。

3.1.2.2 改建和增设溢洪道

通过改建溢洪道可增大溢洪道的泄洪能力,具体措施如下:

(1)降低溢洪道底板高程。这种方法会降低水库效益。但若降低溢洪道底板高程不多就能满足泄洪能力,则在降低的高度上设置闸,在洪水来临前将闸门移走,保证泄洪,洪水后期,关闭闸门,使库水回升,可避免或减小水库效益的降低。

(2)加宽溢洪道。当溢洪道岸坡不高,加宽溢洪道所需开挖量不很大时,可以采用。

(3)增大流量系数。不同堰型的流量系数不同,同种堰型的形状不同,流量系数也不一样。宽顶堰的流量系数一般为0.32~0.385,实用堰的流量系数一般为0.42~0.44。因此,当所需增加的泄洪能力的幅度不大,扩宽或增建溢洪道有困难时,可将宽顶堰改为流量系数较大的曲线形实用堰,以增大泄洪能力。

(4)提高侧收缩系数。改善闸墩和边墩的头部平面形状可提高侧收缩系数,从而增加泄洪能力。

在有条件的情况下,也可增设新的溢洪道。

3.1.2.3 加强溢洪道日常管理

减小闸前泥沙淤积,及时清除拦鱼等妨碍泄洪的设施,可增加溢洪道的泄洪能力。

3.2 动水压力引起的底板掀起及修理

溢洪道的泄槽段的高速水流,不仅冲击泄槽段的边墙,造成边墙冲毁,威胁溢洪道本身的安全,而且由于泄槽段内流速大,流态混乱,再加上底板表面不平整,有缝隙,缝中进入动水,使底板下浮托力过大而掀起破坏。

在高速水流下保证底板结构安全的措施归结为四个方面,即"封、排、压(拉)、光"。

"封"就是要求截断渗流，上游库水用于堰前的齿墙或防渗帷幕隔离；下游尾水用于底板末端的齿墙隔离；底板间的分缝也最好用止水材料或其他措施与底板下的动水隔离，目的是尽量减少浮托水和动水压力对底板的破坏。"排"就是做好排水系统，布置要合理，将未被截住而已经渗来的水迅速妥善地予以排出。"压（或拉）"就是利用底板自重压住浮托力和脉动压力，使其不致漂起掀动，在地基条件许可时，可用锚筋或锚桩拉住底板以减小底板的厚度。"光"就是要求底板表面光滑平整，彻底清除施工时残留的钢筋头和脚手用混凝土柱头等，局部的错台必须磨成斜坡，因为底板不平往往是底板在高速水流作用下被掀翻或产生气蚀的重要原因。

3.3　弯道水流的影响及处理

有些溢洪道因地形条件的限制，泄槽段陡坡建在弯道上，高速水流进入弯道，水流因受到惯性力和离心力的作用，互相折冲撞击，形成冲击波，使弯道外侧水位明显高于内侧，形成横向高差，弯道半径 R 愈小、流速愈大，则横向水面坡降也愈大。有的工程由此产生水流漫过外侧翼墙顶，使墙背填料冲刷、翼墙向外倾倒，甚至出现更为严重的事故。安徽省屯仓水库，溢洪道净宽 20 m，设计流量 302 m^3/s，陡坡建于弯道上。1975 年 8 月遇到特大暴雨，溢洪道泄量达 670 m^3/s，结果由于弯道水流的影响，在闸后 90～120 m 陡坡处冲成一个深约 15 m 的大坑，内弯翼墙被冲走约 30 m，外弯翼墙被冲走约 140 m。

减少弯道水流影响的措施一般有两种：一是将弯道外侧的渠底抬高，造成一个横向坡度，使水体产生横向的重力分力，与弯道水流的离心力相平衡，从而减小边墙对水流的影响。另一种是在进弯道时设置分流隔墩，使集中的水面横比降由隔墩分散，如图 3-21 所示。

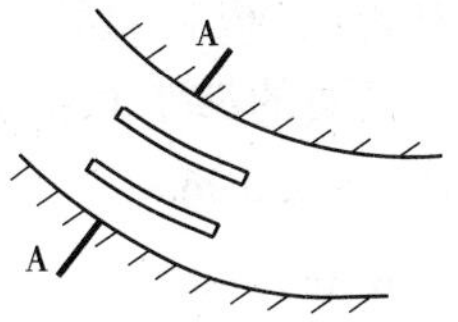

(a)隔墩平面图

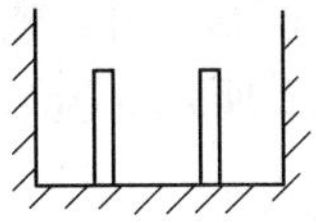

(b)隔墩A—A横剖面图

图 3-21　弯道隔水墙布置示意图

3.4　地基土淘空破坏及处理

当泄槽底板下为软基时，由于底板接缝处地基土被高速水流引起的负压吸空，或者板下排水管周围的反滤层失效，土壤颗粒随水流经排水管排出，均容易造成地基被淘空，造成底板开裂等破坏。前者处理是做好接缝处反滤，并增设止水；后者处理是对排水管周围的反滤层重新翻修。

为适应伸缩变形需要设置伸缩缝，通常缝的间距为 10 m 左右。土基上薄的钢筋混凝土底板对温度变形敏感，缝间距应略小些；岩基上的底板因受地基约束，不能自由变形，往往自发地产生发丝缝来调整内部的应力状态，所以只需预留施工缝即可。

缝内可不加任何填料，只要在相邻的先浇混凝土接触面上刷一层肥皂水或废机油即可。也有一些工程采用沥青油纸、沥青麻布作为填料的。底板接缝间还需埋设橡胶、塑料止水或铝片止水。承受高速水流的底板，要注意表面平整度，切忌上块低于下块，因为这样会产生极大的动水压力,使水流潜入底板下边，掀起底板。有些资料建议上块高于下块 0~1 cm 。

在底板与地基之间,除直接做在基岩上的外,一般需设置砂垫层以减少地下水渗透压力。但要注意闸室底板下不可设置垫层,以免缩短对防渗有利的渗径长度。砂垫层厚度一般取 10~20 cm。

3.5　排水系统失效的处理

泄槽段底板下设置排水系统是消除浮托力、渗透压力的有效措施。排水系统能否正常工作,在很大程度上取决于底板是否安全可靠。排水系统失效一般需翻修重做。

排水系统一般有板面排水和板下排水两种型式。板下排水由纵向排水支管、横向排水支管和排水干管组成;板面排水则由横向排水支管直接经竖向排水竹管排至板面,适用于岩基上的底板或有较好反滤措施的土基上的底板。

黄河刘家峡水库溢洪道,全长 870 m,进口堰宽 42 m,最大泄量 3 900 m^3/s,泄槽段宽 30 m,流速 25~35 m/s。溢洪道位于基岩上,底板混凝土厚度 0.4~1.5 m。溢洪道建成后,当渠内流量只有设计泄量的50%时,厚1 m 多的混凝土底板即被冲坏,有的整个冲翻,有的底板被掀起后,翻滚到下游数十米处。分析损坏原因,认为是施工时混凝土块体间不平整,横向接缝中未设止水,高速水流的巨大动水压力通过接缝窜入底板以下,加上排水系统不良,引起极大的浮托力,使底板掀起。后采取的处理措施是重新浇筑底板,设止水,底板下设排水,底板与基岩间加设锚筋,并严格控制底板的平整度。

3.6　泄槽底板下滑的处理

泄槽底板可能因摩擦系数小、底板下扬压力大、底板自重轻等,在高速水流作用下向下滑动。为防止土基上的底板下滑、截断沿底板底面的渗水和被掀起,可在每块底板端部做一段横向齿墙,如图 3-22 所示，齿墙深度为 0.4~0.5 m。

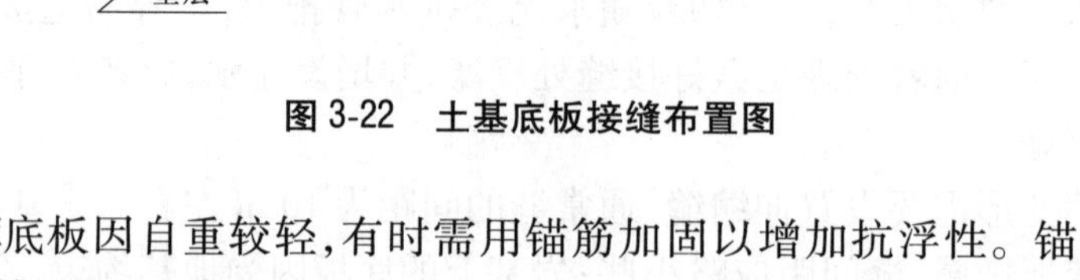

图 3-22　土基底板接缝布置图

岩基上的薄底板因自重较轻,有时需用锚筋加固以增加抗浮性。锚筋可用直径 20 mm 以上的粗钢筋，埋入深度 1~2 m，间距 1~3 m,上端应很好地嵌固在底板内。土基上的底板如嫌自重不够,可采用锚拉桩的办法,桩头采用爆扩桩效果更好。

3.7　溢洪道的裂缝及其处理

溢洪道的闸墩、边墙、堰体、底板、消能工等,一般由混凝土或浆砌块石建成,裂缝也是这些结构物上经常出现的现象。裂缝产生的原因,主要还是温差过大、地基沉陷不均以及材料强度不够等。位于岩基上的结构物,裂缝多由温度应力引起;位于土基上的结构物,裂缝多因沉陷不均所致。

裂缝从方向上可分为垂直于溢洪道堰轴线的横缝、平行于堰轴线的水平缝或纵缝、与堰轴线斜交的斜缝和无一定方向的纵横交错的龟裂缝等。

裂缝产生后,可能造成两种后果:一种是建筑物的整体性和密实性受到一定程度的破坏,但还不渗水;另一种是整体性破坏,而且渗水。前者修理时主要在于恢复其整体性,而后者则除要求恢复其整体性外,还应同时解决渗漏问题。因此,修理裂缝的方法基本上可分为恢复整体性、结构补强和防渗、堵漏几个方面。

(1)缝宽在0.1 mm以下表面无渗水的龟裂缝,不影响混凝土结构强度的,可不加修理。但对处于高流速下比较密集的龟裂缝,宜用环氧砂浆进行表面涂抹,以增强其抗冲耐蚀能力。

(2)缝宽在0.1 mm以上的无渗水裂缝,当不影响结构强度时,为防止钢筋锈蚀,可采用表面胶泥粘补的方法。

(3)有小量渗水,但不影响结构强度的少数裂缝,可采用凿槽嵌补和喷浆等方法。

(4)数量较多,分布面积较广的细微裂缝,当不影响结构强度时,可采用水泥砂浆抹面,浇筑混凝土隔水层、沥青混凝土防水层或表面喷浆等方法。

(5)渗漏较大,但对结构强度无影响的裂缝,可在渗水出口面凿槽,把漏水集中导流后,再嵌补水泥砂浆或其他材料;如渗漏量较大,最好在渗水进口面粘补胶泥或粘补其他材料。也可凿槽嵌补环氧焦油砂浆或酮亚环氧砂浆等材料,或采用钻孔灌浆堵漏的方法。

(6)开裂的伸缩缝,要区分有无渗漏两种情况。不渗水的可采用凿槽嵌补的方法;有渗水的则要加止水片,然后封补。

(7)沉陷缝应首先加固基础(例如采用灌浆的方法),然后堵塞裂缝,必要时可辅以其他措施以增强结构的整体性。恢复或增强结构整体性的方法有:浇筑新混凝土或新钢筋混凝土、灌水泥浆或水泥砂浆、喷水泥浆或水泥砂浆、钢板衬护、钢筋锚固或预应力锚索加固等。

3.8　气蚀的处理

泄槽段气蚀的产生主要是边界条件不良所致,如底板、翼墙表面不平整,弯道不符合流线形状,底板纵坡由缓变陡处处理不合理等均容易产生气蚀。对气蚀的处理,一方面可通过改善边界条件,尽量防止气蚀产生;另一方面需对产生气蚀的部位进行修补。

项目案例

案例一　水闸病害处理工程

事件一:江苏省江都西闸,9孔闸,净宽90 m,设计流量和校核流量分别为504 m^3/s、940 m^3/s。闸区河床由容易被冲刷的极细砂组成。由于超载运行,过闸流量逐年加大到800~1 000 m^3/s,因而引起河床严重冲刷。水闸上、下游分别冲深6~7 m、2~3 m,近闸两岸坍塌,严重威胁水闸安全。

事件二:松花江哈尔滨老头湾河段,因修建江桥,江堤迎流顶冲,低水位以下护底柴排屡遭破坏,年年需要维修加固。

事件三:挡潮闸下游河道及出海口岸的岸坡、护坡的施工受到潮汛一天两次涨落的影响,潮汛来时流速往往较大,给护坡加固施工带来很大困难。

问题:对上述事件应用土工织物材料进行处理。

事件一处理:在水下沉放了6块软体排护底护岸。排体采用丙纶丝布,以聚氯乙烯绳网加筋,总面积2.4万多m^2,用混凝土预制块及聚丙烯袋装卵石压重。此法使用10多年来,排体稳定、覆盖良好,上游已落淤30~40 cm,岸坡及闸下游不再冲刷,工程效益显著。7年后曾抽样检查,性能指标基本无变化。

事件二处理:采用DS-450型土工织物作排体,沉放了1 600 m长的软体排。排体下面用Φ8的钢筋网做支托,将排体用尼龙绳固定在钢筋网上,排体上面用块石压重。由于排体具有一定柔软性,能适应水下地形变化而使护岸排体紧贴堤坡岸脚,因而形成了一层良好的保护层。工程完工后,经受了多次洪水考验,堤岸完好无损。

事件三处理:采用土工织物模袋(如图3-23所示)混凝土这种新的护坡技术。它可以直接在水下施工,无须修筑围堰及施工排水;模袋混凝土灌注结束,就能经受较大流速的冲刷。

机织模袋是用透水不透浆的高强度锦纶纤维织成,织物厚度大,强度高。流动混凝土或水泥砂浆依靠压力在模袋内充胀成形,固化后形成高强度抗侵蚀的护坡。土壤和模袋之间不需另设反滤层。

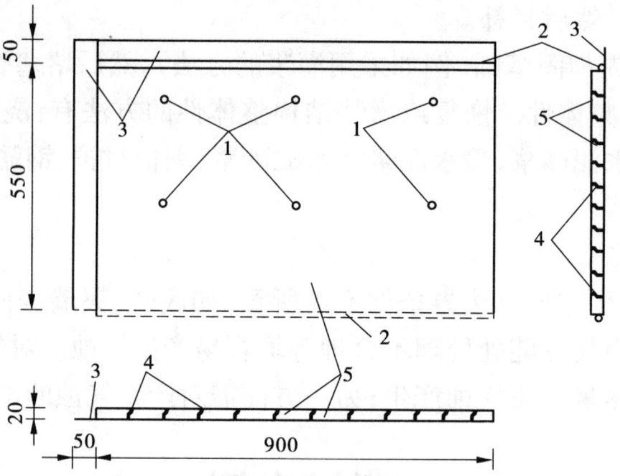

1—浇筑孔;2—穿管处;3—接缝反滤布;4—锦纶线拉索;5—土工织物模袋

图3-23 土工织物模袋示意图 (单位:mm)

案例二 浑河闸高压喷射灌浆防渗加固处理

一、工程概况

浑河闸位于浑河中下游,于1959年9月竣工,是大伙房水库下游大型灌溉枢纽工程。担负着浑沙与浑蒲两灌区水田灌溉任务,年灌溉面积85万亩,取得了巨大的经济效益。

本枢纽工程包括拦河闸、冲砂闸及浑沙、浑蒲两灌区的进水闸，闸体总宽度约260 m，闸基岩性为粒质粗砂，厚30~40 m。

浑河闸运行40多年，1987年及1991年勘探资料表明，闸底板以下6 m以内土层受渗流影响较大，砂层已受河水污染成黑色，局部砂基粗化，部分地段土层承载力有所下降。闸基础质量存在一定的问题。

1995年，浑河闸经历了历史上特大洪水，上下游河床槽受到严重冲刷，其中，下游河道冲刷下切达4.5 m。拦河闸基础渗漏加大，闸基粒质粗砂层粗化加重，拦河闸现有的防渗措施已不能满足运行要求。

二、防渗加固方案

1988年、1994年浑河闸曾两次利用高压喷射灌浆技术，对有涌砂现象的严重渗漏段，即右岸冲砂闸及浑沙进水闸基础进行防渗加固处理，通过运行考验，表明处理效果理想。故决定在前两次处理的基础上，对剩余闸基仍采用高压喷射灌浆技术，进行防渗加固处理。

为增加帷幕体厚度，高喷采用摆喷形式，即邻孔间用180°双侧喷嘴对接摆喷，摆角为30°。形成帷幕体最大厚度可达30 cm左右。

（一）灌浆孔布置

灌浆部位为左侧冲砂闸（3孔）、拦河闸（16孔）及浑蒲进水闸（5孔）。总长度约260 m。

冲砂闸、拦河闸灌浆孔布置在闸室墩间底板上，距闸前混凝土铺盖板沉陷缝1.6 m，每个闸室布置7个灌浆孔，间距1.5 m。两端灌浆孔距墩边0.5 m。冲砂闸1号闸室除布置7个灌浆孔外，沿左侧导流边墙布置5孔，孔间距1.5 m，孔与边墙距离为0.5 m。进水闸灌浆孔布置在闸室底板前缘，距进水闸闸墩墩尖0.4 m，5个闸室共布置18个灌浆孔，两端灌浆孔距边墩0.5 m。此外，在边墙布置两个注水试验围井孔，与边墙防渗帷幕形成正三角形试验围井，注水孔位于试验围井中心。

孔深、拦河闸、冲砂闸为13 m，进水闸为14 m。

（二）主要工艺参数

浑河闸高压喷射灌浆工艺参数是结合前两次灌浆加固实践并通过现场试验确定，主要工艺参数见表3-5。

表3-5 工艺参数一览表

喷射参数			运动参数	
水	P(MPa)	28~30	升速(cm/min)	11~13
	Q(L/min)	75		
气	P(MPa)	0.4~0.5	摆角	30°
	Q(m^3/min)	1.0~1.2		
浆	P(MPa)	0.3~0.5		
	Q(L/min)	65		

三、施工方法

灌浆施工分钻孔、喷射灌浆两道主工序,辅助工序有浆液制备、灌后补浆、封孔等。

(一)钻孔

钻孔作业采用三台液压钻机。为使钻孔与喷射作业协调,降低砂砾石地层的塌孔率,钻孔分两步进行。第一步钻透钢筋混凝土底板。在帷幕线位置上,钢筋混凝土底板厚度分别为:冲砂闸铺盖厚0.5~0.7 m,冲砂闸及拦河闸底板厚2.0 m,进水闸底板厚2.8 m。钻机钻钢筋混凝土采用ϕ108 mm合金钻头,回转钻进。第二步钻地基砂砾石层,用黏土浆固壁。每个钻孔均超过设计深度1.0 m左右,以保证灌浆管喷头下至设计深度。

(二)喷射灌浆

灌浆装置由高喷台车、高压水泵、泥浆泵、空压机等动力设备组成。辅助设备包括浆材制备系统,管路系统及中央控制系统。本次灌浆采用SGP30-5型液压控制、无级变速高喷台车,喷射灌浆底高程为19.8 m,比设计高程低0.2 m,喷射段长为10.5 m。

喷射灌浆工序流程为:迁移高喷台车至已钻完钻孔上就位,经定向、下管、试喷、提升、补浆等工序完成该孔喷射灌浆,然后将台车迁移至另一待喷孔位上。为避免喷射时造成邻孔塌孔,灌浆时一般采用隔孔喷射灌浆,并在各孔喷射灌浆完毕后,经过一段时间浆液下沉后,进行孔口补浆,直到填满。

为了使喷射灌浆形成的帷幕体与上覆混凝土闸底板搭接可靠,灌浆施工中采用复喷工艺,即在闸底板与砂砾石层接触面上下各0.4 m重复喷射灌浆一次,复喷段长0.8 m。

(三)浆液制备

制浆设备包括泥浆搅拌机1台,用于制备黏土浆;灰浆搅拌机1台,用于拌和水泥浆;泥浆泵2台,用于输送黏土浆和水泥浆。浆液制备工艺如下:

(1)黏土浆。黏土和水混合搅拌,并经过滤网除去黏土内夹带砂石后形成黏土浆,输送至泥浆泵,供钻孔护壁使用。黏土为当地优质黏土,确保钻机成孔后24~48 h不塌孔。

(2)水泥浆。施工采用纯水泥浆作为灌浆材料。水泥采用抚顺水泥股份有限公司生产的浑河牌42.5级普通硅酸盐水泥,水泥和水按配比为1∶0.8加入搅拌筒中搅拌,静止后,测量浆液比重,达到设计要求后(1.55~1.60),用泥浆泵输送到灌浆管中进行喷射灌浆。

(四)封孔

各孔经过补灌后,浆液面稳定、不再下沉时进行混凝土底板封孔。封孔时,掏出孔上部0.8~1.2 m内多余浆液,清洗孔壁,填入混凝土捣实抹平。封孔混凝土由水泥、骨料和水玻璃溶液按一定配比混合形成。设计初凝时间为2 h,终凝时间为18 h。

(五)质量缺陷及地层漏浆处理

(1)废孔处理。施工期间,钻机在钻12号及55号孔过程中,钻具掉入孔中,未能取出,深度分别为9.8 m(12号)及8.4 m(55号)。因未达到设计深度,又无法继续钻进,所以视该孔为废孔。采取的处理措施为:在原钻孔(12号及55号)正上游侧,距原钻孔0.3 m处重新钻孔,钻到设计深度后,采用120°摇摆喷灌浆,形成与邻孔交接在一起的防渗帷幕。12号孔交接形式如图3-24所示(55号孔同)。

(2)漏浆处理。喷射灌浆施工中,50号孔在灌浆管升至距地面5.5 m时,孔口不返浆,即发生地层漏浆。漏浆原因可能为该层位砂层粗化较重,造成吃浆量大。采用处理方

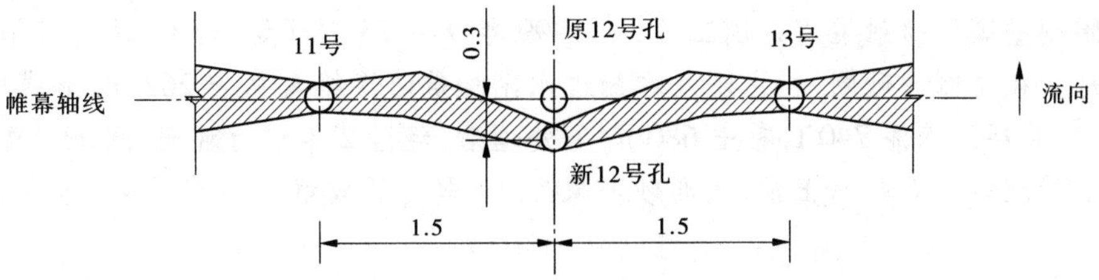

图3-24　12号孔帷幕交接示意图　(单位:m)

法为在该处停止提升喷浆管,进行原位喷射灌浆,直至孔口返浆(2~3 min)后,再继续提升灌浆管。该孔喷射灌浆结束后,又反复进行孔口补浆,直至浆液面不下沉方进行封孔。施工期间其他少量灌浆孔也发生了类似的在不同层位的短暂漏浆现象,均及时采取上述措施进行了处理。

四、质量检测

根据设计要求,施工开始后,先进行注水试验围井构筑。待达到28 d龄期后进行注水试验。测定防渗帷幕的渗透系数。注水围井平面呈三角形,一边为灌浆施工形成的帷幕,其余两边为附加孔(围2孔、围3孔)在同等喷射参数条件下形成的帷幕,顶部及底部分别用旋喷灌浆封闭。其结构如图3-25所示。

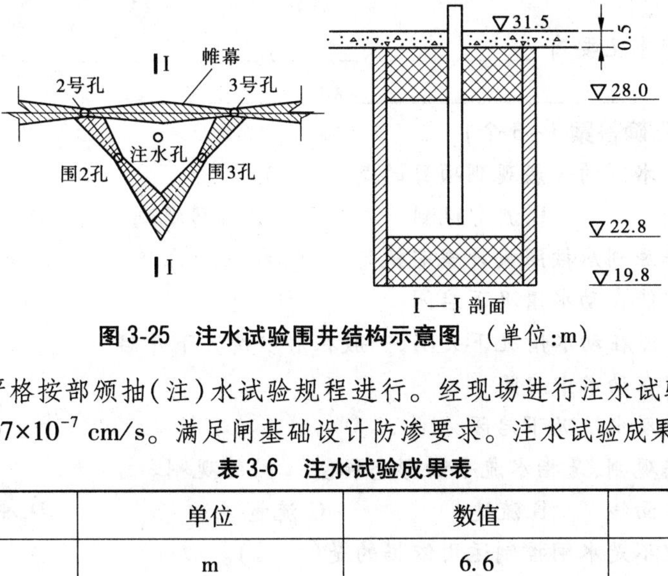

图3-25　注水试验围井结构示意图　(单位:m)

注水试验严格按部颁抽(注)水试验规程进行。经现场进行注水试验,围井防渗帷幕渗透系数为1.07×10^{-7} cm/s。满足闸基础设计防渗要求。注水试验成果见表3-6。

表3-6　注水试验成果表

名称	单位	数值	说明
水头 H	m	6.6	$K=Q/Fit$
渗径长 L	cm	0.3	
注水时间 t	s	600	$i=H/L$
注水量 Q	cm^3	270	
面积 F	m^2	19.032	
渗透系数	cm/s	1.07×10^{-7}	

五、结语

浑河闸闸基高压喷射灌浆加固工程,从 1999 年 9 月 15 日开始,至 12 月 1 日结束,历时 2.5 个月。在左侧冲砂闸、拦河闸及右侧进水闸构筑防渗帷幕总长 262 m,形成帷幕面积 2 570 m^2,共耗用水泥 740 t,黏土 680 m^3。处理后,经过 2 年运行观测,闸基渗透稳定,闸后混凝土护坦排水孔排水正常,无涌砂现象发生,取得了较好的防渗效果,达到了预期加固目的。

技能训练

一、填空题

1.水闸是一种低水头水工建筑物,具有________、________的双重作用。

2.水闸具有许多与其他挡水建筑物不同的工作特点,具体反映在稳定、________、冲刷和________等几个方面。

3.钢结构的腐蚀一般分化学腐蚀和________两类。

4.减少弯道水流影响的措施一般有两种:一是将弯道________的渠底抬高;另一种是在进弯道时设置________。

5.溢洪道的观测项目有________、________、________、________等。

6.溢洪道的病害主要有________、________、________、________、________、________、________和________。

二、选择题(正确答案 1~3 个)

1.下面不属于水闸的一般观测项目的是(　　)。

A.水位观测　　B.流量观测　　C.水平位移观测　　D.流态观测

2.闸门的操作原则应按照设计规定执行,一般为(　　)。

A.工作闸门能在动水情况下启闭

B.事故闸门能在动水情况下关闭,一般在静水情况下开启

C.检修闸门在动水中启闭

D.阀门能在动水情况下启闭

3.水闸的流态观测,是指水流平面形态和(　　)的观测。

A.水跃和水面线　　B.流速　　C.流量　　D.冲淤

4.下列指标中不是水闸控制运用依据的是(　　)。

A.上下游最高水位　　B.最大过闸流量

C.水闸渗漏量　　D.上下游河道的安全水位和流量

5.如果闸门在泄流时,下游淹没水跃对闸门的周期性冲击引起闸门振动,应(　　)。

A.不需进行处理

B.改变运用条件,使振动不再产生

C.在闸门上游加设防浪栅,使振动不再产生

D.更换止水

6.(　　)是针对启闭机的外表、内部最简单、最基本却很重要的保养措施。

A.清洁　B.紧固　C.调整　D.润滑

7.启闭机钢丝绳的养护工作不包括(　　)。

A.涂脂　B.清洗　C.包裹　D.调整松紧度

8.水闸消能防冲设施冲刷破坏的处理不可以采用(　　)。

A.改造消力池构造　B.加固护坦　C.减压排水　D.增设齿墙法

9.溢洪道的变形观测包括水平位移和(　　)观测。

A.沉陷　B.水流形态　C.振动　D.水流脉动压力

三、简答题

1.启闭机主要检查哪几项？

2.水闸水位观测的测点布置的一般原则是什么？

3.水闸的水跃观测方法有哪几种？

4.水闸的日常检查主要有哪些内容？

5.水闸日常养护的内容包括哪些？

6.溢洪道的日常检查主要有哪些内容？

7.溢洪道日常养护的内容包括哪些？

8.在高速水流下如何保证溢洪道底板结构安全？

9.溢洪道泄洪能力不足的原因是什么？可以采取哪些措施加大泄洪能力？

项目4 输水建筑物的养护修理

【项目概述】

本项目主要介绍坝下涵管、隧洞、渠道及其渠系建筑物日常养护与维修的相关知识及病害处理的方法。

【学习目标】

通过本项目的学习,要求学生了解渠道蚁穴、兽洞等隐患类型、成因及防治措施;熟悉输水建筑物正常工作的条件和检查养护、管理维修方法;掌握坝下涵管、隧洞、渠道日常养护知识和各种病害处理的方法,渠道正常运用条件及渠道隐患的处理措施。具备水工监测工、渠道维护工等基本知识和技能。

任务1 坝下涵管的养护修理

1 坝下涵管的日常养护

在蓄水枢纽中,为了灌溉、供水、放空水库、施工导流及排沙等目的,通常在土坝或土石坝下面埋设洞形或管形的建筑物,这类建筑物称坝下埋管,又称坝下涵管,如图4-1所示。

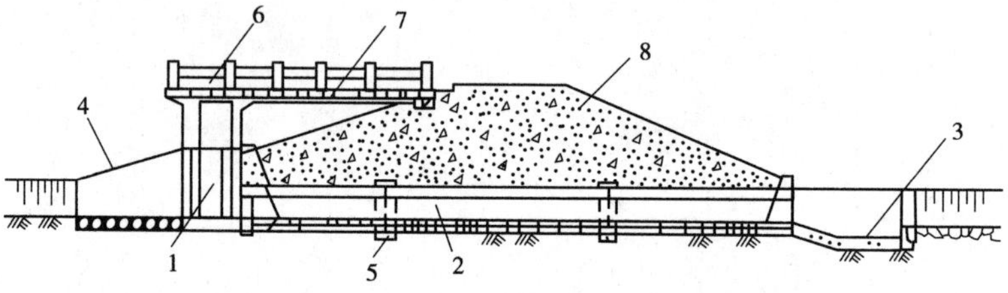

1—进口;2—洞身;3—出口消能段;4—八字墙;5—截渗环;6—启闭台;7—工作桥;8—土石坝

图4-1 坝下涵管示意图

与隧洞相比,坝下埋管施工方便,构造简单,通常工期短,造价也低,但施工时与土石坝相互干扰大。因此,在我国中小型土坝或堆石坝枢纽工程中,使用比较普遍。与水工隧洞类似,坝下埋管也属深式泄水或放水建筑物,其进口通常在水下较深处,其工作特点、工程布置、进出口建筑物的型式、构造等许多方面与水工隧洞有相同之处。由于坝下埋管置于坝下,穿坝而过,它的破坏直接威胁着大坝的安全,所以在高水头、大流量、基础差的情况下,其安全性低。据国内外土石坝失事的调查资料分析,坝下埋管的缺陷是引起土石坝失事的重要原因之一。因此,在坝下埋管设计、施工中必须采取适当的措施,加强管身的防渗、管身与坝体的结合,以保证埋管和坝体的安全。

(1)坝下涵管在输水期间,要经常注意观察和倾听洞内有无异样响声,如听到洞内有咕咕咚咚阵发性的响声或轰隆隆爆炸声,说明洞内出现有压流、无压流交替现象,或者有的部位产生气蚀现象。涵管要尽量避免有压、无压交替水流情况出现,每次充水或放空过程应缓慢进行,切忌流量猛增或突减,以免洞内产生超压、负压、水锤等现象而破坏。

(2)坝下涵管运用期间,要经常检查涵管附近土坝上下游坝坡有无塌坑、裂缝、潮湿或漏水,尤其要注意观察涵洞出流有无浑水。发现以上情况,要查明原因,及时处理。

(3)涵管进口如有冲刷或气蚀损坏,应及时处理。

(4)涵管运用期间,要经常观察出口流态是否正常,水跃的位置有无变化,主流流向有无偏移,两侧有无漩涡等,以判断消能设备有无损坏。

(5)放水结束后,要对涵管进行全面检查,一旦发现有裂缝、漏水、气蚀等现象,要及时处理。

(6)涵管顶上或岩层厚度小于3倍洞径的顶部,禁止堆放重物或修建其他建筑物。

(7)涵管上下游漂浮物应经常清理,以防阻水、卡堵门槽及冲坏消能工。

(8)多泥沙输水的涵管,输水结束后,应及时清理淤积在洞内(管内)的泥沙。

(9)北方地区,冬季要注意库面冰冻对涵管进水部分造成破坏。

2 坝下涵管常见病害及处理

2.1 坝下涵管断裂破坏及处理

2.1.1 坝下涵管断裂破坏常见原因

(1)地基不均匀沉陷。坝下输水涵洞的地基情况往往比较复杂,有的是岩基,有的是土基,有的是土和砂卵石等交替地带。即使是比较均匀的软土地基,也往往由于洞上坝体填土高度不同而产生不均匀沉陷。因此,如果对不均质地基不采取有效处理措施,涵洞建成后会产生不均匀沉陷,可能使洞身产生断裂破坏,甚至影响坝体安全。

例如,河北省柏山水库坝高28.5 m,坝下有1 m×0.8 m的砌石方涵,洞顶是混凝土盖板,修建在均质黄土地基上,其中有约20 m长的一段是回填土,回填前该处原先是一道冲沟。由于该段填土质量不好,又没有妥善采取加固基础的处理措施,所以涵洞建成后地基产生不均匀沉陷,洞身出现了十几处环向断裂,回填土部分的洞身整段下沉,最大错距达30 cm,如图4-2所示。

山东省卧虎山水库坝高40.5 m,坝下钢筋混凝土涵管直径2 m,涵管基础为20 m以上深的土与砾卵石互层。由于荷载分布不均,坝顶部位的荷载最大,因而产生了不均匀沉陷,造成管壁断裂。涵管建于1971年,1972年断裂3处,1973年又断裂5处,最大裂缝宽7~8 mm,1974年又发生2处断裂,从1972年到1975年先后共进行4次灌浆处理,处理过的断裂部位,没有重新断裂。

(2)荷载集中。有的水库,坝下涵洞局部有集中荷载,如闸门竖井等,如果竖井和洞身间不设伸缩缝,就会造成洞身断裂。如安徽省三湾水库的浆砌块石涵洞,由于洞身与闸门井附近未设沉陷缝,在闸门下游洞身出现了环向裂缝。裂缝的位置,顶部距闸门1.3~

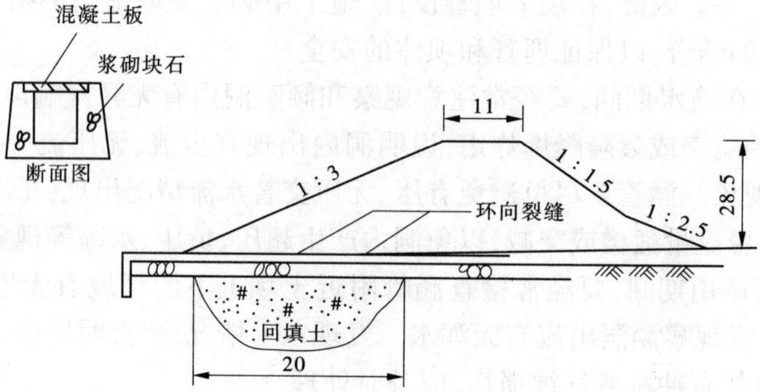

图4-2 柏山水库涵洞不均匀沉陷示意图 (单位:m)

1.5 m;底部距闸门2~2.2 m,两边墙的裂缝稍倾斜,形成连续环形折裂。

(3)结构强度不够。由于设计采用的材料尺寸偏小,钢筋不够或荷载超过原设计等原因,使涵洞本身材料强度不够,以致断裂。

例如,河北省东沟水库的方形涵洞,填土高度20 m,钢筋混凝土顶板厚度30 cm,洞身的断面为1.8 m×1.5 m,根据估算当洞身的断面为1 m×1 m时,混凝土顶板至少需要32 cm。由于实际工程采用的顶板厚度比设计要求偏小,因此该水库涵洞在运用中,顶板出现了纵向裂缝,这与顶板强度不够有直接关系。

广西壮族自治区的那板水库导流洞,原设计洞顶最大填土高度为10 m,后因改为永久性涵洞,洞顶填土高度达48.8 m,涵洞的结构强度显然不够,但由于事先未做补强工作,当土坝加高后,洞内顶板出现了长达170 m的纵向裂缝,涵洞遭受严重破坏。

(4)洞内水流流态发生变化。坝下无压输水涵洞在结构设计上不考虑承受内水压力,但由于思想上疏忽、制度不严、操作错误或对结构要求不清楚等原因,洞内水流流态由无压变为明满流交替,或有压流,以致在内水压力作用下,造成洞身的破坏。

例如,山东省松山水库坝下涵洞为1.0 m×1.5 m浆砌块石无压矩形涵洞,因平板钢闸门一滚轮脱落,准备修理,没有采取减流措施即将闸门担起,洞内充满水变成压力流,造成条石盖板裂缝,机房沉陷开裂。

(5)洞身接头不牢。一些水库坝下埋设混凝土管,但接头不牢固,发生断裂漏水。

例如,河北省燕窝庄山后水库,坝下埋有内径50 cm的混凝土管,阀门设在涵洞出口。蓄水后发现涵管出口附近坝坡上冒浑水,在坝下游坡出现了塌坑。经开挖检查发现在阀门上游有一个管的接头强度不够,在内水压力作用下引起断裂。

如图4-3所示,三湾水库涵管断裂发生漏水。

(6)洞身施工质量差,洞壁漏水。一些水库洞身施工质量不好,形成洞壁漏水。

例如,广西壮族自治区石祥河水库坝下埋设内径2 m的钢筋混凝土圆管,因浇筑混凝土时未仔细振捣,以致管壁质量不好,出现蜂窝。水库蓄水后就漏水,初期漏水量0.44 m^3/s,以后漏洞被水溶蚀,漏水量增大至0.69 m^3/s。

安徽省横山水库,由于卧管质量不好,漏水量达0.5 m^3/s。10 d不下雨就漏成空库,无法蓄水。

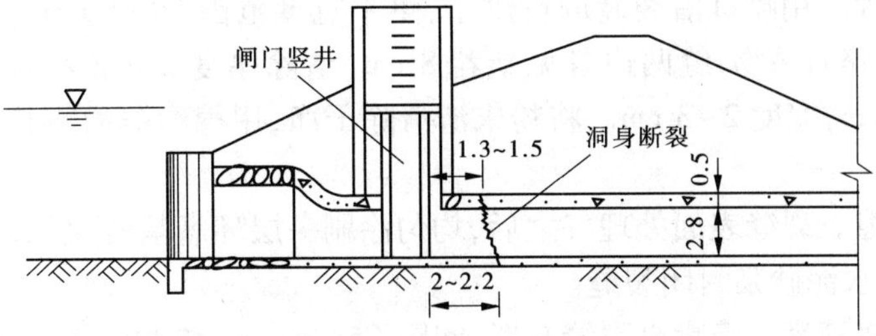

图 4-3 三湾水库涵管断裂位置示意图 (单位:m)

2.1.2 坝下涵洞断裂漏水的处理方法

由于基础不均匀沉陷而断裂的涵管,除管身结构强度需加强外,更重要的是加固地基。对坝身不很高,断裂发生在管口附近的,可直接开挖坝身进行处理。对于软基,应先拆除破坏部分涵管,然后消除基础部分的软土,开挖到坚实土层,并均匀夯实,再用浆砌石或混凝土回填密实。对岩石基础软弱带的加固,主要是在岩石裂隙中进行回填灌浆或固结灌浆。当断裂发生在涵管中部时,开挖坝体处理有困难。当洞径较大时,可在洞内钻进进行灌浆处理。

2.1.2.1 用水泥砂浆或环氧砂浆封堵或抹面

对于涵洞洞壁的一般裂缝漏水,可采用水泥砂浆或环氧砂浆进行处理。通常是在裂缝部位凿深 2~3 cm,并将周围混凝土面用钢钎凿毛。然后用钢丝刷和毛刷清除混凝土碎渣,用清水冲洗干净,最后用水泥砂浆或环氧砂浆封堵。

环氧砂浆是一种强度较高的材料,它比一般混凝土的强度要高 3~4 倍,因此在水利工程的维修工作中得到广泛的应用。

2.1.2.2 灌浆处理

对于因不均匀沉陷而产生的洞身断裂,一般要等沉陷趋于稳定或加固地基,断裂不再发展时再进行处理。但为了保证工程安全,可以提前灌浆处理,灌浆以后,如继续断裂,再次进行灌浆。灌浆处理通常可采用水泥浆。断裂部位可用环氧砂浆封堵。

例如,山东省日照水库(如图 4-4 所示)涵洞产生裂缝,采用灌浆方法来处理。

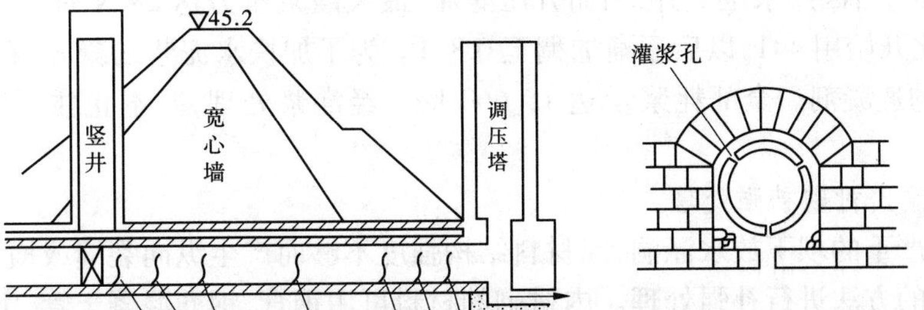

(a)涵管裂缝位置图 (b)涵洞断面图

图 4-4 日照水库涵洞裂缝位置及涵洞断面图 (单位:m)

洞身断裂还可采用灌环氧浆液处理。灌浆施工工艺共分以下 6 道工序:

(1)表面处理。用喷灯沿裂缝进行烘干,烘干宽度范围 50~60 cm,在烘干的同时沿缝用钢丝刷清除碎屑污物,缝两边各见新茬 8 cm(清除厚度 2 mm 左右),并沿缝剔成 V 形槽,深 1.5~2 cm,宽度 2~3 cm。将粉末渣清除干净,用棉纱蘸丙酮将处理部位全部擦洗一遍。

(2)封闭缝隙。裂缝表面处理好之后,均匀涂刷一层环氧基液,厚 0.5~1.0 mm,然后在槽内回填环氧水泥砂浆封闭裂缝。

(3)粘贴灌浆管嘴。管嘴沿裂缝布置,间距 25~30 cm,缝两端各布置一孔,在需设管嘴的地方做好记号,把管嘴底盘用丙酮擦干净,然后用环氧水泥浆将管嘴粘贴在既定的位置上。浆液通过管嘴灌入缝隙。

(4)试气。一般在裂缝封闭一天后即可试气。试气的目的是通过压缩空气吹净残留于裂缝内的积尘,检查裂缝的贯通情况、管嘴通气情况、裂缝封闭质量。检查时依次把管嘴与输风管接通,在邻近管嘴、封闭带上和周围刷肥皂水。如发现冒泡漏气处,可用环氧水泥浆封堵。

(5)浆液配制。浆液配比及配制方法如下:将 6101# 环氧树脂(100):二丁酯(5):501#(20):二甲苯(20)拌和均匀,再加入乙二胺(18)均匀拌和成环氧浆液。

(6)灌浆。灌浆是沿裂缝从一端向另一端循序渐进,灌浆压力采用 40 N/cm^2,待邻近的管嘴冒浆后,立即用备好的木塞堵塞,直至不进浆或很少进浆。然后将灌浆管移至第二个管嘴上,继续灌浆,循序渐进,直到整条裂缝充满浆液。待最后一个管嘴冒浆后,用木塞塞住,再保持压力 5~10 min,灌浆即结束。灌浆后 1~2 d,即可将管嘴剔下,用环氧水泥浆填补压平,并沿整个封闭带均匀涂刷一层环氧基液。经过灌环氧浆液处理后 12 h,放水洞即可投入运用。西苇水库放水洞处理后,曾意外地经受过水锤压力的考验,已处理的裂缝完整无损,证明处理效果良好。

例如,河北省钓鱼台水库,由于运用期间产生明满流交替的半有压流态,因此运用初期,浆砌块石洞壁漏水,漏水点有 29 处。两年后,在 92 m 长的洞壁上漏水点发展到 59 处,其中有筷子粗的漏水孔眼 13 处,总漏水量为 0.003 m^3/s。根据这种情况,进行了灌水泥浆处理。全洞共钻孔 120 个,灌浆孔布设在洞壁两侧,每侧两排,上下错开呈梅花形,上排离洞底 0.7~0.8 m,孔深 0.7~0.9 m;下排离洞底 0.1 m,孔深 1~1.2 m。灌浆压力为 10~20 N/cm^2,后因库水位上升,因而升压灌注,最大灌浆压力达 28 N/cm^2。浆液为纯水泥浆,水灰比开始用 4:1,以后逐渐加稠至 0.8:1。为了加快水泥浆的凝固,在浆液中加入水量的 2%的速凝剂。全部耗浆量达 15 660 kg。经灌浆处理,基本止住了漏水,效果很好。

2.1.2.3 涵洞内衬砌补强处理

对损坏严重的坝下放水涵洞,因材料结构强度不够而产生纵向裂缝或横向断裂时,可采用内衬砌的方法进行补强处理。内衬砌的材料可用钢管、钢筋混凝土管、钢丝网水泥管等制成品,然后在成品管与原洞壁间填充水泥砂浆或预埋骨料灌浆。也可在洞内用现场浇筑混凝土、浆砌块石、浆砌混凝土预制块,或者支架钢丝网喷水泥砂浆等方法衬砌。无论是内套管或是内衬砌,处理前都必须将黏附在洞壁上的杂物如铁锈水沉淀物、氢氧化钙等清洗掉,并对洞壁进行凿毛、湿润,以使新老管壁结合良好。

例如,广东省马踏石水库土坝下埋设高1.2 m、宽0.6 m的浆砌石涵洞,顶拱用青砖砌筑。在运用其间断裂漏水,先后有13处被漏水淘空,后来采用内套钢丝网水泥管,管壁厚3 cm,在工地分段浇筑后进行安装,安装后在新老管壁间进行灌浆处理,效果很好。

福建省月洋水库土坝下有高1.2 m、宽0.8 m的浆砌石涵洞,洞顶为混凝土盖板。由于基础为风化岩和砂卵石、壤土等相交替,建成后产生不均匀沉陷,致使涵洞断裂,先后发现有73处漏水点。经研究采用内衬砌方法加固处理。洞底及侧墙分别浇筑厚10 cm的混凝土和钢筋混凝土,顶板加了8 cm厚混凝土板。新老管壁间用块石或混凝土块堵塞,并用压力灌浆灌实。处理后运用情况良好。

2.1.2.4　用“顶管法”重建坝下涵洞

坝下涵洞洞径较小,无法进行加固,只好废弃旧洞,重建新洞。重建新洞以往都是挖开坝体重建,近年来,多地采用顶管法重建坝下涵洞,大大减少了开挖和回填土石方量,节约钢材、水泥和投资,节省劳力,缩短工期,并能保证较好的质量,为坝下涵洞的加固重建提供了一条新的途径。顶管法重建新洞,不需开挖坝体,而是在坝下游用千斤顶将预制混凝土管顶入坝体,直到预定位置,然后在上游坝坡开挖,在管道上游修建进口建筑物。顶管施工目前有以下两种方法:

(1)导头前人工挖土法。此法系在预制管端前设一断面略大的钢质导头,用人工在导头前端先挖进一小段(每段长度按坝体土质而定,土质好的可达2 m以上,土质差的可在0.5 m左右),然后在管的外端用油压千斤顶将预制管逐步顶进。挖进一段,顶进一次,秩序推顶,直至顶到预定位置。

(2)挤压法。在预制管端装设有刃口的钢导头,用油压千斤顶将预制管顶进,使钢导头切入坝体土壤,然后用割土绳或人工将挤入管内的土挖除运出,然后再次把管顶进,直至顶完。

2.2　坝下涵管出口消力池的加固和修复

2.2.1　增建第二级消力池

原消力池深度与长度均不满足消能要求,同时下游水位很低,消力池出口尾坎后水面形成二次跌水,而加深消力池有困难时,可增建第二级消力池。

2.2.2　增加海漫长度与抗冲能力

当修建消力池的水能效果差,水流在海漫末端仍形成冲坑,甚至造成海漫的断裂破坏,这时可加长海漫。

任务2　隧洞的养护修理

1　隧洞的日常养护

(1)隧洞在输水期间,要经常注意观察和倾听洞内有无异样响声,如听到洞内有咕咕咚咚阵发性的响声或轰隆隆爆炸声,说明洞内有明流(无压流)、满流(有压流)交替现象,或者有的部位产生气蚀现象。隧洞应尽量避免在明满流交替情况下运行,每次充水或放空过程应缓慢进行,切忌流量猛增或突减,以免洞内产生超压、负压、水锤等现象而引起破坏。

(2)隧洞进口如有冲刷或气蚀损坏,应及时处理。

(3)隧洞运用期间,要经常观察出口流态是否正常、水跃的位置有无变化、主流流向有无偏移、两侧有无漩涡等,以判断消能设备有无损坏。

(4)放水结束后,要对隧洞进行全面检查,一旦发现有裂缝、漏水、气蚀等现象,要及时处理。

(5)隧洞顶上或岩层厚度小于3倍洞径的隧洞顶部,应禁止堆放重物或修建其他建筑物。

(6)隧洞上下游漂浮物应经常清理,以防阻水、卡堵门槽及冲坏消能工。

(7)多泥沙输水的隧洞,输水结束后,应及时清理淤积在洞内的泥沙。

(8)北方地区,冬季要注意库面冰冻对隧洞进水部分造成破坏。

2 隧洞常见病害及处理

2.1 隧洞断裂及漏水处理

2.1.1 隧洞断裂破坏的原因

引起隧洞洞身衬砌断裂破坏的原因很多,主要有以下几个方面:

(1)洞周岩石变形或不均匀沉陷。如隧洞经过地区岩石质量较差,开挖隧洞后,由于岩石变形,衬砌将遭受过大的应力而破坏。

例如,奥地利格尔乐斯压力隧洞,有一排水检查廊道,位于隧洞下部与隧洞平行,隧洞与廊道之间只有一层较薄的混凝土隔开,基岩为石英千枚岩和页岩,部分裂成片状,间或有黏土夹层。运用后发生4起破坏,都在排水廊道右边。事后进行详细分析,认为破坏是由洞周岩石变形引起的,并和衬砌钢板质量较差有关。

日本殿渊第三电站隧洞因通过石膏矿坑道,引起隧洞不均匀沉陷,因而混凝土衬砌发生多次裂缝破坏。

(2)衬砌质量差。隧洞衬砌质量不好也会引起隧洞破坏。

例如,澳大利亚的悉尼压力隧洞,基岩为透水性较大的砂岩,节理发育,设计要求用高强度等级混凝土衬砌。但施工质量很差,混凝土抗压强度最高为1 580 N/cm^2,最低仅292 N/cm^2,从隧洞的拱腹和拱顶所取试件的强度最低。衬砌和周围岩石间的空隙是用灌浆方法堵塞,施工后发现洞顶衬砌与岩石间仍有成排的空穴存在。由于施工质量令人怀疑,因此采用了分段压水试验,在埋藏较浅的一段中,当压力还没有达到设计最大水头时,大量的水即被压出地面,停止试验进行检查,发现有300 m长的一段混凝土衬砌已严重损毁。在按理论计算覆盖足够深的地段时,虽然衬砌只发生一些小裂缝,但上部岩石都已有明显的变形迹象,位移方向与隧洞轴线方向一致,位移量为1.3~1.9 cm。

(3)由于水锤作用产生谐振波而引起衬砌裂缝。一些隧洞的破坏事故证明,即使在设有调压井的压力隧洞内,产生高次谐振波可以越过调压井而使隧洞内发生压力波破坏衬砌。

例如,坎德斯提电站的压力隧洞,末端有一容量为15 000 m^{3}的调压井。经过长期运用后,隧洞衬砌曾三次在同一地点发生裂缝。最后一次破坏,渗水积聚在一层倾斜的不透水岩层上,使山脚下出现一股泉水,随之整个山坡发生了滑动,导致附近地区的生命财产遭受很大的损失。

(4)其他原因引起的隧洞衬砌断裂。当隧洞衬砌所受山岩压力大大超过设计计算数值,或由于隧洞原有截渗设备失效,致使隧洞周围地下水位大幅度升高,地下水压力远大于设计预料数值时,均将造成原有衬砌厚度不够,从而引起断裂。也有的隧洞由于衬砌层外残留的施工临时木支撑腐朽,使衬砌与洞壁间出现空隙,在内水压力等作用下,造成隧洞衬砌纵向或横向裂缝。也有的隧洞,由于运用管理不当而造成断裂漏水。例如,用闸门控制进水的无压隧洞,由于操作疏忽,使工作闸门开度过大,造成洞门充满水流,形成有压,致使隧洞衬砌在内水压力作用下发生断裂。

2.1.2 隧洞断裂的处理

隧洞断裂和漏水的处理方法有贴补、灌浆、喷锚支护、内衬等。灌浆、贴补、内衬在任务1已介绍,这里着重介绍喷锚支护。喷锚支护指喷射混凝土和锚杆支护的方法。它与现场浇筑的混凝土衬砌相比,具有与周围岩体黏结好、能提高围岩整体性和稳定性、承载能力强、抗振性能好、施工速度快、成本低等优点。可用于隧洞无衬砌段加固或衬砌损坏的补强。喷锚支护可分为喷纯混凝土支护、喷混凝土加锚杆联合支护和钢筋网喷混凝土与锚杆联合支护等类型。在坚硬或中等质量的岩层中,当隧洞跨度较小且总体是稳定的,仅有局部裂缝交割的危岩可能塌落,可采用喷纯混凝土支护。有些隧洞即使周围的岩体比较破碎甚至是不稳定的,但只要能保证喷射的混凝土能保证岩体的稳定,也可采用喷纯混凝土支护。对裂隙发育的火成岩、变质岩等围岩,可选用喷混凝土和锚杆联合支护,这时主要靠锚杆抵抗大块危岩的塌落,混凝土仅承受锚杆间岩层的重量。对松软、破碎和断裂的岩层,可采用钢筋网喷混凝土与锚杆联合支护。

2.1.2.1 喷纯混凝土

喷纯混凝土是一种快速、高效、不用模板,把运输、浇筑、捣固联系在一起的新型混凝土施工工艺。喷混凝土的材料中,可用32.5(R)或42.5(R)级普通硅酸盐水泥,用细度模数为2.5~2.7、粒径为0.35~5 mm的纯净河砂,骨料用小于20 mm的一级配混凝土。常用的配合比水泥:砂:石子为1:2:2,喷顶拱时可用较高的砂率,配合比为1:2.5:2,水灰比为0.4~0.45。施工时,先将干料经一般拌和机拌和后,送于双罐式混凝土喷射机,由压缩空气将干料压经直径为50 mm的高压橡胶管,在喷枪处与水混合后喷射出去。喷射时,喷枪口离喷射面0.8~1.0 m的距离,并尽量保持与被喷面垂直的角度。仰喷时,每层厚度为5~7 cm,平喷时为8~15 cm。若厚度较大,采用速凝剂时,间隔10~30 min再喷一层,直至达到规定层厚。

2.1.2.2 喷混凝土加锚杆支护

灌浆锚杆法是在洞顶有可能坍塌的岩块上钻孔,孔深入塌落拱以上一定深度,用水泥砂浆对插入至孔底的锚杆进行固结,从而对塌落拱以内的岩块起到悬吊作用。灌浆锚杆能将不稳定的松碎岩块团结成整体,在成层的岩层中,锚杆能把数层薄的岩层组合起来,因此在岩层中插入灌浆锚杆后再喷混凝土支护隧洞洞壁效果相当好。灌浆锚杆的承载能力与锚杆本身的强度、砂浆与锚杆的黏结强度、砂浆与钻孔岩石的黏结度及锚固深度有关。锚杆常采用3号或5号螺纹钢筋,直径一般为16~20 mm。通常将锚杆尾部劈岔,塞上楔形块,插入钻孔,用锤打击,使楔形块插入劈岔部位嵌紧在钻孔中,如图4-5所示。

锚杆长度取决于硐室的开挖尺寸,当岩石抗压强度为9.8~2.45 MPa,隧洞跨度平均为5 m时,锚杆长度为

$$L \geqslant B/3 \tag{4-1}$$

式中 L——锚杆长度,m;

B——隧洞开挖跨度,m。

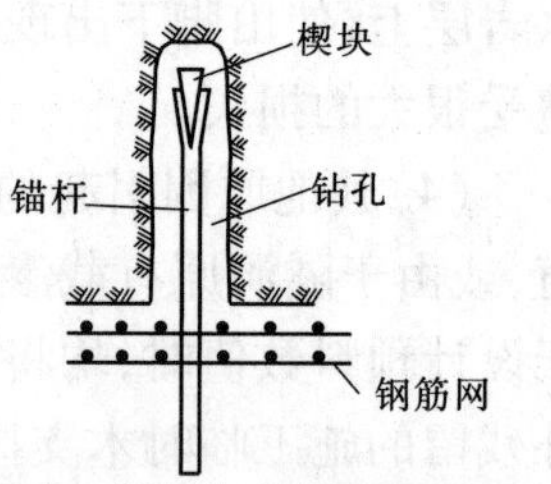

图4-5　锚杆加钢筋网示意图

锚杆的间距 a 按一般的经验公式确定,即

$$\frac{L}{a} \geqslant 2 \tag{4-2}$$

灌浆锚杆施工之前,应将锚杆布置区的松动危岩彻底清除掉,并根据岩石节理裂隙或断层情况选择孔位。砂浆锚杆的施工有以下两种方法:

(1)先灌后锚。其施工程序为:选孔位→钻孔→杆体除锈、检查并洗孔→拌和砂浆→注浆→插杆。注意钻孔时,钻孔方向应垂直于岩石节理面,钻孔孔径应根据锚杆直径和施工方法而定,一般孔径为32~38 mm。拌和砂浆时,砂子的粒径最大不超过3 mm。砂浆配合比要准确,拌和要均匀,当灰砂比为1:(1.0~1.2)时,水灰比最好为0.4~0.45。

先灌浆后插杆的操作顺序是:选择合适的灌浆管长度(一般大于孔深30~40 cm);用水泥稀浆试注润滑灌浆罐及管路,把拌和好的水泥砂浆装入罐内;将罐盖密封,把灌浆管插入锚孔底部;打开罐上的进风阀门,利用风压把砂浆压入锚孔内。砂浆注入孔中时,应缓慢地将灌浆管抽出,不要太快,否则将影响灌浆质量;灌完浆随即插上锚杆。灌浆系统如图4-6所示。

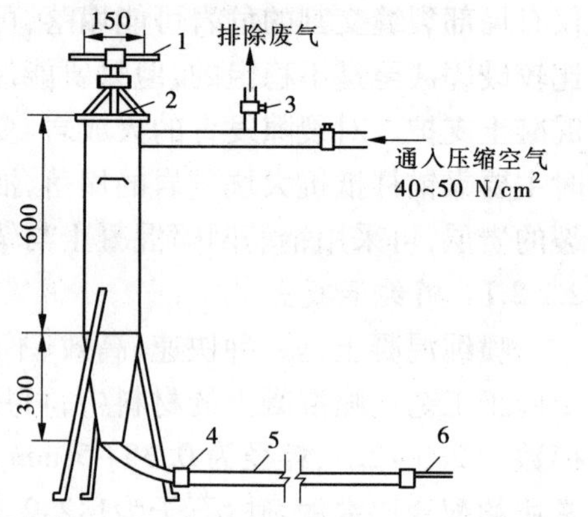

1—螺旋杆;2—罐盖;3—转心阀门;4—活接头;
5—胶管;6—钢管
图4-6　灌浆系统示意图　(单位:mm)

(2)先锚后灌。一般是先把锚杆和排气管插入钻孔内,将孔口封闭,然后用灌浆罐灌浆。先锚后灌锚杆的孔径应稍大,一般为44~50 mm。当砂浆灰砂比为1:1.0~1:1.2时,水灰比最好为0.3~0.35。若水灰比太大,则罐内砂浆难以全部吹出,若水灰比太小,则易堵塞管路。先锚后灌有关灌浆顺序及操作方法与先灌后锚基本一致。

2.1.2.3　喷混凝土、锚杆和钢筋网联合支护

这种方法是在喷射混凝土层中设置钢筋网(或钢丝网),如图4-5所示。施工时,先钻孔埋设锚杆,然后在锚杆的露出部分绑扎钢筋网(或钢丝网),最后喷射混凝土。这种联合支护对防止收缩裂缝、增加喷射混凝土的整体性、提高支护承载能力,具有良好的作用。

2.2　隧洞的气蚀及处理

2.2.1　隧洞气蚀的原因

当隧洞内高速水流流经不平整的边界时,水把不平整处的空气带走,产生负压区。当压力降低至相应水温的汽化压力以下时,水分子发生汽化,形成气泡,小气泡随水流流向

下游正压区,气泡受压破裂,如果破裂过程发生在靠近洞体表面的地方,则洞体表面将受到气泡破裂的巨大冲击作用,表面就会遭到破坏,这就是气蚀现象。气蚀现象一般都发生在边界形状突变、水流流线与边界分离的部位。隧洞产生气蚀的主要原因如下:

(1)洞体局部体型不合流线。由于体型不合流线,造成水流流线与边界分离,产生气蚀。

(2)闸门后洞壁有突出棱角,表面不平整,易产生气蚀。

例如,广东省江河水库坝下输水管,进口处装有五孔转动闸门,水流进入洞身呈直角突变,再加上门后洞壁表面不平整,结果发生局部气蚀。1974年检查,有大小蚀点56处,最深39 cm。

(3)门槽形状不好和闸门底缘不平顺。当工作水头和流速很大时,水流通过闸门后,脉动加剧,易产生气蚀。

(4)管理运用不当。在放水过程中,闸门开启高度与气蚀的产生有非常密切的关系。试验表明,平板闸门,当相对开度在0.1~0.2时,闸门振动剧烈。对弧形闸门,当相对开度为0.3~0.6时,气蚀现象特别强烈。因此,在闸门操作程序中应避免这些开度。另外,闸门开启不当,隧洞内容易出现明满流交替现象,造成门槽及底板的气蚀。试验表明,在明满流交替时,脉动压力振幅为一般情况下的4~6倍。

例如,山东黄前水库输水洞在闸门后1 m为一降落陡坎,使闸门遭受周期性冲击,引起振动,并导致陡坎处水流脱壁,造成气蚀破坏。

2.2.2 隧洞气蚀的处理

隧洞的气蚀,开始时往往不易被人们重视,认为剥蚀程度轻,不会影响安全。但如果不注意修复或改善水流条件,则会发展到很严重的程度。气蚀的产生,水流的流速和边界条件是两个重要的因素。国内外研究成果显示,气蚀强度与流速的5~7次方成正比。目前,常用的防治气蚀措施主要有以下几个方面:

(1)改善边界条件。当隧洞的进口形状不恰当时,极易产生气蚀现象。试验表明,渐变的进口形状最好做成椭圆曲线,如图4-7所示。

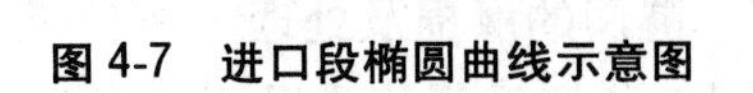

图4-7 进口段椭圆曲线示意图

(2)控制闸门开度和设置通气孔。闸门不同的开度,不仅使闸门底缘及底坎产生气蚀,而且对闸门振动的振幅和频率均有影响。据山东省的统计分析,当闸门相对开度为0.2或0.8~0.9时,大型输水闸门有50%发生过振动,重者会使拉杆断裂或焊缝开裂。同时还发现,当闸门开度小时,闸门振动为上下方向;开度大时,为水平方向。经分析,小开度时,闸门门底止水后易形成负压区,闸门底部易出现气蚀;当开度大时,闸门后易产生明满流交替出现,同样易造成输水隧洞气蚀。

(3)采用抗气蚀材料修复破坏部位。隧洞表面粗糙及材料强度差是引起气蚀破坏的原因之一。对于已产生气蚀破坏的部分,可用环氧砂浆进行修补,环氧砂浆的抗磨能力高于普通混凝土30倍。研究资料表明,混凝土强度等级愈高,抗气蚀性能愈好。近年来,国内外都进行了在普通混凝土中掺入硅粉、钢纤维、玻璃纤维等以提高普通混凝土的抗气蚀强度的研究。研究表明,普通混凝土中掺入硅粉后,其抗气蚀强度可提高14倍。硅粉的主要成分为氧化硅,颗粒极小,比水泥颗粒小100倍,由于硅粉微粒的充填作用及火山灰活性反应,可大大提高混凝土的各种性能。

对隧洞剥蚀严重的部位还可考虑采用钢板衬砌等方法修理。

例如,某水电站第二施工隧洞,泄洪时水头为110 m,隧洞退水段长1 km多,退水段上的水流流速高达40 m/s。施工前几年,隧洞运行水头不大,故仅在斜槽段和侧墙上出现了气蚀剥损现象。为了使隧洞高水头运行,在此隧洞段上采取金属板护砌、喷浆等措施进行了修复加固,效果良好。

目前,钢纤维混凝土以其所具有的优越的吸收能量特性、抗冲击、抗爆破性能,在建筑物抗气蚀材料中受到广泛应用。通常情况下,在混凝土中掺入2%的钢纤维,其抗拉强度为素混凝土的1.5~1.7倍,抗弯强度为素混凝土的1.6~1.8倍。钢纤维混凝土的抗拉、抗弯强度与钢纤维的长径比(L/d)成正比,一般钢纤维长径比为60~100,直径为0.2~0.6 mm。

(4)采取通气减蚀措施。将空气直接输入可能产生气蚀的部位,可有效地防止建筑物气蚀破坏。国外研究成果指出:当水中掺气的气水比为1.5%~2.5%时,气蚀破坏大为减弱,当水中掺气的气水比达7%~8%时,可以消除气蚀。我国自20世纪70年代起,先后在冯家山水库溢洪洞、新安江水电站挑流鼻坎、石头河输水洞中使用,效果比较好。通气减蚀的主要原理是,通气能降低或消除负压区,增加空穴中气体空穴所占的比重,掺气后对空穴溃灭起缓冲作用,减小了空穴破坏力。

(5)加强施工质量的控制。施工质量的控制一方面要控制混凝土材料的强度,使其达到设计要求,另一方面要保证混凝土表面具有较高的平整度。

例如,美国黄尾坝气蚀处理。黄尾坝是一座坝高160 m的混凝土拱坝。泄水建筑物是位于坝左岸岩体中的泄洪隧洞,泄洪隧洞的斜井和垂直弯段的混凝土衬砌表面均有凹凸不平,弯段处最大流速达49 m/s。为此,整个泄洪洞中较大的坑、槽均采用环氧砂浆预制板或混凝土预制板处理。经过一个汛期后,发现自垂直弯段的切点下游约2.5 m开始,沿洞身38 m长度内,气蚀破坏严重。另外,在垂直弯段上有两处较小的破坏。由于这一段环氧砂浆预制板不平整,所以导致了气蚀的发展。采取的处理办法是在垂直弯段开始处的上游修建通气槽,通气减蚀。此外,通过涂抹环氧砂浆、回填环氧混凝土和混凝土对损坏部分进行修补,处理后再没有出现气蚀现象。

2.3 隧洞的磨损及处理

2.3.1 隧洞磨损的原因

隧洞的磨损也是常见的问题。我国的多泥沙河流,高速含沙水流对隧洞的磨损是亟待解决的问题。水流中推移质泥沙和悬移质泥沙对隧洞均有磨损,但又有所不同。悬移质泥沙磨损破坏过程缓慢,高速含沙水流通过隧洞边壁摩擦,产生边壁剥离。推移质泥沙是以滑动、滚动的方式在建筑物表面运行,除摩擦作用外,还有冲击作用。因此,推移质主要是冲击、碰撞作用对隧洞表面的破坏。

隧洞衬砌的磨损主要是由河水中泥沙引起的,而悬移质泥沙和推移质泥沙对建筑物表面磨损的方式不同。实践表明,悬移质泥沙,当v为20~35 m/s时,平均含沙量大于30

kg/m^3；当 v 为 15~20 m/s 时，平均含沙量为 80~100 kg/m^3。泄水建筑物经过几个汛期，混凝土表面会受到严重的冲磨破坏。三门峡工程2号底孔就属于这类破坏。推移质泥沙对建筑物表面撞击和摩擦，使建筑物表面磨损也比较严重。

例如，葛洲坝二江泄水闸，1981年7月泄洪72 000 m^3/s，由于上游围堰残渣及上游削坡块石进入河道，大量推移质泥沙在过闸时，造成对闸室及护坦的磨损。轻者磨深1 cm，重者磨深2 cm以上。磨损最严重的第27孔闸，闸底板中心最大磨深达10.2 cm。

2.3.2 隧洞磨损的处理

在高速水流的输、泄水建筑物中，对不同的流速及含沙量、含沙类型，应采用不同的抗冲耐磨材料。常用的抗冲耐磨材料主要有以下几种：

(1)铸石板。它比石英具有更高的抗磨损强度和抗悬移质微切削破坏性能。三门峡3号排沙底孔使用辉绿岩铸石板镶面，表现出较高的抗冲耐磨性能。

(2)铸石砂浆和铸石混凝土。高强度的铸石砂浆和铸石混凝土，在高速含沙水流中，具有很强的抗冲耐磨特性。葛洲坝二江泄水闸使用了高强度等级的铸石砂浆，其抗冲磨强度不亚于环氧砂浆。

(3)耐磨骨料的高强度混凝土。除用铸石外，选用耐冲磨性能好的岩石，如石英石、铁矿石等为骨料，配制高强度等级的混凝土或砂浆，也具有良好的抗悬移质冲磨的性能。经验表明，当流速 $v<15$ m/s，平均含沙量 $s<40$ kg/m^3 时，用耐磨骨料配制成C30以上的混凝土，磨损甚微。

(4)聚合物砂浆及聚合物混凝土。聚合物黏结强度比水泥黏结强度高，在相同骨料情况下，聚合物混凝土抗悬移质和推移质冲磨强度都较高。但应注意，采用聚合物时，也应采用好的骨料，这样才能达到应有的效果。但因聚合物造价比较高，不太适合大面积使用。

(5)钢材。钢材因其抗冲击韧性好，故抗推移质冲磨性能好。但因钢材价格高，施工工艺要求高，一般用于冲磨严重和难以维修的部位。

任务3 渠道的养护修理

1 渠道的运用

1.1 渠道正常运用的要求

(1)渠道输水能力符合设计要求。

(2)渠道断面流速分布均匀。

(3)渠道断面坡降与设计一致。

(4)渠道渗漏损失量不超过设计要求。

(5)控制和调节设施齐全。

(6)边坡和渠床应稳定。

1.2 渠道控制运用的一般原则

(1)水位控制。为确保安全输水，避免漫堤、决口事故，一般情况下，渠道水位应控制在设计水位以下。特殊情况下,水位也不应超过加大水位。

(2)流量控制。渠道流量应以设计流量为准,当有特殊用水要求时,可加大流量,但过水时间不宜太长,以免造成危险。

(3)流速控制。渠道中的水流流速过大或过小,将会发生冲刷或淤积,影响正常输水。所以运用中,必须控制流速。渠道流速应控制在以下范围:

$$v_{不淤} < v < v_{不冲}$$

式中 $v_{不淤}$——不淤流速,m/s;

$v_{不冲}$——不冲流速,m/s。

2 渠道的检查与养护

2.1 渠道检查的内容

2.1.1 经常性检查

经常性检查是指经常对渠道及其渠系建筑物进行细致的查勘,发现问题及时处置,以防后患。

2.1.2 临时性检查

临时性的检查主要包括在大雨中、台风后和地震后的检查。检查有无沉陷、裂缝、崩塌及渗漏等。如暴雨期间,应组织人员外出检查山水入渠情况、排洪建筑物泄水情况、渠堤挡水及各种建筑物过水情况,以便及时处理因暴雨山洪引起渠系产生危险的问题。暴雨后,及时做好清淤和整修工作。

2.1.3 定期检查

定期检查包括汛前、汛后、封冻前、解冻后进行全面细致的检查,如发现问题,应及时采取措施消除隐患。对北方地区有冬灌任务的渠道,应注意冰凌冻害对渠道的损坏情况。

2.1.4 放水前检查

渠道放水前即停水时期,主要检查是否有冲刷、淤积、沉陷、滑坡、裂缝、洞穴、缺口、防渗层损坏或影响过水的堆积物和杂草等。

2.1.5 渠道过水期间检查

渠道过水期间应检查观测各渠段流态,有无漏水、冲刷、阻水、塌坡、乱扒放水口,有无漂浮物冲击渠边及风浪影响,堤顶超高是否足够等。

2.2 渠道的日常养护内容

(1)经常清理渠道内的垃圾、淤积物和杂草等,保持渠道正常行水。

(2)渠道两旁山坡上的截流沟或引水沟,要经常清理,避免淤塞,损坏部分要及时修理,尽量减少山洪或客水入渠,以免造成渠堤漫溢决口或冲刷。

(3)不得任意在渠道内或岸边放牧、挖土或开口。

(4)禁止向渠道内倾倒垃圾、工业废渣及其他腐烂杂物,以保持渠水清洁,防止污染。有条件的,可定期进行水质检查,如发现污染,应及时采取措施。

(5)禁止在渠道内毒鱼、炸鱼。

(6)不得在渠堤内外坡随意种植庄稼,填方渠道外坡附近不得任意打井、修塘、建房。

(7)渠道放水、停水应逐渐增减,尽量避免猛增猛减。

(8)对渠道局部冲刷破坏、防渗设施损害等情况,应及时修复,防止继续扩大恶化。

(9)通航渠道,机动船只行速不应过大,不准使用尖头撑篙,渠道上不准抛锚。

3 渠道常见病害及防治

3.1 渠道冲刷及处理

3.1.1 冲刷产生的原因

渠道冲刷主要发生在狭窄处、转弯段及陡坡段,这些渠段水流不平顺且流速较大,往往造成渠道的冲刷。具体原因主要是设计不合理、施工质量差和管理运用不善等。

3.1.2 冲刷的处理

渠道冲刷问题应根据冲刷产生的原因,采取相应措施进行处理。

(1)因渠道设计问题,造成渠道流速超过渠道不冲流速,导致渠道冲刷时,可采取建跌水、陡坡、砌石护坡护底等办法,调整渠道纵坡,减缓流速,达到不冲的目的。

(2)渠道土质不好,施工质量差,引起大范围的冲刷时,可采取夯实渠床或渠道衬砌措施,以防止冲刷。

(3)渠道弯曲过急、水流不顺,造成凹岸冲刷时,根治办法是:如地形条件许可,可裁弯取直,加大弯曲半径,使水流平缓顺直;或在冲刷段用浆砌石或混凝土衬砌。

(4)渠道管理运用不善,流量猛增猛减,水流淘刷或其他漂浮物撞击渠坡时,可从加强管理入手,避免流量猛增猛减,消除漂浮物。

3.2 渠道淤积及处理

3.2.1 淤积产生的原因

渠道淤积主要是由于坡水入渠挟带大量泥沙所致。此外,有些灌区水源含沙量大,取水口防沙效果不好也会带来泥沙淤积。

3.2.2 淤积的处理

3.2.2.1 防淤

(1)在渠道设置防沙、排沙设施,减少进入渠中的泥沙。

(2)改变引水时间,即在河水含沙量小时,加大引水量,在河水含沙量大时,把引水量减到最低限度,甚至停止引水。

(3)防止客水挟沙入渠。如遇大雨、发生山洪,应严防洪水进入渠道,淤积渠床。

(4)用石料或混凝土衬砌渠道。通过衬砌渠道,减小渠床糙率,加大渠道流速,从而增大挟沙能力,减少淤积。

3.2.2.2 清淤

渠道产生淤积后,渠道过水断面减小,输水能力降低。因此,为了保证渠道能按计划进行输水,必须进行清淤。渠道清淤的方法有水力清淤、人工清淤、机械清淤等。

(1)水力清淤。在水源比较充足的地区,可在每年秋冬非用水季节,利用河流、水库或泉源含沙量很低的清水,按设计流量引入渠道,有计划有步骤地分段用现有排沙闸、泄水闸等工程泄水拉沙,先上游后下游,逐段进行,最后一段泥沙从渠尾排入河道中。在淤积严重的渠段,可辅以人工用铁锨、铁耙等工具搅动,加强水流挟沙能力。有的渠道也常利用防洪、岁修断流时机,泄水拉沙,效果也较好。

(2)人工清淤。人工清淤是我国目前运用最普遍的清淤方法。在渠道停水后组织人力用铁锨等工具挖除渠道淤沙。一般一年进行1~2次,北方地区在秋收后至土地冻结前进行一次,春季解冻后再进行一次;南方地区多与岁修结合起来进行清淤。人工清淤时应注意不要损坏渠道边坡。

(3)机械清淤。使用机械清淤能节省大量的劳力,提高清淤效率。主要应具备以下条件:①沿渠要有通行机械的道路;②渠道植树应考虑机械清淤的要求;③泥沙堆积段比较集中,要具备处理措施。

机械清淤,主要是用吸泥船、挖土机、开挖机、推土机、塔式铲运装置等机械来清除渠道中的淤沙。

3.3 渠道滑坡及处理

渠道滑坡多发生在深挖方地段,其主要原因有设计边坡过陡,地质条件较差,雨水入渗等。滑坡一旦发生,清理工作量很大,严重影响渠道的正常输水,因此需做好滑坡地段的处理工作。

生产实际中处理滑坡措施较多,一般有排水导渗、削坡减载、反压、支挡、换填、暗涵(或埋管)、渡槽,还可加对撑、倒虹吸和改线等。

3.3.1 排水导渗

排去地表水,疏干地下水是整治滑坡的首要措施,应根据不同情况采用不同的排水方法。

(1)拦截地表水。对滑坡体以外的地表水以拦截旁引为主,即在滑坡边界5 m以外修筑环形截水沟,力求做到滑坡体外的水不再渗入滑坡体内。对滑坡范围以内的地表水,应以防止下渗和引出为准。首先要把滑坡体内的多种裂缝回填夯实,防止地表水继续下渗,然后利用滑坡范围内的自然排水沟或新建的排水沟,把地表水迅速汇集排出滑坡体外。

(2)排水导渗、防止入渗。为了防止滑坡范围以外的地下水渗入滑坡体内,常设置排水盲沟,将地下水导出滑坡体外。对滑坡外的排水,可以在坡面砌筑多种形式的导渗沟,或采用干砌石护坡,水泥砂浆勾缝,底层设反滤层或排水管。

3.3.2 削坡减载

减小滑动力,是最基本的也是最有效的办法。对于浅层滑坡,可采取"削坡减载"的方法。一般采用削缓边坡,还可将上部削下的土体反压在坡脚,从而达到稳定滑坡的目的。当削坡减载后仍不能达到稳定滑坡的目的时,常采取减载与支挡相结合的处理措施。

3.3.3 支挡

在渠道已经塌方或将要塌方的地段,如受地形限制,单纯采用削坡方量很大时,则可根据具体条件,因地制宜采取多种支挡护坡措施。如加固坡脚砌挡墙、干砌护坡等。如渠道经过小溪岸坡,坡脚受洪水冲刷,可采用加固坡脚、浆砌石挡土墙,防止冲刷淘空;对渠道上侧滑坡可采用削坡减载重力式挡墙支挡的办法处理。另外,当渠床为基岩时,可采用拱式或连拱式挡墙处理滑坡等。

3.3.4 暗涵(或埋管)

当过陡的边坡改为缓坡有困难时,可根据具体情况,分别采用暗涵、钢筋混凝土板加对撑或反拱底板加预制箱格挡土墙等办法处理,如图4-8所示。

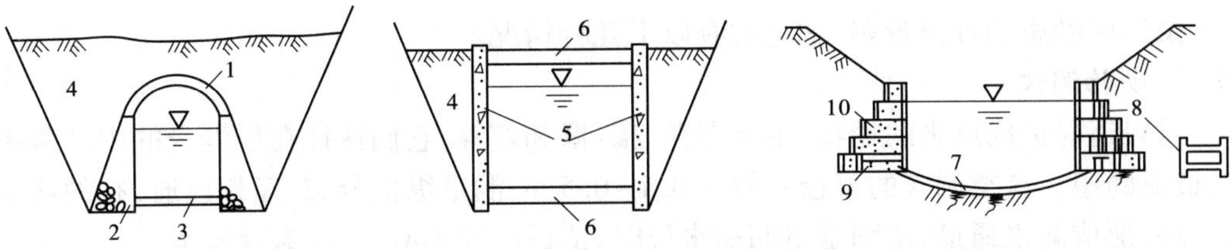

(a)暗涵 (b)钢筋混凝土板加对撑 (c)反拱底板加预制箱格挡土墙

1—顶拱;2—侧墙;3—底板;4—坡土回填;5—钢筋混凝土板;6—钢筋混凝土对撑杆;
7—混凝土反拱底板;8—预制箱格;9—混凝土;10—砂卵石或贫混凝土埋块石

图4-8 渠道滑坡处理示意图

3.3.5 渡槽

山区渠道常在陡峻的山坡上开渠,往往容易产生山岩崩塌。因限于地形条件,要维护渠道稳定十分困难,可改建为渡槽输水。

3.4 渠道防洪

3.4.1 洪毁产生的原因

山丘区、洼地灌区,由于所规划的渠道通过的地段打乱了原有的天然水系,截断了许多沟谷,沿渠线路将形成许多的小块积雨面积,遇到汛期,这些小块的集雨范围内会形成暴雨洪水,如果不及时处理,将造成山洪灾害,影响渠道的正常运用,甚至造成渠系工程的破坏。

3.4.2 防洪措施

要做好渠道防洪,应着重解决以下问题:

(1)复核渠道的防洪标准,对超标准洪水应严格控制入渠。

(2)在渠道与河沟相交时,应设置排洪建筑物。傍山渠道应设拦洪、排洪沟槽,将坡面的雨水、洪水就近引入天然河沟。

(3)加强渠道上的排洪、泄洪工程管理,保持排泄畅通。当渠道被洪水冲毁后,应及时进行修复。

3.5 渠道防风沙

在气候干旱、风沙很大的地区,渠道常会遭到风沙埋没,影响渠道正常工作。风沙的移动强度取决于风力、风向和植被对固沙的作用等,一般3~4 m/s的风速,就可使0.25 mm的沙粒移动。防止风沙埋渠的根本措施是营造防风固沙林带进行固沙。陕西榆林地区一般在渠旁50 m宽范围内,垂直主风向营造林带,交叉种植乔木与灌木,起到了较好的防风固沙作用。此外,如当地有充足的水源条件,可引水冲沙拉沙,用水拉平渠道两旁的沙丘,也可减少风沙危害。

4 渠道的隐患及破坏的处理

渠道的主要特点是线路长,往往地处偏僻,受地形、地质、人为、自然因素等方面影响,使其存在隐患,影响渠道正常工作,甚至造成损失或灾害。因此,要查明隐患的存在及其原因,以便及时采取有效措施,防止事故的发生。

4.1 隐患的类型和原因

渠道中隐患的种类较多,常见的有以下几种情况。

4.1.1 动物洞穴

对渠道易造成危害的动物,主要有狐、獾、鼠和蛇等,它们往往在渠堤身的内部营巢作穴,造成隐患。这类洞穴的直径一般为0.1~0.5 m,洞道纵横分布、互相连通,有的甚至横穿渠堤,形成漏水通道,特别是汛期高水位时,造成的穿堤漏水,危害性极大。

4.1.2 蚁穴

蚁穴往往存在于渠堤身内部,其特点是四通八达,横穿渠堤,特别是白蚁穴的主巢直径可达0.8~1.5 m,水位上涨时水将沿蚁路侵入堤内,形成漏洞,引起坍塌,严重时会导致渠堤决口,正所谓"千里之堤,溃于蚁穴",所以应引起高度的重视。

4.1.3 腐木空穴

当渠道的堤内埋有腐烂树干、树根等腐木时,随着时间的增加,必将形成洞穴,尤其是盘根错节的蔓延更广。这种隐患的危害也是相当大的,必须在施工时严格把关,予以彻底清除。

4.1.4 人为洞穴

人为洞穴主要是指渠道内部的排水沟、防空洞、藏物窑洞、废窑、废井、旧宅基、坟墓等。这些洞穴往往埋藏在渠堤的深处,不易被发现,一旦渠内水位高时,很容易产生漏洞、跌窝等险情,导致渠道堤身的破坏。

4.1.5 暗沟

在渠道的堤防施工时,由于局部夯压不实,或者存在施工缝,或用泥块进行填筑使渠堤内部存在着薄弱环节等,雨水或渠道内部水流渗入后,将会逐渐使其形成暗沟,当水位较高时,易产生塌坑或脱坡等破坏现象。

此外,隐患还有穿堤工程(如涵闸)回填部位接触渗漏、堤基渗漏及内部裂缝等。

4.2 隐患的处理

隐患的存在对渠道危害极大,实际工作中,一般处理措施有灌浆法和翻修法两种。有时也可根据具体情况,采取上部翻修和下部灌浆的综合措施。如当渠道出现沉陷或深坑时,应在停水后进行锥探,查清隐患深度及范围,及时灌浆堵塞或重新翻修夯实。

4.2.1 灌浆法

对于渠堤内部的蝼蚁穴、兽洞、裂缝、暗沟等隐患,当翻修难度较大时,均可采用灌浆的方法进行处理,可结合锥探进行。灌浆材料一般选用黏性土,灌浆时稠度和压力均要适当。常用的灌浆方式有两种,即重力式灌浆和压力式灌浆。前者可借助于钻头、木架等使浆液与孔间造成一定高差,依靠浆柱自身重力进行灌注;后者则是利用专门的灌浆机械施压进行灌注。

此外,白蚁对渠堤的危害性很大,应注意防治。消灭白蚁可选用下列措施:

(1)找出蚁穴外露特征,做好标记,使用灭蚁灵毒饵灭杀。

(2)用1%~2%的五氯酚钠水溶液或80%敌敌畏乳剂稀释3万倍拌匀的泥浆灌注蚁巢。

(3)在堤坝表层设置一定间隔的小洞,用六六六粉或乙基1605农药与干粗砂拌匀灌洞,注水饱和,然后用粗砂封口。

(4)利用白蚁天敌灭蚁,进行生物防治。

(5)在堤坝表面铺设一层厚10 cm左右的炉渣,改变堤坝表土的化学性质和物理结构。

4.2.2 翻修法

这种方法是当隐患查清后,即进行挖开并重新回填夯实。翻修法处理隐患是比较彻底的。但对于埋深较大的隐患,是否可以开挖,应进行分析论证。翻修法的开挖回填要求,除参考土坝裂缝的开挖处理方法外,还要注意以下几点:

(1)根据查明的隐患情况,决定开挖范围。开挖中如发现新的问题,必须继续开挖,直到开挖完,但不允许掏挖。

(2)当开挖深度较大时,应根据土质类别预留一定的边坡和台阶,以免造成渠道的崩塌。

(3)当渠道水位较高,特别是有防汛任务时,一般不得开挖。当遇特殊情况开挖时,应进行分析论证,采取一定的安全措施并报请上级主管门批准。

(4)回填前,如开挖坑槽内有积木、树根等其他杂物,要进行彻底清除。

(5)新旧土料结合处应刨毛压实,必要时可做接合槽,以保证结合紧密,防止产生集中渗流。

(6)填土要求。回填时,一般不要使用挖出来的土料,但如果挖出的土料经试验符合设计要求,则可以采用。

5 渠系建筑物的日常养护

5.1 渠系建筑物类型

渠系建筑物是指为渠道正常工作和发挥其各种功能而在渠道上兴建的建筑物。主要有渡槽、倒虹吸、隧洞、涵洞、跌水(陡坡)、桥梁、各种水闸及量水设备等。按功能可分为:

(1)控制、调节和配水建筑物。用于调节水位,分配流量,如节制闸、分水闸、斗门等。

(2)交叉建筑物。用以穿越河渠、洼谷、道路及障碍物,如渡槽、倒虹吸管、涵洞、隧洞等。

(3)泄水建筑物。如泄水闸、退水闸、溢流堰等。

(4)落差建筑物。即落差集中处的连接建筑物,如跌水、陡坡和跌井等。

(5)冲沙和沉沙建筑物。如冲沙闸、沉沙池等。

(6)量水建筑物。如量水堰、量水槽等,也可利用其他水工建筑物量水。

(7)专门建筑物和安全设备。如利用渠道落差发电的水电站,通航渠道上的码头、船闸和为人、畜免于落水而设的安全护栏。

渠系建筑物数量多、总体工程量大、造价高,故应向定型化、标准化、装配化和机械化施工等方面发展。它与其他水工建筑物一样,由于自然界物理、化学作用的影响和设计、施工方面存在的缺陷,管理不当等原因而需要经常维修。为保证渠道系统的正常输水和工程效益的充分发挥,必须搞好渠道及渠系建筑物的维修工作。

5.2 渠系建筑物的日常养护

日常养护的具体工作包括:

(1)渠道与渠系建筑物的连接部位常因夯填不实而容易发生漏水,导致塌坡溃决事故的产生,要经常检查,必要时应停水修理。

(2)要经常清理渡槽的进出口和槽身内的淤积及漂浮物,以保证渡槽的输水能力。当发现槽身有过大变形或伸缩止水破坏时,应停水修理。对原设计未考虑交通的渡槽,应禁止人、畜通行,防止意外事故的发生。

(3)倒虹吸管的进口应设拦污栅,输水期间应经常打捞栅前污物,出口亦应设置保护栅,防止块石滚入,特别要防止倒虹吸管口的淤积和堵塞。严寒地区在冰冻前,应将倒虹吸管内积水抽干,若抽干有困难,也可将进出口封闭,使管内温度保持0℃以上,以免冻裂管道。

(4)无压涵洞要防止下游壅水过高而造成流态不稳和带压运用的不正常现象。

(5)跌水要防止跌坎倒塌,陡坡要防止底板冲刷和滑塌。侧墙和底板的漏水要及时修理。消力池内的砂石等淤积物应经常清除。

(6)对渠系建筑物出现的一些缺陷,如裂缝、沉陷、兽洞蚁穴、灰浆脱落等应采取措施及时修复。对可能产生滑坡的堤段应及时处理,防止滑坡的产生。

6 渠系建筑物常见病害处理

6.1 倒虹吸管的病害处理

倒虹吸管是渠道穿越山谷、河流、洼地,以及通过道路或其他渠道时设置的压力输水管道,是一种交叉输水建筑物,是灌区配套工程的重要建筑物之一。倒虹吸管一般由进口段、管身段和出口段三部分组成。管身断面型式主要有圆形和箱形两种。

6.1.1 倒虹吸管的管理养护

倒虹吸管的管理养护制度,可分为平时巡回检查和年度冬修两种。每年冬天,要放干水,对照平时检查记录,全面检查,彻底处理。

巡回检查应着重掌握渗漏、裂缝、振动等情况。

(1)渗漏。即管壁漏水,按其严重程度可分为三种情况,即潮湿(仅可看出水痕)、湿润(手摸有水)、渗出(如同冒汗)。对渗漏部位、发生时间、渗漏面积大小、渗漏量多少及变化情况要做详细记录,并用红漆在管壁上标明其位置。

(2)裂缝。按发生部位及形状,可分为横向裂缝、纵向裂缝和龟纹裂缝三种。裂缝要用红漆在管上标明其位置、大小及其随温度升降变化的规律,并绘成裂缝位置图,供分析裂缝原因及采取处理措施时参考。一般裂缝都可留到冬修时处理。而现浇混凝土的干缩裂缝则要通过改进施工工艺、加强养护等措施予以防止。

(3)负压和振动。巡回检查中,要注意用耳倾听管内的过水声。有的倒虹吸管在越过小山包时,形成一个向上突起的弯管段。设计中在弯管顶部应有放气阀,第一次放水时要把阀门打开,排除空气,然后通水。如果忽略了这项工作,就会在这个地方造成负压,使管壁气蚀剥落。注意倾听就会听到阵发性的咚咚响声。应立即将放气阀缓缓打开,排除空气,当阀门开始喷水,即可关闭阀门。有的倒虹吸管第一次放水过急,也易在管道进口下游产生负压。所以,倒虹吸管口下游应设通气孔,并应经常检查以免被杂物堵塞。

6.1.2 倒虹吸管的常见病害

(1)接头漏水,管壁渗漏。

(2)管身发生纵向裂缝和横向裂缝。

(3)排气阀未及时打开,管内发生负压。

(4)通过小流量时,未及时调节阀门,管道进口产生水跃,使管身振动或接头破坏。

(5)未及时清污,杂物堵塞进口,压弯拦污栅,壅高渠水,造成漫堤决口。

(6)洪水期未及时打开上游泄洪闸,造成洪水漫堤决口。

(7)洪水期未及时关闸,沿山渠塌方,洪水挟带大量推移质沉积管中。

(8)第一次放水或冬修后放水太急,管中掺气,水流回涌,顶坏进口盖板。

(9)严寒地区,冬季未排干管内积水,冻害造成管壁裂缝。

(10)多泥沙河流,沉沙池大量积沙,未及时放水冲沙。

(11)裸露斜管,地面无排水系统,雨水淘刷管底,威胁管身安全。

(12)闸门操作失灵。

除第(1)、(2)、(11)属于设计施工的原因外,其余都是由于管理不善造成的。因此,应制定必要的规章制度及管理养护方法,并严格执行。

6.1.3 倒虹吸管的维修

6.1.3.1 裂缝的处理

由于纵向裂缝的产生,使裂缝处钢筋处于高应力状态,同时裂缝的存在降低了抗渗性和抗冻性,加速混凝土表面的剥落,因而将缩短管道的寿命。

纵向裂缝的处理方案有:①对于既没有考虑运用期温度应力,又未采取隔温措施的管道,要采取填土等隔温措施。②对安全因素太低的管道采用全面加固方法。③防渗方案。

(1)隔温方案。该法是降低管道运用期的温度应力,并防止混凝土冻融。某倒虹吸管,采用两侧砌 24 cm 厚的砖、管顶填土 30 cm 的方案。该方案施工方便,节省材料,降温效果明显。

(2)全面加固方案。当管道强度安全因素太低,可采用内衬钢板的全面加固方案。内衬钢板方案是在混凝土管内衬砌一层厚 4~6 mm 的钢板,钢板事先在工厂卷好,其外壁与钢筋混凝土内壁之间留 1 cm 左右间隙,钢板从进出口运入管内就位、撑开,再电焊成型,然后在二者之间进行回填灌浆。该法的优点是能有效地提高安全因素,加固后安全可靠,并能长期正常运行;缺点是造价高,用钢材多,施工比较困难。

(3)防渗方案。防渗方案适用于管道强度安全系数较高,仅在管道裂缝两侧进行局部补强,以起到裂缝处防渗止水的作用。防渗方案分为刚性方案和柔性方案两种。

①刚性方案。包括钢丝水泥砂浆、钢丝网环氧砂浆及环氧砂浆粘钢板等三种方案。其特点是不但能防渗,而且可分担裂缝处钢筋的一部分应力,提高建筑物的安全性。

②柔性方案。包括环氧砂浆贴橡皮、环氧基液贴玻璃丝布、环氧基液贴麻布、聚氯乙烯油膏填缝及乳化沥青掺苯溶氯丁胶刷缝等五种。其特点是适应裂缝开合的微小变形,造价较低,施工较易。

以上方案,以环氧砂浆贴橡皮为优。对于宽度大于 0.2 mm 的裂缝,以环氧砂浆贴橡皮处理较好;宽度小于0.2 mm的裂缝,采用加大增塑性比例的环氧砂浆修补较好。以上两种方案处理的具体方法参考浆砌石与混凝土坝的有关内容。

6.1.3.2　其他缺陷的处理

(1)管壁渗漏的处理。可在管内涂刷2~3层环氧基液或橡胶液。涂刷时应力求薄而匀,每日刷一次,可涂总厚约0.5 mm。若为局部漏水洞或气蚀破坏,可用环氧砂浆封堵。

(2)接头漏水的处理。修补时,对于受温度影响大,仍需保持柔性接头的管道,可在接缝处充填沥青麻丝,然后在内壁表面用环氧砂浆贴橡皮。对于已填土,受温度的影响已显著减小的管道,可改用刚性接头并在一定的距离内设柔性接头。刚性接头施工时可在接头内外口打入石棉水泥或水泥砂浆,并在内壁面涂环氧树脂处理,如图4-9所示。

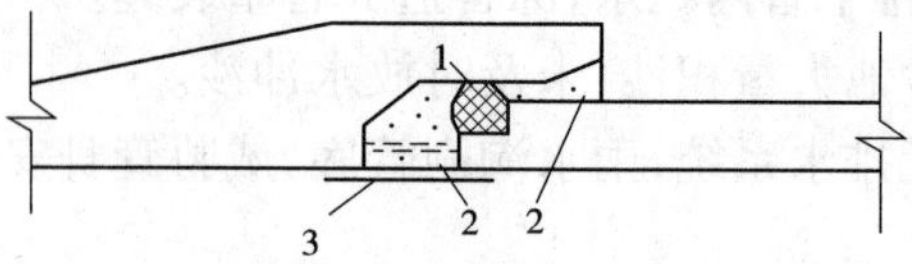

1—止水环;2—水泥砂浆或石棉水泥;3—涂环氧树脂

图4-9　接头缝漏水修补

钢制倒虹吸管的滑动伸缩接头漏水原因有两个:一是主管壁薄,刚度小,变形后与伸缩节的外套环钢板不吻合;二是伸缩节内填充的止水物不够密实,或压缩后回弹不足。防止钢管伸缩接头漏水,除在设计上采取加强管壁刚度措施外,管理人员每年冬修都必须拆开伸缩节,更换新的止水材料。

(3)淤积处理。倒虹吸管的淤积包括三个方面,即漂浮物的堵塞、推移质的堆积和悬移质的沉积。漂浮物堵塞,可通过在进口设置拦污栅解决;推移质堆积,可通过设沉沙池和冲沙孔解决;悬移质沉积,只有在管道流速小于不淤流速的情况才会发生,亦可通过管道断面设计得到解决。

6.2　渡槽的加固处理

渡槽在运用中,可能因种种原因,如设计不合理、施工质量差、地基承载力不足等,产生渡槽拱圈断裂或失稳,以及墩座下沉的险情,此时,应立即采取措施进行处理。

6.2.1　支墩加固处理

(1)连拱式渡槽任一跨拱圈的失稳,都会导致其他拱跨的连锁破坏。为使一跨拱圈失稳不致引起其他拱跨的全部毁坏,可对每隔若干跨中的一个支墩进行加固,其方法有槽墩两侧加斜支撑和加大支墩断面两种,如图4-10所示。

(2)连拱式渡槽的某一跨发现拱圈较大开裂时,应立即用浆砌石(或砖)在该跨设支顶,也可采用木排架或钢质排架支顶,以防垮拱倒塌,如图4-11所示。

6.2.2　基础下沉处理

(1)在渡槽运用中发现支墩下沉,但还不致影响渡槽的正常使用时,可采用扩大基础,减小地基承受的单位荷载的方法来加固,如图4-12(a)所示。

(2)当基础沉陷过大,影响渡槽正常运用时,应将基础恢复原位。此时,可采用扩大基础,顶回原位的措施处理,如图4-12(b)所示,即是将基础周围的填土挖除,用混凝土浇

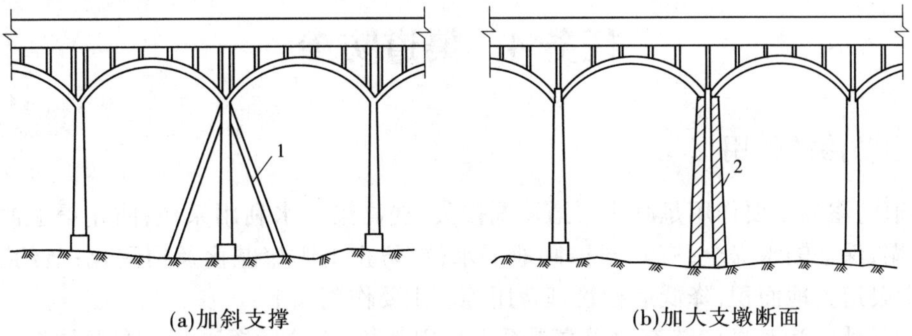

1—斜支撑；2—加大部分

图 4-10　连拱渡槽预防连锁破坏示意图

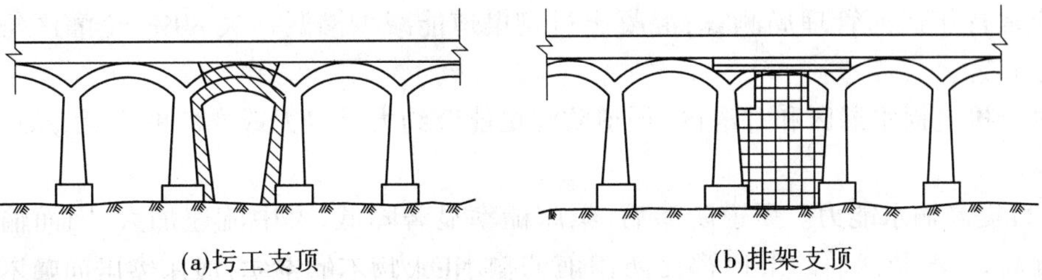

图 4-11　连拱渡槽支墩加固示意图

筑底盘和支持体，待混凝土达到设计强度后，在底盘与支持体之间安置若干个千斤顶，将槽墩顶起至原来位置，再用混凝土填实千斤顶两侧空间，待达到设计强度后，取出千斤顶，并用混凝土回填密实，最后用回填灌浆填实原基底空隙。

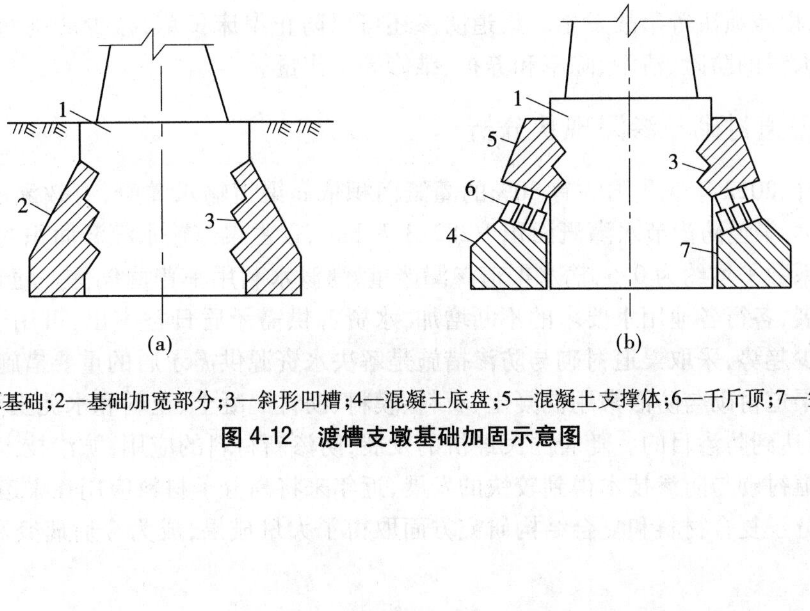

1—原基础；2—基础加宽部分；3—斜形凹槽；4—混凝土底盘；5—混凝土支撑体；6—千斤顶；7—空隙

图 4-12　渡槽支墩基础加固示意图

任务4 渠道防渗

1 渠道防渗的作用

渠道防渗的主要作用是减少渠道渗漏损失,提高渠系水利用系数;防止渠道冲刷、淤积及坍塌,保证输水安全;有利于控制地下水位,防止土壤盐碱化及沼泽化;节约工程投资,减少渠道占地面积,降低运行管理费用等。主要作用如下:

(1)节水。渠道防渗能有效提高渠系水利用系数,充分发挥灌溉水资源的效益,扩大灌溉面积。

例如,据湖南韶山灌区测算,三合土衬砌渠道可减少渗漏损失86%,100多km三合土渠道每年所能节约的水量可扩大种植双季稻0.67万hm^2。

广东青年运河管理局测算,混凝土衬砌渠道能减少渗漏损失80%,全灌区每年可节水3亿m^3。

对于机电提水灌区和井灌区,渠道防渗更能节约大量电力或燃料的消耗,从而降低灌溉成本。

(2)提高输水能力。渠道防渗后,渠床糙率显著降低,渠中流速加大,因而输水能力明显提高,一般防渗后的渠道都比防渗前的输水能力提高30%以上。同时,渠道断面和建筑物尺寸相对可以缩小,减少占地和工程量,节约工程投资,还可提高渠道的防冲能力,减少渠道淤积。

(3)降低地下水位,改良盐碱地。渠道长期大量渗漏,会引起灌区地下水位上升。

例如,内蒙古河套灌区,水浇地灌成了盐碱地,面积也在逐年增加,1955~1958年次生盐碱地面积占全灌区面积的13.2%,到1965~1974年就上升为58%。而渠道防渗后,则可使灌区地下水位,特别是沿渠两侧的地下水位显著降低,有利于改良盐碱地和沼泽地。

(4)有利于渠道的安全运用。渠道防渗后,可以提高渠床的稳定性,防止渠道滑坡和坍塌变形,以致溃决等事故发生。渠道防渗还可以防止渠床长草,减少冲刷和淤积,因而可以减少大量的防险、清淤、除草和养护、维修等工作量。

2 我国渠道衬砌与渗漏现状分析

据统计,2012年底我国约有80%的灌溉面积依靠渠道输水灌溉,有效灌溉面积接近0.48亿hm^2,渠道防渗节水灌溉面积1 282.3万hm^2,仅占渠道输水灌溉面积的26.5%,灌溉水利用系数平均约为0.5,输水渠道渗漏严重,灌溉水利用率普遍偏低。随着经济社会的快速发展,各行各业用水要求的不断增加,水资源供需矛盾日益突出,可用于灌溉的水量呈现减少趋势,采取渠道衬砌与防渗措施是解决水资源供需矛盾的重要措施。

我国渠道衬砌与防渗常用混凝土、石料、膜料、沥青混凝土、土料和水泥土等材料作为防渗层,以达到防渗目的。随着国民经济的发展,防渗新材料的应用,防渗技术不断提高,使我国渠道衬砌与防渗技术得到较快的发展,近年来将高分子材料应用在渠道防渗方面,尤其是高分子复合材料和复合结构研究方面取得了大量成果,成为今后研究和推广的方向。采用膜料做防渗材料,一般可减少渗漏量90%以上,且塑膜埋入地下后避免了紫外线和光的照射,大大延缓了老化速度,延长了使用寿命,一般使用可达20~30年。目前,得到普遍推广应用的高分子聚合物防渗材料——复合土工膜,即将PVC压延涂敷于无纺布上,制成复合防渗膜料,有一布一膜、二布一膜等。渠道衬砌与防渗断面形式方面,我国采用的有U形、弧形渠底梯形和弧形坡脚梯形等新形式。这些断面形式具有防渗效果好、水流条件佳、占地少、适应冻胀变形的能力强、投资较小、寿命长等优点。U形适宜于小型渠道,弧形渠底梯形适宜于中型渠道,弧形坡脚梯形适宜于地下水位埋深浅的大中型渠道。在施工方面,已研制开发了小型U形渠槽开挖机和浇筑机,大中型U形渠道防渗工程施工采用喷射法混凝土施工或预制与现浇相结合的方法,但一般仍以人工施工为主,施工机械化程度较低。

3 渠道防渗工程技术措施

土质渠道的渗漏一般都较大,据有的灌区实测,其渗漏量占渠首引入水量的40%~50%。当渠道土质较差或填筑质量不良时,其渗漏量将更大,因此渠道的渗漏严重影响灌溉效益的发挥。另外,严重渗漏可能使渠岸遭到渗透破坏,引起塌滑和溃决。所以,加强渠道防渗工作,对提高灌溉效益和保证渠道正常运用有着非常重要的意义。

渠道防渗工程技术措施很多,常用的措施有如下几种。

3.1 土料夯实防渗

土料夯实法是将渠床除草清淤后,翻松表层土,在最优含水量情况下再将松土分层夯实。为利于层间结合,前一层夯实土的表面应刨毛。夯实层的总厚度,温暖地区一般为30~50 cm,冰冻地区为50 cm以上,并根据冻土深度另加保护层。这是降低渠床土壤透水性的一种方法,不需添加任何材料,具有施工简便、经济实用的优点,但防渗效果较差,适用于黏性土渠道。

3.2 黏土护面防渗

此法是将渠床修整后,铺上一定厚度的黏土或掺合料,在最优含水量时进行夯实,即成黏土防渗护面。为保证防渗效果,黏土防渗层的厚度一般为15~30 cm,对于大型渠道,其厚度可随水深的增加而增厚,常采用25~40 cm。纯黏土易干缩开裂,当黏粒含量高于50%时,可掺入适量的砂,土砂质量比一般为1:0.7~1:1。产卵石地区也可掺入适量卵石,黏土、砂、卵石的质量比一般为1:(0.43~0.5):(0.3~0.57)。黏土护面防渗具有施工简便、能就地取材、造价低的优点,但因易干裂和冻融而影响防渗效果,抗冲刷能力也较差,只适用于黏土料丰富,流速不大的渠道。

3.3 三合土护面防渗

三合土由石灰粉、砂、黏土以质量比为1:(1~1.5):(4~6)拌制而成,是一种很好的防渗材料。施工时,先将三者按比例配合拌匀,再加水(灰土含水量控制在35%左右)拌匀后堆置一段时间,使石灰充分沤熟即可铺筑。防渗层的厚度一般为25~30 cm,铺筑时渠坡应分层铺设夯实,每层厚30~35 cm,逐层上升至渠顶,然后削坡拍打至出浆。为提高防渗性能和表面强度,可在阴干后的三合土表面涂刷一层青矾(硫酸亚铁)水,再拍打一次,效果较好。采用三合土防渗护面可就地取材,且防渗效果好,但施工工艺要求高。若施工质量控制不好,容易剥落和产生裂缝,一般适用于盛产石灰地区流量不大的中小型渠道,在严重冰冻地区不宜采用。

3.4 砌石护面防渗

砌石防渗常用的有浆砌块石防渗和干砌石板勾缝防渗两种。浆砌块石的厚度一般为 20~30 cm,砌筑砂浆可用 M2.5 ~M5 水泥黏土(或石灰)砂浆,再用 M7.5 ~M10 水泥砂浆勾缝(如图 4-13(a)所示)。干砌石板勾缝防渗即是在石板干砌时预留 1~2 cm 缝隙,缝间用砂浆填实止水。砌石防渗护面的常见断面为梯形(如图 4-13(b)所示),在陡峻山坡的渠道,采用挡土墙式的近似矩形断面(如图 4-13(c)所示)。

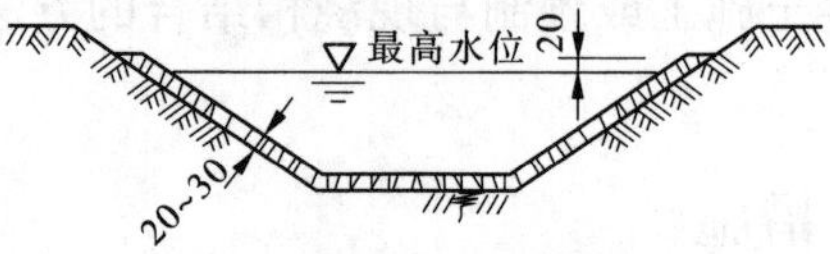

(a)浆砌块石防渗

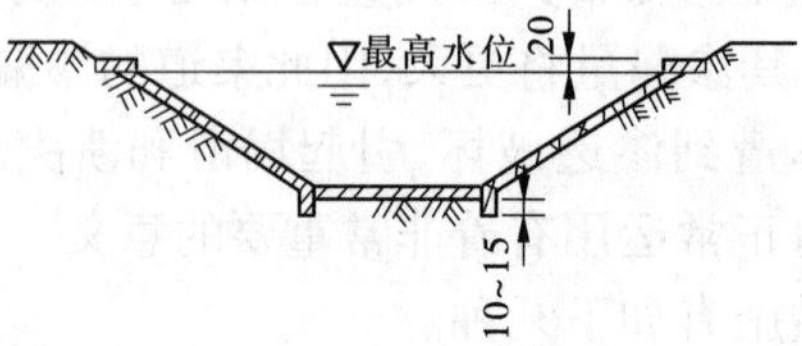

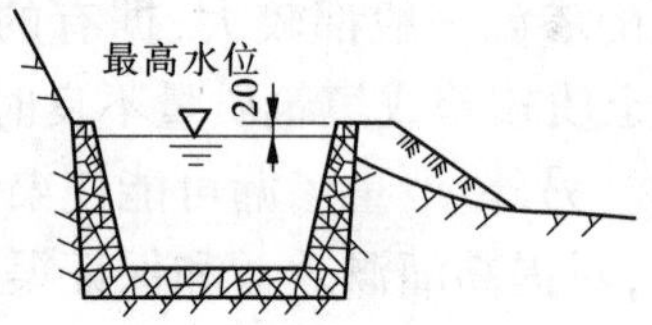

(b)干砌石板勾缝防渗　(c)浆砌石挡墙防渗

图 4-13 砌石防渗示意图　(单位:cm)

砌石防渗护面具有就地取材、施工方便、防渗效果好和坚固耐用的优点,适用于采石方便地区的渠道防渗。

3.5 砌砖护面防渗

对于缺乏其他防渗材料的地区,可用砌砖防渗。防渗用砖多采用普通黏土砖,砌筑厚度应视边坡缓陡和设计要求而定,一般为单砖平砌和单砖立砌,砌筑砂浆可用 M5 水泥砂浆。

近年来,福建等省用煤渣砖做渠道防渗护面材料的试验已取得较好的成果。煤渣砖由消化沤透的煤渣掺入重量 6%的水泥,在控制含水量下,根据颗粒要求磨细冲压而成,其渗透系数达 1.7×10^{-8} cm/d。用煤渣砖作为渠道防渗材料具有就地取材、变废为利、制造简便、施工容易和造价较低等优点,适用于温暖和较寒冷地区中小型渠道的防渗。

3.6 混凝土护面防渗

用混凝土衬砌渠道具有防渗效果好、糙率小、经久耐用和适应性强等优点,是一种被广泛采用的防渗措施,但一次投资较大,需要大量水泥。按其施工方式不同可分就地浇筑、预制装配和压力喷射 3 种。就地浇筑法与渠床的结合较好,分块尺寸较大,一般为 5 m^2左右,所以衬砌接缝少。预制装配的施工受气候条件影响小,能缩短衬砌期,混凝土的质量易保证,但为便于人力搬运砌筑,其每块尺寸较小,一般为 1~1.5 m^2,因此接缝较多。压力喷浆与渠床结合好,施工工序少,进度快,能节省劳力,单位衬砌的造价低,但需一套喷浆机具。渠道衬砌多采用素混凝土,只有在地质条件特别差时,才使用钢筋混凝土。混凝土一般采用 C10~C15,其衬砌的厚度,南方一般为 5~10 cm,北方为 10~15 cm。为防止衬砌因地基不均匀沉陷和温度影响而发生裂缝,衬砌应设置温度沉陷缝。纵缝一般设在渠底与边坡的连接处和渠坡的折线处；当底宽超过 8 m 时，在渠底中部可另设纵缝；当边坡衬砌长度超过 8 m 且为填挖方组成时，亦应设置纵缝。横缝的间距一般不超过 5 m。缝的宽变一般为 1～3 cm，其间设止水，常用的止水措施有沥青水泥（水泥∶沥青∶砂为 1∶1∶4）、聚氯乙烯胶泥和塑料油膏等。

3.7　塑料薄膜防渗

塑料薄膜用于渠道防渗具有投资少、效果好的优点，已为很多灌区所采用。根据我国目前生产的塑料薄膜情况，以选用聚氯乙烯薄膜为好，因其生产量大、品种多、价格低。薄膜的厚度采用 0.12～0.2 mm 为宜，且以黑、棕等深颜色的为好。

施工时，先将渠床表层 30～40 cm 厚的土挖出，清除杂草、树根、石块等坚硬杂物，避免回填时刺破薄膜，并将渠床夯实整平；将塑料薄膜裁剪成长 50～100 m 的段，利用热合机拼接成渠道横断面边长所需要的尺寸，然后将其折卷以利搬运。铺设前将渠床洒水湿润，展开薄膜并紧贴在基土上，但薄膜切忌拉得过紧，最好能均匀地留有小褶纹，铺好后用松软湿土压住边缘。铺好薄膜后应当天回填土层保护，土层的厚度为 20～40 cm。塑料薄膜铺设渠道的基槽形式，如图 4-14 所示，其中以复式矩形基槽和锯齿形基槽的稳定性较好。

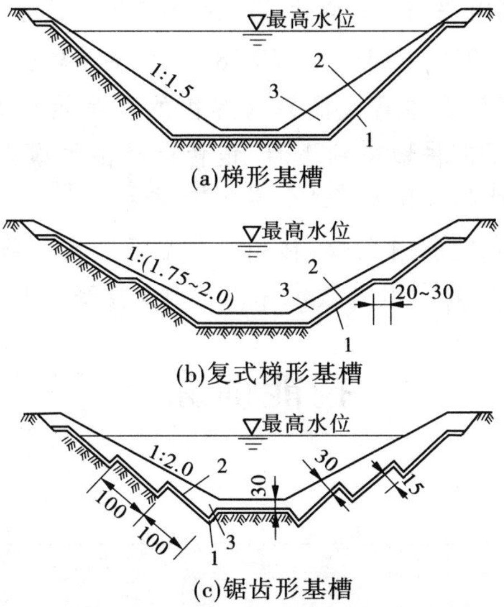

1—基槽形状；2—塑料薄膜；3—回填保护层

图 4-14　塑料薄膜铺设渠道的基槽形式　（单位：cm）

项目案例

案例一　河南省林州市红旗渠建设及渠道防渗

红旗渠位于河南省林州市（原林县），林州市处于河南、山西、河北三省交界处，历史上严重干旱缺水。为了改变因缺水造成的穷困，林县人民从 1960 年 2 月开始修建红旗渠（原称“引漳入林”工程），竣工于 1969 年 7 月，是全国重点文物保护单位，被世人称之为“人工天河”，在国际上被誉为“世界第八大奇迹”。

红旗渠以浊漳河为源。渠首位于山西省平顺县石城镇侯壁断下。总干渠长70.6 km,渠底宽8 m,渠墙高4.3 m,纵坡为1/8 000,设计加大流量23 m^3/s,全部开凿在峰峦叠嶂的太行山腰,工程艰险。

红旗渠总干渠从分水岭分为三条干渠,第一干渠向西南,经姚村镇、城郊乡到合涧镇与英雄渠汇合,长39.7 km,渠底宽6.5 m,渠墙高3.5 m,纵坡1/5 000,设计加大流量14 m^3/s,灌溉面积35.2万亩;第二干渠向东南,经姚村镇、河顺镇到横水镇马店村,全长47.6 km,渠底宽3.5 m,渠墙高2.5 m,纵坡1/2 000,设计加大流量7.7 m^3/s。灌溉面积11.6万亩;第三干渠向东到东岗乡东芦寨村,全长10.9 km,渠底宽2.5 m,渠墙高2.2 m,纵坡1/3 000,设计加大流量3.3 m^3/s,灌溉面积4.6万亩。

红旗渠灌区共有干渠、分干渠10条,总长304.1 km;支渠51条,总长524.1 km;斗渠290条,总长697.3 km;农渠4 281条,总长2 488 km;沿渠兴建小型一、二类水库48座,塘堰346座,共有兴利库容2 381万 m^3,各种建筑物12 408座,其中凿通隧洞211个,总长53.7 km,架渡槽151个,总长12.5 km,还建了水电站和提水站,已成为"引、蓄、提、灌、排、电、景"配套的大型体系。

红旗渠工程总投工5 611万个,共完成土石砌方2 225万 m^3。总投资12 504万元,其中国家投资4 625万元,占37%,社队投资7 878万元,占63%。

红旗渠的建成,彻底改善了林县人民靠天等雨的恶劣生存环境,解决了56.7万人和37万头家畜吃水问题,54万亩耕地得到灌溉,粮食亩产由红旗渠未修建时的100 kg增加到1991年的476.3 kg,被林州人民称为"生命渠""幸福渠"。

为了提高灌区渠系水有效利用系数,林州市先后三次对红旗渠进行了技术改造,共投资1 800万元,使红旗渠水有效利用系数由原来的0.3提高到0.45以上。

技能训练

一、填空题

1.渠系建筑物有______、______、______、______、______等。

2.渠道病害主要有______、______、______、______等。

3.倒虹吸管裂缝纵向裂缝处理的方法有______、______、______。

4.渠道防渗措施包括______、______、______、______、______、______、______等。

5.渠道隐患类型有______、______、______、______、______等。

6.坝下涵管运用期间,要经常检查涵管附近土坝上下游坝坡有无______、______、______、______等。

7.对损坏严重的坝下放水涵洞,因材料结构强度不够而产生______、______时,可采用内衬砌的方法进行补强处理。

8.隧洞断裂和漏水的处理方法有＿＿＿＿＿＿、＿＿＿＿＿＿、＿＿＿＿＿＿、＿＿＿＿＿＿等。

9.水流中推移质泥沙和悬移质泥沙对隧洞表面均有磨损,但主要是＿＿＿＿＿＿泥沙作用强烈。

10.渠道流速应控制在＿＿＿＿＿＿范围。

二、单项选择题

1.灌注渠堤浸润线以下部位的裂缝时,浆液宜采用(　　)。

A.黏土浆液　B.水泥浆液

C.黏土水泥混合浆液　D.细石混凝土浆液

2.灌注渠堤浸润线以下部位的裂缝时,浆液宜采用黏土水泥混合浆液,其中的水泥比例是(　　)。

A.水泥掺量为干料的5%~25%　B.水泥掺量为干料的10%~30%

C.水泥掺量为干料的15%~35%　D.水泥掺量为干料的20%~40%

3.灌注渠堤渗透流速较大部位的裂缝时,为了能及时堵塞通道,可掺入(　　)。

A.适量的细石混凝土、木屑

B.适量的砂、玻璃纤维

C.适量的木屑、细石混凝土

D.适量的细石混凝土、玻璃纤维

4.下列不是渠道滑坡变形检测的主要工作的选项是(　　)。

A.滑坡位移观测　B.滑坡推力观测

C.地下水动态观测　D.渠道水位观测

5.下列有关渠道滑坡位移简易观测说法正确的是(　　)。

A.在裂缝的两侧各打一木桩,桩上钉有小钉,两桩上小钉的连线平行滑动方向,此方法只可观测裂缝的变化幅度

B.在裂缝的两侧各打一木桩,桩上钉有小钉,两桩上小钉的连线平行滑动方向,此方法只可观测裂缝的变化速度

C.在裂缝的动体一侧打一木桩,桩上刻一竖直线,在不动体一侧装设一水平木尺,此方法可观测垂直与水平两个方向的位移数值和速度

D.在裂缝的动体一侧打一木桩,桩上刻一竖直线,在不动体一侧装设一水平木尺,此方法只可观测垂直与水平两个方向的位移速度

6.下列有关渠道变形及其原因说法不正确的是(　　)。

A.滑坡是一种渠道变形

B.裂缝是一种渠道变形

C.渠道产生滑坡的原因都是由于排水不畅

D.渠道产生裂缝很多是由于不均匀沉降引起

7.下列有关渠道滑坡整治说法不正确的是(　　)。

A.削坡反压通常是将滑坡体上部削下的土体反压在坡脚,从而达到稳定滑坡的目的

B.采用重力式挡墙处理渠道滑坡时,为了使墙后积水易于排出,应在墙身布置排水孔

C.采用拱式挡墙处理渠道滑坡比重力式挡墙更为经济

D.分级支挡是沿滑动主轴线方向自下而上分级设置支挡的滑坡处理措施

8.下列(　　)属于渠堤渗流观测的主要内容。

A.浸润线观测　B.变形观测　C.滑坡位移观测　D.渗漏方向观测

9.下列(　　)不全是渠道常用防渗处理方法。

A.土料防渗、灰土防渗　B.水泥土防渗、砌石防渗

C.砌砖防渗、混凝土防渗　D.沥青材料防渗、钢板防渗

10.采用芦苇、秸柳、沙土袋、稻草作为反滤层材料时,顺水流方向的铺设顺序是(　　)。

A.芦苇、秸柳、稻草、沙土袋　B.芦苇、稻草、秸柳、沙土袋

C.沙土袋、芦苇、秸柳、稻草　D.沙土袋、秸柳、芦苇、稻草

11.采用块石、细砂、砾石、粗砂作为反滤层材料时,顺水流方向的铺设顺序是(　　)。

A.块石、细砂、砾石、粗砂　B.块石、砾石、粗砂、细砂

C.细砂、粗砂、砾石、块石　D.细砂、砾石、粗砂、块石

12.下列不是渠基隐患的是(　　)。

A.冲刷　B.滑坍　C.裂缝　D.孔洞

13.下列不是渠基隐患的有(　　)。

A.沉陷　B.滑坍　C.裂缝　D.漫溢

14.常见的基础隐患处理方法为翻修和(　　)。

A.开挖　B.回填　C.灌浆　D.重建

15.基础隐患的处理措施一般有翻修和灌浆两种,有时也可采用(　　)的综合措施。

A.下部翻修上部灌浆　B.上部翻修下部重建

C.上部重建下部灌浆　D.上部翻修下部灌浆

16.灌浆处理方式有(　　)法和压力灌浆法。

A.压力灌浆　B 混凝土灌浆　C.重力灌浆　D.黏土灌浆

17.施工前的准备工作包括渠床的(　　)、沥青混合料所用材料的准备。

A.压实和整平　B.开挖和压实　C.开挖和整平　D.压实和回填

18.止水带质量或施工质量等原因,造成施工缝渗水,应(　　),可进行最快速、最经济、最有效的修补,且修补后的防水质量可靠耐久。

A.开挖重新施工　B.设置第二道防水防线

C.灌入混凝土　D.灌入水泥浆

19.坝下涵管断裂破坏常见的原因不包括(　　)。

A.地基不均匀沉陷　B.结构强度不够

C.洞身接头不牢　D.洞内水流流态变化不显著

20.隧洞断裂破坏的原因可能不包括(　　)。

A.衬砌质量差　B.水锤作用

C.洞内压力过大　D.洞周岩石变形或不均匀沉陷

三、简答题

1.隧洞和涵管的日常养护过程中,主要应注意哪些方面的问题?
2.坝下涵管常见的病害有哪些?其产生的主要原因是什么?
3.坝下涵管断裂漏水如何进行加固和修复?
4.隧洞常见的病害有哪些?其主要原因是什么?
5.喷锚支护有哪几种形式?灌浆锚杆的施工程序是什么?
6.如何处理气蚀与磨损?
7.渠道及渠系建筑物日常养护的内容有哪些?
8.渠道防渗有哪些措施?各有什么特点?分别适用于什么情况?
9.渠道冲刷的原因和处理措施有哪些?
10.输水隧洞洞身衬砌断裂的原因有哪些?
11.简述砌石护面类型及适用条件。
12.简述混凝土防渗优缺点。
12.何谓顶管法?与盾构法有何差别?
14.落差建筑物有何作用?包括哪些类型?各适用什么条件?
15.三合土护面防渗的三合土如何配制?
16.土料防渗应包括哪些注意事项?
17.混凝土护面防渗有哪些具体要求?
18.塑料薄膜防渗应注意什么?
19.渠道防渗有何意义?
20.渠道防渗的作用是什么?
21.何谓滑坡?渠道滑坡如何处理?
22.渠道冲刷的原因是什么?
23.渠道检查的内容包括哪些?
24.渠道控制运用的原则包括哪些?
25.何谓水锤现象?隧道水锤现象有何危害?
26.坝下涵管与隧洞相比有哪些优点?
27.坝下埋管设计、施工中必须采取哪些适当的措施?
28.环氧砂浆有何特点?在混凝土修补中有哪些优势?

项目5 堤坝防汛抢险

【项目概述】

本项目主要介绍洪水灾害情况,防御洪水的措施,堤防险情的分类及各类险情的抢护方法,防汛组织与工程检查,防汛抢险新技术、新设备、新材料。

【学习目标】

通过本项目的学习,要求学生了解当前最新的防汛抢险技术、设备和材料;熟悉防御洪水的工程措施和非工程措施,险情探测方法以及抢护新技术的实际应用,掌握堤坝各种险情的表现、形成原因、抢护方法和运用知识处理实际险情的能力。具备河道修防工等基本知识和技能。

任务1 防洪减灾体系

1 洪水及洪水灾害

1.1 洪水

洪水是指由暴雨、急骤融冰化雪、风暴潮等自然因素引起的江河湖海水量迅速增加或水位迅猛上涨的水流现象,会淹没堤岸滩涂,甚至漫堤泛滥成灾。洪水根据其成因可分为以下6种。

1.1.1 暴雨洪水

暴雨指强度较大的降雨。按中央气象台的降水强度标准,24 h降雨量大于50 mm的降雨为暴雨,其中24 h降雨量大于100 mm和200 mm的分别为大暴雨和特大暴雨。

暴雨洪水是由暴雨引起的江河水量迅增、水位急涨的水文现象。特大致洪暴雨引发的暴雨洪水,一般强度大、历时长、面积广。我国伏秋季节发生的大洪水多为暴雨洪水。

暴雨洪水最重要的气候要素是降水。影响我国大部分地区降水的因素主要是季风和台风。因而,我国的暴雨洪水主要为季风暴雨洪水和台风暴雨洪水。

1.1.2 山洪

山洪即指山区溪沟中发生的雨洪。山洪多由暴雨引起,其历时不过几十分钟到几小时,很少持续一天或几天。其特点是历时短、流速快、冲刷力强、破坏力大等。我国有许多山区,山洪现象普遍。山洪几乎每年都要造成人民生命财产的严重损失。

1.1.3 泥石流

泥石流是指山区沟谷中,由暴雨、冰雪融水等水源激发的,含有大量的泥沙、石块的特殊洪流。泥石流的特征是往往突然暴发,浑浊的流体沿着陡峻的山沟前推后拥,奔腾咆哮而下,地面为之震动,破坏力极大,常造成人民生命财产的重大损失。2008年11月2日凌晨,云南省楚雄市发生特大泥石流灾害,造成该市4个村发生严重山体滑坡,截至8日19时,泥石流已造成楚雄市15个乡镇,150个村,1 975个村民小组,16万余人不同程度受灾,并造成21人死亡,39人失踪,17人受伤。

1.1.4 海啸

海啸是由地震、海底火山爆发或大规模海底塌陷和滑坡所激起的巨大海浪。据中国地震局提供的材料,有史以来,世界上已经发生了近5 000次程度不同的破坏性海啸,造成了生命和财产的损失。史料记载的由大地震引起的海啸,80%以上发生在太平洋地区。受海啸灾害最重的是日本、智利、秘鲁、夏威夷群岛和阿留申群岛沿岸。

2004年12月26日,印度尼西亚苏门答腊岛附近海域发生里氏8.9级强地震引发的海啸,影响到东南亚、南亚和东非多个国家,造成20多万人死亡、数百万人流离失所和难以估计的巨大经济损失 。

1.1.5 冰雪洪水

冰雪洪水指冰川或积雪消融引发的洪水。在高寒山区,雪线以上山区终年降雪,形成冰川和永久积雪;雪线以下山区和平原只在冬季积雪,称季节积雪。因而冰雪洪水包括冰川洪水和融雪洪水两类,前者以冰川和永久积雪为主要水源,而后者则以季节积雪融水为主要水源。

1.1.5.1 冰川洪水

冰川洪水又分两类:冰川融水型洪水和冰湖暴发型洪水。冰川融水型洪水是冰川和永久积雪的正常融化而形成的洪水。冰湖暴发型洪水又称冰湖溃决型洪水,它是冰川洪水的特例。

1.1.5.2 融雪洪水

融雪洪水发生的时间比冰川洪水早,一般在4~6月。处在同纬度附近的河流,平原融雪洪水发生时间较山区早。这种洪水若与冰凌洪水叠加,则易形成春汛。特大融雪洪水可导致洪灾。我国的融雪洪水灾害常见于新疆北部的一些小河流及山前平原。

冰雪洪水是季节性洪水。在高寒山区和纬度较高地区,河流洪水单纯由冰川融水补给或单纯由积雪融水补给较为少见。常见的情况为春夏季节强烈降雨和雨催雪化而形成的雨雪混合型洪水。

1.1.6 溃口洪水

溃口洪水是指拦河坝或堤防在挡水状态下突然崩溃而形成的特大洪流。溃口洪水的形成通常历时短暂,难以预测,峰高量大,洪流汹涌,破坏力极大。溃口洪水包括溃坝洪水和溃堤洪水两类。

1.1.6.1 溃坝洪水

造成水库溃坝的原因,主要有大坝防洪标准偏低、工程质量差、管理运行不当,以及突发事件(如地震、战争)等。溃坝洪水一旦发生,其后果往往是毁灭性的。如河南“75·8”大水,板桥、石漫滩水库溃坝失事,夺走了数以万计的人民生命并造成了巨大的经济损失。

1.1.6.2 溃堤洪水

导致河道堤防溃口的险情有漫溢、管涌、漏洞等10余种。究其原因,大致为洪水超出堤防设计标准、堤基透水、堤身隐患或施工质量问题等。如黄河下游堤防历史上曾多次因伏秋大汛和凌汛而溃口致灾。

1.2 我国洪涝灾害的成因

洪水灾害是世界上最严重的自然灾害。有统计资料显示:洪水灾害发生次数占全部自然灾害发生次数的32%,造成的经济损失和人员死亡数分别占全部自然灾害造成经济损失和人员死亡数的31%和55%。我国自然灾害造成的经济损失占GDP的比例远远大于美国和日本,我国洪水灾害发生之频繁,造成的灾害损失之严重是有目共睹的。因此,探索适合我国国情的防洪减灾对策和措施十分必要。我国洪涝灾害频发的主要原因有以下几个方面。

1.2.1 自然地理因素

我国地处亚洲东部,太平洋西岸,纬度横跨北纬22°~53°。地域辽阔,自然环境差异大,具有产生严重自然灾害的自然地理条件。西高东低的三阶梯地势使我国大多数河流向东或东南注入海洋。独特的地理位置和地形条件使全国约有60%的国土存在着不同类型和不同程度的洪水灾害。东部地区的洪水灾害主要由暴雨、台风和风暴潮形成,西部地区主要由融水和局部的暴雨形成。我国洪水灾害分布广、面积大、频次高、灾情重,是江河治理和防洪的主要地区。

1.2.2 气候水文因素

我国西临太平洋,季风气候显著。受东南、西南季风的影响,降雨在时空分布上极不均匀,具有雨热同期的特点,易旱易涝。汛期的迟早和持续时间与季风进退有关,始于东南、西南地区而后向北推进。汛期4个月集中了全年雨量的60%~80%。

1.2.3 社会经济因素和人为因素

洪水灾害日益严重与人类活动有着密切关系,人为因素从两方面影响气候乃至区域的水旱灾害,一是二氧化碳等温室气体增加使全球变暖,从而改变大气环流、气候和水旱灾害;另一方面通过改变下垫面的属性,如对草原、森林的破坏等,来影响区域气候和洪水发生因素,进而产生水旱灾害,后者具体表现为:

(1)毁林开荒,破坏大量森林植被,导致水土流失,降低了对水旱灾害的缓冲作用,使洪涝灾害日趋严重。例如黄河流域,在西周时期森林覆盖率为53%,随着人口增长,毁林造田,至1949年森林覆盖率降为3%,导致水土严重流失。一方面暴雨之后雨水不能蓄于山上,而是形成地表径流迅速汇集,使洪峰流量大;另外大面积的水土流失,使黄河河床每年不断抬高,加大洪灾的威胁。生态环境的破坏是中国水旱灾害的主要原因之一。

(2)盲目与水争地,使河道变窄,湖泊淤积,导致蓄洪、滞洪面积缩小,泄洪能力和湖泊调节洪水能力降低,也是造成洪涝灾害的重要原因。例如洞庭湖,由于围湖和泥沙淤积,其容量由1949年的293亿 m^3 降为1983年的174亿 m^3(其中淤沙40亿 m^3),使洞庭湖调节荆江的能力大为降低,洪水季节荆江洪水水位明显抬高,长江下游河道及太湖地区由于盲目围垦,已减少蓄洪面积520 km^2,致使1991年大水到来之时不得不炸堤泄洪。

(3)人口的影响。我国人口和工农业生产过分集中于江河中下游两岸地带。各大江河中下游及沿海地区耕地面积占全国耕地面积的35%,人口占全国人口的40%,工农业产值占全国的60%。这些人口密集、经济发达地区的地面高程全处于洪水位以下,靠20

余万 km 的堤防保护,恰恰也是洪涝灾害威胁最大的地区。

(4)城市化的影响。城市越来越大、越来越多。城市不透水地面占总面积的70%~90%,暴雨之后的严重内涝灾害在许多大中城市屡见不鲜。城市既有人力物力充足和科技力量较强的优势,也有一旦出险灾害发展快、损失大的特点。

2 防洪减灾体系

通常所谓防洪,是指人类在与洪水灾害作斗争的过程中,为防止或减轻洪灾损失,确保人民生命财产安全,取得生态环境良性建设和经济社会可持续发展所采取的一切手段和措施。因防洪的主要目的在于减灾,故常称为防洪减灾。

江河防洪减灾系统(体系),是指针对某特定河流或区域,为控制或基本控制常遇洪水,并对超标准的稀遇洪水有应急对策所采取的工程措施与非工程措施的综合防治体系。通过这两类措施的合理配置,协调互补,以及完善的防洪体制的科学运作,从而形成当代比较完整的防洪减灾体系。防洪工程措施和防洪非工程措施相结合被认为是可持续发展的防洪减灾体系,符合科学发展观的规律。

2.1 防洪减灾措施

2.1.1 防洪工程措施

防洪工程措施是通过采取工程手段控制调节洪水,改变洪水天然运动特性以避免保护区受淹以达到防洪减灾的目的。主要包括水库工程、堤防工程、河道整治工程、蓄滞洪工程等四大方面。通过这四个方面措施的合理配置与优化组合,从而形成完整的江河防洪工程体系。

2.1.1.1 水库工程

在河道中上游修建水库,特别是干流上的控制性骨干水库,可有效地拦蓄洪水,削减洪峰,减轻下游河道的洪水压力,确保重要防护区的防洪安全。水库有专门用于防洪的水库和综合利用水库两类。在综合利用水库中,防洪任务往往位居一二。水库的防洪作用,主要是蓄洪和滞洪。由于支流水库对干流中下游防洪保护区的作用,往往因距防护区较远和区间洪水的加入而不甚明显,因此在流域性防洪规划中,统一部署干支流水库群,相互配合,联合调度,常常可获得较大的防洪效益。

水库的主要优点是,修建技术难度不大,调度运用灵活,便于泄洪错峰,无愧为下游河道的安全“保险阀”。主要问题是投资较大,需要迁移人口、淹没土地,以及对生态环境的影响等。

此外,水库还存在其他负面影响。如水库削峰坦化洪水过程拉长了下游持续高水位的历时,从而增加了堤防防守的时间;蓄洪必拦沙,库尾常因泥沙淤积而影响通航,或因淤积翘尾巴而抬高上游洪水位,从而对防洪不利;下游则因水库蓄水拦沙和下泄水沙条件的改变,而引起河床冲刷带来的河势变化问题。在多沙河流上修建水库,尤应重视泥沙淤积对上下游带来的一系列问题,既要防止库区因泥沙淤积产生的不利影响,又要注意在集中排沙期内,小水带大沙而可能引起下游河道的逐年淤积萎缩。黄河下游自20世纪80年代以后,平滩流量逐渐减小,河床日趋萎缩,与上游水库滞蓄洪水不无一定关系。因此,在水库规划及管理运行中,应高度重视这些问题,力争做到既调水又调沙,科学调度运用水库。

我国已建成9万余座大、中、小型水库,总库容达8 255亿m^3,在历年防洪中发挥了重要作用。但近1/4大、中型水库和近2/5的小型水库病险较多,需要加强运行管理和除险加固。

2.1.1.2 堤防工程

修筑堤防技术上相对简单,可就地取材,建设费用相对较低,因而筑堤防洪是古今中外广泛采用的一种工程防洪措施。在河道两岸修建堤防后,行洪断面扩大,有利于洪水集中宣泄。

堤防是江河防洪工程体系中的主力军,其防洪效益不可低估。但堤防不论大水小水,年年都要工作,因此堤防工程的负担重、防洪压力大。我国现有各类堤防28万余km,其中主要堤防约8.2万km,保护着近4.8亿亩耕地和近5亿人口,是我国防洪安全的主要屏障。

对长江、淮河、海河等主要江河进行了河道治理,每年仅长江的护岸治理就达200 km。对淮河和海河还扩大了入江、入海通道。

但总体上我国江河堤防的防洪工程标准普遍偏低。目前,长江流域只有荆江河段可以防御百年一遇的洪水。

需要注意的是,修筑堤防也可能带来一些负面影响。如河宽束窄后,水流归槽,河道槽蓄能力下降,河段同频率的洪水位抬高;筑堤后还可能引起河床逐年淤积而水位抬高,致使堤防需要经常加高,而堤防的持续加高又意味着风险的增大。例如当前荆江大堤临背河高差达到16 m;黄河曹岗河段大堤临背河高差也达12~13 m。这些情况,在堤防工程规划设计和除险加固时必须认真对待。

2.1.1.3 河道整治工程

从防洪方面来讲,河道整治的目的是确保设计洪水流量能安全畅泄。通常所采取的工程措施除修筑堤防外,主要是整治河槽和清除河障。

整治河槽包括拓宽河槽,裁弯取直,爆破、疏浚和河势控制等。拓宽河槽主要是消除卡口,降低束窄段的壅水高度,提高局部河段的泄量和平衡上下游河段的泄洪能力。裁弯取直可缩短河道流程,增大河流比降与流速,提高河道的泄洪流量。爆破或利用挖泥船、索铲等机械,清除水下浅滩、暗礁等河床障碍,降低河床高程,改善流态,扩大断面,增加泄流能力。河势控制工程包括修建丁坝、顺坝、矶头和平顺护岸等工程,以调整水流,归顺河道,防止岸滩坍蚀和有利于行洪泄洪。

清除河障即清除河道中影响行洪的障碍物。河道的滩地或洲滩,一般因季节性上水或只在特大洪水年才行洪,随着人口的增长和社会经济的发展,不少河道的滩地被任意垦殖和人为设障。例如,在河滩上修建各种套堤;种植成片阻水林木等高杆植物;建码头、房舍;筑高路基、高渠堤;堆积垃圾等。所有这些,缩减了过流断面,增大了水流阻力,防碍了行洪泄洪,必须依法清除。

顺便指出,在流域性防洪系统中,水土保持措施的作用不可忽视。它是水土流失的逆向行为,能有效地控制进入江河的径流和泥沙。因此,此项工作不仅关系到当地的农业生产、生态环境与经济发展,而且直接影响着水库、蓄滞洪区和河道堤防等防洪工程的防洪效益及其可持续利用。只有从源头上拒水沙于河道大门之外,才能确保河床不持续淤积抬升和河道的防洪安澜。

2.1.1.4 蓄滞洪工程

蓄滞洪区是指在河道周边开辟临时储存洪水或扩大行洪泄洪的区域。相应的工程措施称为蓄滞洪工程。它是各类分蓄、行、滞洪工程的总称,是处理江河超标准洪水的有效手段,是现阶段江河防洪工程体系的重要组成部分。

我国规划的蓄滞洪区,绝大部分在历史上是经常泛滥和自然调蓄洪水的湖泊、洼地。自然状态下,洪水自然进出,对江河洪水起到自然调节作用。大部分蓄滞洪区,平时不过水,运用机会不多,可以平战结合,既有利防洪,也照顾生产,防洪效益大,区内损失小。如长江的分蓄洪区,大多数是原来的"蓄洪垦殖工程",一般小水,挡在区外,区内发展生产;大水开放运用,相当于空库迎洪,其削减洪水的作用远较天然湖泊大。

在一些重要防护区上游,布置蓄滞洪工程设施,运用时主动灵活,易于控制,对于防止大堤决口、减轻毁灭性灾害,具有重要意义。全国主要江河现有蓄滞洪区100多处,总面积约3万 km^2,总滞蓄量约1 200亿 m^3,其中居民1 500余万,耕地200万 hm^2 左右。

上述各种工程防洪措施各有特点与优势,但也各自存在一定的局限性。堤防工程相对简易,造价不高,但堤线长,需年年防守,防汛任务重,管理、岁修工作量大。随着河床的淤积抬高和防洪标准的提高,堤防需经常培厚加高,防洪风险和防汛压力越来越大。因而堤防工程只宜对付较低标准的常遇洪水,对于超标准洪水,必须有赖于水库或分蓄洪工程蓄纳。

水库防洪操作灵活,调控方便,效益可观。上游有库,下游无忧。但水库位置及规模受地形地质、淹没迁移和工程造价所限制。对于综合利用水库,其防洪库容有限,仍有大量洪水需排往下游依靠河道和堤防宣泄;此外,水库坝址至防护区的区间洪水,水库自身无力防御。水库和堤防的关系,好比"胃"和"肠"的关系,堤防束缚和宣泄洪水,是抗御洪水的主要屏障,水库拦洪削峰,堤防与水库互相补充。

蓄滞洪区是有效解决超标准洪水的减灾措施,一旦启用,可快速降低河道洪水位,减轻堤防的防洪压力。但蓄滞洪区问题很多,它既要为江河防洪服务,又要适应区内居民生存与发展的需要,因此不宜频繁使用。遇到超量洪水,首先要动用水库蓄纳和加强堤防的防守并依靠河道下泄,蓄滞洪区只能在万不得已时才偶尔用之。

河道整治有利于洪水宣泄,但整治建筑物如丁坝、矶头,可能激起局部水流紊乱,不利岸坡稳定。修建控导工程和人工裁弯,可能引起上下游河势的连锁变化,从而造成原有护岸工程失控和新的险工的产生。因此,期望通过河道整治途径解决上游来量与安全泄量不协调的矛盾是有限度的,必要时还需依靠分洪、蓄洪来解决。

综上看来,各类防洪工程措施各有利弊,应当取长补短,既有侧重又有协作,优化组合,形成完整的防洪体系。否则,不注意发挥各项工程的群体作用,单枪匹马,各自为战,难有大的作为。

现阶段我国主要江河的洪水治理方针,一般是"拦、蓄、分、泄,综合治理"。如黄河的"上拦下排、两岸分滞",松花江的"蓄泄兼施,堤库结合",长江的"蓄泄兼筹,以泄为主"及"江湖两利,左右岸兼顾,上、中、下游协调"等原则。通过在上游地区干支流修建水库拦蓄洪水,并配合采取水土保持措施控制水沙入河,在中下游修筑堤防和进行河道整治,充分发挥河道的宣泄能力,并利用河道两岸的分蓄洪区,分滞超额洪量,以减轻洪水压力与危害。具体规划时,不同河流、不同地区则应根据其自然地理条件、水文泥沙特性、洪水洪灾特征、社会经济发展需要和防洪任务要求而有所侧重。

2.1.2 防洪非工程措施

防洪非工程措施即指通过行政、法律、经济等非工程手段而达到防洪减灾的目的。它是一项新的防洪思路与措施。

防洪非工程措施的研究与发展在国外以美国为代表,其他国家多借鉴美国经验,结合本国国情而因地制宜。在我国,虽然非工程防洪的某些思想自古就有,但正式引进这一概念并将其作为江河防洪建设措施不过二三十年。因此,我国的非工程防洪事业,显得年轻而欠成熟,表现为理论研究不够,实践应用经验不足,社会共识尚未普遍形成。但其所显示的防洪减灾效益却日益体现出来。

防洪非工程措施包括以下方面:防洪区的科学规划与管理,公民防洪防灾教育,防洪法律法规建设,洪水预报、警报和防汛通信,推行洪水保险,征收防洪基金,防汛抢险,善后救灾与灾后重建等。

2.1.3 防洪工程措施与防洪非工程措施的关系

防洪工程措施与防洪非工程措施的目标都是防洪减灾。两者的区别在于:防洪工程措施起直接减灾作用,它着眼于洪水本身,能直接调控洪水,改变洪水的自然特性(如延时削峰、调整洪量等),因而主要属于工程技术方面的问题;而防洪非工程措施,则不直接控制洪水,它主要着眼于洪泛区的合理使用和安全,以及在洪灾发生时尽量减轻其损失,因而具有间接防洪减灾性质,主要属于规划管理方面的问题。

防洪工程措施与防洪非工程措施相比较说来,前者是古老的、传统的、习用的和投资较大、见效较慢的防洪措施;而防洪非工程措施,则是年轻的、新兴的,具有尝试性,费省效宏的防洪措施。防洪工程措施技术性较强,其管理、维修与调度运行,主要靠专业部门和技术人员去做;防洪非工程措施的政策性较强,不仅需要政府部门领导和业务部门主管,还需要全社会各方面和广大民众的支持与配合。

综上看来,防洪工程措施和防洪非工程措施是江河防洪减灾体系的两个部分,两者功能各不相同,相互不能替代。在未来的防洪减灾工作中,在重视防洪工程建设的同时,要大力增加防洪非工程建设的投入与实施力度,逐步将过去的防洪工程措施为主、防洪非工程措施为辅的防洪建设思想,转变到防洪工程建设与防洪非工程建设同举并重、科学配置和联合运作方向上来。只有把它们有机地结合起来,取长补短,相得益彰,才能形成完整的江河防洪减灾体系。

2.2 建立现代防洪减灾体系

随着当前我国防洪减灾工作的发展,需要建立现代防洪减灾体系来达到减少洪灾损失,降低洪水风险的目的。现代防洪减灾体系即建立防洪工程措施、非工程措施、生态环境措施、社会保障措施相协调的防洪体系。现代防洪减灾体系建设应针对各流域特点,不断探索和实践以人为本、人水和谐的防洪减灾新理念。坚持以人为本,把保障人民的生命财产安全放在首位,要加强防洪建设与管理,提高抗御洪水灾害的能力,为经济社会全面、协调、可持续发展提供防洪安全保障。尊重自然规律和社会经济规律，要正确处理改造自然与适应自然的关系，有效调控洪水，合理利用水土资源，妥善协调防洪与避洪的关系。不断完善防洪规划，规范人类活动行为，避免人为加大洪水风险。具体地说，必须做好以下几方面的工作：

(1)做好全流域的防洪规划，加强防洪工程建设。流域的防洪应从整体出发，做好全流域的防洪规划，正确处理流域干流、支流，上下游，中心城市以及防洪的局部利益与整体利益的关系；正确处理需要与可能、近期与远景、防洪与兴利等各方面的关系。在整体规划的基础上，加强防洪工程建设，根据实际情况分期实施，逐步提高防洪标准。

(2)做好防洪预报调度，应用现代信息技术，加强全国各地、各级防洪调度指挥系统的建设。

(3)重视洪涝灾害治理的水土保持等生态措施，加强生态环境治理。随着社会经济的发展，世界各国在防洪方略上已有了很大进步，都在试图通过调整人类和自然的关系，以控制洪水造成的灾害。

(4)重视洪灾保险及社会保障体系的建设。

(5)加强防洪法规建设。

(6)加强宣传教育，提高全民的环境意识及防洪减灾意识。

为保障经济社会可持续发展，需要以洪水风险管理与人水和谐理念为指导，以防洪减灾、水资源综合利用、生态环境保护综合协调为目标，适时改变与调整防洪减灾体系建设思路，进一步完善各流域防洪工程体系布局，以适应社会发展新阶段提出的更高要求。

任务 2 堤防检查与修理

堤防在我国有着悠久的历史，新中国成立后共建成堤防 20 多万 km，对防御洪水灾害、保障人民生命财产的安全发挥了巨大作用。

堤防和土坝都是由散粒体土料经过碾压堆筑而成的。但堤防与土坝又有许多不同点，堤防分布范围广，同时具有以下特点：

(1)地质条件不如土坝好。

(2)堤身较长，施工质量差。

(3)水流条件不同。堤防主要是防御流动的洪水，由于江河水位的涨落，一般不易控制，常会引起迎水坡和滩地的冲刷甚至崩塌。

(4)历经一次洪峰，堤防和土坝的入渗条件及浸润线不同。历经一次洪峰，由于水位滞留时间短，入渗距离在堤防中不如在土坝中长，但渗透坡降大。如果堤身过于单薄、施工质量又差，这种渗流会给堤防带来严重后果。

(5)大部分堤防绵延于旷野，易遭虫兽等损害。

总之，堤防施工接头多、地质条件差，延伸距离长，薄弱环节多，其防汛抢险任务比水库更重。

1　堤防的检查

堤防工程检查范围应包括堤防工程管理范围和堤防工程保护范围。堤防工程管理范围一般包括堤防及临背水护堤地、堤岸防护工程及其管理用地、交叉连接建筑物、管理设施的建筑场地,以及管理单位生产、生活区用地等。堤防工程保护范围又称堤防工程安全保护区,是根据堤防的重要程度、堤基土质条件等,在堤防工程管理范围的相连地域依法划定的堤防工程安全保护区域。在堤防工程保护范围内,禁止从事影响堤防工程运行和危害堤防工程安全的爆破、打井、采石、取土等活动。

1.1　检查分类和次数

堤防的检查应包括外观检查和内部探测检查,按类别可分为经常检查、定期检查、特别检查和不定期检查。

1.1.1　经常检查

经常检查主要指外观检查,护堤员应对所管堤段每 1~3 天检查一次;堤防工程的基层组织(班、组、站、段)应每 10 天左右检查一次;堤防工程的管理单位应每 1~2 个月组织检查一次。具体频次根据堤防的重要性、所处位置及其运行状态等因素确定,汛期应根据汛情增加检查次数。

1.1.2　定期检查

定期检查分为汛前检查、汛后检查、凌汛期检查和大潮、热带风暴、台风期前后检查等。汛前、汛后和大潮、热带风暴、台风期前后应进行一次堤防工程检查,遇特殊情况应增加检查次数。当汛期洪水漫滩、偎堤或达到警戒水位时,应对工程进行巡视检查。凌汛期间,当河面出现淌凌或岸冰时,应对流冰密度及岸冰长度、宽度等每天观测 1~2 次,当出现封河时,对封河段每天观测不少于 1 次。

1.1.3　特别检查

当发生大洪水、大暴雨、台风、地震等工程非常运用情况和发生重大事故时,应及时进行特别检查。必要时应报请上级主管部门和有关单位共同检查。

1.1.4　不定期检查

堤防工程管理单位还应不定期对险工、险段及重要堤段进行堤身、堤基探测检查或护脚探测。

1.2　检查方法

堤防工程检查,一般以外形察看为主要方法,通过看、听、摸了解工程及设施的完好情况,必要时使用相应的仪器、工具。

内部探测技术和设备种类较多,有的比较成熟,有的尚在试验阶段。锥探法和地球物理方法是堤防内部探测的常用方法。锥探法是以人工或机械的方式,沿布设断面或测点,通过探杆探测根石深度的方法;地球物理方法包括直流电阻率法、自然电场法、瞬变电磁法、探地雷达法、拟流场法、弹性波法、温度场法、同位素示踪法等。用于堤防工程内部探测的应是适合本地区实际情况且比较成熟的技术和设备,并符合《堤防隐患探测规程》(SL 436—2008)的相关规定。

堤防是挡水的土工建筑物,它的安全条件和土坝一样,一般的检查内容、养护内容和修理方法也与土坝大致相同。

2 堤防的养护

堤防的养护,除参照土坝的养护外,还应注意以下各点。

2.1 预留护堤地

堤防两侧多是沿河群众从事生产建设活动的地方,有些活动如取土、挖沟等常使堤防遭受破坏。为此,应根据当地政府的规定在堤防两侧划出一定宽度的保护地,作为保护堤防的范围。

2.2 植草护坡

在堤坡植草、保护地植树既是保护堤防、防风、防雨、防浪的重要措施之一,又是综合经营的主要项目,应禁止破坏。

2.3 禁作他用

禁止在堤防及规定的范围内取土、挖窖、放牧、耕耘、堆放杂物等危害堤防完整和安全的活动。例如在临水坡外挖沟、建窑,将破坏地表的铺盖层,在汛期高水位时,易发生流土、管涌、渗水等险情。

2.4 交通限制

堤顶行车应予控制,履带拖拉机、铁木轮车等损坏堤顶平整的交通工具一律禁止通行;下雨及堤顶泥泞期间,除防汛抢险和紧急军事专用车辆外,其他车辆一律不准在堤上通行。堤顶一般不作公路使用,如需要则应经上级批准后方可使用。

2.5 消除隐患

当堤身有蚁穴、兽洞、坟墓及窑洞等隐患时,应及时开挖回填或用灌浆等方法处理。

2.6 确保行洪能力

必须严格遵守河道管理的各项规定,以维持河道行洪能力,防止对堤防造成威胁。一般要求如下:

(1)严禁在河道内任意拦河打坝、筑坝挑流、修筑道路、鱼塘等。如确实需要,应事先报请上级领导部门批准。

(2)禁止向河内倾倒垃圾、废渣等物,防止堵塞河道和引起河道污染。河道内的杂草、芦苇及妨碍行洪树木,以及损伤闸坝工程的漂浮物等,均应彻底清除。

(3)在河道上修筑桥梁或码头时,必须保证不影响泄洪能力,并报请上级主管部门同意后方可兴建。

(4)禁止在河道内或行洪区、蓄洪区内任意围筑圩垸。

3 堤防的病害及处理

3.1 堤防隐患的类型

堤防中的隐患通常有下述几种:

(1)动物洞穴。害堤动物有狐、獾、鼠等,其洞穴直径一般为 10~50 cm,洞身纵横分布,有的互相连通或横穿堤身,形成漏水通道,危害堤防。

(2)白蚁穴。白蚁巢穴不但有直径 0.8~1.5 m 的主巢,而且周围有许多副巢。副巢有四通八达的蚁路,有的甚至横穿堤身。水涨时水沿蚁路浸入堤身,即形成漏洞,引起塌坑,常常由此导致堤防决口。

(3)人为洞穴。主要有排水沟、防空洞、藏物窖、宅基、废窑、废井、坟墓等,这些洞穴往往埋藏在大堤深处,汛期一旦临水,很易发生漏洞、跌窝而引起堤身破坏。

(4)暗沟。修堤局部夯压不实,或留有分界缝,或用泥块填筑,造成堤身内部隐患,雨水或河水渗入后,逐渐形成暗沟,洪水时期极易产生塌坑和滑坡。

(5)裂缝。修堤时由于土料选择不当,夯压不均匀,或培堤时对原堤坡未铲草刨毛,以至新旧土结合不紧或有架空现象,或由于干缩、湿陷而引起不均匀沉陷,一到汛期,也易产生渗漏及滑坡等险情。

(6)腐木空穴。堤内埋有腐烂树干、树根,年久形成洞穴,盘根错节的蔓延更广,危害也大。

(7)接触渗漏。堤上涵闸周围回填质量不好,造成接触面产生裂缝漏水。

(8)堤基渗漏。由于口门堵复时埋藏的秸料、石料,或堤身与地基结合不好,或地基土层为管涌性土等因素,易产生堤基严重渗漏,引起管涌、流土,甚至滑坡等险情。

(9)堤内渊塘。在基础为透水地基时,渊塘长期积水,易形成渗透破坏。

3.2 堤防隐患处理的措施

堤身内部隐患处理措施一般有充填灌浆、劈裂灌浆和开挖回填等方法。有时也可采取上部开挖回填下部灌浆的综合措施。堤身外部处理方面可采用临河修黏土斜墙截渗、背河修砂石反滤导渗和加大堤身断面的方法进行。加大堤身断面能够显著地提高防洪能力,有效地防止各种隐患所造成的危害。加大堤身断面可采用吹填和修筑前后戗工程。

3.2.1 灌浆

对于堤身蚁穴、兽洞、裂缝、暗沟等隐患,如开挖回填比较困难,均可采用灌浆方法进行处理。

3.2.2 开挖回填

将隐患处挖开,重新进行回填,这是比较彻底处理隐患的方法。但对埋藏较深的隐患,由于开挖回填工作量大,且限于在枯水季节进行,这时宜采用灌浆方法处理隐患。

开挖回填的要求,除参考土坝裂缝的开挖回填处理中的有关内容外,应特别注意下列各点:

(1)根据查明的隐患情况,决定开挖范围。开挖中如发现新情况,必须跟踪开挖,直至全部挖净,但不得掏挖。

(2)在汛期一般不得开挖,如遇特殊情况必须开挖,应有安全措施并报请上级主管部门批准。

(3)开挖时应根据土质类别,预留边坡和台阶,以免崩塌。回填时应保证达到规定的容重。新旧土结合处,应刨毛压实,必要时应做结合槽,以保证紧密结合,防止渗水。回填后的高度,应略高于原堤面,以备沉陷。

3.2.3 吹填固堤(机淤固堤)

吹填固堤也称机淤固堤,是利用机械的力量,将河流中或河床质的水沙通过管道送到堤防背水侧的淤区,以达到加大堤身断面、加固堤防的目的。

机淤取土有下面几种方式。

3.2.3.1 简易吸泥船

简易吸泥船结构简单、操作方便、造价低、见效快、适应性强，大部分堤防存在的问题，如渗透问题、稳定问题、断面尺寸不足问题，均可采用这种方法进行加固。简易吸泥船不能自航，其船体分为钢、木、水泥三种，以钢壳船最多。船长 15 m，宽 5 m，吃水深 0.6 m。简易吸泥船的主要设备由抽排泥浆系统、造浆系统、附属设备三个部分组成。

简易吸泥船的主要工作原理是：用高压水枪搅动河床泥沙，形成高浓度泥浆，用泥浆泵抽吸泥浆，通过管道将泥浆送到淤区；泥沙沉淀，清水排走，经过土体排水固结，形成淤背体。近年来，大力发展吸泥船远距离输沙试验，输沙距离已从原来的 100 多 m，发展到 3 000 m 以上。截至 1992 年底，黄河下游已完成吹填固堤土方 3.16 亿 m^3，加固黄河大堤长度 721 km，其中达到近期标准的堤段有 376 km。

3.2.3.2 小泥浆泵

在河南境内的宽河段，为了解决河宽、滩大、输沙距离过远的问题，采用了小泥浆泵临河挖滩抽吸沙进行吹填固堤，取得了较好效果。

3.2.3.3 挖泥船

国内常用的挖泥船一般有以下几种：

(1)绞刀式挖泥船。它是利用绞刀绞松河底土质，用泥浆泵通过管道把泥浆送到淤区，也是目前吹填固堤较常用设备。国产绞吸式挖泥船的生产效率为 50~80 m^3/h。

(2)链斗式挖泥船。它是利用一连串的泥斗取河床泥沙，通过卸泥槽装入驳船运走。

(3)抓扬式挖泥船。它是利用抓斗抓取河床泥沙，吊起卸入泥驳。

(4)铲斗式挖泥船。它是利用铲斗抓泥，吊起卸入泥驳。

砂场一般选择在靠水的嫩滩上。嫩滩砂料丰富，土质疏松，易于抽吸开挖。无嫩滩时，应尽量选择在水浅溜缓的部位。

固定船位，一般要靠岸近一些，以缩短管道长度和浮筒数量，并便于与岸上联系和固定船位。但也应与岸坡保持适当的距离，以防河床挖深后，造成岸坡坍塌。

淤区就是放淤的区域，淤区工程包括围堤和泄水建筑物等部分。泥浆在围堤以内沉淀落淤，沉淀后的清水，由泄水建筑物排走。落淤沉淀的土方，经排水固结就成了堤防断面的一部分，加大了堤防断面，起到了固堤的作用。

3.2.3.4 前后戗工程

前后戗工程也是中外工程界经常用于加固堤防的工程措施，它和吹填固堤都属于盖重加固类型。其主要区别是吹填固堤的淤筑体断面大，体积大，土料含水量很大，经固结排水后不进行土料压实，所以它的密实度较小。而前后戗工程是人工或机械填筑的，土料进行压实，戗体体积小于筑体体积。

在堤身单薄背水坡渗流出逸点位置较高时，可用修筑前戗或后戗的方法来加固堤防。

后戗顶部高程一般在渗流出逸点 0.5 m 以上，戗顶宽度不小于 3~6 m，边坡 1∶3~1∶5。后戗填筑施工与筑堤的要求基本相同，其区别是土料尽量采用透水性较强的砂性土。如果当地粗砂料源丰富，最好在后戗的底部铺一层 0.5 m 厚的粗砂层，则排水效果更好，可降低堤身和戗体的浸润线位置。

前戗顶应高出设计洪水位0.5~1.5 m,其边坡与大堤临水坡相同,戗顶宽以使浸润线出逸点降至背水坡脚以下,一般为5~10 m。前戗土料应选用透水性小的黏土,以便截渗。其他施工要求与筑堤相同。对前后戗填土压实时的干密度要求,应与本堤段大堤的填土要求相同。

4 堤坝蚁穴防治

4.1 土栖白蚁对堤坝的危害

白蚁是一种危害性很大的昆虫,它的种类繁多,分布很广。白蚁按栖居习性不同,大致可分为木栖白蚁、土栖白蚁和土木两栖白蚁三种类型。危害堤坝安全的是土栖白蚁。

土栖白蚁在堤坝土壤里营巢筑路,到处寻水觅食。随着巢龄的增长和群体的发展,主巢搬迁由浅入深,巢体由小到大,主巢附近的副巢增多,蚁道蔓延伸长纵横交错,四通八达。据考察估计,一个黑翅土白蚁的成年群体,其个体总数可达100万~200万个;主巢离地表的深度可达2~3 m(见图5-1),甚至更深;大的主巢直径在1 m以上;副巢多达100余个,其直径也有20~40 cm;蚁道粗一般为15~50 cm,较大的可达60~70 cm;有的蚁道贯穿堤坝内外坡,成为涨水时的漏水通道。一旦洪水来临,上游水位抬高,将导致堤坝漏水、散浸、跌窝和管涌等险情的产生,甚至发生决堤垮坝的严重事故。所谓"千里金堤,溃于蚁穴"就是这个道理。

图5-1 长江大堤上白蚁蚁穴

根据对土栖白蚁巢群发展的观察和研究,一对有翅繁殖蚁分飞后,脱翅、配对、钻入浅层土壤,从筑一个简单的空腔开始,发展到拥有几十万至上百万个体的大型巢群,大约需要10~15年的时间。我国堤坝大多建于20世纪50年代末和60年代初,至今已有50年左右的历史,因此这些堤坝的蚁害已相当普遍和严重。鉴于白蚁对堤坝危害的广泛性和隐蔽性,全国各地的水管部门及科技工作者对堤坝白蚁的危害十分重视,在防治堤坝白蚁上,摸索出很多有效的方法,积累了不少经验,为保障堤坝的安全做出了很大的成绩。我们要认真学习这些方法和经验,在实践中不断地总结和提高,为更好地防治堤坝白蚁做出新的贡献。

4.2　白蚁生活习性和分布

白蚁是一种体形很小的昆虫，工蚁和兵蚁的体长，只有几毫米到十几毫米，有翅成虫的长度为 10~30 mm，蚁后由于生殖腺发达，腹部特别膨大，整个体长可达 60~70 mm(见图 5-2)。白蚁除头部稍硬化外，其余部分均呈半透明软膜状，其体色有乳白色、淡黄色、赤色和黑色，幼蚁为纯白色。白蚁与其他昆虫一样，身体由头、胸、腹三部分组成。

图 5-2　安庆长江同马大堤白蚂蚁后

4.2.1　白蚁的生活习性

白蚁的生活习性有以下特点：

(1)群栖性。白蚁是一种群体巢居性昆虫，群体内各品级分工明确，各司其职，脱离群体或巢体的个别白蚁则无法生存。

(2)隐蔽性。白蚁长期过着隐蔽的生活，工蚁、兵蚁眼睛退化，有畏光性。白蚁外出觅食都要用泥土、排泄物和白蚁的分泌物筑成片状的泥被和条状的泥线作为掩体，在掩体内行走觅食。掩体还可以防止天敌入侵和白蚁柔嫩体表水分的蒸发。所以，白蚁的危害不易为人们所发现。但有翅成虫在分飞时不畏光，而且有强烈的趋光性，利用这一习性，可以采用灯光来诱杀白蚁的有翅成虫。

(3)整洁性。白蚁的蚁巢、蚁路和身体都经常保持清洁，同一群体内的个体相遇时，互相用口器或触角频频接触，也经常互相舔吮身上的灰尘异物。蚁后产卵后，工蚁将卵粒搬到巢内适宜地方集中，并时常搬动和舔吮，以促进卵粒的发育。白蚁还有掩埋和取食同类尸体的现象。白蚁的这一习性，为我们消灭白蚁带来有利条件，只要将灭蚁药粉喷洒在部分白蚁身上，就会互相传染，使许多白蚁中毒，甚至整巢死亡。

(4)敏感性。白蚁的视觉器官虽已退化，但嗅觉器官极为发达，白蚁能通过触角等嗅觉器官察觉出外激素的某些信息。白蚁在行走过程中会释放出跟踪外激素，引导同种白蚁跟踪而行，不迷失方向。有的蚁种的兵蚁能分泌报警外激素，以通知巢内白蚁前来战斗或安全转移。不同种或不同巢的白蚁气味不同，通过触角可以察觉，以致相遇时互相打斗，我们借此可以区分是否是同巢白蚁。

(5)季节性。白蚁是一种喜温怕寒的昆虫，其活动对温度有一定要求，在 10 ℃以下基本蛰伏不动;10~17 ℃能活动和取食,但较缓慢;17 ℃以上则来回爬行,到处觅食;20~30 ℃活动最为猖獗,0 ℃以下和 39 ℃以上持续时间较长就会死亡。因此,3~6 月和 9~11 月是白蚁活动频繁的季节,我们可趁此季节寻找白蚁巢穴。

(6)分飞性。分飞又称分群,是白蚁进行扩散移殖、延续后代的主要形式。长翅繁殖蚁在巢内成熟后,于每年的春末夏初便成群飞出蚁巢,进行移殖。长翅繁殖蚁的飞翔能力较弱,方向与距离随风向风力而定,高度一般为数米至数十米,距离为数十米至数百米。一个成年群体的分飞量通常为几千至几万个以上,有的一次分飞完毕,也有分若干次分飞完的。分飞的长翅繁殖蚁虽然数量众多,但常因受到天敌的捕食和不良环境的影响,死亡率很高,真正能配对成活的仍属少数。

4.2.2　土栖白蚁的分布规律

土栖白蚁的分布大致有如下规律:

堤坝的背水坡较多,迎水坡较少;坝身上部较多,下部较少;高水位滞续时间短、蓄水浅的堤坝多,常年高水位蓄水的少;黏性土壤的堤坝多,砂质土壤的少;早期修建的堤坝多,新建的少;周围是松木山林的堤坝多,是水田旱地的少;靠近丘陵山地的堤坝多,靠近平原湖泊的少;荒野堤段多,居民集中的堤段少。堤坝中土栖白蚁的巢和菌圃大多筑在浸润线上方附近。

4.3　堤坝白蚁产生的原因

根据对堤坝蚁患的调查、观察和分析,认为堤坝白蚁产生的原因主要有如下四个方面:

(1)清基不彻底,隐有旧蚁患。建造堤坝前,地基内的蚁巢未进行清除或清除不彻底而留下隐患。这种堤坝的蚁害发生得早且严重,往往出现早期漏水。特别对于小型堤坝,由于清基粗略而导致这种蚁害的可能性较大。

(2)有翅成虫分飞到堤坝营巢繁殖。每年分飞季节,堤坝附近山坡、田野的有翅成虫分飞而来,在堤坝上配对钻洞,营巢繁殖建立新群体。尤其是堤坝周围有灯光,大量有翅成虫被引诱而来,就更易导致堤坝白蚁的产生,这是堤坝白蚁产生的主要原因。

(3)附近白蚁蔓延到堤坝。堤坝土质湿度适宜,内外坡的枯枝杂草是白蚁的丰富食料,是白蚁生活繁殖的良好环境,所以两端山坡的白蚁蔓延到堤坝上来。堤坝两端坝体内的白蚁多由这种原因产生。

(4)管理工作不善,人为招惹蚁害。经常在堤坝上翻晒柴草和堆放木柴,将白蚁带上坦坝,过后又不及时清理;有些地方在堤防边修坟墓、盖猪舍;有的水库在坝的两端种植白蚁喜食的树木等,这些都很可能导致堤坝蚁害的产生。

堤坝产生白蚁的原因很多,加之堤坝本身具备了白蚁生存繁殖所需要的良好条件,所以堤坝蚁害发展很快,对工程的安全威胁很大。此外,由于堤坝周围白蚁不可能完全消灭,白蚁仍然会分飞、蔓延到堤坝上来,所以防治堤坝白蚁的工作不是一劳永逸的。

4.4　堤坝白蚁的检查观察

白蚁的灭治,特别是对堤坝蚁害病患的处理,需要找到蚁巢的位置。蚁巢的寻找,通常采用问、找、挖的步骤进行,现分述如下。

4.4.1 调查蚁害情况

在灭治堤坝白蚁前,首先要进行调查研究。如了解建坝历史,坝型结构,坝身用料情况,是否利用小山包做坝体,坝身与两端相连山坡的蚁害情况,坝体的扩建及扩建前的蚁害情况,水库的常蓄水位及浸润线的位置,有翅成虫的分飞时间、部位和数量,堤坝的渗漏情况等。经过上述调查,可大致判断白蚁来源、蚁巢位置、危害蚁种、危害程度等情况,有利于指导我们对蚁巢具体位置的寻找和提出有效的灭治方法。

4.4.2 寻找堤坝白蚁

(1)普查法。根据白蚁的生活习性,寻找白蚁修筑的泥被、泥线和分飞孔等地表活动迹象,每年在3~6月和9~11月白蚁活动旺盛期,组织专业灭蚁技术人员或经过短期训练的群众,在堤坝内外坡面的每一部位进行仔细检查,查看有无泥被、泥线和分飞孔,翻铲枯萎植物根部、枯枝、落叶、木材、乱石、牛粪、浪碴下面有无白蚁活动。若有,则做好标记和记录,画山坡面泥被、泥线和分飞孔分布图,鉴别白蚁种类,待后处理。

(2)诱蚁法。在雨水冲刷和人畜踩踏的坡面,用普查法寻找白蚁活动的地表迹象较为困难,此时可采用诱蚁法。诱蚁法常分为坑诱法和堆诱法两种。坑诱法是在白蚁活动季节,在堤坝背坡面上挖浅坑,坑的大小和间距没有一定的标准,一般以长40 cm,宽、深各为30 cm,坑距为5~10 m为宜,常设置2~3排(视堤坝高低而定),并使坑的布点在坡面上呈梅花形。将白蚁喜食的引诱饵料放入坑中,坑面用泥土盖密,以防蚂蚁等天敌入侵。引诱饵料有艾蒿枯枝、茅草、甘蔗渣、桉树皮、鸡爪草、干茭白壳、玉米芯、金刚刺、刺槐枯枝、枯松柴等,可根据当地白蚁喜食和料源情况因地制宜地选用。为防止雨水进入坑内,常在诱蚁坑的上方设排水沟或使坑顶凸出地面。堆诱法的布点距离与坑诱法相同,在布点位置铲除坡面杂草,堆上引诱饵料,堆料成底圆直径0.5 m、高0.5 m的圆锥形,外面用泥皮糊住。引诱法可引来白蚁形成蚁道,一般过十天半个月翻挖检查。

4.4.3 寻找主蚁道

查到堤坝白蚁的地表迹象或活动痕迹后,即可寻找主蚁道,目前采用下述方法:

(1)从泥被、泥线找主蚁道。发现泥被、泥线后,先铲去其周围1 m^2 的草皮,然后仔细地铲去泥被、泥线,即可找到半月形的小蚁道。此时可用喷粉器将滑石粉喷入小蚁道,或用细草茎插入小蚁道,再顺着白粉或细草茎挖出呈拱形较粗大的主蚁道。

(2)由分飞孔找主蚁道。找到分飞孔后,挖开分飞孔便会发现较宽阔的呈半月形的候飞室。一般候飞室下连主蚁道,与主巢相通,距主巢较近。由分飞孔找主蚁道省工省时,但受季节限制,只有在分飞季节时才能采用。

(3)开沟寻找主蚁道。在泥被、泥线的上方,顺堤坝轴线开挖一条深1 m、宽0.5 m、长若干米的沟,一般能截断蚁道。白蚁为了保持正常生活,一般在1~2 d后就会重修蚁道,把切断的蚁道修复连通。可根据新修的蚁道追挖主蚁道。

(4)用诱蚁法寻找主蚁道。诱蚁法可引来大量白蚁取食,并形成蚁道,可顺着该道追挖主蚁道。

(5)翻铲枯萎杂草找主蚁道。铲开杂草粘蔸找到白蚁时,可跟踪白蚁去向找出小蚁道,再顺着挖出主蚁道。

4.4.4　确定巢位

找到主蚁道后,尚需判断和确定蚁巢位置,目前常用的方法如下:

(1)沿主蚁道追挖蚁巢。找到主蚁道后,为避免追挖时散土阻塞蚁道迷失方向,可顺蚁道通入一根细长竹条,通入一段开挖一段。可发现蚁道由小到大,多数蚁道朝着一个方向或发现菌圃、菌圃腔,菌圃颜色渐深且由小到大,若用草茎插入蚁道内,便有许多工蚁与兵蚁咬住不放,抽出草茎有越来越浓的酸腥味;当锄触土有空洞回声时,则不远处便可获得蚁巢。

(2)利用锥探确定巢位。用长 4~5 m、直径 3 cm 左右的钢钎一根,在有白蚁活动地表迹象的一定范围内,间距 0.5 m,排成梅花形用力向下锥探,如有突然掉锥现象,即可判断地下有空洞或蚁巢。多插几个眼可确定蚁巢或空洞的范围,并可从锥上是否有酸腥味来区别是蚁巢还是其他空洞。此法虽有一定效果,但盲目性和劳动强度均大,可作为辅助找巢措施。

(3)根据鸡纵菌寻找蚁巢。鸡纵菌呈伞状,灰褐色,菌盖中央突出部分颜色较深,向四周逐渐变淡,可食用,鸡纵菌多长在土栖白蚁主巢和菌圃上方,一般在高温、高湿的夏季,下过透雨后,质地疏松的黄棕色土壤地面上容易长出。顺鸡纵菌向下挖即可找到蚁巢。利用鸡纵菌寻找蚁巢方法简便易行,但鸡纵菌出土后 3 d 左右时间即枯萎凋落,因此必须抓紧鸡纵菌容易出现的季节,及时巡查并做好标记,以作日后挖巢依据。

(4)利用放射性同位素探巢。用放射性同位素制成小丸剂(或小条剂)引饵,放入主蚁道内,让白蚁食用。然后用辐射仪可探出土壤中一定深处的蚁道。此方法由于土层对射线吸收较大,难以探出更深的巢位。

4.5　堤坝白蚁的预防措施

土栖白蚁对堤坝的危害既隐蔽又严重,在白蚁对堤坝造成严重危害之前,通常不易被人们发现。另外,堤坝中产生白蚁的原因很多,防治白蚁的工作是经常而长期的,所以必须贯彻“防重于治,防治结合”的方针,以保障堤坝的安全。预防堤坝白蚁一般有如下措施:

(1)做好清基工作。对新建的堤坝和扩建的加高培厚工程,施工前,必须做好清基工作,清除杂草和树根,并仔细检查白蚁隐患,认真地做好附近山坡白蚁的灭治工作;对料场的清基亦应予以重视,严禁杂草树根上堤坝,以避免蚁患填埋于堤坝中,造成严重隐患。

(2)毒土防蚁。利用化学药剂处理堤坝土壤,可以防止外来白蚁的侵入和灭治堤坝浅层的初建巢群。目前,各地常用的药剂有五氯酚钠水溶液、氯丹乳化剂、可湿性六六六粉、煤、油或柴油等。在毒土处理时,要防止库水的污染并注意人畜的安全。

对新建堤坝,当施工接近常水位浸润线位置时,开始在堤坝内外坡的表层土以下及两端与山坡结合处,设置一道毒土防蚁层,使堤坝在浸润线以上形成封闭式防蚁结构。

对已建堤坝,毒土处理方法有表面喷洒毒土法、浅层打洞毒土法和深层钻探毒土法三种。表面喷洒毒土法是在背水坡全面喷洒 1%~2%五氯酚钠水溶液,或 1%氯丹乳化剂;浅层打洞毒土法是用小铁钎打洞,洞深 30 cm,洞间距 30 cm,呈梅花形布置,向洞内灌注表层喷洒毒土法的有关药液;深层钻探毒土法是用直径 16~20 mm、长 3~4 m 的钢钎,在堤坝背水坡竖直钻孔,孔深 0.6~2 m,孔距 1 m,排距 1 m,呈梅花形排列,然后往孔内灌注含毒泥浆,此法可把埋藏较深的白蚁杀死,起到防治兼备的效果。

(3)灯光诱杀有翅成虫。在每年4~6月的分飞季节,利用有翅成虫的趋光习性,在坝区外装置黑光灯(或气灯、煤油灯)诱杀有翅成虫,以防止附近山地有翅成虫落在堤坝上建巢。

黑光灯功率一般用20~25 W,灯高1.5~2.5 m,灯下0.2 m处放水一盆,水中加少量煤油或柴油,盆下地表10 m直径范围内喷洒敌敌畏或六六六粉等药剂,使飞向灯光的有翅成虫掉入盆内或盆外均中毒死亡。

广东某水库安装15盏25 W黑光灯,灯距坝50 m,灯距50 m,一个分飞季节诱杀黑翅土白蚁和黄翅大白蚁的有翅成虫15.5 kg,计20余万个体,效果显著。

(4)改变堤坝表土结构。改变堤坝表层土壤结构,可造成不利于白蚁生存的条件,以阻止新的群体的产生。用掺入10%石灰或3%食盐的土壤以及两种掺入料比例降低1/2的混合土壤填筑土坝表层,可使有翅成虫配对脱翅后均死于土表。铲去背水坡草皮,铺上厚10 cm的煤灰渣,同样能防止繁殖蚁入土建巢。

(5)生物防治。土栖白蚁大量活动期间和有翅成虫的分飞季节,在堤坝上放养鸡群,能将刚落在坝面上的有翅成虫啄食。同时鸡还经常翻动坝面上的枯草和白蚁的泥被、泥线,啄食出来活动的白蚁。白蚁的天敌很多,主要有青蛙、黑蚂蚁、蜻蜓、蝙蝠、燕子、麻雀等。它们对抑制土栖白蚁新群体的产生和原群体的扩展有重要作用,因此对白蚁的天敌要进行保护并加以利用。

(6)加强工程管理。禁止在堤坝上长期堆放柴草、木材等白蚁喜食的杂物,并经常清除堤坝上的枯草和树蔸,逐步更换堤坝附近白蚁喜食的绿化树种(如大叶桉等),可减少外来白蚁蔓延到堤坝上来。

4.6 堤坝白蚁的灭治方法

灭治土栖白蚁的方法较多,一般可归纳为熏、灌、挖、喷、诱等五种。现将常用的灭蚁方法分述如下。

4.6.1 磷化铝(或磷化钙)熏杀

利用磷化铝在空气中易吸收水分而产生极毒的磷化氢气体来熏杀白蚁。操作方法为将磷化铝片剂5~15片(每片含2 g)放入装有湿棉球的玻璃试管内,立即把试管口插入已挖开的主蚁道,用湿布密封试管周围。为加速反应速度,可在试管底部加温。反应完毕,拔出试管,迅速用湿土封堵蚁道口,3~5 d白蚁的死亡率可达100%。此法简单易行,效果较好,但磷化铝是剧毒药剂,操作时必须严守规程,以防中毒。用药后一周之内严禁人畜进入施药地区。

此外,还有敌敌畏熏杀与六六六粉烟雾剂熏杀等方法,效果都较好。但是用烟雾剂熏杀白蚁,当蚁道畅通,离主巢又近时,白蚁死亡率可达100%;若蚁路曲折,中途又穿过菌圃腔以及工蚁、兵蚁又来得及封堵蚁道时,灭蚁效果就不够理想了。

4.6.2 灌毒泥浆毒杀

灌毒泥浆不仅能毒杀白蚁,还有填补蚁巢、空腔、蚁道和加固堤坝的作用。泥浆由过筛的黄泥(或黏土)和药剂水液按质量比约为1:2拌和而成,泥浆比重以1.25~1.40为宜。常用药剂水液有0.1%~0.2%的五氯酚钠,0.3%~0.5%的六六六粉、氯丹,0.4%的乐果和 0. 1%~0. 2%的敌百虫等。

灌浆灭蚁可利用主蚁道口或锥探孔进行,也可用小型钻机造孔灌浆。开始时,灌浆压力应控制在 4×10^4 Pa 以内,压力过大会造成土层破裂而冒浆,随后逐渐加大,直至蚁道或堤面出现冒浆现象。此时,停止灌浆片刻,用泥封堵冒浆的地方,再重新慢灌至饱和为止。以后,待浆液脱水收缩形成空隙时,可再进行灌浆。

利用主蚁道灌浆关键是选择主蚁道口的位置,为使灌浆效果良好,应尽量在堤坝上半坡或靠近坝顶处寻找合适的蚁道,自上而下进行灌浆。另外,利用分飞孔挖出主蚁道灌浆或在鸡坳菌位置钻孔灌浆,则效果更好。

4.6.3　挖巢灭蚁

挖巢灭蚁方法简单,可发动群众进行,取巢后要及时熏灌残留在蚁道内的白蚁,杜绝后患。挖巢后,及时回填并结合工程处理,但在汛期翻挖蚁巢,应特别注意堤坝的安全。此法的缺点是工程量较大。

4.6.4　喷灭蚁灵粉剂毒杀

灭蚁灵纯品是一种白色或淡黄色晶体,无气味,通常配成 75%粉剂,属慢性胃毒性杀虫剂。

毒杀原理是利用白蚁在相遇时互相舔吮和通过工蚁给其他白蚁喂食的生活习性,使中毒的白蚁在巢群内互相传染,最后全巢死亡。

具体方法是在每年 4~6 月或 9~11 月土栖白蚁在地表活动的两个高峰期,在堤坝坡面上按前述方法设置诱蚁坑或诱蚁堆,在短期内可引来大量白蚁,即可进行喷药。喷药前先将泥皮扒开,然后轻轻提起饵物,将灭蚁灵粉喷在白蚁身上,再把饵料轻轻放回原处,盖上泥皮。过几天再检查,发现有白蚁再喷药,直至没有白蚁。

4.6.5　灭蚁灵毒饵诱杀

此法由诱喷灭蚁灵粉方法改进而成,是目前灭治堤坝白蚁行之有效的新技术,已被广泛采用。

毒饵诱杀法具有灭蚁效果好、操作简单安全、对周围环境污染小、省工省时、药物费用少、适用于各种坝型等优点。但毒饵易霉变失效,所以保存和使用都应注意防潮防霉。

4.6.6　灭蚁灵毒饵诱杀结合毒土灌浆

经多年的实践观察,发现用灭蚁灵毒饵诱杀土栖白蚁,在死蚁巢体内会腐生真菌并长出地面,其形状有棒形、鹿角形和鸡冠形等,颜色一般为墨色、灰黑色和灰白色,俗称炭棒菌。因此,炭棒菌的下面即是蚁巢,它成为寻找蚁巢的指示物。从投放灭蚁灵毒饵到地面长出指示物所需的时间,与温度、湿度、巢位深浅和白蚁群体大小等因素有关,最少为 20 d,时间长的在半年以上,只要每隔 10~20 d 找菌一次,一年内可找到全部死蚁巢体,再造孔灌浆,堤坝蚁害隐患可基本消除。

以上方法均有一定效果,但各有优缺点,可根据当地情况,因地制宜地采用,或进行综合治理,以便有效消灭蚁患,保障堤坝安全。

5　其他害堤动物的防治

堤防工程中存在的害堤动物以獾、狐、鼢鼠最多。一处獾洞,洞穴能多达 30 个,洞径

30 cm,最大能达120 cm,洞长一般10~20 m,有时能达30 m,甚至几百米,并且在堤内分层纵横交错。与鼢鼠类似的害堤动物还有地猴、小地鼠等,也是在堤内打洞。兽洞的存在,严重危及堤坝的安全,所以应分析害堤动物的习性和活动规律,采取措施积极捕杀,并对兽洞进行处理。

獾、狐、鼠等动物危害的防治方法有以下几种:

(1)人工捕杀法。根据害堤动物的活动足迹,在其经常出没的地方,可采用设置笼子、铁夹、竹弓和陷阱等方法进行捕捉。这类方法在农田作物尚未成熟以及冬季冰雪覆盖地面后,效果更好。这类方法由于机关灵敏,操作时应十分小心,并应经常进行查看,以免误伤人畜。

(2)开挖追捕法。有些较大的害堤动物,如狐和獾等,营巢作穴也较大。应抓住时机,采用人工开挖追捕。这样既可以捕杀害堤动物,又能够通过开挖和回填夯实,对洞穴隐患进行处理。

开挖前,应先用捕网或铅丝笼将已探明的洞口围封好,然后结合开挖翻填洞穴进行捕捉。该法一般有两种:①顺洞开挖,逐渐逼近,直至捕住,其特点是进度快,费时多,多用于洞道较短、埋深不大的洞穴;②竖井拦截,先探明洞道的走向,然后在洞顶开挖竖井,竖井的直径一般为0.8 m,若洞道长度大,转弯较多,可以多段同时进行,逐渐逼近,当挖至兽类藏身之处时,可采用网捕或叉扎捕杀。此法的进度快、工效高,适用于洞道长、埋藏深的洞穴。

(3)药物诱杀法。在害堤动物经常出没的地方,放掺拌药物的合适食物做诱饵,引诱动物吞食而中毒死亡。目前这类药物众多且毒性不一,故一定要严格控制剂量,同时要注意防止家畜误食。

(4)锥探灌浆法。采用这种方法,除可堵塞各种害堤动物的巢穴,加固堤坝,还能将动物驱走或淹堵死。

(5)烟熏网捕。只留其中一个洞口,在洞口处设捕网,其余洞口封堵。在洞内点燃蘸油的布棉、辣椒、硫黄和秸秆等易燃物,产生刺激性气体驱赶。

任务3 巡堤查险

1 防汛工程检查

1.1 汛前工程检查

汛前检查是做好防汛工作的重要环节,为贯彻以防为主的原则,每年都要开展汛前检查工作。汛前检查工作有多项,工程各类建筑物(构筑物)及设施检查是其中重要的一项。其主要检查各类建筑物及设施是否能够安全运用,以便及时发现薄弱环节,采取除险措施。

根据河道堤防工程管理相关要求,堤防工程检查分为经常检查、定期检查、特别检查和不定期检查。

1.2 汛期工程检查

汛前对防汛工程进行全面检查,汛期更要加强对防汛工程险情的巡查。两者虽然在时间上不同,但目标一致,都是围绕“以防为主”的防汛方针开展工作的。

以堤防汛期巡查为例,当江河水位超过警戒水位时,堤防可能出现险情,若不及时发现和处理,各种险情就会由小变大,由轻变重,不但增加抢险困难,耗费物料,还会导致堤防溃决的危险。因此,巡查是防汛抢险中一项极为重要的工作,切不可掉以轻心,疏忽大意。

1.2.1 河道堤防防汛水位

进入汛期后,江河水位上涨,防汛工作全面展开,根据水位高低及其对堤防安全的威胁程度,一般将防汛水位划分为三个等级(见图5-3)。

1.2.1.1 设防水位

设防水位相当于平滩水位,相应流量为造床流量。当江河洪水漫滩以后,堤脚偎水,堤防可能出险,标志着堤防防守进入临战状态,防汛人员开始巡堤查险,并需做好抢险的人力和物料准备。但需说明的是,我国有些河流如北方地区的河流,河道宽浅,滩槽难分,对于这类河流,则不宜以设防水位作为防汛工作开始时的控制水位。

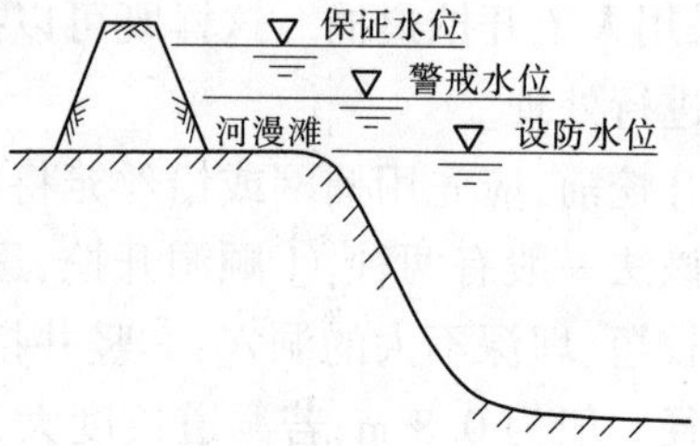

图5-3 防汛水位图

1.2.1.2 警戒水位

警戒水位指堤防防守需要开始警惕戒备的水位,此时堤身已挡水,险象环生,可能出现险情甚至重大险情,要密切注意水情、工情、险情的发展变化,增加巡堤查险次数,开始昼夜巡查,进一步做好抢险人力、物力的准备。

1.2.1.3 保证水位

保证水位指堤防工程设计的防御标准洪水位,相应流量为河道安全泄量。当洪水位达到保证水位时,说明堤防工程已处于安全防御的极限时期,防汛进入紧急状态,堤防随时可能出现重大险情。防汛部门要采取一切措施确保堤防安全,必要时可宣布进入紧急防汛期。

1.2.2 汛期巡堤查险

江河水位上涨到设防水位后,河道堤防进入防守阶段,防汛人员上堤开始巡视检查,力争将险情消灭于萌发阶段。

1.2.2.1 巡查任务

防汛队伍上堤后,主要工作有:建设防汛屋、防汛点;通电通信;划分责任段,标立界桩,熟悉环境,明确任务;平整堤顶,填垫水沟浪窝,消灭害堤动物,处理堤防隐患,清除堤面杂草,整修水小道;发现险象,做好观测,出现险情,迅速处理,遇有较大险情,及时报告。

1.2.2.2 巡查方法

(1)用眼看、耳听、手摸、鼻嗅、口尝、脚踩等常规、直觉的方法,对工程表面和异常现象进行检查。

(2)巡查路线。巡查要做到"徒步拉网式"的普查,堤上、堤下、堤身内外均要进行巡查,对堤内情况要加强侦查。每组5~7人成排前进。一人走堤外水边,乘浪花起落的时机,用脚察探破绽和防浪情况;一人走堤内脚;一人走渍水边,注意浸漏、滑脱现象及草下暗漏。如果堤脚附近没有渍水,也要在距离堤脚较远处巡查有无管涌险情。巡堤人员要时分时合,迂回巡查,不可有空白点,要不断交换情况,在风雨夜或风浪大时,堤外水边巡查人员要注意安全。

(3)巡查时所带工具。一般常用到的巡查工具如下:记录本——记载险情用,小红旗——作险情标志,木尺——丈量险情相对某一显著目标的部位及尺寸,锯木屑——当堤身浸漏时用来抛于堤外江面以发现有小漩涡,手电筒或马灯、火把——便于黑夜巡查照明,铁锹和通信工具等。各地区应根据具体条件和堤段最大可能发生的险情,对所带的工具有所增减。

1.2.2.3 工作制度

(1)交接班制度。巡堤查险昼夜轮班,上、下班要紧密衔接。交接班时,上一班必须向下一班全面交代清楚本班巡查情况,包括水情、工情、险情、工具物料及注意事项等,对可疑险象,要共同巡查一次,详细交待其发展变化情况。

(2)值班制度。防汛队伍的各级负责人和带队干部,必须轮流值班,坚守岗位,掌握换班和巡查组次出发的时间,了解巡查情况,处理发现的问题,做好巡查记录,及时向上级汇报巡查情况。

(3)汇报制度。交班时,班(组)长要向带领防守的值班干部汇报巡查情况,值班干部要按规定及时向上级汇报。平时一日一报巡查情况,在有险情时随时上报处理情况。

(4)报警制度。发现险情时,应立即报警。一般险情,吹口哨报警;遇见漏洞、管涌、脱坡等较大险情时,敲鼓(锣)报警。在窄河段规定左岸备鼓,右岸备锣,以免混淆。有条件的地方,应配备无线报警器或移动电话。出险、抢险地点,白天挂红旗,夜间挂红灯(应能防风雨)或点火,作为抢险人员抵达的标志。

(5)请假制度。巡查人员要遵守纪律,应就地或在指定地点休息,不经批准不得随意离堤。

(6)奖惩制度。防汛结束要评比总结。对工作认真,完成任务好的表扬,成绩显著的给以记功和奖励。对不负责任的要批评,玩忽职守造成损失的要追究责任,情节、后果严重的,要依据法律规定严肃处理。

1.2.2.4 注意事项

(1)巡查、休息、交接班时间,由带领巡查的队长统一掌握,巡查中途不得休息,不到规定时间不得离开岗位。

(2)巡查时不得轻易放过某个视觉疑点,必要时借助随身携带的工具查明真相。夜间巡查要持照明设备。

(3)责任堤段交界处,要越界巡查10~20 m。

(4)巡查中发现险象,应跟踪观察;遇到险情,迅速处理并报告。

(5)警报不得乱发。一般规定:吹口哨报警,由查水人员掌握;敲锣(鼓)报警,由带队干部掌握,或指定专人负责。

(6)巡查人员必须注意“五时”,做到“四勤”“三清”“三快”。“五时”是指吃饭时(思想最松动时)、换班时(检查时间间断)、黄昏时(看不清容易忽视)、黎明时(人最疲乏)、刮风下雨时(出险不易判断)。在这些时候最容易疏忽忙乱,注意力不集中,容易遗漏险情。同时对险情和隐患处理后,还要注意观测,必须提高警惕。“四勤”是指眼勤、耳勤、手勤、脚勤;“三清”是指险情查清,信号记清,报告说清;“三快”是指发现险情快、抢护快、报告快。这样才能做到及时发现险情;小险迅速处理,以免发展扩大;重大险情,上级能及时准确了解,必要时能调集力量支援抢护。

2 险情的分类与安全评估

正确判别堤防险情,才能进行科学、有效的抢护,取得抢险成功。在防汛抢险中,对于险情处理所采取的措施,应科学准确,恰如其分。险情重大,如果没有给予充分的重视,就可能贻误战机,造成险情恶化。反之,如果对轻微险情投入了大量的人力、物力,待到发生较大或严重险情时,就可能人困马乏,料物短缺,也会酿成严重后果。因此,有必要对险情进行恰当的分类,对堤防进行安全评估,区别险情的轻重缓急,以便采取适当有效的措施进行抢护。

2.1 险情分类

堤防险情一般可分为漏洞、管涌(泡泉,翻砂鼓水)、渗水(散浸)、穿堤建筑物接触冲刷、漫溢、风浪、滑坡、崩岸、裂缝、跌窝等。

2.1.1 漏洞

漏洞即集中渗流通道。在汛期高水位下,堤防背水坡或堤脚附近出现横贯堤身或堤基的渗流孔洞,俗称漏洞。根据出水清浑可分为清水漏洞和浑水漏洞。如漏洞出浑水,或由清变浑,或时清时浑,则表明漏洞正在迅速扩大,堤防有发生蛰陷、坍塌甚至溃口的危险。因此,若发生漏洞险情,特别是浑水漏洞,必须慎重对待,全力以赴,迅速进行抢护。

2.1.2 管涌(泡泉,翻砂鼓水)

汛期高水位时,砂性土在渗流力作用下被水流不断带走,形成管状渗流通道的现象,即为管涌,也称翻砂鼓水、泡泉等。出水口冒砂并常形成“砂环”,故又称砂沸。在黏土和草皮固结的地表土层,有时管涌表现为土块隆起,称为牛皮包,又称鼓泡。管涌一般发生在背水坡脚附近地面或较远的潭坑、池塘或洼地,多呈孔状冒水冒砂。出水口孔径小的如蚁穴,大的可达几十厘米。个数少则一两个,多则数十个,称作管涌群。

管涌险情必须及时抢护,如不抢护,任其发展下去,就将把地基下的砂层淘空,导致堤防骤然塌陷,造成堤防溃口。

2.1.3 渗水(散浸)

高水位下浸润线抬高,背水坡出逸点高出地面,引起土体湿润或发软,有水逸出的现象,称为渗水,也叫散浸或洇水,是堤防较常见的险情之一。当浸润线抬高过多,出逸点偏高时,若无反滤保护,就可能发展为冲刷、滑坡、流土,甚至陷坑等险情。

2.1.4 穿堤建筑物接触冲刷

穿堤建筑物与土体结合部位,由于施工质量问题,或不均匀沉陷等因素发生开裂、裂缝,形成渗水通道,造成结合部位土体的渗透破坏。这种险情造成的危害往往比较严重,应给予足够的重视。

2.1.5 漫溢

土堤不允许洪水漫顶过水,但当遭遇超标准洪水等时,就会造成堤防漫溢过水,形成溃决大险。

2.1.6 风浪

汛期江河涨水后,水面加宽,堤前水深增加,风浪也随之增大,堤防临水坡在风浪的连续冲击淘刷下,易遭受破坏。轻者使临水坡淘刷成浪坎,重者造成堤防坍塌、滑坡、漫溢等险情,使堤身遭受严重破坏,以致溃决成灾。

2.1.7 滑坡

堤防滑坡俗称脱坡,是由于边坡失稳下滑造成的险情。开始在堤顶或堤坡上产生裂缝或蛰裂,随着裂缝的逐步发展,主裂缝两端有向堤坡下部弯曲的趋势,且主裂缝两侧往往有错动。根据滑坡范围,一般可分为深层滑动和浅层滑动。堤身与基础一起滑动为深层滑动;堤身局部滑动为浅层滑动。前者滑动面较深,滑动面多呈圆弧形,滑动体较大,堤脚附近地面往往被推挤外移、隆起;后者滑动范围较小,滑裂面较浅。以上两种滑坡都应及时抢护,防止继续发展。堤防滑坡通常先由裂缝开始,如能及时发现并采取适当措施处理,则其危害往往可以减轻。否则,一旦出现大的滑动,就将造成重大损失。

2.1.8 崩岸

崩岸是在水流冲刷下临水面土体崩落的险情。在堤外无滩或滩地极窄的情况下,崩岸将会危及堤防的安全。堤岸被强环流或高速水流冲刷淘深,岸坡变陡,使上层土体失稳而崩塌。每次崩塌土体多呈条形,其岸壁陡立,称为条崩;崩塌体在平面和断面上为弧形阶梯,崩塌的长、宽和体积远大于条崩的,称为窝崩。如1996年1月江西九江长江干堤马湖段和1998年湖北省长江干堤石首段均出现了窝崩。发生崩岸险情后应及时抢护,以免影响堤防安全,造成溃堤决口。

2.1.9 裂缝

堤防裂缝按其出现的部位可分为表面裂缝、内部裂缝;按其走向可分为横向裂缝、纵向裂缝、龟纹裂缝;按其成因可分为沉陷裂缝、滑坡裂缝、干缩裂缝、冰冻裂缝、振动裂缝。其中以横向裂缝和滑坡裂缝危害性最大,应加强监视监测,及早抢护。堤防裂缝是常见的一种险情,也可能是其他险情的先兆。因此,对裂缝应引起足够的重视。

2.1.10 跌窝

跌窝俗称陷坑。一般在大雨过后或在持续高水位情况下,堤防突然发生局部塌陷。陷坑在堤顶、堤坡、戗台(平台)及堤脚附近均有可能发生。这种险情既破坏堤防的完整性,又有可能缩短渗径。有时跌窝是由管涌或漏洞等险情所造成的。

2.2 堤防险情程度的评估

堤防在汛前要进行安全评估,其目的是把汛前的险情调查、汛期的巡查与安全评估相结合,以便判断出险情的严重程度,使领导和参加抗洪抢险的人员做到心中有数,同时便于按险情的严重程度区别轻重缓急,安排除险加固。

安全评估的内容和方法一般包括:

(1)对堤防(包括距河岸100 m范围)的地形测量应隔几年进行一次,每年汛前完成,对先后两次测量成果进行对比分析。

(2)对堤身、堤基的土质进行室内外试验,确定其物理力学指标。

(3)对重点险工险段进行稳定计算和沉降计算。

(4)检查护坡、护岸的完整性。

(5)对上述四个方面的资料进行综合分析。

将安全评估的资料与险情调查、汛期巡查的资料归纳分析后,确定险情的严重程度。长江流域有的省把险情分为三类:一类是险象尚不明显;二类是险情较重,且有继续发展趋势;三类是险情十分严重,在很短时间内有可能造成严重后果。但是,各种险情都是随着时间的推移而变化的,很难进行定量的判断。为便于险情划分并促进险情划分的规范化,表5-1给出了堤防工程险情划分的参考意见,把各类险情划分为重大险情、较大险情和一般险情三种情况,建议适用于Ⅰ~Ⅲ级堤防。

表5-1　堤防工程险情划分参考表

险情分类	险情分析		
	重大险情	较大险情	一般险情
漏洞	贯穿堤防的漏水洞	尚未发现漏水的各类孔洞	
管涌(泡泉、翻砂鼓水)	距堤脚的距离小于15倍水位差(或100 m以内),出浑水;计算的水力坡降大于允许坡降	距堤脚100~200 m,出浑水,出水口直径、出水量较大	
渗水	渗浑水或渗清水,但出逸点较高	渗较多清水,出逸点不太高,有少量沙粒流动	渗清水,出逸点不高,无沙粒流动
穿堤建筑物接触冲刷	穿堤建筑物与土体结合部位出现渗流,出口无反滤保护		
漫溢	各种情况		
风浪	风浪淘刷或浪坎10~20 cm		
滑坡	深层滑坡或较大面积的深层滑坡;计算的安全系数小于允许值	小范围浅层滑坡	浅层裂缝,或缝宽较细,或长度较短
崩岸	主流顶冲严重,堤脚附近无滩地,或滩地较窄且崩岸发展较快	堤脚附近有一定宽度的滩地,且崩岸发展速度不快	
裂缝	贯穿性横缝	纵向裂缝	
跌窝	经鉴定与渗水、管涌有直接关系,或坍塌持续发展,或坍塌体积较大;或沉降值远大于计算的允许值	背水侧有渗水、管涌	背水侧无渗水、管涌,或坍塌不发展,或坍塌体积小、坍塌位置较高

重大险情如不及时采取措施,往往会在很短时间内造成严重后果。因此,如有重大险情发生,应迅速成立抢险专门组织(如成立抢险指挥部),分析判断险情和出险原因,研究抢险方案,筹集人力、物料,立即全力以赴投入抢护。有的险情,虽然不会马上造成严重后果,也应根据出险情况进行具体分析,预估险情发展趋势。如果人力、物料有限且险情没有发展恶化的征兆,可暂不处理,但应加强观察,密切注意其动向。有的险情只需要进行简单处理即可消除,应视情况进行适当处理。总之,一旦发现险情,就应将险情消除在萌芽状态。

任务4 防汛抢险

1 基本概念

1.1 汛

"汛者水盛也"。汛,即江、河、湖泊等水域的季节性或定期性的涨水现象。春季发生的称春汛,也称桃汛;秋季发生的称秋汛;夏秋伏天时节发生的称伏汛,又称伏秋大汛。

1.2 汛期

汛期即江河湖泊洪水从始涨至全回落的时期。季节性涨水的河湖中出现大洪水最多的时段称主汛期。最容易发生洪涝灾害的时间是"七下八上"(即七月下旬和八月上旬),称为大汛时期。老百姓常讲,"七月十五定旱涝,八月十五定收成"(按阴历算),也就是说八月中旬以后发生大水的概率就很小了。

1.3 防汛

防汛即人们采取各种有效措施,同灾害性洪水做斗争,力求减轻洪水灾害的影响和损失的一系列社会活动的统称。充分的防汛准备和扎实的保障体系是取得防汛胜利的关键。

1.4 防汛方针

防汛工作的方针,是指国家在一定时期内为防汛工作确定的指导原则。我国现行的防汛方针是"安全第一,常备不懈,以防为主,全力抢险"。

1.5 抢险

抢险即是指当堤防、涵闸等防洪工程建筑物在防汛中发生险情,危及工作安全时的紧急抢险工作。

2 汛期险情的类型

2.1 河道堤防险情

河道水位上涨,流速加快,首先危及滩地安全,流势顶冲处滩岸坍塌,上滩后大水偎堤危及大堤安全。大堤险情首先是堤身堤基有隐患处,产生非稳定性或破坏性渗透水流,包括管涌、流土、接触冲刷等,在渗流通道的下游坡面或坡脚出溢点有浑水出现,并迅速扩大,造成大堤溃决。二是水流顶冲大堤,流势凶猛,堤根塌陷,造成大堤冲决。三是河流水位迅速上涨,水面线高于薄弱堤段的堤顶时,水流从堤顶漫溢,造成大堤漫决。四是大堤上的建筑物与大堤接触不良、基础处理不当或由不均匀沉陷等引起渗透破坏失事的。

2.2 水库大坝险情

汛期水库水位迅猛上涨或突降暴雨时,水库持续高水位运行时,水库高水位运行遭遇大风时,水库水位突然降低时都容易出现险情。土坝险情主要有:一是坝身或坝基处理不当时,水库水位上涨产生非稳定性或破坏性渗透水流,包括管涌、流土、接触冲刷等,在渗流通道的下游坝面或坝脚出溢点有浑水出现,并迅速扩大,严重时造成大坝溃决;二是坝体不均匀沉陷引起的纵向裂缝和横向裂缝;三是长期连阴雨或暴雨引起下游坝坡塌滑;四是水库水位突然降低引起上游坝坡塌滑;五是上游护坡被风浪冲刷破坏;六是水库溢洪闸和放水洞等建筑物失事等。

2.3 河道建筑物险情

河道拦河建筑物海漫、消力池被冲,闸室基础被淘刷破坏,基础处理不当发生不均匀沉降闸体裂缝等。

3 防汛抢险工作的组织

汛前准备工作主要有以下几个方面。

3.1 舆论宣传

利用广播、电视、报纸等多种方式,宣传防汛抗灾的重要意义,总结历年防汛抢险的经验教训,使广大干部和群众克服麻痹思想和侥幸心理,坚定信心,增强抗洪减灾意识,树立团结协作、顾全大局的思想,加强组织纪律性,服从命令听指挥。同时加强法制宣传,使有关防汛工作的法规、办法家喻户晓,防止和抵制一切有碍防汛抢险行为的发生。

3.2 组织准备

防汛抢险具有时间紧、任务急、技术性强、群众参与等特点,多年的防汛抢险实践,尤其是 1998 年抢险的实践证明,要取得抢险工作的全面胜利,一靠及时发现险情,二靠抢险方法正确,三靠人力、物料和后勤保障跟得上。人防工程在抢险工作中占有重要的地位,主要包括健全防汛抢险的领导机构、组织好防汛抢险队伍、做好抢险队伍的技术培训工作等内容。1998 年,长江、松花江及嫩江出现特大洪水,仅长江干堤就出现险情 6 000 多处,在解放军与当地群众的有力拼搏下,这些险情都转危为安。所以,要求各级行政首长实行目标责任制,明确各级行政领导的一把手是第一责任人。

3.2.1 健全机构

各级防汛抗旱指挥部是防汛抢险的指挥中心,每年汛前要健全、完善防汛指挥机构。防汛抗旱指挥部与水利、水文、气象、交通运输、物资供应、邮电通信等相关部门形成一个有效的指挥网络,实行纵向垂直领导与横向矩阵式领导相结合。

3.2.2 组织队伍

多年的防汛抢险实践证明,堤防抢险采取专业队伍与群众队伍相结合,军民联防是行之有效的。

3.2.2.1 专业防汛队伍

专业防汛队伍由国家、省、市防汛指挥部临时指派的专家组与各基层河道管理单位的工程技术人员及技术工人组成,是防汛抢险的技术骨干力量。专业防汛队伍成员必须熟悉堤防的工程资料,例如险工险段的具体部位、险情的严重程度,以便有针对性地进行抢险的准备工作。汛期到来即应进入防守岗位,随时了解并掌握汛情、工情,及时分析险情。要组织基层专业队伍学习堤防管理养护知识和防汛抢险技术,参加专业技术培训和实战演习。

近年来,为克服抗洪抢险料物运输多以人工为主、机械化程度低、人力消耗大、抢险效率低的问题,在一些重要江河组建了机动抢险队。今后应逐步建立具有较高抢险技术水平、先进的抢险机械装备、较强的全天候和全路况下的快速开进能力的快速、灵活、高效的抗洪抢险队伍。

3.2.2.2 群众防汛队伍

群众防汛队伍是江河防汛抢险的基础力量。它以青壮年劳力为主,吸收有防汛经验的人员参加,组成不同类别的防汛队伍。根据堤线防守任务的大小和距离、河道的远近,常把防汛队伍划分为一线、二线队伍,有的还有三线队伍。紧邻堤防的县、乡、村组成常备队和群众抢险队,为一线防汛队伍;紧邻一线的县、乡组成预备队,为二线队伍;离堤线较远的后方县组成三线队伍。滩区、分滞洪区、水库库区内的群众要组织迁安救护队。

常备队是堤线防守的主力队伍,负责堤防防守、巡堤查险和一般险情的抢护。根据堤防的重要程度,分段驻守足够的常备队员。抢险队由常备队中有经验的人员组成,每县可组织多个抢险队,每队30~50人。

预备队是堤线防守的后备力量,负责运送抢险料物,必要时预备队也参加堤线防守和抢险。此外,每年汛前还应把沿河城镇、机关、工厂、学校的职工和居民组织起来,情况危急时动员他们参加防汛抢险。

3.2.2.3 解放军、武警部队抢险队伍

解放军和武警部队是防汛抢险的主力军和突击力量,每当发生大洪水和紧急抢险时,他们总是不惧艰险,承担着重大险情抢护和救生任务。一般各级防汛指挥部主动与当地驻军联系,及时通报汛情、险情和防御方案,明确部队防守任务和联络部署制度。当遇大洪水和紧急险情时,立即请求解放军和武警部队参加抗洪抢险。

3.2.3 抢险技术培训

防汛抢险技术培训是防汛准备的一项重要内容,除利用广播、电视、报纸和因特网等媒体普及抢险常识外,对各类人员应分层次、有计划、有组织地进行技术培训。

3.2.3.1 专业防汛队伍的培训

对专业技术人员应举办一些抢险技术研讨班,请有实践经验的专家传授抢险技术,并通过实战演习和抢险实践提高抢险技术水平。对专业抢险队的干部和队员,每年汛前要举办抢险技术学习班,进行轮训,集中学习防汛抢险知识,并进行模拟演习,利用旧堤、旧坝或其他适合的地形条件进行实际操作,增强抗洪抢险能力。

3.2.3.2 群防队伍的技术培训

对群防队伍一般采取两种办法:一是举办短期培训班。进入汛期后,在县防汛指挥部的组织领导下,由县人武部门和水利管理部门召集常备队长、抢险队长集中培训,时间一般为3~5天,也可采用实地演习的办法进行培训。二是群众性的学习。一般基层管理单位的工程技术人员和常备队长、抢险队长分别到各村向群众宣讲防汛抢险常识,并辅以抢

险挂图和模型、幻灯片、看录像等方式进行直观教学,便于群众领会掌握。

3.2.3.3 防汛指挥人员的培训

应举办由防汛指挥人员、防汛指挥成员单位负责人参加的防汛抢险技术研讨班,重点学习和研讨防汛责任制、水文气象知识、防汛抢险预案、防洪工程基本情况、抗洪抢险技术知识等,使防汛抢险指挥人员能够科学决策,指挥得当。

3.3 技术准备

技术准备是指险情调查资料的分析整理和与堤防有关的地形、地质、水情、设计图纸的收集等。主要包括以下几项。

3.3.1 险情调查

此项工作应在汛前进行。首先是收集历年险情资料,进行归纳整理;其次是掌握上一年度及往年对险工险段的整治情况。根据上述资料,对重大险工险情进行初步判断,并告知于民。

3.3.2 收集技术资料

汛前应收集堤防的设计资料及相关建筑物的设计图纸,绘制堤防的纵剖面图,标注出堤基地质特征、堤顶高程、堤坡坡比、历年最高水位线、堤脚处的一般地面高程。配备堤防辖区的1/50 000地形图和1/5 000~1/10 000堤防带状地形图。

3.3.3 堤防汛期巡查

汛前对堤防工程应进行全面检查,汛期更要加强巡堤查险工作。检查的重点是险情调查资料中所反映出来的险工、险段。巡查要做到两个结合,即"徒步拉网式"的工程普查与对险工险段、水毁工程修复情况的重点巡查相结合;定时检查与不定时巡查相结合。同时做到三加强三统一,即加强责任心,统一领导,任务落实到人;加强技术指导,统一填写检查记录的格式,如记录出现险情的时间、地点、类别,绘制草图,同时记录水位和天气情况等有关资料,必要时应进行测图、摄影和录像,甚至立即采取应急措施,并同时报上一级防汛指挥部;加强抢险意识,做到眼勤、手勤、耳勤、脚勤和发现险情快、抢护处理快、险情报告快,统一巡查范围、内容和报警方法。巡查范围包括堤身、堤(河)岸,堤背水坡脚200 m以内水塘、洼地、房屋、水井及与堤防相接的各种交叉建筑物。检查的内容包括裂缝、滑坡、跌窝、洞穴、渗水、塌岸、管涌(泡泉)、漏洞等。统一报警方法包括:

(1)警号规定。①利用广播电视、移动电话、对讲机、报警器报警时,警号可现场约定;②当没有条件采用现代设备进行报警时,可因地制宜地采用口哨、锣鼓,甚至鸣枪报警,警号应事先约定。

(2)出险标志。出险和抢险的地点,要作出显著的标志,如红旗、红灯等。

(3)广而告之。无论用何种报警器具和方法,都要有严密的组织和纪律,并安民告示,使之家喻户晓。

3.4 抢险料物准备与供应

防汛料物是防汛抢险的重要物质条件,须在汛前筹备妥当,以满足抢险的需要。汛期发生险情时,应根据险情的性质尽快从储备的防汛物资中选用合适的抢险料物进行抢护。如果料物供应及时,抢险使用得当,会取得事半功倍的效果,化险为夷。否则,将贻误战机,造成抢险被动。

由于防汛料物使用量大,品种繁多,多年来实行国家、社会团体储备与群众筹集相结合的办法。

各级防汛指挥部按照一定的防汛物资储备定额进行储备,用后应及时补充。主要储备砂石料(砂料、石子、块石)、铅丝、袋类(编织袋、麻袋)、土工合成材料(编织布、无纺布、复合土工膜及相应的软体排)、篷布、麻绳、救生器材(冲锋舟、橡皮船、救生衣、救生圈)、发电机组等。

社会团体(主要指工商企业)一般代储一些大宗防汛物资,如苇席、竹竿、麻绳、麻袋、草袋、篷布、电线、照明用品等。每年汛前预订合同,用后付款,不用时按照规定给予保管费,汛后由代储单位自行处理。

沿堤群众储备临时抢险所需的柳秸料、苇席、木桩、麻布袋、棉絮(棉衣、棉被)、草捆等,由各级防汛指挥部于每年汛前号料登记,议定价格,备而不用,用后付款。

3.5 通信联络的准备

汛前要检查维修各种防汛通信设施,包括有线、无线设施,对值机人员应组织培训,建立话务值班制度,保证汛期通信畅通。与电信部门通报防汛情况,建立联系制度,约定紧急防汛通话的呼号。蓄滞洪区应按照预报时限、转移方案和安全建设情况,布置配备通信报警系统。

3.6 实施交通管制

按照《中华人民共和国防洪法》第四十一条的规定,当江河、湖泊的水情接近保证水位或者安全流量,水库水位接近设计洪水位,或者防洪工程设施发生重大险情时,有关县级以上人民政府防汛指挥机构可以宣布进入紧急防汛期。在紧急防汛期,按照《中华人民共和国防洪法》第四十五条的规定,防汛指挥机构提请公安、交通等有关部门依法实施陆地和水面交通管制。

4 险情的判别和抢护

4.1 堤身漏洞险情的判别和抢护

4.1.1 漏洞产生的原因

漏洞产生的原因是多方面的,一般来说有:①由于历史原因,堤身内部遗留有屋基、墓穴、阴沟、暗道、腐朽树根等,筑堤时未清除;②堤身填土质量不好,未夯实,有土块或架空结构,在高水位作用下,土块间部分细料流失;③堤身中夹有砂层等,在高水位作用下,砂粒流失;④堤身内有白蚁、蛇、鼠、獾等动物洞穴,在汛期高水位作用下,将平时的淤塞物冲开,或因渗水沿隐患、松土串连而成漏洞;⑤在持续高水位条件下,堤身浸泡时间长,土体变软,更易促成漏洞的生成,故有“久浸成漏”之说;⑥位于老口门和老险工部位的堤段、复堤结合部位处理不好或产生过贯穿裂缝处理不彻底,一旦形成集中渗漏,即有可能转化为漏洞。

发生在堤脚附近的漏洞,很容易与一些基础的管涌险情相混淆,这样是很危险的。1998年汛期就有类似情况发生,幸好在堤临水侧及时发现了进水口,否则若一直当管涌抢险,其后果将不堪设想。

4.1.2　漏洞险情的判别

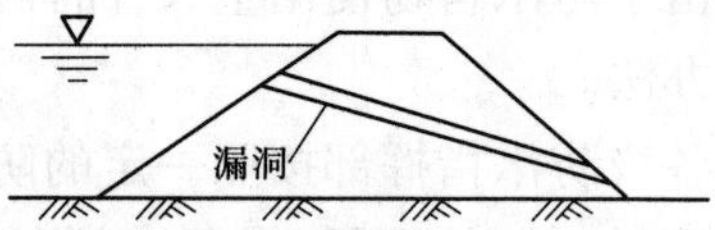

图5-4　漏洞险情示意图

从上述漏洞形成的原因及过程可以知道,漏洞贯穿堤身,使洪水通过孔洞直接流向堤背水侧,见图5-4。漏洞的出口一般发生在背水坡或堤脚附近,其表现形式主要有:

(1)漏洞开始时漏水量小,堤土很少被冲动,所以漏水较清,叫作清水漏洞。此情况的产生一般伴有渗水的发生,初期易被忽视。但只要查险仔细,就会发现漏洞周围"渗水"的水量较其他地方大,应引起特别重视。

(2)漏洞一旦形成,出水量明显增加,且渗出的水多为浑水,因而湖北等地形象地称之为"浑水洞"。漏洞形成后,洞内形成一股集中水流,漏洞扩大迅速。由于洞内土的崩解、冲刷,出水水流时清时浑,时大时小。

(3)漏洞险情的另一个表现特征是水深较浅时,漏洞进水口的水面上往往会形成漩涡,所以在背水侧查险发现渗水点时,应立即到临水侧查看是否有漩涡产生。

4.1.3　漏洞险情的探测

4.1.3.1　水面观察

漏洞形成初期,进水口水面有时难以看到漩涡。可以在水面上撒一些漂浮物,如纸屑、碎草或泡沫塑料碎屑,若发现这些漂浮物在水面打漩或集中在一处,即表明此处水下有进水口。

4.1.3.2　潜水探漏

漏洞进水口如水深流急,水面看不到漩涡,则需要潜水探摸。潜水探摸是有效的方法。由体魄强壮、游泳技能高强的青壮年担任潜水员,上身穿戴井字皮带,系上绳索由堤上人员掌握,以策安全。探摸方法:一是手摸脚踩,二是用一端扎有布条的杆子探测,如遇漏洞,洞口水流吸引力可将布条吸入,移动困难。

4.1.3.3　投放颜料观察水色

本方法适用于水流相对小的堤段。在可能出现漏洞且为水浅流缓的堤段分段、分期、分别撒放石灰或其他易溶于水的带色颜料,如高锰酸钾等,记录每次投放时间、地点,并设专人在背水坡漏洞出水口处观察,如发现出洞口水流颜色改变,并记录时间,即可判断漏洞进水口的大体位置和水流流速大小。然后改变颜料颜色,进一步缩小投放范围,即可较准确地找出漏洞进水口。

4.1.3.4　电法探测

如条件允许,可在漏洞险情堤段采用电法探测仪进行探查,以查明漏水通道,判明埋深及走向。

4.1.4　漏洞险情的抢护方法

4.1.4.1　漏洞险情的抢护原则

一旦漏洞出水,险情发展很快,特别是浑水漏洞,将迅速危及堤防安全。所以,一旦发现漏洞,应迅速组织人力和筹集物料,抢早抢小,一气呵成。抢护原则是:"临水截堵,背水滤导",即在抢护时,应首先在临水侧找到漏洞进水口,及时堵塞,截断漏水来源,同时,在背水漏洞出水口采用反滤和围井,降低洞内水流流速,延缓并制止土料流失,防止险情扩大,切忌在漏洞出口处用不透水料强塞硬堵,以免造成更大险情。

4.1.4.2 漏洞险情的抢护方法

(1)塞堵法。

塞堵漏洞进口是最有效最常用的方法,尤其是在地形起伏复杂、洞口周围有灌木杂物时更适用。一般可用软性材料塞堵,如针刺无纺布、棉被、棉絮、草包、编织袋包、网包、棉衣及草把等,也可用预先准备的一些软楔(见图5-5)、草捆塞堵。在有效控制漏洞险情的发展后,还需用黏性土封堵闭气,或用大块土工膜、篷布盖堵,然后压土袋或土枕,直到完全断流。1998年汛期,汉口丹水池防洪墙背水侧发现冒水洞,出水量大,在出口处塞堵无效,险情十分危急,后在临水面探测到漏洞进口,立即用棉被等塞堵,并抛填闭气,使险情得以控制与消除。

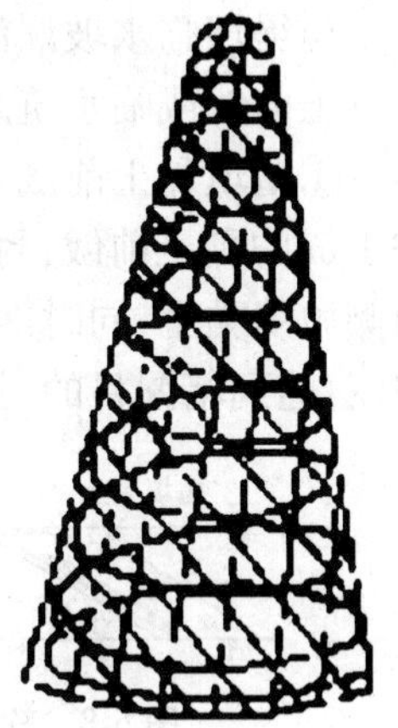

图5-5 软楔示意图

在抢堵漏洞进口时,切忌乱抛砖石等块状料物,以免架空,致使漏洞继续发展扩大。

(2)盖堵法。

①复合土工膜排体(见图5-6)或篷布盖堵。当洞口较多且较为集中,附近无树木杂物,逐个堵塞费时且易扩展成大洞时,可采用大面积复合土工膜排体或篷布盖堵,可沿临水坡肩部位从上往下,顺坡铺盖洞口,或从船上铺放,盖堵离堤肩较远处的漏洞进口,然后抛压土袋或土枕,并抛填黏土,形成前戗截渗,见图5-7。

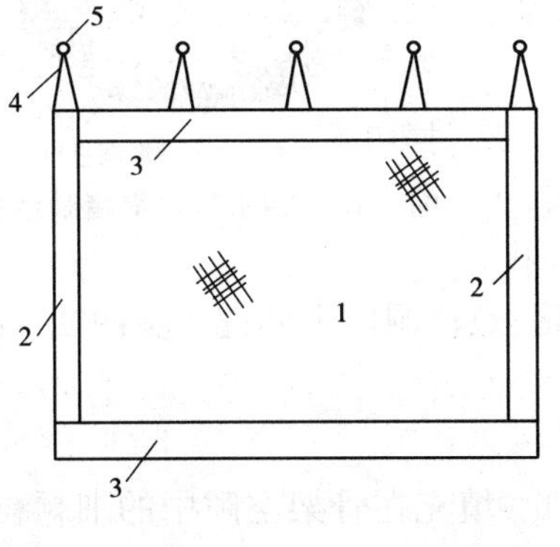

1—复合土工膜;2—纵向土袋筒(ϕ60 cm);
3—横向土袋筒(ϕ60 cm);4—筋绳;5—木桩

图5-6 复合土工膜排体

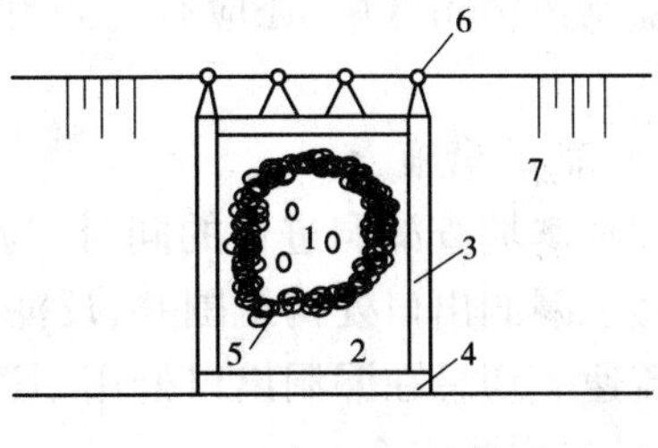

1—多个漏洞进口;2—复合土工膜排体;
3—纵向土袋枕;4—横向土袋枕;
5—正在填压的土袋;6—木桩;7—临水堤坡

图5-7 复合土工膜排体盖堵漏洞进口

②就地取材盖堵。当洞口附近流速较小、土质松软或洞口周围已有许多裂缝时,可就地取材用草帘、苇箔等重叠数层作为软帘,也可临时用柳枝、秸料、芦苇等编扎软帘。软帘的大小也应根据洞口具体情况和需要盖堵的范围决定。在盖堵前,先将软帘卷起,置放在洞口的上部。软帘的上边可根据受力大小用绳索或铅丝系牢于堤顶的木桩上,下边附以重物,利于软帘下沉时紧贴边坡,然后用长杆顶推,顺堤坡下滚,把洞口盖堵严密,再盖压土袋,抛填黏土,达到封堵闭气,见图5-8。

采用盖堵法抢护漏洞进口,需防止盖堵初始时,由于洞内断流,外部水压力增大,洞口覆盖物的四周进水。因此,洞口覆盖后必须立即封严四周,同时迅速用充足的黏土料封堵闭气。否则,一旦堵漏失败,洞口扩大,将增加再堵的困难。

(3)戗堤法。

当堤坝临水坡漏洞口多而小,范围又较大时,在黏土料备料充足的情况下,可采用抛填黏土前戗或临水筑月堤的办法进行抢堵。

①抛填黏土前戗。在洞口附近区域连续集中抛填黏土,一般形成厚3~5 m、高出水面约1 m的黏土前戗,封堵整个漏洞区域,在遇到填土易从洞口冲出的情况下,可先在洞口两侧抛填黏土,同时准备一些土袋,集中抛填于洞口,初步堵住洞口后,再抛填黏土,闭气截流,达到堵漏目的,见图5-9。

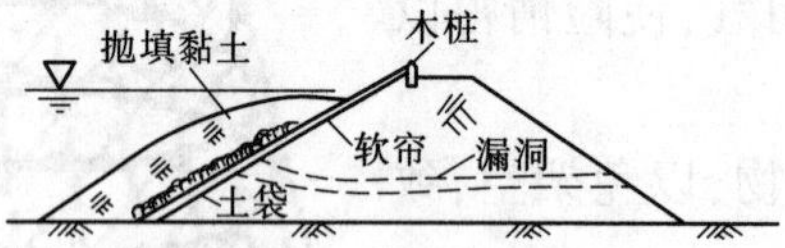

图5-8 软帘盖堵示意图

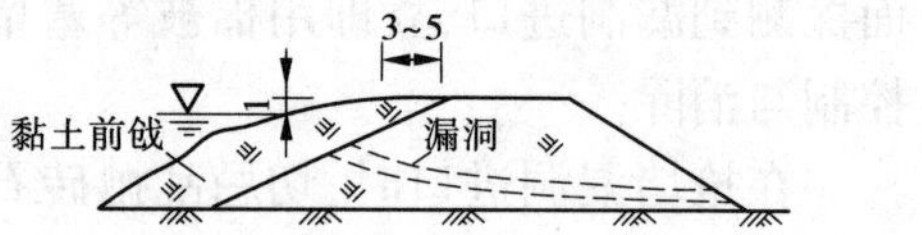

图5-9 黏土前戗截渗示意图 (单位:m)

②临水筑月堤。如果临水水深较浅,流速较小,则可在洞口范围内用土袋迅速连续抛填,快速修成月形围堰,同时在围堰内快速抛填黏土,封堵洞口,见图5-10。

漏洞抢堵闭气后,还应有专人看守观察,以防再次出险。

(4)辅助措施。

在临水坡查漏洞进口的同时,为减缓堤土流失,可在背水漏洞出口处构筑围井,反滤导渗,降低洞内水流流速。切忌在漏洞出口处用不透水料强塞硬堵,致使洞口土体进一步冲蚀,导致险情扩大,危及堤防安全。

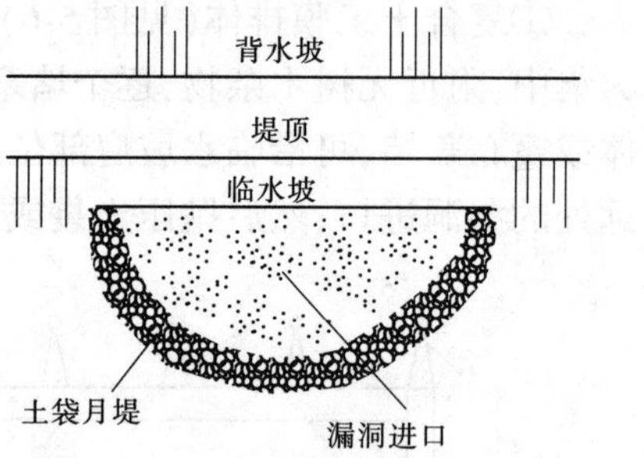

图5-10 临水筑月堤堵漏示意图

4.2 堤基管涌险情的判别和抢护

在渗流水作用下土颗粒群体运动,称为“流土”。填充在骨架空隙中的细颗粒被渗水带走,称为“管涌”。通常将上述两种渗透破坏统称为管涌(又称翻砂鼓水、泡泉)。管涌险情的发展以流土最为迅速,它的过程是随着出水口涌水挟砂增多,涌水量也随之增大,逐渐形成管涌洞,如将附近堤(闸)基下砂层淘空,就会导致堤(闸)身骤然下挫,甚至酿成决堤灾害。据统计,1998年汛期,长江干堤近2/3的重大险情是管涌险情。所以,发生管涌时,决不能掉以轻心,必须迅速予以处理,并进行必要的监护。

4.2.1 管涌险情产生的原因

管涌形成的原因是多方面的,一般来说,堤防基础为典型的二元结构,上层是相对不透水的黏性土或壤土,下面是粉砂、细砂,再下面是砂砾卵石等强透水层,并与河水相通(见图5-11)。在汛期高水位时,由于强透水层渗透水头损失很小,堤防背水侧数百米范围内表土层底部仍承受很大的水压力。如果这股水压力冲破了黏土层,在没有反滤层保护的情况下,粉砂、细砂就会随水流出,从而发生管涌。

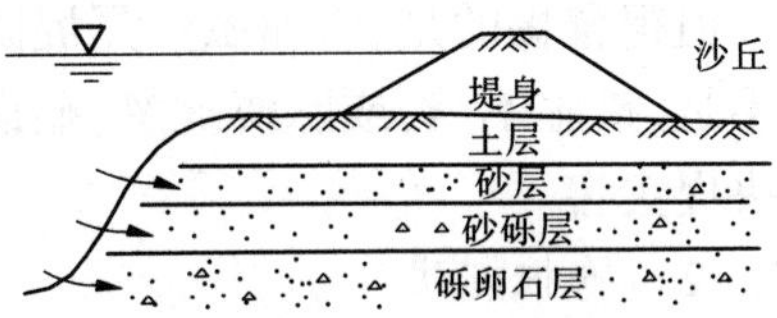

图 5-11 管涌险情示意图

堤防背水侧的地面黏土层不能抗御水压力而遭到破坏的原因大致为:

(1)防御水位提高,渗水压力增大,堤背水侧地面黏土层厚度不够。

(2)历史上溃口段内黏土层遭受破坏,复堤后,堤背水侧留有渊潭,渊潭中黏土层较薄,常有管涌发生。

(3)历年在堤背水侧取土加培堤防,将黏土层挖薄。

(4)建闸后渠道挖方及水流冲刷将黏土层减薄。

(5)在堤背水侧钻孔或勘探爆破孔封闭不实和一些民用井的结构不当,形成渗流通道。如 1995 年荆江大堤柳口堤段,距背水侧堤脚数百米的地方因钻孔封填不实,汛期发生了管涌;1998 年汛期,湖北省公安县及江西省九江市均有因民用井结构不当而出现险情的。

(6)由于其他原因将堤背水侧表土层挖薄。

4.2.2 管涌险情的判别

管涌险情的严重程度一般可以从以下几个方面加以判别,即管涌口离堤脚的距离,涌水浑浊度及带沙情况,管涌口直径,涌水量,洞口扩展情况,涌水水头等。由于抢险的特殊性,目前都是凭有关人员的经验来判断。具体操作时,管涌险情的危害程度可从以下几方面分析判别:

(1)管涌一般发生在背水堤脚附近地面或较远的坑塘洼地。距堤脚越近,其危害性就越大。一般以距堤脚 15 倍水位差范围内的管涌最危险,在此范围以外的次之。

(2)有的管涌点距堤脚虽远一点,但是管涌不断发展,即管涌口径不断扩大,管涌流量不断增大,带出的砂越来越粗,数量不断增大,这也属于重大险情,需要及时抢护。

(3)有的管涌发生在农田或洼地中,多是管涌群,管涌口内有砂粒跳动,似“煮稀饭”,涌出的水多为清水,险情稳定,可加强观测,暂不处理。

(4)管涌发生在坑塘中,水面会出现翻花鼓泡,水中带砂、色浑,有的由于水较深,水面只看到冒泡,可潜水探摸,是否有凉水涌出或洞口是否形成砂环。

需要特别指出的是,由于管涌险情多数发生在坑塘中,管涌初期难以发现。因此,在荆江大堤加固设计中曾采用填平堤背水侧 200 m 范围内水塘的办法,有效地控制了管涌险情的发生。

(5)堤背水侧地面隆起(牛皮包、软包)、膨胀、浮动和断裂等现象也是产生管涌的前兆,只是目前水的压力不足以顶穿上覆土层。随着江水位的上涨,有可能顶穿,因而对这种险情要高度重视并及时进行处理。

4.2.3 管涌险情的抢护方法

4.2.3.1 抢护原则

抢护管涌险情的原则是“导水抑砂”。这样既可使砂层不再被破坏,又可以降低附近渗水压力,使险情得以控制和稳定。

值得警惕的是,管涌虽然是堤防溃口极为明显和常见的原因,但对它的危险性仍有认识不足,措施不当,或麻痹疏忽,贻误时机的。如大围井抢筑不及时,或高围井倒塌都曾造成决堤灾害。

4.2.3.2　抢护方法

(1)反滤围井。

在管涌口处用编织袋或麻袋装土抢筑围井,井内同步铺填反滤料,从而制止涌水带砂,以防险情进一步扩大,当管涌口很小时,也可用无底水桶或汽油桶做围井。这种方法适用于发生在地面的单个管涌或管涌数目虽多但比较集中的情况。对水下管涌,当水深较浅时也可以采用。

围井面积应根据地面情况、险情、料物储备等来确定。围井高度应以能够控制涌水带砂为原则,但也不能过高,一般不超过 1.5 m,以免围井附近产生新的管涌。对管涌群,可以根据管涌口的间距选择单个或多个围井进行抢护。围井与地面应紧密接触,以防造成漏水,使围井水位无法抬高。

围井内必须用透水材料铺填,切忌用不透水材料。根据所用反滤料的不同,反滤围井可分为以下几种形式。

①砂石反滤围井。砂石反滤围井是抢护管涌险情的最常见形式之一。选用不同级配的反滤料,可用于不同土层的管涌抢险。在围井抢筑时,首先应清理围井范围内的杂物,并用编织袋或麻袋装土填筑围井。然后根据管涌程度的不同,采用不同的方式铺填反滤料:对管涌口不大、涌水量较小的情况,采用由细到粗的顺序铺填反滤料,即先装细料,再填过渡料,最后填粗料,每级滤料的厚度为 20~30 cm,反滤料的颗粒组成应根据被保护土的颗粒级配事先选定和储备;对管涌口直径和涌水量较大的情况,可先填较大的块石或碎石,以消杀水势,再按前述方法铺填反滤料,以免较细颗粒的反滤料被水流带走。反滤料填好后应注意观察,若发现反滤料下沉可补足滤料,若发现仍有少量浑水带出而不影响其骨架改变(即反滤料不下陷),可继续观察其发展,暂不处理或略抬高围井水位。管涌险情基本稳定后,在围井的适当高度插入排水管(塑料管、钢管和竹管),使围井水位适当降低,以免围井周围再次发生管涌或井壁倒塌。同时,必须持续不断地观察围井及周围情况的变化,及时调整排水口高度,如图 5-12 所示。

②土工织物反滤围井。首先对管涌口附近进行清理平整,清除尖锐杂物。管涌口用粗料(碎石、砾石)充填,以消杀涌水压力。铺土工织物前,先铺一层粗砂,粗砂层厚 30~40 cm。然后选择合适的土工织物铺上。需要特别指出的是,土工织物的选择是相当重要的,并不是所有土工织物都适用。选择的方法可以将管涌口涌出的水砂放在土工织物上从上向下渗几次,看土工织物是否淤堵。若管涌带出的土为粉砂,一定要慎重选用土工织物(针刺型);若为较粗的砂,一般的土工织物均可选用。最后要注意的是,土工织物铺设一定要形成封闭的反滤层,土工织物周围应嵌入土中,土工织物之间用线缝合。然后在土工织物上面用块石等强透水材料压盖,加压顺序为先四周后中间,最终中间高、四周低,最后在管涌区四周用土袋修筑围井。围井修筑方法和井内水位控制与砂石反滤围井相同(见图 5-13)。

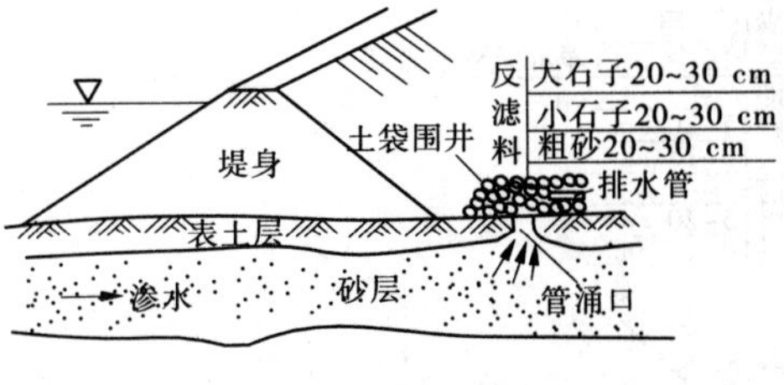

图 5-12 砂石反滤围井示意图

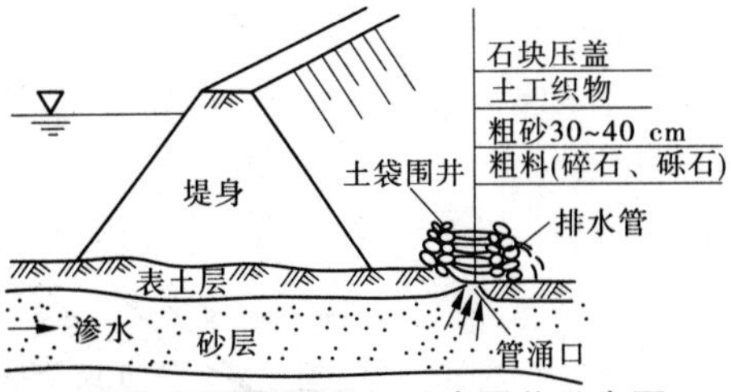

图 5-13 土工织物反滤围井示意图

③梢料反滤围井。梢料反滤围井用梢料代替砂石反滤料做围井,适用于砂石料缺少的地方。下层选用麦秸、稻草,铺设厚度 20~30 cm。上层铺粗梢料,如柳枝、芦苇等,铺设厚度 30~40 cm。梢料填好后,为防止梢料上浮,梢料上面压块石等透水材料。围井修筑方法及井内水位控制与砂石反滤围井相同(见图 5-14)。

(2)反滤层压盖。在堤内出现大面积管涌或管涌群时,如果料源充足,可采用反滤层压盖的方法,以降低涌水流速,制止地基泥沙流失,稳定险情。反滤层压盖必须用透水性好的材料,切忌使用不透水材料。根据所用反滤材料不同,可分为以下几种:

①砂石反滤压盖(见图 5-15)。在抢筑前,先清理铺设范围内的杂物和软泥,同时对其中涌水涌沙较严重的出口用块石或砖块抛填,消杀水势,然后在已清理好的管涌范围内铺粗砂一层,厚约 20 cm,再铺小石子和大石子各一层,厚度均为 20 cm,最后压盖块石一层,予以保护。

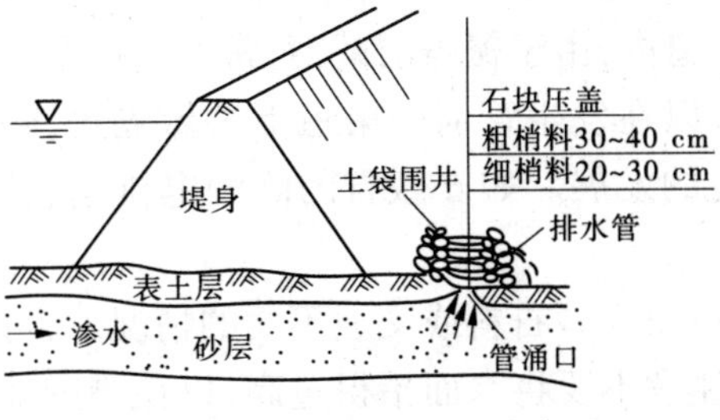

图 5-14 梢料反滤围井示意图

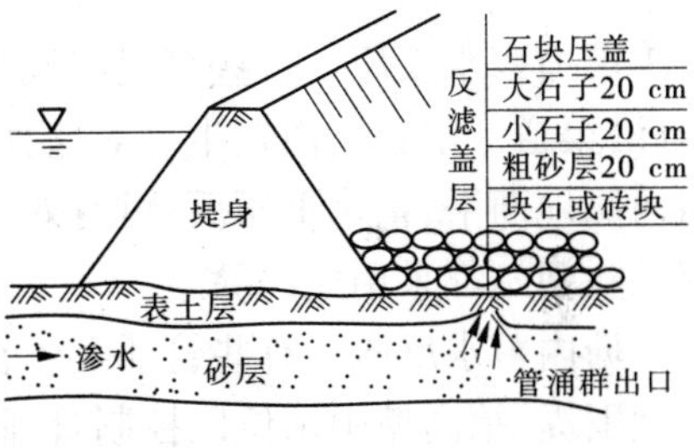

图 5-15 砂石反滤压盖示意图

②梢料反滤压盖(见图 5-16)。当缺乏砂石料时,可用梢料做反滤压盖。其清基和消杀水势措施与砂石反滤压盖相同。在铺筑时,先铺细梢料,如麦秸、稻草等,厚 10~15 cm,再铺粗梢料,如柳枝、秫秸和芦苇等,厚 15~20 cm,粗细梢料共厚约 30 cm,然后铺席片、草垫或苇席等,组成一层。视情况可只铺一层或连铺数层,然后用块石或沙袋压盖,以免梢料漂浮。梢料总的厚度以能够制止涌水挟带泥沙、变浑水为清水、稳定险情为原则。

(3)蓄水反压(俗称养水盆)。即通过抬高管涌区内的水位来减小堤内外的水头差,从而降低渗透压力,减小出逸水力坡降,达到制止管涌破坏和稳定管涌险情的目的,见图 5-17。

该方法的适用条件是:①闸后有渠道,堤后有坑塘,利用渠道水位或坑塘水位进行蓄水反压;②覆盖层相对薄弱的老险工段,结合地形,做专门的大围堰(或称月堤)充水反压;③极大的管涌区,其他反滤盖重难以见效或缺少砂石料的地方。

蓄水反压的主要形式有以下几种:

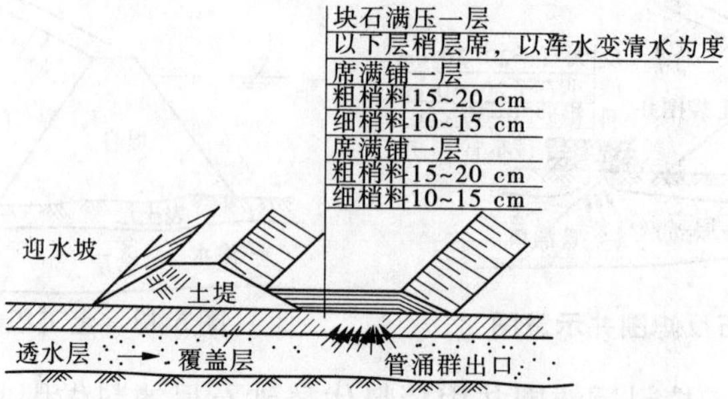

图5-16　梢料反滤压盖示意图

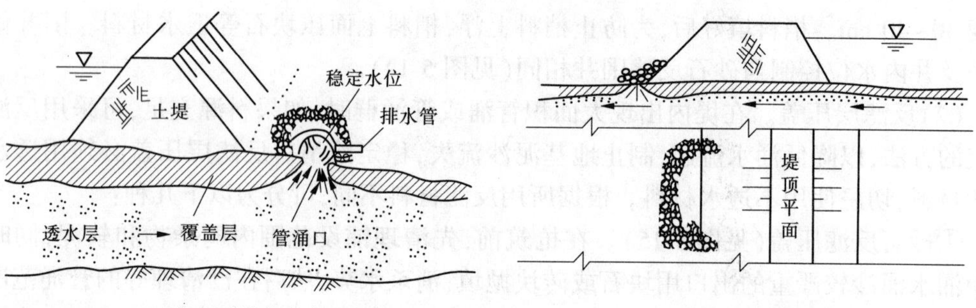

(a)无滤层围井示意图　　(b)背水月堤示意图

图5-17　蓄水反压示意图

①渠道蓄水反压。一些穿堤建筑物后的渠道内,由于覆盖层减薄,常产生一些管涌险情,且沿渠道一定长度内发生。对这种情况,可以在发生管涌的渠道下游做隔堤,隔堤高度与两侧地面平,蓄水平压后,可有效控制管涌的发展。如安徽省的陈洲电排站、新河口站等老险闸站都采用此法除险。

②塘内蓄水反压。有些管涌发生在塘中,在缺少砂石料或交通不便的情况下,可沿塘四周做围堤,抬高塘中水位以控制管涌。但应注意不要将水面抬得过高,以免周围地面出现新的管涌。

③围井反压。对于大面积的管涌区和老的险工段,由于覆盖层很薄,为确保汛期安全度汛,可抢筑大的围井,并蓄水反压,控制管涌险情。如1998年安庆市东郊马窝段,长江上的一个老险工段,覆盖层厚度仅0.8~3 m,汛期抢筑了5个大的围井,有效控制了5 km长堤段内管涌险情的发生。

采用围井反压时,由于井内水位高、压力大,围井要有一定的强度,同时应严密监视周围是否出现新管涌。切忌在围井附近取土。

④其他。对于一些小的管涌,一时又缺乏反滤料,可以用小的围井围住管涌,蓄水反压,制止涌水带沙。也有的用无底水桶蓄水反压,达到稳定管涌险情的目的。

4.2.4　水下管涌险情抢护

在坑、塘、水沟和水渠处经常发生水下管涌,给抢险工作带来困难。可结合具体情况,采用以下处理办法:

(1)反滤围井。当水深较浅时,可采用这种方法。

(2) 水下反滤层。当水深较深，做反滤围井困难时，可采用水下抛填反滤层的办法。如管涌严重，可先填块石以消杀水势，然后从水上向管涌口处分层倾倒砂石料，使管涌处形成反滤堆，使沙粒不再带出，从而达到控制管涌险情的目的，但这种方法使用砂石料较多。

(3) 蓄水反压。当水下出现管涌群且面积较大时，可采用蓄水反压的办法控制险情，可直接向坑塘内蓄水，如果有必要，也可以在坑塘四周筑围堤蓄水。

4.2.5　"牛皮包"的处理

当地表土层在草根或其他胶结体作用下凝结成一片时，渗透水压把表土层顶起而形成鼓包，俗称为"牛皮包"。一般可在隆起的部位铺麦秸或稻草一层，厚 10～20 cm，其上再铺柳枝、秫秸或芦苇一层，厚 20～30 cm。当厚度超过 30 cm 时，可分横竖两层铺放，然后再压。

4.3　堤基渗水险情的判别和抢护

渗水俗称"散浸""散渗"等。其主要表现特征是：在汛期或持续高水位的情况下，江湖水通过堤身向堤内渗透。由于堤身土料选择不当、堤身断面单薄或施工质量等方面的原因，渗透到堤内的水较多，浸润线相应抬高，堤背水坡出逸点以下土体湿润或发软，有水渗出，称为渗水。渗水是堤防常见的险情之一（见图 5-18）。

4.3.1　渗水险情产生的原因

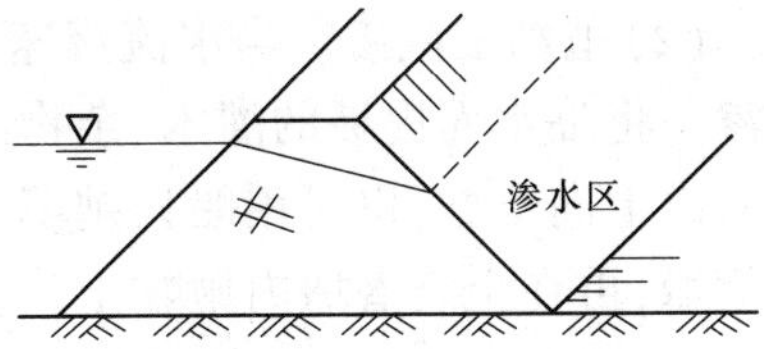

图 5-18　渗水示意图

堤防产生渗水的主要原因有：①超警戒水位持续时间长；②堤防断面尺寸不足；③堤身填土含沙量大，临水坡又无防渗斜墙或其他有效控制渗流的工程措施；④由于历史原因，堤防多为民工挑土而筑，填土质量差，没有正规的碾压，有的填筑时含有冻土、团块和其他杂物，夯实不够等；⑤堤防的历年培修，使堤内有明显的新老结合面存在；⑥堤身隐患，如蚁穴、蛇洞、暗沟、易腐烂物、树根等。

4.3.2　渗水险情的判别

渗水险情的严重程度可以从渗水量、出逸点高度和渗水的浑浊情况等三个方面加以判别，目前常从以下几方面区分险情的严重程度：

(1) 堤背水坡严重渗水或渗水已开始冲刷堤坡，使渗水变浑浊，有发生流土的可能，证明险情正在恶化，必须及时进行处理，防止险情的进一步扩大。

(2) 渗水是清水，但如果出逸点较高（黏性土堤防不能高于堤坡的 1/3，而对于砂性土堤防，一般不允许堤身渗水），易产生堤背水坡滑坡、漏洞及陷坑等险情，也要及时处理。

(3) 因堤防浸水时间长，在堤背水坡出现渗水。渗水出逸点位于堤脚附近，为少量清水，经观察并无发展，同时水情预报水位不再上涨或上涨不大时，可加强观察，注意险情的变化，暂不处理。

(4) 其他原因引起的渗水。通常与险情无关，如堤背水坡江水位以上出现渗水，是由雨水、积水排出造成的。

应当指出的是，许多渗水的恶化都与雨水的作用关系甚密，特别是填土不密实的堤段。在降雨过程中应密切注意渗水的发展，该类渗水易引起堤身凹陷，从而使一般渗水险情转化为重大险情。

4.3.3 堤身渗水的抢护原则

渗水的抢护原则应是“临水截渗,背水导渗”。

4.3.4 渗水险情的抢护方法

4.3.4.1 临水截渗

为减少堤防的渗水量,降低浸润线,达到控制渗水险情发展和稳定堤防边坡的目的,特别是渗水险情严重的堤段,如渗水出逸点高、渗出浑水、堤坡裂缝及堤身单薄等,应采用临水截渗。临水截渗一般应根据临水的深度、流速、风浪的大小,取土的难易,酌情采取以下方法。

(1)复合土工膜截渗。堤临水坡相对平整且无明显障碍时,采用复合土工膜截渗是简便易行的办法。具体做法是:在铺设前,将临水坡面铺设范围内的树枝、杂物清理干净,以免损坏土工膜。土工膜顺坡长度应大于堤坡长度1 m,沿堤轴线铺设宽度视堤背水坡渗水程度而定,一般超过险段两端5~10 m,幅间的搭接宽度不小于50 cm。每幅复合土工膜底部固定在钢管上,铺设时从堤坡顶沿坡向下滚动展开,土工膜铺设的同时,用土袋压盖,以免土工膜随水浮起,同时提高土工膜的防冲能力,也可用复合土工膜排体作为临水面截渗体。

(2)抛黏土截渗。当水流流速和水深不大且有黏性土料时,可采用临水面抛填黏土截渗。将临水面堤坡的灌木、杂物清除干净,使抛填黏土能直接与堤坡土接触。抛填可从堤肩由上向下抛,也可用船只抛填。当水深较大或流速较大时,可先在堤脚处抛填土袋构筑潜堰,再在土袋潜堰内抛黏土。黏土截渗体一般厚2~3 m,高出水面1 m,超出渗水段3~5 m。

4.3.4.2 背水坡反滤沟导渗

当堤背水坡大面积严重渗水,而在临水侧迅速做截渗有困难时,只要背水坡无脱坡或渗水变浑情况,可在背水坡及其坡脚处开挖导渗沟,排走背水坡表面土体中的渗水,恢复土体的抗剪强度,控制险情的发展。

根据反滤沟内所填反滤料的不同,反滤导渗沟可分为三种:①在导渗沟内铺设土工织物,其上回填一般的透水料,称为土工织物导渗沟。②在导渗沟内填砂石料,称为砂石导渗沟。1998年汛期,湖北监利和洪湖长江干堤采用砂石导渗沟效果较好。③因地制宜地选用一些梢料作为导渗沟的反滤料,称为梢料导渗沟。

(1)导渗沟的布置形式。导渗沟的布置形式可分为纵横沟、“Y”字形沟和“人”字形沟等。以“人”字形沟的应用最为广泛,效果最好,“Y”字形沟次之,见图5-19(a)。

(2)导渗沟尺寸。导渗沟的开挖深度、宽度和间距应根据渗水程度和土壤性质确定。一般情况下,开挖深度、宽度和间距分别选用30~50 cm、30~50 cm和6~10 m。导渗沟的开挖高度,一般要达到或略高于渗水出逸点位置。导渗沟的出口,以导渗沟所截得的水排出离堤脚2~3 m外为宜,尽量减少渗水对堤脚的浸泡。

(3)反滤料铺设。边开挖导渗沟,边回填反滤料。反滤料为砂石料时,应控制含泥量,以免影响导渗沟的排水效果;反滤料为土工织物时,土工织物应与沟的周边结合紧密,其上回填碎石等一般的透水料,土工织物搭接宽度以大于20 cm为宜;回填滤料为稻糠、麦秸、稻草、柳枝、芦苇等,其上应压透水盖重,见图 5~19(b)、(c)、(d)。

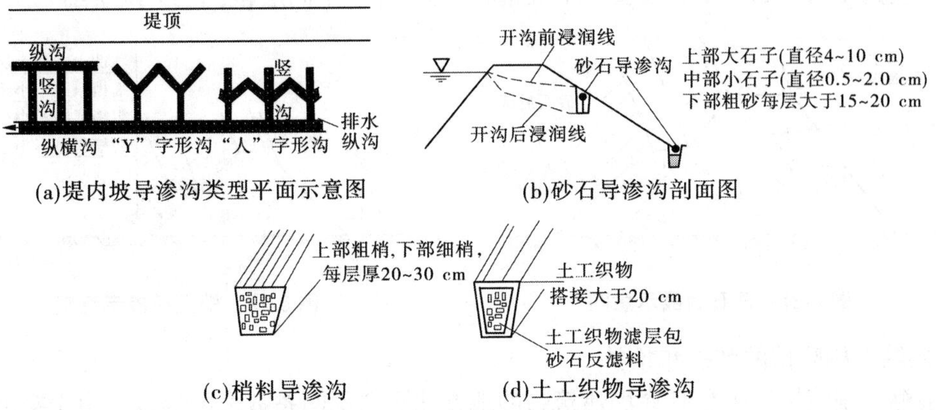

图 5-19　导渗沟铺填示意图

值得指出的是,反滤导渗沟对维护堤坡表面土的稳定是有效的,而对于降低堤内浸润线和堤背水坡出逸点高程的作用相当有限。要彻底根治渗水,还要视工情、水情、雨情等确定是否采用临水截渗和压渗固脚平台。

4.3.4.3　背水坡贴坡反滤导渗

当堤身透水性较强,在高水位下浸泡时间长,导致背水坡面渗流出逸点以下土体软化,开挖反滤导渗沟难以成形时,可在背水坡作贴坡反滤导渗。在抢护前,先将渗水边坡的杂草、杂物及松软的表土清除干净;然后,按要求铺设反滤料。根据使用反滤料的不同,贴坡反滤导渗可以分为三种:土工织物反滤层、砂石反滤层、梢料反滤层,见图 5-20。

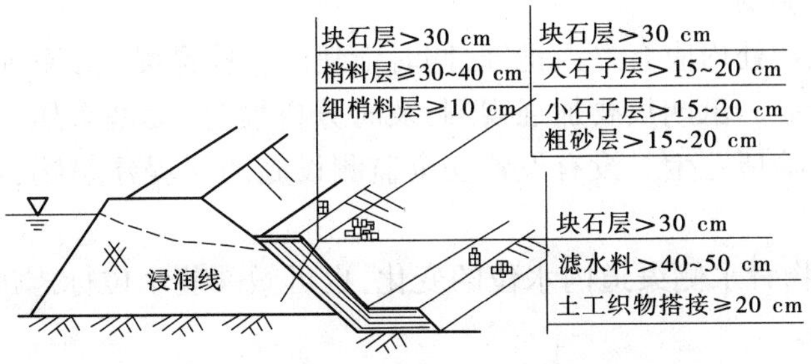

图 5-20　土工织物、砂石、梢料反滤层示意图

4.3.4.4　透水压渗平台

当堤防断面单薄,背水坡较陡,对于大面积渗水且堤线较长,全线抢筑透水压渗平台的工作量大时,可以结合导渗沟加间隔透水压渗平台的方法进行抢护。透水压渗平台根据使用材料不同,有以下两种方法:

(1)沙土压渗平台。首先将边坡渗水范围内的杂草、杂物及松软表土清除干净,再用砂砾料填筑后戗,要求分层填筑密实,每层厚度 30 cm,顶部高出浸润线出逸点 0.5~1.0 m,顶宽 2~3 m,戗坡一般为 1∶3~1∶5,长度超过渗水堤段两端至少 3 m,见图 5-21。

(2)梢土压渗平台。当填筑砂砾压渗平台缺乏足够料物时,可采用梢土代替砂砾,筑成梢土压浸平台。其外形尺寸及清基要求与沙土压渗平台基本相同,见图5-22,梢土压渗平台厚度为1~1.5 m。贴坡段及水平段梢料均为三层,中间层粗,上、下两层细。

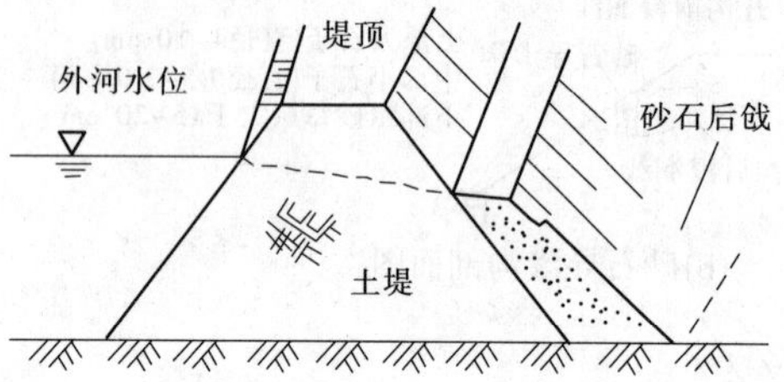

图5-21 砂石后戗示意图

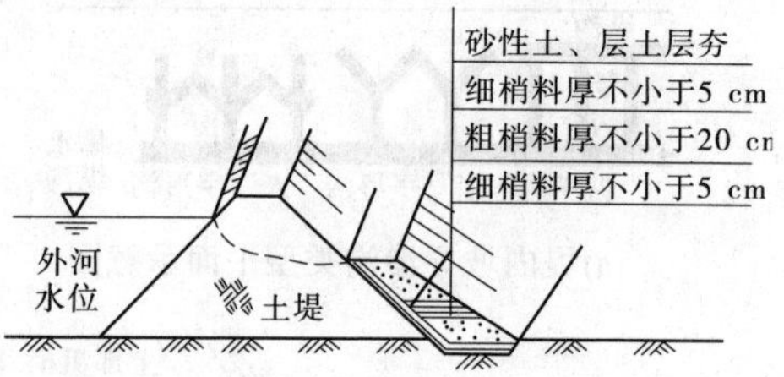

图5-22 梢土后戗示意图

4.4 接触冲刷险情的判别和抢护

接触冲刷险情发生在有穿堤建筑物的地方或土料层间系数大的堤段。由于穿堤建筑物多为刚性结构,在汛期高水位持续作用下,其与土堤的结合部位极有可能产生位移张开,使水沿缝渗漏,形成接触冲刷险情。尤其是一些穿堤建筑物直接坐落在砂基上,其接触面渗水给建筑物安全带来极大的影响。

4.4.1 接触冲刷险情产生的原因

接触冲刷险情产生的原因主要有:①与穿堤建筑物接触的土体回填不密实;②建筑物与土体结合部位有生物活动;③止水齿墙(槽、环)失效;④一些老的涵箱断裂变形;⑤超设计水位的洪水作用;⑥穿堤建筑物的变形引起结合部位不密实或破坏等;⑦土堤直接修建在卵石堤基上;⑧堤基土中层间系数太大的地方,如粉砂与卵石间也易产生接触冲刷。该类险情可以结合管涌险情来考虑,这里仅讨论穿堤建筑物的接触冲刷险情。

4.4.2 接触冲刷的判别

汛期穿堤建筑物处均应有专人把守,同时新建的一些穿堤建筑物应设有安全监测点,如测压管和渗压计等。汛期只要加强观测,及时分析堤身、堤基渗压力变化,即可分析判定是否有接触冲刷险情发生。没有设置安全监测设施的穿堤建筑物,可以从以下几个方面加以分析判别:

(1)查看建筑物背水侧渠道内水位的变化,也可做一些水位标志进行观测,帮助判别是否产生接触冲刷。

(2)查看堤背水侧渠道水是否浑浊,并判定浑水是从何处流进的,仔细检查各接触带出口处是否有浑水流出。

(3)建筑物轮廓线周边与土结合部位处于水下,可能在水面产生冒泡或浑水,应仔细观察,必要时可进行人工探摸。

(4)接触带位于水上部分,在结合缝处(如八字墙与土体结合缝)有水渗出,说明墙与土体间产生了接触冲刷,应及早处理。

4.4.3 接触冲刷险情的抢护原则

穿堤建筑物与堤身、堤基接触带产生接触冲刷,险情发展很快,直接危及建筑物与堤防的安全,所以抢险时,应抢早抢小、一气呵成。抢护原则是"临水截堵,背水导渗",特别是基础与建筑物接触部位产生冲刷破坏时,应抬高堤内渠道水位,减小冲刷水流流速。对可能产生建筑物塌陷的,应在堤临水面修筑挡水围堰或重新筑堤等。

4.4.4 接触冲刷险情的抢护方法

抢护接触冲刷险情可以根据具体情况采用以下几种方法。

4.4.4.1 临水堵截

(1)抛填黏土截渗。

①适用范围。临水不太深,风浪不大,附近有黏土料,且取土容易,运输方便。

②备料。由于穿堤建筑物进水口在汛期伸入江河中较远,在抛填黏土时,需要土方量大,为此,要充分备料,抢险时最好能采用机械运输,及时抢护。

③坡面清理。黏土抛填前,应清理建筑物两侧临水坡面,将杂草、树木等清除,以使抛填黏土能较好地与临水坡面接触,提高黏土抛填效果。

④抛填尺寸。沿建筑物与堤身、堤基结合部抛填,高度以超出水面1 m左右为宜,顶宽2~3 m。

⑤抛填顺序。一般是从建筑物两侧临水坡开始抛填,依次向建筑物进水口方向抛填,最终形成封闭的防渗黏土斜墙。

(2)临水围堰。临水侧有滩地,水流流速不大,而接触冲刷险情又很严重时,可在临水侧抢筑围堰,截断进水,达到制止接触冲刷的目的。临水围堰一定要绕过建筑物顶端,将建筑物与土堤及堤基结合部位围在其中。可从建筑物两侧堤顶开始进占抢筑围堰,最后在水中合龙;也可用船连接圆型浮桥进行抛填,加大施工进度,即时抢护。

在临水截渗时,靠近建筑物侧墙和涵管附近不要用土袋抛填,以免产生集中渗漏;切忌乱抛块石或块状物,以免架空,达不到截渗目的。

4.4.4.2 堤背水导渗

(1)反滤围井。当堤内渠道水不深时(小于2.5 m),在接触冲刷水流出口处修筑反滤围井,将出口围住并蓄水,再按反滤层要求填充反滤料。为防止因水位抬高,引起新的险情发生,可以调整围井内水位,直至最佳状态,即让水排出而不带走沙土。具体方法见管涌抢护方法中的反滤围井。

(2)围堰蓄水反压。在建筑物出口处修筑较大的围堰,将整个穿堤建筑物的下游出口围在其中,然后蓄水反压,达到控制险情的目的。其原理和方法与抢护管涌险情的蓄水反压相同。

在堤背水侧反滤导渗时,切忌用不透水料堵塞,以免引起新的险情。在堤背水侧蓄水反压时,水位不能抬得过高,以免引起围堰倒塌或周围产生新的险情。同时,由于水位高,水压大,围堰要有足够的强度,以免造成围堰倒塌而出现溃口性险情。

4.4.4.3 筑堤

当穿堤建筑物已发生严重的接触冲刷险情而无有效抢护措施时,可在堤临水侧或堤背水侧筑新堤封闭,汛后作彻底处理。具体方法如下:

(1)方案确定。首先应考虑抢险预案措施,根据地形、水情、人力、物力、抢护工程量及机械化作业情况,确定是筑临水围堤还是背水围堤。一般在堤背水侧抢筑新堤要容易些。

(2)筑堤线路确定。根据河流流速、滩地的宽窄情况及堤内地形情况,确定筑堤线路,同时根据工程量大小,以及是否来得及抢护,确定筑堤的长短。

(3)筑堤清基要求。确定筑堤方案和线路后,筑堤范围也即确定。首先应清除筑堤范围内的杂草、淤泥等,特别是新老堤结合部位应清理彻底。否则一旦新堤挡水,造成结合部集中渗漏,将会引起新的险情发生。

(4)筑堤填土要求。一般选用含砂少的壤土或黏土,严格控制填土的含水量、压实度,使填土充分夯实或压实,填筑要求可参考有关堤防填筑标准。

4.5 漫溢险情的判别和抢护

实际洪水位超过现有堤顶高程,或风浪翻过堤顶,洪水漫堤进入堤内即为漫溢。通常,土堤是不允许堤身过水的。一旦发生漫溢的重大险情,就会很快引起堤防的溃决。因此,在汛期应采取紧急措施防止漫溢的发生。1998年汛期,长江和嫩江、松花江流域的很多堤段都发生了洪水位超越堤顶高程的重大险情,不得不紧急抢筑子堰,依靠子堰挡水。

4.5.1 漫溢的主要原因

(1)实际发生的洪水超过了河道的设计标准,设计标准一般是准确而具权威性的,但也可能因为水文资料不够,代表性不足或由于认识上的原因,使设计标准定得偏低,形成漫溢的可能。这种超标准洪水的发生属非常情况。

(2)堤防本身未达到设计标准,这可能是投入不足,堤顶未达设计高程,也可能因地基软弱,夯填不实,沉陷过大,使堤顶高程低于设计值。

(3)河道严重淤积、过洪断面减小并对上游产生顶托,使淤积河段及其上游河段洪水位升高。

(4)因河道上人为建筑物阻水或盲目围垦,减小了过洪断面,河滩种植增加了糙率,影响了泄洪能力,使洪水位增高。

(5)防浪墙高度不足,波浪翻越堤顶。

(6)河势的变化、潮汐顶托及地震引起水位增高。

4.5.2 漫溢险情的预测

对已达防洪标准的堤防,当水位已接近或超过设计水位时及对尚未达到防洪标准的堤防,当水位已接近堤顶,仅留有安全超高富余时,应运用一切手段,适时收集水文、气象信息,进行水文预报和气象预报,分析判断更大洪水到来的可能性及水位可能上涨的程度。为防止洪水可能的漫溢溃决,应根据准确的预报和河道的实际情况,在更大洪峰到来之前抓紧时机,尽全力在堤顶临水侧部位抢筑子堰。

一般根据上游水文站的水文预报,通过洪水演进计算的洪水位准确度较高。没有水文站的流域,可通过上游雨量站网的降雨资料,进行产汇流计算和洪水演进计算,作洪峰和汇流时间的预报。目前,气象预报已具有相当高的准确程度,能够估计洪水发展的趋势,从宏观上提供加筑子堰的决策依据。

大江大河平原地区行洪需历经一定时段,这为决策和抢筑子堰提供了宝贵的时间,而山区性河流汇流时间就短得多,抢护更为困难。

4.5.3 漫溢险情的抢护原则

堤防防漫溢抢修应按“水涨堤高”原则,在堤顶修筑子堤。

4.5.4　漫溢险情的抢护方法

通过对气象、水情、河道堤防的综合分析，对有可能发生漫溢的堤段，抓紧洪水到来之前的宝贵时间，在堤顶上加筑子堰（埝）。首先要因地制宜，迅速明确抢筑子堰的形式、取土地点及施工路线等，组织人力、物料、机具，全线不留缺口，完成子堰的抢筑，并加强工程检查监督，确保子堰的施工质量，使其能承受水压，抵御洪水的浸泡和冲刷。堰顶高要超出预测推算的最高洪水位，做到子堰不过水，但从堤身稳定考虑，子堰也不宜过高。各种子堰的外脚一般都应距大堤外肩 0.5～1.0 m。抢筑各种子堰前应彻底清除地基的草皮、杂物，将表层刨毛，以利新老土层结合，并在堰轴线开挖一条结合槽，深 20 cm 左右，底宽 30 cm 左右。子堰的形式大约有以下几种，可根据实际情况确定。

4.5.4.1　黏性土堰

现场附近拥有可供选用含水量适当的黏性土，可筑均质黏性土堰，不得用沼泽腐殖土或沙土填筑，要分层夯实，埝顶宽 0.6～1.0 m，边坡不应陡于 1∶1，子堰水面可用编织布防护抗冲刷，编制布下端压在堰基下。当情况紧急，来不及从远处取土时，堤顶较宽的可就近在背水侧堤肩的浸润线以上部分堤身借土筑堰，见图 5-23。这是不得已而为之的，当条件许可时应抓紧修复。

4.5.4.2　袋装土堰

这是抗洪抢险中最为常用的形式，土袋临水可起防冲作用，广泛采用的是土工编织袋，麻袋和草袋亦可，汛期抢险应确保充足的袋料储备。此法便于近距离装袋和输送。为确保子堰的稳定，袋内不得装填粉细砂和稀软土，因为它们的颗粒容易被风浪冲刷吸出，宜用黏性土、砾质土装袋。装袋 7～8 成，最好不要用绳索扎口，可用尼龙线缝合袋口，使土袋砌筑服贴，袋口朝背水面，排列紧密，错开袋缝，上下袋应前后交错，上袋退后，成 1∶0.3～1∶0.5 的坡度。不足 1 m 高的子堰临水面叠铺一排（或一丁一顺），较高于埝底层可酌情加宽为两排以上。土袋内侧缝隙可在铺砌时分层用沙土填密实，外露缝隙用稻草、麦秸等塞严，以免袋后土料被风浪抽吸出来。土袋的背水面修土戗，应随土袋逐层加高而分层铺土夯实，见图 5-24。

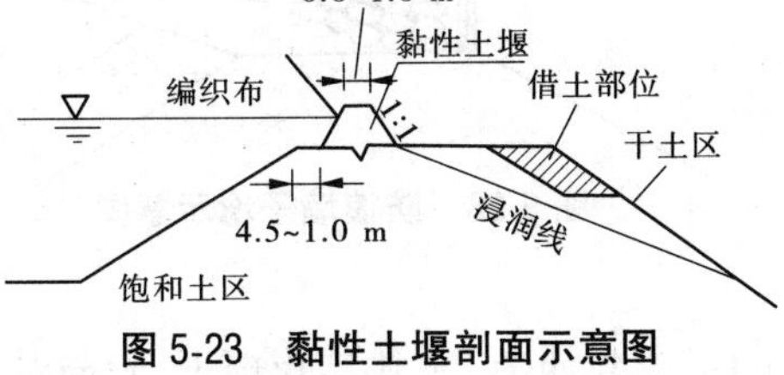

图 5-23　黏性土堰剖面示意图

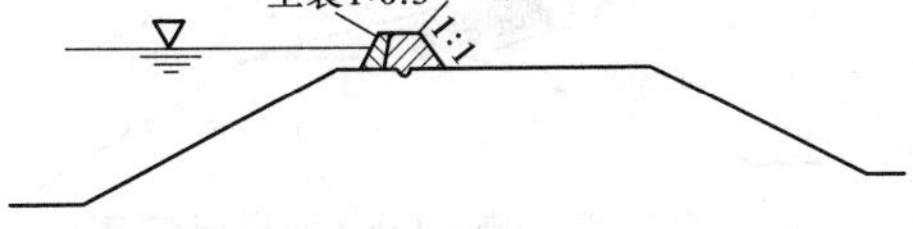

图 5-24　袋装土堰剖面图

4.5.4.3　桩柳（桩板）土堰

当抢护堤段缺乏土袋，土质较差时，可就地取材修筑桩柳（桩板）土堰。将梢径 6～10 cm 的木桩打入堤顶，深度为桩长的 1/3～1/2，桩长根据堰高而定，桩距 0.5～1.0 m，起直立和固定柳把（木板或门板）的作用。柳把用柳枝或芦苇、秸料等捆成，长 2～3 m，直径 20 cm 左右，用铅丝或麻绳绑扎于桩后（亦可用散柳厢修），自下而上紧靠木桩逐层叠捆。应先在堤面抽挖 10 cm 的槽沟，使第一层柳把置入沟内。柳把起防风浪冲刷和挡土作用，在柳把后面散置一层厚约 20 cm 的秸料，在其后分层铺土夯实（要求同黏性土堰）做成土戗。也可用木板(门板)、秸箔等代替柳把。

临水面单排桩柳(桩板)埝,顶宽1.0 m,背水坡1:1,见图5-25。当抢护堤段堤顶较窄时,可用双排桩柳或桩板的子埝,里外两排桩的净桩距:桩柳取1.5 m,桩板取1.1 m。对应两排桩的桩顶用18~20号铅丝拉紧或用木杆连接牢固。两排桩内侧分别绑上柳把或散柳、木板等,中间分层填土并夯实,与堤结合部同样要开挖轴线结合槽,见图5-26。

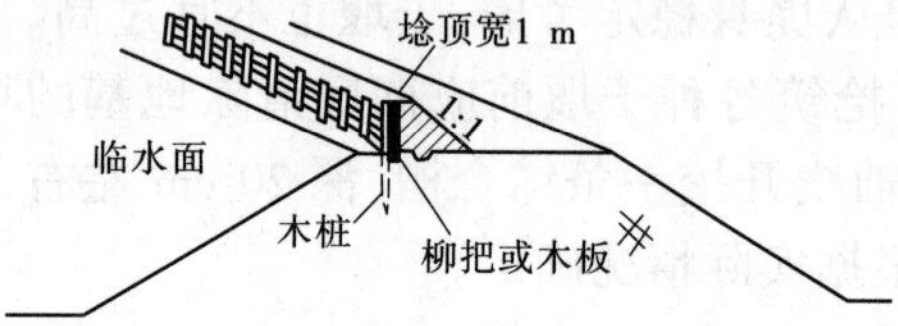

图5-25 单排桩柳(木板)埝示意图

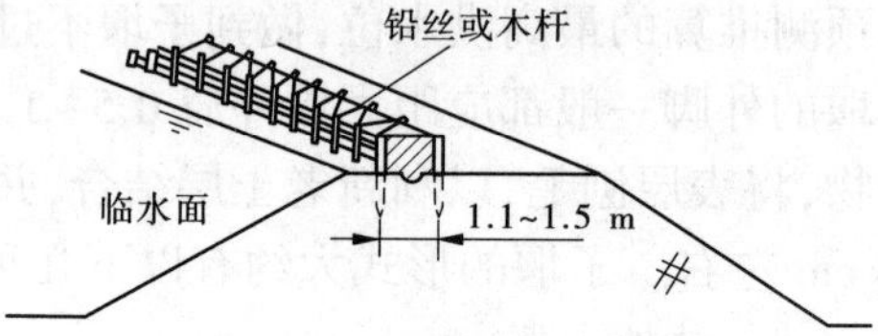

图5-26 双排桩柳(木板)埝示意图

4.5.4.4 柳石(土)枕埝

对取土特别困难而当地柳源丰富的抢护堤段,可抢筑柳石(土)枕埝。用16号铅丝扎制直径0.15 m、长10 m的柳把,铅丝扎捆间距0.3 m,由若干条这样的柳把包裹作为枕芯的石块(或土),用12号铅丝间距1 m扎成直径0.5 m的圆柱状柳石枕。若子埝高0.5 m,只需1个柳石枕置于临水面即可,若子埝是1.0 m和1.5 m高,则应需3个和6个柳石枕叠置于临水面(成品字形),底层第一枕前缘距临水堤肩1.0 m,应在该枕两端各打木桩一个,以此固定,在该枕下挖深10 cm的条槽,以免滑动和渗水。枕后如同上述各种子埝,用土填筑戗体,埝顶宽不应小于1.0 m,边坡1:1。若土质差,可适当加宽顶部放缓边坡,见图5-27。

4.5.4.5 防浪墙子埝

如果抢护堤段原有浆砌块石或混凝土防浪墙,可以利用它来挡水,但必须在墙后用土袋加筑后戗,防浪墙体可作为临时防渗防浪面,土袋应紧靠防浪墙后叠砌(同袋装土堰)。根据需要还可适当加高挡水,其宽度应满足加高的要求,见图5-28。

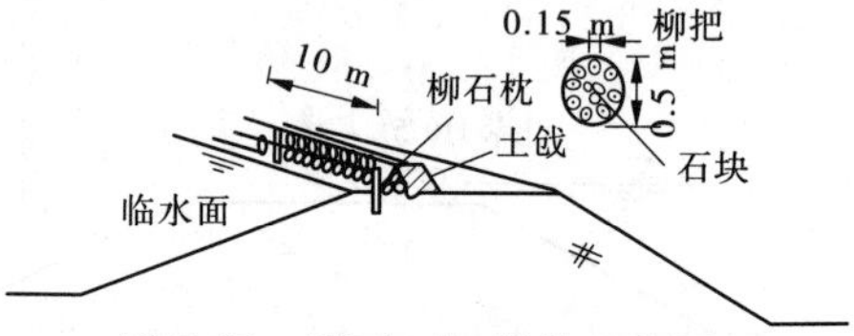

图5-27 柳石(土)枕埝示意图

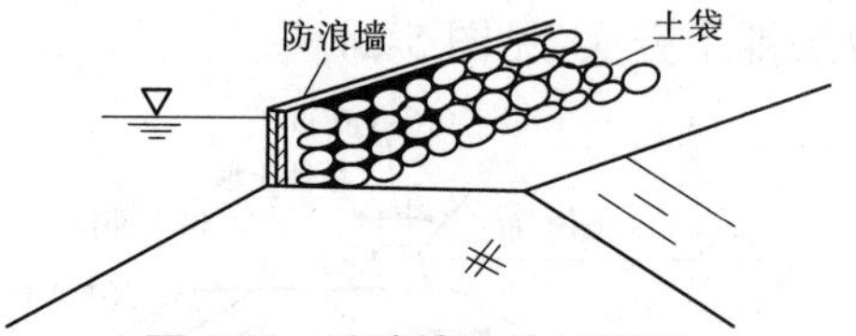

图5-28 防浪墙子埝示意图

4.6 风浪险情的判别和抢护

汛期高水位时风浪对未设护坡或护坡薄弱的土堤的冲蚀,尤其是吹程大、水面宽深的江河湖泊堤岸的逆风面,风浪形成力强,容易造成土堤临水坡面的破坏,削弱土堤断面,可能造成决口漫溢灾害。对于风浪险情严重的堤段,应立足于防患于未然,汛前完成坚实的护坡,若有外滩条件则可种植防浪林带,缓解风浪的危害。对那些临水面尚未设置护坡的土堤,汛期要特别重视防护风浪险情。

4.6.1 风浪险情的成因

(1)堤前水面宽深,风向与吹程一致,风大浪高对堤坡具有强大的冲击力。

(2)高水位时船舶航行波浪会危及堤坡安全。

(3)临水堤坡经受风浪一涌一退的反复冲击,波浪往返爬坡运动,会发生真空作用,堤坡面产生负压,使坡面土料、护坡缝隙内级配不良的垫层颗粒遭到水流冲击和淘刷,造成堤坡坍塌,严重的可致溃决成灾。

(4)堤身质量不高,土质差,碾压不实,护坡薄弱,垫层不合要求,堤坡抗冲能力差。

(5)风浪爬高增加水面以上堤身的饱和范围,降低了土体的抗剪强度。

(6)一旦波浪越顶漫溢,极易造成堤防溃决。

4.6.2 风浪险情的抢护原则

风浪险情的抢护原则是"削浪抗冲"。

4.6.3 风浪险情的抢护方法

4.6.3.1 河段封航

根据《中华人民共和国防洪法》第四十五条,当宣布进入紧急防汛期,必要时,公安、交通等部门可按防汛指挥机构的决定依法实施水面交通管制,对部分或全部河段实行封航措施,消除船舶航行波浪的危害。如1998年汛期,长江干流就实行了较长时间的封航,避免了船行波对堤防的冲击。

4.6.3.2 堤坡防护

对未设置护坡的土堤,临时用防汛料物加工铺压临水堤坡面,增强其抗冲能力,这是常用的方法,具体有以下几种。

(1)土(石)袋防护。用编织袋、麻袋或草袋装土、砂、碎石或碎砖等,平铺迎水堤坡,装袋要求与前述袋装土堰相同。此法适用于土堤抗冲能力差,缺少柳、秸等软料,风浪破坏较严重的堤段,4级风可用土、沙袋,6级以上风浪应使用石袋。

放置土袋前,对于水上部分或水深较浅的堤坡适当削平,并铺上土工织物,也可铺约0.1 m厚软草,起反滤作用,防止风浪把土掏出,在风浪冲击的范围内摆放土袋底向外、口向里,互相叠压,袋间要挤压严密,上下错缝,铺设到浪高以上,确保防浪效果。如果堤坡稍陡或土质太差,土袋容易滑动。可在最下一层土袋前面打木桩一排,长度1 m,间隔0.3~0.4 m,见图5-29。此法制作和铺放简便灵活,可随需要增铺,但要注意土袋中的土易被冲失,用石袋为佳;草袋易腐烂,如使用时间长则需更换。

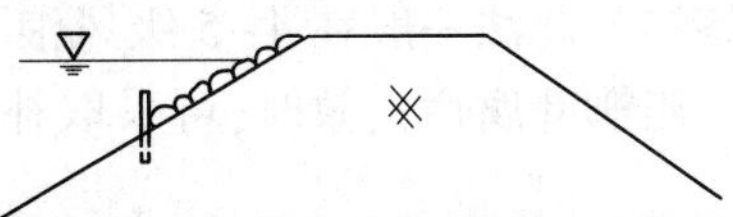

图5-29 土(石)袋防护剖面示意图

(2)土工织物防护。1998年抗洪中已广泛使用了编织布防浪技术,成效显著,应推广提倡。在受风浪冲击的坡面铺置土工织物前,应清除堤坡上的块石、土块、树枝等杂物,以免使织物受损。织物宽度不一,一般不小于4 m,宽的可达8~9 m,可根据需要预先粘贴、焊接,顺堤格接的长度不小于1 m,织物上沿一般应高出洪水位1.5~2.0 m。为了避免被风浪揭开,织物的四周可用20 cm厚的预制混凝土压块,或碎石袋(土袋不宜)镇压,如果堤坡过陡,压石袋可能向下滑脱,在险情紧迫时,应适当多压。此外,也可顺堤坡每隔2~3 m将土工织物叠缝成条形土枕,内充填砂石料,见图5-30。

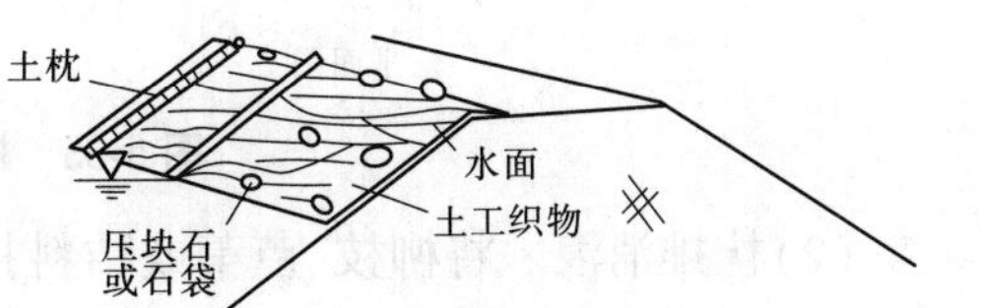

图5-30 土工织物防护示意图

(3)柳箔防护。将柳、苇、稻草或其他

秸料编织成席箔,铺在堤坡并加以固定,其抗冲、抗淘刷性也较好。具体做法是用18号铅丝捆扎成直径0.1 m、长约2 m的柳把,再连成柳箔,其上端以8号铅丝或绳缆系在堤顶打牢的木桩上,木桩1 m长,在距临水堤肩2~3 m处,打上一排,间隔3 m一个。柳箔下端适当坠以块石或土袋,使柳箔贴在堤坡上,柳把方向与堤线垂直,必要时可在柳箔面上再压块石或沙袋,防止其漂浮或滑动。必须把高低水位范围内被波浪冲刷的坡面全部护住,如果铺得不严密,堤土仍很容易被水淘出。使用此方法要随时观察,防止木桩及起固定作用的沙袋被风浪冲坏,见图5-31。

(4)柴草(桩柳)防护。在受风浪冲击的堤坡水面以下打一排签桩,把柳、芦、秸料等梢料分层铺在堤坡与签桩之间,直到高出水面1 m,以石块或土袋压在梢料上面,防止漂浮,如图5-32所示。当水位上涨,一级不够时,可退后同法做二级或多级。

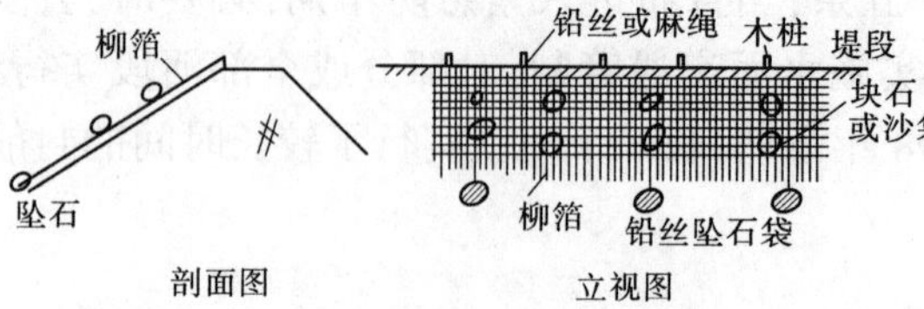

图5-31 柳箔防护示意图

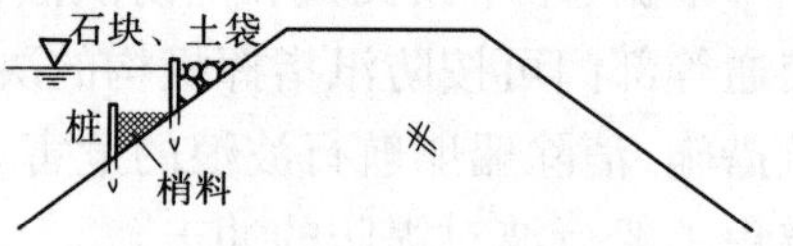

图5-32 柴草(桩柳)防护剖面示意图

4.6.3.3 消浪防护

为削减波浪的冲击力,可以在靠近堤坡的水面漂浮芦柴、柳枝、湖草和木头等材料的捆扎体,设法锚定,防止被风浪水流冲走。消浪方法具体有以下几种。

(1)柳枝消浪。凡沿江河湖泊堤防种植柳树很多的地方可用此法。用大柳树枝叶多的上部,要求干长1 m以上,枝径0.1 m左右,也可几棵捆扎在一起使用,在堤顶打木桩,桩长1.5~2 m,直径0.1~0.15 m,桩距2~3 m。用8号铅丝或绳子把柳枝干的头部系在木桩上,树梢伸向堤外,并在树杈处捆扎石(沙)袋,使树梢沉入水下,顺堤边坡推柳入水。如果堤坡已有坍塌,则从其下游向上游顺序逐棵压茬。应根据溜坡和坍塌情况确定棵间距及挂深,在主溜附近要挂密一些,边上挂稀一些,根据防护的需要可在已挂柳之间再补茬签挂。此法一般在4~5级风浪下,枝梢面大,消浪作用较好,但要注意枝杈摇动损坏坡面。当柳叶腐烂失效时,可采取补救措施,防止效能的减低,见图5-33。

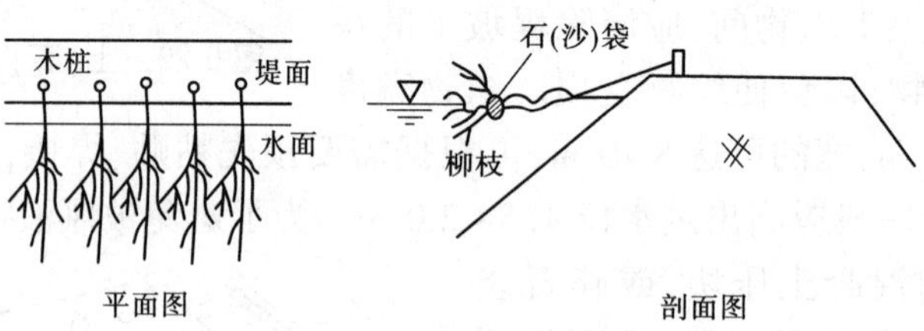

图5-33 柳枝消浪示意图

(2)枕排消浪。将柳枝、芦苇或秸料扎成枕,其直径0.5~0.8 m;堤直的用长枕,可达30~50 m,弯度大的堤用短枕,枕芯卷入直径5~7 cm的竹缆二根或粗3~4 cm的麻绳做龙筋(芯),枕的纵向隔0.6~1.0 m用10~14号铅丝捆扎。在堤顶距临水堤肩2~3 m到背水坡之间打木桩，桩长0.8~1.2 m，桩距3~5 m，用绳缆将枕拴牢于桩上，绳缆可以收紧或松开，使枕随水位变化而上下移动，起到消浪作用。

拴一枕称为单枕，也可挂用两个或更多的枕，用绳缆木杆或竹竿把它们捆扎在一起成为枕排，也叫连环枕，要使最外面的枕高浮水面，枕径也要大一些，它直接迎击风浪，后面的枕径可小一些，以消除余浪。枕排要比单枕牢固，效果也好，可防7级以下的风浪。枕位不稳，可适当在枕上拴上块石或沙袋，见图5-34。此法不损坏堤坡面，消浪效果好，制作简单，但必须扎结牢实，柳枕使用时间较短，而造价低。

(3)湖草排消浪。汛期割下湖区菱、茭等各种浮生水草，编扎草排(也称浮墩)，有些蔓植草类可用木杆、竹竿捆扎，排的面积尽可能大，可用船拖动就位，也可把湖草运到现场捆扎。拴固方法同上述枕排，系在木桩上，也可锚固，使其浮在距堤坡3~5 m的水面上。缺湖草时也可用其他软草代替。此法防浪效果好，造价低，但易被风浪破坏，不能防大风浪，见图5-35。随着洪水位的变化，随时注意调整拴排缆绳和锚索的长短，使湖草排能正常起到消浪的作用。

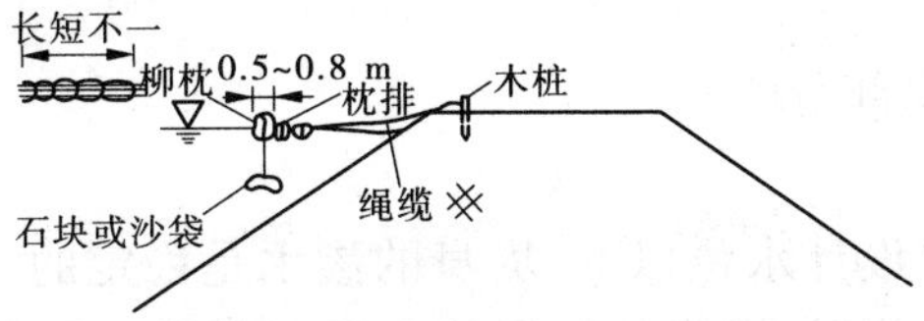

图5-34 枕排(单枕、多枕)消浪示意图

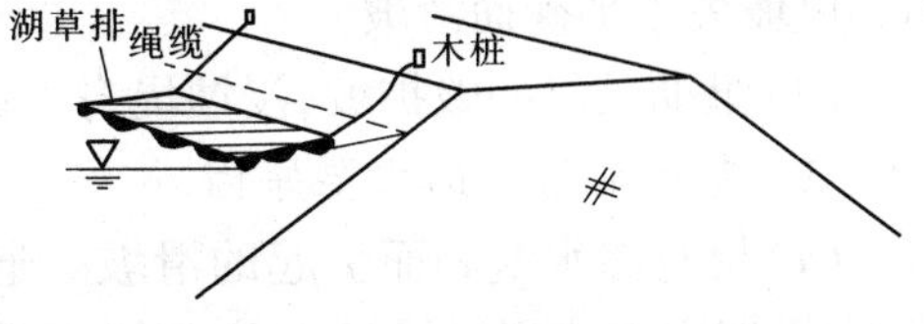

图5-35 湖草排消浪示意图

(4)木排消浪。使用木排或竹排消浪，效果较好，结构比其他排牢固、耐用，不易散架，汛后还可运用。但用量大，锚链困难，属硬性材料，一旦断开，直接威胁堤坝安全，因此使用时要随时检查，及时加固。将直径5~15 cm的圆木以绳缆或铅丝捆扎，重叠3~4层，使厚度达到30~50 cm(一般为水深的1/20~1/10效果较好)，宽度1.5~2.5 m(越宽效果越好)，长度3~5 m，可把几个木排连接起来。圆木间的空隙约为圆木直径的1/2，可夹以芦柴把和柳把等，节省木材用量，降低造价。楠竹与圆木处理办法相同。为了增强防浪效果，应在竹木排下面坠以块石或沙石袋。防浪竹木排应抛锚固定在堤边坡以外10~40 m范围，水面越宽，距离应越远，避免撞击堤身。锚链长度应稍大于水深，防止锚链被拔起(走锚)。为了防止木排自己移动，锚链也不要过长。若木排较小，可以直接拴在堤顶木桩上，但要随时调整绳缆，防止撞击堤身。木排距堤坡一般为浪长的2~3倍，此时消浪效果较好，太近易撞，太远会失效。所谓浪长指两个浪峰的距离。一般使用木排消浪要特别慎重，使用不是很多，见图5-36。

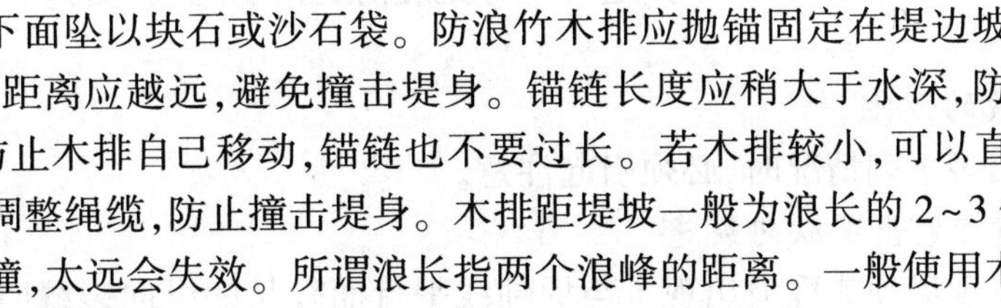

图5-36 木(竹)排消浪示意图

在选用漂浮物消浪的方法时，注意满足消能作用大、范围宽广的要求，避免余波淘刷，

力争多使水体本身干扰消能,少与波浪直接撞击。

以上防浪措施中都要注意不要对堤身造成过分损伤。例如,打木桩不宜过密过深,以免破坏堤身土体结构,降低自身的抗洪能力。

4.7 滑坡险情的判别和抢护

汛期堤防边坡失稳,包括临水坡的滑坡与背水坡的滑坡。这类险情严重威胁着堤防的安全,必须及时进行抢护。1998年汛期,长江流域的许多堤段都发生了滑坡的重大险情。因为抢险及时才避免了溃口险情的发生。

4.7.1 滑坡产生的原因

堤防的临水面与背水面堤坡均有发生滑坡的可能,因其所处位置不同,产生滑坡的原因也不同,现分述如下。

4.7.1.1 临水面滑坡的主要原因

(1)堤脚滩地迎流顶冲坍塌,崩岸逼近堤脚,堤脚失稳引起滑坡。

(2)水位消退时,堤身饱水,容重增加,在渗流作用下,使堤坡滑动力加大,抗滑力减小。堤坡失去平衡而滑坡。

(3)汛期风浪冲毁护坡,浸蚀堤身引起的局部滑坡。

4.7.1.2 背水面滑坡的主要原因

(1)堤身渗水饱和而引起的滑坡。通常在设计水位以下,堤身的渗水是稳定的。然而,在汛期洪水位超过设计水位或接近设计水位时,堤身的抗滑稳定性降低或达到最低值。再加上其他一些原因,最终导致滑坡。

(2)在遭遇暴雨或长期降雨而引起的滑坡。汛期水位较高,堤身的安全系数降低,如遭遇暴雨或长时间连续降雨,堤身饱水程度进一步加大,特别是对于已产生了纵向裂缝(沉降缝)的堤段,雨水沿裂缝很容易地渗透到堤防的深部,裂缝附近的土体因浸水而软化,强度降低,最终导致滑坡。

(3)堤脚失去支撑而引起的滑坡。平时不注意堤脚保护,更有甚者,在堤脚下挖塘,或未将紧靠堤脚的水塘及时回填等,这种地方是堤防的薄弱地段,堤脚下的水塘就是将来滑坡的出口。

4.7.2 堤防滑坡的预兆

汛期堤防出现下列情况时,必须引起注意。

4.7.2.1 堤顶与堤坡出现纵向裂缝

汛期一旦发现堤顶或堤坡出现了与堤轴线平行而较长的纵向裂缝时,必须引起高度警惕,仔细观察,并做必要的测试,如缝长、缝宽、缝深、缝的走向及缝隙两侧的高差等,必要时要连续数日进行测试并做详细记录。出现下列情况时,发生滑坡的可能性很大。

(1)裂缝左右两侧出现明显的高差,其中位于离堤中心远的一侧低,而靠近堤中心的一侧高。

(2)裂缝开度继续增大。

(3)裂缝的尾部走向出现了明显的向下弯曲的趋势,如图5-37所示。

(4)从发现第一条裂缝起,在几天之内与该裂缝平行的方向相继出现数道裂缝。

(5)发现裂缝两侧土体明显湿润,甚至发现裂缝中渗水。

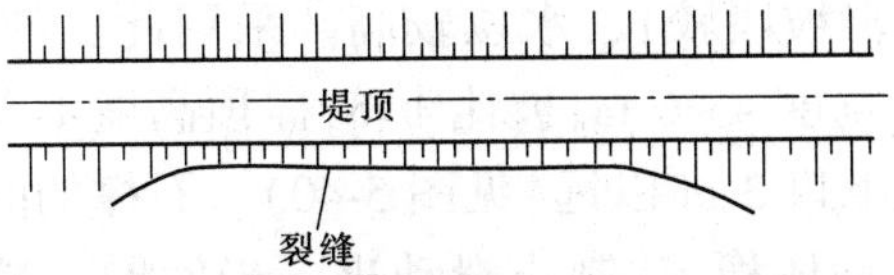

图 5-37 滑坡前裂缝两端明显向下弯曲

4.7.2.2 堤脚处地面变形异常

滑坡发生前,滑动体沿着滑动面已经产生移动,在滑动体的出口处,滑动体与非滑动体相对变形突然增大,使出口处地面变形出现异常。一般情况下,滑坡前出口处地面变形异常情况难以发现。因此,在汛期,特别是在洪水异常大的汛期,在重要堤防(包括软基上的堤防)曾经出现过险情的堤防堤段,应临时布设一些观测点,及时对这些观测点进行观测,以便随时了解堤防坡脚或离坡脚一定距离范围内地面变形情况,当发现堤脚下或堤脚附近出现下列情况,预示着可能发生滑坡:

(1)堤脚下或堤脚下某一范围隆起。可以在堤脚或离堤脚一定距离处打一排或两排木桩,测这些木桩的高程或水平位移来判断堤脚处隆起和水平位移量。

(2)堤脚下某一范围内明显潮湿,变软发泡。

4.7.2.3 临水坡前滩地崩岸逼近堤脚

汛期或退水期,堤防前滩地在河水的冲刷、涨落作用下,常常发生崩岸。当崩岸逼近堤脚时,堤脚的坡度变陡,压重减小。这种情况一旦出现,极易引起滑坡。

4.7.2.4 临水坡坡面防护设施失效

汛期洪水位较高,风浪大,对临水坡坡面冲击较大。一旦某一坡面处的防护被毁,风浪直接冲刷堤身,使堤身土体流失,发展到一定程度也会引起局部的滑坡。

4.7.3 临水面滑坡抢护的基本原则

抢护的基本原则是“减载加阻”,尽量增加抗滑力,减小下滑力。

4.7.4 临水面滑坡抢护的基本方法

汛期临水面水位较高,采用的抢护方法必须考虑水下施工问题。

4.7.4.1 增加抗滑力的方法

(1)做土石戗台。在滑坡阻滑体部分做土石戗台,滑坡阻滑体部位一时难以精确划定,最简单的办法是,戗台从堤脚往上做,分二级,第一级厚度 1.5~2.0 m,第二级厚度1.0~1.5 m(见图 5-38)。

土石戗台断面结构,如图 5-39 所示。

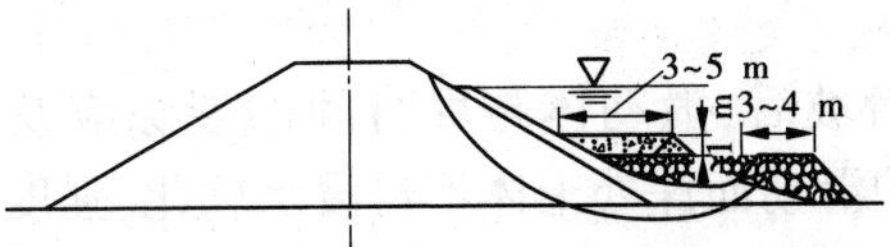

图 5-38 土石戗台断面示意图

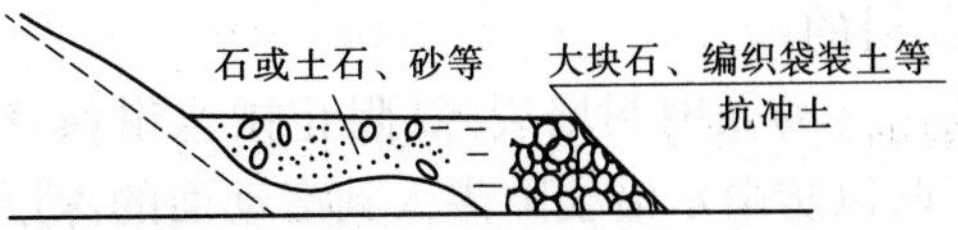

图 5-39 土石戗台断面结构示意图

采用本抢护方案的基本条件是:堤脚前未出现崩岸与坍塌险情,堤脚前滩地是稳定的。

(2)做石撑。当做土石戗台有困难时,比如滑坡段较长,土石料紧缺时,应做石撑临时稳定滑坡。该法适用于滑坡段较长,水位较高。采用此法的基本条件与(1)做土石戗台的基本条件相同。石撑宽度4~6 m,坡比1∶5,撑顶高度不宜高于滑坡体的中点高度,石撑底脚边线应超出滑坡下口3 m以远(见图5-40)。石撑的间隔不宜大于10 m。

(3)堤脚压重,保证滑动体稳定,制止滑动进一步发展。滑坡是由于堤前滩地崩岸、坍塌而引起的,那么,首先要制止崩岸的继续发展,最简单的办法是堤脚抛石块、石笼、编织袋装土石等抗冲压重材料,在极短的时间内制止崩岸与坍塌进一步发展。

4.7.4.2 背水坡贴坡补强

当临水面水位较高,风浪大,做土石戗台、石撑等有困难时,应在背水坡及时贴坡补强。贴坡的厚度应视临水面滑坡的严重程度而定,一般应大于滑坡的厚度,贴坡的坡度应比背水坡的设计坡度略缓一些。贴坡材料应选用透水的材料,如砂、沙壤土等。如没有透水材料,必须做好贴坡与原堤坡间的反滤层(反滤层做法与渗水抢险中的背水反滤导渗法相同,详见项目4),以保证堤身在渗透条件不被破坏。背水坡贴坡补强断面见图5-41。背水坡贴坡的长度要超过滑坡两端各3 m以上。

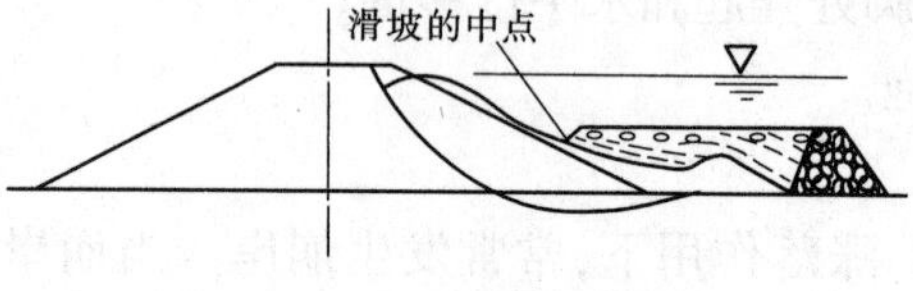

图5-40 石撑断面示意图

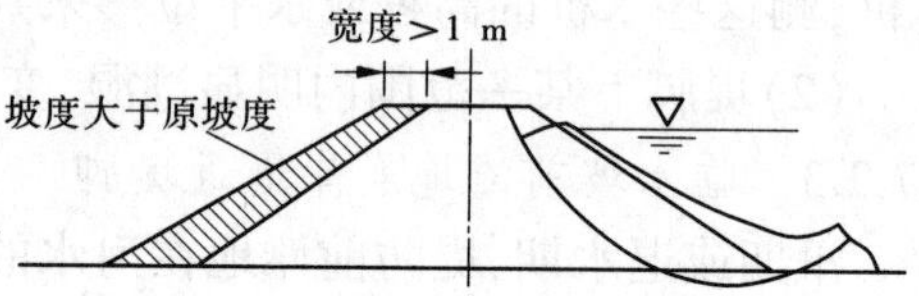

图5-41 背水坡贴坡补强断面

4.7.5 背水面滑坡抢护的基本原则

背水面滑坡抢护的基本原则是减小滑动力,增加抗滑力。即上部削坡,下部堆土压重。如果滑坡的主要原因是渗流作用,应同时采取“前截后导”的措施。

4.7.6 背水面滑坡抢护的基本方法

4.7.6.1 减少滑动力

(1)削坡减载。削坡减载是处理堤防滑坡最常用的方法,该法施工简单,一般只用人工削坡即可。但在滑坡还继续发展,没有稳定之前,不能进行人工削坡。一定要等滑坡已经基本稳定后(半天至1天时间)才能施工。一般情况下,可将削坡下来的土料压在滑坡的堤脚上做压重用。

(2)在临水面上做截渗铺盖,减少渗透力。当判定滑坡是由渗透力引起时,及时截断渗流是缓解险情的重要措施之一。采用此法的条件是:坡脚前有滩地,水深也较浅,附近有黏土可取。在坡面上做黏土铺盖阻截或减少渗水,尽快减小渗透力,以达到减少滑动力的目的。

(3)及时封堵裂隙,阻止雨水继续渗入。滑坡后,滑动体与堤身间的裂隙应及时处理,以防雨水沿裂隙渗入到滑动面的深层。保护滑动面深处土体不再浸水软化,强度不再降低。封堵裂隙的办法有用黏土填筑捣实,如没有黏土,也可就地捣实后覆盖土工膜。该法与上述截渗铺盖一样只能维持滑坡不再继续发展,不能根治滑坡。在封堵滑坡裂隙的同时,必须尽快进行其他抢护措施的施工。

(4)在背水坡面上做导渗沟,及时排水,可以进一步降低浸润线,减小滑动力。

4.7.6.2 增加抗滑力

增加抗滑力才是保证滑坡稳定,彻底排除险情的主要办法。

增加抗滑力的有效办法是增加抗滑体本身的重量,此法见效快,施工简单,易于实施。

(1)做滤(透)水反压平台(俗称马道、滤水后戗等)。如用砂、石等透水材料做反压平台,因砂、石本身是透水的,因此在做反压平台前无须再做导渗沟。用砂、石做成的反压平台,称透水反压平台。

在欲做反压平台的部位(坡面)挖沟,沟深 20~40 cm,沟间距 3~5 m,在沟内放置滤水材料(粗砂、碎石、瓜子片、塑料排水管等)导渗,这与项目 4 中所述的导渗沟类似。导渗沟下端伸入排渗体内将水排出堤外,绝不能将导渗沟通向堤外的渗水通道阻塞。做好导渗沟后,即可做反压平台。砂、石、土等均可做反压平台的填筑材料。

反压平台在滑坡长度范围内应全面连续填筑,反压平台两端应长至滑坡端部 3 m 以远。第一级平台厚 2 m,平台边线应超出滑坡隆起点 3 m 以远;第二级平台厚 1 m,见图 5-42。

(2)做滤(透)水土撑。当用砂、石等透水材料做土撑材料时,不需再做导渗沟,称此类土撑为透水土撑。由于做反压平台需大量的土石料,当滑坡范围很大,土石料供应又紧张的情况下,可做滤(透)水土撑。滤(透)水土撑与反压平台的区别是:前者分段,一个一个的填筑而成。每个土撑宽度 5~8 m,坡比 1:5。撑顶高度不宜高出滑坡体的中点高度。这样做是保证土撑基本上压在阻滑体上。土撑底脚边线应超出滑坡下出口 3 m,土撑的间隔不宜大于 10 m。土撑的断面如图 5-43 所示。

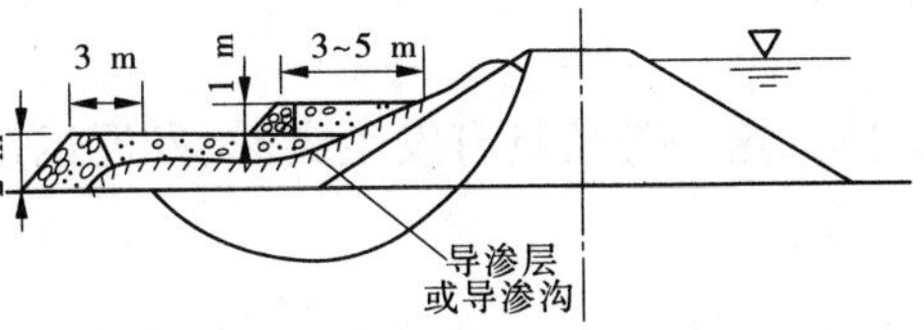

图 5-42 滤(透)水反压平台断面示意图

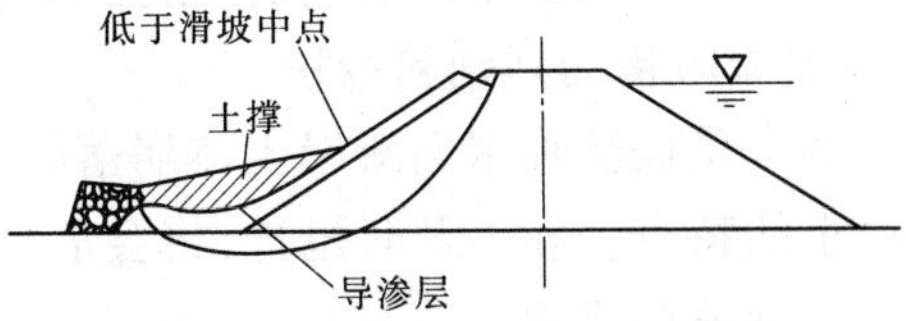

图 5-43 滤(透)水土撑断面示意图

(3)堤脚压重。在堤脚下挖塘或建堤时,因取土坑未回填等,使堤脚失去支撑而引起滑坡时,抢护最有效的办法是尽快用土石料将塘填起来,至少应及时地把堤脚已滑移的部位用土石料压住。在堤脚稳住后基本上可以暂时控制滑坡的继续发展,争取时间,从容地实施其他抢护方案。实质上该法就是反压平台法的第一级平台。

在做压脚抢护时,必须严格划定压脚的范围,切忌将压重加在主滑动体部位。抢护滑坡施工不应采用打桩等办法,振动会引起滑坡继续发展。

4.7.6.3 滤水还坡

汛前堤防稳定性较好,堤身填筑质量符合设计要求,正常设计水位条件下,堤坡是稳定的。但是,如在汛期出现了超设计水位的情况,渗透力超过设计值将会引起滑坡,这类滑坡都是浅层滑坡,滑动面基本不切入地基中,只要解决好堤坡的排水,减少渗透力即可将滑坡恢复到原设计边坡,此为滤水还坡。滤水还坡有以下四种做法:

(1)导渗沟滤水还坡。先清除滑坡的滑动体,然后在坡面上做导渗沟,用无纺土工布或用其他替代材料,将导渗沟覆盖保护,在其上用砂性土填筑到原有的堤坡,如图 5-44 所示。

导渗沟的开挖,应从上至下分段进行,切勿全面同时开挖。

(2)反滤层滤水还坡。该法与导渗沟滤水还坡法一样,其不同之处是将导渗沟滤水改为反滤层滤水。反滤层的做法与渗水抢险中的背水坡反滤导渗的反滤做法相同。

(3)梢料滤水还坡。当缺乏砂石等反滤料时可用此法。本法的具体做法是:清除滑坡的滑动体,按一层柴一层土夯实填筑,直到恢复滑坡前的断面。柴可用芦柴、柳枝或其他秸秆,每层柴厚 0.3 m,每层土厚 1~1.5 m。梢料滤水还坡断面如图 5-45 所示。

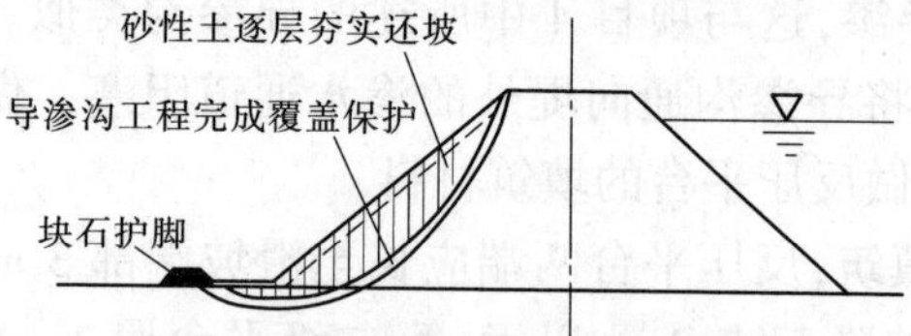

图 5-44 导渗沟滤水还坡示意图

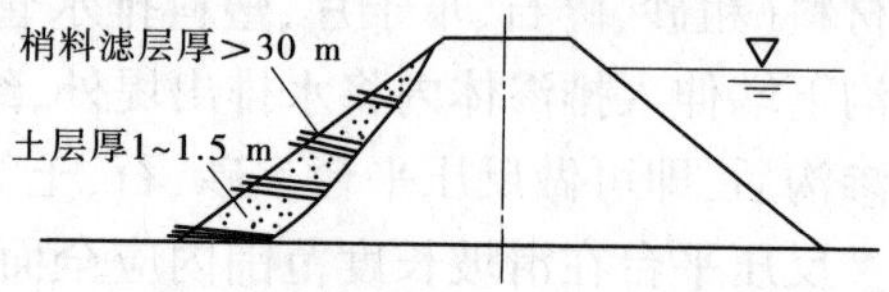

图 5-45 梢料滤水还坡示意图

用梢料滤水还坡抢护的滑坡,汛后应清除,重新用原筑堤土料还坡。以防梢料腐烂后影响堤坡的稳定。

(4)沙土还坡。因为沙土透水性良好,用沙土还坡,坡面不需做滤水处理。将滑坡的滑动体清除后,最好将坡面做成台阶形状,再分层填筑夯实,恢复到原断面。如果用细砂还坡,边坡应适当放缓。

填土还坡时,一定严格控制填土的速率,当坡面土壤过于潮湿时,应停止填筑。最好在坡面反滤排水正常以后,在严格控制填土速率的条件下填土还坡。

4.8 崩岸险情的判别和抢护

崩岸是堤防临水面滩岸土体崩落的重要险情。这一险情具有发生突然、发展迅速、后果严重的特点。如不及时抢护,将会危及堤防安全。

4.8.1 崩岸的成因

崩岸险情发生的主要原因是水流冲淘刷深堤岸坡脚。在河流的弯道,主流逼近凹岸,深泓紧逼堤防。在水流侵袭、冲刷和弯道环流的作用下,堤外滩地或堤防基础逐渐被淘刷,使岸坡变陡,上层土体失稳而最终崩塌,危及堤防。

此外,为了整治河道,控导河势,与险工相结合,在河道的关键部位常建有垛(短丁坝、矶头)、丁坝和顺坝等。由于这些工程的阻水作用,常会在其附近形成回流和漩涡,导致局部冲刷深坑,进而产生窝崩,从而使这些垛、丁坝的自身安全受到威胁。

4.8.2 崩岸险情的预兆

崩岸险情发生前,堤防临水坡面或顶部常出现纵向或圆弧形裂缝,进而发生沉陷和局部坍塌。因此,裂缝往往是崩岸险情发生的预兆。必须仔细分析裂缝的成因及其发展趋势,及时做好抢护崩岸险情的准备工作。

必须指出:崩岸险情的发生往往比较突然,事先较难判断。它不仅常发生在汛期的涨、落水期,在枯水季节也时有发生;随着河势的变化和控导工程的建设,原来从未发生过崩岸的平工也会变为险工。因此,凡属主流靠岸、堤外无滩、急流顶冲的部位,都有发生崩岸险情的可能,都要加强巡查,加强观察。

勘查分析河势变化,是预估崩岸险情发生的重要方法。要根据以往上下游河道险工与水流顶冲点的相关关系和上下游河势有无新的变化,分析险工发展趋势;根据水文预报的流量变化和水位涨落,估计河势在本区段可能发生变化的位置;综合分析研究,判断可能的出险河段及其原因,做好抢险准备。

4.8.3 崩岸险情的探测

探测护岸工程前沿或基础被冲深度,是判断险情轻重和决定抢护方法的首要工作。一般可用探水杆、铅鱼从测船上测量堤防前沿水深,并判断河底土石情况。通过多点测量,即可绘出堤防前沿的水下断面图,以大体判断堤脚基础被冲刷的情况及抛石等措施的防护效果。与全球定位仪(GPS)配套的超声波双频测深仪法是测量堤防前沿水深和绘制水下断面地形图的先进方法。在条件许可的情况下,可优先选用。因为这一方法可十分迅速地判断水下冲刷深度和范围,以赢得抢险时间。

在情况紧急时,可采用人工水下探查的方法,大致了解冲坑的位置和深度、急流漩涡的部位及水下护脚破坏的情况,以便及时确定抢护的方法。

4.8.4 崩岸险情的抢护原则

崩岸险情的抢护原则是"护脚固基、缓流挑流"。

4.8.5 崩岸险情的抢护方法

崩岸险情的抢护措施,应根据河势,特别是近岸水流的状况,崩岸后的水下地形情况及施工条件等因素,酌情选用。首先要稳定坡脚,固基防冲。待崩岸险情稳定后,再酌情处理岸坡。

4.8.5.1 护脚固基抗冲

一旦发生崩岸险情,首先应考虑抛投料物,如石块、石笼、土袋和柳石枕等,以稳定基础、防止崩岸险情的进一步发展。

(1)抛石块。抛投石块应从险情最严重的部位开始,依次向两边展开。首先将石块抛入冲坑最深处,逐步从下层向上层,以形成稳定的阻滑体。在抛石过程中,要随时测量水下地形,掌握抛石位置,以达到稳定坡度(一般为1:1~1:1.5)为止(见图5-46)。抛投石块应尽量选用大的石块,以免流失。在条件许可的情况下,应通过计算确定抗冲抛石粒径。在流速大、紊动剧烈的坝头等处,石块质量一般应达30~75 kg;在流速较小,流态平稳的顺坡坡脚处,石块质量一般也不应小于15 kg。

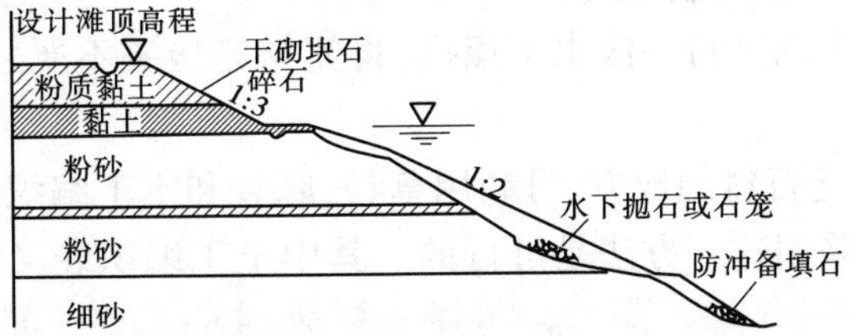

图5-46 抛石块、石笼等示意图

抛石的落点受流速、水深、石重等因素的影响,在抛投前应先做简单的现场试验,测定抛点与落点的距离,然后确定抛投船的舶位。可根据荆江堤防工程多年的实测资料,按

表5-2的数据,进行初步定位。

表5-2　抛石位移查对表

块石质量(kg)	水深(m)											
	10				15				20			
	流速(m/s)											
	0.5	0.8	1.1	1.4	0.5	0.8	1.1	1.4	0.5	0.8	1.1	1.4
30	3.6	5.7	7.9	10.0	5.4	8.6	11.8	15.1	7.2	11.4	15.7	20.1
50	3.2	5.2	7.2	9.2	4.9	8.0	10.8	13.8	6.6	10.5	14.4	18.5
70	3.1	5.0	6.9	8.7	4.7	7.5	10.3	13.1	6.3	10.0	13.8	17.4
90	3.0	4.8	6.0	8.4	4.5	7.2	9.9	12.5	6.0	9.6	13.1	16.7
110	2.9	4.6	6.4	8.1	4.4	7.0	9.6	12.2	5.8	9.3	12.7	16.2
130	2.8	4.5	6.2	7.9	4.2	6.8	9.3	11.8	5.6	9.0	12.4	15.8
150	2.7	4.4	6.0	7.7	4.1	6.6	9.0	11.5	5.5	8.8	12.1	15.4

在水深流急情况下抛石,应选择突击抢抛的施工方法。集中力量,一次性抛入大量石块,避免零抛散堆,造成不必要的石块流失。从堤岸上抛投时,为避免砸坏堤岸,应采用滑板,保持石块平稳下落。当堤岸抛石的落点不能达到冲坑最深处时,这一施工方法不宜单独运用。应配合船上抛投,形成阻滑体,否则,起不到抛石的作用。

(2)抛石笼。当现场石块体积较小,抛投后可能被水冲走时,可采用抛投石笼的方法。

抛笼应从险情严重部位开始,并连续抛投至一定高度。可以抛投笼堆,亦可普遍抛笼。在抛投过程中,需不断检测抛投面坡度,一般应使该坡度达到1:1。

应预先编织、扎结铅丝网、钢筋网或竹网,在现场充填石料。石笼体积一般应达1.0~2.5 m^3,具体大小应视现场抛投方法而定。

抛投石笼一般在距水面较近的坝顶或堤坡平台上,或船只上实施。船上抛笼,可将船只锚定在抛笼地点直接下投,以便较准确地抛至预计地点。在流速较大的情况下,可同时从堤顶和船只上抛笼,以增加抛投速度。

抛笼完成以后,应全面进行一次水下探摸,将笼与笼接头不严之处,用大块石抛填补齐。

(3)抛土袋。在缺乏石料的地方,可利用草袋、麻袋和土工编织袋充填土料进行抛投护脚。在抢险情况下,采用这一方法是可行的。其中土工编织袋又优于草袋、麻袋,相对较为坚韧耐用。

每个土袋质量宜在50 kg以上,袋子装土的充填度为70%~80%,以充填沙土、沙壤土为好,装填完毕后用铅丝或尼龙绳绑扎封口。

可从船只上或从堤岸上用滑板导滑抛投,层层叠压。如流速过高,可将2~3个土袋捆扎连成一体抛投。在施工过程中,需先抛一部分土袋将水面以下深槽底部填平。抛袋要在整个深槽范围内进行，层层交错排列，顺坡上抛，坡度 1:1，直至达到要求的高度。在土袋护体坡面上，还需抛投石块和石笼，以作保护。在施工中，要严防尖硬物扎破、撕裂袋子。

(4)抛柳石枕。对淘刷较严重、基础冲塌较多的情况，仅抛石块抢护，因间隙透水，效果不佳。常可采用抛柳石枕抢护，见图 5-47。

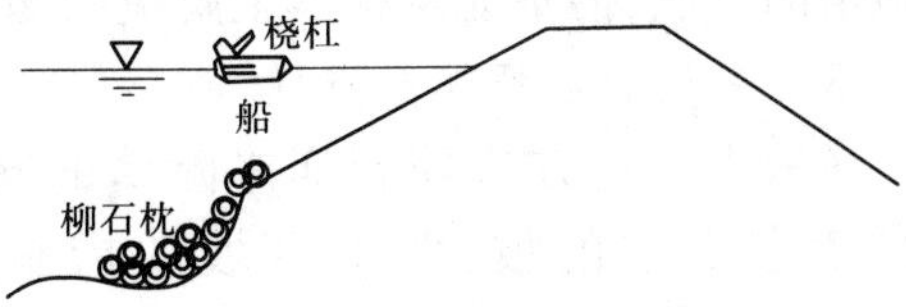

图 5-47 抛柳石枕示意图

柳石枕的长度视工地条件和需要而定，一般长 10 m 左右，最短不小于 3 m，直径 0.8~1.0 m。柳、石体积比约为 2:1，也可根据流速大小适当调整比例。

推枕前要先探摸冲淘部位的情况，要从抢护部位稍上游推枕，以便柳石枕入水后有藏头的地方。若分段推枕，最好同时进行，以便衔接。要避免枕与枕交叉、搁浅、悬空和坡度不顺等现象发生。如河底淘刷严重，应在枕前再加抛第二层枕。要待枕下沉稳定后，继续加抛，直至抛出水面 1.0 m 以上。在柳石枕护体面上，还应加抛石块、石笼等，以作保护。

捆枕和推枕的方法，各地有很多经验，这里不再赘述。

选用上述几种抛投料物措施的根本目的，在于固基、阻滑和抗冲。因此，特别要注意将料物投放在关键部位，即冲坑最深处。要避免将料物抛投在下滑坡体上，以加重险情。

在条件允许的情况下，抛投料物前应先做垫层，可考虑选用满足反滤和透水性准则的土工织物材料。无滤层的抛石下部常易被淘刷，从而导致抛石的下沉崩塌。当然，在抢险的紧急关头，往往难以先做好垫层。一旦险情稳定，就应立即补做此项工作。

4.8.5.2 缓流挑流防冲

为了减缓崩岸险情的发展，必须采取措施防止急流顶冲的破坏作用。

(1)抢修短丁坝。

丁坝、垛、矶等可以导引水流离岸，防止近岸冲刷。这是一种间断性有重点的护岸形式，在崩岸除险加固中常有运用。

在突发崩岸险情的抢护中，采用这一方法困难较大，见效较慢。但在急流顶冲明显、冲刷面不断扩大的情况下，也可应急地采用石块、石枕、铅丝石笼、砂石袋等抛堆成短坝，调整水流方向，以减缓急流对坡脚的冲刷。

在抢险中，难以对短丁坝的方向、形式等进行仔细规划，但要求坝长不影响对岸。修建丁坝势必增强坝头附近局部河床的冲刷危险，因此要求坝体自身(特别是坝头)具有一定的抗冲稳定性。

应尽量采用机械化施工，以赢得时间，争取主动。

(2)沉柳缓流防冲。

这一方法对减缓近岸流速，抗御水流冲刷比较有效。在含沙量较大的河流中，采用这一方法效果更为显著。

首先应摸清淘刷堤脚的下沿位置等，以确定沉柳的底部位置和应沉的数量。

用船运载枝叶茂密的柳树头，用铅丝或麻绳将大块石等重物捆扎在柳树头的树杈上。然后从下游向上游，由低到高，依次抛沉，要使树头依次排列，紧密相连。如一排不能完全掩护淘刷范围,可增加堆沉排数,层层相叠,以防沉柳之间空隙淘冲。

此外,还有挂柳缓流防冲等措施,具有防冲、落淤和防风浪作用。

上述缓流挑流防冲的几种措施,一般只能作为崩岸险情抢护的辅助手段,它们可以减缓险情的发展,但不能从根本上解决问题。

4.8.5.3 减载加帮等其他措施

在采用上述方法控制崩岸险情的同时,还可考虑临水削坡、背水帮坡的措施(见图5-48)。

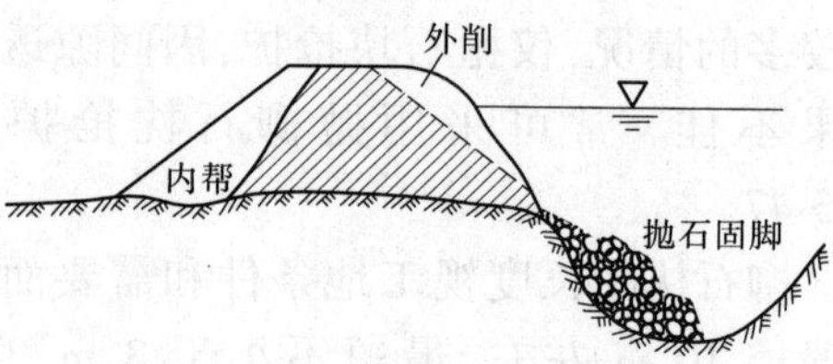

图5-48 抛石固脚外削内帮示意图

为了抑制崩岸险情的继续扩大,维持尚未坍塌堤脚的稳定,应移走堤顶堆放的料物或拆除洪水位以上的堤岸。特别是坡度较陡的砌石堤岸,尽可能拆除,并将土坡削成1:1的坡度,以减轻荷载。因坍塌或削坡使堤身断面过小时,应在堤的背水坡抢筑后戗或培厚堤身。

当崩岸险情发展迅速,一时难以控制时,还应考虑在崩岸堤段后一定距离抢修第二道堤防,俗称月堤。这一方法就是对崩岸险工除险加固中常采用的退堤还滩措施。退堤还滩就是主动将堤防退后重建,以让出滩地,形成对新堤防的保护前沿。在抢险的紧急关头,为防止堤防的溃决,有时也不得不采用这一应急措施,以策安全。

4.9 跌窝险情的判别和抢护

跌窝(又称陷坑)是指在雨中或雨后,或者在持续高水位情况下,在堤身及坡脚附近局部土体突然下陷而形成的险情。这种险情不但破坏堤防断面的完整性,而且缩短渗径,增大渗透破坏力,有的还可能降低堤坡阻滑力,引起堤防滑坡,对堤防的安全极为不利。特别严重的,随着跌窝的发展,渗水的侵入,或伴随渗水管涌的出现,或伴随滑坡的发生,可能会导致堤防突然溃口的重大险情。

4.9.1 跌窝形成的原因

(1)堤防隐患。堤身或堤基内有空洞,如獾、狐、鼠、蚁等害堤动物洞穴,坟墓、地窖、防空洞、刨树坑等人为洞穴,树根、历史抢险遗留的梢料、木材等植物腐烂洞穴,等等。这些洞穴在汛期经高水位浸泡或雨水淋浸,随着空洞周边土体的湿软,成拱能力降低,塌落形成跌窝。

(2)堤身质量差。筑堤施工过程中,没有进行认真清基或清基处理不彻底,堤防施工分段接头部位未处理或处理不当,土块架空、回填碾压不实,堤身填筑料混杂和碾压不实,堤内穿堤建筑物破坏或土石结合部渗水等,经洪水或雨水的浸泡冲蚀而形成跌窝。

(3)渗透破坏。堤防渗水、管涌、接触冲刷、漏洞等险情未能及时发现和处理,或处理不当,造成堤身内部淘刷,随着渗透破坏的发展扩大,发生土体塌陷导致跌窝。

4.9.2 跌窝险情的判别

4.9.2.1 根据成因判别

由于渗透变形而形成的跌窝往往伴随渗透破坏,极可能导致漏洞,如抢护不及时,就会导致堤防决口,必须作重大险情处理;其他原因形成的跌窝,是个别不连通的陷洞,还应根据其大小、发展趋势和位置分别判断其危险程度。

4.9.2.2 根据发展趋势判别

有些跌窝发生后会持续发展,由小到大,最终导致瞬时溃堤。因此,持续发展的跌窝必须慎重对待,及时抢护。否则,后果将是非常严重的。有些跌窝发生后不再发展并趋于稳定状态,其危险程度还应通过其大小和位置进行判别。

4.9.2.3 根据跌窝的大小判别

跌窝大小不同对堤防安危的影响程度也不同,直径小于0.5 m,深度小于1.0 m的小跌窝,一般只破坏堤防断面轮廓的完整性,而不会危及堤防的安全。跌窝较大时,就会削弱堤防强度,危及堤防的安全。当跌窝很大且很深时,堤防将至失稳状态,伴随而来的可能是滑坡,则是很危险的。

4.9.2.4 根据跌窝位置判别险情

(1)临(背)水坡较大的跌窝可能造成临(背)水坡滑坡险情,或减小渗径,可能造成漏洞或背水坡渗透破坏。

(2)堤顶跌窝降低部分堤顶高度,削弱堤顶宽度。对于堤顶较大时跌窝,将会降低防洪标准,引起堤顶漫溢的危险。

4.9.3 跌窝的抢护原则

根据跌窝形成的原因、发展趋势、范围大小和出现的部位采取不同的抢护措施。但是,必须以"抓紧翻筑抢护,防止险情扩大"为原则,在条件允许的情况下尽可能采用翻挖,分层填土夯实的办法作彻底处理。

条件不允许时,可采取相应的临时性处理措施。如跌窝伴随渗透破坏(渗水、管涌、漏洞等),可采用填筑反滤导渗材料的办法处理。如果跌窝伴随滑坡,应按照抢护滑坡的方法进行处理。如果跌窝在水下较深,可采取临时性填土措施处理。

4.9.4 跌窝的抢护方法

抢护跌窝险情首先应当查明原因,针对不同情况,选用不同方法,备妥料物,迅速抢护。在抢护过程中,必须密切注意上游水情涨落变化,以免发生意外。抢护的方法一般有以下几种。

4.9.4.1 翻填夯实

未伴随渗透破坏的跌窝险情,只要具备抢护条件,均可采用这种方法。具体做法是:先将跌窝内的松土翻出,然后分层回填夯实,恢复堤防原貌。当跌窝出现在水下且水不太深时,可修土袋围堰或桩柳围堤,将水抽干后,再予翻筑。

翻筑所用土料应遵循"前截后排"的原则,如跌窝位于堤顶或临水坡,须用防渗性能不小于原堤土的土料,以利防渗;如位于背水坡,则须用排水性能不小于原堤土的土料,以利排渗。

翻挖时,必须清除松软的边界层面,并根据土质情况留足坡度或用桩板支撑,以免坍塌扩大。需筑围堰时应适当围得大些,以利抢护方便与漏水时加固。回填时,须使相邻土层良好衔接,以确保抢护的质量。

4.9.4.2 填塞封堵

这是一种临时抢护措施,适用于临水坡水下较深部位的跌窝。具体方法是:用土工编织袋、草袋或麻袋装黏性土或其他不透水材料,直接在水下填塞跌窝,全部填满跌窝后再抛投黏性散土加以封堵和帮宽。要求封堵严密,避免从跌窝处形成渗水通道,见图5-49。

汛后水位回落后,还需按照上述翻填夯实法重新进行翻筑处理。

4.9.4.3 填筑反滤料

对于伴随有渗水、管涌险情,不宜直接翻筑的背水坡跌窝,可采用此法抢护。具体做法是:先将跌窝内松土和湿软土壤挖出,然后用粗砂填实,如渗涌水势较大,可加填石子或块石、砖块、梢料等透水料消杀水势后,再予填实。待跌窝填满后,再按反滤层的铺设方法抢护,见图5-50。

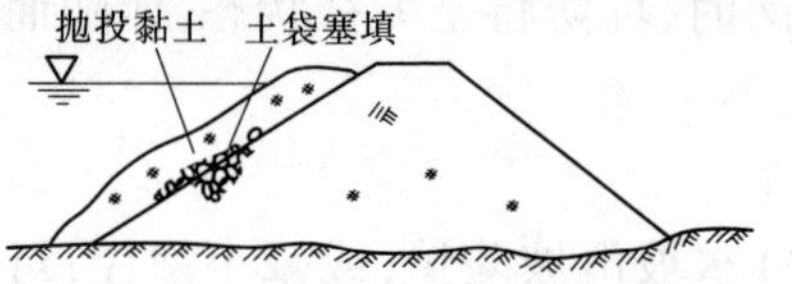

图5-49 填塞封堵跌窝示意图

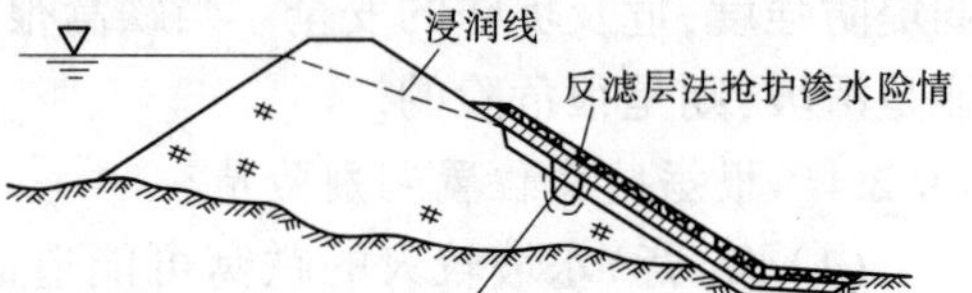

图5-50 填筑滤料示意图

修筑反滤层时,必须正确选择反滤料,使之真正起到反滤作用。

4.9.4.4 伴有滑坡、漏洞险情的抢护

(1)跌窝伴有漏洞的险情,必须按漏洞险情处理方法进行抢护。

(2)跌窝伴有滑坡的险情,必须按滑坡险情处理方法进行抢护。

4.10 堤防决口险情的判别和抢护

江河、湖泊堤防在洪水的长期浸泡和冲击作用下,当洪水超过堤防的抗御能力,或者在汛期出险抢护不当或不及时,都会造成堤防决口。堤防决口对地区社会经济的发展和人民生命财产的安全危害是十分巨大的。

在条件允许的情况下,对一些重要堤防的决口采取有力措施,迅速制止决口的继续发展,并实现堵口复堤,对减小受灾面积和缩小灾害损失有着十分重要的意义。对一些河床高于两岸地面的悬河决口,及时堵口复堤,可以避免长期过水造成河流改道。

堤防决口抢险是指汛期高水位条件下,将通过堤防决口口门的水流以各种方式拦截、封堵,使水流完全回归原河道。这种堵口抢险技术上难度较大,主要牵涉以下几个方面:一是封堵施工的规划组织,包括封堵时机的选择;二是封堵抢险的实施,包括裹头、沉船和其他各种截流方式、防渗闭气措施等。

4.10.1 决口封堵时机的选择

堤防一旦出现决口重大险情,必须采取坚决措施,在口门较窄时,采用大体积料物,如篷布、石袋、石笼等,及时抢堵,以免口门扩大,险情进一步发展。

在溃口口门已经扩开的情况下,为了控制灾情的发展,同时也要考虑减少封堵施工的困难,要根据各种因素,精心选择封堵时机。恰当的封堵时机选择,将有利于顺利地实现封堵复堤,减少封堵抢险的经费和减少决口灾害的损失。通常,要根据以下条件,综合考虑,作出封堵时机的决策:

(1)口门附近河道地形及土质情况,估计口门发展变化趋势。

(2)洪水流量、水位等水文预报情况,一段时间内的上游来水情况及天气情况。

(3)洪水淹没区的社会经济发展情况,特别是居住人口情况,铁路、公路等重要交通干线及重要工矿企业和设施的情况。

(4)决口封堵料物的准备情况,施工人员组织情况,施工场地和施工设备的情况。

(5)其他重要情况。

4.10.2 决口封堵的组织设计

4.10.2.1 水文观测和河势勘查

在进行决口封堵施工前,必须做好水文观测和河势勘查工作。要实测口门的宽度,绘制简易的纵横断面图,并实测水深、流速和流量等。在可能情况下,要勘测口门及其附近水下地形,并勘查土质情况,了解其抗冲流速值。

4.10.2.2 堵口堤线确定

为了减少封堵施工时对高流速水流拦截的困难,在河道宽阔并具有一定滩地的情况下,或堤防背水侧较为开阔且地势较高的情况下,可选择"月弧"形堤线,以有效增大过流面积,从而降低流速,减少封堵施工的困难。

4.10.2.3 堵口辅助工程的选择

为了降低堵口附近的水头差和减少流量、流速,在堵口前可采用开挖引河和修筑挑水坝等辅助工程措施。要根据水力学原理,精心选择挑水坝和引河的位置,以引导水流偏离决口处,并能顺流下泄,以降低堵口施工的难度。

对于全河夺流的堤防决口,要根据河道地形、地势选好引河、挑水坝的位置,从而使引河、堵口堤线和挑水坝三项工程有机结合,达到顺利堵口的目的。

4.10.2.4 抢险施工准备

在实施封堵前,要根据决口处地形、水头差和流量,做好封堵材料的准备工作。要考虑各种材料的来源、数量和可能的调集情况。封堵过程中不允许停工待料,特别是不允许在合龙阶段出现间歇等待的情况。要考虑好施工场地的布置和组织,充分利用机械施工和现代化的运输设备。传统方法的以人力为主,采用人工打桩、挑土上堤的方法,不仅施工组织困难,耗时长、花费大,而且失败的可能性也较大。因此,要力争采用现代化的施工方式,提高抢险施工的效率。

4.10.3 决口抢险的实施

堤防溃口险情的发生,具有明显的突发性质。各地在抢险的组织准备、材料准备等方面都不可能很充分。因此,要针对这种紧急情况,采用适宜的堵口抢险应急措施。

为了实现溃口的封堵,通常可采取以下步骤。

4.10.3.1 抢筑裹头

土堤一旦溃决,水流冲刷扩大溃口口门,以致口门发展速度很快,其宽度通常要达200~300 m才能达到稳定状态,如湖北的簰州湾、江西九江的江心洲溃口。

如能及时抢筑裹头,就能防止险情的进一步发展,减少此后封堵的难度。同时,抢筑坚固的裹头,也是堤防决口封堵的必要准备工作。因此,及时抢筑裹头,是堤防决口封堵的关键之一。

要根据不同决口处的水位差、流速及决口处的地形、地质条件,确定有效抢筑裹头的措施。这里重要的是选择抛投料物的尺寸,以满足抗冲稳定性的要求;选择裹头形式,以满足施工要求。

通常,在水浅流缓、土质较好的地带,可在堤头周围打桩,桩后填柳或柴料厢护或抛石裹护。在水深流急、土质较差的地带,则要考虑采用抗冲流速较大的石笼等进行裹护。除了传统的打桩施工方法,可采用螺旋锚方法施工。螺旋锚杆其首部带有特殊的锚针,可以迅速下铺入土,并具有较大的垂直承载力和侧向抗冲力。首先在堤防迎水面安装两排一定根数的螺旋锚,抛下砂石袋后,挡住急流对堤防的正面冲刷,减缓堤头的崩塌速度;然后,由堤头处包裹向背水面安装两排螺旋锚,抛下砂石袋,挡住急流对堤头的激流冲刷和回流对堤背的淘刷。亦有采用土工合成材料或橡胶布裹护的施工方案,将土工合成材料或橡胶布铺展开,并在其四周系重物使它下沉定位,同时采用抛石等方法予以压牢。待裹头初步稳定后,再实施打桩等方法进一步予以加固。

4.10.3.2　沉船截流

根据九江城防堤决口抢险的经验,沉船截流在封堵决口的施工中起到了关键的作用。沉船截流可以大大减小通过决口处的过流流量,从而为全面封堵决口创造条件。

在实现沉船截流时,最重要的是保证船只能准确定位。在横向水流的作用下,船只的定位较为困难,要精心确定最佳封堵位置,防止沉船不到位的情况发生。

采用沉船截流的措施,还应考虑到由于沉船处底部的不平整,使船底部难与河滩底部紧密结合的情况,见图5-51。这时在决口处高水位差的作用下,沉船底部流速仍很大,淘刷严重,必须迅速抛投大量料物,堵塞空隙。在条件允许的情况下,可考虑在沉船的迎水侧打钢板桩等阻水。有人建议采用在港口工程中已广泛采用的底部开舱船只抛投料物,见图5-52。这种船只抛石集中,操作方便。在决口抢险时,利用这种特殊的抛石船只,在堵口的关键部位开舱抛石并将船舶下沉,这样可有效地实现封堵,并减少决口河床冲刷。

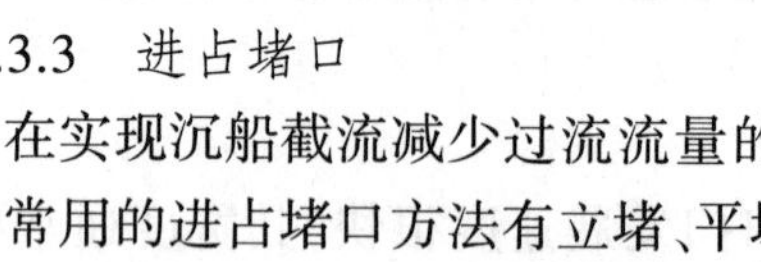

图5-51　沉船底部空隙示意图

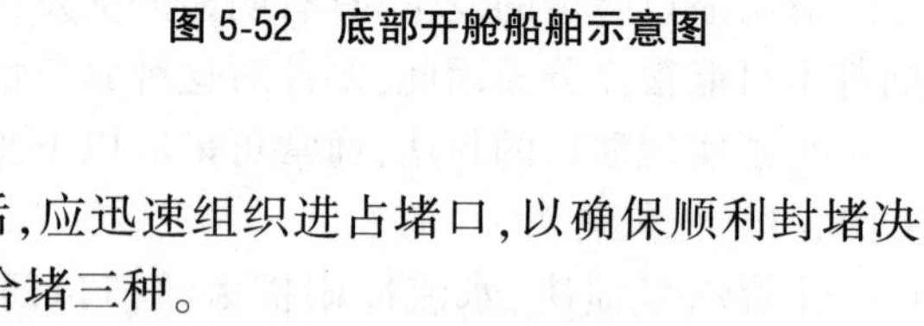

(a)装料时　(b)卸料时

1—料舱;2—空舱;3—统舱;G—重心;W—浮心

图5-52　底部开舱船舶示意图

4.10.3.3　进占堵口

在实现沉船截流减少过流流量的步骤后,应迅速组织进占堵口,以确保顺利封堵决口。常用的进占堵口方法有立堵、平堵和混合堵三种。

(1)立堵法。从口门的两端或一端,按拟定的堵口堤线向水中进占,逐渐缩窄口门,最后实现合龙。采用立堵法,最困难的是实现合龙。这时,龙口处水头差大,流速高,使抛投物料难以到位。在这样的情况下,要做好施工组织,采用巨型块石笼抛入龙口,以实现合龙。在条件允许的情况下,可从口门的两端架设缆索,以加快抛投速率和降低抛投石笼的难度。

(2)平堵法。沿口门的宽度,自河底向上抛投料物,如柳石枕、石块、石枕、土袋等,逐层填高,直至高出水面,以堵截水流。这种方法从底部逐渐平铺加高,随着堰顶加高,口门单宽流量及流速相应减小,冲刷力随之减弱,利于施工,可实现机械化操作。这种平堵方式特别适用于前述拱形堤线的进占堵口。平堵有架桥和抛投船两种抛投方式。

(3)混合堵。混合堵是立堵与平堵相结合的堵口方式。堵口时,根据口门的具体情况和立堵、平堵的不同特点,因地制宜,灵活采用。如在开始堵口时,一般流量较小,可用立堵快速进占。在缩小口门后流速较大时,再采用平堵的方式,减小施工难度。

在1998年抗洪斗争中,借助人民解放军工兵和桥梁专业的经验,采用了"钢木框架结构、复合式防护技术"进行堵口合龙。这种方法是用40 mm左右的钢管间隔2.5 m沿堤线固定成数个框架。钢管下端插入堤基2 m以上,上端高出水面1~1.5 m做护栏,将钢管以统一规格的连接器件组成框网结构,形成整体。在其顶部铺设跳板形成桥面,以便快速在框架内外由下而上、由里向外填塞料物袋,以形成石、木、钢、土多种材料构成的复合防护层。要根据结构稳定的要求,做好成片连接、框网推进的钢木结构。同时要做好施工组织,明确分工,衔接紧凑,以保证快速推进。

4.10.3.4 防渗闭气

防渗闭气是整个堵口抢险的最后一道工序。因为实现封堵进占后,堤身仍然会向外漏水,要采取阻水断流的措施。若不及时防渗闭气,复堤结构仍有被淘刷冲毁的可能。

通常,可用抛投黏土的方法,实现防渗闭气。亦可采用养水盆法,修筑月堤蓄水以解决漏水。土工膜等新型材料,也可用以防止封堵口的渗漏。

5 防汛抢险中新技术、新设备、新材料的应用与研究

5.1 防汛抢险中新技术的重大作用

开闸还是关闸、保堤还是破堤,这些指挥抗洪斗争的关键问题需要科技智囊团来提出对策。在抗洪抢险中,计算机广域网络、气象卫星雷达系统、水文自动预测系统、卫星遥感、卫星定位观测、水下彩色摄像、堤坝隐患电法探测等现代科学技术和科学手段,在抗洪斗争中都得到广泛的应用,提高了成功的把握,为抗洪抢险的胜利做出了贡献。但是,大江大河的治理是一项十分复杂和艰巨的任务。因为洪水的确定性和不确定性影响因素很多,限于目前的科技水平,在防汛抢险上还有许多问题有待我们去探索和研究。

5.2 防汛新技术的应用与研制

5.2.1 研制与开发目标

在相对独立的计算机网络环境下,建立暴雨洪水情报预报的应用软件系统,及时准确地提供流域的实时暴雨洪水系统,制作暴雨、洪水预报,使整个暴雨洪水情报工作进一步系统化、科学化,更好地为防汛决策提供支持。

5.2.2 暴雨洪水情报预报系统的功能

暴雨洪水情报预报系统的功能包括接收处理洪水情报的功能,水情信息服务功能,暴雨洪水辅助分析功能。

5.2.3 遥感技术在抗洪救灾中的应用

遥感作为一项综合性高新技术,观测空间大,可远离被测物体,不受气候条件限制,在世界范围内环境与灾害的检测中一直被优先选用。它是从一定距离对地表和近地表的目

标物,从紫外线到微波的某些波段的电磁波的发射和发射现象进行探测,从而识别目标物的理论和方法。

5.2.4 科学调度洪水是防洪的关键

洪水调度是防汛决策的核心。洪水调度的任务是根据实时雨情、水情、工情信息,依据暴雨、洪水预报结果,并通过对工程险情及可能发生的各种灾情的分析,遵循洪水调度原则和防洪工程运用条件,设计并计算出合理、有效的洪水调度方案,通过对多种方案的经济性、现实性及风险性等进行综合评价和对比分析,选择较为满意的方案和提出方案的具体实施意见。

5.2.5 科学试验

5.2.5.1 沉排坝的试验研究

土工织物沉排坝,是利用具有强度大、柔性好、施工简单、反滤效果好等优点的土工织物作为护底排布,上铺不同的压载体,而修成的各种类型的沉排结构。将沉排放在坝前受溜部位,排体随排前冲刷坑的发展逐渐下沉,自行调整坡度直至稳定,起到护底、护脚、防止淘刷的作用。土工织物作为一种新型的工程材料,在防洪抢险中显示出越来越大的优越性。

5.2.5.2 透水混凝土桩坝

透水桩坝是一种新结构形式,是河道整治结构中区别于传统实体坝的一种透水建筑物。其作用是通过缓溜落淤控制河势,达到控导主溜的目的。

5.3 抢险技术装备

5.3.1 防汛抢险新材料

5.3.1.1 吸水膨胀袋

吸水膨胀袋是运用最新的高科技吸水材料作为填充物而制成的。其利用了高吸水材料遇水即胀的特点,在发生水患险情时,能以最快速度防汛抢险,吸水膨胀袋经现场测试比沙土包堵截速度快9倍,使用时只需一人就可以完成,420 g的吸水袋浸水3~5 min立即成为20 kg的应急膨胀袋,立刻可以进行有效的防水堵截。

(1)适用范围。用于江、河、湖筑坝防洪。用于易淹水工厂,隧道、地铁、地下停车场等低洼地带的防水灌入;雨水季节易崩塌地区或靠山土斜坡地区的临时围堵,防止崩塌;道路施工、工地桥梁建设、竞赛场等积水处的吸水去水;矿山、油气田开采等需快速去水的工矿企业。

(2)特点。沾水即可快速自动膨胀,吸水材料能够有效锁水,不渗漏不透水。质量轻,未膨胀时的体积、质量只是同体积沙土包的1/50,可以节省大量的储放空间,运输和搬运都十分方便。吸水袋内已装填了高吸水材料,可以直接使用,不需要储备大量沙土装填,减低劳动强度(汛期多阴雨,泥水遍地,取沙土相当困难),可自然降解,不会释放出有害物质,也不会像沙石般形成淤积,需动用人力物力去清除,非常环保。

5.3.1.2 吸水速凝挡水子堤

吸水速凝挡水子堤是由土工织物做外袋、土工膜做内袋和装在内袋里的高效保水材料及护垫、加强带、注水孔、防渗带、防渗条等组成。袋体吸(充)水后体积胀大,随即水体凝结成具有一定抗压强度能自立的凝胶体,从而沿堤顶形成一道连续矮墙,即挡水子堤。

(1)应用范围 。适用于江、河、湖、库各种挡水、防浪护坡、防漫溢抢险工程及城市防洪。

(2)子堤特点。子堤可以防止洪水漫顶,抗御风浪,它具有以下显著特点:

①子堤高度与形状可按设计要求确定,充水后可快速将液体水变为凝胶体,发挥挡水作用,满足防汛应急需要。

②袋内充填物为水体,不需要开挖运送土石料,节约大量的人力、物料和运输,有利于环保与生态,在缺乏土石料源处,尤突出其优越性,并且充水操作迅速,效率高,速度快,在防汛千钧一发的紧急时刻,能快速应对。

③充水前的子堤质量轻、体积小,人工搬运方便。防潮、密封包装,方便储存。

④一堤多用,除挡水功能外,护坡垫前护堤肩后护堤背,既防渗又防浪,可有效地保护堤坝。

⑤在各单元子堤底部加防渗带,能有效密合子堤与堤顶空隙,防止子堤底部渗漏。

⑥各单元子堤对接,充水后纵向膨胀对挤,外加防渗条塞实接头处,不会在接头处漏水。

⑦汛后拆除子堤,只要剖开管袋,凝胶体慢慢泄出,会自动还原成无毒的天然水。

⑧施工时除需要充水水泵、防滑钉与简单工具外,别无其他设备要求,也无需复杂技术,安装简易。

5.3.1.3 防汛堵漏材料“管涌停”

“管涌停”防汛袋为吸水膨胀型高分子化学材料装入特制土工袋制成,利用高分子材料吸水迅速膨胀的特点,在防洪抢险中可用来堵塞管涌通道、快速修建挡水围堰、封堵穿堤建筑物基础渗漏等。“管涌停”防汛袋使用前体积小、质量轻,存放、运输方便,与传统砂(土)袋相比可大大减少人力,并可为抢险争取时间。

(1)封堵管涌和漏洞。

利用“管涌停”遇水后迅速膨胀、体积变大的特点,可封堵管涌和漏洞。在使用时,根据漏洞或管涌情况,视水深预估洞口直径,选择一个或几个袋装“管涌停”卷成小卷,塞入洞口,封堵管涌通道。如果漏水较大或水面已经形成较大漩涡,可投放多袋“管涌停”,用推杆或依靠水的吸力将其送至洞口,堵塞漏洞。

当分不清漏洞具体位置时,可打开密封袋取出“管涌停”材料,在漏洞可能存在的地方均匀投放,形成一层防水层,也可在水流流速较大区域和石块一起投放,或者在上游处投放。

(2)临时加高堤坝。

由于“管涌停”遇水后质量成倍增加,体积迅速膨胀,可作紧急抢险时的砂包、土袋使用。汛期将“管涌停”放置在险段,一旦险情出现,迅速打开塑料包装,将吸水膨胀后的“管涌停”平铺在堤顶,形成快速挡水围堰,临时加高堤坝。由于“管涌停”质量较轻,吸水后质量虽然加重,但抗风浪能力较差,所以使用时应加压传统砂袋或石块等重物。仅使用“管涌停”修筑挡水围堰时,高度不宜过高,以1~2层为宜。

5.3.2 防汛抢险新设备

5.3.2.1 防汛液压自动抛石机

液压自动抛石机主要由移动装置、滑槽、料斗、行走装置、配套动力等部分构成,利用液压传动技术实现了抛石槽伸展定位、收放及抛石机械化,解决了一次抛投不到位的难题。

5.3.2.2 便携式打桩机

由防汛抢险钢桩及快速旋桩机、便携式打桩机和 YBZ 拔桩机组成的机械旋桩、打桩、拔桩施工,具有机械化施工速度快、质量高、用人少、危险小、减小劳动强度的优点。

快速旋桩机是一种机动灵活、工效高、适应于各种土质的快速植桩机具。钢桩向下旋转运动时加大了土体密度,增加了土壤与旋桩之间的摩擦力,使旋桩在土壤中更加坚固。

便携式打桩机是一种专门用于抗洪抢险、堤防加固、维护江河湖塘堤岸的打桩机械,由主机和动力装置组成。主机是击打设备,两人即可操作,主机与动力装置分离,采用软轴连接传动。对长度 2.5 m 以内、桩径 8~12 cm 的木桩,3 min 内可打入 1~2 m。

拔桩机由液压顶起机构、链轮链条机构、夹具、底盘结构组成。工作时,液压顶起机构举起链轮链条机构,链条一端固定于底盘上,另一端通过卡具与本桩相接;随着顶起机构的上升,即可将木桩拔出。与传统拔桩方法相比,工效提高 15 倍。

5.3.2.3 机械组合装袋机

组合装袋机可自动地将堆积于地面上的物料装入编织袋中,具有自动化、机械化程度高,省时、省力等优点,可用于堤防、河道工程抢险,每小时装 1 200 袋。大洪水情况下,抢修堤防子堤、抢堵漏洞,需大量土袋时更能发挥速度快、效率高、节省劳力、减轻劳动强度的优势。一台组合装袋机每台班装袋量相当于 125 人一天的工作量。

土袋装运机采用机械传动原理,分自助上土、装袋、爬坡运输三部分。组合装袋机由蟹爪耙装、刮板运输、自动称重等七部分组成。工作时,蟹爪耙装机构采用两只机械蟹爪交替运动,连续地将集于铲板上的物料耙入刮板运输机中,刮板运输机构将物料输送到集料仓,物料在集料仓被螺旋分料机械破碎并强制下送到编织袋,从而实现了集料、输送、称重、装袋全过程的自动化。

5.3.2.4 铺设机具

铺设机具由以下几个部分组成:行走式铺设机、铺设架、控制柜及蓄电池,这些都能很方便地装载在一辆小型卡车上,单件可用手工装卸。铺设机具解决了水下密封的技术难题,实现了水下的机械铺设,降低了传统抢险中靠人力抢护的危险性。

土工合成材料软体排及其水下铺设机具铺设水深可达 6 m,铺设软体排宽度 4 m,铺设长度 20 m,并可适当调整延长。采用直流电源方式供电,减少了抢险中对当地电源的要求。

水下铺设机具经过增设附件,还可以用于水库水下探漏和水下地形测量等领域。

该项技术和新产品于 2001 年 11 月通过水利部科技推广中心组织的验收,在防汛抢险技术领域取得了突破性进展。

5.3.3 防汛抢险新技术

5.3.3.1 防治管涌滤垫及装配式围井

装配式围井由围井单元体构成。单元体设有围板加筋、连接件、固定件等,围板之间的接缝处固定有防渗水材料,围板上设置控制井内水位的排水系统,围井高度可根据需要调整。在抢护管涌中,应用装配式围井蓄水,抬高管涌破坏孔口处水位,减少上下游水位差,抑制堤防管涌破坏的恶化。抢护管涌滤垫的主要作用是透水保砂,上层为保护层,保护土工织物,防止其变形而影响过滤特性;下层为减压层,控制水势,削减流速水头;中层为滤层,用土工织物作过滤材料,它可根据土质的不同而选用不同的土工织物,三层材料固定成一整体。抢护管涌破坏,只需将这种滤垫直接铺设到清理好的地面上即可。铺设、更换和连接十分方便迅速,可重复使用,储运方便。

5.3.3.2 防汛移动信息工作平台

防汛移动信息工作平台是集实时信息采集、远程通信和数据查询于一体的移动式决策指挥平台。整套装置由信息采集工作箱、专用主机工作站、高清晰摄像头、数码照相机、视音频处理系统、海事卫星通信单元、专用电源和应用软件包等组成。该系统较好地实现了野外工情信息与中心网络的完全连接,实现了全方位信息传输、资料查询和视音频远程同频会商。它采用有线拨号上网和 GPRS 线或海事卫星相结合的通信方式,其速度可达 128 K,全方位实现恶劣环境无障碍远程决策指挥。

5.3.3.3 土工合成材料防渗漏软体排

土工合成材料防渗漏软体排由排布和扁带式压载枕袋组成,解决了水下铺设过程中软体排漂浮的技术问题,使一次性铺设软体排面积达到 80 m^2,为抢护堤身渗漏险情赢得了时间,具有很强的针对性。

总之,防洪抢险新技术、新设备、新材料的应用与研制的主要任务是为汛情预报、防洪工程建设、防汛部署、紧急抢险、各种险情抢护提供安全、高效的措施方案;对指挥抗洪斗争的关键问题,如开闸或是关闸、破堤还是保堤等提出对策;建立高科技立体探测网,准确把握洪水的脉搏;提高工作效能和资料的精确度,同时提高预防汛抢险人员的素质和工作能力,增加抢险成功的把握。

项目案例

案例一 堤坝防汛抢险

一、长江同马江堤永天圩桂营段散浸、滑坡抢险

(一)基本情况

永天圩全长 13.5 km,位于安徽省宿松县,对岸为鄱阳湖出口。堤内有三个村,圩内耕地面积 1 600 亩,人口 12 000 人,是宿松县高产棉区。桂营段位于永天圩上游,长 2 100 m,堤顶高程在 21.40~22.50 m,堤顶宽 10~15 m,并都建有房屋。内外坡比1:1.5~1:1.2,堤高 6.5 m 左右,背水坡无平台,堤内外距堤 8~15 m 均是取土方塘,塘宽在 40 m 左右,塘底高程 13.00 m。塘底砂层外露,抗洪能力极差。1998 年 6 月 24 日,长江水位达 21.24 m

后,该圩堤散浸、滑坡、翻砂、涌水、漫溢等险象环生,经过军民80多个日日夜夜的奋力抢险,严防死守,创造了永天圩解放以来在汇口水位21.60 m以上未溃破的奇迹,确保了永天圩内人民群众的生命财产安全。

(二)出险原因及抢险措施

该圩堤属于民圩,堤身土质为黏土和沙壤土,为圩内群众分段逐年加高培厚形成,圩内群众居住房屋大都建在堤顶,所以在圩堤加高培厚和群众住房拆建过程中,清基和夯实都存在一些问题,特别是群众在拆老房建新房过程中,老房基未完全清除,回填又没有注意夯实,新建房屋太靠近迎水坡建造,给圩堤防洪留下隐患。

出险原因及抢险措施如下。

1.堤后散浸

由于水位高,持续时间长,堤身质量差,致使该段圩堤普遍散浸严重。采取的工程措施是:间隔8~15 m,开挖断面为40 cm×50 cm的导滤沟导渗。

2.堤身湿软

筑堤土质为沙壤土,堤顶高差6.5 m,有430 m长堤身特别湿软,难以承受汛期高水头水压力。汛期采取的工程措施是:堤身加筑土撑,土撑面宽5 m,沟距8 m,边坡用草袋装土砌筑。

3.水位漫顶

该圩堤堤顶高程为21.40~22.50 m,低于22.0 m的堤段长1 900 m。6月29日,长江汇口水位达到21.38 m时,全段开始加筑子堤,子堤最后标准达到:顶部高程23.00 m,面宽1.0 m,内外边坡1:1,均用草袋和塑料袋装土砌筑。

4.堤内滑坡

(1)出险过程及原因分析。7月27日,长江汇口水位22.09 m时,部分子堤挡水深达0.5~1.5 m。堤身塌方非常严重。至7月29日,共计塌方长1 732 m,有19户居民房屋倒塌,特别是离同马大堤150 m处有30 m长塌方最为严重,堤顶宽只剩下6 m,该处堤防标准最低,如果从此处溃堤、决口,将会一直延伸到同马大堤,直接威胁到同马大堤安全。险情先是在距背水堤肩线1 m左右发生裂缝,随后裂缝宽度逐渐加大,且土条开始下挫,最后发展到从堤顶到堤脚整体滑塌,内坡坡面渗透出水点明显抬高,开挖导渗沟根本不能控制险情发展。

究其原因,主要有四个方面:①堤身单薄,堤坡太陡,又无平台撑砌;②水塘离堤脚太近,堤脚不稳固;③水位上涨太快,子堤挡水后,由于堤顶屋基深达1.5~2 m,均系干砌石砌筑,形成渗水通道;④由于堤防逐年加高加宽,清基不彻底(或根本没有清基),也没有开挖结合槽,施工质量差,特别是上堤土质沙性重,透水性强,抬高了浸润线,增加了内坡渗透压力。

(2)抢险措施。根据险情产生的原因,采取了上截下导的抢险措施,即在迎水面开挖截水槽,用黏土分层填筑夯实,截断水源;堤身土方下滑后,在滑坡体上开挖导渗沟,导渗沟内用砂石料回填。堤坡用草袋装石子做透水支撑,透水支撑面宽1.5 m,间距3 m,高度一直砌至浸润线上0.5 m,浸润线上削坡减载,由于堤顶墙基底距外水面有2~2.5 m高,因此必须有一定的人力和物资做保证。先备足土料,开挖槽基和填筑要做到速战速决。

经过 300 余名解放军 24 h 连续作战，滑坡基本上得到了控制（见图 5-53）。

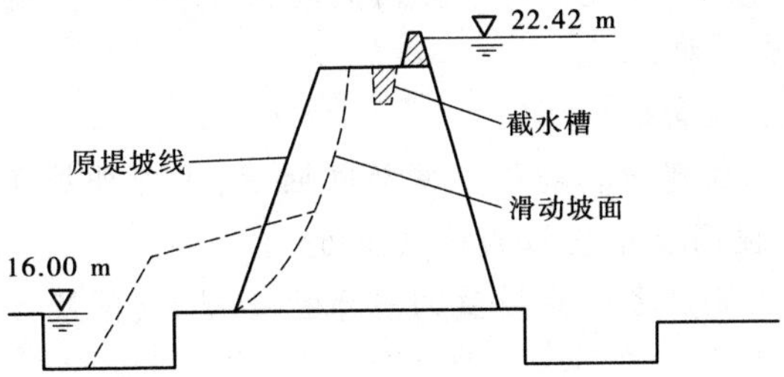

图 5-53　上截下导抢险措施

5.堤基翻砂冒水

(1)出险经过及成因分析。7 月 1 日，长江汇口水位 21.53 m，桂营小学附近离堤脚 15 m 处水塘内发生重大管涌险情，水面连续翻水花，直径达 2 m。该处曾于 1996 年汛期汇口水位 21.00 m 时就发生了管涌破坏，当时采用了砂石料压渗，由于水位低，持续时间短，险情没有继续发展。本次险情发生后，立即派识水性者探测，发现管涌口径有 1.5 m 左右，原压砂石料已下沉 1 m 多，有许多细黑砂堆积。该塘系群众取土筑堤所筑，挖穿了壤土覆盖层，砂层外露；塘内仅覆盖一层松散腐殖滤积物，根据水力计算和模拟试验可知：沙土容许水力梯度一般在 3%~5%，而此时该塘底砂层承受的水力梯度在 7%，若不及时控制，险情将继续发展，很快造成决堤危险。

(2)抢险措施。由于塘内水深 2~3 m，又基本上无覆盖层，围井很难按要求形成，为防止管涌转移，采取抬高塘内水位和扩大滤渗范围的抢护措施，滤渗直径 5 m，管涌中心先用石子铺平洞口，共投放粗砂 20 t，瓜片 30 t，石子 40 t，险情基本上得到了控制。至 8 月 8 日，照此方法，共处理了 11 处管涌破坏险情。

（三）减灾效益

永天圩抢险成功，减少淹没耕地 16 000 余亩，减少房屋冲毁 200 余间，减少沙化耕地面积 500 余亩，减少人员转移安置 12 000 多人，减轻了同马大堤的防汛负担，为国家和人民挽回经济损失 3 000 多万元。

（四）经验和教训

1.经验

(1)巡堤查险采取专职队伍与群众联防相结合，使险情能及时发现。

(2)群众抢险队伍与中国人民解放军防汛部队相结合。人民解放军是防汛抢险的重要力量，他们纪律严明，作风过硬，能打硬仗，在永天圩最危急的时候，解放军起到了决定性的作用。

(3)人员转移与全力抢险相结合，为防万一，当水位上涨到一定高程时，老弱病及低洼处的群众必须转移到安全地带，以解除投身于防洪抢险人员的后顾之忧。

(4)工程人员熟悉堤身、堤基状况，根据实际情况提出抢险措施是夺取抗洪胜利的重要因素。

(5)做好后勤保障，防汛抢险器材要能及时到位。

2.教训

(1)加强堤防日常管理。要成立专职管理机构,统一管理,禁止在堤脚取土,对建房要实施统一规划、管理、施工,圩堤顶建房要向同马大堤内搬迁。堤顶建房不但增加了险情,而且给防汛抢险造成困难。

(2)堤防建设要保证质量。

(3)加强除险加固工程建设。堤脚水塘必须回填,堤内外坡不得大于1:3,堤内坡要做平台,堤顶要加高,以提高整个堤防的抗洪能力。

(4)被保护区内村庄要储备一定数量的防汛抢险器材,间隔500~800 m要修筑一条上堤碎石路面。

二、长江和县江堤郑蒲管涌抢险

(一)基本情况

安徽省和县长江江堤郑蒲堤段,于1998年8月15日9时许,巡堤群众发现一处龙塘(新川泵站进水池)水面异常,经观察,初步断定是翻砂鼓水。经潜水队下水摸探,查明有5个涌水孔的管涌群,手感有水流。龙塘水深约5 m,水位7.5 m。其中1号管涌口离大堤脚70 m,上口直径0.8 m,下口直径0.5 m,孔深2.5 m,且在洞口形成直径1 m、厚40 cm的沙环;2号管涌离堤脚80 m,上口尺寸0.7 m×0.3 m,呈不规则椭圆形,孔深2.5 m,管涌群已形成宽30 cm、长2 m的水槽。

(二)出险原因及可能造成的危害

经分析出险原因有两方面:一是地质因素,该段滩地地表覆盖层薄,堤基下部为极细砂层,抗渗能力差;二是汛情因素,由于高水位浸泡达50 d,大堤内外水头差达4 m左右,堤基细砂在高水头差的作用下不断被水流带走,形成管涌。若抢险不及时,造成长江大堤溃口,将直接淹没郑蒲圩6.2万亩耕地,同时危及和县江堤的保护范围。

(三)抢险措施

15日20时,专家组迅速拿出抢险方案:一是立即用砂石填压管涌口做反滤,并扩大导渗作业面;二是封堵龙塘四周的三闸一桥,加高加固2 km长的堤埂至11.5 m高,使之形成一个很大的养水盆;三是安装抽水机,从龙塘尾部排水沟向养水盆内充水,减少长江与龙塘水位差,并保持内外水头差在1 m左右。

在加高加固内堤、埂的同时,16日凌晨1时,第一台水泵安装完毕并开始充水,由于圩内排水沟水量不足,已安装好的另外5台水泵无法工作。专家组又提出改在长江外侧架机,抽引江水,同时凿开穿堤涵闸,引江水入圩。16日15时,穿堤涵闸被凿开,17日凌晨14时,18台机组全部开机抽水。

同时,砂石导滤也在紧张进行。由于管涌流速太大,经潜水员摸探,先抛的砂石被水冲走。后改由先抛块石,再依次抛砂石、石子、块石,使管涌处水流得到明显控制。

到8月18日12时,龙塘水位达到10 m(抬高2.5 m),关闭了抽水机,封堵了穿堤涵闸,郑蒲管涌群险情基本得到控制。以后每天派潜水员摸探,随时掌握险情变化。数天后,砂石略有下陷,又补抛了块石和石子。

(四)经验教训及抢险消耗

郑蒲管涌群抢险成功,一是领导得力;二是充分尊重专家意见,论证后立即付诸实施;三是抢险队伍调集及时;四是防汛材料充足。但由于当地缺少粗砂,使导渗级配不合理,效果不太好。据初步统计，本次抢险出动民工5 000多人，解放军指战员武警官兵1 120人，加高加固龙塘堤埂土方6 000多m^3，使用纺织袋3.3万条，草包1.7万条，砂石料250 t。

三、淮河史灌河堤防崩塌抢险

（一）基本情况

史灌河位于河南省固始县，是淮河南岸的最大支流，也是淮河洪水主要来源之一。史灌河左、右堤防均筑在以细砂为主的地基上，沙土填筑，稳定性差，渗水严重。左岸17 km以上、右岸34.5 km以上已筑有堤防，按十年一遇防洪标准，顶宽5 m，一般堤高5~6 m，内外边坡1:3。史灌河上游处于暴雨中心地带，山洪暴发势猛流急，常出现河岸崩塌及散浸、管涌、流土等重大险情。

1991年汛期，从6月29日至7月10日，流域内连降暴雨、大暴雨，蒋集水文站最大流量达3 600 m^3/s，超过十年一遇流量（3 580 m^3/s）；相应水位达到33.26 m，超过十年一遇水位（33.24 m）。在持续高水位下，防汛形势非常严峻。左岸里河梢、孟小桥、范台等出现重大崩塌岸（坡）险工4处，右岸柴营、北圩、任台、秦楼、李祠堂、陈台、瓦房营、新台、李小庄、高台、埂湾上下等出现重大崩岸坡险工18处，共8.251 km。此外，陈台、李庄户、庙门口分别出现3处长200 m、150 m、400 m的流土群；汪营、栎元、瓦坊、殷庙、学地、杨营、秦前楼、刘营、白台、腰台、孙小台、舟滩及左岸的马元、竹大庄、车台等19处出现散浸，共长8.95 km。

（二）出险原因

史灌河1991年汛期出现重大险情的原因主要如下：

(1)史灌河为游荡型沙质河床，在强水流和河床的相互作用下，水流紊乱，沿程弯多、滩高、槽深，当岸坡陡到一定程度时，即出现岸坡崩塌。

(2)史灌河堤防的堤基多以中细砂为主，稳定性差，在高水头的作用下，会出现堤基渗水、管涌、流土等严重险情。

(3)1986年对史灌河堤防按十年一遇防洪标准进行培修加固，施工时未能按设计标准实施，大部分堤身单薄，部分堤段填土质量仍然很差。

(4)史灌河左岸堤防17 km，被群众占堤居住9 km；右岸长34.5 km，被居民挤占29.7 km。由于居民在内外堤脚乱取沙土，乱栽树，乱设粪坑厕所，致使堤脚内外坑槽满布，严重破坏堤防内外覆盖层，缩短了渗径。

（三）可能造成的危害

史灌河流经固始县腹心地带，两岸耕地面积40余万亩（包括史灌河中游及泉河下游），占全县耕地面积的35%左右，一旦史灌河失事，将危及固始县整个经济发展。

（四）抢险措施及效果

在固始县县委、县政府组织下，动员干部群众，针对不同险情采取不同措施，及时排除险情，保护了堤防安全。在抢护岸（坡）崩塌险情中采取将土袋用麻绳编连成软排体沉入河底的方法，以覆盖崩塌面，遏止岸坡继续崩塌，取得很好效果。如1991年7月4日，抢护柴营堤崩塌险工就是采取这种措施（柴营险段是由于水流顶冲导致崩塌）。抢险措施具体如下：

(1)根据水深和崩塌面的大小,备足备好木桩、绳索和编织袋,木桩长 1.5 m,小头直径 5 cm 左右,砍尖备用。捆袋主绳直径 2.5~3 cm,并保证有足够的抗拉强度,长度根据需要而定。捆袋子绳直径 0.5~1 cm,长 1.8 m,也要有足够的强度。

(2)以乡组织基本抢险队伍骨干,根据需要分若干个抢险小组,每组装袋 6 人,运袋 6 人,捆扎拴编袋 4 人,牵拉松放主绳 2 人。

(3)以堤顶作为操作平台,木桩打在操作面内侧,入土深 1.2 m 稍向内倾,一块排体长 1.4 m,以两袋对口顺连为宜,宽自塌面底到塌面顶以上 1 m 为度。

(4)捆扎拴编一块排体,主绳上下各 2 根,下主绳先平摊于操作面上,两绳距 0.7 m 左右,下端拴连土袋,上端用活扣拴在堤顶木桩上,便于松动,使排体下沉。上主绳由 2 人操作,同下主绳结合拴捆土袋,务求上下袋挤紧捆牢,不留空隙,避免流水淘刷塌面。捆编袋 2 人面对面操作,先将子绳同下主绳连接平摊,将两袋口相对挤紧,拿起捆袋子绳,同上主绳有机结合后,互递子绳相对用力,捆袋至紧,尔后踩扁。依此类推,边排边松动下主绳下放,露出水面 1 m 左右,防止洪水上涨和风浪淘刷岸(坡)顶,一块排体制成护盖后,将上下主绳合并拴在桩上。各排接头处,沉放时也力求贴靠紧密以免散头。见图 5-54、图 5-55。

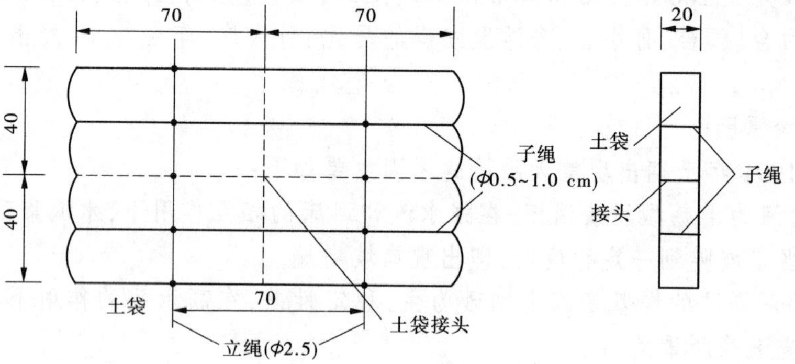

图 5-54 编织袋捆扎示意图 (单位:cm)

柴营险工崩塌最严重的为一长 56 m 的险段。该险段滩面以下冲深 6 m,滩面以上水深 4 m,洪水位 34.0 m。组织劳力 300 人(包括捻绳等辅助劳力)编成 15 个组,捆编排体 40 块,用编织袋 4 200 条,装土约 130 m^3,麻绳 600 余 kg,历时 6 h 完成了该险段抢护任务,保证了大堤的安全。

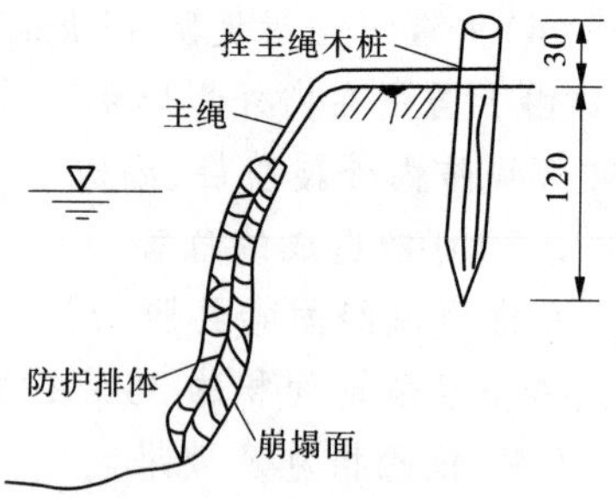

图 5-55 排体与木桩锚固

此种抢护的优点是所使用的抢险料物由群众筹集,勿需远运,省时省力;缺点是制作难度大,历时较长。如果当时备有土工布,用土工布制作排体抢护用时肯定要短些。

抢护管涌、流土险情采用以反滤导渗制止涌流带走土沙,遏止险情进一步发展,保证大堤安全。

如李庄户险段，堤顶宽5 m，堤高6 m，边坡1:3，临河堤脚下到河槽滩地宽10~12 m，滩面以下槽深5~6 m，滩面以上水深4.5~5.0 m，滩面高程27~27.5 m，堤质为砂性土。7月4~8日，在200 m险段内，出现了4处大的管涌险情，第一处在背水堤脚以外15 m处，第二处为18 m，第三处为17 m，第四处为22 m。自上游至下游几乎是均匀排列，管涌孔径10 cm左右，抢护方法是清除管涌口周围杂物后，在管涌出口处用土袋筑围井，以麦草作反滤料，井壁底厚1.0 m，顶0.4 m，高1.0 m，在距地面0.6 m高处留排水孔一处，孔径5 cm，井径1.2 m，井内均匀铺麦草，洪水过后扒开检查，效果尚佳。详见示意图5-56。

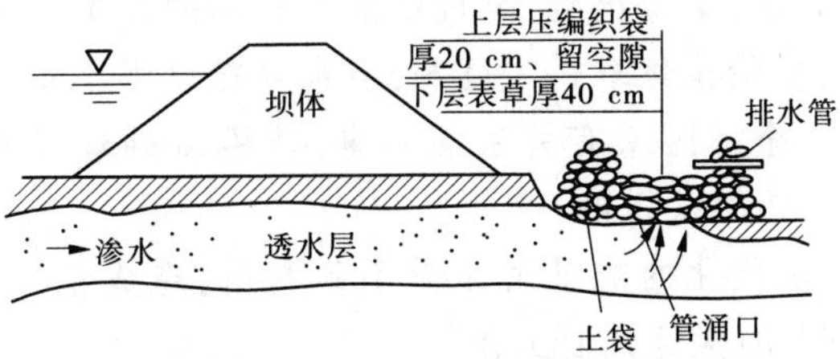

图5-56 麦草反滤围井示意图

庙门口和陈台险段，堤顶宽包括群众庄台在内8~12 m，局部达15~20 m，外加3~4 m沿堤交通道路，堤高7 m，边坡1:3，背河坡脚下地面高程26.0 m，外河主槽靠近堤脚，槽深4~5 m。当6月14~16日史灌河第一次洪峰出现时，该两段险工处洪水位庙门口为31.0 m，陈台为30.5 m。庙门口出现3处管涌，陈台段出现4处管涌，涌孔直径3~5 cm，涌水挟带有中细砂和少量的土颗粒。险情发生后，采取就地取材，用土袋筑围井、麦草作反滤料的措施阻止了险情的发展，围井直径1.0 m，高1.0 m，井壁底部厚1.0 m，顶部厚0.5 m，距地面0.6 m处留排水池一处，孔径5 cm。6月29日至7月12日，庙门口洪水位高达32.3 m，陈台洪水位高达31.5 m，水情形势更加严峻。7月4~12日，庙门口和陈台两险段管涌等险情一个接一个，有的管涌口直径在10 cm以上，陈台一处最大达50 cm，用10 m^3碎石都未压住，情况十分危急，4日晚县防办派8辆大卡车运送了100余m^3 5号碎石和4万条塑料编织袋，采取分割分围的办法，用土袋筑格堤、月堤和导滤戗台、反滤围井等，经近一昼夜的奋战，基本上制止了险情的恶化，但因无粗砂作反滤料，碎石的级配也不合理，多数管涌口还有细砂流出，于是又逐处用编织袋、草袋、麦草等覆盖涌口，用碎石压重进行补救，之后日夜监护，发现问题，及时处理，直至7月14日，水势逐渐消退。

此两处抢险包括第一次洪峰在内历时共12天，投入劳力万人，用碎石100余m^3、编织袋6万余条、麦草1 000余kg、土方近5 000 m^3，保住了大堤和圩内数万人民生命财产的安全。

(五)效益

1991年大洪水过后，固始县水利局河道管理段，对可能造成的粮食作物、房屋、家什、牲畜及林木、道路、集镇等直接经济损失进行测算，避免了18.7万亩耕地、15.1万人受灾，防洪效益达2.325亿元。

(六)经验教训

固始县1991年史灌河抢险取得成功的经验主要如下：

(1)县防汛指挥部根据防汛方针，建立健全县、乡两防汛指挥机构，制订了切实可行的防汛计划,县防指成员分赴各自责任段检查落实防汛工程和物质准备情况,为抗洪抢险的胜利奠定了组织保证。

(2)县境南部地区户均筹集 2 条编织袋,交水利仓库保管备用。临淮地区人均筹集 1 条编织袋,交重点防汛地段保管备用,全县年筹集编织袋 70 余万条,为抗洪抢险的胜利奠定了物质基础。

(3)临淮地区各乡镇每年组建 80~120 人的抗洪抢险基本队伍,进行抗洪抢险技术培训和强化水患意识的教育,为抗洪抢险的胜利奠定了人力和技术基础。

(4)党政军民同舟共济,奋力抢险,是抗洪抢险成功的基本保证。

1991 年史灌河抗洪抢险虽然取得了胜利,但也存在以下不足:

(1)部分地方没有完全按国家有关法规办事,让沿河群众任意侵占居住,乱挖乱建,造成诸多险情隐患,应认真加以纠正。

(2)防汛投入不足,现代化的防汛用品得不到利用,造成抢险中费时费力,各级政府和防汛主管部门应进一步加强这方面工作。

四、长江安徽广丰圩杨墩站涵洞抢险

杨墩站涵洞位于安徽省东至县广丰圩江堤,建于 1959 年。原穿堤涵洞 1 孔(1.8 m×2.6 m)长 47.0 m,底高程 10.0 m,细砂地基,为浆砌石拱结构。1995 年改建为 2 孔(3 m×3.5 m)钢筋混凝土涵洞,洞身长 65 m,底高程 9.0 m。1995 年 9 月 18 日动工,1996 年 5 月 28 日穿堤涵建成,大堤回填,新泵房基本完成。

1996 年 8 月 14 日凌晨,杨墩站新站汇流水箱处向上冒沙冒水,冒水孔直径约 5 cm,且逐渐增大;6 时 30 分,江堤、启闭机、涵箱、机房开始下沉,当时外江水位 16.84 m,站前水位 11.7 m,水头差 5.14 m;7 时,江堤连同涵箱整体塌陷 1.0 m,堤身多处裂缝,启闭机房明显倾斜;12 时,堤顶下陷 3.5~4.0 m,沉陷段堤防上口宽 30 m,下口宽 8 m,裂缝影响范围 65 m。启闭机台、机房、竖井等严重倾斜,压力涵箱接头止水拉断。由于两孔闸有一孔开启高达 2.7 m,江水呈漩涡,裹着泥沙,向堤内倒灌,堤内出现 3 个较大的水柱,水柱出水高度达 1 m 左右,总流量约 60 m³/s,形势十分危急。出险位置见图 5-57。

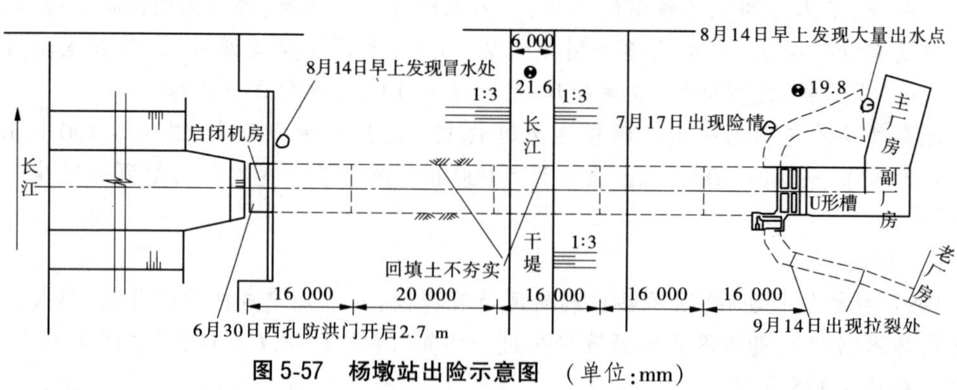

图 5-57 杨墩站出险示意图 (单位:mm)

险情发生后,安徽省防汛指挥部会同市、县防汛部门立即研究制订抢险方案。根据该站周围的地形特点,决定在堤内引水渠内建新坝,做成长 170 m、宽 40 m 左右的养水盆。8 月 14 日 23 时,二道坝第一次堵口开始合龙,当缺口已堵至 4 m 左右宽时,由于上游水位抬高后流速加大,打下的桩断裂,堵口失败。失败的主要原因是准备仓促,备料不足,抢险物料较轻,且堵坝的断面过小,依靠桩支撑难以奏效。在此期间,为堵住漏洞,先后在堤外沉下了一条20 t的船只、580包大米和用油布包着的上百吨的水泥及三条集装箱等,均未见成效。

第一次合龙失败后,抢险指挥部又重新布置,确定仍以二道坝堵口为重点,采取在大堤塌陷处加高加固、堤外打月堤等措施。

有关人员立即着手第二次堵口的准备工作。用了半天时间在二道坝缺口处打下了15根弧形桩、3层梅花桩,每根桩都用钢丝绳固定到对岸的大树上。与此同时,积极筹措抢险材料,派港监船拦截江面上船只运载石料、黄沙,省防指从安庆调运了大量的麻袋、块石、石子等抢险材料。还要求附近的工厂赶制200个1 m见方的钢筋笼,以便合龙时使用。

第二次合龙是从15日11时30分开始,经过3 h的艰苦奋战缺口被封住,此时二道坝上游水位猛涨,上下游水位差达3 m多,梅花木桩发出"咯咯"脆响,仅10多分钟,二道坝再次被冲垮,缺口重新撕开10 m多。

第三次合龙吸取了前两次失败的教训,成立了抢险专家组,专家组研究认为合龙成败的关键是抢险材料充分、开辟抢险道路、加快施工速度,并对堵坝的断面标准、坝体材料、施工程序及材料数量等作了详细规定。至8月18日晚22时,准备工作基本就绪。

第三次堵口开始,抢险指挥部在东、西坝各组成了由部队和武警战士组成的抢险突击队,为尽快形成合龙物料的支撑骨架,先抛下500多块预制板,然后推下去钢筋笼40个,效果明显。为配合下游合龙,上游闸门被关下1.70 m。19日10时,二道堤合龙成功。随后立即进行闭气工程。

闭气工程程序为:先抛3 m宽袋装碎石、散装碎石,后抛7 m袋装土,最后抛10 m散装土。8月27日闭气工程全部完成,抢险成功,保住了长江大堤。

技能训练

一、填空题

1.巡堤查险时所说的"三清"分别是:________、________、________。

2.堤防防漫溢的方法,不外乎________、________、________三种。

3.堵口进占的方法基本上可分为________、________、________三种。

4.堤坝发生散浸的主要原因为水位________堤防设计标准,高水位出现时间较________。

5.险情抢护新技术包括:堤防________加固新技术、险情________新技术。

二、选择题(正确答案1~3个)

1.山洪灾害是指由于(　　)在山丘区引发的洪水灾害及由山洪诱发的泥石流、滑坡等对国民经济和人民生命财产造成损失的灾害。它的主要特点是突发性强,预报预测预防难度大,来势猛,成灾快,破坏性强。

A.降雪　　B.地震　　C.降雨　　D.融冰

2.江河堤防在高水位作用下,水流从河岸沿着堤基向堤内渗透,渗透水流经过强透水层到达堤内后,仍然具有很大压力,如果冲破了黏性土覆盖层,将下面的粉砂、细砂带出来,发生冒水涌砂现象,即称为(　　)。

A.管涌　　B.浓泡　　C.翻水　　D.流砂

3.洪水涨至堤顶附近,并在风浪的作用下,洪水越过堤顶、间断溢流或洪水位超过堤顶、洪水直接越过堤顶而发生溢流的现象叫作堤防漫溢险情。这种险情的抢护方法是(　　),挡住洪水。

A.抢筑子堤　　B.加宽堤防　　C.抢筑围堰　　D.顺其自然

4.渗漏险情的抢护原则分(　　)。

A.临水坡截渗　　B.背水坡导渗　　C.临水坡导渗　　D.背水坡截渗

三、简答题

1.什么是洪灾?

2.简述巡堤查险的方法。

3.造成堤防漫溢的原因是什么?

4.修筑堤防的目的是什么?

5.管涌产生的原因是什么?

6.我国的主要江河流域中建立暴雨信息预报的应用软件系统主要作用是什么?

项目6 水利工程管理信息化

【项目概述】

本项目主要介绍水利信息化的概念及其重要性、现代信息技术在水利工程管理中的应用，内容包括水情自动测报与洪水预报调度系统、水闸自动化监控系统、水库工程安全监测自动化系统、河道堤防信息化管理等。

【学习目标】

通过本项目的学习，要求学生了解水利信息化的重要性及其意义；熟悉水情自动测报与洪水预报调度系统、水闸自动化监控系统、水库工程安全监测自动化系统、河道堤防信息化管理工作；掌握水利信息化的内涵，现代信息技术在水利工程管理工作中的应用。具备水工监测工、闸门运行工、河道修防工等基本知识和技能。

任务1 水利信息化

信息技术是利用科学方法对经营管理信息进行收集、存储、处理并辅助决策的技术总称。从20世纪70年代开始至今，信息技术在水利工程管理中的应用迅猛发展。使用信息技术进行水利工程管理，不仅可以快速、有效、自动而系统地存储、修改、查找及处理大量信息，而且能够对管理过程中因受各种自然及人为因素影响而发生的各种突发情况进行跟踪管理，提高了施工管理的水平及效率。

1 水利信息化

水利信息化就是在水利全行业普遍应用现代通信、计算机网络等先进的信息技术，充分开发应用与水有关的信息资源，实现水利信息采集、传输、存储、处理和服务的网络化与智能化，全面提升水利事业各项活动的效率和效能的过程，为防洪抗旱减灾，水资源开发、利用、配置、节约、保护等综合管理，以及水环境保护、治理等决策服务，提高水及水工程的科学管理水平。水利信息化是计算机技术、微电子技术、通信技术、光电技术、遥感技术等多项信息技术在水利上普遍而系统应用的过程。信息是继材料和能源之后的第三资源，是支撑社会发展的三大支柱之一。信息化是以丰富的信息资源、先进的信息技术、发达的信息技术产业和完善的信息咨询服务业为标志的。水利作为一个信息密集化行业，水利信息化已成为世界各国特别是发达国家水利现代化的基本标志和重要内容。

2 水利信息化的重要性

2.1 水利信息化是实现水利工作历史性转变的需要

在当今信息社会，水利这一传统行业期待着制度创新、技术创新、管理创新，要运用现代科技手段来武装水利行业,促进工程水利向资源水利转化,向现代水利迈进。信息化是水资源优化配置、统一管理和水利现代化的基础。水利信息化是实现工程水利向资源水利这一重大治水思路转变的技术基础。

2.2 水利信息化是实现水利现代化的需要

实现水利现代化的五大目标是:防洪安全问题得到保障;水污染防治要达到较高水平,能够有效控制和减少水污染,创造与经济发展和人民生活水平提高相适应的水环境;水资源利用必须是合理的、科学的;水资源的配置手段必须是现代化的;要实行水资源统一管理的水务管理体制。信息是决策的基础,是正确分析和判断形势、科学制订方案的依据,当然也是实现这五大目标的基础。

2.3 水利信息化是政府部门转变职能的必然选择

政府充分开发和利用庞大的政府信息资源,是正确、高效行使国家行政职能的重要环节。政府机构改革和职能转变,客观上要求政府部门从开发利用、广泛获取信息资源来更好地管理复杂的政府事务,提高政府的决策水平、管理水平和工作效率,加强政府工作人员与广大公众之间的联系,使社会各界有效监督政府的工作。实践证明,网站就是实现政务公开、架构联系政府与公众的桥梁的最有效方法。水利信息化是各级政府水利部门实施现代化管理的一个重要工作方向。

2.4 水利信息化是实现行业之间资源共享,促进国民经济协调发展的需要

一方面,水利部门要向国家和相关行业提供大量的汛情旱情、水量水质、水环境和水工程等信息,从而为国家编制国民经济和社会发展规划服务,特别是为防洪抗旱斗争和提供水资源保障服务。另一方面,水利建设本身也离不开相关行业的信息支持,包括流域区域社会经济信息、生态与环境信息、气候气象信息、地球物理信息、地质灾害信息等。推进水利信息化,实行水利信息资源的各行业共享,对于实现经济建设具有重要意义。

3 现代信息技术在水利信息化中的应用

3.1 地理信息系统

地理信息系统是计算机技术、三维技术和遥感技术等综合形成的一种信息化技术,这种技术在水利行业中应用最为广泛,在水利工程建设中发挥了重要作用。地理信息系统当中最重要的功能就是地理坐标,通过地理坐标可以准确地确定水利工程的具体位置,通过这一技术可以获得与水利工程建设相关的各类基础地理信息,比如地形地貌、水系河流、交通、行政区域等。系统当中的集成功能,使其能够成为水利信息的基础性管理平台,通过相关功能模块和相关专业模块实现水利信息化管理的基本目标。此外,利用地理信息技术配合使用空间三维技术,能够使水利信息管理的二维转变到立体化的三维展示,使信息浏览更加直观,更加准确和方便。

3.2 卫星定位系统

卫星定位系统实际上是在空间技术、计算机技术等基础上发展而来的一种技术,它的作用就是准确定位。目前,国内使用的卫星定位技术主要有两种,即GPS和北斗卫星定位系统,后者是我国自主开发的一种卫星定位系统,能够应用的领域还非常少,因此从目前来看主要是GPS技术。而在水利行业当中也要用到卫星定位技术,主要是在一些抗洪

抢险、防洪决策等工作当中,需要对险情的位置进行准确的定位,在这一工作当中卫星定位系统发挥了重要作用。我国从 1998 年抗洪抢险开始,就在水利行业中在地理信息系统的基础上配合使用卫星定位系统,取得了不错的效果,一些险情得到及时的发现与排除,避免了灾害的继续扩大。而现在很多地方在防洪工作当中将 GPS 定位系统与 RS 影像、GIS 平台等有效连接,实现了灾区与灾情的准确定位。通过将 GPS 与网络技术结合,能够提高对各类灾害的应急反应速度,使险情能够在最短的时间内排除。

3.3 遥感技术

遥感技术是指从地面到高空各种对地球、天体观测的遥感综合性技术的总称。遥感技术作为一项比较先进的信息处理技术现在也开始广泛地应用于水利行业,遥感技术的出现有效地提高了影像识别精度与数据处理能力,且这种技术的成本相对较低,是水利行业信息化的重要组成部分。遥感影像的来源一般很多,美国、法国、日本、印度等遥感技术比较发达的国家都提供不错的遥感影像产品,而我国最近几年遥感技术发展十分迅速,也开始为国内外提供遥感影像产品、航片等。在水利行业中,一些地区也开始购买遥感技术或者影像接收设备,收集影像数据,通过数据分析,确定灾情、险情位置,分析具体的受灾情况、面积和影响等,还可以分析流域的水土保持情况、河流污染情况等。

3.4 数据库技术

数据库技术作为水利信息化技术发展与应用的核心所在,是建设水利信息化的根本。可以说,水利信息系统的建设与应用离不开数据库技术的支持。数据库技术的应用主要包括数据存储与数据管理两大部分。当前,我国国家级水情数据库基本建设完毕, 国家加大对水情监测、降雨信息、历史水情信息等查询与管理力度, 而各个省级水情数据库、流域水情数据库建设正在如火如荼地进行。对于一些有条件、有技术水平的省市, 已经开始尝试建设水情数据库,规范国家级防汛工作数据发展,逐步实行数据入库管理工作。

当前, 很多省市也开始涉足国家规范性数据库建设, 个别地区应以实际情况为出发点,构建水利灾情的信息管理数据库、防汛指挥系统、防汛决策系统等,实现专业性数据库建设。数据库技术的应用与推广,进一步促进信息管理的规范化、标准化,提高信息存储、查询、更新的方便性,为挖掘数据、利用数据奠定基础。

3.5 网络应用技术

在信息化时代, 计算机网络技术已成为支持我国水利工作发展的基础, 在信息采集、处理、传输及共享方面发挥作用。从当前网络应用的范围来看, 应着重建设局域网及广域网。从网络通信安全保障来看,又可划分为水利专网及公共网络; 从信息传输的要求来看,又可划分为有线网及无线网。

计算机网络技术的发展,为水利信息的交换与共享提供了优质条件,发挥了重要作用,具有良好的效果。但是,由于逐渐增加了信息量,再加上网络容量的限制,信息传输及交换的速度,往往难以符合实际应用需要。另外, 由于互联网的系统性、稳定性不足,再加上可靠性问题,任一环节发生故障,都会对整个网络系统的运行产生影响。因此,今后应进一步完善网络故障的应急解决方案, 确保水利信息化技术的顺利实现。

将新兴的信息技术应用到水利工程管理中来,不仅可以大幅提升工程管理水平,对传统的水利工程管理模式也有积极的影响。水利工程管理模式已向自动化、系统化的方向大幅迈进,通过建立 GPS 数据系统来快速、自动监测收集数据,将采集的数据通过网络导入数据库系统,实现存储、查询、共享,再根据管理需要选择 CAD 进行数据处理、绘制或者使用 GIS 进行空间分析,为最后的管理决策提供快速可靠的支持。这种全新的管理模式实现了管理和服务的科学化、现代化,还可以利用这些技术实现三维全景虚拟显示工程布置,直观反映组成部分在空间上和时间上的相互关系,并实现各种信息可视化查询、分析、统计计算,实现水利工程动态仿真演示,使得水利工程管理更加灵活全面。

任务2 水情自动测报与洪水预报调度系统

1 概述

防汛工作是关系到人民安危和社会稳定的大事。洪水预报调度是防汛抢险的重要组成部分,做好洪水预报调度工作,才能科学地防洪减灾。而快速并准确地提供洪水预报调度结果的基础是水文自动测报系统和科学可靠的实时洪水预报模型。现在水情自动测报与洪水预报调度系统,不仅是防汛抗旱也是水利工程管理单位合理调度、充分利用水资源所必不可少的一部分。

水情自动测报系统按规模和性质的不同,可分为自动测报基本系统和自动测报网。自动测报网是把若干个基本系统连接起来,组成进行数据交换的自动测报网络。水情自动测报系统是水库管理单位合理利用水资源和提高防汛、抗旱和水库调度的科学管理水平的专用智能化系统。它应用通信、遥测和计算机及网络等先进技术,实时收集水库所在流域的雨量、水位和流量等水文信息,快速传递至相关决策机构,以便进行洪水预报和优化调度,最大限度地减少水灾损失,提高水资源的利用率。

2 系统设计原则

2.1 技术规范要求

系统建设应主要参照和满足以下常用技术规范的要求:

(1)《国家防汛指挥系统总体设计大纲》。

(2)《国家防汛指挥系统工程水情信息采集系统分类设计》。

(3)《水利水电工程水情自动测报系统设计规定》(DL/T 5051—1996)。

(4)《水文站网规划技术导则》(SL 34—92)。

(5)《水文自动测报系统技术规范》(SL 61—2003)。

(6)《水文自动测报系统设备基本条件》(SL/T 102—1995)。

(7)《水文自动测报系统设备遥测终端机》(SL/T 180—1996)。

(8)《水文自动测报系统设备中继机》(SL/T 181—1996)。

(9)《水文自动测报系统设备前置通信控制机》(SL/T 182—1996)。

(10)《水文自动测报系统通信电路设计技术规定》(SL 199—97)。

(11)《水位观测标准》(GBJ 138—90)。

(12)《降水量观测规范》(SL 21—2006)。

(13)《水文情报预报规范》(SL 250—2000)。

(14)《计算机软件开发规范》(GB 8566—88)。

(15)《TCP/IP 通信协议接口标准》(JGJ/T 16—22)。

(16)《软件可靠性和可维护性管理》(GB/T 14394—93)。

(17)《安全防范工程程序与要求》(GA/T 75—94)。

(18)国际无线电咨询委员会(CCIR)的有关建议和报告。

2.2　系统功能的一般要求

系统首先应满足建设单位的要求,同时还应具有下列特点。

2.2.1　准确性和可靠性

在水情自动测报系统中对系统在恶劣条件下无故障工作能力有着较高的要求。因此,系统的安全、可靠运行是系统设计的首要原则,各遥测点数据实时、准确地采集,并且可以准确地发布控制指令无疑是系统的核心。系统硬件要具有高可靠性的数据采集、控制能力,并有可靠的通信方式,系统软件必须可以及时准确地对数据进行分析处理。

2.2.2　先进性与开放性

随着计算机软硬件技术的发展,高品质、高性能的自动化产品越来越多,要组成一个最优的自动化系统,最好的方法就是选用具有标准通信协议的产品。因此,在系统的开发和设计上,尽量使用国际上流行的、成熟的工业技术和新型的芯片及通信产品,能支持当前绝大多数的检测设备和各种有线与无线的通信方式,保证系统在使用过程中的先进性。

同时系统设计时要预留前瞻性的开放接口,有利于系统的升级和并网连接。确保在系统的升级、维护、二次开发过程中有更大的灵活性。硬件、软件系统采用符合国际工业标准且使用广泛的产品,网络系统采用开放式网络结构、标准的网络协议、市场占有率高的产品。网络操作系统、工作站操作系统软件要采用开放性的产品;还有数据库系统也要采用国际主流的、开放性产品。

2.2.3　安全性

系统安全性包括:通信安全性与系统控制安全性。其中通信安全性指通信抗干扰能力强、信噪比高、误码率低等内容;系统控制安全性是对控制软件设置加密手段,从而区分不同的操作人员,制定不同的操作权限,实现硬件、软件、网络、数据库系统的安全性。

2.2.4　实用性和易维护性

对于水情自动测报系统,不仅要提供准确可靠的遥测数据,对操作人员来说,操作简单直观、易学易用、符合使用者的业务习惯也是系统最重要的属性。如具有设备使用情况监控和故障提示功能,能给操作人员故障诊断信息和维护提示,并可以通过电脑、手抄器等设备实现就地或远程程序下载、参数设置及设备调试。

3　系统组成

水情自动测报系统通常由中心站、中继站和遥测站组成。而典型的水情自动测报系统通常包括中心站(可能为多中心站、可选的分中心站),基于各种通信介质的远程数据通信网,可选的无线中继站,各种远程遥测站(雨量站、水位站、流量站等功能的综合监测监控站),辅助系统(保证数据采集和通信系统设备稳定运行的电源系统及避雷系统)等。

4 通信网络系统

4.1 通信方式分类

通信网络系统一般根据遥测站与中心站的远近分为无线通信与有线通信两种方式。有线通信包括光纤通信、专用或公共电话网(PSTN)、公用数据线路(ADSL、ISDN、DDN、X.25)、电力载波等。无线通信包括短波、超短波、VHF(甚高频)、微波、扩频微波、卫星(Inmarsat-C海事卫星、OmniTRACS全线通卫星)、GSM信道等。无线通信方式最适合在水情自动测报系统中应用。

4.2 通信方式选择

通信方式的选择,要结合区域地理位置的不同、信道情况和当地经济条件综合选用。

4.2.1 微波通信

微波通信带宽大、可靠性高,但微波站建设成本高,且通信站间必须通视,运行维护复杂,故微波通信一般仅用于大型电站工程,以满足大数据量传输的要求。

4.2.2 短波通信

短波通信的传播距离较远,受地形限制较小,但受电离层的影响,通信质量差和信道稳定性差,而且受气候的影响大,在实际应用中很少采用。

4.2.3 超短波通信

超短波通信是我国目前水情自动测报系统应用最广泛、最成功的一种通信方式。它的传输质量介于短波和微波通信之间,既克服了微波通信的局限,又比短波通信的质量稳定、可靠。超短波通信是水利部门推荐的水情自动测报系统通信方式,具有技术较成熟、设备较简单、建设成本低、可无人值守、运行维护方便等优点;其不足是电波绕射能力较弱、传播距离较近,受自然地理条件的限制,不能直通的山区遥测站需建中继站转发数据。

4.2.4 卫星通信

(1)Inmarsat卫星通信系统。是由Inmarsat(国际移动卫星组织)所提供的一种移动终端卫星通信系统。系统由空间段、卫星地面站(LES)和移动终端(MES)三大部分组成。空间段包括通信卫星、网络协调站和网控中心。卫星地面站是卫星和陆地网之间的连接枢纽。广泛用于水情自动测报系统的卫星数据通信系统Inmarsat-C(海事卫星)系统是一种终端小型化、存储转发式双向数据通信系统。

(2)OmniTRACS(全线通)。是美国高通公司利用其CDMA专利技术开发的基于卫星的双向移动通信和自动跟踪系统。系统由主站、卫星网管中心(NMC)、通信及定位卫星、具有双向数据通信及定位功能的移动终端(IMCT)及配套调度软件等组成。

卫星通信具有覆盖面大、受地形气候影响小、通信质量高、组网灵活、可进行超远距离传输等优点。但建站成本高是它目前最大的缺点,卫星终端设备的成本及运行使用费均较高。因此,它常常被用于数据需超远距离传输,或受环境条件限制通信信号无法进入中继站的关键遥测站。

值得说明的是,随着我国经济的高速发展、电子设备芯片的高度集成化及制造成本的快速下降,预计卫星通信在水情自动测报系统中的应用将会越来越广。目前,卫星通信在我国经济发达地区及国家重点大型水利工程的水情测报系统中使用较多。采用卫星通信具有明显的优点：

(1)卫星通信设备模块化程度高，安装简单，可缩短建设周期。

(2)雨量站的选址几乎不受地形因素影响，因而雨量站采集的数据代表性好，且站点的管理维护方便。

(3)由于卫星采用点对点数据通信，省去了维护极不便的中继站(甚至是多级中继站)，且单个遥测站停机或出现故障不影响整个系统的正常运行。

(4)遥测站工作状态直接反映到数据接收中心的计算机上，出现故障后省去了逐级查找的麻烦，既减少了检查时间、节约了维护费用，又能使遥测站迅速恢复工作。

(5)采集、报送水情数据速度快。

(6)中心站可以根据季节变化控制遥测站，改变数据定时自报时段或调整发送增量值。

4.2.5 GSM(Global System for Mobile Communication)

GSM系统是目前基于时分多址技术的移动通信体制中最成熟、最完善、应用最广的一种系统。我国目前已经建成覆盖全国的GSM数字蜂窝移动通信网，其中的短消息业务用于水情数据的传输已经完全可以满足水管单位的一般要求。而利用现有的已建成的公共通信网络来快速、可靠地组建水情自动测报系统，可以省去组建专用网络的巨大投入，只需要接入网络的终端模块就可以了。

GSM除应用于固定遥测站外，更能应用于巡测等流动水文遥测站的信息传输。在防汛期间，中心站还可以以手机短信形式向各级行政首长发布重点水库、重要水文站的即时水情、雨情信息与重大天气形势信息，为防汛决策、指导抗洪抢险提供可靠的依据。

5 遥测站

遥测站一般安装在野外，在遥测终端设备控制下完成对当地的雨量、水位、流量等水文传感器数据的采集、预处理及存入固态存储器，并通过通信设备向中心站(或中继站)传送所采集的数据。它一般由遥测终端机RTU(含CPU模板、I/O模板、无线数传机、电源等)，水文传感器(雨量计、水位计、流量计等)，辅助设备(天线、馈线、避雷器、电台或卫星终端、太阳能电源板、蓄电池)等组成。遥测站还可选装人工置数装置和长期固态存储器。根据系统需要或业主要求，遥测站通常采用定时自报、增量自报、查询应答和综合兼容方式向中心站发送数据。

目前，通常使用的遥测终端机RTU与早期产品相比，性能上有了很大的提高。一般均采用模块化结构设计，能够做到结构简单、性能可靠、功耗低，具有防潮、防雷、抗干扰措施，以及具有良好的可扩展性、可维护性、可操作性和先进性，具备完全的数据通信能力，冲突检测和纠错能力，远程检测、配置和诊断能力等。

6 中继站

中继站为可选站，组建系统时尽量不使用中继站。它是系统采用无线通信方式下遥测站与中心站通信条件不好时用来中继无线信号的，中继站一般安装在野外和高山上。中继站接收相关偏远遥测站的无线数据，并进行存储，采用数字再生方式向中心站转发数据。中继站一般由遥测终端机 RTU(同遥测站),辅助设备(天线、馈线、避雷器、电台或卫星终端、太阳能电源板、蓄电池)等组成。

中继站接收和发送频率可采用同频或异频。智能化的中继站可通过本地或远程的软件进行相应的编程、配置和诊断。由于新型的遥测终端机 RTU 都具有存储转发功能,因此中继站可由任何遥测站兼任。这种新型遥测终端机 RTU 为系统节省专用中继站提供了极大的方便,并可通过自动优化通信路由,保证数据通信在恶劣环境中的畅通。

7　中心站

中心站一般设在防汛调度中心,用来实时接收各遥测站(中继站)发送来的数据,在需要时,可以定时巡(召)测和人工巡(召)测,并通过对接收的数据解调及对各项数据进行合理性检查判别、处理、分类计算、显示并存储于数据库内,供防汛调度控制中心或更高一级防洪调度辅助决策系统(洪水预报调度程序)使用。通过通信网络还可与外界进行数据通信,或根据计算结果向相关测站发布指令。

中心站设备应包括中心计算机(多台)、绘图打印设备、网络通信设备(天线、电台)和 UPS 电源等辅助设备。中心站一般设有工程师站和操作员站。工程师站既可以汇总分析数据作为服务器使用,又可以作为操作员站,对遥测终端实施监控。中心站最重要的部分是水情自动测报系统软件及其配套的洪水预报调度软件。

中心站设备规格及性能要求如下:

(1)中心站计算机软件:选用可靠性好、协议和数据接口开放、符合国际标准的软件,同时要适合国人使用、操作界面友好、可扩展易升级和具有强大的数据处理能力。

(2)中心站计算机网络功能:要能组成局域网,并可通过路由器与其他网络连接,以便向上级主管部门数据库发送资料,形成统一的数据库系统。系统的网络解决方案要本着安全可靠原则。

(3)中心站计算机的运行可靠性:各类硬件设备要有一定数量的备品、备件。系统软件、应用软件、各类数据文件等软件资源也要有足够的备份。中心机房要有可靠的电源系统,采用 UPS 和多路供电的方式。良好的防雷接地设施和空调系统,形成能保证计算机正常运行的环境。

8　系统软件及洪水预报

水情系统软件负责收集并处理水情数据,而洪水预报调度软件从处理后的水情数据中提取所需信息,进行洪水预报与水库调度。水情自动测报系统中的水情系统软件与洪水预报调度的软件起初是独立运行的,或者是外挂在水情系统软件上由水情系统软件调用。随着时代的发展,现在水情测报系统的承建单位都拥有包括遥测、通信、计算机、水文水资源等全方位的专业人才,故水情系统软件与洪水预报调度软件已达到完全融合。

8.1　数据处理软件的主要功能

(1)数据导入。提供人工录(导)入或自动从水库管理信息化系统(如水情自动测报系统)数据库中提取相关数据。

(2)数据存储。在数据库中存储雨情、水情、工情、图片和报警等信息。

(3)数据显示输出。显示各种实测、历史、人工输入数据和过程线。

(4)数据打印输出。在打印机上输出各种报表和过程曲线。

(5)数据的导出。将各种显示统计报表的数据导出到Excel电子表格。

(6)数据库维护、检索和统计计算。管理和维护实时数据库和历史数据库,支持数据记录的形成、存盘、查询、修改、转储、删除、统计等主要功能。

(7)提供水文资料整编全部功能。

8.2 洪水预报及水库调度软件的具体要求

实时联机洪水预报应根据不同流域的水库选用适合的洪水预报模型(国内常用的洪水预报模型是暴雨—前期影响—径流相关图加经验单位线法、新安江三水源模型)。

(1)应具备雨量的自动插补功能或人工输入功能(人工干预)。由于洪水预报的可靠性与精度在很大程度上取决于洪水预见期内的降雨过程,故要利用水情自动测报系统采集数据的及时性,洪水预报调度软件应具备实时预报校正功能。

(2)随着水文系列的延长,系统应具备定期人工或自动率定各项预报参数功能。

(3)由于水库库容按规定(10年左右)必须重新测量,故应提供库容表人工录(导)入、修改功能。

(4)针对我国多数水库正在或即将进行除险加固,系统应提供水库泄洪(流)设施下泄流量关系修改、增加功能。

洪水预报调度软件除具备实时预报功能外,还应包含人工干预等功能。

洪水预报一般应包括洪峰、峰现时间、洪量;水库调度一般应包括最高库水位及时间、最大下泄流量及时间、为错峰最迟开闸时间(针对不同开度)等。同时,预报调度还应满足当地防汛指挥机构的规范性或非规范性要求。针对梯级水库,洪水预报及调度均指梯级水库联调或水库群的优化调度。对各水库每年发生的全部统计洪水(统计洪水因库不同),应提供洪水预报结果与实测反推洪水过程对比图表(附次洪时段降雨量),并计算次洪预报精度及全年洪水预报精度(包括洪峰、峰现时间、洪量等)。

任务3 水闸自动化监控系统

1 水闸自动化监控系统

随着国民经济的发展与科学技术的进步,对水闸实行自动化监控,是现代化水利工程管理科学化的必然趋势。水闸的自动化监控是建立在现代通信技术、自动化控制技术、计算机技术、自动控制设备及现代量测技术基础上的。被控制的闸门型式主要是平板门、弧形门与人字门,闸门的启闭机械有卷扬式启闭机、液压式启闭机与螺杆式启闭机。

水闸自动化监控系统作为我国水利信息化建设的基本内容,正在逐步被推广应用,新建的水闸或现行闸门的除险加固工程一般都要求包括水闸自动化管理部分。

随着信息技术的不断发展,水闸自动化监控也被注入新的内容,主要表现在:采用GPS/GIS/RS技术,实现水利的“3S”化,从C/S体系转向B/S体系,实现多媒体化等。

2 自动化监控系统构成与工作原理

水闸自动化监控系统主要由中心监控室与现场测控站组成,见图 6-1。中心监控室也称测控调度中心,一般设在水闸管理处(所)内,由测控计算机、网络设备及其他计算机设备等组成;现场测控站是水闸(或闸群、多孔水闸)监控系统的主要信息源及命令执行者,其主要任务是根据中心监控室的遥测查询指令,自动采集本站点的水情或工情数据,并发送给控制中心,或根据控制中心调度指令控制闸门运行。现场测控站一般设在启闭机房内,由各类传感器、通信设备、主控设备(如 PLC、人机界面 HMI)、中间继电器、电机保护及配电设备等构成。

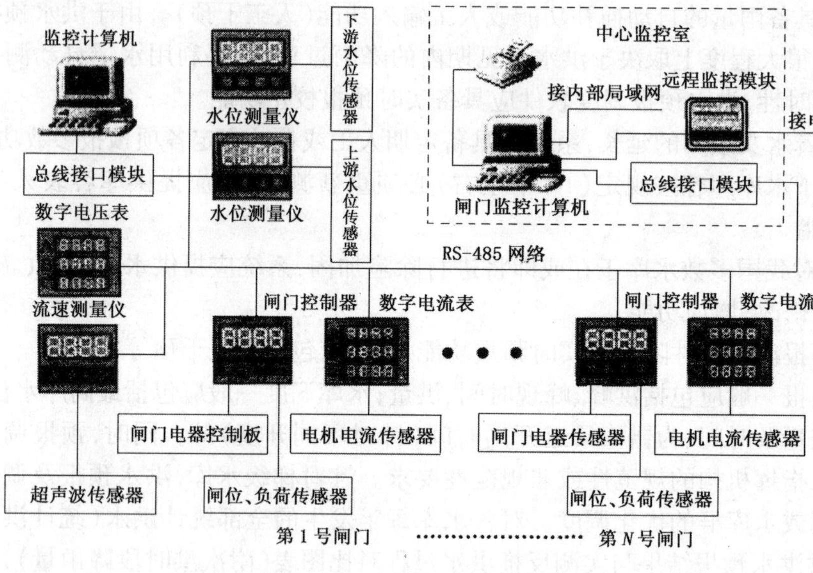

图 6-1 闸门控制系统硬件结构

从图 6-1 中还可看出,水闸自动化控制系统中水位、闸位、闸门启闭电流与电压及荷重的监测大都采用各类传感器。传感器的作用与功能主要是:测量与数据的采集、检测与控制、诊断与监测及辅助观测等,以满足信息的传输、处理、记录、显示和控制要求。

下面对水闸自动化监控系统中采用的各类传感器与监测设备分别进行介绍。

2.1 现场水位监测系统简介

水闸的水位监测主要是将上下游水位,通过传感器(压力式传感器或浮子码盘式传感计)将探出的现地水位变化物理量转换为电信号(压力传感器转换为 4~20 mA,码盘传感计转换为格雷码串行脉冲信号)后,经传输线将水位信号送入水位测量仪进行电平隔离,A/D 转换,由微处理机进行数据处理后分别送至各显示器显示,并根据各预置数值输出控制信号。

从图 6-2 中可以看出,由水位传感器探出的水闸上下游水位的变化量由现地水位变送器将测出的水位模拟信号,经 A/D 转换为数字信号后送入微处理器,经数据处理后输出的信号,可以在水位监测仪上直观显示出水位数值,也可将信号输入到计算机内进行管理,对水位数据进行存储、查询、水位报表打印、人为设置水位报警信号等。

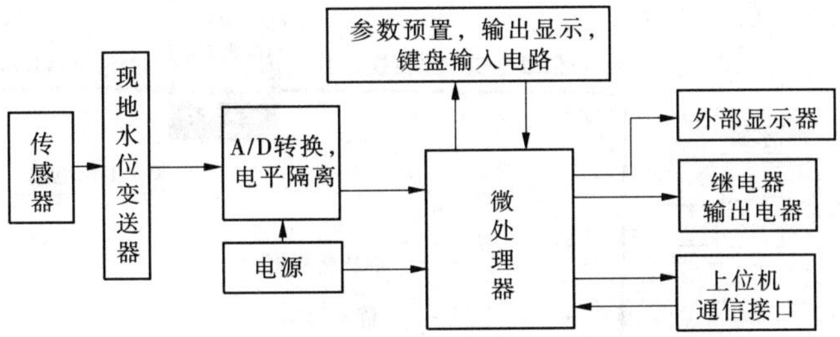

图6-2 水位监测系统工作原理框图

水位传感器的种类比较多,目前常用的有浮子式水位传感器和压力式水位传感器两种。浮子式水位传感器又有接触编码和光电编码等多种形式。

2.1.1 浮子式水位传感器

浮子式水位传感器由浮子、平衡重锤、绳索、水位轮及编码器等主要部件组成,如图6-3所示。浮子随水位变化做上下运动,并经绳索带动水位轮产生圆周运动,即将直线位移量转换为角位移量。水位轮带动同轴的角编码器产生数字编码输出。

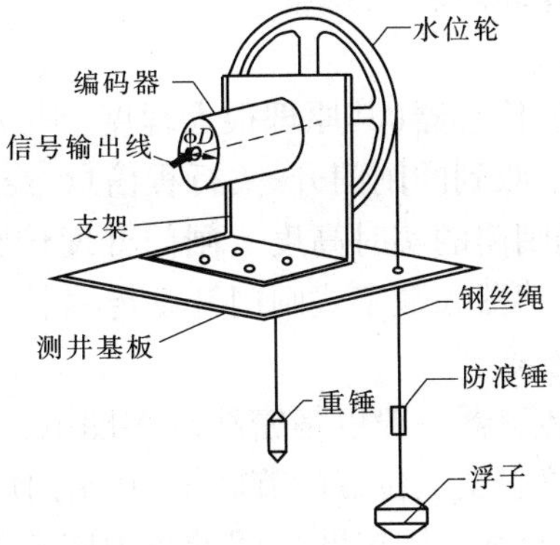

图6-3 浮子式水位传感器

机械编码器由码盘和开关等部件组成,码盘上按码制规则形成导电和绝缘码区,码盘结构也可多样。编码器码轮位数决定其可测量的水位变幅(例如,10位码轮相应可测的水位变幅为1 024 cm)。

2.1.2 压力式水位传感器

单晶硅片受力后电阻率发生显著变化,即压阻效应。将单晶硅膜片和电阻条采用集成电路工艺制作成硅压组芯片。由这种芯片构成的传感器一般称为固态压阻式压力传感器,它广泛应用于各个生产科研领域。

利用固态压阻式压力传感器来测量静水压力,实现测量水深的目的。传感器零点高程加上被测水深就是该处的水位。压力式水位传感器的现场安装参见图6-4。

由于压力式水位传感器探头存在零点漂移、密封漏水等可靠性问题,目前没有浮子式水位计使用广泛。除此之外,水位检测方式还有超声波式,红外、激光式,气泡式等。

2.2 现场闸门测控系统

现场闸门测控系统由闸门位置传感器、闸门启闭荷重传感器、电机电流传感器、三相

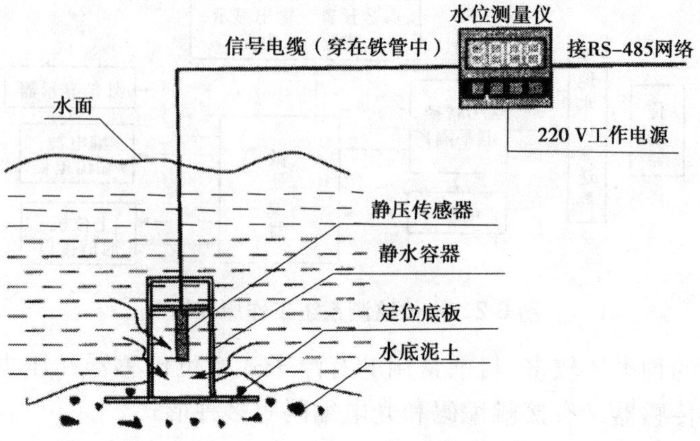

图 6-4　压力式水位传感器现场安装示意

数字电流表和闸门电器控制等部分组成。另有一台数字式电压表来测量三相供电电压。下面分别简要介绍一下闸位传感器,闸门启闭荷重传感器,电动机电流、电压传感器与闸门电器控制部件的作用及工作原理。

2.2.1　闸位传感器

闸位传感器又称闸门开度传感器(其原理很大程度上与水位传感器相似)或闸位计,闸门开度传感器是将传感器接收到的闸门开、关行程信息,经放大处理后能使水闸管理人员通过显示屏,直观地观察到闸门的实时高度。闸门开度传感器根据输出信号的类型不同,可分为模拟式闸门开度传感器和数字式闸门开度传感器。几种常用闸位传感器如下。

2.2.1.1　模拟式闸门开度传感器

早期的模拟式闸门开度传感器一般以精密线绕多圈电位器作为传感器件,将闸门启闭机滚筒的转动通过传动装置引至电位器的旋转轴,在闸门启闭的过程中,电位器旋转轴跟着转动,使得电位器的动臂与某一固定臂之间的阻值随着闸门的升降而变化。当在电位器的两固定臂施加一电压时,即可从动臂取走一电位值。这种传感器的优点是结构简单、成本低。其不足是电信号有一定的温度漂移,精度不高。

2.2.1.2　数字式闸门开度传感器

数字式闸门开度传感器分为计数式和直接编码式两种。计数式传感器的工作原理是对闸门启闭机某一转动轴的角位移通过计数脉冲进行计数。记录脉冲可由光电器件、干簧管或霍尔器件产生。霍尔式闸位、限位传感器现场安装见图 6-5 中箭头所示。这种传感器数据的记录过程和保存都需要有电源支持,一般备有可以充电的电池,其输出的数据格式可以是二进制、BCD 码或格雷码。这种传感器的使用可靠性主要取决于充电电池,一旦电池失效,则该传感器中

图 6-5　霍尔式闸门开度、限位传感器安装示意图

的数据将全部丢失,故这种计数式闸门开度传感器应用较少。

直接编码式闸门开度传感器是将启闭机某一转动轴的角位移通过码盘、微动开关、光电器件或黑白条码直接按某一码制进行编码输出,它的数据不需要借助于电源来记录和保存,它的可靠性取决于码盘及其触针的可靠接触寿命、微动开关的机械和电气寿命、阅读黑白条码的光电器件的寿命。

2.2.2 闸门启闭荷重传感器

闸门启闭荷重传感器又称电阻应变式称重传感器,常用的有压阻式传感器与压电式传感器,见图6-6。

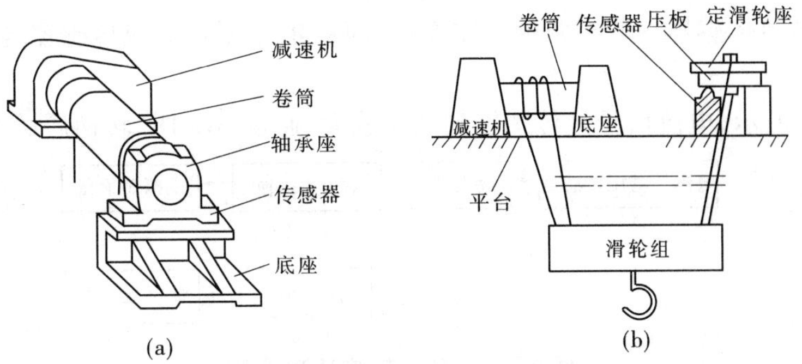

图6-6 闸门启闭荷重传感器安装示意图

这里重点介绍一下压阻式传感器(其原理与压力式水位传感器相似)。压阻式传感器是采用半导体材料制作的,当半导体材料在某一方向上受到应力作用时,它的电阻率会发生显著的变化,这种现象被称为半导体压阻效应。

压阻式传感器是根据半导体材料的压阻效应在半导体材料的基片上经扩散电阻而制作的器件,压阻式传感器的灵敏度要比金属应变片的灵敏度大50~100倍,有时压阻式传感器的输出不需要放大就可以直接用于测量。此外,它还具备分辨率高、尺寸小、横向效应小、响应频率高,适合于动态测量等特点。

压阻式传感器是在硅片上制造出四个等值电阻,组成电桥电路。没有压力作用时,输出电压为零;当有压力时,则有电压输出,且输出的电压与所受的压力成正比,因而根据输出电压的大小就可以得出压力的大小。

2.2.3 电动机电流、电压传感器

电动机电流、电压的测量是电量测量中最基本的参数之一,电参数的测量,由于显示环节不同,而分成模拟式和数字式两种方式。首先由电量传感器将被测电流与电压进行转换和处理,得到量程适当并与被测电路隔离的电流信号。水闸启闭电动机大都采用三相交流电,产生的是三相正弦交流信号。传感器采集到的信号,经AC/DC转换器转换成直流信号,再经A/D转换成数字信号后直接显示,下面以电流传感器为例进行介绍。

2.2.3.1 工作原理

电流传感器常用的是霍尔式电流传感器,又称电流—磁场式,其原理基于霍尔效应。

它具有精度高、线性好、频宽、响应快、过载能力强、非接触测量和不损耗被测电路能量等优点。

霍尔效应的产生是由于运动电荷受磁场中洛伦兹力作用的结果。霍尔电动势的大小与控制电流和磁场的磁感应强度的乘积成线性函数关系,它表征了单位磁感应强度和单位控制电流时输出霍尔电动势的大小。因此,霍尔元件灵敏度与元件材料的性质和几何尺寸有关。在实际使用中,一般都采用N型半导体材料制作成霍尔元件。在电流测量中,将控制电流固定,被测电流产生的磁场为霍尔元件所感受,霍尔元件输出电动势随被测电流而变化。

2.2.3.2 常用的工作方式

霍尔式电流传感器一般有两种工作方式,即霍尔直测式电流传感器与霍尔磁平衡式电流传感器。

如图6-7所示,电流信号经传感器测量及放大,通过AC/DC转换后送入显示环节。

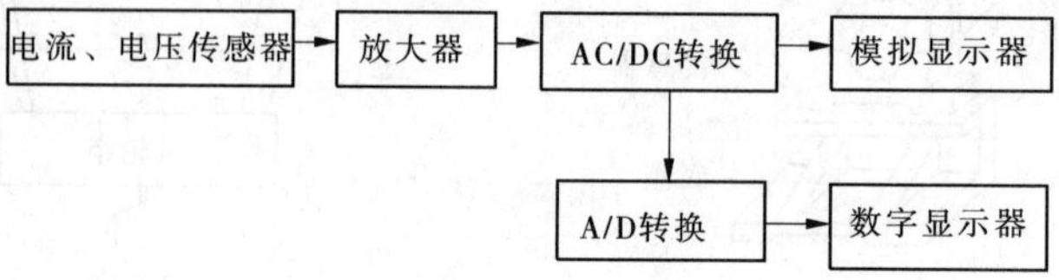

图6-7 交流电流、电压测量框图

2.2.4 闸门电器控制部件

闸门电器控制设备分为一次设备和二次设备。一次设备是指生产和分配电能的设备,二次设备是指对一次设备进行测量、控制、监视和保护用的设备。常用的二次设备有互感器、测量仪表、继电保护及自动装置、直流设备等。

水闸现场测控站的主控设备以往均采用继电器,由于使用继电器较多,回路线路复杂,有些质量不能保证,运行中不断出现一些故障,同时使用继电器有些功能实现起来比较困难。目前,一般可选用单片机、工控机、可编程控制器(Programable Logic Controller)等,由于可编程控制器(PLC)的特点优势,现在绝大多数主控设备都选用PLC。

2.2.4.1 可编程控制器

可编程控制器简称PLC或PC,是从早期的继电器逻辑控制系统发展而来的,它不断吸收微计算机技术,功能不断增强,从最初的逻辑控制、顺序控制发展成为具有逻辑判断、定时、计数、记忆和算术运算、数据处理、联网通信及PID回路调节等功能的现代PLC,逐渐适合复杂的控制任务。PLC具有高可靠性、强抗干扰能力、编程安装使用简便、性价比高、寿命长等特点。

2.2.4.2 闸门启闭常规典型控制电路

闸门启闭电动机控制电路原理如图6-8所示。从图中可看出在电机控制一次回路中接有两只交流接触器,1FC与1ZC,通过改变相位来达到电动机实现正反转的目的,再将控制按钮远距离外接,就可以很方便地实现闸门远程集中控制的功能。

一般来说,闸门升、降、停操作信号的生成有两种途径:一种是利用二次回路的控制按钮,此时,闸门操作信号直接并串于二次回路中,如图6-8所示。另一种是利用弱电按钮、键盘或鼠标，由主控单元（或终端）的继电器形成闸门升、降、停信号，并将相应继电器的接点并串于二次控制回路中。为保证闸门的安全运行，在二次控制回路中接有上下限位开关 XK1、XK2，通过人为调整 XK1 与 XK2 的位置来控制闸门的启闭高度。

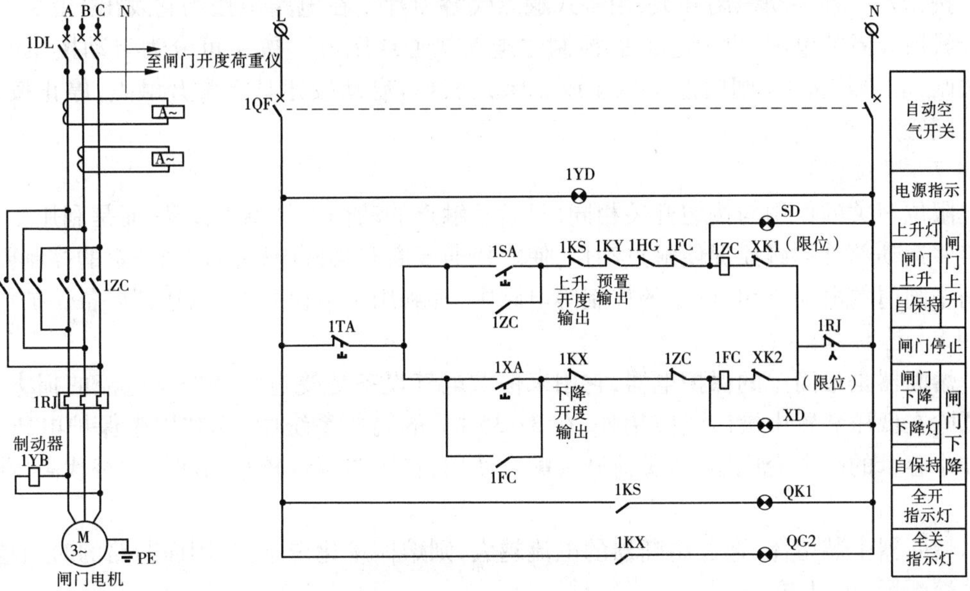

图6-8 电动机控制原理

2.2.4.3 自动空气开关（简称自动开关）

自动空气开关广泛应用于 500 V 以下的交、直流装置中。自动空气开关一般由自动脱扣机构、触头系统、操作机构和灭弧装置组成。当电路发生过负荷、短路、电压降低或失压时，自动空气开关能自动切断电路。自动空气开关分装置式（除操作手柄和板前接头露出外，其余部分安装在壳内）和框架式（敞开式结构）。自动空气开关主要技术参数包括①型号：DZ（表示装置式空气开关）和 DW（表示框架式空气开关）；②允许切断极限电流值：指自动开关在额定电压下能切断的最大短路电流值。

自动空气开关的触头系统包括接在电路内的主要触头及接在控制电路内的辅助触头。主要触头通常又由工作触头及灭弧触头组成。工作电流主要是指通过工作触头的电流值。接触处往往焊有银片，并施加足够的触头压力。灭弧触头是用来专门保护工作触头免受电弧烧坏的。当接通电路时，灭弧触头先接通，然后工作触头再接通。切断电源时，工作触头先断开，灭弧触头后断开。因此，接通和断开电流时，电弧都发生在灭弧触头上，而不会发生在工作触头上。灭弧触头具有可更换的炭或黄铜灭弧端。

2.2.4.4 低压闸刀开关

低压闸刀开关是一种最简单的低压开关，用于交流 500 V 电压，直流 440 V 电压下，额定电流不大于 1 500 A 的电路中，闸刀开关必须与熔断器串联使用，以便在短路或长期过负荷时能自动切断电路。

2.2.4.5 交流接触器

交流接触器适用于交流电压 500 V 以下、电流 1 500 A 以下的电路中，供控制和频繁启动三相异步电动机用,可进行远距离操纵和自动控制,使电路接通或断开。由于它不能切断短路电流和过负荷电流,故不能用来保护电气设备。

2.2.4.6 按钮

按钮是一种手动控制开关,用桥式触点代替刀片。在电路中按动它发出"指令"去控制接触器线圈的电源,再由它们去控制主电路接通或断开。按钮可分为启动按钮(开闸或关闸)和停止按钮(闸门停止启动或关闭)两种。启动按钮具有常开触点,停止按钮具有常闭触点。

2.2.4.7 限位开关

限位开关的作用与按钮开关相同,只是其触点的动作不是靠手按动,而是利用生产机械某些运动部件的碰撞促使触点动作,使之接通或断开某些电路而达到一定的控制要求。水闸中闸门的电动启闭、行车的控制等电路中,都利用了限位开关,以达到后备保护作用。

2.2.4.8 熔断器

熔断器是最简单的保护电器,它用来保护电气设备免受过载和短路电流的损害。熔断器除在低压装置中被广泛应用外,在 3~35 kV 的高压系统中,亦被用来保护电压互感器和小容量的配电变压器,与负荷开关配合使用,在短路容量较小的网络中替代高压断路器。

熔断器中装熔体,通过熔断器的电流越大,则熔体熔化得越快,因而断路的时间越短。熔体熔断后,可以更换。

熔断器和熔体的额定电流是两个不同的数值。熔断器的额定电流是指它的载流部分和接触部分所允许的长期工作电流;熔体的额定电流是指长期通过熔体,而熔体不会熔断的最大电流。在同一个熔断器内,可装入不同额定电流的熔体,但熔体的额定电流不能超过熔断器的额定电流。

(1)低压熔断器的选择。低压熔断器的选择主要依据三条:一是熔断器的额定电压不得小于电网的额定电压,二是熔断器的额定电流不得小于熔体的额定电流,三是根据结构选择不同形式的熔断器。

(2)高压熔断器的选择。高压熔断器的选择主要依据四条:一是熔断器的额定电压不得小于电网的额定电压;二是高压熔断器作为用电负载的短路保护时,其熔体额定电流大于或等于回路的计算电流;三是如果高压熔断器作为仪用互感器的短路保护,可选择专用的高压熔断器;四是在熔体电流选择后,熔断器的额定电流不能小于熔体的额定电流。

2.2.4.9 互感器

互感器包括电压互感器和电流互感器,用以分别向测量仪表、继电器的电压线圈或节点正确反映电气设备的正常运行和故障情况。互感器的主要作用:一是将一次回路的高电压和大电流变为二次回路标准的低电压和小电流,使测量仪表和保护装置标准化、小型化,并使其结构轻巧,价格便宜,便于室内安装;二是使二次设备与高电压部分隔离,且互感器二次设备接地,从而保证了设备和人身的安全。

(1)电压互感器。电压互感器的工作原理和变压器相同,它容量很小,类似一台小容量变压器,但结构上要求有较高的安全系数;它的二次侧接测量仪表和继电器的电压线圈阻抗很大,互感器在近于空载的状态下运行。闸门中所使用电压互感器的准确级一般为

0.5 级及 1 级(电压互感器的准确级是指在规定一次电压和二次负荷变化范围内,负荷功率因数为额定值时,电压误差为最大值)。

(2)电流互感器。电流互感器同样是根据变压器原理工作的,水闸中广泛采用的是电磁式电流互感器。电流互感器的主要特点是:一次绕组串联在电路中,并且匝数很少,故一次绕组中的电流完全取决于被测电路的负荷电流,与二次电流无关;电流互感器二次绕组所接仪表的电流线圈阻抗很小,正常情况下,电流互感器相当于短路状态;电流互感器在运行中不允许二次侧开路,为防止电流互感器二次侧开路,对运行中的电流互感器,需拆开连接的仪表时,其副线圈必须短接。电流互感器二次侧额定电流大都为 5 A。

电流互感器按用途可分为测量用和保护用两种,其准确级有 0.2、0.5、1、3 和 10 等 5 级(准确级是指在规定的二次负荷范围内,一次电流为额定值的最大误差)。对测量级电流互感器的要求是在正常工作范围内有较高的准确度,而当通过故障电流时,则希望电流互感器较早饱和,以保护仪表不受短路电流的损害;保护级电流互感器主要在系统短路时工作,因此在额定一次电流范围内的准确度要求不如测量级高,一般只相当于 3 级或 10 级。

2.3 计算机远程监控与视频系统

2.3.1 计算机远程监控

现场配置一个总线接口模块和一台计算机,可实现计算机的远程监控。闸管所计算机监控系统由一台工控计算机(上位机)、一个总线接口模块、一个远程监控模块和一台打印机组成。它通过 RS-485 总线网络与现场数字设备进行数据通信,采集监测数据,发送控制指令。图 6-9 为水闸自动控制系统原理。

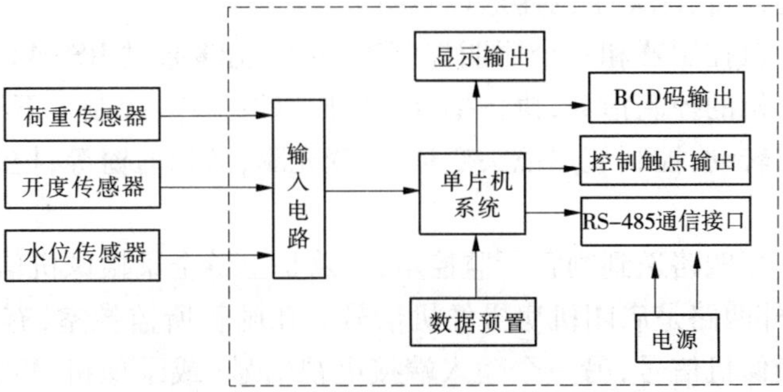

图 6-9 水闸自动控制系统原理

除此之外,计算机还可与内部局域网和 Internet 网连接,实现水闸的远程监控。水闸实施远程监控,被控制的现场环境与机房设备的实时图像传输显得十分重要,当用户通过中心站的监控计算机实现远程操作时,一套运行良好的视频监视系统是必不可少的,它可以在闸门启闭过程中随时观察闸门运行的状况、水流的变化,以保障系统安全可靠的运行。下面简要介绍一下水闸自动化监控系统的视频部分。

2.3.2 视频系统结构、工作原理及其用途

2.3.2.1 视频系统结构

整个视频监控系统的硬件结构如图 6-10 所示,它由现场和闸管处(所)中心监控室两

大块构成。

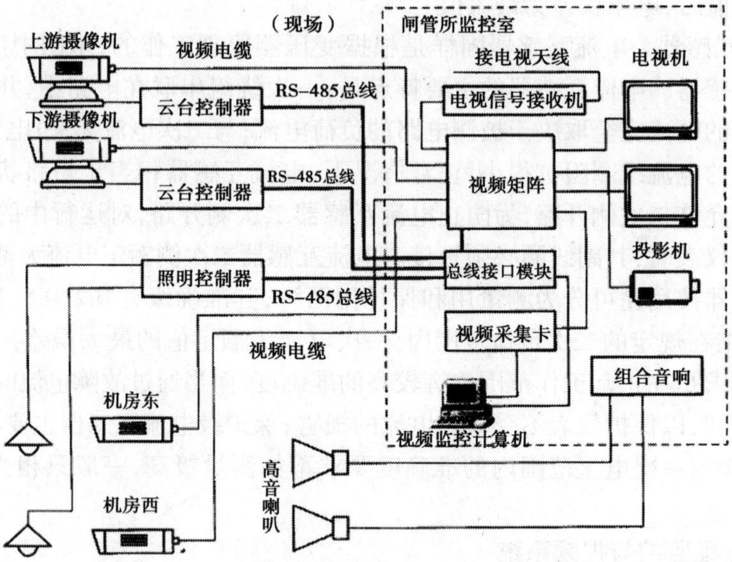

图 6-10　视频监控系统硬件结构

在水闸现场通常共安装四台彩色摄像机,其中室外配备两台全方位云台和变焦镜头,用作观察上下游河道,岸边及水闸周围的图像。其余两台是室内摄像机,用于监视启闭机房的启闭机工作状况(如闸孔较多,启闭机房较长时可多配 1~2 台摄像机)。为了能在阴天或夜晚看清机房设备,配置了两盏遥控照明灯。

现场有两个云台控制器和一个照明控制器,它们能够通过 RS-485 总线接收来自闸管所视频监控计算机的控制指令,执行指令可完成以下操作:控制上下游全景摄像机云台做水平或竖直方向转动,控制变焦镜头变焦,改变光圈,清扫前窗等;控制启闭机房两侧两盏照明灯的开关。

现场视频信号分四路送到闸管所监控室,一路是上游全景摄像机信号,一路是下游全景摄像机信号,另外两路是启闭机房摄像机信号。在闸管所监控室,有一台视频矩阵,其中输入端接现场摄像机信号,另一个输入端接电视信号(或录像机、VCD 信号)。该视频矩阵的输出,分别接电视机、大屏幕投影机和计算机视频采集卡。视频矩阵具有 RS-485 接口,可接收计算机指令,控制任一个输入到任一个输出。也就是说,在电视机、投影机和计算机上可同时显示某一路输入图像(上下游全景摄像机,启闭机房摄像机电视信号),也可分别显示不同输入图像。

2.3.2.2　视频系统工作原理

视频监控系统以其直观、方便、信息内容翔实被广泛应用于生产管理、保安等场合,成为金融、交通、商业、电力、水利、公安、海关、国防,乃至住宅社区等领域安全防范监控的重要手段。

所有视频信号经中心站的画面分割器输入监控计算机,监控计算机通过 RS-485 总线操作解码器,实现云台不同方向的转动及摄像头聚焦、变倍的变化。闭路电视监视系统是采用先进的电子科技手段，对远端场景进行传感成像、信号传输、集中监视、图像记录及联动控制的安全技术防范和管理系统。计算机数字监视系统采用视频图像数字化压缩记录的形式，采用高档的工业控制微机、PC工作站机或PC服务器，增加摄像机图像输入路数，提高多画面图像的显示速率、增加对云台和镜头的控制等功能，配以良好的人机交互界面，便构成了以计算机为核心的数字式监控系统，见图6-11。

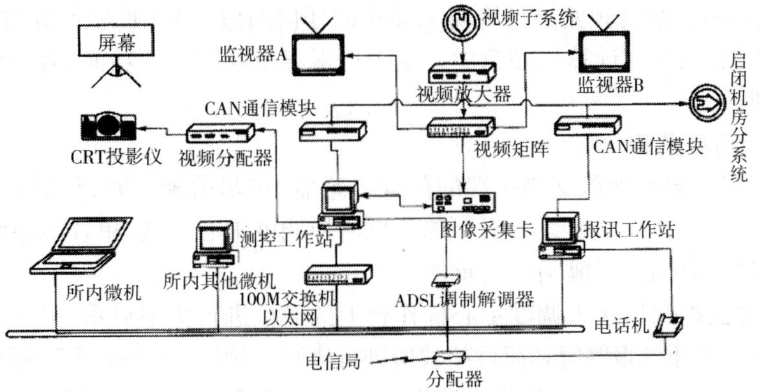

图6-11　水闸自控及视频系统流程

视频监控一直是人们关注的热点之一，过去多数以模拟图像监控为主，由于对图像的处理和传送均采用模拟技术，不仅图像质量低，而且系统资源浪费严重，不易组成复杂的网络结构，可扩展性差。随着数字技术的迅猛发展，网络技术的不断发展和进步，图像信息的数字编码处理模式的不断增加，使新一代数字视频监控系统日益显示出其独特的魅力。

视频监控系统的一般过程是：在水闸需要远程监视的设备或场所安放一个或若干个摄像机拍摄监控现场，然后将视频信号通过一定的传输网络（线缆、无线、光纤或以太网）传到指定的监控中心。没有经过压缩的数字图像信号有二百多兆的带宽，模拟信号数字化以后，再经过压缩，甚至可以将其带宽压缩到几十至几百kbps的范围内。虽然它们不能提供像电视那样的高帧率图像，但可以在接收的情况下，占用较小的传输带宽，提供实时、清晰的图像，足以满足一般监控场合的要求。

网络视频监控技术根据传输方式可以分为模拟传输和网络数字传输。在网络数字传输方式中又分为电话线、DDN、ISDN、光纤、无线传输、VSAT卫星线路等，在各种网络中可能采用不同的连接方式，有的在同一网中也可能存在几种不同的传输方式。视频信号通过计算机、电视机或大屏幕投影机，可多途径观察不同位置的视频图像。在计算机上进行简单的点击操作，可随意改变监视的位置、范围和显示方式等。

2.3.2.3　视频系统主要用途

(1)闸门状态监视。监视闸门运行状态，门体止水、漏水情况，结构异常振动和闸门内杂物堆积情况等。

(2)上下游水面监视。监视上下游水面上的公共设施、船只、漂浮物、水流和水位等情况。

(3)两岸观察。观察岸边的公共设施（如水位测量设备等）、堤坝情况、车辆及行人等。

(4)水闸周围观察。观察闸上设备运行情况、照明、公共设施和过闸车辆与行人等。

(5)监视启闭机房。观察启闭卷扬机运行情况和启闭机房等其他情况。

(6)收看电视节目。通过本系统可收看电视新闻、天气预报和水文信息等,以利于了解、分析汛情,帮助决策。

(7)图像拍照。在视频监控计算机上显示的任何图像,都可通过点击"拍照"按钮,得到一幅静止图像,保存在计算机硬盘中。这种可保存重要图像的功能,为今后检查某些事件提供了方便。

2.4 闸门启闭荷载监测

安装在启闭机转筒轴承支座一端的荷重传感器,在起吊闸门时,传感器受力,将测得的电压或电流信号,经双绞电缆线引至单片机测控调度中心系统,单片机系统对此信号经模数转换和线性变化后,形成闸门荷重值。

然后,一方面把此值送入调度中心操作台上的面板进行集中显示,另一方面把此值与由面板上输入的荷重预报警值和荷重超载值进行比较,当闸门大于或等于预报警值时,荷重预报警灯亮,蜂鸣器响,及时告知操作人员此时闸门已经超负荷运行,需排除故障,见图6-12。

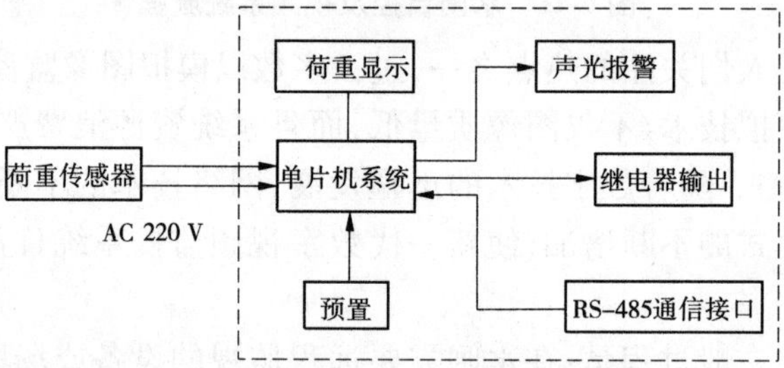

图 6-12 数字式闸门荷重测量原理

2.5 闸门启闭电动机的电流、电压监测

闸门启闭电动机的工作电流与工作电压的数值大小,是反映电动机是否运行在正常范围内的重要依据。以往对运行电动机的电流、电压监测大都是采用模拟式测量仪表,往往是将一个模拟量转换为另一个模拟量。其测量结果需要根据指针在刻度盘上所指示的位置来读出,因此模拟测量仪表又称指示仪表。在测量的过程中,采集、变换、传输、处理与输出的各种量均是模拟量。

目前,在水闸自动化监控系统中,对电动机电流与电压的测量,通常是采用数字式测量仪表,数字式电流、电压仪表是基于模拟—数字转换原理来完成测量任务的,其测量结果用数字形式直接显示出来。数字式仪表的基本工作原理如图6-13所示。

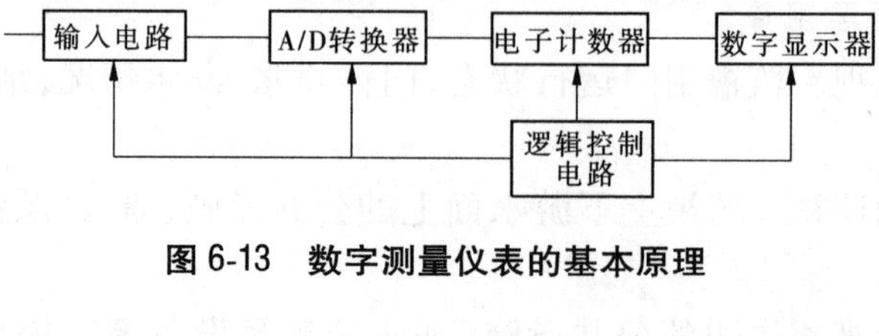

图 6-13 数字测量仪表的基本原理

从图 6-13 中可以看出，数字测量仪表主要包括输入电路、A/D 转换器、计数器、显示器和逻辑控制电路等部件。输入电路把被测量对象变换成时间（频率）、电流或电压；A/D转换器将变换后的时间（频率）、电流或电压转换成数字量；计数器对数字量进行计数，并将计数结果送往显示器进行数字显示；逻辑控制电路完成整机的控制，使各部件协调工作，并自动进行重复测量。

现行采用的数字式电流、电压仪表是自动化控制的基础。它很容易与计算机结合，不但操作简便，而且测量速度快。

2.6　其他监测设施

这里简要介绍一下水闸测压管水位监测、雨量监测与水质的监测。下面首先介绍一下水闸测压管水位监测，通过观察测压管内水位的变化来了解水闸基础扬压力的变化情况，据以判断水闸基础是否存在稳定方面的问题，同时可以校验水闸防渗设施的状况。

2.6.1　水闸测压系统

水闸测压系统由预埋在闸墩、岸墙、翼墙及铺盖里的测压管（见图 6-14）、液位压力变送器、管口护罩、信号传输电缆、接口装置、计算机及系统软件等组成。

图 6-14　测压管现场布置图

在各个测压管中，安装投入式液位传感器，如振弦式孔隙水压力计。当外界水位发生变化时，水压力作用在液位传感器探头上，引起传感器探头内压力敏感元件上的电桥输出电压产生变化，该变化量经信号处理后，将压力的变化量转换成标准电流信号 4~20 mA，该电流信号的变化正比于水位的变化。测出的电流信号经信号电缆传输给接口装置进行调理，最后送入计算机管理。

计算机可以保存检测到的数据，并进行数据处理、编辑、存储、打印、显示测压管水位值、数据查询，生成测压管内水位变化过程线，用于对水闸渗水进行安全数据分析，发现问题及时处理，见图 6-15。

测压系统功能包括资料查询、水位测量、水位变化过程线绘制、参数设置等。

2.6.2　雨量的自动化监测

我国以往传统的报汛手段是，首先由人工在漏斗式雨量计上采集降水量参数，然后将采集到的参数通过电报或电话等形式传递出去。现在发展为利用高科技手段将降雨量的数据信息经过自动测报系统，进行遥测、通信、计算机管理，从而可以完成对降水量数据的采集、传输、存储、查询、统计与打印等工作，并在无人值守的情况下快速准确地掌握所需

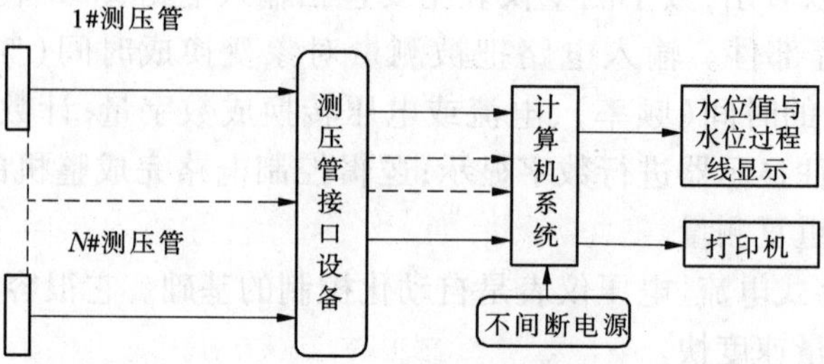

图 6-15 水闸测压系统原理

区域的雨情水文资料,快速传递至决策机构,进行洪水预报和优化调度,最大限度地减少洪涝灾害造成的损失。下面以超短波水情自动测报系统为例,来简单介绍一下降雨量的监测与传输过程。

降雨量自动测报系统中,使用的雨量传感器普遍都是翻斗式雨量计。它由集水漏斗、翻斗和轴承等机械部分及磁钢和舌簧管等电气部分组成。

雨水首先经过进水漏斗流入翻斗,当水量达到一定数值后引起盛水一端翻斗翻转,并由磁钢吸合(或释放)舌簧管产生一个通断电信号,此电信号作为计数脉冲,接着由翻斗另一边盛水作下一次计量翻转。这种水位传感器的盛水口径一般为 20 cm 或 30 cm,翻斗每翻转一次代表 1 mm 的降水量,即雨量分辨率为 1 mm。

雨量传感器将自动采集到的降雨量信息进行信道编码和载波调制,形成适合于信道电路传输要求的数据信息码,然后按一定的通信格式将处理过的雨情数据向监控中心发送。在数据信息发送过程中,如在远距离和山区超短波数据无线电传输中,需要在途中设置中继站对数据进行接力传送。中继站只负责接收实时的雨量信息或由下一级中继站转发的数据信息并进行转发,信息发送一般宜采用数字再生中继(存储/转发)形式,如需要话音通信才转换为模拟中继方式。所有采集到的雨情信息最终传送到雨情监控中心,在此进行最后的处理、存储,从而作出洪水预报和防洪调度决策等。

降雨量自动测报系统的通信方式,除以上介绍的超短波外,还可采用短波、卫星、有线遥测等传输方式。

2.6.3 水质的监测

水是人类生存的基础,是生活和生产必不可少的重要资源。现在大部分水闸都在承担双重任务,一是防汛期间拒江水倒灌,二是枯水期引江水抗旱。所以,对水质的要求显得非常重要,水质监测的项目比较多,包括酸碱度(pH)、浊度、溶解氧、有毒害化合物、有毒害金属离子、有机物、硝酸盐、农药等 40 余种。除少数通过采样—保存—实验室测量的工艺过程取得结论外,大部分都可以用传感器来实现水质的自动化监测。

下面以水体有机物浓度的监测为例予以说明。

随着环境污染的日益加重,我们迫切需要对开闸引水用于灌溉的水质进行现场、实时、连续监测,特别是对水中有机物浓度的监测分析。水体有机物浓度的要素总量包括:总有机碳(TOC)、可吸附的卤代有机物(AOX)、可净化的卤代有机物(POX)及可萃取的卤代有机物(EOX)等。以往传统的分析方法都是根据不连续的采样在化验室内进行分析的，取样不仅耗时费力，而且由于许多有机污染物具有易挥发性，在采样过程与样品分析中，一些组分浓度会产生变化，从而引起污染物的浓度也随之改变，产生分析数据的误差。

水体有机物浓度的监测，一般采用光纤化学传感器，它的工作原理是，在一根长光纤的输出端连接一个专用的换能器（光极），当光束从光纤的输入端照射进去以后，便与光极相互作用，然后经过光纤返回到输入端进入检测装置。将光纤化学传感器放在远端水体中，可获得水体的有关信息，实现对现场的实时监测，光纤化学传感器材料采用银（Ag）卤素纤维为宜。

传感器置入待测水体中，某些特定波长的光强度会因光与被测物之间的相互作用而发生变化，通过测量这种变化便可获得水中相关分析物浓度的信息。从图6-16中可看出，传感器将输出的光量经变换器变换成电量信号输出，由于输出的信号一般都比较微弱，有时输出的微弱信号与传感器自身产生的噪声混合在一起，且受到外界环境的影响，故传感器输出的信号一般都不能直接用于仪表显示或作为控制信号用，往往需要对微弱的信号进行放大，用滤波器将噪声信号滤清，再将非线性的特性曲线线性化后方可送入计算机进行管理。

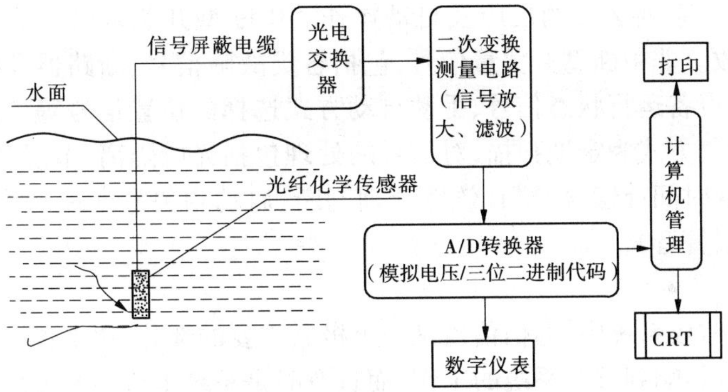

图6-16　水质监测原理框图

3　自动化监控系统的功能及应用

为了实现工程管理自动化、信息化的目标，从实际出发，充分依靠科学技术。水闸自动化监控系统必须具有先进性、稳定性、实用性、可靠性、时效性、高效性、扩展性和抗干扰性。具体来说，系统设备要先进；自动监控和自动化控制要可靠、稳定；数据采集、传输要准确、即时；软件开发要科学、合理；系统运作要体现效益。为了使闸门自动化监控系统能可靠、高效、安全、经济地运行，采用计算机控制技术和网络通信技术对其设备进行全方位的监控、保护、管理是十分必要的。

水闸的自动化监控系统，主要是通过计算机监控系统准确检测到闸门上下游水位，闸门荷重，闸门启闭状态与闸门开度，图像信息自动化采集与传输，达到能够在监控中心远程控制闸门启闭以及闸门自动控制和系统联动。通过实时图像可以直观了解到闸门的运行工况及周边环境。

3.1 数据采集、处理及远程传输

这部分功能包括对实时数据的采集、进行必要的数据预处理并以一定的格式存入实时数据库。通常按照信号性质的不同把它分为模拟量、开关量及脉冲数字量等,其采集及处理方法也各不相同。

3.1.1 模拟量的采集与处理

这一类实时量包括电气模拟量、非电气模拟量及温度量,对它们的采集范围、处理方式及各量的变化规律各不相同,所要求的采集周期也各不相同。电气模拟量是指电压、电流、频率及功率因素等电气信号量。非电气模拟量主要指压力、流量、水位、位移等信号量。温度量也属于非电气模拟量,由于其采集的信号是测温电阻,且其变化速度一般也比较缓慢,因此将其单列出来。其处理包括预防回路断线及断线检测功能、信号抗干扰、数字滤波、误差补偿、数据有效性合理性判断、标度换算、梯度计算、越限判断、越限报警,最后经格式化处理后形成实时数据并存入实时数据库。

3.1.2 开关量的采集

开关量采集包括中断型开关量和非中断型开关量两种。中断型开关量信号指计算机监控系统能以中断方式迅速响应事故信号、断路器分合及重要继电保护的动作信号,采集这些信号要做出一系列必要的反应及自动操作。中断型开关量信号输入为无源节点输入,中断方式接收。非中断型开关量信号,包括各类故障信号、断路器及隔离开关位置信号、启闭机、机组设备运行状态信号、手动自动方式选择的位置信号等。计算机监控系统对这些信号的采集方式为定期扫描,对信号的处理包括光电隔离、节点防抖动处理、硬件及软件滤波、基准时间补偿、数据有效性合理判断、启动相关量处理功能(如启动事故顺序记录、发事故报警音)。

3.1.3 通信信道

在闸门自动监控系统中,通信信道是一个极其重要的部分,这不仅由于通信信道的可靠性、稳定性直接影响到整个系统的工作,而且有时是系统里价格最为昂贵的一部分。这里简要介绍一下闸门自动监控系统通信网络的工作方式。

系统通信网络主要用于中心控制室与现场测控站的通信,也包括测控站之间或与水位站之间的通信。通信链路种类可以是有线或无线的,常用的有超短波、微波、光纤和电缆等。通信方式一般采用全双工应答方式,即可由中心控制室触发通信和测控站触发通信。中心控制室触发通信方式,包括巡检轮询方式、广播方式和控制命令下发方式。测控站触发的通信方式包括事件触发方式和突发传输方式等。

3.2 运行、控制和监视

在需要进行远程监控的水闸控制系统中,由于枢纽的闸门布置比较分散,且距离较远,为了能够减轻运行人员的劳动强度,水闸控制系统要求运行人员能够在中心控制室对现场各个闸门进行远程监控,同时还能监视各闸门的位置及运行情况,当出现闸门故障时,系统能及时报警。系统除能在远程进行监控外,还能在现场对闸门进行控制,以便于现场的调试、维护和紧急情况处理。现地控制单元上设有切换开关以实现远程控制与现地控制之间的相互闭锁。一般可以通过三种方式来开关闸门:一是现地测控站每个闸门都有一个小机柜,操作上升、停止、下降按钮手动开关闸门;二是现地端有主控设备,操作

相关按钮可以实现单孔闸门或多孔闸门的手动操作；三是通过中心控制室监控计算机给现地端设备发送控制指令，由现地主控制设备执行控制指令以实现远程自动控制。监控计算机可以根据需要设置闸门启闭方案，达到智能控制多孔闸门的目的。

水闸自动监控系统通常采用由上位机系统（主控级）及现地控制单元组成的分层分布式控制系统，当其中某处设备出现故障时，并不影响其他设备的正常运行，在硬件上确保整个系统简单、安全、可靠。闸门现地控制单元一般安装在闸门启闭机房或者系统配电中心操作柜中，由可编程控制器、智能闸门测控仪、控制电器、逻辑保护电路、操作按钮、状态指示灯、电流电压显示表等组成，成套于一台机柜内，通过接线端子与闸位传感器、荷重传感器、机械限位、闭锁保护、启闭机电动机、三相交流电源进线等连接，同时具有以下功能：

(1)显示功能。数字显示闸位、荷重、行程设定值、荷重两极报警设定值、电网电压、运行电流等参数；提升、降落等各种运行状态指示。

(2)操作闸门。通过按键可提升、降落闸门到指定位置。

(3)安全保护。具有数字电子限位、机械限位、负载过荷、工作超时、闸门启闭机过电流、方式闭锁等多重保护功能，确保闸门运行安全可靠。

(4)通信功能。接收并执行远程遥控控制命令，精确提升、降落闸门到指定位置。

3.3 记录、报告、统计报表

所有监控对象的操作、报警事件及实时参数报表等可记录下来，并能以中文格式在CRT上显示，在打印机上打印。打印记录分为定时打印记录、事故故障打印记录、操作打印记录及召唤打印记录等工作方式。能在打印机和绘图仪上打印各种现场水情报表、历史数据库中的历史水情报表和曲线、历史图片、报警曲线等信息。

记录、报表的主要内容包括：①操作事件记录；②报警事件记录；③定值变更记录；④报告；⑤各种统计表；⑥趋势记录；⑦事故追忆和相关量记录。

对从实地采集来的数据进行管理、分析、统计，生成报表并打印输出。

输出内容包括：①各闸门上下游日水位过程线，水位报表。②各闸门引、排历时及对应流量报表。③闸门开度（闸位）和有关配电开关状态、电压、电流、压力等工况参数。④闸门运行参数、运行状态的监测及记录表达式。

可按设定的条件对数据进行查询和统计，结果以报表或过程线的形式显示出来。

3.4 运行参数的计算

闸门自动监控系统在运行期间应能够实时计算、检测各项运行参数，并实时显示、报警，以便于操作人员及时做出准确的判断，确保闸门运行安全可靠。

(1)计算机监控系统可以使运行值班人员通过CRT对系统各主要设备、辅助设备的运行状态进行实时监视控制及在线修改参数。

(2)监控系统将对某些参数以及计算机数据进行范围监视，进行趋势分析，可预先设定其限制范围，当它们越限或越复限时，要作相应的处理。这些处理包括越限报警、越复限时的自动显示、记录和打印；启动相关量分析功能，作故障原因提示。

(3)当闸门发生事故时，计算机监控系统将立即以中断方式响应并自动显示、记录和打印事故名称及时间；记录、显示和打印相关设备的动作情况；自动推出相关画面；对事故原因进行分析并提示处理方法;计算机监控系统能将发生的事故及设备的动作情况按其发生的先后顺序记录下来。

(4)对闸门启闭机电动机定子温度、轴承温度,电动机工作电流、电压、功率,主变压器油温等进行趋势分析;对闸门上下游水位,水闸开启高度,过闸流量,闸门实时荷重,排涝即时流量等参数的变化趋势曲线进行分析,趋势变化速率超过上下限值时向各工作站值守人员发出报警信号。

3.5 通信控制

水闸自动化监控系统的通信控制选择应秉承"安全可靠、先进实用"的原则,选择具有成熟和先进的分布式计算机控制系统,在信息集中管理和科学操作的前提下,使控制危险分散,提高系统的可靠性。现场各种数据通过 PLC 采集,并通过高速总线传送到中央控制室集中监控和管理;同样,中央控制室主机的控制命令也通过上述高速总线传送到 PLC 的测控终端,实施对各单元的分散监测和控制。一般通信控制的方式有三种。

3.5.1 集中控制方式

早期的闸门自动控制系统多采用集中控制方式,即由中央控制室统一直接监测与调度控制。这种工作体制由于功能过于集中,命令信息传输量大等而导致系统运行可靠性降低,已逐步被淘汰。

3.5.2 分布式数据采集和测控系统(SCADA 系统)

SCADA 系统属中小规模的测控系统。系统主要由远程控制单元 RTU、通信网络及控制中心三部分组成。它既具有现场测控功能强的特点,又具有信息资源系统共享的组网通信能力。其中一些系统既可配有线通信系统,又可配无线通信系统,而无线通信系统尤为适合地域广阔的应用环境。

SCADA 系统主要应用于水利、石油、供电等行业中,用于地理环境恶劣或无人值守的情况进行远程控制,该系统性价比高,在中小规模闸群自动控制和水利枢纽自动控制中,已有许多的应用及广泛应用的推广前景。

3.5.3 集散型分布式计算机控制系统(DCS 系统)

系统采用 DCS 系统框架,标准总线结构,具体可应用到现场总线技术、以太网技术、PLC 技术等。系统分为两个层次,上层为中心管理级(称中心站),下层为现场控制级(称闸控站或现地控制单元),上层与下层通过现场总线或以太网通信。

全系统由中心站主计算机统一进行管理,主要是对闸控站(包括水位站)进行自动监测、数据记录保存、状态报告、下达调控指令及人机界面操作等。而闸控站则采用分布式控制结构,各站之间相互独立,在中心主计算机管理下,分别由各自的 PLC 管理,独立完成本闸门的监视、控制及与主机的通信等。由于采用分散控制,因此系统可靠性高。

一般地,分布式远程闸群控制系统对闸门开启实施实时控制,对监控闸门实现实时图像传输和状态数据(包括现象数据和控制命令)传输。基于上述要求,要保证数据传输的快速性、一致性,图像传输的实时性及控制策略实施的可靠性,必须采用可靠的传输构架。对于有远程的,分散的监控系统通常采用总站—分站构架,有的大型系统还要采用多级分站。光纤通信凭借着它本身特有的可靠性高、数据传输稳定、维护费用低的优势在系统中有较大的市场。

3.5.3.1 基于光纤网络的通信

在各个终端与中心站(管理中心)之间建立局域网完成数据通信。光纤具有可靠性高、数据传输稳定、维护费用低的特点,是实施远程可靠数据传输较为合理的方案。

3.5.3.2 点对多的拓扑结构

中心站与各个分站或终端之间采用点对多的拓扑结构,即中心主机可监控任一分站或终端的主机的数据信息,实现信息共享,形成统一的集散式构架。

3.5.3.3 高集成度、高效率终端技术

采用具有较强通信功能与通信速率的芯片作为分站或终端的信息采集与控制的执行机构,保证控制功能的可靠实现与信号传输的快速性。

水闸自动监控系统的通信网络包含三部分:一是现地测控站的现场总线;二是现地测控站与中央控制室的通信;三是如果水闸自动监控系统需要通过 Internet 发布信息,则还要包括远程用户与中央控制室的通信。

(1)现场总线。现地测控站主要是有线链路,常用到的有 RS-232、RS-485、RS-422、Modbus、CAN、Lon-Works 等。随着科学技术的不断发展,新的通信方式层出不穷,如 HART、WIFI、蓝牙等。

(2)现地测控站与中央控制室的通信。它的通信链路种类可以是有线或无线的,无线常用的有超短波、短波、微波、红外线,有线的包括 CAN 总线、RS-485、光纤等。

(3)远程接入。远程用户接入中央控制室的物理链路有多种方式。PSTN:普通电话调制解调器。ISDN:一线通。ADSL:模拟非对称数字用户线。DDN:X.25 专线。LAN:光纤、双绞线。GPRS:通用无线分组系统。CDMA:码分多址专线。

3.6 系统自检与故障处理

为保证水闸自动化监控系统的安全、可靠运行,故要求系统必须具备自检与故障报警功能。

3.6.1 系统自检

对系统每一功能和操作提供检查和校核,发现有误时能报错、撤销。

(1)当操作者有误时,能自动被禁止并报警。

(2)对任何自动或手动操作提示指导并有存储记录。

(3)在人机通信中设操作员控制权口令。

(4)现地操作与远方操作通过现地控制屏上的转换开关转换,控制优先级为现地操作优于远方操作。

3.6.2 通信安全

(1)系统要保证信息传送中的错误码率不会导致系统关键性故障。

(2)主控级与现地控制单元的通信包括控制信息时,对有否响应能作明确的提示。

3.6.3 安全措施

(1)有电源故障保护和自动重新启动。

(2)能预置初始状态和重新预置。

(3)有自检能力,检出故障时能自动报警。

(4)自身设备故障能自动切除并能报警。

(5)任何硬件和软件的故障都不危及电力系统的完善和人身安全。

(6)系统中任何地方单个元件的故障都不会造成生产设备错误动作。

3.6.4 保护措施

系统具有故障检测、提示、报错功能及相应的保护措施。

闸门启闭时,现地测控站自动采集闸门开度(闸位)和有关配电开关状态,电压、电流、压力等工况参数,并将参数数据上传给中心监控室计算机,在控制相应闸门的升、降、停、运行过程中,实时反馈控制终端所监测闸门的各项参数及现场工况。具有故障(如过电压、过电流、过热、断相、过行程、越限等)检测、提示、报警功能及相应的保护措施,并向中心站发送有关故障信息,标识出可能的故障类别。中心站监控计算机自动监测闸门上下游水位,并进行过闸流量估算,当水位越限或达到设定的报警条件时报警。

如水位监测系统的自检功能。当采用压力传感器时,开机首先对机器本身进行零位自检,零位偏差较大时,仪器显示报警信息,循环检测直至正常;当其中有一个传感器未接上或有故障时,也会显示错码代号,提醒管理人员排除故障。当采用码盘传感器(浮子式)时,开机时首先对两路码盘信道馈电进行自检,如两个码盘均未连上或有故障,显示相应的报警信息;当只有一个码盘未连上或有故障时,显示错码代号,提醒管理人员排除故障。

3.6.5 常见故障及处理

水闸自动化监控系统一般都设置自检与互检功能,当系统某处发生故障时,计算机通过人机对话的形式,提示管理员快速发现故障并予以排除。

表 6-1 列举了一些常见故障的处理方法,仅供参考。

表 6-1 常见故障的处理

故障现象	主要处理方法
中央控制室与现地测控站不能正常通信	(1)检查所有电源是否打开 (2)检查系统相关的通信参数设置是否正确 (3)检查通信链路两端的设备工作是否正常,如光端机、CAN 模块等(防止接触不良) (4)现地测控站的设备是否正常
视频没有图像或云台不能控制	(1)检查中央控制室与现地测控站之间的通信是否正常 (2)检查摄像头或云台解码器的电源是否打开 (3)检查视频线路或云台控制线路连接是否正常
控制室不能远程开关闸门	(1)检查中央控制室与现地测控站之间的通信是否正常 (2)检查闸门启闭电机的电源是否打开 (3)检查现地测控站的控制单元是否工作正常 (4)检查现场是否能正常开关门
闸位值、水位值不准	(1)检查采集数据的传感头是否移位 (2)检查压力式水位计的传感头是否清洁 (3)检查浮子式水位计是否长时间断电

4　系统的维护、扩展和更新

4.1　计算机的维护

若使电脑保持良好的工作状态,对电脑进行维护是十分重要的。因为充分的维护工作,不但能使电脑保持良好的性能,也可以避免很多问题的发生。

电脑的维护分为软件维护和硬件维护两大方面,下面主要介绍硬件的维护。

(1)电脑在使用过程中电压要稳定在220 V,否则可能损伤系统,造成不必要的损失。所以,一般最好配一台UPS(在线不间断电源),不但可以稳压,还可以防备突然断电造成的数据丢失。

(2)使用时的环境温度不要过高或过低,以20~100 ℃为宜,否则可能影响系统的正常工作,一般房间内配有空调最好。

(3)使用电脑要在干燥无尘的环境中,以保护主机和磁盘驱动器。使用后要及时关机,待主机冷却后用防尘布盖好。

(4)不要频繁开关电脑,两次开机之间至少要有几分钟间隔,以延长电脑的使用寿命。

4.2　闸门控制系统的维护

系统在日常使用中的维护是保证系统正常运行的一个重要环节,应做到专人负责,定期进行。

(1)在正常使用时注意是否有异常现象。如有异常,记下异常现象、时间及在怎样操作的情况下产生的异常现象。

(2)在不经常使用时,要定期检查系统工作是否正常,如不正常要及时报告处理。

(3)在雷雨季节要注意防雷,打雷时要把系统的电源断掉。

(4)每年的3~4月,要委托当地供电部门对水闸自动控制系统与避雷接地电阻进行一次测试,并提供测试报告(系统接地电阻一般不大于1 Ω,避雷接地电阻一般不大于4 Ω)。

(5)要定期检查设备的安装螺丝等是否有松动。

(6)要定期清洗压力式水位计传感器的传感头(一般每年清洗一次,清洗时不要损坏传感器探头)。

(7)建立运行日志档案、更新系统设置说明。

(8)闸门自动监控系统较复杂,需要对操作人员进行培训,提高他们的素质,系统所使用的计算机要求专机、专人、专用。

4.3　水闸自动化控制系统的扩展和更新

20世纪90年代末,随着网络带宽、计算机处理能力和存储容量的快速提高,以及各种实用数据信息处理技术的出现,我们步入了全数字化的网络时代,称为第三代远程监控系统。譬如说第三代远程监控系统将以网络为依托,以数字视频的压缩、传输、存储和播放为核心,采用嵌入式系统,以智能实用的图像分析为特色,逐步成为视频监控网络的主体。

视频、电信、数据三网合一已经成为目前新一代网络的趋势,统一的网络意味着更好的延展性、更低的建网成本、更强的可维护性,而使用统一的 IP 网进行承载已经成为必然的发展趋势。由于模拟监控系统必须基于星状连接,每个监控点都需要将控制信号与视频线拖放到监控中心。对视频系统来说,如果监控点需要云台镜头控制的话,云台镜头控制线也需要从每个监控点拖放到监控中心,这就给安装和后期维护造成了很大的麻烦,增加一个监控点将面临很大的工程量。而数字监控系统只需要将监控点的摄像头和云台镜头连接到一个网络编码器上,网络编码器再通过网线连接入局域网,就可以将视频、音频、云台镜头控制水闸。就水闸监控系统而言,由于数字监控系统利用计算机的高速数据处理能力,进行控制信号与视频信息的采集和处理,利用显示器的高分辨率实现图像的多画面显示,从而大大提高了图像质量。同时数字网络传输没有损耗,而模拟视频信息的远程传输会因为衰减而使图像受到较大影响,所以数字监控系统能够较好地保障闸门控制系统通信与监控图像的质量。

综上所述,在水闸自动化监控系统中,要体现出在各个控制点数的基础上必须留有一定的余量,这样才便于今后系统的扩展与更新。此外,系统的组态必须是一个开放型的结构,整个网络也要求采用标准化的以太网,对于以后设备的扩展和管理网络的建立留有较大的发展空间。

任务 4 水库工程安全监测自动化系统

1 大坝安全监测自动化系统

1.1 监测自动化系统的主要构成

一个完整的大坝安全监测自动化系统包括三大部分,分别为监测仪器(主要为各类传感器)系统、数据采集系统和数据处理分析与监控管理系统。

1.1.1 监测仪器系统

我国从 20 世纪 50 年代开始研制和生产大坝安全监测仪器。经过几十年的不断努力,在仪器的种类、性能和自动化程度上均有较大的发展。目前,已有差动电阻式、钢弦式、电容式、电感式、步进电机式、电磁差动式、差动变压式等 10 余种。在实际工程应用中效果较好,具代表性的主要有:

(1)电容式和步进电机式垂线坐标仪、引张线仪。

(2)钢弦式、差动变压式多点变位计。

(3)伺服加速度计式钻孔测斜仪。

(4)电感式、钢弦式、差动电阻式、压阻式渗压计。

(5)电容式、差动变压器式液体静力水准遥测装置。

(6)采用密封式激光点光源、光电耦合器件 CCD 作传感器的新型波带板、真空泵自动循环冷却水装置等新技术的真空激光准直系统。

(7)采用液压平衡原理新研制的差动电阻式应变计和测缝计。

(8)适应高土石坝,特别是高混凝土面板堆石坝要求的大量程位移计和测缝计等。

近几年,随着科技的发展,已有不少应用光纤技术和 CCD 技术研制的新型传感器在工程试验中应用。该类产品具有较好的抵抗高低温、防潮及防雷击性能。其他如UPS技术在国内也已有应用于大坝变形观测的实例；“渗流热监测”技术用于坝体和坝基渗流监测方面的研究也已取得了一定的成果。

1.1.2 数据采集系统

我国对大坝安全监测数据自动采集系统的研究，始于20世纪70年代末，80年代有了长足的进步，进入90年代中期后，随着电子技术、计算机技术、通信技术等的发展和国外先进设备的引进，有多种型号的大坝安全监测数据自动采集系统先后研制成功，显著提高了我国大坝安全监测的实时性、可靠性和适用性。国内大坝安全监测数据自动采集系统按采集方式分为集中式、分布式和混合式三类，具代表性的有DAMS型、IX型，IN1018型等系统。

1.1.3 数据处理分析与监控管理系统

我国对大坝安全监测资料的定量分析，主要是针对单个测点的测值建立统计模型、确定性模型和混合模型等常规数学模型，并得到了广泛应用。在此基础上又研究和发展了多测点模型和多维模型，在应用神经网络技术进行大坝安全监测资料的分析方面也进行了大量探索。

监控指标方面，大坝应力和扬压力一般以设计值为监控指标；大坝变形监控指标的确定主要有置信区间法、仿真计算法和力学计算法。较普遍采用的是置信区间法，以数学模型置信区间的边界为监控线。

目前，已初步开发的具有决策支持和网络功能的大坝安全监控管理系统主要包括总控部分、输入系统、输出系统、综合分析和推理系统、数据库及其管理系统、方法库及其管理系统、模型库及其管理系统、知识库及其管理系统、图形库及其管理系统、图像库及其管理系统等。一般建立在网络平台上，以实时多任务方式运行，能对各监测项目进行实时监控，具有图文声像数据管理、安全评估、分级报警及网络通信等功能。

1.2 监测自动化采集系统的结构形式

水库工程的监测自动化采集系统一般由观测点的遥测传感器、遥控集线箱、数据自动巡检采集装置及监控中心中央控制单元（计算机）等组成。从国际上看，监测自动化系统的布置形式根据不同工程情况朝多元化方向发展。系统的结构形式按照数据的采集方式大体可分为三类，即集中式、分布式和混合式。

1.2.1 集中式

所谓集中式，通常在大坝内设一专门的监测室，置放数据采集仪，分布于坝内各测点处的传感器通过电缆直接与数据采集仪相连，传感器信号通过数据采集仪传输到坝外监控中心的数据处理计算机上进行存储管理。这种系统适用于测点数量在200个以内，布置相对集中、传输距离不远的工程，如图6-17所示。

1.2.2 分布式

分布式采集系统是将数据采集仪分散布置在靠近仪器的地方，俗称测量控制单元（MCU）。系统对MCU的要求较高，MCU除执行数据采集把模拟量转换为数字量（A/D）的功能外，还要具备一定的存储和数据处理功能、网络通信功能。MCU一般就近置于坝内，要求其防潮性能要好，能适应坝内的恶劣环境。这种系统布置方式比较灵活，可靠性

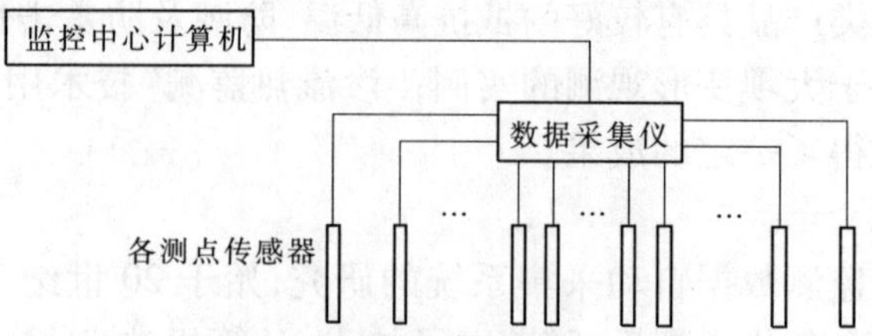

图 6-17　集中式采集系统示意图

高、适应能力强,适用于测点众多的大型水库工程。系统的典型布置如图 6-18 所示。

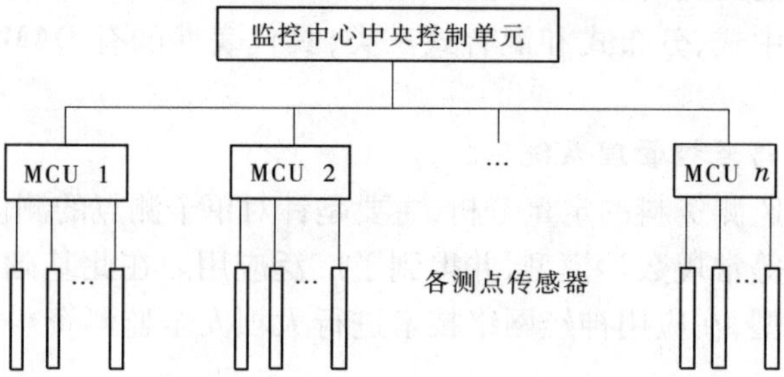

图 6-18　分布式采集系统示意图

1.2.3　混合式

混合式是上述两种采集方式的混合形态,它具有分布式的外形布置,同时采用集中式进行数据采集。在同一个工程中,一部分类型仪器布置较集中则实施集中采集,如集中布置在一起的温度计、钢筋计、测缝计、应力应变计等卡尔逊式仪器。另一部分类型仪器可以用 MCU 进行分散采集。所有仪器最终都用数字信号与中央控制单元的计算机连接。

2　监测自动化系统的设计与实施

2.1　技术规范要求

2.1.1　大坝安全监测自动化系统基本功能要求

系统应具备以下功能:

(1)数据自动采集功能。能自动采集各类传感器的输出信号,能把模拟量转换为数字量;数据采集能适应应答式和自报式两种方式,能按设定的方式自动进行定时测量,能接收命令进行选点、巡回检测及定时检测。

(2)掉电保护功能。在断电情况下确保持续工作 3 d 以上。

(3)自检、自诊断功能。能通过系统自身的巡检逐级查找,并找到故障点。

(4)现场网络数据通信和远程通信功能。

(5)防雷及抗干扰功能。

(6)数据异常报警及故障显示功能。

(7)数据备份功能。

2.1.2　大坝安全监测自动化系统基本性能要求

系统应符合以下要求:

(1)采样时间:巡测时小于 30 min,单点采样时小于 3 min。

(2)测量周期为10 min~30 d,可调。

(3)监控室环境温度保持在20~30 ℃,湿度保持不大于85%。

(4)系统工作电压为220(1±10%)V。

(5)系统故障率不大于5%。

(6)防雷电感应为1 000 V。

(7)采集装置测量精度不低于规范对测量对象要求的精度。

(8)采集装置测量范围满足被测对象有效工作范围的要求。

(9)系统能稳定可靠地工作。

2.2 系统设计

对照上述对系统功能和性能的要求,根据各水库工程实际,监测自动化系统在设计时需从组成系统的三大部分入手,综合考虑。

2.2.1 监测仪器系统

接入监测自动化系统的各监测仪器应经过严格检验,它们应结构简单、传动部件少、容易维修,且可靠性高、稳定性好,能在水库工程的恶劣气候条件下长期、稳定、可靠地工作。

监测仪器的布设应根据规范,结合水库工程实际,有目的地考虑设计方案,做到重点突出、兼顾全面,满足有效地监控水库工程安全运行的需要。

各监测仪器的选择应在稳定、可靠的基础上力求其先进性。应优先选用经过长期运行考验的成熟产品。为科学研究而设置的新仪器设备原则上不应纳入自动化监测系统观测。

在老监测系统基础上升级改造为自动化监测时,设计前应对原有监测仪器进行检验和鉴定,有选择地将老仪器纳入新监测系统。

2.2.2 数据采集系统

数据采集系统是监测仪器与数据处理分析的中间连接部分,负责数据的采集和传输。

数据采集装置应满足前面监测自动化系统的基本性能要求,并应具备以下基本功能:

(1)数据自动采集。能按用户设定的起始时间、监测周期及条件,对接入系统的各种监测仪器进行自动巡回检测、选测、定时定点或连续监测,并自动保存测量结果。

(2)数据自动处理。能对测值进行可靠性检查,越限时重测并报警;能对所采集的数据进行计算,并求得所需的物理量,对计算数据进行存储、建立数据库;能输出显示、拷贝、打印(绘制)有关监测成果图表等。

(3)自动数据采集与人工观测相兼容。在系统发生故障时,可由观测人员用便携式仪表进行观测。

(4)人工键入功能。具有人工键入数据的功能,对于人工测量的数据和现场巡视检查资料可人工进机入库。

(5)适应恶劣工作环境。系统运行的环境较为恶劣,有的露天布置,温差大、湿度高、电磁干扰强、易遇雷击等,因此要求系统具有很好的防潮、防雷等技术措施,以提高其环境适应能力。

(6)易扩展、易维修和兼容性。系统投入运行后,系统的规模、监测仪器的布设等可能随着时间推移而变化,有新测点要接入、某些老测点要废弃,这要求系统要有较好的扩展性和兼容性;系统局部单元故障时,系统维修工作(如更换元器件等)要求在较短时间内完成,这就要求有较好的易维修性。

(7)掉电保护、短期自供电、系统自检、故障显示。在电源突然中断时,能保证系统内存数据和参数不丢失,并能自动上电,维持7 d以上正常运行;能对系统设备、电源、通信状态等进行自检,并显示故障信息。

数据采集系统的方式在设计时可在集中式、分布式和混合式三类方式中任选其一。

对于监测范围广、测点数量多、工程规模巨大的水库工程,宜采用二级管理方案,即根据工程结构特点,以建筑物为基本单元,将整个工程划分为若干个监测子系统。各个子系统再组成上一级管理网络,并实现对各子系统现场网络的管理。

2.2.3 数据处理分析与监控管理系统

数据处理分析与监控管理系统主要包括数据通信设备、监控中心监控主机、管理计算机及监测自动化系统软件。

为适应水库工程安全管理工作的需要,系统应具备以下基本功能:

(1)在线实时监控。在数据自动采集的基础上实现在线监控,其核心是在线快速安全评估,即一次数据采集(包括人工采集后输入的数据)完成后,利用该次实测数据的变化速率与监控指标(监控模型或某一界限值)进行对比、检验,若实测值超限,则进行复测和再次对比、检验,最终对实测值是否异常做简单、快速的评估与判断;用户可以在屏幕上方便地查看到主要监控测点的具体状况(实测值、预报值、警戒值等)。

(2)监测资料管理。建立监测资料整编数据库,可继续保留原始测值数据库;对整编库中的监测资料可灵活地进行插入、删除、修改、查询等;输入或修改工程安全巡视检查记录;对数据库进行备份。

(3)监测资料查询。通过设置快速导航树形测点结构、测点表、仪器类型表,首先能在空间上快速定位欲查询的测点或测点组,在此基础上只要指定查询的时间区间,用户就能立刻查到监测数据;用户可将已查到的监测资料导出保存到本地进行处理。

(4)监测资料离线分析评价。对长系列历史资料进行全面分析,分析项目包括变形、渗流、环境量等监测项目;分析模型以统计模型为主,也可根据需要建立混合模型或确定性模型;模型的候选因子种类包括温度、水位、降雨、时效,因子数可根据需要自行增加;软件能根据需要用图表形式醒目地显示分析结果,并能将成果立即打印到纸张上,输出结果主要有模型方程、模型参数、各分量分解结果及统计值、监测量的拟合和分解图等。

(5)报表制作。按水库工程规范化管理的要求,将监测成果按规定的格式进行整理,以便存档和上报。

(6)水库工程安全档案管理。能对安全监测有关的技术文件、工程图纸、重要图片等进行管理,制作报表、工程安全手册等。

(7)可靠、灵活的通信。可采用一种以上的并存的通信方式。

系统设计时,应充分考虑水库工程管理工作的需要。

2.3 系统的实施

自动化监测系统实施前,需先对原有的监测设施进行全面鉴定和评价,完善监测设施，配齐必要的监测项目，提高监测精度、稳定性和可靠性，满足规范的基本要求。在此基础上再考虑对必要的监测项目和测点逐步稳妥地实现自动化监测。“总体设计、分步实施”是国内水库工程自动化监测系统实施时目前较普遍的观点。

自动化监测系统的设置要坚持“少而精”和经济、实用、有效的原则，在技术经济合理的前提下，采用国内外成熟的先进技术。

2.3.1 监测项目和测点的确定

接入自动化系统的项目和测点要有针对性，要在满足安全监测需要的前提下，贯彻“少而精”的原则，不能盲目追求“大而全”，用有限的资金获取最多有用的监测资料。一般根据规范要求，结合具体的工程实际，监测项目主要设置变形、渗流和必要的环境量等。

测点位置的选择要综合考虑工程的地理环境、坝型、筑坝材料、坝体结构等因素，选择典型或有代表性坝段上的适当部位设置观测点并接入自动化系统。如混凝土大坝的水平位移优先采用倒垂线或正倒垂线组来监测；土石坝应多设置一些渗流的监测点等。

在具有相同监测效果和目的情况下，测点的布置应尽可能集中，以减少电缆用量、防雷击和抗干扰。如变形、渗流、库水温等测点应尽量布置在典型监测坝段，这样既有利于防雷击、抗干扰，也有利于观测资料的分析。

2.3.2 监测自动化系统选型

监测自动化系统选型时，应全面规划、统一考虑，强调自动化监测系统三个组成部分的有机结合，保证系统功能的完整性。

系统选型前，可选择类似工程和相关仪器设备厂家进行调研，根据实测数据和资料来分析和确定系统相关的技术指标、可靠性和测量精度是否符合工程需要。

监测仪器设备选型时，应充分考虑工程特点和系统的运行环境，选择合适的监测仪器设备来满足工程安全监测的需要。如仪器的量程、仪器设备所适用的环境等。

2.3.3 系统防雷设计

水库工程一般地处山区，属多雷区，系统的防雷是不可或缺的重要内容。

自动化系统必须有良好的接地，其接地网不能与高压电气设备的接地网合用，以免造成干扰。接地网宜优先采用环形网，并采取良好的防腐、防锈措施。每个数据采集单元等处均应设置接地网接入点，设备接地前应测量相应的接地电阻，一般要求接地电阻不大于4 Ω。

采用光纤通信是提高系统抗雷击能力的有效措施。

2.3.4 仪器电缆的选用和保护

电缆作为监测自动化系统中的数据传输通道，其质量、性能的好坏直接影响系统数据传输的可靠性和稳定性。根据工程运用的实际经验，电缆的护套要具有抗老化、耐水压、耐高温差、抗高压等性能；电缆的芯线间要求电阻差要小，并符合规范要求；电缆还应具有一定的抗拉、抗压等机械性能；有屏蔽要求的电缆应具有良好的屏蔽效果。

电缆应尽量沿最短路线敷设，并尽可能避开高压线路，以减少干扰。坝外布置的电缆应尽量少用或不用架空线，宜采用埋线并外套钢管保护，以利于防雷击；坝内电缆的保护可采用硬质工程塑料管。

2.3.5 自动化监测系统的考核与验收

目前，国内尚无有关自动化监测系统的考核与验收标准。根据已有的国内自动化监测系统的实践经验,系统的考核验收可从以下两方面进行。

2.3.5.1　出厂或安装前的验收

在监测仪器设备出厂前或安装前,对仪器的制造、组装等质量进行细致的检查验收,并对各项技术指标进行复核测试,所有指标合格后方能投入安装使用。

2.3.5.2　试运行期的考核

监测自动化系统在现场安装调试成功,经合同双方同意后,系统可正式投入一年试运行。系统试运行期间应同时进行人工对比观测。试运行期考核内容主要有:

(1)系统功能考核。对数据采集、传输系统硬件和数据处理、分析、管理系统软件进行考核,考察系统功能是否满足设计和合同文件的要求,对各项功能指标逐项进行测定考核。

(2)系统测量精度考核。系统测量精度应在满足有关规范、设计和合同文件要求的前提下,达到厂家给定的各种精度指标。

(3)人工对比观测数据考核。主要对比分析观测资料过程线和观测值的方差。过程线对比采用在相同时间和测次的二者的观测数据过程线进行比较,分析其变化规律是否一致(因人工测次少、自动测次多,一般从自动化数据中挑选与人工测次相同的观测数据进行比较)。方差分析通常采用2倍均方差作为测值误差的限值,比较同一测次中人工测值与自动化测值之差是否在允许的误差范围内。

(4)数据缺失率考核。以人工测值为基准,统计系统试运行过程中明显的错误测值、超限测值、缺失数据等的个数,与系统应该有正确观测数据个数比较而得出的百分率。其中要求人工观测数据精度必须稳定可靠。因人员误操作、非系统本身原因等造成的数据缺失,不计数。

(5)系统可靠性(故障率)考核。因系统仪器或设备原因造成系统整体或局部不能正常工作,导致无法测得正确数据称为系统出现故障。主要考核系统中传感器和数据采集、传输系统运行的故障率或平均无故障工作时间,一般要求系统故障率$\leqslant 1.0\%$,或系统平均无故障工作时间$>8\,000$ h。

2.3.6　其他

实施自动化监测系统时,不能忽视巡视检查和人工监测项目。应考虑到仪器监测在空间和时间上的不连续性,不可避免地会使一些工程安全隐患在自动化监测仪器的范围和时间内漏掉,自动化监测仪器的零位误差等有时也需要靠人工观测仪器来发现和纠正。相关的监测技术规范中也明确规定监测自动化系统调试时,应与人工观测数据进行同步比测。

3　监测自动化系统的运行维护与管理

水库工程的正常运行期间,安全监测的主要目的是有效地掌握水库大坝的实际运行性态。

3.1　自动化监测系统的运行管理原则

(1)建立健全规范化、制度化、标准化的管理机制。

(2)满足现行水库工程安全监测规范的要求。

(3)充分利用科研院所的技术力量服务于水库工程的安全监测工作。如工程监测、监测系统优化、监测自动化系统实施、监测资料分析手段的更新等。

(4)对已运行多年的水库工程,应立足工程实际,充分利用原有的测点和设备,适当实施更改和新增,使系统经济合理。系统所采用的仪器设备,优先考虑采用国内成熟产品,要求低故障、高可靠。水库工程相关管理人员应积极参与系统设计,并对系统布设提出主导意见。

(5)根据工程管理实际状况,结合科研和更改项目,建立一支具有不同层次的水库工程监测队伍。

3.2 运行时应做好的事项

(1)应对监测自动化系统每年进行一次系统检查,做好正式记录,存档备查。

(2)应设法改善测点和监测站的工作环境,不允许水滴直接溅落到监测设备上,应尽量避免气流对垂线和引张线造成的振荡。

(3)应对量水堰进行定期清理,防止排水析出物及其他杂物附着在堰板上,影响流量测量的精度。

(4)必须对监测自动化系统加以防护,并做到:系统采用专用电源供电,不应直接用现场照明电源;系统电源有稳压及过电压保护措施,以避免受当地电源波动过大的影响。

(5)系统应有可靠的防雷电感应措施,系统的接地应可靠,接地电阻应满足电气设备接地要求。

(6)电缆应加以保护,特别是室外电缆应布设在电缆沟或电缆保护管内。电缆沟宜封闭,并应做好排水措施。

(7)易受周围环境影响的传感器应加以保护;安装在坝体外部的设备考虑日照、温度、风沙等恶劣天气条件对监测设备的影响,必要时应采取特殊防护措施。

(8)野外及离坝较远的设备(如绕坝渗流的监测设备)应采取防雷措施,并予以封闭,以利防盗。

4 安徽省某大型水库大坝安全监测自动化系统改造简介

4.1 改造前已有的监测项目(人工观测)

4.1.1 垂直位移监测

采用一等水准网控制测量,具体测点为:

(1)水准基点网远离坝区1 km以外,由4个点组成,为冲1~4冲点。

(2)工作基点网位于坝区内,由7个点组成。

(3)垂直位移观测点,坝顶沉降观测点共7点,坝基沉降观测点共22点。

4.1.2 水平位移监测

采用垂线法,共设置了20条正垂线和3条倒垂线。采用的仪器分别为CG-2A型垂线观测仪23台、ZT-400型正垂设备20套、YT-400型倒垂设备3套。

4.1.3 裂缝监测

在重点坝垛的重要裂缝上布设25支CF-5差动电阻式测缝计,用SQB-2型数字式水工比例电桥测量。

4.1.4　温度监测

电阻温度计共40支,其中坝基温度计6支,垛墙混凝土温度计10支,垛内气温计10支,水温计14支。

4.1.5　环境量监测

(1)气温:在坝顶设有4台温度自记钟。

(2)库水位。

(3)雨量。

4.2　大坝安全监测自动化系统

大坝安全监测自动化系统是根据国家大坝安全监测技术规范及设计要求,在原有监测系统的基础上,对监测项目进行补充完善,对监测设施进行更新改造而成。大坝安全自动化监测系统由安装在大坝内的12个分布式数据采集单元DAU和安装在水库管理中心的大坝安全监控管理系统组成。水库管理中心与现场DAU之间由通信光缆连接,通信方式为RS-485现场总线(CANBUS)。现场数据采集单元DAU由安装在管理中心的监控主机统一控制采集数据。

4.2.1　自动化监测项目

4.2.1.1　位移监测

垂直位移仍采用人工观测,但观测资料纳入监测自动化系统数据库。

大坝水平位移观测采用垂线法,20条正垂线、3条倒垂线,共23个观测点均采用电容式垂线坐标仪实现自动监测。

4.2.1.2　绕坝渗流及地下水位

新增绕坝渗流观测点共11个,新增地下水位观测点共21个。上述观测点均采用振弦式压力传感器实现自动监测。

4.2.1.3　应力、应变及温度监测

新增钢筋应力计共17支,新增渗压计(垛墙砼)共6支,新增测缝计共18支,新增16个温度计(测垛内气温、垛墙砼温度各8个),新增4个保温层温度测点(拱圈、通气孔处各2个)。以上均实现自动监测。原有内观测点经检测符合自动化要求的温度计34支、测缝计22支,共56支(电阻式)也实现自动监测。

4.2.1.4　环境量监测

新增老厂尾水位监测点(振弦式)1个和地区气温(电阻式)1个,这2个点纳入自动化系统。

4.2.2　自动化监测仪器选型

自动化仪器选型原则:在满足精度要求的前提下,考虑其技术先进性、可靠性和长期稳定性,并且有工程成功应用实例。

(1)优先采用国内成熟的产品(通过省部级鉴定的产品),并且尽量采用统一类型的监测仪器,以减少系统构成的复杂性。

(2)监测仪器和监测系统的性能要求是低故障率、高可靠性,确保自动化监测系统既实用又能长期稳定运行。

(3)采用的监测仪器和数据采集单元的生产厂家要具有技术质量监督局颁发的计量

产品许可证。

(4)组成的自动化监测系统可维护性好,易于扩展,且满足《混凝土大坝安全监测技术规范》和《大坝安全自动监测系统设备基本技术条件》的有关规定。

4.2.3 数据采集单元

本系统选用南瑞集团公司生产的 DAU-2000 系列分布式数据采集单元。外形及内部布置见图 6-19。

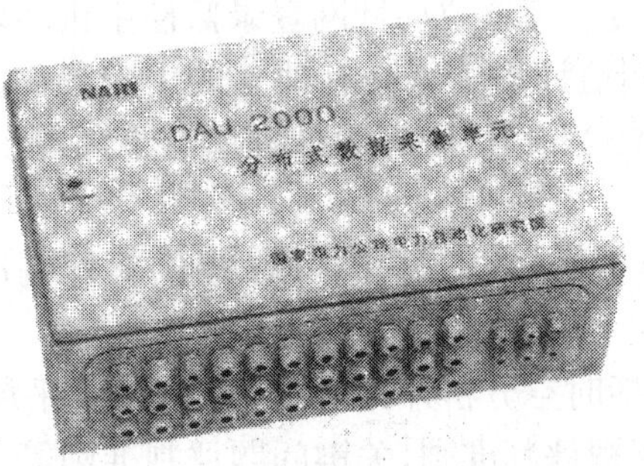

图 6-19　DAU-2000 分布式数据采集单元

4.2.4　监控管理系统

监控管理系统主要介绍在线监测、图形报表、离线分析、测值预报和数据管理。

4.2.4.1　在线监测系统

在线监测系统实现对所有测点的远程测量、入库、计算、安全评估自动化。系统主要包括数据采集系统、测值计算整编、在线快速安全评估(实时监控)三个主要部分。在线监测系统见图 6-20。

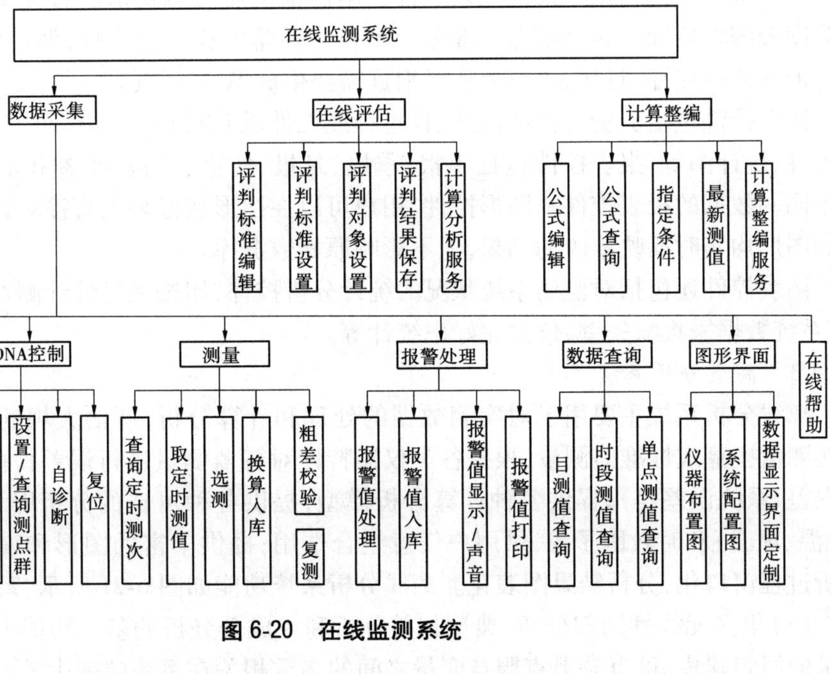

图 6-20　在线监测系统

(1)数据采集系统。数据采集系统定时采集监测数据,并对异常怀疑点进行自动复测,对报警测点发送报警消息,真正实现“无人值守”功能。

数据采集系统还可以直观地显示监测仪器布置图、监测网络系统配置图,用户直接在图上选择测点进行测量、查询监测数据、绘制过程线及查询测点的属性。监测数据显示界面由用户自己定制,可以选择以过程线、分布图或数据的方式来实时显示自己关注的测点组合的测值。

数据采集系统允许通过管理单位局域网登录监控主机实现数据采集的异地控制。

(2)成果计算整编。测值计算整编具有独立的用户界面,可对任一测点进行公式的编辑、查询,计算方案可以任意设置,缺省为处理所有最新测值。对常见观测项目的计算方法提供详细的在线帮助。

(3)在线评估(实时监控)。在线评估模块,提供对评判准则的管理、评判方案的设置。该模块主要包括:

①监控准则。主要包括时空分析评判准则、力学规律评判准则、数控模型评判准则、监控指标评判准则、日常巡视评判准则、关键问题评判准则等。

②自动监控。主要是利用已有的准则对监测数据进行自动的在线分析评价,判别测值的性质是正常、基本正常、疑点或异常。对异常或疑点数据进行不同级别的报警。

③准则的管理和维护。准则分为静态准则与动态准则。系统的准则管理和维护通过准则管理模块来完成。主要功能是准则库的建立与撤销;准则的修改、插入、删除、查询、打印;准则的一致性、冗余性检查;准则库的重组。

最新监测数据评判结果在监测仪器布置图中实时显示或在用户定义的表格中显示。

4.2.4.2 图形报表系统

图形报表系统提供丰富的图表控件供用户根据需要编辑形成各类图形、报表。系统分为图表编辑器和图表显示器两部分。图表编辑器生成图表模板,调用图表模板可生成相应的图表供保存、打印,该图表还可根据需要生成 Web 网页。

图形控件包括历史过程线控件、日过程线控件、扬压力方块图控件、分布图控件、相关图控件、统计图等;报表控件包括年报、季报、月报、旬报、日报、年鉴和汇总报表等控件。对于同一数据的报表控件和图形控件,用户可以在图形或报表上直接对数据进行编辑,报表和图形均实时反映修改的结果,但不影响原始数据库。

图表控件还包括对监测系统状况的统计分析控件,如按项目统计测点、按坝段统计测点、系统数据采集缺失率、仪器完好率统计等。

4.2.4.3 离线分析系统

离线分析系统主要用于对实测数据的处理和计算分析,评估大坝的实际运行性态。将实测值换算成标准监测量,根据各类仪器特性对各监测量进行误差检验(包括粗差、偶然误差、系统误差等);提供各种计算分析模型;提供各种可选的分析因子,如水压、温度(气温、坝温)和时效因子等,供用户任意组合选用;提供丰富的图形和表格功能,使整个分析过程窗口化,分析结果图表化。离线分析系统功能如图 6-21 所示,系统有以下特点:

(1)集多元线性回归分析、典型相关分析和主成分分析的基本功能为一体,实现多因变量的回归建模,可有效地克服自变量之间的多重相关在系统建模中的不良作用。

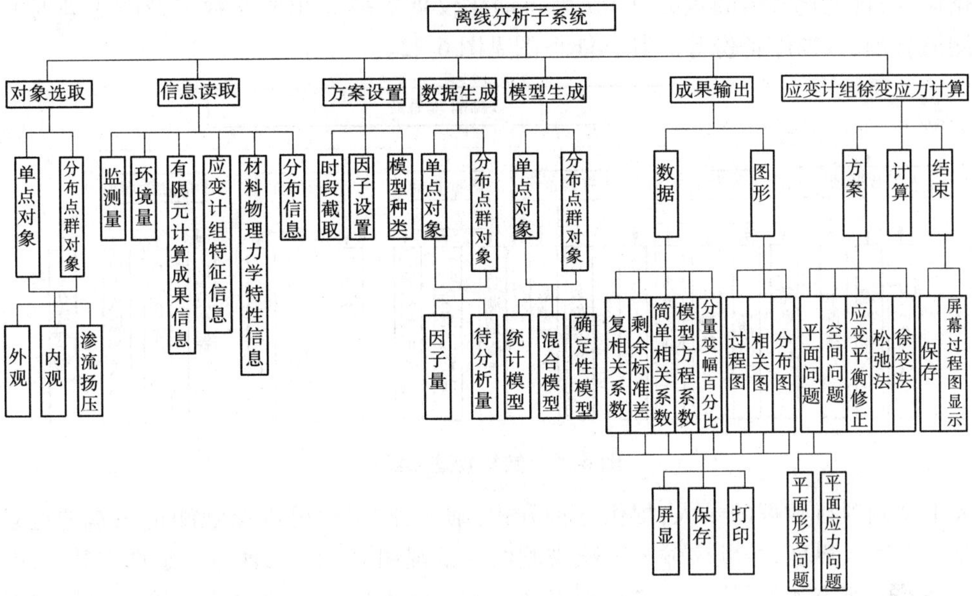

图6-21 离线分析子系统

(2)对各类监测量进行计算分析,建立包括统计模型、混合模型和确定性模型在内的单点及分布模型,满足多种不同需求。

(3)能进行大规模批处理,在相同的因子组合条件下,对多个测点及多个分析时段同时进行分析和建模,高效快速。

(4)直接在监测布置图上点取分析对象,在测值过程图上截取分析时段,直观方便。

(5)对因子的选用、组合及分类灵活多样,随意性强,通过简单的操作即可组合出数量众多的因子。

(6)根据分析对象群、计算时段和因子组合等自动生成计算所需的全部数据,用户无须进行大量样本数据的准备工作。

(7)计算结果和模型方程图表化程度高,直观性强,各图表的相互切换方便快捷。

分析系统具有一定的智能,可自动进行多种计算方案的成果比较,以及对计算方案进行适宜调整,帮助非专业的管理人员确定最佳方案,以期获得较满意的分析成果。

4.2.4.4 测值预报系统

测值预报是对重点监测项目,在预设的水位和气温条件下,利用预报模型预测监测点未来的测值变化情况。对已经建立预报模型的监测点,可以进行预报分析,并给出预报值和预报分量。

进行测值预报的步骤是:设定水位、气温数据,选择预报仪器,选择预报模型,选择预报时间,进行预报。

系统提供导航器提示用户逐步完成测值预报过程。预报完成后既可以过程线或表格的形式显示预报值及各分量,也可以绘制指定分量与测值的相关图。

4.2.4.5 数据管理系统

数据管理系统提供对与监测系统有关的各种信息和数据的管理。包括人工观测项目的数据输入、自动化测值的重新计算(因自动化仪器更换而相关参数未及时更新时)、数据库测值管理、数据库备份等。其功能框图见图 6-22。

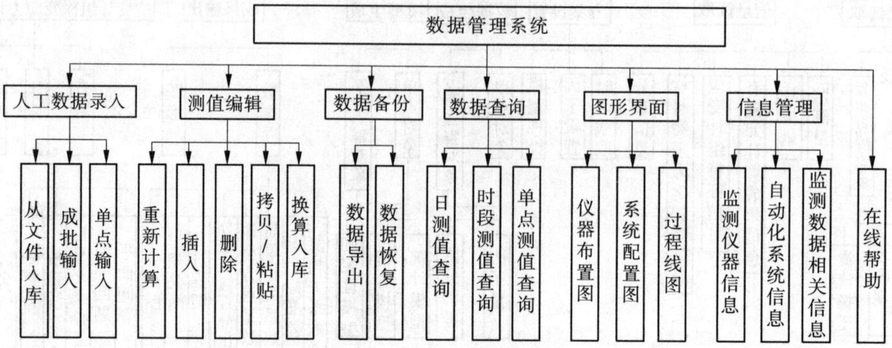

图 6-22　数据管理系统

人工观测项目数据的录入,提供三种方式:第一种,用户可以按观测记录本的记录顺序定制一个输入界面,按顺序输入一次观测的一批观测值。第二种方法是选定某个测点,输入该测点的所有测值;第三种方法是从 Excel 表格中导入到数据库。输入数据时对数据合理性进行自动校验,对明显不合理的数据集中报警,并具备防止重复输入的功能。一次输入完成后系统可以根据测点特性,自动进行测值整编计算。

测值管理是针对高级别的用户,允许用户对数据库中的监测资料进行插入、删除、修改、查询、检索等。由于仪器故障、观测差错等原因造成数据异常,系统能自动进行监测数据的剔除、修正或“屏蔽”,并对数据进行一致性校验,确保数据库数据的一致性。

因仪器更换导致系统参数改变,需要分时段进行物理量的转换时,系统可以在指定的时段重新进行物理量的计算与转换。系统数据处理操作具有较大的灵活性,软件能根据监测对象动态变化时监测的频次甚至监测手段变化,或根据监测数据处理工作方式的更改自动采取不同的处理方式。

系统提供数据查询功能,包括日测值查询、指定测点集的时段测值查询、指定测点集的给定时间的测值查询及单个测点的测值查询等。系统也同样提供仪器布置图和系统配置图显示,用户可以在图上选择测点进行操作,但此处只返回查询的数据而不是对监测系统进行控制和测量。查询的数据显示提供表格和过程线两种方式。

数据管理系统能方便地对数据进行备份、还原及远程复制。可将任意时间段的数据备份出来,在系统需要时还原进系统(例如恢复系统、数据软盘传递等情况)。

任务 5　河道堤防信息化管理

河道堤防管理的信息化是水利信息化的重要组成部分,下面简要介绍与河道堤防管理密切相关的国家防汛指挥系统、全国水利工程管理信息系统中涉及的堤防监测预警系统及安徽数字长江信息系统。

1 国家防汛指挥系统

国家防汛指挥系统，是在全国防洪调度系统研究的基础上，根据我国防汛工作的迫切需要，正在建设的一项多学科、高技术、跨地区、跨部门、投资大、建设周期长的决策指挥系统工程。该系统覆盖7个流域机构、24个重点防洪省（市）、224个地级水情分中心、228个地级工情分中心、与水情分中心相连的3 002个中央报汛站、与工情分中心相连的927个重点防洪县的工情采集点及中央直管的7个工程单位、9个大型水库、12个蓄滞洪区。此外，还包括黄河、淮河流域设立的6部新一代天气雷达、120个自动气象站和208个雨量站。该系统建成后，能高效、可靠地为我国各级防汛指挥机构及时、准确地监测和收集所管辖区域内的雨情、水情、工情、灾情，并能根据防洪工程现状和调度规则快速提供调度方案，从而为决策者提供全面支持，使之做出正确决策，达到最有效运用防洪工程体系，将洪涝灾害损失减到最低的目的。

根据国家防汛指挥系统的总体设计，该系统可划分为5个分系统，即信息采集系统、通信系统、计算机网络系统、决策支持系统和天气雷达系统。其总体结构由两个网络组成：一个是分中心以下的星型报汛网，另一个是分中心以上的互联互通的计算机网络。两个网在分中心汇接。

在信息处理速度上，力争在半小时内收集完3 002个中央报汛站信息及信息共享，对工程险情及突发事件能测得到、报得及时、处理快速（包括图形、图像、声音和分析结果）。

2 堤防监测预警系统

堤防工程是我国重要的工程性防洪措施，其安危关乎我国的社会和经济的发展，因此加强堤防经常性的监测，确保其安全具有重要意义。由于堤线漫长，地层条件沿程变化大，采用一般的人工监测方式不仅工作条件非常恶劣，工作量巨大，而且在汛期江水位猛涨的情况下，适时的监测与分析计算很难做到。所以，实现堤防监测的自动化是必然的要求和趋势。自动监测系统按数据采集方式可分为集中式、分布式和混合式三种。早期的自动监测系统多为集中式，其特点是测量装置只有一台（如自动巡回检测仪）安装在远离测点现场的监测室（机房）内，通过现场安装的切换装置，与被检测的监测仪器相连通，按顺序逐一检测或点测监测仪器的数据，设备之间传输的是电模拟量。20世纪80年代后期发展的分布式系统，其特点是将测量多台装置小型化，并和切换装置一起放在测点现场，称为测量控制装置，测量的监测数据多变为数字量，由“数据总线”直接传送到监控室的微机上，它比集中式系统可靠性更高，抗干扰能力更强，测量速度更快，且便于扩展。随后就有将两者结合的混合式系统。

在自动化监测的基础上，通过科学的分析，对堤防的安全状态进行评价和预报，可以及早发现险情并进行处理，以维护堤防安全。这种将堤防的自动化监测、安全评价和预报组成一个整体的系统，就是堤防监测预警系统。下面以安装在武汉市谌家矶堤防的监测预警系统为例，说明系统的组成和功能。

2.1 监测预警系统的组成

谌家矶监测预警系统是一个利用现代科技手段建立的国内第一个堤防安全监测预警

系统。该系统采用分布式结构,如图6-23所示。系统分为采集站、监控主站和远程信息管理中心3级,如图6-23所示。以堤防监测断面(或堤段)为测控单元设立采集站,多个采集站分别用微波将信号传输到监控主站,监控主站同时控制多个采集站,向各采集站发送传感器设置、采集参数、报警参数等指令,主站的数据通过电话公用网传输到武汉市内或其他任何地方。

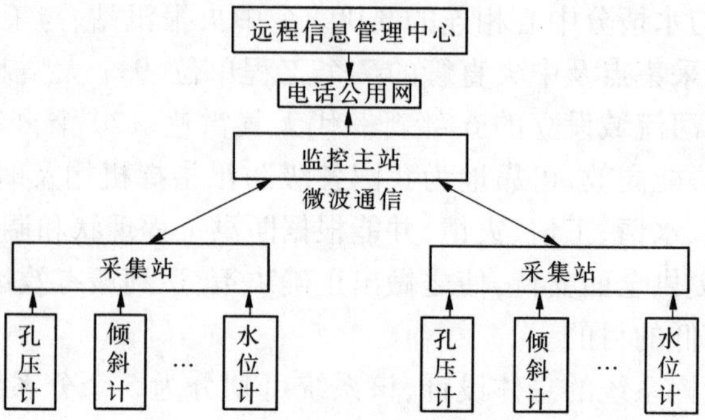

图6-23 谌家矶监测预警系统结构

该系统的量测传感器,主要选用了孔隙水压力传感器和自动倾斜计两种传感器,分别监测堤身堤基的孔隙水压力和堤坡的滑动位移。采集站执行数据自动采集、存储、通信等功能,主要由自动采集控制器、电源、微波天线(也可采用总线)及通信模块、防雷装置组成,该系统暂设2个采集站,一个采集站以监测堤防渗透为主,另一个采集站以监测崩岸(滑坡)为主,各个采集站之间及采集站和主站之间具有独立性,可以在主站停机的情况下自行采集和处理数据。监控主站的作用是对各个采集站进行管理和控制、发送和接收采集的信号、评价安全状况、报警、向远程信息管理中心(远程办公室或防汛指挥中心)发送数据。其设备主要由监测预警系统软件、工控微机(包括扫描、打印机等输入输出设备)、微波(或总线电缆)及通信模块、Modem(调制解调器)、电话线路、报警指示灯、防雷装置等组成。信息传输方式有三种:传感器与采集器之间用电缆线连接(电缆线以埋在地下较为恰当,要注意防水和防破坏);采集站与监控主站之间用微波(无线)方式;主站信息可以通过电话网络传至任何一个地方。

该系统的安全评价模型包括以监测数据为基础的渗流安全评价模型和滑坡预测模型。前者以土层实际承受的渗透水力坡降与土的临界水力坡降进行比较,分为安全、轻度危险、严重危险和即将破坏四级标准;后者采用灰色和突变理论对堤坡位移和滑坡与否进行预测。此外,为考虑各种土层厚度不均匀和土的抗渗强度的不均匀性,建立了渗流安全评价的概率模型。为了对下一时刻的渗流安全进行预测,建立了渗流安全灰色预测模型。

该系统的系统软件选用目前普遍使用Windows 8的32位操作系统的PC电脑平台作为开发平台,采用MS公司的VC++的VB 6.0作为开发环境,能实现采集、检测、控制、存储、计算处理、安全评价及预测、通信等功能。

2.2 监测预警系统的功能

该系统能自动巡检和手动定点显示测量数据,可通过设立采集控制器报警限值,在测值超过报警限值时,自动报警提示,并能进行安全评价和远程信息管理。

2.3 研制监测预警系统的注意问题

监测预警系统研制要注意的问题如下：

(1)监测布置要合理。监测断面的选择及断面上测点的布设对于堤防安全状态的监控是至关重要的，需要根据土质、水文、环境条件和往年险情情况综合确定。

(2)选择仪器要合理。要使监测有效可靠，应从先进性、环境适应性、长期运行、能实现自动化数据采集等方面，选择最为合理的仪器。

(3)安全评价和预测的理论模型要合理。安全评价模型是监测预警系统中至关重要的部分，其设计的合理性直接影响安全评价的可靠性，因此一定要建立针对堤防具体条件和运行环境的合理的安全评价和预测模型。

(4)信息传输方式选择要合理。

此外，还应注意安装前的率定、系统设备的检查、仪器埋设、安装调试工作，并加强运行维护规程制定、人员培训及系统验收工作。

3 安徽数字长江信息系统

安徽数字长江信息系统是一套基于 Windows 平台的长江河道(安徽段)综合管理、河床演变分析及防洪工程安全监测的软件系统。该系统的运用为安徽省长江河道管理部门对堤防、涵闸、泵站、护坡护岸及险工险段等工程的管理提供了现代化的手段，也为沿江经济建设提供了更为有效的服务。

3.1 系统的结构

本系统 GIS 采用 ESRI 公司的产品，数据采集采用 AutoCAD、ArcGIS，虚拟现实采用 Varmap，开发软件主要为 Delphi、VC++，数据库管理以 Oralce + ArcSDE 对空间与属性数据进行统一管理。系统的数据流程主要是以基础数字化测量为数据源，以 DEM、专题图制作为主要加工方式；生产成果统一存放在关系数据库中；上层基于基础数据和各种计算模型，采用可视化界面进行分析计算，并能输出计算结果。系统采用 B/S 与 C/S 两种方式，B/S 主要表现各种以文字、多媒体等形式出现的管理、工情、水情等一般性资料；C/S 主要侧重三维图形的采集、制作、分析与表现。软件系统结构如图 6-24 所示。

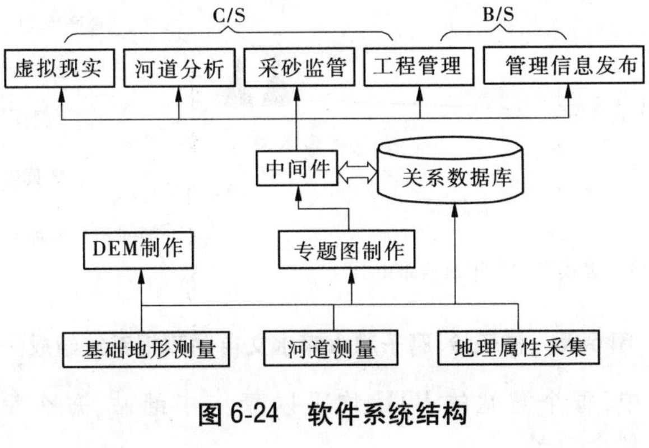

图 6-24 软件系统结构

3.2 系统的功能

该系统可进行河道断面、深泓线、重心线的自动计算，并能进行任意区域的资料查询、图形套绘和冲淤量计算;实现以长江干堤为基准线的地质资料、险工险段、护坡护岸、涵闸等快速查询与分析;采用虚拟现实技术实现河道地形和全长江的动态三维表现;利用GPS、无线通信技术实现对采砂船的实时监控,并可大大提高汛期报险的准确性;能通过网站发布管理信息等。

项目案例

案例一　安徽省某大型水库水情自动测报系统

一、概述

某水库位于淮河支流淠河东源上,与上游水库构成梯级水库,流域面积1 840 km^2,流域内地形为山区,形状呈扇形,地势南高北低。流域平均高程为715 m。多年平均降水量1 540 mm,年来水16亿 m^3。

水库水情自动测报系统通过本地区四水库联网系统,将系统采集的数据传输到安徽省防办。系统采用超短波无线通信方式组网,预留有线信道接口,可连接有线信道。

二、水文组网

水库水情自动测报系统由2个分中心站(位于两梯级水库的水库管理处)、2个互为备份的中继站、13个遥测站构成。其中,7个测站为单雨量站、2个测站为水位雨量站、4个测站为单水位站。组网示意图如图6-25所示。

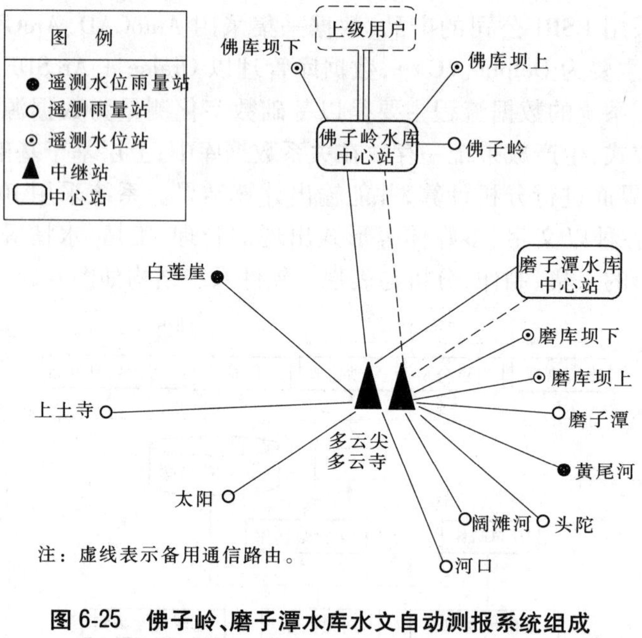

图6-25　佛子岭、磨子潭水库水文自动测报系统组成

在系统组网设计中,每个测站的RTU均可以兼作中继站,每个遥测站信息可以通过两个不同的路由传送到中心站。

三、设备选型

遥测站数据终端机(RTU)、中心控制终端(即前置机 FIU)、通信电台选用 Motorola 公司产品,水位、雨量传感器选用南京水利水文自动化研究所等知名厂商的产品,太阳能电源选用宁波太阳能光板,免维护蓄电池选用合资企业产品。

四、通信设计

系统采用超短波频点 227.95 MHz 进行通信组网。

系统联网示意图如图 6-26 所示,图中虚线所示为备用通信路由。

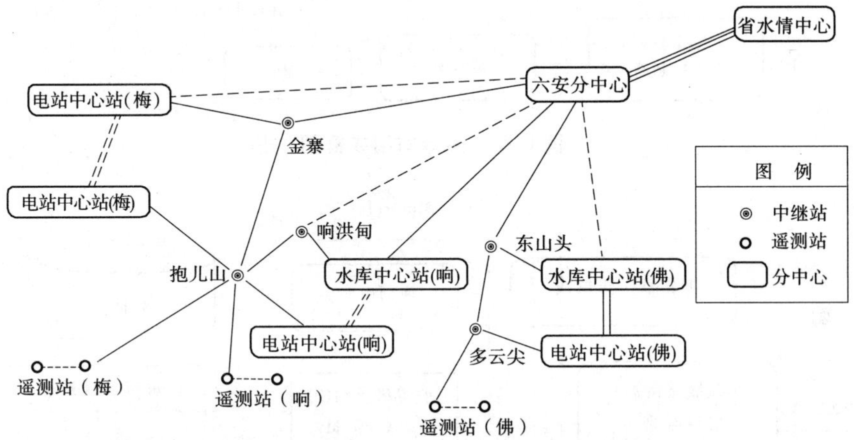

图 6-26　佛梅响磨水文自动测报系统联组网图

五、遥测站

本系统中遥测站有水位雨量站、单雨量站和单水位站三种类型,测量参数有水位、雨量。遥测站的主设备为 RTU 和收发信机,组成框图如图 6-27 所示。

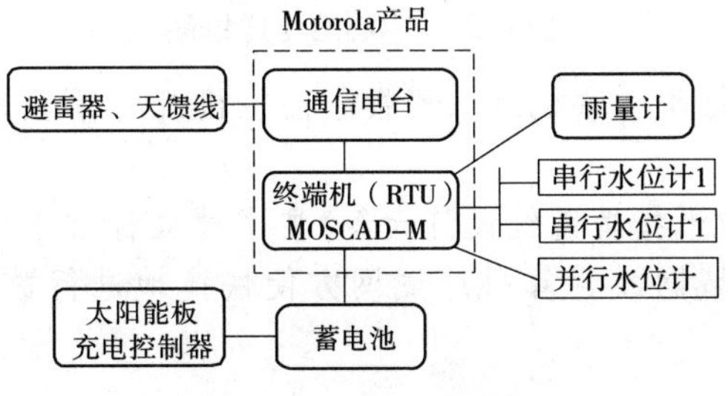

图 6-27　遥测站组成框图

六、中继站

中继站中的中继机与遥测站 RTU 完全相同,与遥测站可以互换。如果相邻遥测站之间可以通信,则其中任何一个遥测站设备可以直接改为中继站兼遥测站,实现通信路由的自动选择。中继站组成框图见图 6-28。

七、中心站

中心站设在水库管理处,硬件设备主要为前置通信控制机 FIU(中心控制终端 CTU(也是 RTU,与遥测站 RTU 相同)、值班机、调度计算机(主机)、收发信机、避雷器、天馈线及电源等。中心站的组成框图见图 6-29。

中心站采用双机冗余工作方式,即中心站值班机处于长期值守状态,主机通常用于数

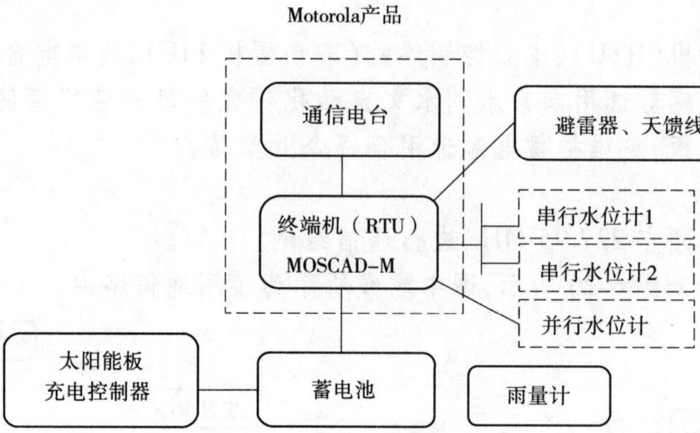

图 6-28　中继站组成框图

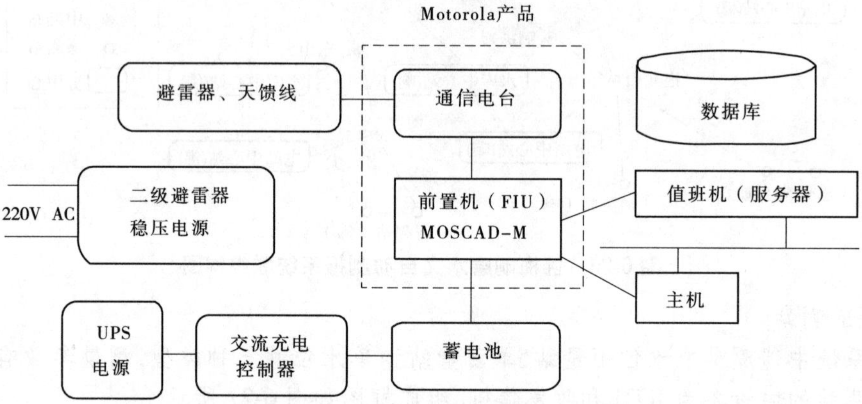

图 6-29　中心站组成框图

据处理、报表图形显示、打印和联机洪水预报。值班机既可单独运行,也可以和主机并行联机运行。

中心站按照《国家防汛指挥系统设计大纲》要求建立标准水情数据库(MS SQL server 数据库),通过计算机局域网或计算机广域网方便快捷地进行数据的近远程查询、传输,实现数据资源共享。

中心站主要功能有:

(1)随时或定时召测各遥测站雨水情数据,实现全区时钟同步。

(2)把遥测信息形成原始数据文件存储,报文分解、检错、分类处理以及向本地和远地定时装载数据库(或数据文件)。

(3)完成一次所属全部遥测站所有水文参数的收集、数据处理、传输入库时间不超过 8 min,数据转发不超过 15 min。

(4)可以随意增减测站的数量及修改测站特征参数,修改工作将通过密码控制,由有关管理人员进行操作,实现系统数据管理功能。

(5)具有水文资料整编数据提取功能,满足资料整编需求。

(6)通过计算机处理,显示打印各类报表及过程线,图形显示各类水情信息等。

(7)具有人工置数功能。可以按照水情拍报段次并且匹配人工置数生成五位码水情报文，以自动或手动方式通过分中心局域网向上级防汛部门传送。

(8) 可以将实时遥测数据通过计算机广域网传送给省水情中心和其他防汛部门。

(9) 计算机洪水预报调度功能。

案例二　雨城水电站大坝泄洪/冲沙闸门液压启闭机控制系统

一、概述

雨城水电站大坝泄洪/冲沙闸门液压启闭机控制系统，进行闸门启闭操作前，先合上主电源及控制电源，并检查电源是否正常。检查 PLC 和人机界面工作是否正常。

油泵控制方式分为"手动""自动"两种，闸门控制方式分为"手动""自动""远方"三种。通过控制面板上的转换开关进行切换。

二、手动控制

把油泵控制和闸门控制的切换开关转到"手动"位置，手动控制完全通过继电器控制 (PLC 不参与控制)，可以在检修和调试时使用。

1 号、2 号两台油泵，"单台运行，互为备用"，任何时候只能有一台油泵运行。

油泵启动：按下油泵的"启动"按钮，启动油泵，延时 10 s 后可以对闸门进行操作。

油泵停止：闸门停止动作后，延时 10 s，按下油泵的"停止"按钮，停止油泵。

闸门开启：油泵正常启动后，按下面板上的闸门"开启"按钮，电磁阀得电动作，闸门开启。任何时候按下"停止"按钮，电磁阀自动失电，闸门停止。

闸门关闭：油泵正常启动后，按下面板上的闸门"关闭"按钮，电磁阀得电动作，闸门关闭。任何时候按下"停止"按钮，电磁阀自动失电，闸门停止。

闸门停止：在闸门开启和关闭的过程中，任何时候按下"停止"按钮，闸门就会停在原地。

三、自动控制

把油泵控制和闸门控制的切换开关转到"自动"位置，自动控制通过 PLC 来控制。

闸门开启：首先在"预设开度"中设定需要的开度，按下面板上的闸门"开启"按钮，PLC 启动油泵，延时 10 s 后，接通建压和启门电磁阀，闸门开启。PLC 同时监控系统压力、有杆腔压力、无杆腔压力、油温、油位等信号，闸门启动到预设开度或按下"停止"按钮，切断电磁阀，闸门停止，延时 3 s 后停止油泵。

闸门关闭：先在"预设开度"设定需要的开度，按下面板上的闸门"关闭"按钮，PLC 启动油泵，延时 10 s 后，接通建压和启门电磁阀，闸门关闭。PLC 同时监控系统压力、有杆腔压力、无杆腔压力、油温、油位等信号，闸门到达预设开度或按下"停止"按钮，切断电磁阀，闸门停止，延时 3 s 后停止油泵。

闸门停止：在闸门开启和关闭的过程中，任何时候按下"停止"按钮，闸门启闭就会停止。

油泵切换：油泵每启动一次，就自动轮换一次，一台有故障或没有在"自动"位置，另一台就自动补上成为工作泵。

复归："复归"按钮用来清除 PLC 内的故障报警信息。系统会保持故障信号，以便对故障进行检查。

点动"复归"按钮对故障信息复归，长按 10 s 对运行的统计数据复归。当 PLC 发出了故障报警,并停机时,排除故障后,按“复归”按钮,系统才能重新启动。

四、自动回升

闸门在自动控制状态下,开启或下降到预设值后,自动回升功能已经自动启动。

自动回升功能启动后,由于泄漏或其他原因造成的闸门下滑,当下滑量达到下滑提升值后,闸门会自动启泵并提升到全开位置。当下滑量过大时,将停止提升,并报警。

五、远方控制

该系统预留了远方控制接口,把油泵切换开关转到“自动”位置,闸门切换开关转到“远方”位置,闸门就能通过远方集控/LCU 两种方式来控制,现场就不能对闸门进行操作。

设为远方控制方式时,通过集控/LCU 以硬接点的方式向 PLC 发开启、关闭、停止指令,再由 PLC 来完成相应的操作。设为远方控制时现场不能对闸门进行操作。

设为远方控制时,集控/LCU 发出“提升”指令,系统自动启泵,延时提升闸门,直到集控/LCU 发出“停止”指令,闸门停止。如果集控/LCU 没有发出“停止”指令,闸门将启动到全开位置才停止。

设为远方控制时,集控/LCU 发出“下降”指令,系统自动启泵,延时下降闸门,直到集控/LCU 发出“停止”指令,闸门停止。如果集控/LCU 没有发出“停止”指令,闸门将启动到全关位置才停止。

六、人机界面

人机界面用来显示运行状态和数据,也可以进行参数设置和故障查询。人机界面是触摸式液晶屏,可直接在液晶屏上进行操作。操作时请轻轻触摸,勿用大力,勿用尖锐物,以免损坏。

主页:人机界面上电后自动进入主画面,主画面上有系统压力、闸门状态、闸门开度等重要信息(见图 6-30)。自动回升等功能开启时有相应提示。

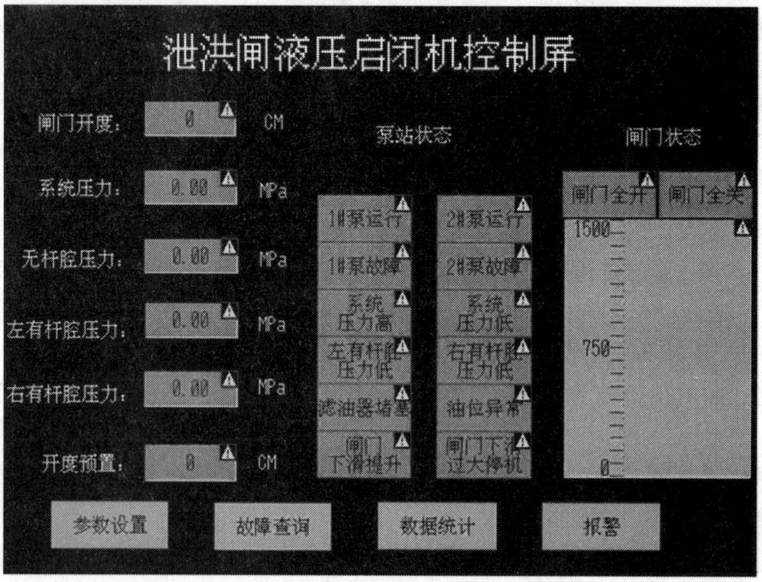

图 6-30　系统主界面

开度设置:只有现地自动控制时,必须先设定预期的闸门开度。闸门预置开度只能在闸门全开范围内,如果超出范围,大于全开,启门到全开停止,小于全关,PLC 置为全关。

状态查询:在主画面点击“状态查询”就进入运行时间统计画面,统计有:1 号、2 号电机的运行次数和运行时间,闸门的运行次数和时间等(见图 6-31)。

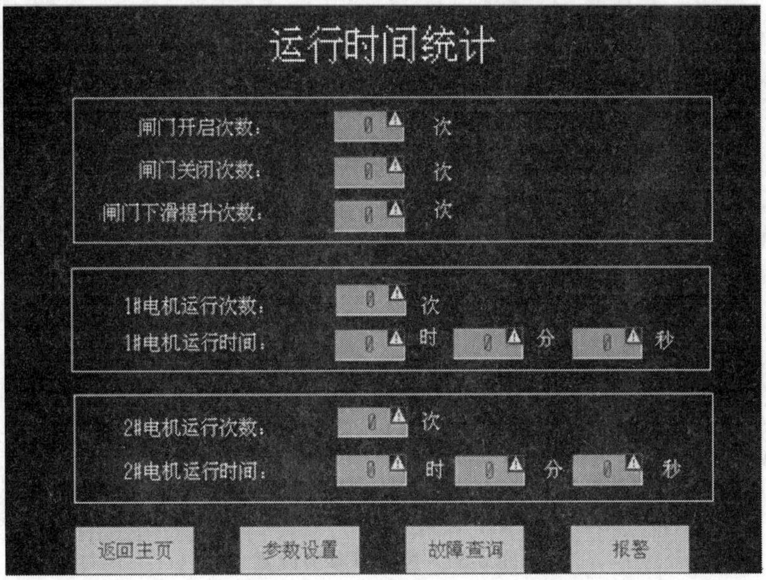

图 6-31　运行时间统计

故障查询:进入故障画面可以检查故障状态(见图 6-32)。

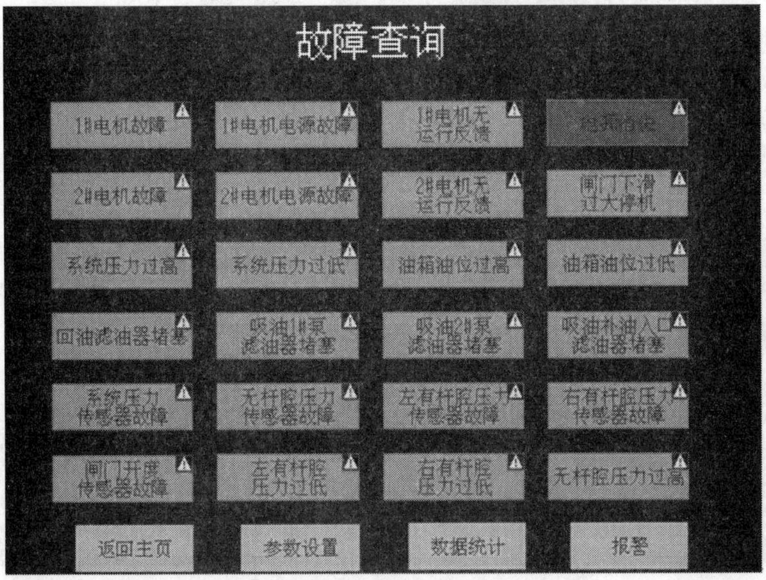

图 6-32　故障查询

故障原因了解清楚后,可按面板上复位按钮复位报警状态。

参数设置:参数设置有密码管理,在主画面点击“参数设置”,提示输入密码,正确输入密码后进入,可对参数进行修改(见图 6-33)。

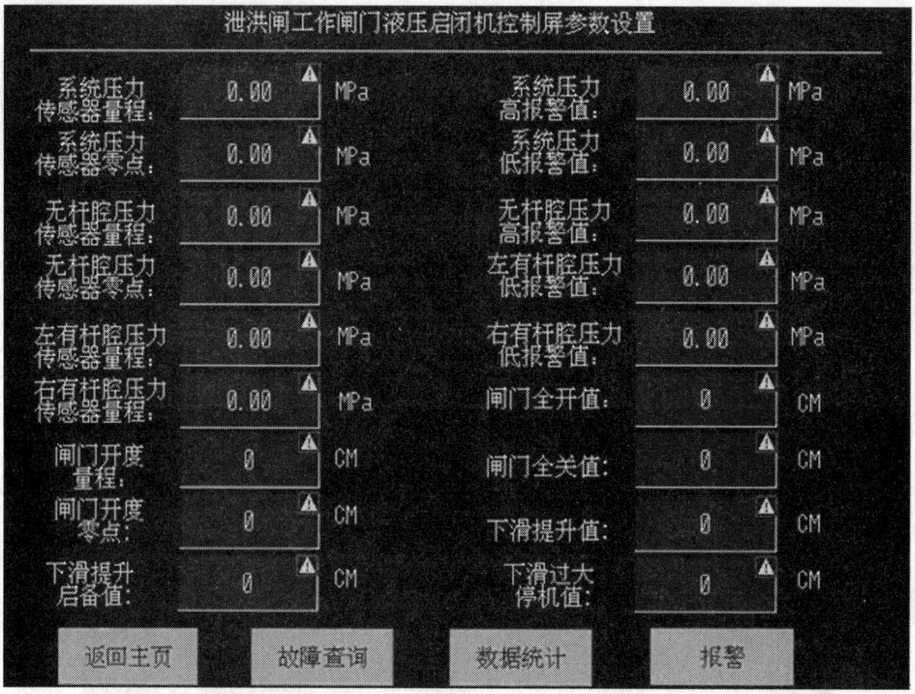

图 6-33　控制屏参数设置

七、远控界面

远控界面见图 6-34～图 6-37。

图 6-34　远控主界面

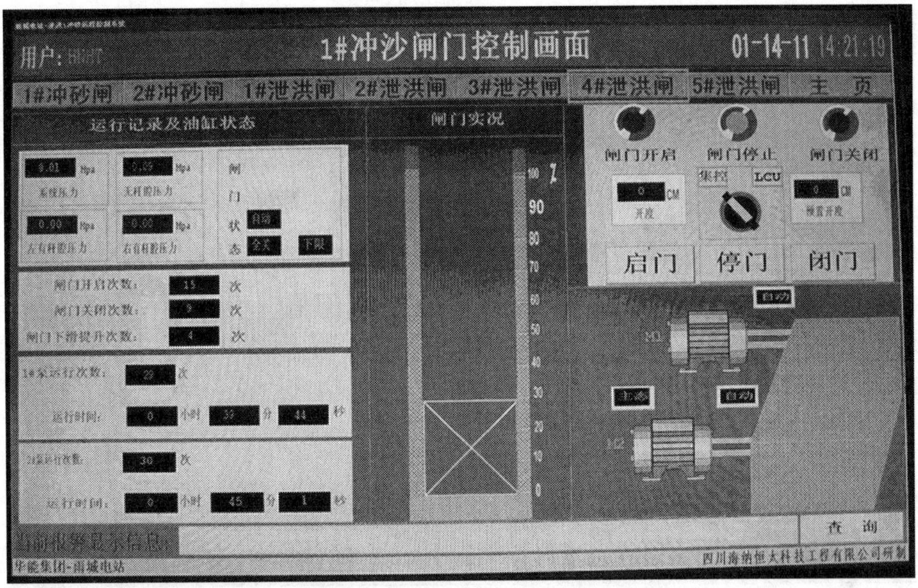

图 6-35 1 号冲沙闸门控制画面

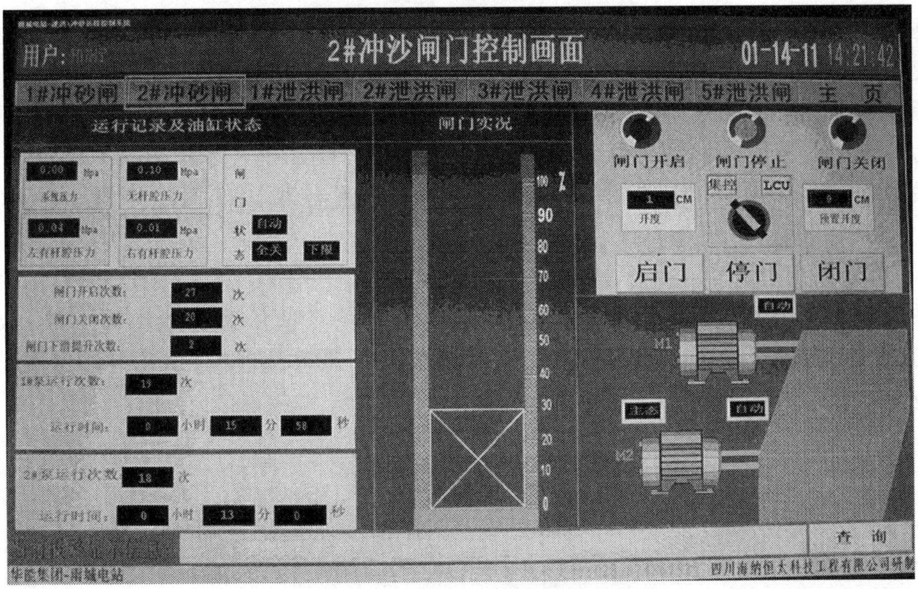

图 6-36 2 号冲沙闸门控制画面

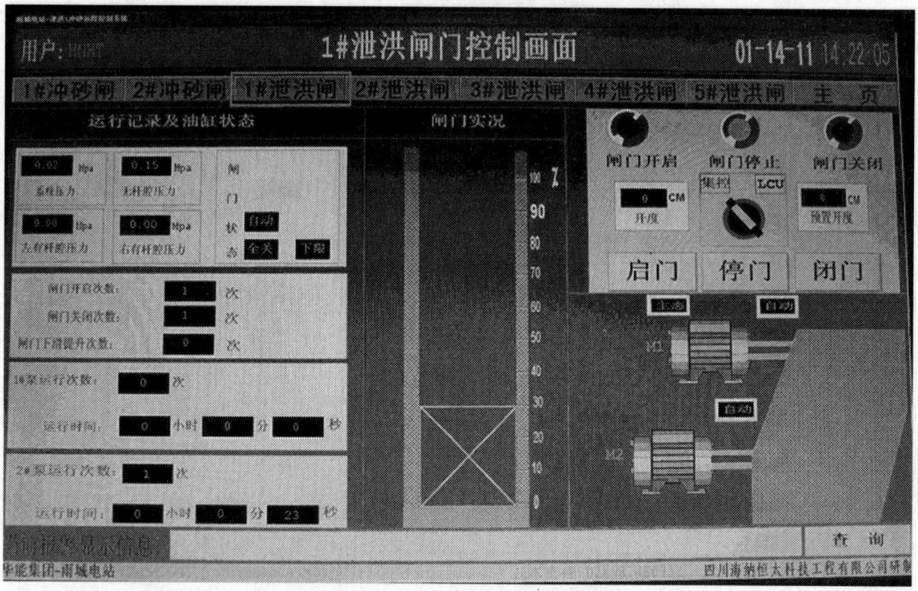

图6-37 1号泄洪闸门控制画面

远方操作:预置开度设置,在相应主画面点击“预置开度设置”,输入闸门开启或关闭的预定位置,按“Enter”,预置成功。

指示操作:按“启门”,油泵“主态”立即启动,颜色变为绿色,10 s后闸门“开启”指示灯变为绿色,闸门开始动作;到预置开度后“闸门停止”指示灯变为绿色。

按“闭门”,“闸门关闭”指示灯变为绿色,到“预置开度”后“闸门停止”指示灯变为绿色。

八、动力电源

系统动力电源分为正常和应急两路,通过选择开关可以任意选择使用一路。如果选择自动,电源切换装置选择正常一路电源,如果正常一路电源故障,电源切换装置自动切换到应急电源。

技能训练

一、填空题

1.信息技术是利用科学方法对经营管理信息进行________、________、________并辅助决策的技术总称。

2.地理信息系统是________、________和________等综合形成的一种信息化技术,这种技术在水利行业当中应用得最为广泛,在水利工程建设中发挥了重要作用。

3.数据库技术是建设水利信息化的根本,数据库技术的应用主要包括________与________两大部分。

4.通信网络系统一般根据遥测站与中心站的远近分为________与________两种方式。前者包括________、________、________、________等,后者包括________、________、________、________、扩频微波、卫星、________等,最适合在水

情自动测报系统中应用。

5.水闸的自动化监控系统主要是通过计算机监控系统准确检测到＿＿＿＿＿＿、闸门荷重、＿＿＿＿＿＿与＿＿＿＿＿＿，图像信息自动化采集与传输，达到能够在监控中心远程控制闸门启闭及闸门自动控制和系统联动。

6.一个完整的大坝安全监测自动化系统包括三大部分，分别为＿＿＿＿＿＿＿＿、数据采集系统和＿＿＿＿＿＿＿＿＿＿。

二、单项选择题

1.水情自动测报系统通常由中心站、中继站和(　　)组成。

A.遥测站　　B.水文站　　C.气象站　　D.水环境监测站

2.水位传感器的种类比较多，目前常用的有浮子式水位传感器和(　　)水位传感器两种。

A.超声波式　　B.气泡式　　C.激光式　　D.压力式

3.大坝安全监测系统的结构形式按照数据的采集方式分为(　　)。

A.分布式　　B.集中式　　C.混合式　　D.以上三类

4.根据国家防汛指挥系统的总体设计，该系统可划分为五个分系统，即信息采集系统、(　　)、计算机网络系统、决策支持系统和天气雷达系统。

A.光纤系统　　B.中继系统　　C.通信系统　　D.遥测系统

三、简答题

1.现代信息技术在水利信息化中的应用主要包括哪些技术？

2.水情自动测报与洪水调度系统的主要特点是什么？

3.水闸自动监控系统的工作原理是什么？

4.简述水闸自动化监控系统常见的故障及其处理办法。

5.简述国家防汛指挥系统的构成。

参 考 文 献

[1] 卜贵贤.水利工程管理[M].郑州:黄河水利出版社,2007.
[2] 赵朝云.水工建筑物的运行与维护[M].北京:中国水利水电出版社,2005.
[3] 梅孝威.水利工程管理[M].北京:中国水利水电出版社,2005.
[4] 梅孝威.水利工程技术管理[M].北京:中国水利水电出版社,2000.
[5] 郑万勇.水利工程管理技术[M].西安:西北大学出版社,2002.
[6] 石自堂.水利工程管理[M].武汉:武汉水利电力大学出版社,2000.
[7] 黄国新,陈政新.水工混凝土建筑物修补技术及应用[M]. 北京:中国水利水电出版社,2000.
[8] 朱岐武.水文与水利水电规划[M].郑州:黄河水利出版社,2003.
[9] 马文英.水工建筑物[M]. 郑州: 黄河水利出版社, 2003.
[10] 郑万勇.水工建筑物[M]. 郑州: 黄河水利出版社, 2003.
[11] 钟汉华,冷涛.水利水电工程施工技术[M].北京:中国水利水电出版社,2006.
[12] 温随群.水利工程管理[M].北京:中央广播电视大学出版社,2010.
[13] 龙斌.水库运行与管理[M].南京:河海大学出版社,2006.
[14] 仇力.水闸运行与管理[M].南京:河海大学出版社,2006.
[15] 张肖.河道堤防管理与维护[M].南京:河海大学出版社,2006.
[16] 郑振兴.探析信息技术在水利工程管理中的应用[J].城市建设理论研究,2013(13).
[17] 倪冲.浅谈信息技术在水利工程管理中的应用[J].科技信息,2012(3).
[18] 国家能源局.DL/T 5256—2010 土石坝安全监测资料整编规程[S].北京:中国电力出版社,2011.
[19] 中华人民共和国发展和改革委员会.DL/T 5209—2005 混凝土坝安全监测资料整编规程[S].北京:中国电力出版社,2005.
[20] 杜守建,周长勇.水利工程技术管理[M]. 郑州: 黄河水利出版社, 2013.
[21] 杜守建,周长勇.水利工程技术管理技能训练[M]. 郑州: 黄河水利出版社, 2015.
[22] 中华人民共和国水利部.SL 570—2013 水利水电工程管理技术术语[S].北京:中国水利水电出版社,2013.
[23] 中华人民共和国人力资源和社会保障部.水工监测工(2010 年修订)[S].北京:中国劳动社会保障出版社,2013.
[24] 王玫.闸门运行工[M]. 郑州: 黄河水利出版社, 2013.
[25] 刘宁.从都江堰持续利用看水利工程科学管理[A].2005 中国水利发展报告,2005.
[26] 刘玉宝,赵树茂.管理制度体系[M].北京:中国水利水电出版社,2010.
[27] 黄力强,刘玉宝,赵树茂.管理标准体系[M].北京:中国水利水电出版社,2009.
[28] (SL 551—2012)土石坝安全监测技术规范[S].
[29] (SL 601—2013)混凝土坝安全监测技术规范[S].
[30] 殷国仕.渠道维护工[M].郑州:黄河水利出版社,2013.